阵列信号处理基础

徐友根　刘志文◎编著

INTRODUCTION TO ARRAY SIGNAL PROCESSING

北京理工大学出版社
BEIJING INSTITUTE OF TECHNOLOGY PRESS

内 容 简 介

本书介绍了阵列信号处理的基础理论和方法，主要内容包括窄带、宽带阵列信号的建模与校正，窄带、宽带波束形成理论与方法，窄带、宽带、非相干源、相干源信号波达方向估计理论与方法，宽频段信号频率和波达方向的联合估计，阵列孔径扩展技术等。

本书可作为高等院校、科研院所信号与信息处理、通信与信息系统等学科和专业的研究生教材，也可供通信、雷达以及导航、电子对抗等领域的广大技术人员学习和参考。

图书在版编目（CIP）数据

阵列信号处理基础/徐友根，刘志文编著．—北京：北京理工大学出版社，2020.6（2022.1重印）

ISBN 978 - 7 - 5682 - 8569 - 8

Ⅰ．①阵…　Ⅱ．①徐…②刘…　Ⅲ．①信号处理 - 高等学校 - 教材　Ⅳ．①TN911.7

中国版本图书馆 CIP 数据核字（2020）第 101170 号

出版发行 / 北京理工大学出版社有限责任公司
社　　址 / 北京市海淀区中关村南大街 5 号
邮　　编 / 100081
电　　话 /（010）68914775（总编室）
（010）82562903（教材售后服务热线）
（010）68944723（其他图书服务热线）
网　　址 / http：//www. bitpress. com. cn
经　　销 / 全国各地新华书店
印　　刷 / 北京虎彩文化传播有限公司
开　　本 / 787 毫米 ×1092 毫米　1/16
印　　张 / 14. 5
字　　数 / 335 千字
版　　次 / 2020 年 6 月第 1 版　2022 年 1 月第 2 次印刷
定　　价 / 56. 00 元

责任编辑 / 孙　澍
文案编辑 / 孙　澍
责任校对 / 周瑞红
责任印制 / 李志强

PREFACE

前言

阵列信号处理作为信号处理的一个重要分支，在通信、雷达、声呐、导航、地质勘探、空间科学以及医学成像等诸多领域有着广泛的应用。

阵列信号处理的研究内容主要包括波束形成器设计和信号参数估计两个问题。前者通过有效抑制干扰和噪声以达到提高期望信号质量的目的；后者则主要关心信号参数，特别是信号波达方向的超分辨估计。波束形成和信号参数估计具有互补的内在联系，二者的发展往往彼此渗透，相互促进。

波束形成器又称空域滤波器，对于特定频点或频段，其在期望信号方向具有较高增益，如延时-相加常规波束形成器。通过合理设计，波束形成器还可在干扰方向自适应形成零陷以对其进行抑制，如窄带/宽带最小方差无失真响应自适应波束形成器。实际中，由于假定信号源、传输通道、阵列响应特性与实际不符，以及存在估计误差等原因，自适应波束形成器的性能并不理想。改善的途径主要包括对角加载、子空间投影以及增加合理约束等。

关于信号波达方向估计，早期的方法主要基于常规波束扫描和最小方差无失真响应波束扫描。前者在观测孔径较小时分辨率较低，而后者在高信噪比条件下具有较高的分辨率。现代谱估计手段的出现有力地推动了阵列信号处理的进一步发展，最大熵、参数建模、线性预测以及最大似然等方法被成功应用于信号波达方向估计。特征子空间分解方法的提出则是超分辨信号波达方向估计研究领域的另一重要里程碑，典型方法主要包括多重信号分类方法以及旋转不变参数估计方法等，其优良特性一直倍受关注，相应的研究延续至今。

总体来看，在信号波达方向估计方面的相关研究工作，主要侧重于相干源、空间分布源、宽带源、非平稳源等条件下的算法开拓和改进；如何挖掘和利用信号时域特性，譬如非高斯、极化、多普勒、循环平稳、非圆以及信号源的空域稀疏特性，以进一步提高信号波达方向估计的性能。另外，与自适应波束形成器类似，信号波达方向估计性能对模型误差也较为敏感，如何提高方法容差性一直是研究焦点之一。

本书作为阵列信号处理方面的入门教材和参考书，主要选择本领域的基础性知识加以介绍。同时，考虑到该领域的发展极为迅速，书中也适当介绍了阵列信号处理方面的最新研究进展和成果，如基于不确定集约束的鲁棒自适应波束形成、宽线性自适应波束形成、嵌套和互质阵列、流形分离技术、稀疏表示技术、信号极化特性和非圆特性在阵列信号处理中的应用等，以保证内容的新颖性。

全书共分6章，其中第1章介绍阵列信号处理方面的基础知识，主要涉及阵列输出信号的数学模型、阵列输出信号的二阶统计特性以及阵列校正等；第2章介绍窄带阵列波束形成的基本理论与典型方法，着重阐述统计最优波束形成技术以及鲁棒自适应波束形成技术；第3章介绍窄带阵列信号波达方向估计的基本理论与典型方法；第4章介绍窄带阵列孔径扩展技术；第5章讨论信号频率和波达方向的联合估计问题；第6章介绍宽带阵列信号波达方向估计与波束形成的基本理论与方法。

阵列信号处理所涉及的应用领域非常广泛，且仍在不断发展。限于作者水平所限，书中难免存在不足甚至谬误之处，敬请广大读者指正。

本书的出版得到了国家自然科学基金委重点项目（61331019）和重大项目（61490691）以及北京理工大学研究生院“双一流”建设的课题资助，特此感谢。

作　者
2018年1月于北京理工大学

常用符号和缩写

E	数学期望
$\mathrm{cum}^{\langle Q\rangle}$	Q 阶累积量
$(\cdot)^*$	共轭
$(\cdot)^{\mathrm{T}}$	矢量或矩阵转置
$(\cdot)^{\mathrm{H}}$	矢量或矩阵共轭转置
$(\cdot)^{-1}$	矩阵逆
det	矩阵行列式
rank	矩阵秩
tr	矩阵迹
$\langle\cdot\rangle$	时间平均：$\lim\limits_{\Delta\to\infty}\frac{1}{\Delta}\int_{-\Delta/2}^{\Delta/2}(\cdot)\mathrm{d}t$
j	$\sqrt{-1}$
$\boldsymbol{I}$	单位矩阵
$\boldsymbol{I}_L$	$L\times L$ 维单位矩阵
$\boldsymbol{i}^{(n)}$	单位矩阵的第 n 列
$\boldsymbol{i}_L^{(n)}$	$L\times L$ 维单位矩阵的第 n 列
$\boldsymbol{1}$	全 1 矢量
$\boldsymbol{1}_L$	$L\times 1$ 维全 1 矢量
$\boldsymbol{O}$	零矩阵
$\boldsymbol{O}_L$	$L\times L$ 维零矩阵
$\boldsymbol{O}_{N\times L}$	$N\times L$ 维零矩阵
$\boldsymbol{0}$	零矢量
$\boldsymbol{0}_L$	$L\times 1$ 维零矢量
$\otimes$	Kronecker 积
$\odot$	Hadamard 积
$\lvert\cdot\rvert$	绝对值（模值）
$\Vert\cdot\Vert_1$	矢量的 l_1 范数：$\Vert\boldsymbol{x}\Vert_1=\sum\limits_{l=1}^{L}\lvert\boldsymbol{x}(l)\rvert$
$\Vert\cdot\Vert_2$	矢量的 l_2 范数（Euclidean 范数）：$\Vert\boldsymbol{x}\Vert_2=\sqrt{\sum\limits_{l=1}^{L}\lvert\boldsymbol{x}(l)\rvert^2}$

$\|\cdot\|_F$	矩阵的 Frobenius 范数：$\|\boldsymbol{R}\|_F=\sqrt{\sum_{l_1=1}^{L}\sum_{l_2=1}^{L}\|\boldsymbol{R}(l_1,l_2)\|^2}$
Re	实部
Im	虚部
vec	将矩阵从左至右各列矢量按顺序首尾相接堆栈成矢量
diag	以括号内序列值为对角线元素的对角矩阵
$\mathrm{sinc}(x)$	$\sin(x)/x$
c	信号波传播速度
d	阵元间距
$\bar{d}$	相对于半个信号波长的归一化阵元间距
ω_0	信号（中心）频率
L	阵元数
M	信号源数
$\boldsymbol{\Theta}$	感兴趣的角度区域
$\mathcal{M}$	阵列流形
span	矢量张成空间
$\delta(x)$	狄拉克（Dirac）Delta 函数（单位脉冲函数）
$\boldsymbol{x}(t)$	阵列（时域）输出信号矢量
$\boldsymbol{n}(t)$	阵元噪声矢量
$\underline{\boldsymbol{x}}(\omega^{(q)})$	阵列频域输出矢量
$\omega^{(q)}$	$2\pi q/T_0$，q 为整数，T_0 为阵列数据观测时间
$\boldsymbol{R}_{xx}$	阵列（时域）输出协方差矩阵（或其时间平均）
$\boldsymbol{R}_{xx^*}$	阵列（时域）输出共轭协方差矩阵（或其时间平均）
$\boldsymbol{R}_{\underline{xx}}(\omega^{(q)})$	阵列频域输出协方差矩阵
$\hat{\boldsymbol{R}}_{xx}$	阵列输出样本协方差矩阵
$\boldsymbol{a}(\theta_m)$	第 m 个信号的导向矢量
θ_m	第 m 个信号的波达方向
α_m	第 m 个信号的非圆率
β_m	第 m 个信号的非圆相位
γ_m	第 m 个信号的极化辅助角
η_m	第 m 个信号的极化相位差
DOA	波达方向：Direction - of - Arrival
SNR	信噪比：Signal - to - Noise Ratio
ISNR	输入信噪比：Input SNR
ISIR	输入信干比：Input Signal - to - Interference Ratio
IINR	输入干噪比：Input Interference - to - Noise Ratio
OSNR	输出信噪比：Output SNR

OSINR　输出信干噪比：Output Signal - to - Interference - plus - Noise Ratio
FTFT　有限时间傅里叶变换：Finite Time Fourier Transform
MUSIC　多重信号分类方法：MUltiple SIgnal Classification
ESPRIT　旋转不变参数估计方法：Estimation of Signal Parameters via Rotational Invariance Technique

目　录

CONTENTS

第1章

预 备 知 识

本章主要介绍多传感器阵列的基本概念、阵列输出信号模型及其二阶统计特性以及阵列校正等问题，作为后续讨论和分析的基础。

1.1　阵列基本组成及其结构

阵列由多个传感器单元（简称阵元）在空间按一定方式配置而成，其中各个传感器的特性可以相同，也可以不同；空间配置几何方式也是任意的，较为常见的几种阵型包括直线阵列（简称线阵）、圆形阵列（简称圆阵）、平面阵列、立体阵列以及共形阵列等。

图1.1所示是几种常见的天线阵列结构。其中，图1.1（a）为垂直极化偶极子线阵，图1.1（b）为垂直极化L型偶极子阵，图1.1（c）为垂直极化偶极子矩形阵，图1.1（d）为垂直极化偶极子圆阵，图1.1（e）为交叉偶极子磁环矢量天线（COLD）线阵，每个单元由共点配置且相互正交的偶极子和磁环组成。

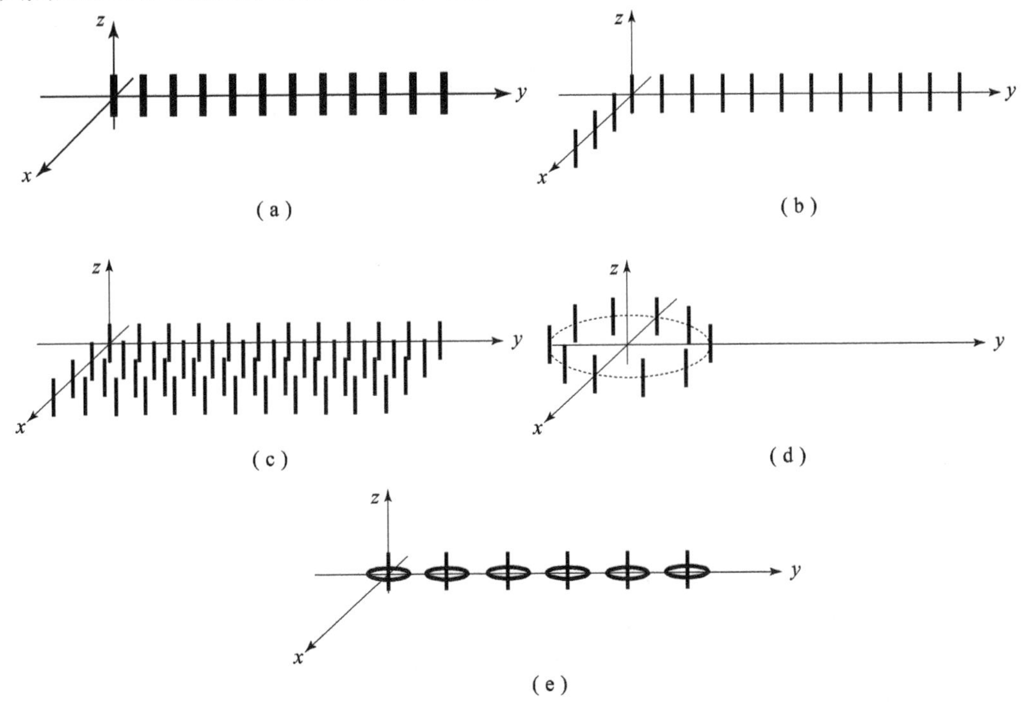

图1.1　几种常见的天线阵列结构

（a）偶极子线阵；（b）L型偶极子阵；（c）偶极子矩形阵；（d）偶极子圆阵；（e）COLD线阵

1.2　阵列输出信号模型

如图 1.2 所示的直角坐标系，坐标原点 O 为 L 元阵列观测系统的相位参考点。为便于讨论，假设阵元 0 位于坐标原点 O，作为参考阵元（若非特别指出，本书后续讨论均采用此假设）。

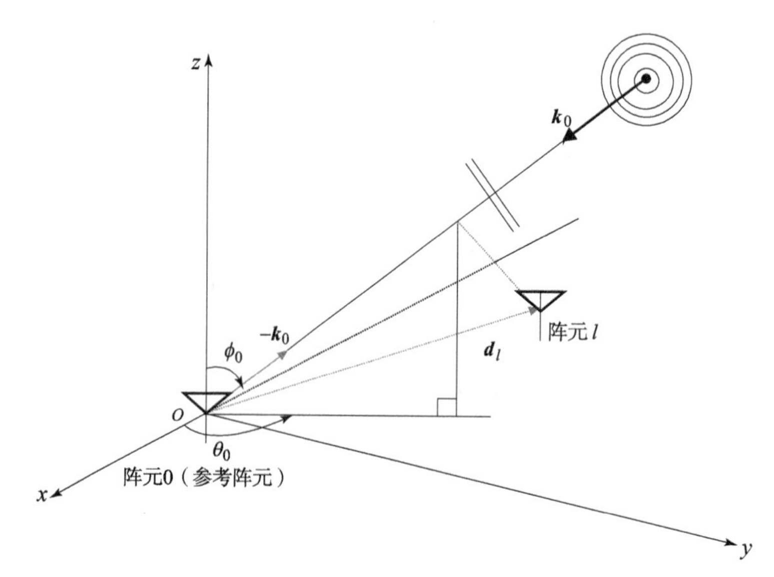

图 1.2　阵列观测坐标系及空间相位－时延关系示意图

源信号以波的形式在各向同性、均匀、无耗的理想媒质中传播至接收阵列，经传感器感应、换能及变频和同相正交匹配等一系列操作后，被解调为多路电信号，如图 1.3 所示，图中“BP”表示前置带通滤波器（其通带中心频率为 ω_0），“LP”表示低通滤波器，两者均为线性时不变系统，并且带宽与输入信号谱匹配。

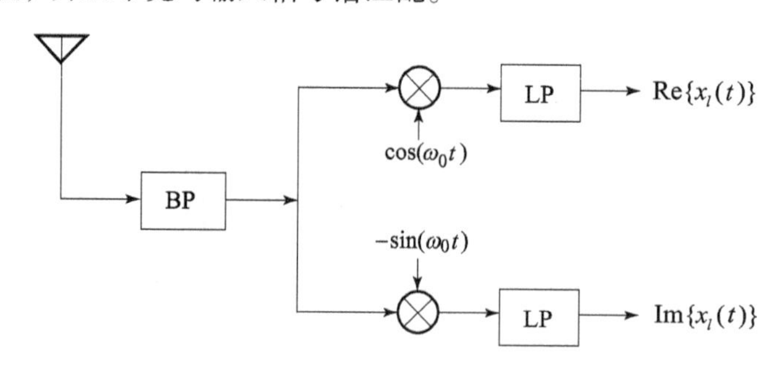

图 1.3　第 l 路接收通道（接收机）示意图

假定一点信号源位于观测阵列的远场，其方位角为 $\theta_0 \in (-180°, 180°]$，俯仰角为 $\phi_0 \in [0°, 180°]$，即其信号波达方向为 (θ_0, ϕ_0)。由于信号源位于阵列远场，当信号波扫过阵列时可视其为平面波，其等相位面（波前）近似为平面，如图 1.2 所示。假设阵列和信号源位置均固定，无相对运动。

在图 1.2 所示情形中，信号波首先到达阵元 l，所以参考阵元处的信号值应是阵元 l 处

的信号在 $\tau_l(\theta_0,\phi_0)$ 秒之前的值，其中 $\tau_l(\theta_0,\phi_0)$ 为信号波从阵元 l 传播至参考阵元所需的时间（其具体值很显然与信号波达方向有关），即

$$\begin{aligned}\tau_l(\theta_0,\phi_0) &= -\frac{\boldsymbol{k}^{\mathrm{T}}(\theta_0,\phi_0)\boldsymbol{d}_l}{c}\\ &= \frac{d_{x,l}\sin\phi_0\cos\theta_0 + d_{y,l}\sin\phi_0\sin\theta_0 + d_{z,l}\cos\phi_0}{c}\\ &= \tau_{l,0}\end{aligned} \tag{1.1}$$

式中，“$(\cdot)^{\mathrm{T}}$”表示矩阵或矢量的转置运算；$\boldsymbol{k}(\theta_0,\phi_0)$ 为信号传播矢量，其定义为

$$\boldsymbol{k}(\theta_0,\phi_0) = -[\sin\phi_0\cos\theta_0,\sin\phi_0\sin\theta_0,\cos\phi_0]^{\mathrm{T}} = \boldsymbol{k}_0 \tag{1.2}$$

$\boldsymbol{d}_l$ 为阵元 l 的位置矢量，其定义为

$$\boldsymbol{d}_l = [d_{x,l},d_{y,l},d_{z,l}]^{\mathrm{T}} \tag{1.3}$$

c 为信号波传播速度。

需要指出的是，式（1.1）所示传播时延，其值可正可负。如图 1.2 所示情形，其对应的值为正；若其值为负，则表明信号波首先到达参考阵元，然后到达阵元 l，此时参考阵元处的信号值应与阵元 l 处信号在 $|\tau_{l,0}|$ 秒之后的值相同。

假设 t 时刻参考阵元处的输入信号为（参见习题【1-2】）

$$r_0(t) = a_0(t)\cos[\omega_0 t + \varphi_0(t)] \tag{1.4}$$

式中，$a_0(t)$ 为信号振幅（对于窄带信号，也常称之为包络）；$\varphi_0(t)$ 为信号相位；ω_0 为信号中心角频率。

根据此前分析可知，阵元 l 处的输入信号应为

$$r_0(t+\tau_{l,0}) = a_0(t+\tau_{l,0})\cos[\omega_0(t+\tau_{l,0}) + \varphi_0(t+\tau_{l,0})],\ l = 1,2,\cdots,L-1 \tag{1.5}$$

式中，$\tau_{l,0}$ 为信号波到达阵元 l 相对于到达参考阵元的传播时延。

1.2.1　窄带阵列信号模型

若源信号满足窄带假设，则信号波在扫过整个阵列的过程中其包络和相位的变化都可以忽略不计，即

$$a_0(t+\tau_{l,0}) \approx a_0(t),\ l = 1,2,\cdots,L-1 \tag{1.6}$$

$$\varphi_0(t+\tau_{l,0}) \approx \varphi_0(t),\ l = 1,2,\cdots,L-1 \tag{1.7}$$

进一步有

$$r_0(t+\tau_{l,0}) \approx a_0(t)\cos[\omega_0(t+\tau_{l,0}) + \varphi_0(t)],\ l = 1,2,\cdots,L-1 \tag{1.8}$$

暂不考虑噪声，并令阵元 l 接收通道中传感器在频点 ω_0 处对信号的幅度和相位增益分别为 $g_{\mathrm{SE},l,0}$ 和 $\psi_{\mathrm{SE},l,0}$，两者一般与信号波达方向有关，对于电磁波信号，还与信号极化状态有关；再令前置带通滤波环节在频点 ω_0 处的幅度和相位增益分别为 $g_{\mathrm{BP},l}$ 和 $\psi_{\mathrm{BP},l}$，假设两者均与信号参数无关；正交解调部分低通滤波环节的幅度和相位增益分别为 $g_{\mathrm{LP},l}$ 和 $\psi_{\mathrm{LP},l}$，假设两者也均与信号参数无关。

在上述假定下，阵元 l 的传感器输出信号可（近似）表示为

$$x_{\mathrm{SE},l}(t) = g_{\mathrm{SE},l,0}a_0(t)\cos[\omega_0(t+\tau_{l,0}) + \varphi_0(t) + \psi_{\mathrm{SE},l,0}] \tag{1.9}$$

带通滤波之后的输出为

$$x_{\mathrm{BP},l}(t) = g_{\mathrm{SE},l,0}g_{\mathrm{BP},l}a_0(t)\cos[\omega_0(t+\tau_{l,0}) + \varphi_0(t) + \psi_{\mathrm{SE},l,0} + \psi_{\mathrm{BP},l}] \tag{1.10}$$

又由于

$$\begin{aligned}x_{\mathrm{BP},l}(t)\cos(\omega_0 t) &= g_{\mathrm{SE},l,0}g_{\mathrm{BP},l}a_0(t)\cos[\omega_0(t+\tau_{l,0})+\varphi_0(t)+\psi_{\mathrm{SE},l,0}+\psi_{\mathrm{BP},l}]\cos(\omega_0 t)\\ &= \frac{1}{2}g_{\mathrm{SE},l,0}g_{\mathrm{BP},l}a_0(t)\cos[2\omega_0 t+\omega_0\tau_{l,0}+\varphi_0(t)+\psi_{\mathrm{SE},l,0}+\psi_{\mathrm{BP},l}]+\\ &\quad \frac{1}{2}g_{\mathrm{SE},l,0}g_{\mathrm{BP},l}a_0(t)\cos[\omega_0\tau_{l,0}+\varphi_0(t)+\psi_{\mathrm{SE},l,0}+\psi_{\mathrm{BP},l}]\end{aligned} \tag{1.11}$$

式中，第二等式右端第一项为高频成分，第二项为低频成分。若第一项和第二项的谱支撑分别集中于 $2\omega_0$ 和零频处，则低通滤波后近似有

$$\begin{cases}\mathrm{Re}\{x_l(t)\} = \frac{1}{2}g_{\mathrm{SE},l,0}g_{\mathrm{BP},l}g_{\mathrm{LP},l}a_0(t)\cos[\omega_0\tau_{l,0}+\varphi_0(t)+\psi_{\mathrm{SE},l,0}+\psi_{\mathrm{BP},l}+\psi_{\mathrm{LP},l}]\\ \qquad\qquad\quad = g_{l,0}a_0(t)\cos[\omega_0\tau_{l,0}+\varphi_0(t)+\psi_{l,0}]\\ g_{l,0} = \frac{1}{2}g_{\mathrm{SE},l,0}g_{\mathrm{BP},l}g_{\mathrm{LP},l}\\ \psi_{l,0} = \psi_{\mathrm{SE},l,0}+\psi_{\mathrm{BP},l}+\psi_{\mathrm{LP},l}\end{cases} \tag{1.12}$$

式中，“Re”表示求取实部。

同理可得

$$\mathrm{Im}\{x_l(t)\} = g_{l,0}a_0(t)\sin[\omega_0\tau_{l,0}+\varphi_0(t)+\psi_{l,0}] \tag{1.13}$$

式中，“Im”表示求取虚部。

综上，经过下变频正交解调后，阵元 l 最终的基带输出复信号近似可以写成

$$\begin{aligned}x_l(t) &= \mathrm{Re}\{x_l(t)\}+\mathrm{j}\,\mathrm{Im}\{x_l(t)\}\\ &= (g_{l,0}\mathrm{e}^{\mathrm{j}\psi_{l,0}})\mathrm{e}^{\mathrm{j}\omega_0\tau_{l,0}}[a_0(t)\mathrm{e}^{\mathrm{j}\varphi_0(t)}] = \rho_{l,0}\mathrm{e}^{\mathrm{j}\omega_0\tau_{l,0}}s_0(t)\end{aligned} \tag{1.14}$$

式中，$s_0(t) = a_0(t)\mathrm{e}^{\mathrm{j}\varphi_0(t)}$ 为信号复包络，有时也简称为信号；$\rho_{l,0} = g_{l,0}\mathrm{e}^{\mathrm{j}\psi_{l,0}}$ 为阵元 l 接收通道总的复增益（幅相增益）；$\mathrm{j} = \sqrt{-1}$。

式（1.14）同样适用于参考阵元的输出，即 $x_0(t) = \rho_{0,0}\mathrm{e}^{\mathrm{j}\omega_0\tau_{0,0}}s_0(t)$ 。进一步，$\tau_{0,0} = 0$，所以 $x_0(t) = \rho_{0,0}s_0(t)$。

这样，考虑噪声后，参考阵元和阵元 l 的实际输出复信号分别可以写成

$$x_0(t) = \rho_{0,0}s_0(t)+n_0(t) \tag{1.15}$$

$$x_l(t) = \rho_{l,0}\mathrm{e}^{\mathrm{j}\omega_0\tau_{l,0}}s_0(t)+n_l(t) \tag{1.16}$$

式中，$n_0(t)$ 和 $n_l(t)$ 分别为参考阵元和阵元 l 加性噪声。

由式（1.15）和式（1.16）可以看出，对于窄带情形，不同阵元的输出信号在不考虑噪声的条件下都是（近似）完全相关的。

定义阵列输出信号矢量（或称快拍矢量）为

$$\boldsymbol{x}(t) = [x_0(t),x_1(t),\cdots,x_{L-1}(t)]^{\mathrm{T}} \tag{1.17}$$

根据上文分析，有

$$\boldsymbol{x}(t) = \boldsymbol{a}_0 s_0(t)+\boldsymbol{n}(t) \tag{1.18}$$

式中，$\boldsymbol{a}_0$ 为信号（空域）导向矢量；$\boldsymbol{n}(t)$ 为阵元加性噪声矢量。定义 θ_0 和 ϕ_0 分别为信号的方位角和俯仰角，则有

$$\boldsymbol{a}_0 = [\rho_{0,0},\rho_{1,0}\mathrm{e}^{\mathrm{j}\omega_0\tau_{1,0}},\cdots,\rho_{L-1,0}\mathrm{e}^{\mathrm{j}\omega_0\tau_{L-1,0}}]^{\mathrm{T}}$$

$$
\begin{aligned}
&= [\rho_{0,0}, \rho_{1,0}\mathrm{e}^{\mathrm{j}\omega_0\tau_1(\theta_0,\varphi_0)}, \cdots, \rho_{L-1,0}\mathrm{e}^{\mathrm{j}\omega_0\tau_{L-1}(\theta_0,\varphi_0)}]^{\mathrm{T}} \\
&= \boldsymbol{a}(\theta_0, \phi_0)
\end{aligned}
$$

$$
\boldsymbol{n}(t) = [n_0(t), n_1(t), \cdots, n_{L-1}(t)]^{\mathrm{T}}
$$

若同时存在 M 个中心角频率同为 ω_0，但波达方向互不相同的远场窄带信号 $\{s_m(t)\}_{m=0}^{M-1}$，则阵列基带输出信号矢量具有下述形式：

$$
\boldsymbol{x}(t) = \sum_{m=0}^{M-1}\boldsymbol{a}_m s_m(t) + \boldsymbol{n}(t) = \boldsymbol{A}\boldsymbol{s}(t) + \boldsymbol{n}(t) \tag{1.19}
$$

式中，$\boldsymbol{a}_m$ 为第 m 个信号的导向矢量；$\boldsymbol{A}$ 为信号（空域）导向矢量矩阵；$\boldsymbol{s}(t)$ 为阵列输出信号复包络矢量，简称信号矢量；$\tau_{l,m} = \tau_l(\theta_m, \phi_m)$ 为第 m 个信号波到达阵元 l 相对于到达参考阵元的传播时延；$\rho_{l,m} = g_{l,m}\mathrm{e}^{\mathrm{j}\psi_{l,m}}$ 为与第 m 个信号的参数有关的阵元 l 通道总增益，$l = 0, 1, \cdots, L-1$；$s_m(t) = a_m(t)\mathrm{e}^{\mathrm{j}\varphi_m(t)}$ 为第 m 个信号的复包络，$a_m(t)$ 和 $\varphi_m(t)$ 分别为其振幅和相位，$m = 0, 1, \cdots, M-1$。

$$
\begin{aligned}
\boldsymbol{a}_m &= [\rho_{0,m}, \rho_{1,m}\mathrm{e}^{\mathrm{j}\omega_0\tau_{1,m}}, \cdots, \rho_{L-1,m}\mathrm{e}^{\mathrm{j}\omega_0\tau_{L-1,m}}]^{\mathrm{T}} \\
&= [\rho_{0,m}, \rho_{1,m}\mathrm{e}^{\mathrm{j}\omega_0\tau_1(\theta_m,\phi_m)}, \cdots, \rho_{L-1,m}\mathrm{e}^{\mathrm{j}\omega_0\tau_{L-1}(\theta_m,\phi_m)}]^{\mathrm{T}} \\
&= \boldsymbol{a}(\theta_m, \phi_m) \\
\boldsymbol{A} &= [\boldsymbol{a}_0, \boldsymbol{a}_1, \cdots, \boldsymbol{a}_{M-1}] \\
\boldsymbol{s}(t) &= [s_0(t), s_1(t), \cdots, s_{M-1}(t)]^{\mathrm{T}}
\end{aligned}
$$

假定参考阵元接收通道可有效工作（复增益不为零），有时为了方便起见，也可将其复增益合并至信号复包络中，即令 $s_m(t) = \rho_{0,m}a_m(t)\mathrm{e}^{\mathrm{j}\varphi_m(t)}$，此时第 m 个信号的导向矢量可以重新定义为

$$
\boldsymbol{a}_m = \left[1, \left(\frac{\rho_{1,m}}{\rho_{0,m}}\right)\mathrm{e}^{\mathrm{j}\omega_0\tau_{1,m}}, \cdots, \left(\frac{\rho_{L-1,m}}{\rho_{0,m}}\right)\mathrm{e}^{\mathrm{j}\omega_0\tau_{L-1,m}}\right]^{\mathrm{T}} \tag{1.20}
$$

若所有接收通道增益一致，则进一步有

$$
\boldsymbol{a}_m = [1, \mathrm{e}^{\mathrm{j}\omega_0\tau_{1,m}}, \cdots, \mathrm{e}^{\mathrm{j}\omega_0\tau_{L-1,m}}]^{\mathrm{T}} \tag{1.21}
$$

实际中讨论较多的是如图 1.4 所示的等距线阵（也称线性均匀阵）信号波达方向估计（也称测向）问题，其中所有信号源均位于 $x-y$ 平面内，此时可仅用信号方位角描述其波达方向（为简单起见，后文的讨论均作此假设）。另外，阵列传感器均为全向的，即其对信号的响应与信号波达方向无关，具有各向同性[1-3]。

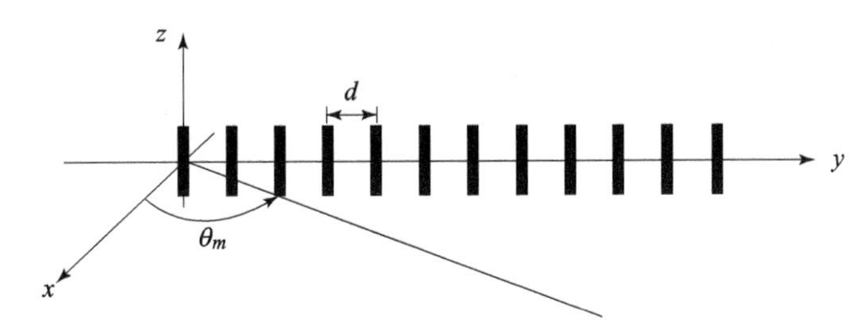

图 1.4　等距线阵示意图

在图 1.4 中，若阵列传感器为垂直极化偶极子天线，所有信号均为垂直极化，则天线对信号波的响应与信号波达方向无关。

进一步假设阵列中所有传感器对信号波的响应特性均相同（也常称之为标量阵列），此

时第 m 个信号波的传播矢量和阵元 l 的位置矢量分别为

$$\boldsymbol{k}_m = -[\cos\theta_m, \sin\theta_m, 0]^{\mathrm{T}} \tag{1.22}$$

$$\boldsymbol{d}_l = [0, ld, 0]^{\mathrm{T}} \tag{1.23}$$

式中，θ_m 为第 m 个信号的波达方向；d 为阵元间距。

相应地，信号波到达阵元 l 相对于到达参考阵元的传播时延应为

$$\tau_{l,m} = -\frac{\boldsymbol{k}_m^{\mathrm{T}}\boldsymbol{d}_l}{c} = \frac{ld\sin\theta_m}{c} \tag{1.24}$$

第 m 个信号的导向矢量则为

$$\boldsymbol{a}_m = [1, \mathrm{e}^{\mathrm{j}2\pi d\sin\theta_m/\lambda_0}, \mathrm{e}^{\mathrm{j}4\pi d\sin\theta_m/\lambda_0}, \cdots, \mathrm{e}^{\mathrm{j}2\pi(L-1)d\sin\theta_m/\lambda_0}]^{\mathrm{T}} = \boldsymbol{a}(\theta_m) \tag{1.25}$$

式中，$\lambda_0 = 2\pi c/\omega_0$ 为信号波长。

需要指出的是，在很多实际应用中，阵列接收通道增益和阵元位置等很难精确配置，前者还会随时间的推移和环境变化发生一定的扰动，很难保证一致性要求。这些因素所导致的阵列信号模型误差需要通过阵列校正技术加以补偿，否则会极大影响后续信号处理的性能。关于阵列接收通道增益不一致性和阵元位置误差的校正问题，将在 1.4 节进行详细讨论。

最后介绍阵列流形的概念。假设感兴趣的角度区域为 Θ，则窄带阵列流形定义如下：

$$\mathcal{M} = \{\boldsymbol{a}(\theta), \theta \in \Theta\} \tag{1.26}$$

式中，$\boldsymbol{a}(\theta)$ 为阵列流形矢量，对应波达方向为 θ 的信号导向矢量。由定义可以看出，阵列流形本质上是由感兴趣角度区域内所有可能的信号导向矢量所组成的一个闭联集[4-6]。

后面我们将会看到，大部分阵列信号处理方法都需要关于阵列流形的先验知识。实际中，可在感兴趣的角度区域内，通过改变校正源的角度对阵列流形进行直接测量和存储。流形离散测量方法无须建立阵列误差模型，是一种相对实用的离线阵列校正方法，其缺点是实现代价较大。

1.2.2 宽带阵列信号模型

宽带入射信号条件下（为使复包络概念具有实际意义，假设信号相对带宽不超过50%），参考阵元和阵元 l 处的输入信号仍可分别写成

$$r_0(t) = a_0(t)\cos[\omega_0 t + \varphi_0(t)] \tag{1.27}$$

$$r_0(t+\tau_{l,0}) = a_0(t+\tau_{l,0})\cos[\omega_0(t+\tau_{l,0}) + \varphi_0(t+\tau_{l,0})] \tag{1.28}$$

式中，$a_0(t)$ 为信号振幅；$\varphi_0(t)$ 为信号相位；ω_0 为信号中心角频率；$\tau_{l,0}$ 为信号波到达阵元 l 相对于到达参考阵元的传播时延，其值与信号波达方向有关，如式（1.1）所示。

由于信号为宽带，信号振幅和相位在信号波扫过阵列过程中的变化不可忽略，所以式（1.8）不再成立，式（1.15）和式（1.16）所示窄带阵列信号模型也不再成立。

1. 阵列输入信号存在傅里叶变换

假设信号为有限带宽，阵元 l 传感器的单位冲激响应为 $h_{\mathrm{SE},l,0}(t)$，其傅里叶变换也即传感器的频率响应为 $\underline{h}_{\mathrm{SE},l,0}(\omega)$，暂不考虑噪声，则阵元 l 传感器的输出信号可以写成

$$x_{\mathrm{SE},l}(t) = \int_{-\infty}^{\infty} r_0(t+\tau_{l,0}-\iota)h_{\mathrm{SE},l,0}(\iota)\mathrm{d}\iota \tag{1.29}$$

对 $x_{\mathrm{SE},l}(t)$ 进行傅里叶变换，得到

$$\underline{x}_{\mathrm{SE},l}(\omega) = \mathrm{FT}\{x_{\mathrm{SE},l}(t)\} = \int_{-\infty}^{\infty} x_{\mathrm{SE},l}(t)\mathrm{e}^{-\mathrm{j}\omega t}\mathrm{d}t$$

$$
\begin{aligned}
&= \int_{-\infty}^{\infty}\left[\int_{-\infty}^{\infty} r_0(t+\tau_{l,0}-\iota)h_{\mathrm{SE},l,0}(\iota)\mathrm{d}\iota\right]\mathrm{e}^{-\mathrm{j}\omega t}\mathrm{d}t \\
&= \int_{-\infty}^{\infty} h_{\mathrm{SE},l,0}(\iota)\left[\int_{-\infty}^{\infty} r_0(t+\tau_{l,0}-\iota)\mathrm{e}^{-\mathrm{j}\omega t}\mathrm{d}t\right]\mathrm{d}\iota \\
&= \underbrace{\left[\int_{-\infty}^{\infty} h_{\mathrm{SE},l,0}(\iota)\mathrm{e}^{-\mathrm{j}\omega\iota}\mathrm{d}\iota\right]}_{\underline{h}_{\mathrm{SE},l,0}(\omega)}\underbrace{\left[\int_{-\infty}^{\infty} r_0(t)\mathrm{e}^{-\mathrm{j}\omega t}\mathrm{d}t\right]}_{\underline{r}_0(\omega)}\mathrm{e}^{\mathrm{j}\omega\tau_{l,0}} \\
&= \underline{h}_{\mathrm{SE},l,0}(\omega)\underline{r}_0(\omega)\mathrm{e}^{\mathrm{j}\omega\tau_{l,0}}
\end{aligned} \tag{1.30}
$$

其中，$\underline{r}_0(\omega)$ 如图 1.5 所示。

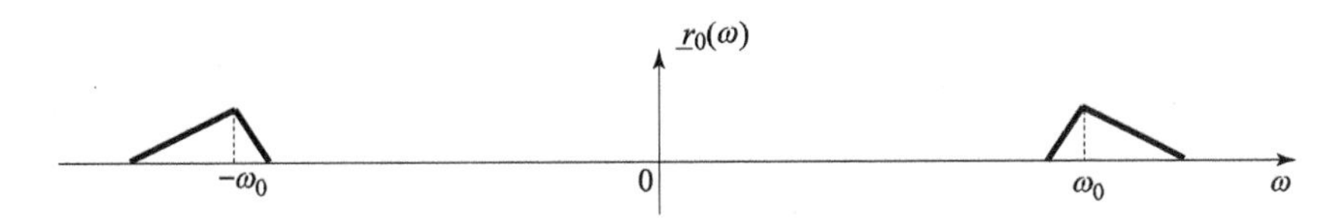

图 1.5　$\underline{r}_0(\omega)$ 的示意图

进一步假设阵元 l 接收通道前置带通滤波器的单位冲激响应为 $h_{\mathrm{BP},l}(t)$，频率响应为 $\underline{h}_{\mathrm{BP},l}(\omega)$，两者均与信号参数无关。这样，滤波后的输出可以写成下述形式：

$$
x_{\mathrm{BP},l}(t) = \int_{-\infty}^{\infty} x_{\mathrm{SE},l}(t-\iota)h_{\mathrm{BP},l}(\iota)\mathrm{d}\iota \tag{1.31}
$$

其傅里叶变换为

$$
\underline{x}_{\mathrm{BP},l}(\omega) = \underline{h}_{\mathrm{BP},l}(\omega)\underline{h}_{\mathrm{SE},l,0}(\omega)\underline{r}_0(\omega)\mathrm{e}^{\mathrm{j}\omega\tau_{l,0}} \tag{1.32}
$$

注意到 $x_{\mathrm{BP},l}(t)\cos(\omega_0 t)$ 的傅里叶变换为

$$
\begin{aligned}
\mathrm{FT}\{x_{\mathrm{BP},l}(t)\cos(\omega_0 t)\} &= \frac{1}{2}[\underline{x}_{\mathrm{BP},l}(\omega-\omega_0)+\underline{x}_{\mathrm{BP},l}(\omega+\omega_0)] \\
&= \frac{1}{2}\left[\begin{aligned}&\underline{h}_{\mathrm{BP},l}(\omega-\omega_0)\underline{h}_{\mathrm{SE},l,0}(\omega-\omega_0)\underline{r}_0(\omega-\omega_0)\mathrm{e}^{\mathrm{j}(\omega-\omega_0)\tau_{l,0}} \\ &+\underline{h}_{\mathrm{BP},l}(\omega+\omega_0)\underline{h}_{\mathrm{SE},l,0}(\omega+\omega_0)\underline{r}_0(\omega+\omega_0)\mathrm{e}^{\mathrm{j}(\omega+\omega_0)\tau_{l,0}}\end{aligned}\right]
\end{aligned} \tag{1.33}
$$

而 $-x_{\mathrm{BP},l}(t)\sin(\omega_0 t)$ 的傅里叶变换为

$$
\begin{aligned}
\mathrm{FT}\{-x_{\mathrm{BP},l}(t)\sin(\omega_0 t)\} &= \frac{1}{2\mathrm{j}}[\underline{x}_{\mathrm{BP},l}(\omega+\omega_0)-\underline{x}_{\mathrm{BP},l}(\omega-\omega_0)] \\
&= \frac{1}{2\mathrm{j}}\left[\begin{aligned}&\underline{h}_{\mathrm{BP},l}(\omega+\omega_0)\underline{h}_{\mathrm{SE},l,0}(\omega+\omega_0)\underline{r}_0(\omega+\omega_0)\mathrm{e}^{\mathrm{j}(\omega+\omega_0)\tau_{l,0}} \\ &-\underline{h}_{\mathrm{BP},l}(\omega-\omega_0)\underline{h}_{\mathrm{SE},l,0}(\omega-\omega_0)\underline{r}_0(\omega-\omega_0)\mathrm{e}^{\mathrm{j}(\omega-\omega_0)\tau_{l,0}}\end{aligned}\right]
\end{aligned} \tag{1.34}
$$

所以，阵元 l 输出复信号 $x_l(t) = \mathrm{Re}\{x_l(t)\} + \mathrm{jIm}\{x_l(t)\}$ 的傅里叶变换为

$$
\begin{aligned}
\mathrm{FT}\{x_l(t)\} &= \underline{h}_{\mathrm{LP},l}(\omega)\mathrm{FT}\{x_{\mathrm{BP},l}(t)\cos(\omega_0 t)\} + \mathrm{j}\underline{h}_{\mathrm{LP},l}(\omega)\mathrm{FT}\{-x_{\mathrm{BP},l}(t)\sin(\omega_0 t)\} \\
&= \underbrace{\underline{h}_{\mathrm{LP},l}(\omega)\underline{h}_{\mathrm{BP},l}(\omega+\omega_0)\underline{h}_{\mathrm{SE},l,0}(\omega+\omega_0)}_{\underline{h}_{l,0}(\omega)}\underbrace{\underline{r}_0(\omega+\omega_0)}_{\underline{s}_0(\omega)}\mathrm{e}^{\mathrm{j}(\omega+\omega_0)\tau_{l,0}} \\
&= \underline{h}_{l,0}(\omega)\underline{s}_0(\omega)\mathrm{e}^{\mathrm{j}(\omega+\omega_0)\tau_{l,0}}
\end{aligned} \tag{1.35}
$$

式中，$\underline{h}_{\mathrm{LP},l}(\omega)$ 为阵元 l 接收通道正交解调低通滤波器的频率响应；$\underline{h}_{l,0}(\omega)$ 为阵元 l 接收通道总的频率响应，一般与信号参数有关。

注意到式（1.35）中 $\underline{h}_{l,0}(\omega)\underline{s}_0(\omega)$ 的支撑区间位于零频附近，如图 1.6 所示。

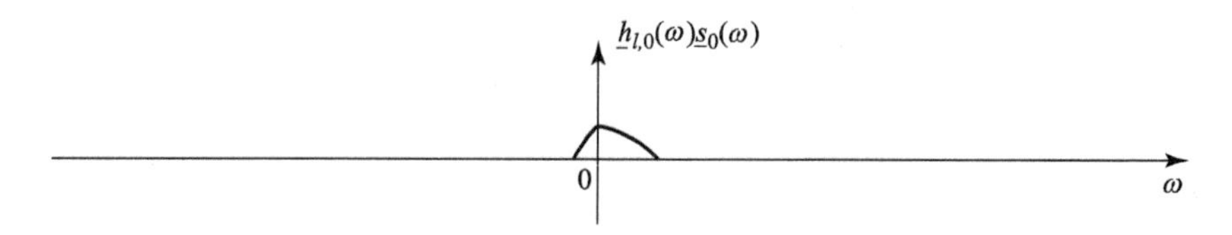

图 1.6　$\underline{h}_{l,0}(\omega)\underline{s}_0(\omega)$ 的示意图

综上，可以得到下述考虑噪声后的基带阵列频域输出矢量：

$$\underline{\boldsymbol{x}}(\omega)=[\underline{x}_0(\omega),\underline{x}_1(\omega),\cdots,\underline{x}_{L-1}(\omega)]^{\mathrm{T}}=\underline{\boldsymbol{a}}_0(\omega)\underline{\boldsymbol{s}}_0(\omega)+\underline{\boldsymbol{n}}(\omega) \tag{1.36}$$

式中，$\underline{\boldsymbol{a}}_0(\omega)$ 为信号在频点 ω 处的导向矢量。

$$\begin{aligned}\underline{\boldsymbol{a}}_0(\omega)&=[\underline{h}_{0,0}(\omega),\underline{h}_{1,0}(\omega)\mathrm{e}^{\mathrm{j}(\omega+\omega_0)\tau_{1,0}},\cdots,\underline{h}_{L-1,0}(\omega)\mathrm{e}^{\mathrm{j}(\omega+\omega_0)\tau_{L-1,0}}]^{\mathrm{T}}\\&=[\underline{h}_{0,0}(\omega),\underline{h}_{1,0}(\omega)\mathrm{e}^{\mathrm{j}(\omega+\omega_0)\tau_1(\theta_0)},\cdots,\underline{h}_{L-1,0}(\omega)\mathrm{e}^{\mathrm{j}(\omega+\omega_0)\tau_{L-1}(\theta_0)}]^{\mathrm{T}}=\underline{\boldsymbol{a}}(\omega,\theta_0)\end{aligned}$$

$$\underline{\boldsymbol{n}}(\omega)=\mathrm{FT}\{\boldsymbol{n}(t)\}=[\underline{n}_0(\omega),\underline{n}_1(\omega),\cdots,\underline{n}_{L-1}(\omega)]^{\mathrm{T}}$$

$\underline{h}_{l,0}(\omega)$ 为与信号参数有关的阵元 l 接收通道频率响应；$\tau_{l,0}=\tau_l(\theta_0)$ 为信号波到达阵元 l 相对于到达参考阵元的传播时延，θ_0 为信号波达方向；$\boldsymbol{n}(t)$ 为阵元加性噪声矢量；$\underline{n}_l(\omega)$ 为阵元 l 加性噪声 $n_l(t)$ 的傅里叶变换。

根据上文的讨论，当同时存在 M 个中心频率和带宽均相同的宽带信号时，基带阵列频域输出矢量具有下述形式：

$$\underline{\boldsymbol{x}}(\omega)=\sum_{m=0}^{M-1}\underline{\boldsymbol{a}}_m(\omega)\underline{\boldsymbol{s}}_m(\omega)+\underline{\boldsymbol{n}}(\omega)=\underline{\boldsymbol{A}}(\omega)\underline{\boldsymbol{s}}(\omega)+\underline{\boldsymbol{n}}(\omega) \tag{1.37}$$

式中，$\underline{\boldsymbol{a}}_m(\omega)$ 为第 m 个信号在频点 ω 处的导向矢量。

$$\begin{aligned}\underline{\boldsymbol{a}}_m(\omega)&=[\underline{h}_{0,m}(\omega),\underline{h}_{1,m}(\omega)\mathrm{e}^{\mathrm{j}(\omega+\omega_0)\tau_{1,m}},\cdots,\underline{h}_{L-1,m}(\omega)\mathrm{e}^{\mathrm{j}(\omega+\omega_0)\tau_{L-1,m}}]^{\mathrm{T}}\\&=[\underline{h}_{0,m}(\omega),\underline{h}_{1,m}(\omega)\mathrm{e}^{\mathrm{j}(\omega+\omega_0)\tau_1(\theta_m)},\cdots,\underline{h}_{L-1,m}(\omega)\mathrm{e}^{\mathrm{j}(\omega+\omega_0)\tau_{L-1}(\theta_m)}]^{\mathrm{T}}=\underline{\boldsymbol{a}}(\omega,\theta_m)\end{aligned}$$

$$\underline{\boldsymbol{A}}(\omega)=[\underline{\boldsymbol{a}}_0(\omega),\underline{\boldsymbol{a}}_1(\omega),\cdots,\underline{\boldsymbol{a}}_{M-1}(\omega)]$$

$$\underline{\boldsymbol{s}}(\omega)=[\underline{s}_0(\omega),\underline{s}_1(\omega),\cdots,\underline{s}_{M-1}(\omega)]^{\mathrm{T}}$$

$\underline{h}_{l,m}(\omega)$ 为与第 m 个信号的参数有关的阵元 l 接收通道频率响应；$\tau_{l,m}=\tau_l(\theta_m)$ 为第 m 个信号波到达阵元 l 相对于到达参考阵元的传播时延；θ_m 为第 m 个信号的波达方向；$\underline{s}_m(\omega)$ 为第 m 个信号的傅里叶变换。

假设阵列传感器响应特性与信号参数无关，且所有阵元接收通道的频率响应均相同（关于阵列通道频率响应不一致的校正，将在 1.5 节进行讨论），将其合并到 $\{\underline{s}_m(\omega)\}_{m=0}^{M-1}$ 中后，信号在频点 ω 处的导向矢量可以简化成

$$\underline{\boldsymbol{a}}_m(\omega)=[1,\mathrm{e}^{\mathrm{j}(\omega+\omega_0)\tau_{1,m}},\cdots,\mathrm{e}^{\mathrm{j}(\omega+\omega_0)\tau_{L-1,m}}]^{\mathrm{T}} \tag{1.38}$$

为了进一步简化频点 ω 处信号导向矢量的形式，还可将信号谱、系统频率响应右移 ω_0：

$$\underline{\boldsymbol{x}}^{\mapsto}(\omega)=\underline{\boldsymbol{x}}(\omega-\omega_0)=\int_{-\infty}^{\infty}\boldsymbol{x}(t)\mathrm{e}^{-\mathrm{j}(\omega-\omega_0)t}\mathrm{d}t \tag{1.39}$$

此时第 m 个信号在频点 ω 处的导向矢量形式如下：

$$\underline{\boldsymbol{a}}_m^{\mapsto}(\omega)=[1,\mathrm{e}^{\mathrm{j}\omega\tau_{1,m}},\cdots,\mathrm{e}^{\mathrm{j}\omega\tau_{L-1,m}}]^{\mathrm{T}} \tag{1.40}$$

需要特别注意的是，进行上述谱搬移操作后，阵列输出信号的谱支撑区间，也即信号谱

为非零值时所对应的频带，将由原先集中在零频附近变成集中在 ω_0 附近，如图 1.7 所示。

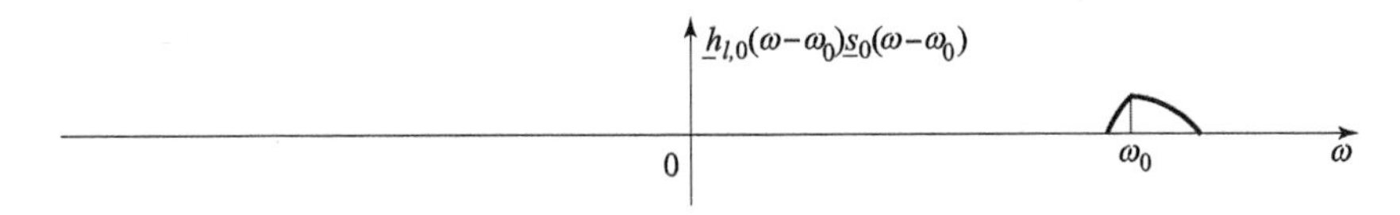

图 1.7　$\underline{h}_{l,0}(\omega-\omega_0)\underline{s}_0(\omega-\omega_0)$ 的示意图

类似窄带情形，可定义频点 ω 处的（宽带）阵列流形如下：

$$\mathcal{M}(\omega) = \{\underline{\boldsymbol{a}}(\omega,\theta),\theta\in \Theta\} \tag{1.41}$$

式中，$\underline{\boldsymbol{a}}(\omega,\theta)$ 为频点 ω 处的阵列流形矢量，它对应于波达方向为 θ 的信号在频点 ω 处的导向矢量；Θ 为感兴趣的角度区域。

2. 阵列输入信号为周期信号

由于信号为周期信号，可以引入傅里叶级数变换对阵列输出进行建模。仍然假设信号为有限带宽，阵元 l 传感器的频率响应为 $\underline{h}_{\mathrm{SE},l,0}(\omega)$，暂不考虑噪声，对阵元 l 传感器的输出信号 $x_{\mathrm{SE},l}(t)$ 进行下述傅里叶级数变换：

$$\begin{aligned}
\underline{x}_{\mathrm{SE},l}(\omega^{(q)}) &= \mathrm{FS}\{x_l(t)\} = \frac{1}{T_0}\int_{-T_0/2}^{T_0/2} x_{\mathrm{SE},l}(t)\mathrm{e}^{-\mathrm{j}\omega^{(q)}t}\mathrm{d}t \\
&= \frac{1}{T_0}\int_{-T_0/2}^{T_0/2}\left[\int_{-\infty}^{\infty} r_0(t+\tau_{l,0}-\iota)h_{\mathrm{SE},l,0}(\iota)\mathrm{d}\iota\right]\mathrm{e}^{-\mathrm{j}\omega^{(q)}t}\mathrm{d}t \\
&= \int_{-\infty}^{\infty} h_{\mathrm{SE},l,0}(\iota)\left[\frac{1}{T_0}\int_{-T_0/2}^{T_0/2} r_0(t+\tau_{l,0}-\iota)\mathrm{e}^{-\mathrm{j}\omega^{(q)}t}\mathrm{d}t\right]\mathrm{d}\iota \\
&= \mathrm{e}^{\mathrm{j}\omega^{(q)}\tau_{l,0}}\int_{-\infty}^{\infty} h_{\mathrm{SE},l,0}(\iota)\mathrm{e}^{-\mathrm{j}\omega^{(q)}\iota}\left[\frac{1}{T_0}\int_{-T_0/2+\tau_{l,0}-\iota}^{T_0/2+\tau_{l,0}-\iota} r_0(t)\mathrm{e}^{-\mathrm{j}\omega^{(q)}t}\mathrm{d}t\right]\mathrm{d}\iota
\end{aligned} \tag{1.42}$$

式中，$\omega^{(q)} = 2\pi q/T_0$，$T_0$ 为信号周期，q 为整数。

$$\begin{aligned}
\frac{1}{T_0}\int_{-T_0/2+\tau_{l,0}-\iota}^{T_0/2+\tau_{l,0}-\iota} r_0(t)\mathrm{e}^{-\mathrm{j}\omega^{(q)}t}\mathrm{d}t &= \frac{1}{T_0}\left[\int_{-T_0/2+\tau_{l,0}-\iota}^{T_0/2} r_0(t)\mathrm{e}^{-\mathrm{j}\omega^{(q)}t}\mathrm{d}t + \int_{T_0/2}^{T_0/2+\tau_{l,0}-\iota} r_0(t)\mathrm{e}^{-\mathrm{j}\omega^{(q)}t}\mathrm{d}t\right] \\
&= \frac{1}{T_0}\left[\int_{-T_0/2+\tau_{l,0}-\iota}^{T_0/2} r_0(t)\mathrm{e}^{-\mathrm{j}(\frac{2\pi q}{T_0})t}\mathrm{d}t + \int_{-T_0/2}^{-T_0/2+\tau_{l,0}-\iota} r_0(t+T_0)\mathrm{e}^{-\mathrm{j}(\frac{2\pi q}{T_0})(t+T_0)}\mathrm{d}t\right] \\
&= \frac{1}{T_0}\left[\int_{-T_0/2+\tau_{l,0}-\iota}^{T_0/2} r_0(t)\mathrm{e}^{-\mathrm{j}(\frac{2\pi q}{T_0})t}\mathrm{d}t + \int_{-T_0/2}^{-T_0/2+\tau_{l,0}-\iota} r_0(t)\mathrm{e}^{-\mathrm{j}(\frac{2\pi q}{T_0})t}\mathrm{d}t\right] \\
&= \frac{1}{T_0}\int_{-T_0/2}^{T_0/2} r_0(t)\mathrm{e}^{-\mathrm{j}(\frac{2\pi q}{T_0})t}\mathrm{d}t \\
&= \frac{1}{T_0}\int_{-T_0/2}^{T_0/2} r_0(t)\mathrm{e}^{-\mathrm{j}\omega^{(q)}t}\mathrm{d}t
\end{aligned} \tag{1.43}$$

所以，

$$\begin{aligned}
\underline{x}_{\mathrm{SE},l}(\omega^{(q)}) &= \underbrace{\left[\int_{-\infty}^{\infty} h_{\mathrm{SE},l,0}(\iota)\mathrm{e}^{-\mathrm{j}\omega^{(q)}\iota}\mathrm{d}\iota\right]}_{\underline{h}_{\mathrm{SE},l,0}(\omega^{(q)})}\underbrace{\left[\frac{1}{T_0}\int_{-T_0/2}^{T_0/2} r_0(t)\mathrm{e}^{-\mathrm{j}\omega^{(q)}t}\mathrm{d}t\right]}_{\underline{r}_0(\omega^{(q)})}\mathrm{e}^{\mathrm{j}\omega^{(q)}\tau_{l,0}} \\
&= \underline{h}_{\mathrm{SE},l,0}(\omega^{(q)})\underline{r}_0(\omega^{(q)})\mathrm{e}^{\mathrm{j}\omega^{(q)}\tau_{l,0}}
\end{aligned} \tag{1.44}$$

式中，$\underline{r}_0(\omega^{(q)})$ 为 $r_0(t)$ 的傅里叶级数。

这样，考虑噪声后，带通滤波以及正交解调后阵元 l 输出信号 $x_l(t)$ 的傅里叶级数应具有下述形式：

$$\mathrm{FS}\{x_l(t)\} = \underbrace{\underline{h}_{\mathrm{LP},l}(\omega^{(q)})\underline{h}_{\mathrm{BP},l}(\omega^{(q)}+\omega_0)\underline{h}_{\mathrm{SE},l,0}(\omega^{(q)}+\omega_0)}_{\underline{h}_{l,0}(\omega^{(q)})}\underbrace{\underline{r}_0(\omega^{(q)}+\omega_0)}_{\underline{s}_0(\omega^{(q)})}\mathrm{e}^{\mathrm{j}(\omega^{(q)}+\omega_0)\tau_{l,0}} + \underline{n}_l(\omega^{(q)})$$

$$= \underline{h}_{l,0}(\omega^{(q)})\underline{s}_0(\omega^{(q)})\mathrm{e}^{\mathrm{j}(\omega^{(q)}+\omega_0)\tau_{l,0}} + \underline{n}_l(\omega^{(q)}) \tag{1.45}$$

式中，$\underline{h}_{l,0}(\omega^{(q)})$ 为阵元 l 接收通道在频点 $\omega^{(q)}$ 处总的频率响应；$\underline{s}_0(\omega^{(q)})$ 为信号的傅里叶级数；$\underline{n}_l(\omega^{(q)})$ 为阵元 l 加性噪声的傅里叶级数。

于是，阵列频域输出矢量具有下述形式：

$$\underline{\boldsymbol{x}}(\omega^{(q)}) = \mathrm{FS}\{\boldsymbol{x}(t)\} = \underline{\boldsymbol{a}}_0(\omega^{(q)})\underline{s}_0(\omega^{(q)}) + \underline{\boldsymbol{n}}(\omega^{(q)}) \tag{1.46}$$

式中，$\underline{\boldsymbol{a}}_0(\omega^{(q)})$ 为信号在频点 $\omega^{(q)}$ 处的导向矢量；$\underline{\boldsymbol{n}}(\omega^{(q)})$ 为阵元加性噪声矢量的傅里叶级数，$\underline{\boldsymbol{n}}(\omega^{(q)}) = [\underline{n}_0(\omega^{(q)}),\underline{n}_1(\omega^{(q)}),\cdots,\underline{n}_{L-1}(\omega^{(q)})]^{\mathrm{T}}$。

$$\underline{\boldsymbol{a}}_0(\omega^{(q)}) = [\underline{h}_{0,0}(\omega^{(q)}),\underline{h}_{1,0}(\omega^{(q)})\mathrm{e}^{\mathrm{j}(\omega^{(q)}+\omega_0)\tau_{1,0}},\cdots,\underline{h}_{L-1,0}(\omega^{(q)})\mathrm{e}^{\mathrm{j}(\omega^{(q)}+\omega_0)\tau_{L-1,0}}]^{\mathrm{T}}$$

类似上文讨论，易于得出多源条件下的阵列频域输出矢量如下：

$$\underline{\boldsymbol{x}}(\omega^{(q)}) = \sum_{m=0}^{M-1}\underline{\boldsymbol{a}}_m(\omega^{(q)})\underline{s}_m(\omega^{(q)}) + \underline{\boldsymbol{n}}(\omega^{(q)}) = \underline{\boldsymbol{A}}(\omega^{(q)})\underline{\boldsymbol{s}}(\omega^{(q)}) + \underline{\boldsymbol{n}}(\omega^{(q)}) \tag{1.47}$$

式中，$\underline{\boldsymbol{a}}_m(\omega^{(q)})$ 为第 m 个信号在频点 $\omega^{(q)}$ 处的导向矢量；$\underline{s}_m(\omega^{(q)})$ 为第 m 个信号的傅里叶级数。

$$\underline{\boldsymbol{a}}_m(\omega^{(q)}) = [\underline{h}_{0,m}(\omega^{(q)}),\underline{h}_{1,m}(\omega^{(q)})\mathrm{e}^{\mathrm{j}(\omega^{(q)}+\omega_0)\tau_{1,m}},\cdots,\underline{h}_{L-1,m}(\omega^{(q)})\mathrm{e}^{\mathrm{j}(\omega^{(q)}+\omega_0)\tau_{L-1,m}}]^{\mathrm{T}}$$

$$\underline{\boldsymbol{A}}(\omega^{(q)}) = [\underline{\boldsymbol{a}}_0(\omega^{(q)}),\underline{\boldsymbol{a}}_1(\omega^{(q)}),\cdots,\underline{\boldsymbol{a}}_{M-1}(\omega^{(q)})]$$

$$\underline{\boldsymbol{s}}(\omega^{(q)}) = [\underline{s}_0(\omega^{(q)}),\underline{s}_1(\omega^{(q)}),\cdots,\underline{s}_{M-1}(\omega^{(q)})]^{\mathrm{T}}$$

$$\underline{\boldsymbol{n}}(\omega^{(q)}) = [\underline{n}_0(\omega^{(q)}),\underline{n}_1(\omega^{(q)}),\cdots,\underline{n}_{L-1}(\omega^{(q)})]^{\mathrm{T}}$$

3. 阵列输入信号为一般随机过程

为简单起见，假定所有阵元接收通道中的传感器、前置带通放大滤波环节、正交解调低通滤波环节的频率响应其通带足够平坦，并具有线性相位响应。

仍假设信号为有限带宽，暂不考虑噪声，则阵元 l 前置带通滤波后的信号可以近似写成

$$x_{\mathrm{BP},l}(t) = \bar{g}_{\mathrm{SE},l,0}\bar{g}_{\mathrm{BP},l}a_0(t+\tau_{l,0}+\bar{\tau}_{\mathrm{SE},l,0}+\bar{\tau}_{\mathrm{BP},l}) \times \cos[\omega_0(t+\tau_{l,0}+\bar{\tau}_{\mathrm{SE},l,0}+\bar{\tau}_{\mathrm{BP},l}) + \varphi_0(t+\tau_{l,0}+\bar{\tau}_{\mathrm{SE},l,0}+\bar{\tau}_{\mathrm{BP},l})] \tag{1.48}$$

式中，$\bar{g}_{\mathrm{SE},l,0}$ 和 $\bar{\tau}_{\mathrm{SE},l,0}$ 分别为阵元 l 传感器的通带幅度增益和信号延时，两者一般与信号参数（如波达方向）有关；$\bar{g}_{\mathrm{BP},l}$ 和 $\bar{\tau}_{\mathrm{BP},l}$ 分别为阵元 l 接收通道带通滤波器的通带幅度增益和信号延时，假设两者均与信号参数无关。

令 $\bar{\tau}_{l,0} = \bar{\tau}_{\mathrm{SE},l,0} + \bar{\tau}_{\mathrm{BP},l}$，则

$$\begin{aligned} x_{\mathrm{BP},l}(t)\cos(\omega_0 t) &= \bar{g}_{\mathrm{SE},l,0}\bar{g}_{\mathrm{BP},l}a_0(t+\tau_{l,0}+\bar{\tau}_{l,0})\cos[\omega_0(t+\tau_{l,0}+\bar{\tau}_{l,0}) + \\ &\quad \varphi_0(t+\tau_{l,0}+\bar{\tau}_{l,0})]\cos(\omega_0 t) \\ &= \frac{1}{2}\bar{g}_{\mathrm{SE},l,0}\bar{g}_{\mathrm{BP},l}a_0(t+\tau_{l,0}+\bar{\tau}_{l,0})\cos[2\omega_0 t + \omega_0(\tau_{l,0}+\bar{\tau}_{l,0}) + \\ &\quad \varphi_0(t+\tau_{l,0}+\bar{\tau}_{l,0})] + \frac{1}{2}\bar{g}_{\mathrm{SE},l,0}\bar{g}_{\mathrm{BP},l}a_0(t+\tau_{l,0}+\bar{\tau}_{l,0}) \\ &\quad \cos[\omega_0(\tau_{l,0}+\bar{\tau}_{l,0}) + \varphi_0(t+\tau_{l,0}+\bar{\tau}_{l,0})] \end{aligned} \tag{1.49}$$

由此，经过低通滤波后，$\mathrm{Re}\{x_l(t)\}$ 应为

$$\mathrm{Re}\{x_l(t)\} = \bar{g}_{l,0}a_0(t+\tau_{l,0}+\bar{\tau}_{l,0}+\bar{\tau}_{\mathrm{LP},l}) \times \cos[\omega_0(\tau_{l,0}+\bar{\tau}_{l,0}) + \varphi_0(t+\tau_{l,0}+\bar{\tau}_{l,0}+\bar{\tau}_{\mathrm{LP},l})] \tag{1.50}$$

式中，$\bar{g}_{\mathrm{LP},l}$ 和 $\bar{\tau}_{\mathrm{LP},l}$ 分别为阵元 l 接收通道正交解调低通滤波器的通带幅度增益和信号延时，两者与信号参数无关；$\bar{g}_{l,0} = \bar{g}_{\mathrm{SE},l,0}\bar{g}_{\mathrm{BP},l}\bar{g}_{\mathrm{LP},l}/2$ 为阵元 l 接收通道总的幅度增益。

同理可得

$$\mathrm{Im}\{x_l(t)\} = \bar{g}_{l,0}a_0(t+\tau_{l,0}+\bar{\tau}_{l,0}+\bar{\tau}_{\mathrm{LP},l}) \times \sin[\omega_0(\tau_{l,0}+\bar{\tau}_{l,0}) + \varphi_0(t+\tau_{l,0}+\bar{\tau}_{l,0}+\bar{\tau}_{\mathrm{LP},l})] \tag{1.51}$$

综上，正交解调后，参考阵元和阵元 l 处的基带输出复信号分别可以写成式（1.52）和式（1.53）所示形式：

$$\begin{aligned} x_0(t) &= \bar{g}_{0,0}\mathrm{e}^{\mathrm{j}\omega_0\bar{\tau}_{0,0}} \underbrace{a_0(t+\bar{\tau}_{0,0}+\bar{\tau}_{\mathrm{LP},0})\mathrm{e}^{\mathrm{j}\varphi_0(t+\bar{\tau}_{0,0}+\bar{\tau}_{\mathrm{LP},0})}}_{s_0(t+\bar{\tau}_{0,0}+\bar{\tau}_{\mathrm{LP},0})} \\ &= \bar{g}_{0,0}\mathrm{e}^{\mathrm{j}\omega_0\bar{\tau}_{0,0}}s_0(t+\bar{\tau}_{0,0}+\bar{\tau}_{\mathrm{LP},0}) \end{aligned} \tag{1.52}$$

$$\begin{aligned} x_l(t) &= \bar{g}_{l,0}\mathrm{e}^{\mathrm{j}\omega_0(\tau_{l,0}+\bar{\tau}_{l,0})}a_0(t+\tau_{l,0}+\bar{\tau}_{l,0}+\bar{\tau}_{\mathrm{LP},l})\mathrm{e}^{\mathrm{j}\varphi_0(t+\tau_{l,0}+\bar{\tau}_{l,0}+\bar{\tau}_{\mathrm{LP},l})} \\ &= \bar{g}_{l,0}\mathrm{e}^{\mathrm{j}\omega_0(\tau_{l,0}+\bar{\tau}_{l,0})}s_0(t+\tau_{l,0}+\bar{\tau}_{l,0}+\bar{\tau}_{\mathrm{LP},l}) \end{aligned} \tag{1.53}$$

式中，$s_0(t) = a_0(t)\mathrm{e}^{\mathrm{j}\varphi_0(t)}$；$a(t)$ 和 $\varphi(t)$ 分别为信号振幅和相位。

图 1.8 所示为式（1.52）和式（1.53）中 $s_0(t)$ 的功率谱密度（PSD）$\underline{\varrho}_0(\omega_k)$ 示意图，其支撑区间 Ω 位于零频附近。

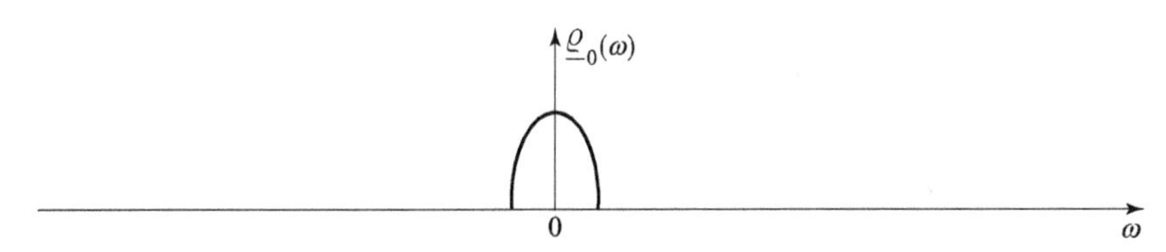

图 1.8　信号（复包络）功率谱密度示意图

由式（1.52）和式（1.53）可以看出，对于宽带情形，不同阵元的输出信号在不考虑噪声的条件下一般并不完全相关，这一点与窄带情形是不同的。相应地，宽带阵列信号后续处理方法通常也与窄带阵列信号处理方法不同。

假设阵列数据观测时间为 T_0，其值足够大，使得 $s_0(t)$ 可近似写成其谱支撑区间 Ω 上多个频率不同的谐波之和，即

$$s_0(t) \approx \frac{1}{\sqrt{T_0}}\sum_q \underline{s}_0(\omega^{(q)})\mathrm{e}^{\mathrm{j}\omega^{(q)}t} \tag{1.54}$$

式中，$\omega^{(q)} = 2\pi q/T_0 \in \Omega$，$q$ 为整数；$\underline{s}_0(\omega^{(q)})$ 为 $s_0(t)$ 的有限时间傅里叶变换（FTFT[7]）：

$$\underline{s}_0(\omega^{(q)}) = \mathrm{FTFT}\{s_0(t)\} = \frac{1}{\sqrt{T_0}}\int_{-T_0/2}^{T_0/2} s_0(t)\mathrm{e}^{-\mathrm{j}\omega^{(q)}t}\mathrm{d}t \tag{1.55}$$

若信号延时远小于阵列数据观测时间 T_0，则进一步有

$$\bar{g}_{0,0}\mathrm{e}^{\mathrm{j}\omega_0\bar{\tau}_{0,0}}s_0(t+\bar{\tau}_{0,0}+\bar{\tau}_{\mathrm{LP},0}) \approx \frac{1}{\sqrt{T_0}}\sum_q \bar{g}_{0,0}\mathrm{e}^{\mathrm{j}\omega_0\bar{\tau}_{0,0}}\underline{s}_0(\omega^{(q)})\mathrm{e}^{\mathrm{j}\omega^{(q)}(t+\bar{\tau}_{0,0}+\bar{\tau}_{\mathrm{LP},0})}$$

$$= \frac{1}{\sqrt{T_0}}\sum_q [\underbrace{\bar{g}_{0,0}e^{j(\omega^{(q)}+\omega_0)\bar{\tau}_{0,0}}e^{j\omega^{(q)}\bar{\tau}_{LP,0}}}_{\underline{h}_{0,0}(\omega^{(q)})}\underline{s}_0(\omega^{(q)})]e^{j\omega^{(q)}t} \tag{1.56}$$

$$\begin{aligned}&\bar{g}_{l,0}e^{j\omega_0(\tau_{l,0}+\bar{\tau}_{l,0})}s_0(t+\tau_{l,0}+\bar{\tau}_{l,0}+\bar{\tau}_{LP,l})\\ &\approx \frac{1}{\sqrt{T_0}}\sum_q \bar{g}_{l,0}e^{j\omega_0(\tau_{l,0}+\bar{\tau}_{l,0})}\underline{s}_0(\omega^{(q)})e^{j\omega^{(q)}(t+\tau_{l,0}+\bar{\tau}_{l,0}+\bar{\tau}_{LP,l})}\\ &= \frac{1}{\sqrt{T_0}}\sum_q [\underbrace{\bar{g}_{l,0}e^{j(\omega^{(q)}+\omega_0)\bar{\tau}_{l,0}}e^{j\omega^{(q)}\bar{\tau}_{LP,l}}}_{\underline{h}_{l,0}(\omega^{(q)})}e^{j(\omega^{(q)}+\omega_0)\tau_{l,0}}\underline{s}_0(\omega^{(q)})]e^{j\omega^{(q)}t}\end{aligned} \tag{1.57}$$

式中，$\underline{h}_{l,0}(\omega^{(q)})$ 为阵元 l 接收通道总的频率响应（其具体值可能与信号参数有关）。由此有

$$\underline{x}_l(\omega^{(q)}) = \frac{1}{\sqrt{T_0}}\int_{-T_0/2}^{T_0/2}x_l(t)e^{-j\omega^{(q)}t}dt \approx \underline{h}_{l,0}(\omega^{(q)})e^{j(\omega^{(q)}+\omega_0)\tau_{l,0}}\underline{s}_0(\omega^{(q)}) \tag{1.58}$$

式中，$\underline{x}_l(\omega^{(q)})$ 为阵元 l 输出信号 $x_l(t)$ 的有限时间傅里叶变换；$x_l(t) \approx \frac{1}{\sqrt{T_0}}\sum_q \underline{x}_l(\omega^{(q)})e^{j\omega^{(q)}t}$。

考虑噪声后，阵元 l 输出信号的有限时间傅里叶变换可以近似写成

$$\underline{x}_l(\omega^{(q)}) = \underline{h}_{l,0}(\omega^{(q)})e^{j(\omega^{(q)}+\omega_0)\tau_{l,0}}\underline{s}_0(\omega^{(q)}) + \underline{n}_l(\omega^{(q)}) \tag{1.59}$$

式中，$\underline{n}_l(\omega^{(q)})$ 为阵元 l 加性噪声 $n_l(t)$ 的有限时间傅里叶变换。

由此可知，基带阵列频域输出矢量近似具有下述形式：

$$\begin{cases}\underline{\boldsymbol{x}}(\omega^{(q)}) = \frac{1}{\sqrt{T_0}}\int_{-T_0/2}^{T_0/2}\boldsymbol{x}(t)e^{-j\omega^{(q)}t}dt\\ \quad = [\underline{x}_0(\omega^{(q)}),\underline{x}_1(\omega^{(q)}),\cdots,\underline{x}_{L-1}(\omega^{(q)})]^T = \underline{\boldsymbol{a}}_0(\omega^{(q)})\underline{s}_0(\omega^{(q)}) + \underline{\boldsymbol{n}}(\omega^{(q)})\\ \underline{\boldsymbol{a}}_0(\omega^{(q)})\\ = [\underline{h}_{0,0}(\omega^{(q)}),\underline{h}_{1,0}(\omega^{(q)})e^{j(\omega^{(q)}+\omega_0)\tau_{1,0}},\cdots,\underline{h}_{L-1,0}(\omega^{(q)})e^{j(\omega^{(q)}+\omega_0)\tau_{L-1,0}}]^T\\ \underline{\boldsymbol{n}}(\omega^{(q)}) = [\underline{n}_0(\omega^{(q)}),\underline{n}_1(\omega^{(q)}),\cdots,\underline{n}_{L-1}(\omega^{(q)})]^T\end{cases} \tag{1.60}$$

若同时存在 M 个中心频率和带宽均相同的宽带入射信号，阵列频域输出矢量可以写成

$$\underline{\boldsymbol{x}}(\omega^{(q)}) = \sum_{m=0}^{M-1}\underline{\boldsymbol{a}}_m(\omega^{(q)})\underline{s}_m(\omega^{(q)}) + \underline{\boldsymbol{n}}(\omega^{(q)}) = \underline{\boldsymbol{A}}(\omega^{(q)})\underline{\boldsymbol{s}}(\omega^{(q)}) + \underline{\boldsymbol{n}}(\omega^{(q)}) \tag{1.61}$$

式中，$\underline{s}_m(\omega^{(q)})$ 为第 m 个信号的有限时间傅里叶变换；

$$\begin{aligned}&\underline{\boldsymbol{a}}_m(\omega^{(q)})\\ &= [\underline{h}_{0,m}(\omega^{(q)}),\underline{h}_{1,m}(\omega^{(q)})e^{j(\omega^{(q)}+\omega_0)\tau_{1,m}},\cdots,\underline{h}_{L-1,m}(\omega^{(q)})e^{j(\omega^{(q)}+\omega_0)\tau_{L-1,m}}]^T\end{aligned}$$

$\underline{h}_{l,m}$ 为可能与第 m 个信号的参数有关的阵元 l 接收通道总的频率响应。

$$\underline{\boldsymbol{A}}(\omega^{(q)}) = [\underline{\boldsymbol{a}}_0(\omega^{(q)}),\underline{\boldsymbol{a}}_1(\omega^{(q)}),\cdots,\underline{\boldsymbol{a}}_{M-1}(\omega^{(q)})]$$

$$\underline{\boldsymbol{s}}(\omega^{(q)}) = [\underline{s}_0(\omega^{(q)}),\underline{s}_1(\omega^{(q)}),\cdots,\underline{s}_{M-1}(\omega^{(q)})]^T$$

有趣的是，通过比较式（1.37）、式（1.47）和式（1.61）可以发现：阵列输入信号傅

里叶变换存在、傅里叶级数存在和阵列输入信号为一般随机过程 3 种情形下的阵列频域输出具有类似的形式。

宽带阵列信号处理也可在非解调条件下进行特别是源信号未经调制时，此时阵列频域输出矢量是对传感器输出放大实信号直接进行有限时间傅里叶变换而获得的，其谱支撑区间如图 1.9 所示；或者先将传感器输出放大信号复解析化（关于解析信号的概念，参见习题【1-2】)，再进行有限时间傅里叶变换而获得，其谱支撑区间如图 1.10 所示。

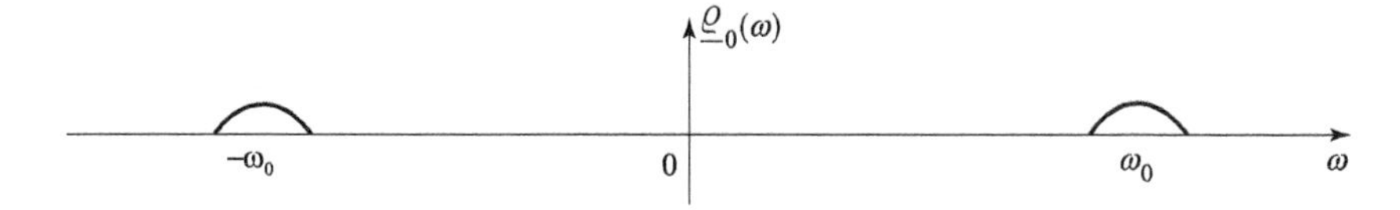

图 1.9　实信号功率谱密度的示意图

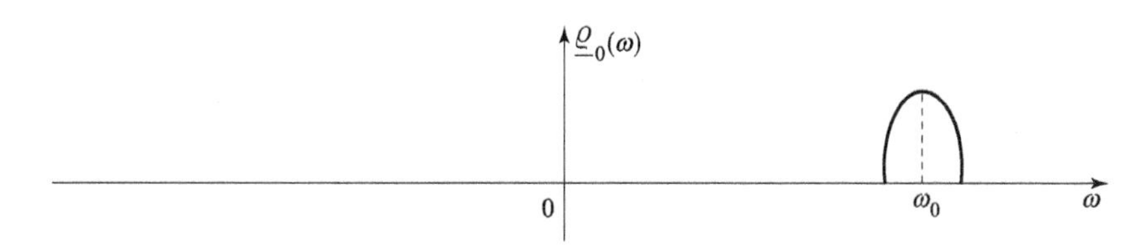

图 1.10　复解析信号功率谱密度的示意图

下面推导非解调宽带阵列信号模型。暂不考虑噪声，根据此前的分析，对于单源情形，有

$$x_0(t) = g_{0,0}s_0(t + \bar{\tau}_{0,0}) \approx \frac{1}{\sqrt{T_0}}\sum_q [\underbrace{g_{0,0}e^{j\omega^{(q)}\bar{\tau}_{0,0}}}_{\underline{h}_{0,0}(\omega^{(q)})}\underline{s}_0(\omega^{(q)})]e^{j\omega^{(q)}t} \tag{1.62}$$

$$x_l(t) = g_{l,0}s_0(t + \tau_{l,0} + \bar{\tau}_{l,0}) \approx \frac{1}{\sqrt{T_0}}\sum_q [\underbrace{g_{l,0}e^{j\omega^{(q)}\bar{\tau}_{l,0}}}_{\underline{h}_{l,0}(\omega^{(q)})}e^{j\omega^{(q)}\tau_{l,0}}\underline{s}_0(\omega^{(q)})]e^{j\omega^{(q)}t} \tag{1.63}$$

式中，$g_{l,0}$ 和 $\bar{\tau}_{l,0}$ 分别为阵元 l 接收通道对信号 $s_0(t)$ 的幅度增益和延时①；$\tau_{l,0}$ 为信号波到达阵元 l 相对于到达参考阵元的传播时延。

于是有

$$\underline{x}_l(\omega^{(q)}) \approx \underline{h}_{l,0}(\omega^{(q)})e^{j\omega^{(q)}\tau_{l,0}}\underline{s}_0(\omega^{(q)}) \tag{1.64}$$

若阵列所有传感器和接收通道特性完全相同，可令 $x_0(t)$ 为 $s_0(t)$，这样 $x_l(t)$ 可写成 $x_l(t) = s_0(t + \tau_{l,0})$，而 $\underline{x}_l(\omega^{(q)}) \approx e^{j\omega^{(q)}\tau_{l,0}}\underline{s}_0(\omega^{(q)})$。

考虑阵元加性噪声以及多源条件，阵列频域输出矢量可近似写成

$$\underline{\boldsymbol{x}}(\omega^{(q)}) = \sum_{m=0}^{M-1}\underline{\boldsymbol{a}}_m(\omega^{(q)})\underline{s}_m(\omega^{(q)}) + \underline{\boldsymbol{n}}(\omega^{(q)}) = \underline{\boldsymbol{A}}(\omega^{(q)})\underline{\boldsymbol{s}}(\omega^{(q)}) + \underline{\boldsymbol{n}}(\omega^{(q)}) \tag{1.65}$$

$$\underline{\boldsymbol{a}}_m(\omega^{(q)}) = [\underline{h}_{0,m}(\omega^{(q)}), \underline{h}_{1,m}(\omega^{(q)})e^{j\omega^{(q)}\tau_{1,m}}, \cdots, \underline{h}_{L-1,m}(\omega^{(q)})e^{j\omega^{(q)}\tau_{L-1,m}}]^{\mathrm{T}}$$

$$\underline{\boldsymbol{A}}(\omega^{(q)}) = [\underline{\boldsymbol{a}}_0(\omega^{(q)}), \underline{\boldsymbol{a}}_1(\omega^{(q)}), \cdots, \underline{\boldsymbol{a}}_{M-1}(\omega^{(q)})]$$

$$\underline{\boldsymbol{s}}(\omega^{(q)}) = [\underline{s}_0(\omega^{(q)}), \underline{s}_1(\omega^{(q)}), \cdots, \underline{s}_{M-1}(\omega^{(q)})]^{\mathrm{T}}$$

---

① 此处 $s_0(t)$ 既可为阵列输入实信号 $r_0(t)$，也可为其复解析形式 $\underline{s}_0(t)$，关于复解析信号的概念参见习题【1-2】。

式中，$\underline{\boldsymbol{a}}_m(\omega^{(q)})$ 为第 m 个信号在频点 $\omega^{(q)}$ 处的导向矢量；$\underline{\boldsymbol{A}}(\omega^{(q)})$ 为频点 $\omega^{(q)}$ 处的信号导向矢量矩阵；$\underline{\boldsymbol{s}}(\omega^{(q)})$ 为频域信号矢量；$\underline{h}_{l,m}(\omega^{(q)})$ 为阵元 l 接收通道总的频率响应，$\tau_{l,m}$ 为第 m 个信号波到达阵元 l 相对于到达参考阵元的传播时延；$\underline{s}_m(\omega^{(q)})$ 为第 m 个信号的有限时间傅里叶变换。

需要注意的是，式（1.65）所示信号模型，其谱支撑区间主要集中在信号中心角频率 ω_0 附近。另外，若阵列所有传感器均为各向同性（响应特性与信号波达方向无关），并且所有阵元接收通道特性完全相同，则 $x_l(t)$ 可写成 $x_l(t)=\sum_{m=0}^{M-1}s_m(t+\tau_{l,m})$，$\underline{x}_l(\omega^{(q)})\approx\sum_{m=0}^{M-1}\mathrm{e}^{\mathrm{j}\omega^{(q)}\tau_{l,m}}\underline{s}_m(\omega^{(q)})$，此时 $\underline{\boldsymbol{a}}_m(\omega^{(q)})$ 可简化成 $\underline{\boldsymbol{a}}_m(\omega^{(q)})=[1,\mathrm{e}^{\mathrm{j}\omega^{(q)}\tau_{1,m}},\cdots,\mathrm{e}^{\mathrm{j}\omega^{(q)}\tau_{L-1,m}}]^{\mathrm{T}}$。

4. 窄带和宽带阵列信号模型的关系

在式（1.61）所示信号模型中，若 M 个阵列入射信号均为窄带，中心角频率均为 ω_0，则信号谱的支撑区间 Ω 将主要集中在零频附近，于是

$$\begin{cases}\underline{h}_{l,m}(\omega^{(q)})\mathrm{e}^{\mathrm{j}(\omega^{(q)}+\omega_0)\tau_{l,m}}\underline{s}_m(\omega^{(q)})\approx\rho_{l,m}\mathrm{e}^{\mathrm{j}\omega_0\tau_{l,m}}\underline{s}_m(\omega^{(q)})\\ \omega^{(q)}\in\Omega;\ m=0,1,\cdots,M-1;\ l=0,1,\cdots,L-1\end{cases}\tag{1.66}$$

式中，$\rho_{l,m}$ 为阵元 l 接收通道在频点 ω_0 处的幅相增益。

基于式（1.66）所示近似结果，对阵列频域输出矢量 $\underline{\boldsymbol{x}}(\omega^{(q)})$ 作逆有限时间傅里叶变换，可得

$$\mathrm{IFTFT}\{\underline{\boldsymbol{x}}(\omega^{(q)})\}=\sum_{m=0}^{M-1}\boldsymbol{a}_m s_m(t)+\boldsymbol{n}(t)\tag{1.67}$$

式中，$\boldsymbol{a}_m$ 的定义如式（1.19）所示。

不难看出，此时式（1.67）所示信号时域模型即为 1.2.1 节中所讨论的窄带阵列信号模型，即宽带阵列信号模型退变为窄带阵列信号模型。

1.3 阵列输出信号的二阶统计特性

本书所讨论的信号（干扰）和噪声，若无特别说明，均假定为零均值复随机过程，并且两者统计独立。

首先介绍信号二阶非圆性的概念。为此，考虑一复信号 $s_0(t)$ 及其复共轭 $s_0^*(t)$。令 ζ 为任意常数，则

$$E\{|s_0^*(t)-\zeta s_0(t)|^2\}=(1+|\zeta|^2)E\{|s_0(t)|^2\}-\zeta E\{s_0^2(t)\}-\zeta^*E^*\{s_0^2(t)\}\geqslant 0\tag{1.68}$$

式中，E 为数学期望；$E\{|s_0(t)|^2\}$ 和 $E\{s_0^2(t)\}$ 分别为信号功率和共轭功率（后者有时也称补功率或伪功率）。

令 $\zeta=E^*\{s_0^2(t)\}/E\{|s_0(t)|^2\}$，将其代入式（1.68），可得

$$\left(1+\frac{|E\{s_0^2(t)\}|^2}{|E\{|s_0(t)|^2\}|^2}\right)E\{|s_0(t)|^2\}-2\frac{|E\{s_0^2(t)\}|^2}{E\{|s_0(t)|^2\}}\geqslant 0\tag{1.69}$$

进一步有

$$\frac{|E\{s_0^2(t)\}|^2}{E\{|s_0(t)|^2\}} \leqslant E\{|s_0(t)|^2\} \Rightarrow |E\{s_0^2(t)\}| \leqslant E\{|s_0(t)|^2\} \tag{1.70}$$

由此可令

$$\frac{E\{s_0^2(t)\}}{E\{|s_0(t)|^2\}} = \alpha_0 e^{j\beta_0} \tag{1.71}$$

式中，$\alpha_0 \in [0,1]$ 和 $\beta_0 \in [0,2\pi)$ 分别为信号 $s_0(t)$ 的非圆率（有时也称圆系数）和非圆相位（有时也称圆相角）；$\alpha_0 e^{j\beta_0}$ 为信号圆商[8-10]。

若 $\alpha_0 = 1$，则 $s_0(t)$ 和 $s_0^*(t)$ 的互相关系数模值为

$$\frac{|E\{s_0(t)[s_0^*(t)]^*\}|}{E\{|s_0(t)|^2\}} = \frac{|E\{s_0^2(t)\}|}{E\{|s_0(t)|^2\}} = \alpha_0 = 1 \tag{1.72}$$

由此可得：$s_0(t)$ 和 $s_0^*(t)$ 完全相关，此时信号 $s_0(t)$ 称为二阶严格非圆信号，也称直线信号。

若 $0 < \alpha_0 < 1$，则 $s_0(t)$ 和 $s_0^*(t)$ 的互相关系数模值介于 0～1，即 $s_0(t)$ 和 $s_0^*(t)$ 部分相关，此时称信号 $s_0(t)$ 为二阶非圆信号，也称为非规则信号。

若 $\alpha_0 = 0$，则 $s_0(t)$ 和 $s_0^*(t)$ 的互相关系数为 0，即 $s_0(t)$ 和 $s_0^*(t)$ 互不相关，此时信号 $s_0(t)$ 称为二阶圆信号，也称规则信号。

进一步构造信号 $s_0'(t)$，其满足

$$\sqrt{1-\alpha_0^2}\,s_0'(t) = s_0^*(t) - \alpha_0 e^{-j\beta_0} s_0(t) \tag{1.73}$$

当 $\alpha_0 \neq 1$ 时，易于验证，$E\{s_0'(t)\} = 0$，而 $E\{|s_0'(t)|^2\} = E\{|s_0(t)|^2\} = \sigma_0^2$，并且 $E\{s_0'(t)s_0^*(t)\} = 0$，即 $s_0'(t)$ 是与 $s_0(t)$ 功率相同且零滞后相互正交（互不相关）的零均值信号。

因此，可将 $s_0^*(t)$ 分解如下：

$$s_0^*(t) = \alpha_0 e^{-j\beta_0} s_0(t) + \sqrt{1-\alpha_0^2}\,s_0'(t) \tag{1.74}$$

特别地，若 $s_0^*(t)$ 可写成

$$s_0^*(t) = \alpha_0 e^{-j\beta_0} s_0(t) \tag{1.75}$$

则 $s_0^*(t)$ 和 $s_0(t)$ 完全相关，且 $\alpha_0 = 1$，此时 $s_0'(t)$ 无定义，可为任意信号。

当 $E\{s^2(t)\}$ 和 $E\{|s(t)|^2\}$ 具有时变性时，可定义时间平均信号圆商：$\alpha_0 e^{j\beta_0} = \langle E\{s_0^2(t)\}\rangle / \langle E\{|s_0(t)|^2\}\rangle$，其中 $\alpha_0 \in [0,1]$ 和 $\beta_0 \in [0,2\pi)$ 分别称为时间平均信号非圆率和时间平均信号非圆相位，“$\langle\cdot\rangle$”表示时间平均运算，其定义为 $\langle\cdot\rangle = \lim_{\Delta\to\infty}\frac{1}{\Delta}\int_{-\Delta/2}^{\Delta/2}(\cdot)\,dt$。

1.3.1　窄带阵列信号情形

1. 阵列输出协方差矩阵

阵列输出协方差矩阵定义为

$$\boldsymbol{R}_{xx} = E\{\boldsymbol{x}(t)\boldsymbol{x}^H(t)\} = E\{[\boldsymbol{A}\boldsymbol{s}(t)+\boldsymbol{n}(t)][\boldsymbol{A}\boldsymbol{s}(t)+\boldsymbol{n}(t)]^H\}$$

$$= \boldsymbol{A}E\{\boldsymbol{s}(t)\boldsymbol{s}^{\mathrm{H}}(t)\}\boldsymbol{A}^{\mathrm{H}} + \boldsymbol{A}E\{\boldsymbol{s}(t)\boldsymbol{n}^{\mathrm{H}}(t)\} + E\{\boldsymbol{n}(t)\boldsymbol{s}^{\mathrm{H}}(t)\}\boldsymbol{A}^{\mathrm{H}} + E\{\boldsymbol{n}(t)\boldsymbol{n}^{\mathrm{H}}(t)\}$$
$$= \boldsymbol{A}\boldsymbol{R}_{ss}\boldsymbol{A}^{\mathrm{H}} + \boldsymbol{R}_{nn} = \boldsymbol{R}_{xx}^{\mathrm{H}} \tag{1.76}$$

式中，$(\cdot)^{\mathrm{H}}$ 为矩阵或矢量的共轭转置；$\boldsymbol{R}_{ss}$为信号协方差矩阵；$\boldsymbol{R}_{nn}$为噪声协方差矩阵。

$$\boldsymbol{R}_{ss} = E\{\boldsymbol{s}(t)\boldsymbol{s}^{\mathrm{H}}(t)\} = \boldsymbol{R}_{ss}^{\mathrm{H}}$$
$$\boldsymbol{R}_{nn} = E\{\boldsymbol{n}(t)\boldsymbol{n}^{\mathrm{H}}(t)\} = \boldsymbol{R}_{nn}^{\mathrm{H}}$$

式（1.76）的定义和推导利用了信号和噪声为统计独立的零均值随机过程这一假设。

若阵元加性噪声为宽平稳空间白噪声，即不同阵元处的噪声互不相关，且功率方差相等，假设为 σ^2，则

$$\boldsymbol{R}_{xx} = \boldsymbol{A}\boldsymbol{R}_{ss}\boldsymbol{A}^{\mathrm{H}} + \sigma^2\boldsymbol{I}_L \tag{1.77}$$

式中，“$\boldsymbol{I}_L$”表示 $L\times L$ 维单位矩阵。

2. 阵列输出共轭协方差矩阵

阵列输出共轭协方差矩阵定义为

$$\boldsymbol{R}_{xx^*} = E\{\boldsymbol{x}(t)[\boldsymbol{x}^*(t)]^{\mathrm{H}}\} = E\{\boldsymbol{x}(t)\boldsymbol{x}^{\mathrm{T}}(t)\} = E\{[\boldsymbol{A}\boldsymbol{s}(t) + \boldsymbol{n}(t)][\boldsymbol{A}\boldsymbol{s}(t) + \boldsymbol{n}(t)]^{\mathrm{T}}\}$$
$$= \boldsymbol{A}E\{\boldsymbol{s}(t)\boldsymbol{s}^{\mathrm{T}}(t)\}\boldsymbol{A}^{\mathrm{T}} + \boldsymbol{A}E\{\boldsymbol{s}(t)\boldsymbol{n}^{\mathrm{T}}(t)\} + E\{\boldsymbol{n}(t)\boldsymbol{s}^{\mathrm{T}}(t)\}\boldsymbol{A}^{\mathrm{T}} + E\{\boldsymbol{n}(t)\boldsymbol{n}^{\mathrm{T}}(t)\}$$
$$= \boldsymbol{A}\boldsymbol{R}_{ss^*}\boldsymbol{A}^{\mathrm{T}} + \boldsymbol{R}_{nn^*} = \boldsymbol{R}_{xx^*}^{\mathrm{T}} \tag{1.78}$$

式中，$\boldsymbol{R}_{ss^*}$为信号共轭协方差矩阵；$\boldsymbol{R}_{nn^*}$为噪声共轭协方差矩阵。

$$\boldsymbol{R}_{ss^*} = E\{\boldsymbol{s}(t)\boldsymbol{s}^{\mathrm{T}}(t)\} = E\{\boldsymbol{s}(t)[\boldsymbol{s}^*(t)]^{\mathrm{H}}\} = \boldsymbol{R}_{ss^*}^{\mathrm{T}}$$
$$\boldsymbol{R}_{nn^*} = E\{\boldsymbol{n}(t)\boldsymbol{n}^{\mathrm{T}}(t)\} = E\{\boldsymbol{n}(t)[\boldsymbol{n}^*(t)]^{\mathrm{H}}\} = \boldsymbol{R}_{nn^*}^{\mathrm{T}}$$

式（1.78）的定义和推导同样利用了信号和噪声为统计独立的零均值随机过程这一假设。

3. 协方差矩阵和共轭协方差矩阵的特点

根据定义可知，阵列输出协方差矩阵 $\boldsymbol{R}_{xx}$、信号协方差矩阵 $\boldsymbol{R}_{ss}$和噪声协方差矩阵 $\boldsymbol{R}_{nn}$均为厄米特（Hermitian）矩阵，即 $\boldsymbol{R}_{xx}=\boldsymbol{R}_{xx}^{\mathrm{H}}$、$\boldsymbol{R}_{ss}=\boldsymbol{R}_{ss}^{\mathrm{H}}$、以及 $\boldsymbol{R}_{nn}=\boldsymbol{R}_{nn}^{\mathrm{H}}$；阵列输出共轭协方差矩阵 $\boldsymbol{R}_{xx^*}$、信号共轭协方差矩阵 $\boldsymbol{R}_{ss^*}$和噪声共轭协方差矩阵 $\boldsymbol{R}_{nn^*}$均为对称矩阵，即 $\boldsymbol{R}_{xx^*}=\boldsymbol{R}_{xx^*}^{\mathrm{T}}$，$\boldsymbol{R}_{ss^*}=\boldsymbol{R}_{ss^*}^{\mathrm{T}}$以及 $\boldsymbol{R}_{nn^*}=\boldsymbol{R}_{nn^*}^{\mathrm{T}}$。

在空间白噪声条件下，阵列输出协方差矩阵 $\boldsymbol{R}_{xx}$为正定厄米特矩阵，记作 $\boldsymbol{R}_{xx}>0$：对于任意非零矢量 $\boldsymbol{z}$，都有

$$\boldsymbol{z}^{\mathrm{H}}\boldsymbol{R}_{xx}\boldsymbol{z} = E\{|\boldsymbol{z}^{\mathrm{H}}\boldsymbol{A}\boldsymbol{s}(t)|^2\} + \sigma^2\|\boldsymbol{z}\|_2^2 > 0 \tag{1.79}$$

式中，“$\|\cdot\|_2$”为矢量的 l_2 范数（有时也称之为欧氏范数）。

在无噪条件下，阵列输出协方差矩阵可以写成 $\boldsymbol{R}_{xx-}=\boldsymbol{A}\boldsymbol{R}_{ss}\boldsymbol{A}^{\mathrm{H}}$。与有噪情形不同，无噪条件下的阵列输出协方差矩阵为非负定厄米特矩阵：对于任意非零矢量 $\boldsymbol{z}$，都有

$$\boldsymbol{z}^{\mathrm{H}}\boldsymbol{R}_{xx-}\boldsymbol{z} = \boldsymbol{z}^{\mathrm{H}}(\boldsymbol{A}\boldsymbol{R}_{ss}\boldsymbol{A}^{\mathrm{H}})\boldsymbol{z} = E\{|\boldsymbol{z}^{\mathrm{H}}\boldsymbol{A}\boldsymbol{s}(t)|^2\} \geqslant 0 \tag{1.80}$$

因此 $\boldsymbol{R}_{xx-}$为非负定厄米特矩阵，记作 $\boldsymbol{R}_{xx-}\geq 0$。

信号协方差矩阵 $\boldsymbol{R}_{ss}$为非负定厄米特矩阵，记作 $\boldsymbol{R}_{ss}\geq 0$：对于任意非零矢量 $\boldsymbol{z}$，都有

$$\boldsymbol{z}^{\mathrm{H}}\boldsymbol{R}_{ss}\boldsymbol{z} = E\{|\boldsymbol{z}^{\mathrm{H}}\boldsymbol{s}(t)|^2\} \geqslant 0 \tag{1.81}$$

定理 1.1 假设阵元数大于信号源数，$L\times M$ 维信号导向矢量矩阵 $\boldsymbol{A}$ 为列满秩矩阵，其中 L 和 M 分别为阵元数和信号源数。若信号协方差矩阵 $\boldsymbol{R}_{ss}$的秩为 Q，且 $Q\leqslant M$，则 $L\times L$ 维阵列无噪输出协方差矩阵 $\boldsymbol{R}_{xx-}$的秩也为 Q；若信号共轭协方差矩阵 $\boldsymbol{R}_{ss^*}$的秩为 Q，且 $Q\leqslant$

M，则在圆噪声条件下 $L\times L$ 维阵列输出共轭协方差矩阵平方 $\boldsymbol{R}_{\boldsymbol{xx}^*}\boldsymbol{R}_{\boldsymbol{xx}^*}^{\mathrm{H}}$（该矩阵为非负定厄米特矩阵）的秩也为 Q。

证明：由于 $\boldsymbol{R}_{ss}$ 为 $M\times M$ 维非负定厄米特矩阵，且其秩为 Q，故此可以分解为下述形式：

$$\boldsymbol{R}_{ss}=\boldsymbol{L}\boldsymbol{L}^{\mathrm{H}} \tag{1.82}$$

式中，$\boldsymbol{L}$ 为 $M\times M$ 维矩阵，其秩为 Q。

注意到 $\boldsymbol{A}$ 为列满秩矩阵，由式（1.82），并利用矩阵秩（rank）的有关性质[11]：

- $\mathrm{rank}\{\boldsymbol{B}\}=\mathrm{rank}\{\boldsymbol{B}^{\mathrm{H}}\}$。
- $\mathrm{rank}\{\boldsymbol{B}\}=\mathrm{rank}\{\boldsymbol{B}\boldsymbol{B}^{\mathrm{H}}\}=\mathrm{rank}\{\boldsymbol{B}^{\mathrm{H}}\boldsymbol{B}\}$：因为若 $\boldsymbol{x}$ 为 $\boldsymbol{B}^{\mathrm{H}}\boldsymbol{B}\boldsymbol{x}=\boldsymbol{0}$ 的解，其中“$\boldsymbol{0}$”表示零矢量，则有 $\boldsymbol{x}^{\mathrm{H}}\boldsymbol{B}^{\mathrm{H}}\boldsymbol{B}\boldsymbol{x}=(\boldsymbol{B}\boldsymbol{x})^{\mathrm{H}}(\boldsymbol{B}\boldsymbol{x})=\boldsymbol{0}$，所以 $\boldsymbol{B}\boldsymbol{x}=\boldsymbol{0}$；反之，若 $\boldsymbol{B}\boldsymbol{x}=\boldsymbol{0}$，则必有 $\boldsymbol{B}^{\mathrm{H}}\boldsymbol{B}\boldsymbol{x}=\boldsymbol{0}$。因此，$\boldsymbol{B}^{\mathrm{H}}\boldsymbol{B}\boldsymbol{x}=\boldsymbol{0}$ 和 $\boldsymbol{B}\boldsymbol{x}=\boldsymbol{0}$ 是同解方程组。
- 任意矩阵左乘列满秩矩阵或右乘行满秩矩阵，其秩保持不变。

可得

$$\mathrm{rank}\{\boldsymbol{A}\boldsymbol{R}_{ss}\boldsymbol{A}^{\mathrm{H}}\}=\mathrm{rank}\{(\boldsymbol{A}\boldsymbol{L})(\boldsymbol{A}\boldsymbol{L})^{\mathrm{H}}\}=\mathrm{rank}\{\boldsymbol{A}\boldsymbol{L}\}=\mathrm{rank}\{\boldsymbol{L}\}=\mathrm{rank}\{\boldsymbol{R}_{ss}\}=Q \tag{1.83}$$

在圆噪声条件下，有

$$\boldsymbol{R}_{\boldsymbol{xx}^*}\boldsymbol{R}_{\boldsymbol{xx}^*}^{\mathrm{H}}=\boldsymbol{A}(\boldsymbol{R}_{\boldsymbol{ss}^*}\boldsymbol{A}^{\mathrm{T}}\boldsymbol{A}^*\boldsymbol{R}_{\boldsymbol{ss}^*}^{\mathrm{H}})\boldsymbol{A}^{\mathrm{H}}\geq 0 \tag{1.84}$$

进一步注意到 $\boldsymbol{A}$ 为 $L\times M$ 维列满秩矩阵，根据上述矩阵秩的有关性质，可得下述结论成立：

$$\mathrm{rank}\{\boldsymbol{R}_{\boldsymbol{ss}^*}\boldsymbol{A}^{\mathrm{T}}\boldsymbol{A}^*\boldsymbol{R}_{\boldsymbol{ss}^*}^{\mathrm{H}}\}=\mathrm{rank}\{\boldsymbol{R}_{\boldsymbol{ss}^*}\boldsymbol{A}^{\mathrm{T}}\}=\mathrm{rank}\{\boldsymbol{R}_{\boldsymbol{ss}^*}\}=Q \tag{1.85}$$

另外，对于任意非零矢量 $\boldsymbol{z}$，都有

$$\boldsymbol{z}^{\mathrm{H}}(\boldsymbol{R}_{\boldsymbol{ss}^*}\boldsymbol{A}^{\mathrm{T}}\boldsymbol{A}^*\boldsymbol{R}_{\boldsymbol{ss}^*}^{\mathrm{H}})\boldsymbol{z}=E\{|\boldsymbol{A}^*\boldsymbol{R}_{\boldsymbol{ss}^*}^{\mathrm{H}}\boldsymbol{z}|^2\}\geqslant 0 \tag{1.86}$$

因此，$\boldsymbol{R}_{\boldsymbol{ss}^*}\boldsymbol{A}^{\mathrm{T}}\boldsymbol{A}^*\boldsymbol{R}_{\boldsymbol{ss}^*}^{\mathrm{H}}=(\boldsymbol{R}_{\boldsymbol{ss}^*}\boldsymbol{A}^{\mathrm{T}}\boldsymbol{A}^*\boldsymbol{R}_{\boldsymbol{ss}^*}^{\mathrm{H}})^{\mathrm{H}}$ 为 $M\times M$ 维非负定厄米特矩阵。这样，采用与结论式（1.83）类似的证明方法，最终可得

$$\mathrm{rank}\{\boldsymbol{R}_{\boldsymbol{xx}^*}\boldsymbol{R}_{\boldsymbol{xx}^*}^{\mathrm{H}}\}=\mathrm{rank}\{\boldsymbol{A}(\boldsymbol{R}_{\boldsymbol{ss}^*}\boldsymbol{A}^{\mathrm{T}}\boldsymbol{A}^*\boldsymbol{R}_{\boldsymbol{ss}^*}^{\mathrm{H}})\boldsymbol{A}^{\mathrm{H}}\}=Q \tag{1.87}$$

由此定理得证。

若 $\boldsymbol{R}_{ss}$ 为非奇异矩阵，即其秩为 M，则 $\boldsymbol{L}$ 和 $\boldsymbol{L}^{\mathrm{H}}$ 均为 $M\times M$ 维满秩矩阵。此时，给定任意非零矢量 $\boldsymbol{z}$，都有 $\boldsymbol{z}^{\mathrm{H}}\boldsymbol{R}_{ss}\boldsymbol{z}=\|\boldsymbol{L}^{\mathrm{H}}\boldsymbol{z}\|^2>0$ 成立，因此有 $\boldsymbol{R}_{ss}>0$；若 $\boldsymbol{R}_{\boldsymbol{ss}^*}$ 为非奇异矩阵，则 $\boldsymbol{A}^*\boldsymbol{R}_{\boldsymbol{ss}^*}^{\mathrm{H}}$ 为列满秩矩阵，给定任意非零矢量 $\boldsymbol{z}$，都有 $\boldsymbol{z}^{\mathrm{H}}(\boldsymbol{R}_{\boldsymbol{ss}^*}\boldsymbol{A}^{\mathrm{T}}\boldsymbol{A}^*\boldsymbol{R}_{\boldsymbol{ss}^*}^{\mathrm{H}})\boldsymbol{z}=|\boldsymbol{A}^*\boldsymbol{R}_{\boldsymbol{ss}^*}^{\mathrm{H}}\boldsymbol{z}|^2>0$ 成立，因此有 $\boldsymbol{R}_{\boldsymbol{ss}^*}\boldsymbol{A}^{\mathrm{T}}\boldsymbol{A}^*\boldsymbol{R}_{\boldsymbol{ss}^*}^{\mathrm{H}}>0$。

若待处理信号互不相关，即对于任意滞后 τ，信号间协方差和共轭协方差同时为零，即

$$E\{s_m(t+\tau)s_n^*(t)\}=E\{s_m(t+\tau)s_n(t)\}=0,\ m,n=0,1,\cdots,M-1 \tag{1.88}$$

式中，$m\neq n$。

因此有

$$\boldsymbol{R}_{ss}=\mathrm{diag}\{\sigma_0^2,\sigma_1^2,\cdots,\sigma_{M-1}^2\} \tag{1.89}$$

$$\boldsymbol{R}_{\boldsymbol{ss}^*}=\mathrm{diag}\{\sigma_0^2\alpha_0\mathrm{e}^{\mathrm{j}\beta_0},\sigma_1^2\alpha_1\mathrm{e}^{\mathrm{j}\beta_1},\cdots,\sigma_{M-1}^2\alpha_{M-1}\mathrm{e}^{\mathrm{j}\beta_{M-1}}\} \tag{1.90}$$

式中，$\sigma_m^2=E\{|s_m(t)|^2\}$ 为第 m 个信号的功率；α_m 和 β_m 分别为第 m 个信号的非圆率和非

圆相位；diag{·} 为对角矩阵，其对角线元素为括号内之数。

若待处理信号间存在相关性，但非完全相关，则信号协方差矩阵 $\boldsymbol{R}_{ss}$ 和信号共轭协方差矩阵 $\boldsymbol{R}_{ss^*}$ 不再为对角矩阵，但两者仍然均为非奇异矩阵，即两者的秩仍然为信号源数 M，所以 $\boldsymbol{R}_{ss}$ 和 $\boldsymbol{R}_{ss^*}\boldsymbol{A}^{\mathrm{T}}\boldsymbol{A}^*\boldsymbol{R}_{ss^*}^{\mathrm{H}}$ 仍然均为正定厄米特矩阵。

当某些信号完全相关时，$\boldsymbol{R}_{ss}$ 和 $\boldsymbol{R}_{ss^*}\boldsymbol{A}^{\mathrm{T}}\boldsymbol{A}^*\boldsymbol{R}_{ss^*}^{\mathrm{H}}$ 将出现亏秩现象（两者均为奇异矩阵），这一亏秩现象通常会严重影响波束形成和信号波达方向估计等后续信号处理的性能。

4. 阵列输出协方差矩阵的特征分解

首先考虑无噪情形，此时阵列输出协方差矩阵 $\boldsymbol{R}_{xx}$ 是秩为 Q 的非负定厄米特矩阵，可以分解为下述形式：

$$\boldsymbol{R}_{xx-} = \boldsymbol{A}\boldsymbol{R}_{ss}\boldsymbol{A}^{\mathrm{H}} = \sum_{l=1}^{L} v_l \boldsymbol{v}_l \boldsymbol{v}_l^{\mathrm{H}} \tag{1.91}$$

式中，v_l 和 $\boldsymbol{v}_l$ 分别为阵列无噪输出协方差矩阵 $\boldsymbol{R}_{xx-}$ 的第 l 个特征值及其对应的特征矢量，并且（具体参见附录）：

- $\{v_l\}_{l=1}^{Q}$ 均为正实数（不失一般性，假设 $v_1 \geqslant v_2 \geqslant \cdots \geqslant v_Q$），而 $\{v_l\}_{l=Q+1}^{L}$ 均为零。
- $\boldsymbol{v}_l^{\mathrm{H}}\boldsymbol{v}_n = \delta(l-n)$，其中 $\delta(\cdot)$ 表示狄拉克（Dirac）Delta 函数，并且 $l,n = 1,2,\cdots,L$。
- $\sum_{l=1}^{L} \boldsymbol{v}_l \boldsymbol{v}_l^{\mathrm{H}} = \boldsymbol{I}_L$，其中 $\boldsymbol{I}_L$ 表示 $L \times L$ 维单位矩阵。
- $\mathrm{span}\{\boldsymbol{v}_1,\boldsymbol{v}_2,\cdots,\boldsymbol{v}_Q\} \perp \mathrm{span}\{\boldsymbol{v}_{Q+1},\boldsymbol{v}_{Q+2},\cdots,\boldsymbol{v}_L\}$，其中“span”表示矢量扩张子空间，“⊥”表示子空间正交。

由上述结论，空间白噪声条件下的阵列输出协方差矩阵可以写成

$$\boldsymbol{R}_{xx} = \boldsymbol{A}\boldsymbol{R}_{ss}\boldsymbol{A}^{\mathrm{H}} + \sigma^2\boldsymbol{I}_L = \sum_{l=1}^{Q}(v_l + \sigma^2)\boldsymbol{v}_l\boldsymbol{v}_l^{\mathrm{H}} + \sum_{l=Q+1}^{L}\sigma^2\boldsymbol{v}_l\boldsymbol{v}_l^{\mathrm{H}} \tag{1.92}$$

并且

$$\boldsymbol{R}_{xx}\boldsymbol{v}_l = (v_l + \sigma^2)\boldsymbol{v}_l\,,\ l = 1,2,\cdots,Q \tag{1.93}$$

$$\boldsymbol{R}_{xx}\boldsymbol{v}_l = \sigma^2\boldsymbol{v}_l\,,\ l = Q+1,Q+2,\cdots,L \tag{1.94}$$

根据式（1.92），进一步还有下述结论成立：

$$\boldsymbol{R}_{xx}\Big(\sum_{l=Q+1}^{L} k_l\boldsymbol{v}_l\Big) = \sigma^2\Big(\sum_{l=Q+1}^{L} k_l\boldsymbol{v}_l\Big) \tag{1.95}$$

式中，$k_{Q+1},k_{Q+2},\cdots,k_L$ 为任意 $L-Q$ 个不全为零的加权系数。

令 μ_l 和 $\boldsymbol{u}_l$ 分别为 $\boldsymbol{R}_{xx}$ 的第 l 个特征值及其对应的特征矢量，则根据厄米特矩阵特征分解的定义、性质以及式（1.92）和式（1.95），可知（具体参见附录）

- $\{\mu_l = v_l + \sigma^2\}_{l=1}^{Q}$ 均为正实数（其值大于 σ^2），$\{\mu_l\}_{l=Q+1}^{L}$ 均为 σ^2。
- $\boldsymbol{u}_l^{\mathrm{H}}\boldsymbol{u}_n = \delta(l-n)$，$l,n = 1,2,\cdots,L$。
- $\sum_{l=1}^{L}\boldsymbol{u}_l\boldsymbol{u}_l^{\mathrm{H}} = \boldsymbol{I}_L$。
- $\mathrm{span}\{\boldsymbol{u}_1,\boldsymbol{u}_2,\cdots,\boldsymbol{u}_Q\} = \mathrm{span}\{\boldsymbol{v}_1,\boldsymbol{v}_2,\cdots,\boldsymbol{v}_Q\}$。
- $\mathrm{span}\{\boldsymbol{u}_{Q+1},\boldsymbol{u}_{Q+2},\cdots,\boldsymbol{u}_L\} = \mathrm{span}\{\boldsymbol{v}_{Q+1},\boldsymbol{v}_{Q+2},\cdots,\boldsymbol{v}_L\}$。
- $\mathrm{span}\{\boldsymbol{u}_1,\boldsymbol{u}_2,\cdots,\boldsymbol{u}_Q\} \perp \mathrm{span}\{\boldsymbol{u}_{Q+1},\boldsymbol{u}_{Q+2},\cdots,\boldsymbol{u}_L\}$。

5. 阵列输出共轭协方差矩阵平方的特征分解

若 $\mathrm{rank}\{\boldsymbol{R}_{ss^*}\} = Q \leqslant M$，且 $\boldsymbol{n}(t)$ 为二阶圆噪声矢量，则阵列输出共轭协方差矩阵平方 $\boldsymbol{R}_{xx^*}\boldsymbol{R}_{xx^*}^{\mathrm{H}}$ 与阵列无噪输出协方差矩阵具有类似的代数形式。因此，若令 ν_l 和 $\boldsymbol{\nu}_l$ 分别为 $\boldsymbol{R}_{xx^*}\boldsymbol{R}_{xx^*}^{\mathrm{H}}$ 的第 l 个特征值及其对应的特征矢量，根据之前的讨论，有下述结论成立：

- $\{\nu_l\}_{l=1}^{Q}$ 均为正实数，而 $\{\nu_l\}_{l=Q+1}^{L}$ 均为零。
- $\boldsymbol{\nu}_l^{\mathrm{H}}\boldsymbol{\nu}_n = \delta(l-n)$，$l,n = 1,2,\cdots,L$。
- $\sum_{l=1}^{L}\boldsymbol{\nu}_l\boldsymbol{\nu}_l^{\mathrm{H}} = \boldsymbol{I}_L$。
- $\mathrm{span}\{\boldsymbol{\nu}_1,\boldsymbol{\nu}_2,\cdots,\boldsymbol{\nu}_Q\} \perp \mathrm{span}\{\boldsymbol{\nu}_{Q+1},\boldsymbol{\nu}_{Q+2},\cdots,\boldsymbol{\nu}_L\}$。

6. 阵列输出协方差矩阵和共轭协方差矩阵的估计

实际应用中，若信号在观测期间是具有遍历性的随机过程，则阵列输出协方差矩阵和共轭协方差矩阵可以根据阵列观测进行估计。

具体而言，若可获得 K 次独立快拍矢量 $\{\boldsymbol{x}(t_k)\}_{k=0}^{K-1}$，则阵列输出协方差矩阵和阵列输出共轭协方差矩阵可分别按照式（1.96）和式（1.97）进行估计：

$$\hat{\boldsymbol{R}}_{xx} = \frac{1}{K}\sum_{k=0}^{K-1}\boldsymbol{x}(t_k)\boldsymbol{x}^{\mathrm{H}}(t_k) \tag{1.96}$$

$$\hat{\boldsymbol{R}}_{xx^*} = \frac{1}{K}\sum_{k=0}^{K-1}\boldsymbol{x}(t_k)\boldsymbol{x}^{\mathrm{T}}(t_k) \tag{1.97}$$

式（1.96）和式（1.97）所示 $\hat{\boldsymbol{R}}_{xx}$ 和 $\hat{\boldsymbol{R}}_{xx^*}$ 分别称为阵列输出样本协方差矩阵和阵列输出样本共轭协方差矩阵。

1.3.2　宽带阵列信号情形

1. 阵列输出相关函数矩阵

阵列输出相关函数矩阵定义为

$$\boldsymbol{R}_{xx}(\tau) = E\{\boldsymbol{x}(t)\boldsymbol{x}^{\mathrm{H}}(t-\tau)\} = E\{\boldsymbol{x}(t+\tau)\boldsymbol{x}^{\mathrm{H}}(t)\} \tag{1.98}$$

式中，$\boldsymbol{x}(t)$ 为阵列输出信号矢量。

注意到信号和噪声均值为零，当 $\tau = 0$ 时，$\boldsymbol{R}_{xx}(\tau)$ 退变成阵列输出协方差矩阵 $\boldsymbol{R}_{xx} = E\{\boldsymbol{x}(t)\boldsymbol{x}^{\mathrm{H}}(t)\}$。

假设阵列所有传感器和接收通道特性均相同，根据 1.2.2 节的讨论，若考虑非解调接收，则阵列输出信号矢量 $\boldsymbol{x}(t)$ 可以写成

$$\begin{cases}\boldsymbol{x}(t)=\sum_{m=0}^{M-1}\boldsymbol{s}_m(t)+\boldsymbol{n}(t)\\ \boldsymbol{s}_m(t)=[s_m(t),s_m(t+\tau_{1,m}),\cdots,s_m(t+\tau_{L-1,m})]^{\mathrm{T}}\end{cases}\tag{1.99}$$

式中，$\tau_{l,m}$ 为第 m 个信号波到达阵元 l 相对于到达参考阵元的传播时延，它与第 m 个信号 $s_m(t)$ 的波达方向 θ_m 有关；$\boldsymbol{n}(t)=[n_0(t),n_1(t),\cdots,n_{L-1}(t)]^{\mathrm{T}}$ 为阵元加性噪声矢量；$n_l(t)$ 为阵元 l 加性噪声。

若进行解调接收，则式（1.99）中的 $\boldsymbol{s}_m(t)$ 应修正为

$$\boldsymbol{s}_m(t)=[s_m(t),\mathrm{e}^{\mathrm{j}\omega_0\tau_{1,m}}s_m(t+\tau_{1,m}),\cdots,\mathrm{e}^{\mathrm{j}\omega_0\tau_{L-1,m}}s_m(t+\tau_{L-1,m})]^{\mathrm{T}}\tag{1.100}$$

将式（1.99）代入式（1.98），同时考虑信号和噪声之间的统计独立性，可以得到

$$\begin{cases}\boldsymbol{R}_{xx}(\tau)=\sum_{m_1=0}^{M-1}\sum_{m_2=0}^{M-1}\underbrace{E\{\boldsymbol{s}_{m_1}(t)\boldsymbol{s}_{m_2}^{\mathrm{H}}(t-\tau)\}}_{\boldsymbol{R}_{s_{m_1}s_{m_2}}(\tau)}+\underbrace{E\{\boldsymbol{n}(t)\boldsymbol{n}^{\mathrm{H}}(t-\tau)\}}_{\boldsymbol{R}_{nn}(\tau)}=\boldsymbol{R}_{xx^-}(\tau)+\boldsymbol{R}_{nn}(\tau)\\ \boldsymbol{R}_{xx^-}(\tau)=\sum_{m_1=0}^{M-1}\sum_{m_2=0}^{M-1}E\{\boldsymbol{s}_{m_1}(t)\boldsymbol{s}_{m_2}^{\mathrm{H}}(t-\tau)\}=\sum_{m_1=0}^{M-1}\sum_{m_2=0}^{M-1}\boldsymbol{R}_{s_{m_1}s_{m_2}}(\tau)\end{cases}\tag{1.101}$$

式中，$\boldsymbol{R}_{nn}(\tau)$ 为噪声相关函数矩阵。

由于信号均值为零，若所有信号互不相关，则进一步有

$$\boldsymbol{R}_{xx}(\tau)=\sum_{m=0}^{M-1}\underbrace{E\{\boldsymbol{s}_m(t)\boldsymbol{s}_m^{\mathrm{H}}(t-\tau)\}}_{\boldsymbol{R}_{s_ms_m}(\tau)}+\boldsymbol{R}_{nn}(\tau)=\sum_{m=0}^{M-1}\boldsymbol{R}_{s_ms_m}(\tau)+\boldsymbol{R}_{nn}(\tau)\tag{1.102}$$

2. 阵列输出互谱密度矩阵

首先定义阵元 l 输出信号 $x_l(t)$ 和阵元 n 输出信号 $x_n(t)$ 的互功率为

$$\lim_{\Delta\to\infty}\frac{1}{\Delta}\int_{-\Delta/2}^{\Delta/2}E\{x_l(t)x_n^*(t)\}\mathrm{d}t=\langle E\{x_l(t)x_n^*(t)\}\rangle,\ l,n=0,1,\cdots,L-1\tag{1.103}$$

进一步定义 $x_l(t)$ 和 $x_n(t)$ 的互谱密度为（将其对频率积分即可得到两者的互功率）

$$\lim_{\Delta\to\infty}\frac{E\{\underline{x}_l(\omega,\Delta)\underline{x}_n^*(\omega,\Delta)\}}{\Delta},\ l,n=0,1,\cdots,L-1\tag{1.104}$$

$$\underline{x}_l(\omega,\Delta)=\int_{-\Delta/2}^{\Delta/2}x_l(t)\mathrm{e}^{-\mathrm{j}\omega t}\mathrm{d}t,\ l=0,1,\cdots,L-1$$

基于上述定义，阵列输出互谱密度矩阵可写成

$$\underline{\boldsymbol{S}}_{\underline{x}\underline{x}}(\omega)=\lim_{\Delta\to\infty}\frac{E\{\underline{\boldsymbol{x}}(\omega,\Delta)\underline{\boldsymbol{x}}^{\mathrm{H}}(\omega,\Delta)\}}{\Delta}\tag{1.105}$$

$$\underline{\boldsymbol{x}}(\omega,\Delta)=[\underline{x}_0(\omega,\Delta),\underline{x}_1(\omega,\Delta),\cdots,\underline{x}_{L-1}(\omega,\Delta)]^{\mathrm{T}}$$

类似地，可以分别定义信号互谱密度矩阵和噪声互谱密度矩阵为

$$\underline{\boldsymbol{S}}_{\underline{s}\underline{s}}(\omega)=\lim_{\Delta\to\infty}\frac{E\{\underline{\boldsymbol{s}}(\omega,\Delta)\underline{\boldsymbol{s}}^{\mathrm{H}}(\omega,\Delta)\}}{\Delta}\tag{1.106}$$

$$\underline{\boldsymbol{S}}_{\underline{n}\underline{n}}(\omega)=\lim_{\Delta\to\infty}\frac{E\{\underline{\boldsymbol{n}}(\omega,\Delta)\underline{\boldsymbol{n}}^{\mathrm{H}}(\omega,\Delta)\}}{\Delta}\tag{1.107}$$

$$\underline{\boldsymbol{s}}(\omega,\Delta) = [\underline{s}_0(\omega,\Delta),\underline{s}_1(\omega,\Delta),\cdots,\underline{s}_{M-1}(\omega,\Delta)]^{\mathrm{T}}$$
$$\underline{\boldsymbol{n}}(\omega,\Delta) = [\underline{n}_0(\omega,\Delta),\underline{n}_1(\omega,\Delta),\cdots,\underline{n}_{L-1}(\omega,\Delta)]^{\mathrm{T}}$$
$$\underline{s}_m(\omega,\Delta) = \int_{-\Delta/2}^{\Delta/2} s_m(t)\mathrm{e}^{-\mathrm{j}\omega t}\mathrm{d}t,\ m=0,1,\cdots,M-1$$
$$\underline{n}_l(\omega,\Delta) = \int_{-\Delta/2}^{\Delta/2} n_l(t)\mathrm{e}^{-\mathrm{j}\omega t}\mathrm{d}t,\ l=0,1,\cdots,L-1$$

3. 阵列频域输出协方差矩阵

阵列频域输出协方差矩阵定义为

$$\boldsymbol{R}_{\underline{x}\underline{x}}(\omega^{(q)}) = E\{\underline{\boldsymbol{x}}(\omega^{(q)})\underline{\boldsymbol{x}}^{\mathrm{H}}(\omega^{(q)})\} \tag{1.108}$$

式中，$\underline{\boldsymbol{x}}(\omega^{(q)})$ 为零均值阵列频域输出矢量，即

$$\begin{aligned}\underline{\boldsymbol{x}}(\omega^{(q)}) &= \frac{1}{\sqrt{T_0}}\int_{-T_0/2}^{T_0/2}\boldsymbol{x}(t)\mathrm{e}^{-\mathrm{j}\omega^{(q)}t}\mathrm{d}t \\ &= \sum_{m=0}^{M-1}\underbrace{\left[\frac{1}{\sqrt{T_0}}\int_{-T_0/2}^{T_0/2}\boldsymbol{s}_m(t)\mathrm{e}^{-\mathrm{j}\omega^{(q)}t}\mathrm{d}t\right]}_{\underline{\boldsymbol{s}}_m(\omega^{(q)})} + \underbrace{\frac{1}{\sqrt{T_0}}\int_{-T_0/2}^{T_0/2}\boldsymbol{n}(t)\mathrm{e}^{-\mathrm{j}\omega^{(q)}t}\mathrm{d}t}_{\underline{\boldsymbol{n}}(\omega^{(q)})}\end{aligned} \tag{1.109}$$

在非解调和解调两种处理模式下，式（1.109）中 $\boldsymbol{s}_m(t)$ 其第 l 个元素分别为 $s_m(t+\tau_{l,m})$ 和 $\mathrm{e}^{\mathrm{j}\omega_0\tau_{l,m}}s_m(t+\tau_{l,m})$，根据之前的讨论可知

$$\begin{cases}\dfrac{1}{\sqrt{T_0}}\displaystyle\int_{-T_0/2}^{T_0/2}s_m(t+\tau_{l,m})\mathrm{e}^{-\mathrm{j}\omega^{(q)}t}\mathrm{d}t \approx \mathrm{e}^{\mathrm{j}\omega^{(q)}\tau_{l,m}}\underline{s}_m(\omega^{(q)}) \\ \dfrac{1}{\sqrt{T_0}}\displaystyle\int_{-T_0/2}^{T_0/2}[\mathrm{e}^{\mathrm{j}\omega_0\tau_{l,m}}s_m(t+\tau_{l,m})]\mathrm{e}^{-\mathrm{j}\omega^{(q)}t}\mathrm{d}t \approx \mathrm{e}^{\mathrm{j}(\omega_0+\omega^{(q)})\tau_{l,m}}\underline{s}_m(\omega^{(q)})\end{cases} \tag{1.110}$$

$$\underline{s}_m(\omega^{(q)}) = \frac{1}{\sqrt{T_0}}\int_{-T_0/2}^{T_0/2}s_m(t)\mathrm{e}^{-\mathrm{j}\omega^{(q)}t}\mathrm{d}t,\ m=0,1,\cdots,M-1 \tag{1.111}$$

因此

$$\underline{\boldsymbol{s}}_m(\omega^{(q)}) \approx \underline{\boldsymbol{a}}_m(\omega^{(q)})\underline{s}_m(\omega^{(q)}) \tag{1.112}$$

对于非解调接收，式（1.112）中，

$$\underline{\boldsymbol{a}}_m(\omega^{(q)}) = [1,\mathrm{e}^{\mathrm{j}\omega^{(q)}\tau_{1,m}},\cdots,\mathrm{e}^{\mathrm{j}\omega^{(q)}\tau_{L-1,m}}]^{\mathrm{T}} \tag{1.113}$$

对于解调接收，式（1.112）中，

$$\underline{\boldsymbol{a}}_m(\omega^{(q)}) = [1,\mathrm{e}^{\mathrm{j}(\omega_0+\omega^{(q)})\tau_{1,m}},\cdots,\mathrm{e}^{\mathrm{j}(\omega_0+\omega^{(q)})\tau_{L-1,m}}]^{\mathrm{T}} \tag{1.114}$$

这样，可以得到与 1.2 节中相同的结论，即可将 $\underline{\boldsymbol{x}}(\omega^{(q)})$ 近似写成下述形式：

$$\begin{cases}\underline{\boldsymbol{x}}(\omega^{(q)}) = \displaystyle\sum_{m=0}^{M-1}\underline{\boldsymbol{a}}_m(\omega^{(q)})\underline{s}_m(\omega^{(q)}) + \underline{\boldsymbol{n}}(\omega^{(q)}) = \underline{\boldsymbol{A}}(\omega^{(q)})\underline{\boldsymbol{s}}(\omega^{(q)}) + \underline{\boldsymbol{n}}(\omega^{(q)}) \\ \underline{\boldsymbol{A}}(\omega^{(q)}) = [\underline{\boldsymbol{a}}_0(\omega^{(q)}),\underline{\boldsymbol{a}}_1(\omega^{(q)}),\cdots,\underline{\boldsymbol{a}}_{M-1}(\omega^{(q)})] \\ \underline{\boldsymbol{s}}(\omega^{(q)}) = [\underline{s}_0(\omega^{(q)}),\underline{s}_1(\omega^{(q)}),\cdots,\underline{s}_{M-1}(\omega^{(q)})]^{\mathrm{T}}\end{cases} \tag{1.115}$$

进一步有

$$\begin{aligned}&\boldsymbol{R}_{\underline{x}\underline{x}}(\omega^{(q)}) \\ &= \underline{\boldsymbol{A}}(\omega^{(q)})\underbrace{E\{\underline{\boldsymbol{s}}(\omega^{(q)})\underline{\boldsymbol{s}}^{\mathrm{H}}(\omega^{(q)})\}}_{\boldsymbol{R}_{\underline{s}\underline{s}}(\omega^{(q)})}\underline{\boldsymbol{A}}^{\mathrm{H}}(\omega^{(q)}) + \underbrace{E\{\underline{\boldsymbol{n}}(\omega^{(q)})\underline{\boldsymbol{n}}^{\mathrm{H}}(\omega^{(q)})\}}_{\boldsymbol{R}_{\underline{n}\underline{n}}(\omega^{(q)})}\end{aligned}$$

$$= \underline{\boldsymbol{A}}(\omega^{(q)})\boldsymbol{R}_{\underline{ss}}(\omega^{(q)})\underline{\boldsymbol{A}}^{\mathrm{H}}(\omega^{(q)}) + \boldsymbol{R}_{\underline{nn}}(\omega^{(q)}) \tag{1.116}$$

式中，$\boldsymbol{R}_{\underline{ss}}(\omega^{(q)})$ 为频域信号协方差矩阵；$\boldsymbol{R}_{\underline{nn}}(\omega^{(q)})$ 为频域噪声协方差矩阵。

4. 相关函数矩阵、互谱密度矩阵和频域协方差矩阵之间的关系

可以证明，阵列输出互谱密度矩阵与相关函数矩阵满足下述傅里叶变换关系（其证明留作习题）：

$$\begin{aligned}\underline{\boldsymbol{S}}_{\underline{xx}}(\omega) &= \mathrm{FT}\{\boldsymbol{R}_{xx}(\tau)\}\\ &= \int_{-\infty}^{\infty}\boldsymbol{R}_{xx}(\tau)\mathrm{e}^{-\mathrm{j}\omega\tau}\mathrm{d}\tau\\ &= \sum_{m_1=0}^{M-1}\sum_{m_2=0}^{M-1}\left[\int_{-\infty}^{\infty}\boldsymbol{R}_{s_{m_1}s_{m_2}}(\tau)\mathrm{e}^{-\mathrm{j}\omega\tau}\mathrm{d}\tau\right] + \underbrace{\int_{-\infty}^{\infty}\boldsymbol{R}_{nn}(\tau)\mathrm{e}^{-\mathrm{j}\omega\tau}\mathrm{d}\tau}_{\underline{\boldsymbol{S}}_{\underline{nn}}(\omega)}\end{aligned} \tag{1.117}$$

以及

$$\boldsymbol{R}_{xx}(\tau) = \frac{1}{2\pi}\int_{-\infty}^{\infty}\underline{\boldsymbol{S}}_{\underline{xx}}(\omega)\mathrm{e}^{\mathrm{j}\omega\tau}\mathrm{d}\omega$$

$$\Rightarrow$$

$$\boldsymbol{R}_{xx} = \boldsymbol{R}_{xx}(0) = \frac{1}{2\pi}\int_{-\infty}^{\infty}\underline{\boldsymbol{S}}_{\underline{xx}}(\omega)\mathrm{d}\omega \tag{1.118}$$

另外，式（1.117）中的 $\underline{\boldsymbol{S}}_{\underline{nn}}(\omega)$ 即为式（1.107）中所定义的噪声互谱密度矩阵，它与噪声相关函数矩阵 $\boldsymbol{R}_{nn}(\tau)$ 是一傅里叶变换对。

根据定义，非解调和解调情形下式（1.101）中 $\boldsymbol{R}_{s_{m_1}s_{m_2}}(\tau)$ 的第 l_1 行第 l_2 列的元素分别为

$$\boldsymbol{R}_{s_{m_1}s_{m_2}}(\tau)_{(l_1,l_2)} = R_{s_{m_1},s_{m_2}}(\tau + \tau_{l_1,m_1} - \tau_{l_2,m_2}) \tag{1.119}$$

$$\boldsymbol{R}_{s_{m_1}s_{m_2}}(\tau)_{(l_1,l_2)} = \mathrm{e}^{\mathrm{j}\omega_0(\tau_{l_1,m_1}-\tau_{l_2,m_2})}R_{s_{m_1},s_{m_2}}(\tau + \tau_{l_1,m_1} - \tau_{l_2,m_2}) \tag{1.120}$$

式中，$R_{s_{m_1},s_{m_2}}(\tau) = E\{s_{m_1}(t)s_{m_2}^*(t-\tau)\}$。

若定义

$$\underline{\varrho}_{s_{m_1},s_{m_2}}(\omega) = \int_{-\infty}^{\infty}R_{s_{m_1},s_{m_2}}(\tau)\mathrm{e}^{-\mathrm{j}\omega\tau}\mathrm{d}\tau \tag{1.121}$$

则非解调和解调情形下分别有

$$\int_{-\infty}^{\infty}\boldsymbol{R}_{s_{m_1}s_{m_2}}(\tau)_{(l_1,l_2)}\mathrm{e}^{-\mathrm{j}\omega\tau}\mathrm{d}\tau = \underline{\varrho}_{s_{m_1},s_{m_2}}(\omega)\mathrm{e}^{\mathrm{j}\omega\tau_{l_1,m_1}}\mathrm{e}^{-\mathrm{j}\omega\tau_{l_2,m_2}} \tag{1.122}$$

$$\int_{-\infty}^{\infty}\boldsymbol{R}_{s_{m_1}s_{m_2}}(\tau)_{(l_1,l_2)}\mathrm{e}^{-\mathrm{j}\omega\tau}\mathrm{d}\tau = \underline{\varrho}_{s_{m_1},s_{m_2}}(\omega)\mathrm{e}^{\mathrm{j}(\omega_0+\omega)\tau_{l_1,m_1}}\mathrm{e}^{-\mathrm{j}(\omega_0+\omega)\tau_{l_2,m_2}} \tag{1.123}$$

若令 $\underline{\boldsymbol{a}}_m(\omega) = [1,\mathrm{e}^{\mathrm{j}\omega\tau_{1,m}},\cdots,\mathrm{e}^{\mathrm{j}\omega\tau_{L-1,m}}]^{\mathrm{T}}$ 或 $\underline{\boldsymbol{a}}_m(\omega) = [1,\mathrm{e}^{\mathrm{j}(\omega_0+\omega)\tau_{1,m}},\cdots,\mathrm{e}^{\mathrm{j}(\omega_0+\omega)\tau_{L-1,m}}]^{\mathrm{T}}$，进一步可得

$$\begin{aligned}\underline{\boldsymbol{S}}_{\underline{xx}}(\omega) &= \sum_{m_1=0}^{M-1}\sum_{m_2=0}^{M-1}\left[\int_{-\infty}^{\infty}\boldsymbol{R}_{s_{m_1}s_{m_2}}(\tau)\mathrm{e}^{-\mathrm{j}\omega\tau}\mathrm{d}\tau\right] + \underline{\boldsymbol{S}}_{\underline{nn}}(\omega)\\ &= \sum_{m_1=0}^{M-1}\sum_{m_2=0}^{M-1}\underline{\varrho}_{s_{m_1},s_{m_2}}(\omega)\,\underline{\boldsymbol{a}}_{m_1}(\omega)\,\underline{\boldsymbol{a}}_{m_2}^{\mathrm{H}}(\omega) + \underline{\boldsymbol{S}}_{\underline{nn}}(\omega)\end{aligned}$$

$$= \underline{\boldsymbol{A}}(\omega)\underbrace{\left[\int_{-\infty}^{\infty}\underbrace{E\{\boldsymbol{s}(t)\boldsymbol{s}^{\mathrm{H}}(t-\tau)\}}_{\boldsymbol{R}_{ss}(\tau)}\mathrm{e}^{-\mathrm{j}\omega\tau}\mathrm{d}\tau\right]}_{\underline{\boldsymbol{S}}_{\underline{ss}}(\omega)}\underline{\boldsymbol{A}}^{\mathrm{H}}(\omega)+\underline{\boldsymbol{S}}_{\underline{nn}}(\omega) \tag{1.124}$$

$$\underline{\boldsymbol{A}}(\omega)=[\underline{\boldsymbol{a}}_0(\omega),\underline{\boldsymbol{a}}_1(\omega),\cdots,\underline{\boldsymbol{a}}_{M-1}(\omega)]$$

$$\boldsymbol{s}(t)=[s_0(t),s_1(t),\cdots,s_{M-1}(t)]^{\mathrm{T}}$$

式中，$\boldsymbol{R}_{ss}(\tau)$ 为信号相关函数矩阵；$\underline{\boldsymbol{S}}_{\underline{ss}}(\omega)$ 为式（1.106）所定义的信号互谱密度矩阵，它与 $\boldsymbol{R}_{ss}(\tau)$ 是一傅里叶变换对，即

$$\underline{\boldsymbol{S}}_{\underline{ss}}(\omega)=\int_{-\infty}^{\infty}\boldsymbol{R}_{ss}(\tau)\mathrm{e}^{-\mathrm{j}\omega\tau}\mathrm{d}\tau \tag{1.125}$$

以及

$$\begin{cases}\boldsymbol{R}_{ss}(\tau)=\dfrac{1}{2\pi}\displaystyle\int_{-\infty}^{\infty}\underline{\boldsymbol{S}}_{\underline{ss}}(\omega)\mathrm{e}^{\mathrm{j}\omega\tau}\mathrm{d}\omega\\ \Rightarrow\\ \boldsymbol{R}_{ss}=\boldsymbol{R}_{ss}(0)=\dfrac{1}{2\pi}\displaystyle\int_{-\infty}^{\infty}\underline{\boldsymbol{S}}_{\underline{ss}}(\omega)\mathrm{d}\omega\end{cases} \tag{1.126}$$

特别地，当所有信号互不相关时，有

$$\begin{cases}\underline{\boldsymbol{S}}_{\underline{xx}}(\omega)=\displaystyle\sum_{m=0}^{M-1}\underline{\varrho}_{s_m,s_m}(\omega)\,\underline{\boldsymbol{a}}_m(\omega)\,\underline{\boldsymbol{a}}_m^{\mathrm{H}}(\omega)+\underline{\boldsymbol{S}}_{\underline{nn}}(\omega)\\ \underline{\varrho}_{s_m,s_m}(\omega)=\displaystyle\int_{-\infty}^{\infty}\underbrace{E\{s_m(t)s_m^*(t-\tau)\}}_{R_{s_m,s_m}(\tau)}\mathrm{e}^{-\mathrm{j}\omega\tau}\mathrm{d}\tau=\int_{-\infty}^{\infty}R_{s_m,s_m}(\tau)\mathrm{e}^{-\mathrm{j}\omega\tau}\mathrm{d}\tau=\underline{\varrho}_m(\omega)\end{cases} \tag{1.127}$$

式中，$\underline{\varrho}_{s_m,s_m}(\omega)$ 为 $s_m(t)$ 的功率谱密度。

下面考虑更一般的通道频率响应情形。以非解调处理方式为例，暂不考虑噪声，并假设阵元 l 接收通道的单位冲激响应为 $h_{l,m}(t)$，于是，

$$x_l(t)=\sum_{m=0}^{M-1}\left[\int_{-\infty}^{\infty}s_m(t+\tau_{l,m}-\iota)h_{l,m}(\iota)\mathrm{d}\iota\right] \tag{1.128}$$

进一步有

$$\begin{aligned}E\{x_{l_1}(t)x_{l_2}^*(t-\tau)\}&=R_{x_{l_1},x_{l_2}}(\tau)\\&=\sum_{m_1=0}^{M-1}\sum_{m_2=0}^{M-1}\int_{-\infty}^{\infty}\int_{-\infty}^{\infty}R_{s_{m_1},s_{m_2}}(\tau+\tau_{l_1,m_1}-\tau_{l_2,m_2}-\iota_1+\iota_2)h_{l_1,m_1}\\&\quad(\iota_1)h_{l_2,m_2}^*(\iota_2)\mathrm{d}\iota_1\mathrm{d}\iota_2\\&=\sum_{m_1=0}^{M-1}\sum_{m_2=0}^{M-1}\int_{-\infty}^{\infty}\int_{-\infty}^{\infty}R_{s_{m_1},s_{m_2}}(\tau+\tau_{l_1,m_1}-\tau_{l_2,m_2}-\iota_1-\iota_2)\\&\quad h_{l_1,m_1}(\iota_1)h_{l_2,m_2}^*(-\iota_2)\mathrm{d}\iota_1\mathrm{d}\iota_2\\&=\sum_{m_1=0}^{M-1}\sum_{m_2=0}^{M-1}R_{s_{m_1},s_{m_2}}(\tau+\tau_{l_1,m_1}-\tau_{l_2,m_2})*h_{l_1,m_1}(\tau)*h_{l_2,m_2}^*(-\tau)\end{aligned} \tag{1.129}$$

以及

$$\mathrm{FT}\{R_{x_{l_1},x_{l_2}}(\tau)\} = \sum_{m_1=0}^{M-1}\sum_{m_2=0}^{M-1}[\underline{h}_{l_1,m_1}(\omega)\mathrm{e}^{\mathrm{j}\omega\tau_{l_1,m_1}}][\underline{h}_{l_2,m_2}(\omega)\mathrm{e}^{\mathrm{j}\omega\tau_{l_2,m_2}}]^* \underline{\varrho}_{s_{m_1},s_{m_2}}(\omega) \tag{1.130}$$

式中，“ * ” 表示线性卷积；$\underline{h}_{l,m}(\omega)$ 为阵元 l 通道频率响应。

由此可得

$$\begin{cases} \underline{\boldsymbol{S}}_{\underline{\boldsymbol{x}}\underline{\boldsymbol{x}}}(\omega) = \sum_{m_1=0}^{M-1}\sum_{m_2=0}^{M-1} \underline{\varrho}_{s_{m_1},s_{m_2}}(\omega)\,\underline{\boldsymbol{a}}_{m_1}(\omega)\,\underline{\boldsymbol{a}}_{m_2}^{\mathrm{H}}(\omega) + \underline{\boldsymbol{S}}_{\underline{\boldsymbol{n}}\underline{\boldsymbol{n}}}(\omega) \\ \underline{\boldsymbol{a}}_m(\omega) = [\underline{h}_{0,m}(\omega),\underline{h}_{1,m}(\omega)\mathrm{e}^{\mathrm{j}\omega\tau_{1,m}},\cdots,\underline{h}_{L-1,m}(\omega)\mathrm{e}^{\mathrm{j}\omega\tau_{L-1,m}}]^{\mathrm{T}} \end{cases} \tag{1.131}$$

最后，通过比较式（1.104）、式（1.105）和式（1.108）、式（1.109），不难发现

$$\lim_{T_0\to\infty} \boldsymbol{R}_{\underline{\boldsymbol{x}}\underline{\boldsymbol{x}}}(\omega^{(q)}) = \underline{\boldsymbol{S}}_{\underline{\boldsymbol{x}}\underline{\boldsymbol{x}}}(\omega^{(q)}) \tag{1.132}$$

基于式（1.132），实际中可以利用阵列输出信号矢量的有限时间傅里叶变换，对阵列输出互谱密度矩阵进行估计，具体方法将在第 6 章介绍。

类似地，信号频域协方差矩阵和噪声频域协方差矩阵与各自的互谱密度矩阵具有下述关系：

$$\lim_{T_0\to\infty} \boldsymbol{R}_{\underline{\boldsymbol{s}}\underline{\boldsymbol{s}}}(\omega^{(q)}) = \underline{\boldsymbol{S}}_{\underline{\boldsymbol{s}}\underline{\boldsymbol{s}}}(\omega^{(q)}) \tag{1.133}$$

$$\lim_{T_0\to\infty} \boldsymbol{R}_{\underline{\boldsymbol{n}}\underline{\boldsymbol{n}}}(\omega^{(q)}) = \underline{\boldsymbol{S}}_{\underline{\boldsymbol{n}}\underline{\boldsymbol{n}}}(\omega^{(q)}) \tag{1.134}$$

当阵列输出信号为基带复平稳随机过程且满足二阶非圆假设，可进一步利用以下所介绍的二阶共轭统计特性提高信号处理性能。

5. 阵列输出共轭相关函数矩阵

阵列输出共轭相关函数矩阵定义为

$$\boldsymbol{R}_{\boldsymbol{x}\boldsymbol{x}^*}(\tau) = E\{\boldsymbol{x}(t)\boldsymbol{x}^{\mathrm{T}}(t-\tau)\} = E\{\boldsymbol{x}(t+\tau)\boldsymbol{x}^{\mathrm{T}}(t)\} \tag{1.135}$$

式中，$\boldsymbol{x}(t)$ 为阵列输出信号矢量。

注意到信号和噪声均值为零，当 $\tau=0$ 时，$\boldsymbol{R}_{\boldsymbol{x}\boldsymbol{x}^*}(\tau)$ 退变成阵列输出共轭协方差矩阵 $\boldsymbol{R}_{\boldsymbol{x}\boldsymbol{x}^*} = E\{\boldsymbol{x}(t)\boldsymbol{x}^{\mathrm{T}}(t)\}$。

由于

$$\begin{cases} \boldsymbol{x}(t) = \sum_{m=0}^{M-1}\boldsymbol{s}_m(t) + \boldsymbol{n}(t) \\ \boldsymbol{s}_m(t) = [s_m(t),\mathrm{e}^{\mathrm{j}\omega_0\tau_{1,m}}s_m(t+\tau_{1,m}),\cdots,\mathrm{e}^{\mathrm{j}\omega_0\tau_{L-1,m}}s_m(t+\tau_{L-1,m})]^{\mathrm{T}} \end{cases} \tag{1.136}$$

将式（1.136）代入式（1.135），同时考虑信号和噪声之间的统计独立性，可以得到

$$\begin{cases} \boldsymbol{R}_{\boldsymbol{x}\boldsymbol{x}^*}(\tau) = \sum_{m_1=0}^{M-1}\sum_{m_2=0}^{M-1}\underbrace{E\{\boldsymbol{s}_{m_1}(t)\boldsymbol{s}_{m_2}^{\mathrm{T}}(t-\tau)\}}_{\boldsymbol{R}_{s_{m_1}s_{m_2}^*}(\tau)} + \underbrace{E\{\boldsymbol{n}(t)\boldsymbol{n}^{\mathrm{T}}(t-\tau)\}}_{\boldsymbol{R}_{\boldsymbol{n}\boldsymbol{n}^*}(\tau)} = \boldsymbol{R}_{\boldsymbol{x}\boldsymbol{x}^*-}(\tau) + \boldsymbol{R}_{\boldsymbol{n}\boldsymbol{n}^*}(\tau) \\ \boldsymbol{R}_{\boldsymbol{x}\boldsymbol{x}^*-}(\tau) = \sum_{m_1=0}^{M-1}\sum_{m_2=0}^{M-1}E\{\boldsymbol{s}_{m_1}(t)\boldsymbol{s}_{m_2}^{\mathrm{T}}(t-\tau)\} = \sum_{m_1=0}^{M-1}\sum_{m_2=0}^{M-1}\boldsymbol{R}_{s_{m_1}s_{m_2}^*}(\tau) \end{cases} \tag{1.137}$$

式中，$\boldsymbol{R}_{\boldsymbol{n}\boldsymbol{n}^*}(\tau)$ 为噪声共轭相关函数矩阵。

由于信号均值为零，若所有信号互不相关，则进一步有

$$\boldsymbol{R}_{\boldsymbol{xx}^*}(\tau) = \sum_{m=0}^{M-1} \underbrace{E\{\boldsymbol{s}_m(t)\boldsymbol{s}_m^{\mathrm{T}}(t-\tau)\}}_{\boldsymbol{R}_{\boldsymbol{s}_m\boldsymbol{s}_m^*}(\tau)} + \boldsymbol{R}_{\boldsymbol{nn}^*}(\tau) = \sum_{m=0}^{M-1} \boldsymbol{R}_{\boldsymbol{s}_m\boldsymbol{s}_m^*}(\tau) + \boldsymbol{R}_{\boldsymbol{nn}^*}(\tau) \tag{1.138}$$

6. 阵列输出共轭互谱密度矩阵

首先定义 $x_l(t)$ 和 $x_n(t)$ 的共轭互功率为

$$\lim_{\Delta\to\infty} \frac{1}{\Delta}\int_{-\Delta/2}^{\Delta/2} E\{x_l(t)x_n(t)\}\mathrm{d}t = \langle E\{x_l(t)x_n(t)\}\rangle,\ l,n = 0,1,\cdots,L-1 \tag{1.139}$$

进一步定义 $x_l(t)$ 和 $x_n(t)$ 的共轭互谱密度为（将其对频率积分即可得到两者的共轭互功率）

$$\begin{cases} \lim\limits_{\Delta\to\infty} \dfrac{E\{\underline{x}_l(\omega,\Delta)\underline{x}_n(-\omega,\Delta)\}}{\Delta},\ l,n = 0,1,\cdots,L-1 \\ \underline{x}_l(\omega,\Delta) = \displaystyle\int_{-\Delta/2}^{\Delta/2} x_l(t)\mathrm{e}^{-\mathrm{j}\omega t}\mathrm{d}t,\ l = 0,1,\cdots,L-1 \end{cases} \tag{1.140}$$

进一步定义阵列输出共轭互谱密度矩阵为

$$\begin{cases} \underline{\boldsymbol{S}}_{\boldsymbol{xx}^*}(\omega) = \lim\limits_{\Delta\to\infty} \dfrac{E\{\underline{\boldsymbol{x}}(\omega,\Delta)\,\underline{\boldsymbol{x}}^{\mathrm{T}}(-\omega,\Delta)\}}{\Delta} \\ \underline{\boldsymbol{x}}(\omega,\Delta) = [\underline{x}_0(\omega,\Delta),\underline{x}_1(\omega,\Delta),\cdots,\underline{x}_{L-1}(\omega,\Delta)]^{\mathrm{T}} \end{cases} \tag{1.141}$$

类似地，可以定义信号共轭互谱密度矩阵和噪声共轭互谱密度矩阵为

$$\underline{\boldsymbol{S}}_{\underline{\boldsymbol{s}}\underline{\boldsymbol{s}}^*}(\omega) = \lim_{\Delta\to\infty} \frac{E\{\underline{\boldsymbol{s}}(\omega,\Delta)\,\underline{\boldsymbol{s}}^{\mathrm{T}}(-\omega,\Delta)\}}{\Delta} \tag{1.142}$$

$$\underline{\boldsymbol{S}}_{\underline{\boldsymbol{n}}\underline{\boldsymbol{n}}^*}(\omega) = \lim_{\Delta\to\infty} \frac{E\{\underline{\boldsymbol{n}}(\omega,\Delta)\,\underline{\boldsymbol{n}}^{\mathrm{T}}(-\omega,\Delta)\}}{\Delta} \tag{1.143}$$

$$\underline{\boldsymbol{s}}(\omega,\Delta) = [\underline{s}_0(\omega,\Delta),\underline{s}_1(\omega,\Delta),\cdots,\underline{s}_{M-1}(\omega,\Delta)]^{\mathrm{T}}$$

$$\underline{\boldsymbol{n}}(\omega,\Delta) = [\underline{n}_0(\omega,\Delta),\underline{n}_1(\omega,\Delta),\cdots,\underline{n}_{L-1}(\omega,\Delta)]^{\mathrm{T}}$$

$$\underline{s}_m(\omega,\Delta) = \int_{-\Delta/2}^{\Delta/2} s_m(t)\mathrm{e}^{-\mathrm{j}\omega t}\mathrm{d}t,\ m = 0,1,\cdots,M-1$$

$$\underline{n}_l(\omega,\Delta) = \int_{-\Delta/2}^{\Delta/2} n_l(t)\mathrm{e}^{-\mathrm{j}\omega t}\mathrm{d}t,\ l = 0,1,\cdots,L-1$$

7. 阵列频域输出共轭协方差矩阵

阵列频域输出共轭协方差矩阵定义为

$$\boldsymbol{R}_{\underline{\boldsymbol{x}}\underline{\boldsymbol{x}}^*}(\omega^{(q)}) = E\{\underline{\boldsymbol{x}}(\omega^{(q)})\,\underline{\boldsymbol{x}}^{\mathrm{T}}(-\omega^{(q)})\} \tag{1.144}$$

式中，$\underline{\boldsymbol{x}}(\omega^{(q)})$ 为零均值阵列频域输出矢量（基带）。

根据之前的讨论，我们有下述结论：

$$\begin{cases} \underline{\boldsymbol{x}}(\omega^{(q)}) = \sum\limits_{m=0}^{M-1} \underline{\boldsymbol{s}}_m(\omega^{(q)}) + \underline{\boldsymbol{n}}(\omega^{(q)}) \\ \qquad\quad = \sum\limits_{m=0}^{M-1} \underline{\boldsymbol{a}}_m(\omega^{(q)})\underline{s}_m(\omega^{(q)}) + \underline{\boldsymbol{n}}(\omega^{(q)}) \\ \qquad\quad = \underline{\boldsymbol{A}}(\omega^{(q)})\underline{\boldsymbol{s}}(\omega^{(q)}) + \underline{\boldsymbol{n}}(\omega^{(q)}) \\ \underline{\boldsymbol{s}}_m(\omega^{(q)}) = \mathrm{FTFT}\{\boldsymbol{s}_m(t)\} \approx \underline{\boldsymbol{a}}_m(\omega^{(q)})\underline{s}_m(\omega^{(q)}) \end{cases} \tag{1.145}$$

$$\boldsymbol{s}_m(t) = [s_m(t), \mathrm{e}^{\mathrm{j}\omega_0\tau_{1,m}}s_m(t+\tau_{1,m}), \cdots, \mathrm{e}^{\mathrm{j}\omega_0\tau_{L-1,m}}s_m(t+\tau_{L-1,m})]^{\mathrm{T}}$$

$$\underline{\boldsymbol{s}}_m(\omega^{(q)}) = \mathrm{FTFT}\{\boldsymbol{s}_m(t)\}$$

$$\underline{\boldsymbol{a}}_m(\omega^{(q)}) = [1, \mathrm{e}^{\mathrm{j}(\omega_0+\omega^{(q)})\tau_{1,m}}, \cdots, \mathrm{e}^{\mathrm{j}(\omega_0+\omega^{(q)})\tau_{L-1,m}}]^{\mathrm{T}}$$

$$\underline{\boldsymbol{A}}(\omega^{(q)}) = [\underline{\boldsymbol{a}}_0(\omega^{(q)}), \underline{\boldsymbol{a}}_1(\omega^{(q)}), \cdots, \underline{\boldsymbol{a}}_{M-1}(\omega^{(q)})]$$

$$\underline{\boldsymbol{s}}(\omega^{(q)}) = [\underline{s}_0(\omega^{(q)}), \underline{s}_1(\omega^{(q)}), \cdots, \underline{s}_{M-1}(\omega^{(q)})]^{\mathrm{T}}$$

$$\underline{\boldsymbol{n}}(\omega^{(q)}) = \mathrm{FTFT}\{\boldsymbol{n}(t)\}$$

进一步有

$$\begin{aligned}\boldsymbol{R}_{\underline{x}\underline{x}^*}(\omega^{(q)}) &= \underline{\boldsymbol{A}}(\omega^{(q)})\underbrace{E\{\underline{\boldsymbol{s}}(\omega^{(q)})\underline{\boldsymbol{s}}^{\mathrm{T}}(-\omega^{(q)})\}}_{\boldsymbol{R}_{\underline{s}\underline{s}^*}(\omega^{(q)})}\underline{\boldsymbol{A}}^{\mathrm{T}}(-\omega^{(q)}) + \underbrace{E\{\underline{\boldsymbol{n}}(\omega^{(q)})\underline{\boldsymbol{n}}^{\mathrm{T}}(-\omega^{(q)})\}}_{\boldsymbol{R}_{\underline{n}\underline{n}^*}(\omega^{(q)})} \\ &= \underline{\boldsymbol{A}}(\omega^{(q)})\boldsymbol{R}_{\underline{s}\underline{s}^*}(\omega^{(q)})\underline{\boldsymbol{A}}^{\mathrm{T}}(-\omega^{(q)}) + \boldsymbol{R}_{\underline{n}\underline{n}^*}(\omega^{(q)})\end{aligned} \tag{1.146}$$

式中，$\boldsymbol{R}_{\underline{s}\underline{s}^*}(\omega^{(q)})$ 为频域信号共轭协方差矩阵；$\boldsymbol{R}_{\underline{n}\underline{n}^*}(\omega^{(q)})$ 为频域噪声共轭协方差矩阵。

8. 共轭相关函数矩阵、共轭互谱密度矩阵和频域共轭协方差矩阵之间的关系

可以证明，阵列输出共轭互谱密度矩阵与共轭相关函数矩阵满足下述傅里叶变换关系（其证明留作习题）：

$$\begin{aligned}\underline{\boldsymbol{S}}_{\underline{x}\underline{x}^*}(\omega) &= \mathrm{FT}\{\boldsymbol{R}_{xx^*}(\tau)\} = \int_{-\infty}^{\infty}\boldsymbol{R}_{xx^*}(\tau)\mathrm{e}^{-\mathrm{j}\omega\tau}\mathrm{d}\tau \\ &= \sum_{m_1=0}^{M-1}\sum_{m_2=0}^{M-1}\left[\int_{-\infty}^{\infty}\boldsymbol{R}_{s_{m_1}s_{m_2}*}(\tau)\mathrm{e}^{-\mathrm{j}\omega\tau}\mathrm{d}\tau\right] + \underbrace{\int_{-\infty}^{\infty}\boldsymbol{R}_{nn^*}(\tau)\mathrm{e}^{-\mathrm{j}\omega\tau}\mathrm{d}\tau}_{\underline{\boldsymbol{S}}_{\underline{n}\underline{n}^*}(\omega)}\end{aligned} \tag{1.147}$$

以及

$$\begin{aligned}&\boldsymbol{R}_{xx^*}(\tau) = \frac{1}{2\pi}\int_{-\infty}^{\infty}\underline{\boldsymbol{S}}_{\underline{x}\underline{x}^*}(\omega)\mathrm{e}^{\mathrm{j}\omega\tau}\mathrm{d}\omega \\ &\Rightarrow \\ &\boldsymbol{R}_{xx^*} = \boldsymbol{R}_{xx^*}(0) = \frac{1}{2\pi}\int_{-\infty}^{\infty}\underline{\boldsymbol{S}}_{\underline{x}\underline{x}^*}(\omega)\mathrm{d}\omega\end{aligned} \tag{1.148}$$

式（1.147）中的 $\underline{\boldsymbol{S}}_{\underline{n}\underline{n}^*}(\omega)$ 即为式（1.143）中所定义的噪声共轭互谱密度矩阵，它与噪声共轭相关函数矩阵 $\boldsymbol{R}_{nn^*}(\tau)$ 是一傅里叶变换对。

根据定义，$\boldsymbol{R}_{s_{m_1}s_{m_2}*}(\tau)$ 的第 l_1 行第 l_2 列的元素为

$$\boldsymbol{R}_{s_{m_1}s_{m_2}*}(\tau)_{(l_1,l_2)} = \mathrm{e}^{\mathrm{j}\omega_0(\tau_{l_1,m_1}+\tau_{l_2,m_2})}R_{s_{m_1},s_{m_2}*}(\tau+\tau_{l_1,m_1}-\tau_{l_2,m_2}) \tag{1.149}$$

$$R_{s_{m_1},s_{m_2}*}(\tau) = E\{s_{m_1}(t)s_{m_2}(t-\tau)\}$$

若定义

$$\underline{\varrho}_{s_{m_1},s_{m_2}*}(\omega) = \int_{-\infty}^{\infty}R_{s_{m_1},s_{m_2}*}(\tau)\mathrm{e}^{-\mathrm{j}\omega\tau}\mathrm{d}\tau \tag{1.150}$$

则

$$\int_{-\infty}^{\infty}\boldsymbol{R}_{s_{m_1}s_{m_2}*}(\tau)_{(l_1,l_2)}\mathrm{e}^{-\mathrm{j}\omega\tau}\mathrm{d}\tau = \underline{\varrho}_{s_{m_1},s_{m_2}*}(\omega)\mathrm{e}^{\mathrm{j}(\omega_0+\omega)\tau_{l_1,m_1}}\mathrm{e}^{\mathrm{j}(\omega_0-\omega)\tau_{l_2,m_2}} \tag{1.151}$$

若令 $\underline{\boldsymbol{a}}_m(\omega) = [1, \mathrm{e}^{\mathrm{j}(\omega_0+\omega)\tau_{1,m}}, \cdots, \mathrm{e}^{\mathrm{j}(\omega_0+\omega)\tau_{L-1,m}}]^{\mathrm{T}}$，进一步可得

$$
\begin{cases}
\underline{\boldsymbol{S}}_{\underline{\boldsymbol{x}}\underline{\boldsymbol{x}}^*}(\omega) = \sum\limits_{m_1=0}^{M-1}\sum\limits_{m_2=0}^{M-1}\Big[\Big[\int_{-\infty}^{\infty}\boldsymbol{R}_{s_{m_1}s_{m_2}^*}(\tau)\mathrm{e}^{-\mathrm{j}\omega\tau}\mathrm{d}\tau\Big] + \underline{\boldsymbol{S}}_{\underline{\boldsymbol{n}}\underline{\boldsymbol{n}}^*}(\omega) \\
\qquad = \sum\limits_{m_1=0}^{M-1}\sum\limits_{m_2=0}^{M-1} \underline{\varrho}_{s_{m_1},s_{m_2}^*}(\omega)\,\underline{\boldsymbol{a}}_{m_1}(\omega)\,\underline{\boldsymbol{a}}_{m_2}^{\mathrm{T}}(-\omega) + \underline{\boldsymbol{S}}_{\underline{\boldsymbol{n}}\underline{\boldsymbol{n}}^*}(\omega) \\
\qquad = \underline{\boldsymbol{A}}(\omega)\underbrace{\Big[\int_{-\infty}^{\infty}\underbrace{E\{\boldsymbol{s}(t)\boldsymbol{s}^{\mathrm{T}}(t-\tau)\}}_{\boldsymbol{R}_{ss^*}(\tau)}\mathrm{e}^{-\mathrm{j}\omega\tau}\mathrm{d}\tau\Big]}_{\underline{\boldsymbol{S}}_{\underline{ss}^*}(\omega)}\underline{\boldsymbol{A}}^{\mathrm{T}}(-\omega) + \underline{\boldsymbol{S}}_{\underline{\boldsymbol{n}}\underline{\boldsymbol{n}}^*}(\omega) \\
\underline{\boldsymbol{A}}(\omega) = [\underline{\boldsymbol{a}}_0(\omega), \underline{\boldsymbol{a}}_1(\omega), \cdots, \underline{\boldsymbol{a}}_{M-1}(\omega)]
\end{cases}
\tag{1.152}
$$

$$
\boldsymbol{s}(t) = [s_0(t), s_1(t), \cdots, s_{M-1}(t)]^{\mathrm{T}}
$$

式中，$\boldsymbol{R}_{ss^*}(\tau)$ 为信号共轭相关函数矩阵；$\underline{\boldsymbol{S}}_{\underline{ss}^*}(\omega)$ 为式（1.142）中所定义的信号共轭互谱密度矩阵，它与 $\boldsymbol{R}_{ss^*}(\tau)$ 是一傅里叶变换对，即

$$
\underline{\boldsymbol{S}}_{\underline{ss}^*}(\omega) = \int_{-\infty}^{\infty}\boldsymbol{R}_{ss^*}(\tau)\mathrm{e}^{-\mathrm{j}\omega\tau}\mathrm{d}\tau \tag{1.153}
$$

以及

$$
\boldsymbol{R}_{ss^*}(\tau) = \frac{1}{2\pi}\int_{-\infty}^{\infty}\underline{\boldsymbol{S}}_{\underline{ss}^*}(\omega)\mathrm{e}^{\mathrm{j}\omega\tau}\mathrm{d}\omega \Rightarrow \boldsymbol{R}_{ss^*} = \boldsymbol{R}_{ss^*}(0) = \frac{1}{2\pi}\int_{-\infty}^{\infty}\underline{\boldsymbol{S}}_{\underline{ss}^*}(\omega)\mathrm{d}\omega \tag{1.154}
$$

特别地，当所有信号互不相关时，有

$$
\begin{cases}
\underline{\boldsymbol{S}}_{\underline{\boldsymbol{x}}\underline{\boldsymbol{x}}^*}(\omega) = \sum\limits_{m=0}^{M-1}\underline{\varrho}_{s_m,s_m^*}(\omega)\,\underline{\boldsymbol{a}}_m(\omega)\,\underline{\boldsymbol{a}}_m^{\mathrm{T}}(-\omega) + \underline{\boldsymbol{S}}_{\underline{\boldsymbol{n}}\underline{\boldsymbol{n}}^*}(\omega) \\
\underline{\varrho}_{s_m,s_m^*}(\omega) = \int_{-\infty}^{\infty}\underbrace{E\{s_m(t)s_m(t-\tau)\}}_{R_{s_m,s_m^*}(\tau)}\mathrm{e}^{-\mathrm{j}\omega\tau}\mathrm{d}\tau = \int_{-\infty}^{\infty}R_{s_m,s_m^*}(\tau)\mathrm{e}^{-\mathrm{j}\omega\tau}\mathrm{d}\tau
\end{cases}
\tag{1.155}
$$

式中，$\underline{\varrho}_{s_m,s_m^*}(\omega)$ 为 $s_m(t)$ 的共轭功率谱密度。

通过比较式（1.140）、式（1.141）和式（1.144）、式（1.145），可得

$$
\lim_{T_0\to\infty}\boldsymbol{R}_{\underline{xx}^*}(\omega^{(q)}) = \underline{\boldsymbol{S}}_{\underline{\boldsymbol{x}}\underline{\boldsymbol{x}}^*}(\omega^{(q)}) \tag{1.156}
$$

类似地，信号频域共轭协方差矩阵和噪声频域共轭协方差矩阵与各自的共轭互谱密度矩阵具有下述关系：

$$
\lim_{T_0\to\infty}\boldsymbol{R}_{\underline{ss}^*}(\omega^{(q)}) = \underline{\boldsymbol{S}}_{\underline{ss}^*}(\omega^{(q)}) \tag{1.157}
$$

$$
\lim_{T_0\to\infty}\boldsymbol{R}_{\underline{\boldsymbol{n}}\underline{\boldsymbol{n}}^*}(\omega^{(q)}) = \underline{\boldsymbol{S}}_{\underline{\boldsymbol{n}}\underline{\boldsymbol{n}}^*}(\omega^{(q)}) \tag{1.158}
$$

9. 阵列输出协方差矩阵和共轭协方差矩阵的秩特性

根据之前的讨论可知，若信号互不相关，则宽带条件下无噪阵列输出协方差矩阵和共轭协方差矩阵可以分别表示为

$$
\boldsymbol{R}_{xx-} = \sum_{m=0}^{M-1}\Big[\frac{1}{2\pi}\int_{-\infty}^{\infty}\underline{\varrho}_{s_m,s_m}(\omega)\,\underline{\boldsymbol{a}}_m(\omega)\,\underline{\boldsymbol{a}}_m^{\mathrm{H}}(\omega)\mathrm{d}\omega\Big] = \sum_{m=0}^{M-1}\underbrace{E\{\boldsymbol{s}_m(t)\boldsymbol{s}_m^{\mathrm{H}}(t)\}}_{=\boldsymbol{R}_{s_ms_m}} \tag{1.159}
$$

$$
\boldsymbol{R}_{xx^*-} = \sum_{m=0}^{M-1}\Big[\frac{1}{2\pi}\int_{-\infty}^{\infty}\underline{\varrho}_{s_m,s_m^*}(\omega)\,\underline{\boldsymbol{a}}_m(\omega)\,\underline{\boldsymbol{a}}_m^{\mathrm{T}}(-\omega)\mathrm{d}\omega\Big] = \sum_{m=0}^{M-1}\underbrace{E\{\boldsymbol{s}_m(t)\boldsymbol{s}_m^{\mathrm{T}}(t)\}}_{=\boldsymbol{R}_{s_ms_m^*}} \tag{1.160}
$$

另外，由于解调处理方式下

$$\boldsymbol{R}_{\boldsymbol{s}_m\boldsymbol{s}_m}(l_1,l_2) = \mathrm{e}^{\mathrm{j}\omega_0(\tau_{l_1,m}-\tau_{l_2,m})}R_{s_m,s_m}(\tau_{l_1,m}-\tau_{l_2,m}) \tag{1.161}$$

$$\boldsymbol{R}_{\boldsymbol{s}_m\boldsymbol{s}_m*}(l_1,l_2) = \mathrm{e}^{\mathrm{j}\omega_0(\tau_{l_1,m}+\tau_{l_2,m})}R_{s_m,s_m*}(\tau_{l_1,m}-\tau_{l_2,m}) \tag{1.162}$$

所以，

$$\begin{cases}\boldsymbol{R}_{\boldsymbol{xx}-} = \sum\limits_{m=0}^{M-1}(\boldsymbol{a}_m\boldsymbol{a}_m^{\mathrm{H}})\odot\boldsymbol{C}_{s_m,s_m}\\ \boldsymbol{a}_m = [1,\mathrm{e}^{\mathrm{j}\omega_0\tau_{1,m}},\cdots,\mathrm{e}^{\mathrm{j}\omega_0\tau_{L-1,m}}]^{\mathrm{T}}\\ \boldsymbol{C}_{s_m,s_m}(l_1,l_2) = R_{s_m,s_m}(\tau_{l_1,m}-\tau_{l_2,m})\end{cases} \tag{1.163}$$

式中，“⊙”表示 Hadamard 积。

$$\begin{cases}\boldsymbol{R}_{\boldsymbol{xx}*-} = \sum\limits_{m=0}^{M-1}(\boldsymbol{a}_m\boldsymbol{a}_m^{\mathrm{T}})\odot\boldsymbol{C}_{s_m,s_m*}\\ \boldsymbol{C}_{s_m,s_m*}(l_1,l_2) = R_{s_m,s_m*}(\tau_{l_1,m}-\tau_{l_2,m})\end{cases} \tag{1.164}$$

式中，“⊙”表示 Hadamard 积。

由式（1.163）、式（1.164）可以看出，宽带条件下 $\boldsymbol{R}_{\boldsymbol{xx}-}$ 和 $\boldsymbol{R}_{\boldsymbol{xx}*-}$ 的秩一般大于信号源数 M，$\boldsymbol{C}_{s_m,s_m}$ 和 $\boldsymbol{C}_{s_m,s_m*}$ 的秩一般大于1。

以单信号和2元阵列为例，并假设信号具有平坦功率谱密度和平坦共轭功率谱密度，支撑区间均为 $[-\Delta\omega,\Delta\omega]$，则

$$\boldsymbol{C}_{s_0,s_0} = R_{s_0,s_0}(0)\begin{bmatrix}1 & \mathrm{sinc}(\Delta\omega\Delta\tau)\\ \mathrm{sinc}(\Delta\omega\Delta\tau) & 1\end{bmatrix} \tag{1.165}$$

$$\boldsymbol{C}_{s_0,s_0*} = R_{s_0,s_0*}(0)\begin{bmatrix}1 & \mathrm{sinc}(\Delta\omega\Delta\tau)\\ \mathrm{sinc}(\Delta\omega\Delta\tau) & 1\end{bmatrix} \tag{1.166}$$

式中，$\mathrm{sinc}(x) = \sin(x)/x$；$\Delta\tau = \tau_{1,0}-\tau_{0,0} = \tau_{1,0}$；$\boldsymbol{C}_{s_0,s_0}$ 和 $\boldsymbol{C}_{s_0,s_0*}$ 的秩均为2。若信号为窄带，使得 $\Delta\omega\Delta\tau\to 0\Rightarrow\mathrm{sinc}(\Delta\omega\Delta\tau)\to 1$，则 $\boldsymbol{R}_{\boldsymbol{xx}-}$ 和 $\boldsymbol{R}_{\boldsymbol{xx}*-}$ 的秩均等于信号源数1，这与1.3.1 中的结论是一致的。

下面讨论上述秩特性的时域解释。首先，与式（1.74）所示信号分解形式类似，$s_0(t+\Delta\tau)$ 可写成

$$\begin{cases}s_0(t+\Delta\tau) = \dfrac{R_{s_0,s_0}(\Delta\tau)}{R_{s_0,s_0}(0)}s_0(t)+\sqrt{1-\left|\dfrac{R_{s_0,s_0}(\Delta\tau)}{R_{s_0,s_0}(0)}\right|^2}s_0'(t)\\ \qquad\qquad = \mathrm{sinc}(\Delta\omega\Delta\tau)s_0(t)+\sqrt{1-\mathrm{sinc}^2(\Delta\omega\Delta\tau)}s_0'(t)\\ s_0'(t) = \dfrac{s_0(t+\Delta\tau)-\mathrm{sinc}(\Delta\omega\Delta\tau)s_0(t)}{\sqrt{1-\mathrm{sinc}^2(\Delta\omega\Delta\tau)}}\end{cases} \tag{1.167}$$

式中，$\Delta\omega\neq 0;\Delta\tau\neq 0$。

不难验证，$s_0'(t)$ 与 $s_0(t)$ 功率相同（均为 σ_0^2），但互不相关。

相应地，无噪阵列输出信号矢量具有下述形式：

$$\boldsymbol{x}(t) = \begin{bmatrix}1\\ \dfrac{R_{s_0,s_0}(\Delta\tau)}{R_{s_0,s_0}(0)}\mathrm{e}^{\mathrm{j}\omega_0\Delta\tau}\end{bmatrix}s_0(t)+\begin{bmatrix}0\\ \sqrt{1-\left|\dfrac{R_{s_0,s_0}(\Delta\tau)}{R_{s_0,s_0}(0)}\right|^2}\mathrm{e}^{\mathrm{j}\omega_0\Delta\tau}\end{bmatrix}s_0'(t)$$

$$= \begin{bmatrix} 1 \\ \operatorname{sinc}(\Delta\omega\Delta\tau)\mathrm{e}^{\mathrm{j}\omega_0\Delta\tau} \end{bmatrix} s_0(t) + \begin{bmatrix} 0 \\ \sqrt{1-\operatorname{sinc}^2(\Delta\omega\Delta\tau)}\mathrm{e}^{\mathrm{j}\omega_0\Delta\tau} \end{bmatrix} s_0'(t)$$

$$= \begin{bmatrix} 1 & 0 \\ \operatorname{sinc}(\Delta\omega\Delta\tau)\mathrm{e}^{\mathrm{j}\omega_0\Delta\tau} & \sqrt{1-\operatorname{sinc}^2(\Delta\omega\Delta\tau)}\mathrm{e}^{\mathrm{j}\omega_0\Delta\tau} \end{bmatrix} \begin{bmatrix} s_0(t) \\ s_0'(t) \end{bmatrix} \tag{1.168}$$

式中，ω_0 为信号中心角频率。

显然，当 $\operatorname{sinc}(\Delta\omega\Delta\tau) \neq 1$ 时，$\boldsymbol{R}_{xx-}$ 的秩为 2。若信号严格非圆，则

$$s_0(t) = \mathrm{e}^{\mathrm{j}\beta_0} s_0^*(t) \tag{1.169}$$

式中，β_0 为信号非圆相位。

由此有 $E\{s_0(t)s_0'(t)\} = 0$，$E\{[s_0'(t)]^2\} = \mathrm{e}^{\mathrm{j}\beta_0}\sigma_0^2$，所以 $\boldsymbol{R}_{xx*-}$ 的秩也为 2。若信号为部分非圆，则有

$$\boldsymbol{R}_{xx*-} = \begin{bmatrix} R_{s_0,s_0*}(0) & R_{s_0,s_0*}(\Delta\tau)\mathrm{e}^{\mathrm{j}\omega_0\Delta\tau} \\ R_{s_0,s_0*}(\Delta\tau)\mathrm{e}^{\mathrm{j}\omega_0\Delta\tau} & R_{s_0,s_0*}(0)\mathrm{e}^{\mathrm{j}2\omega_0\Delta\tau} \end{bmatrix} \tag{1.170}$$

其行列式为

$$\det\{\boldsymbol{R}_{xx*-}\} = \mathrm{e}^{\mathrm{j}2\omega_0\Delta\tau}[R_{s_0,s_0*}^2(0) - R_{s_0,s_0*}^2(\Delta\tau)] \tag{1.171}$$

对于宽带信号，若 $\Delta\tau \neq 0$，则 $R_{s_0,s_0*}^2(0) \neq R_{s_0,s_0*}^2(\Delta\tau)$，$\boldsymbol{R}_{xx*-}$ 的秩仍为 2。

若 $\Delta\omega\Delta\tau$ 较小，则 $\operatorname{sinc}(\Delta\omega\Delta\tau) \to 1$，$R_{s_0,s_0*}^2(0) \to R_{s_0,s_0*}^2(\Delta\tau)$，矩阵 $\boldsymbol{R}_{xx-}$ 和 $\boldsymbol{R}_{xx*-}$ 将具有较大的条件数（大特征值与小特征值的数值比）。

图 1.11 所示为 $\boldsymbol{R}_{xx-}$ 和 $\boldsymbol{R}_{xx*-}$ 的条件数倒数随信号带宽的变化曲线图，其中信号为严格非圆，其功率为 1，非圆相位为 60°，中心频率为 25Hz；$\Delta\tau$ 为 1/120s。可以看出，信号带宽越大，两矩阵的条件数越小。随着信号带宽的减小，$\boldsymbol{R}_{xx-}$ 和 $\boldsymbol{R}_{xx*-}$ 均趋近于奇异。本例中，当信号带宽小于 10Hz（40% 相对带宽）时，$\boldsymbol{R}_{xx-}$ 和 $\boldsymbol{R}_{xx*-}$ 大、小特征值的数值相差 2 个数量级以上。

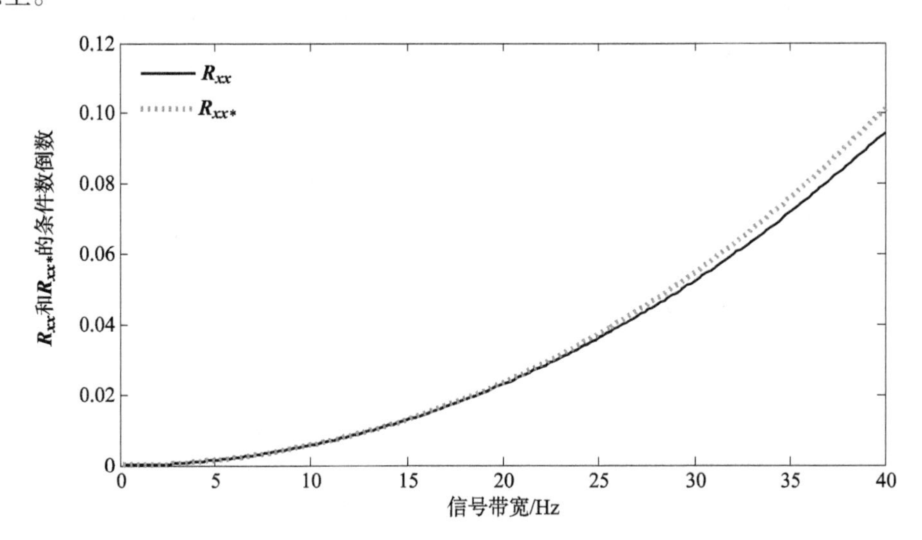

图 1.11　$\boldsymbol{R}_{xx-}$ 和 $\boldsymbol{R}_{xx*-}$ 条件数倒数随信号带宽的变化曲线

总之，在宽带条件下，无噪阵列输出协方差矩阵 $\boldsymbol{R}_{xx-}$ 具有满秩特性（即其秩等于阵元

数 L ），但 $\boldsymbol{R}_{xx-}$ 通常仍会存在 $M' < L$ 个特征值明显大于其余的 $L-M'$ 个特征值，其中 M' 称为 $\boldsymbol{R}_{xx-}$ 的有效秩。$\boldsymbol{R}_{xx-}$ 对应于 M' 个大特征值的特征矢量所张成的空间称为有效信号子空间或伪信号子空间，而对应于剩余小特征值的特征矢量所张成的空间称为有效噪声子空间或伪噪声子空间。非圆信号条件下，$\boldsymbol{R}_{xx*-}\boldsymbol{R}_{xx*-}^{\mathrm{H}}$ 也有类似的性质。

1.4 阵列通道增益失配及阵元位置误差的校正

本节考虑窄带阵列信号处理中通道增益不一致（通道失配）以及阵元位置误差的有源离线校正问题。

根据 1.2.1 节的讨论可知，在一定的假设条件下，阵列通道失配和阵元位置误差服从一定的模型。本节讨论如何在这一误差模型下，通过角度精确已知的校正源对等距线阵的通道失配（这里假设其与信号参数无关）和阵元位置误差进行估计和校正。

假设校正源信号为 $s_0(t)$ ，波长为 λ_0 ，阵元 0 位于坐标原点，作为参考阵元，并将其通道响应合并入信号项中，阵元间距标称值为 d。

根据 1.2.1 节的讨论，若校正源信号波达方向为 $\theta^{(1)}$（其值要求精确已知），则阵列输出信号矢量具有下述形式：

$$\begin{cases}\boldsymbol{x}(t) = \boldsymbol{a}(\theta^{(1)})s_0(t) + \boldsymbol{n}(t) \\ \boldsymbol{a}(\theta^{(1)}) = [1,\Delta\rho_1 \mathrm{e}^{\mathrm{j}2\pi(d+\Delta d_1)\sin\theta^{(1)}/\lambda_0},\cdots,\Delta\rho_{L-1}\mathrm{e}^{\mathrm{j}2\pi[(L-1)d+\Delta d_{L-1}]\sin\theta^{(1)}/\lambda_0}]^{\mathrm{T}}\end{cases} \tag{1.172}$$

式中，$\{\Delta\rho_l\}_{l=1}^{L-1}$ 和 $\{\Delta d_l\}_{l=1}^{L-1}$ 分别为通道失配误差和阵元位置误差（相对于参考阵元而言）；$\boldsymbol{n}(t)$ 为阵元加性噪声矢量，假设其为空间白噪声，并且与校正信号统计独立。

在上述模型及假设条件下，阵列输出协方差矩阵为

$$\boldsymbol{R}_{xx} = \sigma_0^2\boldsymbol{a}(\theta^{(1)})\boldsymbol{a}^{\mathrm{H}}(\theta^{(1)}) + \sigma^2\boldsymbol{I}_L \tag{1.173}$$

式中，σ_0^2 和 σ^2 分别为校正源信号功率和噪声功率；$\boldsymbol{I}_L$ 为 $L\times L$ 维单位矩阵。

对 $\boldsymbol{R}_{xx}$ 进行特征分解，由于其为正定厄米特矩阵，故其所有特征值均为正实数。令其最大特征值为 $\mu^{(1)}$ ，相应的特征矢量为 $\boldsymbol{u}^{(1)}$ ，则有 $\mu^{(1)} > \sigma^2$ ，并且

$$\begin{aligned}&\boldsymbol{R}_{xx}\boldsymbol{u}^{(1)} = \sigma_0^2\boldsymbol{a}(\theta^{(1)})\boldsymbol{a}^{\mathrm{H}}(\theta^{(1)})\boldsymbol{u}^{(1)} + \sigma^2\boldsymbol{u}^{(1)} = \mu^{(1)}\boldsymbol{u}^{(1)} \\ &\Rightarrow \\ &[\sigma_0^2\boldsymbol{a}^{\mathrm{H}}(\theta^{(1)})\boldsymbol{u}^{(1)}]\boldsymbol{a}(\theta^{(1)}) = (\mu^{(1)} - \sigma^2)\boldsymbol{u}^{(1)} \neq \boldsymbol{0}\end{aligned} \tag{1.174}$$

式中，“$\boldsymbol{0}$”表示零矢量。

式（1.174）表明 $\boldsymbol{u}^{(1)}$ 和 $\boldsymbol{a}(\theta^{(1)})$ 成比例关系，由此可得

$$\hat{\xi}_l^{(1)} = \frac{\boldsymbol{u}^{(1)}(l+1)}{\boldsymbol{u}^{(1)}(1)}\mathrm{e}^{-\mathrm{j}2\pi ld\sin\theta^{(1)}/\lambda_0} = \Delta\rho_l\mathrm{e}^{\mathrm{j}2\pi\Delta d_l\sin\theta^{(1)}/\lambda_0} \tag{1.175}$$

式中，$l = 1,2,\cdots,L-1$。

改变信号源位置，使其波达方向为 $\theta^{(2)}$（或采用两个角度不同的校正源），利用同样方法可以得到

$$\hat{\xi}_l^{(2)} = \Delta\rho_l\mathrm{e}^{\mathrm{j}2\pi\Delta d_l\sin\theta^{(2)}/\lambda_0},\ l = 1,2,\cdots,L-1 \tag{1.176}$$

由式（1.175）与（1.176）可得

$$\frac{\hat{\xi}_l^{(1)}}{\hat{\xi}_l^{(2)}} = \frac{\mathrm{e}^{\mathrm{j}2\pi\Delta d_l\sin\theta^{(1)}/\lambda_0}}{\mathrm{e}^{\mathrm{j}2\pi\Delta d_l\sin\theta^{(2)}/\lambda_0}} = \mathrm{e}^{\mathrm{j}2\pi\Delta d_l[\sin\theta^{(1)}-\sin\theta^{(2)}]/\lambda_0},\ l = 1,2,\cdots,L-1 \tag{1.177}$$

假设 Δd_l 满足下述条件：

$$\begin{aligned}&|2\pi\Delta d_l[\sin\theta^{(1)}-\sin\theta^{(2)}]/\lambda_0|<\pi\\&\Rightarrow\\&|\Delta d_l|<\frac{\lambda_0}{2|\sin\theta^{(1)}-\sin\theta^{(2)}|},l=1,2,\cdots,L-1\end{aligned}\tag{1.178}$$

则阵元位置误差可由下式进行确定：

$$\widehat{\Delta d_l}=\frac{\lambda_0\arg\{\hat{\xi}_l^{(1)}/\hat{\xi}_l^{(2)}\}}{2\pi(\sin\theta^{(1)}-\sin\theta^{(2)})},l=1,2,\cdots,L-1\tag{1.179}$$

而通道增益失配误差则可由下式进行确定：

$$\widehat{\Delta\rho_l}=\frac{\hat{\xi}_l^{(1)}\mathrm{e}^{-\mathrm{j}2\pi\widehat{\Delta d_l}\sin\theta^{(1)}/\lambda_0}+\hat{\xi}_l^{(2)}\mathrm{e}^{-\mathrm{j}2\pi\widehat{\Delta d_l}\sin\theta^{(2)}/\lambda_0}}{2},l=1,2,\cdots,L-1\tag{1.180}$$

实际中，$\boldsymbol{R}_{xx}$ 可用式（1.96）所示阵列输出样本协方差矩阵 $\hat{\boldsymbol{R}}_{xx}$ 代替。另外，上述方法要求精确已知校正源的波达方向。

顺便指出，在电磁应用背景中，传感器为天线，除了可能存在天线位置误差、通道失配误差之外，天线间一般还存在互耦效应。关于阵列天线间互耦效应的校正，参见习题【3－14】。

例 1.1　考虑 4 元等距线阵之阵元位置误差以及通道失配误差的校正，其中阵元 0 为参考阵元，阵元间距标称值为 1/2 校正信号波长。通道失配误差分别为 $1.2\mathrm{e}^{\mathrm{j}0.5°}$、$1.5\mathrm{e}^{\mathrm{j}0.2°}$ 和 $1.3\mathrm{e}^{\mathrm{j}1°}$，阵元位置误差分别为 0.12、0.2 和 0.15。两个校正源信号波达方向分别为 0°和 30°，信噪比为 30dB，快拍数为 100。阵列校正结果如图 1.12 所示。

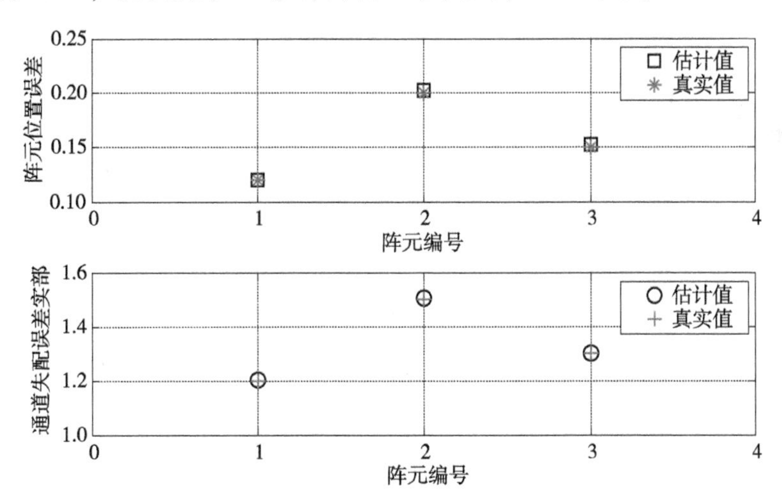

图 1.12　阵元位置误差与通道失配误差校正结果

1.5　阵列通道频率响应失配的校正

本节讨论宽带阵列情形，即接收通道带宽足够宽，可以适应宽带入射信号或多个频率不同的窄带信号（宽频段信号），主要介绍如何采用自适应通道均衡技术对通道间频率响应特性的失配误差进行校正和补偿（这里假设阵列所有传感器特性相同，通道失配误差与信号参数无关）。

以阵元0接收通道为参考通道（实际中亦可选择幅频特性较为平坦的通道作为参考通道），并令 $\underline{h}_0(\omega)$ 和 $\underline{h}_l(\omega)$ 分别为参考通道和阵元 l 通道的固有频率响应。

每个阵元通道后接均衡器均采用横向滤波器，其中参考通道后接均衡器为具有线性相位响应的全通滤波器，其频率响应为 $\underline{e}_0(\omega)$。

这样，阵元 l 接收通道后接均衡器的频率响应 $\underline{e}_l(\omega)$ 应为

$$\underline{e}_l(\omega) = \frac{\underline{h}_0(\omega)}{\underline{h}_l(\omega)}\underline{e}_0(\omega) \tag{1.181}$$

实际中，各通道的固有频率响应可通过注入同一校正信号（譬如线性调频信号）进行测量计算，并且只考虑在通道带宽内若干离散频点上对均衡器的频率响应进行拟合。

假设所关心的频点为 $\omega^{(q)}$，其中 $q = 0,1,\cdots,Q-1$，根据式（1.181）所示要求，应有

$$\underline{e}_l(\omega^{(q)}) = \frac{\underline{h}_0(\omega^{(q)})}{\underline{h}_l(\omega^{(q)})}\underline{e}_0(\omega^{(q)}) \tag{1.182}$$

式中，$\underline{e}_l(\omega^{(q)})$ 可用一个有限阶横向滤波器进行逼近。

图1.13所示为用于第 l 路通道自适应均衡的 N 阶横向滤波器的结构示意图（其中符号"⊠"和"⊕"分别表示复乘和复加运算，方框表示延迟操作），其频率响应为

$$\underline{f}_l(\omega^{(q)}) = \int_{-\infty}^{\infty}\left[\sum_{n=0}^{N-1} w_{l,n}\delta(t-n\tau)\right]\mathrm{e}^{-\mathrm{j}\omega^{(q)}t}\mathrm{d}t = \sum_{n=0}^{N-1} w_{l,n}\mathrm{e}^{-\mathrm{j}\omega^{(q)}\tau n} \tag{1.183}$$

式中，$\delta(x)$ 表示狄拉克 Delta 函数。

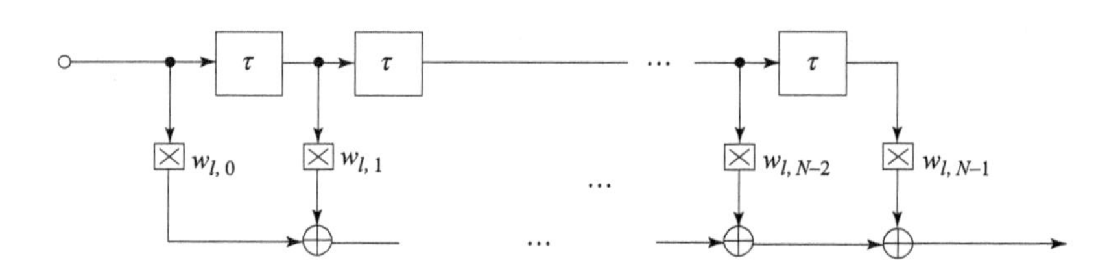

图1.13　第 l 路通道均衡所用 N 阶横向滤波器的结构示意图

为补偿第 l 路通道频率响应与参考通道频率响应间的不一致，图1.13所示横向滤波器的参数 $\{w_{l,n}\}_{n=0}^{N-1}$ 可以通过求解下述优化问题（最小二乘）进行设计：

$$\begin{cases}\min\limits_{\{w_{l,n}\}_{n=0}^{N-1}}\sum\limits_{q=0}^{Q-1}|\underline{f}_l(\omega^{(q)}) - \underline{e}_l(\omega^{(q)})|^2 = \min\limits_{\boldsymbol{w}_l}\|\boldsymbol{A}\boldsymbol{w}_l - \underline{\boldsymbol{e}}_l\|_2^2 \\ \boldsymbol{A} = [\boldsymbol{a}^{(0)},\boldsymbol{a}^{(1)},\cdots,\boldsymbol{a}^{(N-1)}] \\ \boldsymbol{a}^{(n)} = [\mathrm{e}^{-\mathrm{j}\omega^{(0)}n\tau},\mathrm{e}^{-\mathrm{j}\omega^{(1)}n\tau},\cdots,\mathrm{e}^{-\mathrm{j}\omega^{(Q-1)}n\tau}]^{\mathrm{T}} \\ \boldsymbol{w}_l = [w_{l,0},w_{l,1},\cdots,w_{l,N-1}]^{\mathrm{T}} \\ \underline{\boldsymbol{e}}_l = [\underline{e}_l(\omega^{(0)}),\underline{e}_l(\omega^{(1)}),\cdots,\underline{e}_l(\omega^{(Q-1)})]^{\mathrm{T}}\end{cases} \tag{1.184}$$

根据矢量范数定义，式（1.184）所示优化问题中的代价函数又可写成

$$\|\boldsymbol{A}\boldsymbol{w}_l - \underline{\boldsymbol{e}}_l\|_2^2 = [\boldsymbol{A}\boldsymbol{w}_l - \underline{\boldsymbol{e}}_l]^{\mathrm{H}}[\boldsymbol{A}\boldsymbol{w}_l - \underline{\boldsymbol{e}}_l]$$

$$= \boldsymbol{w}_l^{\mathrm{H}}\boldsymbol{A}^{\mathrm{H}}\boldsymbol{A}\boldsymbol{w}_L - \boldsymbol{w}_l^{\mathrm{H}}\boldsymbol{A}^{\mathrm{H}}\underline{\boldsymbol{e}}_l - \underline{\boldsymbol{e}}_l^{\mathrm{H}}\boldsymbol{A}\boldsymbol{w}_l + \underline{\boldsymbol{e}}_l^{\mathrm{H}}\underline{\boldsymbol{e}}_l \tag{1.185}$$

由于 $\boldsymbol{A}^{\mathrm{H}}$ 为范德蒙矩阵，当 $Q \geqslant N$ 时，$\boldsymbol{A}^{\mathrm{H}}\boldsymbol{A}$ 为正定厄米特矩阵，于是

$$\begin{aligned}\|\boldsymbol{A}\boldsymbol{w}_l - \underline{\boldsymbol{e}}_l\|_2^2 = &(\boldsymbol{A}^{\mathrm{H}}\boldsymbol{A}\boldsymbol{w}_L - \boldsymbol{A}^{\mathrm{H}}\underline{\boldsymbol{e}}_l)^{\mathrm{H}}(\boldsymbol{A}^{\mathrm{H}}\boldsymbol{A})^{-1}(\boldsymbol{A}^{\mathrm{H}}\boldsymbol{A}\boldsymbol{w}_L - \boldsymbol{A}^{\mathrm{H}}\underline{\boldsymbol{e}}_l) + \\ &\underline{\boldsymbol{e}}_l^{\mathrm{H}}[\boldsymbol{I}_Q - \boldsymbol{A}(\boldsymbol{A}^{\mathrm{H}}\boldsymbol{A})^{-1}\boldsymbol{A}^{\mathrm{H}}]\underline{\boldsymbol{e}}_l\end{aligned} \tag{1.186}$$

式中，$\boldsymbol{I}_Q$ 为 $Q \times Q$ 维单位矩阵。

注意到式（1.186）等号右端第二项，即 $\underline{\boldsymbol{e}}_l^{\mathrm{H}}[\boldsymbol{I}_Q - \boldsymbol{A}(\boldsymbol{A}^{\mathrm{H}}\boldsymbol{A})^{-1}\boldsymbol{A}^{\mathrm{H}}]\underline{\boldsymbol{e}}_l$ 的值与 $\boldsymbol{w}_l$ 无关，且

$$\underline{\boldsymbol{e}}_l^{\mathrm{H}}[\boldsymbol{I}_Q - \boldsymbol{A}(\boldsymbol{A}^{\mathrm{H}}\boldsymbol{A})^{-1}\boldsymbol{A}^{\mathrm{H}}]\underline{\boldsymbol{e}}_l = \|\boldsymbol{A}\boldsymbol{w}_l - \underline{\boldsymbol{e}}_l\|_2^2\,|_{\boldsymbol{A}^{\mathrm{H}}\boldsymbol{A}\boldsymbol{w}_l - \boldsymbol{A}^{\mathrm{H}}\underline{\boldsymbol{e}}_l = 0} \geqslant 0 \tag{1.187}$$

又由于

$$(\boldsymbol{A}^{\mathrm{H}}\boldsymbol{A}\boldsymbol{w}_L - \boldsymbol{A}^{\mathrm{H}}\underline{\boldsymbol{e}}_l)^{\mathrm{H}}(\boldsymbol{A}^{\mathrm{H}}\boldsymbol{A})^{-1}(\boldsymbol{A}^{\mathrm{H}}\boldsymbol{A}\boldsymbol{w}_L - \boldsymbol{A}^{\mathrm{H}}\underline{\boldsymbol{e}}_l) \geqslant 0 \tag{1.188}$$

所以式（1.186）在 $\boldsymbol{A}^{\mathrm{H}}\boldsymbol{A}\boldsymbol{w}_L - \boldsymbol{A}^{\mathrm{H}}\underline{\boldsymbol{e}}_l = \boldsymbol{0}$ 时取得最小值，即问题（1.184）的最优解为

$$\boldsymbol{w}_l = (\boldsymbol{A}^{\mathrm{H}}\boldsymbol{A})^{-1}\boldsymbol{A}^{\mathrm{H}}\underline{\boldsymbol{e}}_l \tag{1.189}$$

最后指出，无论是窄带阵列还是宽带阵列，实际上通道失配通常还依赖于信号参数，这一点由 1.2 节关于阵列信号模型的讨论中也可以看出。另外，通道失配可能还具有时变性。对于上述两种情形，本章 1.4 节和 1.5 节所介绍的离线校正方法会失效，需要寻求更具灵活性的校正方法，目前这仍是一个没有得到彻底解决的开放性问题[12]。

习　题

【1－1】（1）若阵列接收通道中的传感器或前置带通滤波器的通带带宽非常窄，证明即使阵列入射信号原为宽带，阵列输出信号仍然满足窄带模型；若采用 Q 组通带中心频率不同的窄带滤波器对阵列输出信号进行分离处理，所得到的 Q 组矢量与 1.2.2 节所介绍的宽带阵列信号频域模型有何关联？（2）阵元噪声一般包括传感器内部热噪声、外部环境噪声、背景噪声等，若信号接收机如图 1.3 所示，则噪声谱的支撑区间应位于何处？

【1－2】对于任意实信号 $r_0(t)$，其振幅和相位的定义［参见式（1.4）］并不唯一。为消除歧义，可引入解析信号的概念，其定义为

$$\underline{r}_0(t) = \underline{r}_0(t) + \mathrm{jHT}\{\underline{r}_0(t)\}$$

式中，HT 表示希尔伯特变换，变换结果等效于将信号通过一个单位冲激响应为 $(\pi t)^{-1}$ 的线性时不变系统的输出。

（1）证明 $r_0(t)$ 可以写成下述形式：

$$r_0(t) = r_{\mathrm{I},0}(t)\cos(\omega_0 t) - r_{\mathrm{Q},0}(t)\sin(\omega_0 t) = a_0(t)\cos[\omega_0 t + \varphi_0(t)]$$

式中，$a_0(t) = \sqrt{r_{\mathrm{I},0}^2(t) + r_{\mathrm{Q},0}^2(t)}$，$\varphi_0(t) = \arctan\{r_{\mathrm{Q},0}(t)/r_{\mathrm{I},0}(t)\}$，$r_{\mathrm{I},0}(t) = r_0(t)\cos(\omega_0 t) + \mathrm{HT}\{r_0(t)\}\sin(\omega_0 t) = a_0(t)\cos[\varphi_0(t)]$，$r_{\mathrm{Q},0}(t) = \mathrm{HT}\{r_0(t)\}\cos(\omega_0 t) - r_0(t)\sin(\omega_0 t) = a_0(t)\sin[\varphi_0(t)]$。

（2）证明信号复包络为

$$s_0(t) = a_0(t)\mathrm{e}^{\mathrm{j}\varphi_0(t)} = \underline{r}_0(t)\mathrm{e}^{-\mathrm{j}\omega_0 t}$$

（3）若 $r_0(t)$ 为阵列输入信号，将阵元 l 传感器放大信号解析化，相应信号可以写成

$$x_l(t) = r_0(t) * h_{l,m}(t) * \left[\delta(t) + \mathrm{j}\frac{1}{\pi t}\right]$$

式中，“ * ”表示线性卷积；$h_{l,m}(t)$ 为阵元 l 传感器放大环节的单位冲激响应；$\delta(t)$ 为狄拉克 Delta 函数。

试证明：

$$x_l(t) = r_0(t) * h_{l,m}(t)$$

（4）基于本题中解析信号的概念，重新推导 1.2.1 节和 1.2.2 节中的窄带和宽带阵列信号模型。

【1-3】 考虑一4 元等距线阵，阵元间距为1/4 信号波长。阵列入射信号为一正弦信号，其波达方向为0°。

（1）信号波扫过相邻两个阵元的时延为多少?

（2）如果信号从其他方向入射至阵列，信号波扫过相邻两个阵元的时延有可能与问题（1）中的相同吗? 为什么?

（3）如果阵列中有 3 个阵元完全失效或不能正常工作，还能正确估计出信号的波达方向吗?

【1-4】 考虑一6 元等距线阵，阵元间距为1/2 信号波长。两个阵列入射窄带信号互不相关，波达方向分别为0°和30°，功率分别为1 和4，非圆率均为1，非圆相位分别为10°和60°；阵元加性噪声为空间白（二阶圆）随机过程，方差为1。

（1）写出两个信号的导向矢量以及相应的信号导向矢量矩阵。

（2）计算阵列输出协方差矩阵和共轭协方差矩阵。

（3）计算阵列输出协方差矩阵的特征值和特征矢量，观察其特点。

【1-5】 1.3 节所讨论的二阶非圆概念可以推广至 $P > 2$ 阶。具体而言，对于零均值复信号 $s_0(t)$，可定义下面的高阶非圆率[9]：

$$\alpha^{\langle P=P_1+P_2\rangle} = \frac{|E\{[s_0(t)]^{P_1}[s_0^*(t)]^{P_2}\}|}{[E\{|s_0(t)|^2\}]^{(P_1+P_2)/2}}$$

式中，$P_1 \neq P_2$；当 $\alpha^{\langle P\rangle} \neq 0$ 时，称 $s_0(t)$ 为 P 阶非圆信号。

当 P_1 和 P_2 分别取何值时，$\alpha^{\langle P\rangle}$ 退化成二阶非圆率? 结合计算机仿真，分析讨论二进制相移键控（BPSK）信号复包络、四进制相移键控（QPSK）信号复包络和正交幅度调制（QAM）信号复包络的四阶非圆性。

【1-6】 若阵列输出相关函数矩阵和共轭相关函数矩阵满足下述条件：

$$\int_{-\infty}^{\infty} |R_{xx}(\tau)|\,\mathrm{d}\tau < \infty$$

$$\int_{-\infty}^{\infty} |R_{xx^*}(\tau)|\,\mathrm{d}\tau < \infty$$

试证明式（1.117）和式（1.147）成立。

【1-7】 本题考虑如何利用阵列输出数据的采样值估计阵列频域输出协方差矩阵 $\boldsymbol{R}_{\underline{x}\underline{x}}(\omega^{(q)})$ 以及阵列输出谱密度矩阵 $\underline{\boldsymbol{S}}_{\underline{x}\underline{x}}(\omega^{(q)})$。

（1）若信号功率谱密度如图 1.10 所示，对阵列输出进行采样，不考虑量化误差，证明式①和式②所示结论成立：

$$\underline{\boldsymbol{x}}(\omega^{(q)}) = \underline{\boldsymbol{x}}\left(\frac{2\pi q}{K\Delta t}\right) = \frac{1}{\sqrt{K\Delta t}}\int_{-K\Delta t/2}^{K\Delta t/2}\boldsymbol{x}(t)\mathrm{e}^{-\mathrm{j}\omega^{(q)}t}\mathrm{d}t = \sqrt{\frac{\Delta t}{K}}\mathrm{e}^{\mathrm{j}\pi q}\underbrace{\left(\sum_{k=0}^{K-1}\boldsymbol{x}[k]\mathrm{e}^{-\mathrm{j}\frac{2\pi q}{K}k}\right)}_{\mathrm{DFT}\{\boldsymbol{x}[k]\}=\underline{\boldsymbol{x}}[q]}$$

$$\Rightarrow$$

$$E\{\underline{\boldsymbol{x}}[q]\,\underline{\boldsymbol{x}}^{\mathrm{H}}[q]\} = \frac{K}{\Delta t}\boldsymbol{R}_{\underline{\boldsymbol{x}}\underline{\boldsymbol{x}}}(\omega^{(q)}) \overset{K\Delta t\to\infty}{=} \frac{K}{\Delta t}\underline{\boldsymbol{S}}_{\underline{\boldsymbol{x}}\underline{\boldsymbol{x}}}(\omega^{(q)}) \quad ①$$

$$\boldsymbol{x}(t) = \frac{1}{K}\sum_{q}\underline{\boldsymbol{x}}[q]\mathrm{e}^{\mathrm{j}\pi q}\mathrm{e}^{\mathrm{j}\omega^{(q)}t} \quad ②$$

式中，$\omega^{(q)} = 2\pi q/(K\Delta t)$，$q$ 为整数，Δt 和 K 分别为采样间隔和采样点数，且 $(K-1)^{-1}K\max\{\Omega\} \leqslant 2\pi/\Delta t \ll K\max\{\Omega\}$，$\Omega$ 为阵列信号谱支撑区间；$\underline{\boldsymbol{x}}[q] = \mathrm{DFT}\{\boldsymbol{x}[k]\}$，其中 DFT 表示离散傅里叶变换，且 $\boldsymbol{x}[k] = \boldsymbol{x}(t)\,|_{t=t_k=(k-K/2)\Delta t}$，$k = 0,1,\cdots,K-1$。

（2）基于式①所示结论，研究如何通过对阵列输出时域采样数据作快速傅里叶变换（FFT）估计 $\boldsymbol{R}_{\underline{\boldsymbol{x}}\underline{\boldsymbol{x}}}(\omega^{(q)})$ 和 $\underline{\boldsymbol{S}}_{\underline{\boldsymbol{x}}\underline{\boldsymbol{x}}}(\omega^{(q)})$。若信号功率谱密度如图 1.8 所示，结论又怎样？

【1-8】 本章 1.4 节中讨论了窄带阵列通道增益不一致性的有源校正问题。假设不存在阵元位置误差，根据 1.4 节的讨论，若校正源信号波达方向为 θ_0，空间白噪声与校正信号统计独立，则阵列输出协方差矩阵为

$$\boldsymbol{R}_{xx} = \sigma_0^2\boldsymbol{a}(\theta_0)\boldsymbol{a}^{\mathrm{H}}(\theta_0) + \sigma^2\boldsymbol{I}_L$$

式中，σ_0^2 和 σ^2 分别为校正源信号功率和噪声功率；$\boldsymbol{I}_L$ 为 $L\times L$ 维单位矩阵；$\boldsymbol{a}(\theta_0) = [1,\Delta\rho_1\mathrm{e}^{\mathrm{j}\omega_0 d\sin\theta_0/c},\cdots,\Delta\rho_{L-1}\mathrm{e}^{\mathrm{j}\omega_0(L-1)d\sin\theta_0/c}]^{\mathrm{T}}$，$\{\Delta\rho_l\}_{l=1}^{L-1}$ 为通道失配误差，c 为信号波传播速度。

根据本章的讨论可知，$\boldsymbol{R}_{xx}$ 存在 $L-1$ 个均等于 σ^2 的小特征值，令其相应的特征矢量为 $\{\boldsymbol{u}_l\}_{l=2}^{L}$，并定义矩阵 $\boldsymbol{U}_{\mathrm{N}} = [\boldsymbol{u}_2,\boldsymbol{u}_3,\cdots,\boldsymbol{u}_L]$，则有

$$\boldsymbol{U}_{\mathrm{N}}^{\mathrm{H}}\boldsymbol{a}(\theta_0) = \boldsymbol{U}_{\mathrm{N}}^{\mathrm{H}}\mathrm{diag}\{1,\mathrm{e}^{\mathrm{j}\omega_0 d\sin\theta_0/c},\cdots,\mathrm{e}^{\mathrm{j}\omega_0(L-1)d\sin\theta_0/c}\}\begin{bmatrix}1\\ \boldsymbol{\Delta\rho}\end{bmatrix} = \boldsymbol{0}$$

$$\Rightarrow$$

$$\boldsymbol{U}_{\mathrm{N}}^{\mathrm{H}}\begin{bmatrix}0 & 0 & \cdots & 0\\ \mathrm{e}^{\mathrm{j}\omega_0 d\sin\theta_0/c} & 0 & \cdots & 0\\ 0 & \mathrm{e}^{\mathrm{j}\omega_0 2d\sin\theta_0/c} & \cdots & 0\\ \vdots & \vdots & \ddots & \vdots\\ 0 & 0 & \cdots & \mathrm{e}^{\mathrm{j}\omega_0(L-1)d\sin\theta_0/c}\end{bmatrix}\boldsymbol{\Delta\rho} = -\boldsymbol{U}_{\mathrm{N}}^{\mathrm{H}}\begin{bmatrix}1\\0\\ \vdots\\0\end{bmatrix} \quad ③$$

式中，$\boldsymbol{\Delta\rho} = [\Delta\rho_1,\Delta\rho_2,\cdots,\Delta\rho_{L-1}]^{\mathrm{T}}$。

试根据式③所示结论，重新设计一种阵列通道失配误差的有源校正方法，并将其与 1.4 节中所介绍的方法进行比较。

【1-9】 下图所示阵列，其中两个窄带信号的波达方向分别为 θ_0 和 θ_1，复包络分别为 $s_0(t)$ 和 $s_1(t)$，两者均为零均值宽平稳随机过程，噪声为圆空间白随机过程；阵列为等距线阵，并且所有阵元接收通道响应特性均相同。

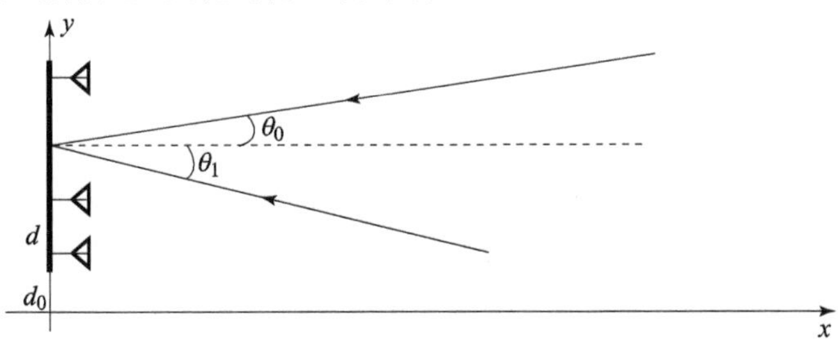

假设阵列输出协方差矩阵和共轭协方差矩阵分别为 $\boldsymbol{R}_{\boldsymbol{xx}}$ 和 $\boldsymbol{R}_{\boldsymbol{xx}^*}$，并记

$$R_{x_{l+m},x_l} = \boldsymbol{R}_{\boldsymbol{xx}}(l+m+1,l+1) = E\{x_{l+m}(t)x_l^*(t)\}$$

$$R_{x_{m-l},x_l^*} = \boldsymbol{R}_{\boldsymbol{xx}^*}(m-l+1,l+1) = E\{x_{m-l}(t)x_l(t)\}$$

式中，l 和 m 均为整数，并且 $l,l+m,m-l \in \{0,1,\cdots,L-1\}$。

（1）若 $s_0(t)$ 和 $s_1(t)$ 存在相关性，试证明 R_{x_{l+m},x_l} 和 R_{x_{m-l},x_l^*} 与 l 和 m 的取值都有关。

（2）若 $s_0(t)$ 和 $s_1(t)$ 互不相关，试证明此时 $\boldsymbol{R}_{\boldsymbol{xx}}$ 为托普利兹（Toeplitz）矩阵，即 R_{x_{l+m},x_l} 仅与 m 的取值有关，阵列输出信号具有空间宽平稳性。同时，$\boldsymbol{R}_{\boldsymbol{xx}^*}$ 为汉克尔（Hankel）矩阵，即 R_{x_{m-l},x_l^*} 仅与 m 的取值有关，阵列输出信号具有空间共轭宽平稳性。

【1-10】本题从数据共轭增广角度理解阵列时域和频域输出协方差矩阵、共轭协方差矩阵、相关函数矩阵、共轭相关函数矩阵、互谱密度矩阵、共轭互谱密度矩阵等概念。为此，定义阵列输出共轭增广矢量及其相关函数矩阵和共轭相关函数矩阵为

$$\breve{\boldsymbol{x}}(t) = [\boldsymbol{x}^{\mathrm{T}}(t),\boldsymbol{x}^{\mathrm{H}}(t)]^{\mathrm{T}}$$

$$\boldsymbol{R}_{\breve{x}\breve{x}}(\tau) = E\{\breve{\boldsymbol{x}}(t)\breve{\boldsymbol{x}}^{\mathrm{H}}(t-\tau)\} = E\{\breve{\boldsymbol{x}}(t+\tau)\breve{\boldsymbol{x}}^{\mathrm{H}}(t)\}$$

$$\boldsymbol{R}_{\breve{x}\breve{x}^*}(\tau) = E\{\breve{\boldsymbol{x}}(t)\breve{\boldsymbol{x}}^{\mathrm{T}}(t-\tau)\} = E\{\breve{\boldsymbol{x}}(t+\tau)\breve{\boldsymbol{x}}^{\mathrm{T}}(t)\}$$

试证明下述3个结论成立：

$$\begin{aligned}\boldsymbol{R}_{\breve{x}\breve{x}}(\tau) &= \begin{bmatrix} E\{\boldsymbol{x}(t)\boldsymbol{x}^{\mathrm{H}}(t-\tau)\} & E\{\boldsymbol{x}(t)\boldsymbol{x}^{\mathrm{T}}(t-\tau)\} \\ E\{\boldsymbol{x}^*(t)\boldsymbol{x}^{\mathrm{H}}(t-\tau)\} & E\{\boldsymbol{x}^*(t)\boldsymbol{x}^{\mathrm{T}}(t-\tau)\}\end{bmatrix}\\ &= \begin{bmatrix}\boldsymbol{R}_{\boldsymbol{xx}}(\tau) & \boldsymbol{R}_{\boldsymbol{xx}^*}(\tau) \\ \boldsymbol{R}_{\boldsymbol{xx}^*}^*(\tau) & \boldsymbol{R}_{\boldsymbol{xx}}^*(\tau)\end{bmatrix}\\ &= \boldsymbol{R}_{\breve{x}\breve{x}^*}(\tau)\begin{bmatrix} & \boldsymbol{I}_L \\ \boldsymbol{I}_L & \end{bmatrix}\end{aligned}$$

$$\begin{aligned}&\underline{\boldsymbol{S}}_{\breve{x}\breve{x}}(\omega)\\ &= \lim_{\Delta\to\infty}\frac{E\{\underline{\breve{\boldsymbol{x}}}(\omega,\Delta)\underline{\breve{\boldsymbol{x}}}^{\mathrm{H}}(\omega,\Delta)\}}{\Delta}\\ &= \begin{bmatrix}\lim\limits_{\Delta\to\infty}\dfrac{E\{\underline{\boldsymbol{x}}(\omega,\Delta)\underline{\boldsymbol{x}}^{\mathrm{H}}(\omega,\Delta)\}}{\Delta} & \lim\limits_{\Delta\to\infty}\dfrac{E\{\underline{\boldsymbol{x}}(\omega,\Delta)\underline{\boldsymbol{x}}^{\mathrm{T}}(-\omega,\Delta)\}}{\Delta} \\ \lim\limits_{\Delta\to\infty}\dfrac{E\{\underline{\boldsymbol{x}}^*(-\omega,\Delta)\underline{\boldsymbol{x}}^{\mathrm{H}}(\omega,\Delta)\}}{\Delta} & \lim\limits_{\Delta\to\infty}\dfrac{E\{\underline{\boldsymbol{x}}^*(-\omega,\Delta)\underline{\boldsymbol{x}}^{\mathrm{T}}(-\omega,\Delta)\}}{\Delta}\end{bmatrix}\\ &= \begin{bmatrix}\underline{\boldsymbol{S}}_{\boldsymbol{xx}}(\omega) & \underline{\boldsymbol{S}}_{\boldsymbol{xx}^*}(\omega) \\ \underline{\boldsymbol{S}}_{\boldsymbol{xx}^*}^*(-\omega) & \underline{\boldsymbol{S}}_{\boldsymbol{xx}}^*(-\omega)\end{bmatrix}\\ &= \begin{bmatrix}\mathrm{FT}\{\boldsymbol{R}_{\boldsymbol{xx}}(\tau)\} & \mathrm{FT}\{\boldsymbol{R}_{\boldsymbol{xx}^*}(\tau)\} \\ \mathrm{FT}\{\boldsymbol{R}_{\boldsymbol{xx}^*}^*(\tau)\} & \mathrm{FT}\{\boldsymbol{R}_{\boldsymbol{xx}}^*(\tau)\}\end{bmatrix} = \mathrm{FT}\{\boldsymbol{R}_{\breve{x}\breve{x}}(\tau)\}\end{aligned}$$

$$\begin{aligned}&\boldsymbol{R}_{\underline{\breve{x}}\underline{\breve{x}}}(\omega^{(q)})\\ &= E\{\underline{\breve{\boldsymbol{x}}}(\omega^{(q)})\underline{\breve{\boldsymbol{x}}}^{\mathrm{H}}(\omega^{(q)})\}\\ &= \begin{bmatrix}E\{\underline{\boldsymbol{x}}(\omega^{(q)})\underline{\boldsymbol{x}}^{\mathrm{H}}(\omega^{(q)})\} & E\{\underline{\boldsymbol{x}}(\omega^{(q)})\underline{\boldsymbol{x}}^{\mathrm{T}}(-\omega^{(q)})\} \\ E\{\underline{\boldsymbol{x}}^*(-\omega^{(q)})\underline{\boldsymbol{x}}^{\mathrm{H}}(\omega^{(q)})\} & E\{\underline{\boldsymbol{x}}^*(-\omega^{(q)})\underline{\boldsymbol{x}}^{\mathrm{T}}(-\omega^{(q)})\}\end{bmatrix}\end{aligned}$$

$$= \begin{bmatrix} \boldsymbol{R}_{\underline{x}\underline{x}}(\omega^{(q)}) & \boldsymbol{R}_{\underline{x}\underline{x}^*}(\omega^{(q)}) \\ \boldsymbol{R}^*_{\underline{x}\underline{x}^*}(-\omega^{(q)}) & \boldsymbol{R}^*_{\underline{x}\underline{x}}(-\omega^{(q)}) \end{bmatrix}$$

其中，$\breve{\underline{\boldsymbol{x}}}(\omega,\Delta) = \int_{-\Delta/2}^{\Delta/2} \breve{\boldsymbol{x}}(t)\mathrm{e}^{-\mathrm{j}\omega t}\mathrm{d}t$，$l = 0,1,\cdots,L-1$，$\breve{\underline{\boldsymbol{x}}}(\omega^{(q)}) = \frac{1}{\sqrt{T_0}}\int_{-T_0/2}^{T_0/2} \breve{\boldsymbol{x}}(t)\mathrm{e}^{-\mathrm{j}\omega^{(q)}t}\mathrm{d}t$。

【1-11】 本章讨论均假设信号源位于阵列远场，以利用平面波假设，这要求信号源与阵列间的距离远大于阵列尺寸（孔径）。实际上，阵列入射信号可能不满足平面波假设，如下图所示球面波情形。

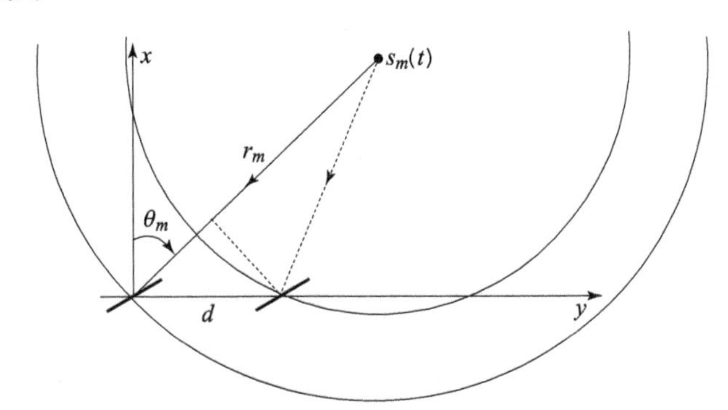

由上图可以看出，第 m 个信号波前扫过相邻两个传感器的传播距离为

$$r_m - \sqrt{(r_m - d\sin\theta_m)^2 + (d\cos\theta_m)^2} = r_m[1 - f(d/r_m)]$$

试写出 $f(d/r_m)$ 的具体形式，并证明当 d/r_m 很小时，存在 $f(d/r_m) \approx 1 - \sin\theta_m(d/r_m) + \frac{1}{2}\cos^2\theta_m\,(d/r_m)^2$。

第 2 章

窄带阵列波束形成

窄带阵列波束形成主要利用期望信号和同道干扰（其频率与期望信号相同）、噪声的空域差别，实现空间选择性滤波，通过抑制干扰和噪声，提高信号质量[13]。本章讨论窄带阵列波束形成的基本理论与方法。

2.1 波束形成的基本概念

本节介绍窄带阵列波束形成的一些基本概念，作为后续波束形成理论与方法介绍的基础。

首先作如下假设：

• 若无特别说明，波束形成器阵列均为 L 元等距线阵；

• 若无特别说明，期望信号和干扰为互不相关的零均值、宽平稳、窄带随机过程，中心角频率相等且已知，均为 ω_0；

• 期望信号导向矢量和干扰导向矢量线性无关，并且期望信号和干扰总数 M 不超过阵元数 L；

• 阵元加性噪声为零均值、宽平稳、二阶圆、空间白随机过程，且与期望信号和干扰统计独立。

根据第 1 章的讨论可知，对于 L 元阵列，其输出信号矢量为

$$\boldsymbol{x}(t) = \boldsymbol{a}_0 s_0(t) + \sum_{m=1}^{M-1} \boldsymbol{a}_m s_m(t) + \boldsymbol{n}(t) \tag{2.1}$$

式中，$s_m(t)$ 为第 m 个信号的复包络；$\boldsymbol{a}_m$ 为第 m 个信号的导向矢量；$\boldsymbol{n}(t)$ 为阵元加性噪声矢量。

不失一般性，假定 $s_0(t)$ 为期望信号，$\{s_m(t)\}_{m=1}^{M-1}$ 为需要抑制的 $M-1$ 个干扰信号。

图 2.1 是典型的窄带波束形成器结构（其中符号“⊠”和“⊕”分别表示复乘和复加运算），其输出 $y(t)$ 为各阵元输出的加权和，即

$$y(t) = \sum_{l=0}^{L-1} w_l^* x_l(t) = \boldsymbol{w}^{\mathrm{H}}\boldsymbol{x}(t) = (\boldsymbol{w}^{\mathrm{H}}\boldsymbol{a}_0) s_0(t) + \sum_{m=1}^{M-1} (\boldsymbol{w}^{\mathrm{H}}\boldsymbol{a}_m) s_m(t) + \boldsymbol{w}^{\mathrm{H}}\boldsymbol{n}(t) \tag{2.2}$$

式中，$x_l(t)$ 为阵元 l 的输出；$\boldsymbol{w} = [w_0, w_1, \cdots, w_{L-1}]^{\mathrm{T}}$ 为波束形成器权矢量；上标“$*$”表示复数共轭。

权矢量 $\boldsymbol{w}$ 的确定可以是开环方式，也可以是闭环方式，前者只取决于波束形成器的输入和其他可能的可用先验信息，但不取决于波束形成器的输出；后者则同时取决于波束形成

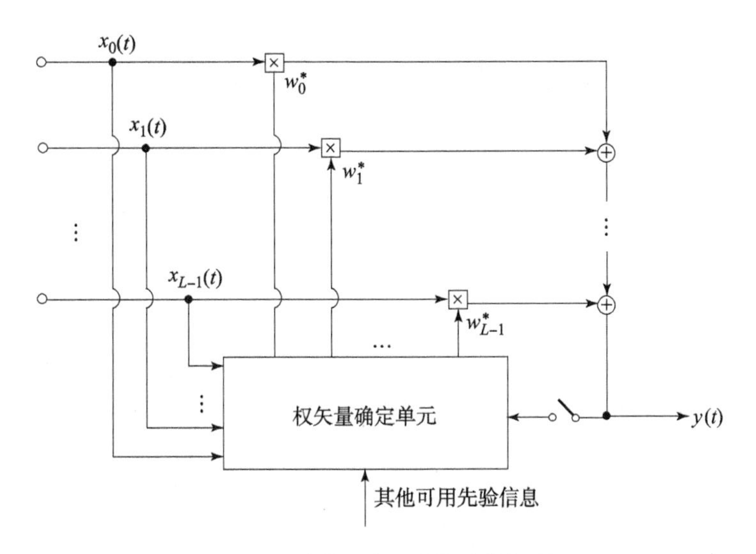

图 2.1　窄带波束形成器结构框图

器的输入、输出以及其他可能的可用先验信息[13]。

若记 $g_m(\boldsymbol{w}) = \boldsymbol{w}^{\mathrm{H}}\boldsymbol{a}_m$，$n_w(t) = \boldsymbol{w}^{\mathrm{H}}\boldsymbol{n}(t)$，则有

$$y(t) = g_0(\boldsymbol{w})s_0(t) + \sum_{m=1}^{M-1} g_m(\boldsymbol{w})s_m(t) + n_{\boldsymbol{w}}(t) \tag{2.3}$$

不难看出，空域波束形成器的输出一般仍为期望信号、干扰和噪声的和。由于期望信号、干扰和噪声互不相关，所以信号与干扰加噪声的功率比，即输出信干噪比（OSINR）为

$$\mathrm{OSINR}(\boldsymbol{w}) = \frac{|g_0(\boldsymbol{w})|^2\sigma_0^2}{\sum_{m=1}^{M-1}|g_m(\boldsymbol{w})|^2\sigma_m^2 + \|\boldsymbol{w}\|_2^2\sigma^2} \tag{2.4}$$

式中，$\sigma_0^2 = E\{|s_0(t)|^2\}$ 为期望信号的功率；$\sigma_m^2 = E\{|s_m(t)|^2\}$ 为第 m 个干扰的功率；$\|\boldsymbol{w}\|_2^2\sigma^2$ 为波束形成器输出噪声分量的功率，其中“$|\cdot|$”表示模值，“$\|\cdot\|_2$”表示矢量的 l_2 范数，σ^2 为单个阵元加性噪声的功率，即 $\sigma^2 = E\{|n_0(t)|^2\} = E\{|n_1(t)|^2\} = \cdots = E\{|n_{L-1}(t)|^2\}$，$n_l(t)$ 为阵元 l 加性噪声。

波束形成器的空域滤波特性可以用波束方向图进行描述，其具体定义为 $\mathcal{G}_w(\theta) = \boldsymbol{w}^{\mathrm{H}}\boldsymbol{a}(\theta)$，$\theta \in \Theta$，其中 $\boldsymbol{w}$ 为波束形成器权矢量，$\boldsymbol{a}(\theta)$ 为阵列流形矢量，Θ 为感兴趣的角度区域。若信号为 $\mathrm{e}^{\mathrm{j}\omega t}$，波达方向为 θ，波束形成后，其对应输出为 $\mathcal{G}_w(\theta)\mathrm{e}^{\mathrm{j}\omega t}$。

波束方向图反映了波束形成器对不同波达方向阵列入射信号的响应。实际中也常使用归一化幅度波束方向图研究波束形成器的空域滤波特性，其定义为 $|\mathcal{G}_w(\theta)|/\max\{|\mathcal{G}_w(\theta)|\}$，$\theta \in \Theta$。

波束形成器若能在保留期望信号的同时尽可能抑制同道干扰以及噪声，其波束方向图应具有较高的主瓣（指向期望信号方向）以及较低的旁瓣，同时在干扰来向形成较深的零陷，即波束形成器具有尽可能高的输出信干噪比，这也是本章所要讨论的波束形成器设计的主要目的。

2.2 波束形成的典型方法

2.2.1 常规波束形成

为便于理解，首先讨论一种较为简单的情形，即假设信号和干扰与阵列位于同一平面内，可利用一维角度（譬如信号方位角）描述信号波达方向，于是 $\boldsymbol{a}_m = \boldsymbol{a}(\theta_m)$，其中 θ_m 为 $s_m(t)$ 的波达方向，$m = 0,1,2,\cdots,M-1$。

若不存在干扰，即 $M=1$，并且阵列由特性完全相同的各向同性传感器组成，则根据第1章的讨论可知，各阵元的输出应为期望信号的不同延时。由于期望信号为窄带，所以也表现为期望信号的不同相移。

由此可见，为了增强期望信号，可以首先对各阵元输出进行唯相移操作（即延时）使之变为同相，然后再相加积累，也即对应的权矢量为

$$\boldsymbol{w}_{\mathrm{DAS}} = \boldsymbol{a}(\theta_0) \tag{2.5}$$

此即常规波束形成器的基本思路。

鉴于上述处理过程，常规波束形成器也称为延时－相加波束形成器、空域匹配滤波器或唯相移波束形成器[14]。

图2.2所示为6元等距线阵常规波束形成器的波束方向图，阵列所有阵元均位于 y 轴上，阵元间距为1/2信号波长，波束主瓣指向30°。对于该波束形成阵列，来自于 θ 和 $180°-\theta$ 的两个信号其导向矢量相同（更一般的情形为两者线性相关），其中 $\theta \in (-180°,180°]$，所以波束方向图关于 y 轴对称，在150°方向其增益与主瓣增益相同，即出现了一个伪主瓣，也称为栅瓣。

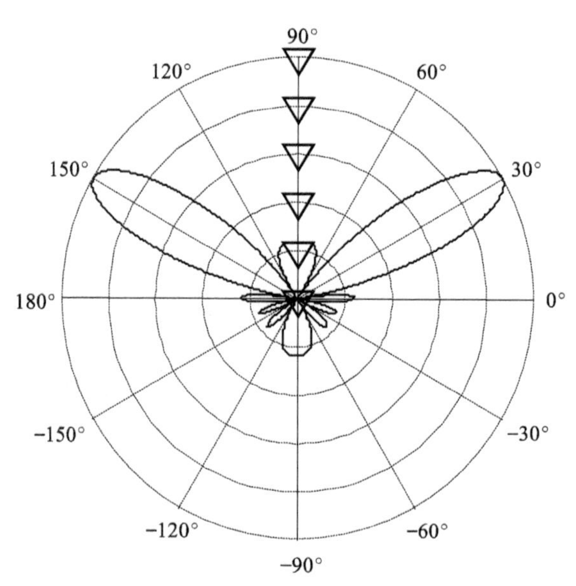

图2.2 等距线阵波束方向图

对于更一般情形，常规波束形成可按下述输出信噪比（OSNR）最大化准则设计权矢

量，以使阵列输出主瓣指向期望信号波达方向 θ_0：

$$\max_{\boldsymbol{w}\neq\boldsymbol{0}}\text{OSNR}(\boldsymbol{w}) = \left[\frac{\boldsymbol{w}^{\text{H}}(\boldsymbol{a}_0\boldsymbol{a}_0^{\text{H}})\boldsymbol{w}}{\boldsymbol{w}^{\text{H}}\boldsymbol{w}}\right]\left(\frac{\sigma_0^2}{\sigma^2}\right) \tag{2.6}$$

式中，"$\boldsymbol{0}$" 表示零矢量；σ_0^2/σ^2 为波束形成器输入信噪比（ISNR），其值与波束形成器权矢量无关。

根据式（2.6）关于波束形成器输出信噪比的定义可知，权矢量 $\boldsymbol{w}$ 的尺度变化并不影响波束形成器输出信噪比的值。因此，使得 OSNR($\boldsymbol{w}$) 最大的非零权矢量并不唯一，即式（2.6）所示问题的解并不唯一。注意到

$$\text{OSNR}_{\max} = \text{OSNR}(\boldsymbol{w}_{\max}\neq\boldsymbol{0}) = \text{OSNR}\left(\frac{\boldsymbol{w}_{\max}}{\|\boldsymbol{w}_{\max}\|_2}\right) \tag{2.7}$$

式中，$\boldsymbol{w}_{\max}$ 为使得波束形成器输出信噪比取得最大值的某一权矢量。

式（2.7）表明，式（2.6）所示优化问题一定存在具有单位模长的权矢量解，该权矢量可以通过求解式（2.8）所示的二次约束（这里实质为模约束）最小化问题而获得：

$$\max_{\boldsymbol{w}}\boldsymbol{w}^{\text{H}}(\boldsymbol{a}_0\boldsymbol{a}_0^{\text{H}})\boldsymbol{w} \quad \text{s. t.} \quad \|\boldsymbol{w}\|_2^2 = 1 \tag{2.8}$$

该优化问题可以通过拉格朗日乘子法进行求解，其基本步骤简介如下。

首先构造下述拉格朗日函数

$$J(\boldsymbol{w},\ell) = \boldsymbol{w}^{\text{H}}(\boldsymbol{a}_0\boldsymbol{a}_0^{\text{H}})\boldsymbol{w} + \ell(1-\boldsymbol{w}^{\text{H}}\boldsymbol{w}) \tag{2.9}$$

式中，ℓ 为实值拉格朗日乘子；$J(w,\ell)$ 为多元实变函数，其变量为 $\text{Re}\{w_l\}$，$\text{Im}\{w_l\}$ 以及 ℓ，其中 $l=0,1,\cdots,L-1$，Re 和 Im 分别表示实部和虚部。

求 $J(\boldsymbol{w},\ell)$ 关于这 $2L+1$ 个实变量的偏导，再令各自结果为零：

$$\frac{\partial J(\boldsymbol{w},\ell)}{\partial\ell} = 0 \Rightarrow \boldsymbol{w}^{\text{H}}\boldsymbol{w} = 1$$

$$\left.\begin{aligned}\frac{\partial J(\boldsymbol{w},\ell)}{\partial\text{Re}\{w_0\}} &= 0\\ \frac{\partial J(\boldsymbol{w},\ell)}{\partial\text{Im}\{w_0\}} &= 0\end{aligned}\right\} \Rightarrow \frac{\partial J(\boldsymbol{w},\ell)}{\partial\text{Re}\{w_0\}} + \text{j}\frac{\partial J(\boldsymbol{w},\ell)}{\partial\text{Im}\{w_0\}} = 0 \Rightarrow \sum_{l=1}^{L}\boldsymbol{a}_0(1)\boldsymbol{a}_0^*(l)w_{l-1} = \ell w_0$$

$$\left.\begin{aligned}\frac{\partial J(\boldsymbol{w},\ell)}{\partial\text{Re}\{w_1\}} &= 0\\ \frac{\partial J(\boldsymbol{w},\ell)}{\partial\text{Im}\{w_1\}} &= 0\end{aligned}\right\} \Rightarrow \frac{\partial J(\boldsymbol{w},\ell)}{\partial\text{Re}\{w_1\}} + \text{j}\frac{\partial J(\boldsymbol{w},\ell)}{\partial\text{Im}\{w_1\}} = 0 \Rightarrow \sum_{l=1}^{L}\boldsymbol{a}_0(2)\boldsymbol{a}_0^*(l)w_{l-1} = \ell w_1$$

$$\vdots$$

$$\left.\begin{aligned}\frac{\partial J(\boldsymbol{w},\ell)}{\partial\text{Re}\{w_{L-1}\}} &= 0\\ \frac{\partial J(\boldsymbol{w},\ell)}{\partial\text{Im}\{w_{L-1}\}} &= 0\end{aligned}\right\} \Rightarrow \frac{\partial J(\boldsymbol{w},\ell)}{\partial\text{Re}\{w_{L-1}\}} + \text{j}\frac{\partial J(\boldsymbol{w},\ell)}{\partial\text{Im}\{w_{L-1}\}} = 0 \Rightarrow \sum_{l=1}^{L}\boldsymbol{a}_0(L)\boldsymbol{a}_0^*(l)w_{l-1} = \ell w_{L-1}$$

最终可得

$$(\boldsymbol{a}_0\boldsymbol{a}_0^{\text{H}})\boldsymbol{w} = \ell\boldsymbol{w} \overset{\boldsymbol{w}^{\text{H}}\boldsymbol{w}=1}{\Rightarrow} \max\boldsymbol{w}^{\text{H}}(\boldsymbol{a}_0\boldsymbol{a}_0^{\text{H}})\boldsymbol{w} = \max\{\ell\} \tag{2.10}$$

由此可见，ℓ 为厄米特矩阵 $\boldsymbol{a}_0\boldsymbol{a}_0^{\text{H}}$ 的特征值，而 $\text{OSNR}_{\max}$ 的值则为该矩阵的最大特征值。

采用矩阵和矢量方法可使式（2.10）的推导更为紧凑和方便。为此，定义下述实标量

函数 $J(\boldsymbol{w},\ell)$ 关于矢量 $\boldsymbol{w}^*$ 的偏导，其中上标“$*$”表示共轭：

$$\frac{\partial J(\boldsymbol{w},\ell)}{\partial \boldsymbol{w}^*}=\frac{1}{2}\begin{bmatrix}\dfrac{\partial J(\boldsymbol{w},\ell)}{\partial \mathrm{Re}\{w_0\}}+\mathrm{j}\dfrac{\partial J(\boldsymbol{w},\ell)}{\partial \mathrm{Im}\{w_0\}}\\ \dfrac{\partial J(\boldsymbol{w},\ell)}{\partial \mathrm{Re}\{w_1\}}+\mathrm{j}\dfrac{\partial J(\boldsymbol{w},\ell)}{\partial \mathrm{Im}\{w_1\}}\\ \vdots \\ \dfrac{\partial J(\boldsymbol{w},\ell)}{\partial \mathrm{Re}\{w_{L-1}\}}+\mathrm{j}\dfrac{\partial J(\boldsymbol{w},\ell)}{\partial \mathrm{Im}\{w_{L-1}\}}\end{bmatrix} \tag{2.11}$$

很显然，若要求 $\partial J(\boldsymbol{w},\ell)/\partial \boldsymbol{w}^*=\boldsymbol{0}$，则

$$\frac{\partial J(\boldsymbol{w},\ell)}{\partial \mathrm{Re}\{w_l\}}=\frac{\partial J(\boldsymbol{w},\ell)}{\partial \mathrm{Im}\{w_l\}}=0\ ,\ l=0,1,\cdots,L-1 \tag{2.12}$$

根据式（2.11）所示实标量函数对矢量的偏导定义，进一步可得

$$\frac{\partial J(\boldsymbol{w},\ell)}{\partial \boldsymbol{w}^*}=(\boldsymbol{a}_0\boldsymbol{a}_0^{\mathrm{H}})\boldsymbol{w}-\ell\boldsymbol{w} \tag{2.13}$$

$$\frac{\partial J(\boldsymbol{w},\ell)}{\partial \ell}=1-\boldsymbol{w}^{\mathrm{H}}\boldsymbol{w} \tag{2.14}$$

同时令 $\partial J(\boldsymbol{w},\ell)/\partial\ell=0$，$\partial J(\boldsymbol{w},\ell)/\partial \boldsymbol{w}^*=\boldsymbol{0}$，仍可得到式（2.10）所示结论。

由于 $\mathrm{rank}\{\boldsymbol{a}_0\boldsymbol{a}_0^{\mathrm{H}}\}=1$，且 $\boldsymbol{a}_0\boldsymbol{a}_0^{\mathrm{H}}\geqslant 0$，所以 $\boldsymbol{a}_0\boldsymbol{a}_0^{\mathrm{H}}$ 只有一个正的主特征值，其余特征值均为零。再根据式（2.10），得到

$$\boldsymbol{w}_{\mathrm{DAS}}\propto \mathcal{P}\{\boldsymbol{a}_0\boldsymbol{a}_0^{\mathrm{H}}\}\propto \boldsymbol{a}_0 \tag{2.15}$$

式中，“$\mathcal{P}$”表示矩阵最大特征值所对应的特征矢量；“$\propto$”表示成比例关系。

输出信噪比最大波束形成器设计准则也可按下述方式实现：在期望信号方向具有无失真响应，即满足 $\boldsymbol{w}^{\mathrm{H}}\boldsymbol{a}_0=1$ 的同时，使得波束形成器输出噪声功率 $\|\boldsymbol{w}\|_2^2\sigma^2$ 最小（等价于 $\|\boldsymbol{w}\|_2^2$ 最小）：

$$\min_{\boldsymbol{w}}\|\boldsymbol{w}\|_2^2\quad \mathrm{s.t.}\quad \boldsymbol{w}^{\mathrm{H}}\boldsymbol{a}_0=1 \tag{2.16}$$

式（2.16）所示优化问题同样可以利用拉格朗日乘子法进行求解：

$$J(\boldsymbol{w},\ell)=\boldsymbol{w}^{\mathrm{H}}\boldsymbol{w}+\ell(1-\boldsymbol{w}^{\mathrm{H}}\boldsymbol{a}_0) \tag{2.17}$$

式中，ℓ 为实值拉格朗日乘子。

将 $J(\boldsymbol{w},\ell)$ 视为多元实变函数，则

$$\frac{\partial J(\boldsymbol{w},\ell)}{\partial \ell}=0\Rightarrow \boldsymbol{w}^{\mathrm{H}}\boldsymbol{a}_0=1$$

$$\left.\begin{aligned}&\frac{\partial J(\boldsymbol{w},\ell)}{\partial \mathrm{Re}\{w_0\}}=0\Rightarrow \mathrm{Re}\{w_0\}=\frac{\ell}{2}\boldsymbol{a}_0(1)\\ &\frac{\partial J(\boldsymbol{w},\ell)}{\partial \mathrm{Im}\{w_0\}}=0\Rightarrow \mathrm{Im}\{w_0\}=-\mathrm{j}\frac{\ell}{2}\boldsymbol{a}_0(1)\end{aligned}\right\}\Rightarrow w_0=\ell\boldsymbol{a}_0(1)$$

$$\left.\begin{aligned}&\frac{\partial J(\boldsymbol{w},\ell)}{\partial \mathrm{Re}\{w_1\}}=0\Rightarrow \mathrm{Re}\{w_1\}=\frac{\ell}{2}\boldsymbol{a}_0(2)\\ &\frac{\partial J(\boldsymbol{w},\ell)}{\partial \mathrm{Im}\{w_1\}}=0\Rightarrow \mathrm{Im}\{w_1\}=-\mathrm{j}\frac{\ell}{2}\boldsymbol{a}_0(2)\end{aligned}\right\}\Rightarrow w_1=\ell\boldsymbol{a}_0(2)$$

$$\vdots$$

$$\left.\begin{aligned}\frac{\partial J(\boldsymbol{w},\ell)}{\partial \operatorname{Re}\{w_{L-1}\}}=0 \Rightarrow \operatorname{Re}\{w_{L-1}\}=\frac{\ell}{2}\boldsymbol{a}_0(L)\\ \frac{\partial J(\boldsymbol{w},\ell)}{\partial \operatorname{Im}\{w_{L-1}\}}=0 \Rightarrow \operatorname{Im}\{w_{L-1}\}=-\mathrm{j}\frac{\ell}{2}\boldsymbol{a}_0(L)\end{aligned}\right\}\Rightarrow w_{L-1}=\ell\boldsymbol{a}_0(L)$$

由此可得优化问题（2.16）的唯一解如下：

$$\boldsymbol{w}=\ell\boldsymbol{a}_0 \xRightarrow{\frac{\partial J(\boldsymbol{w},\ell)}{\partial \ell}=1-\boldsymbol{w}^{\mathrm{H}}\boldsymbol{a}_0=0} \boldsymbol{w}_{\mathrm{DAS}}=\frac{\boldsymbol{a}_0}{\boldsymbol{a}_0^{\mathrm{H}}\boldsymbol{a}_0}=\frac{\boldsymbol{a}_0}{\|\boldsymbol{a}_0\|_2^2} \tag{2.18}$$

此处用于求解式（2.16）所示优化问题的拉格朗日函数也可构造为实值函数 $J(\boldsymbol{w},\ell)=\boldsymbol{w}^{\mathrm{H}}\boldsymbol{w}+\ell(1-\boldsymbol{w}^{\mathrm{H}}\boldsymbol{a}_0)+\ell^*(1-\boldsymbol{w}^{\mathrm{H}}\boldsymbol{a}_0)^*$，此时

$$\left.\begin{aligned}\frac{\partial J(\boldsymbol{w},\ell)}{\partial \operatorname{Re}\{w_l\}}=0 \Rightarrow \operatorname{Re}\{w_l\}=\frac{\ell}{2}\boldsymbol{a}_0(l+1)+\frac{\ell^*}{2}\boldsymbol{a}_0^*(l+1)\\ \frac{\partial J(\boldsymbol{w},\ell)}{\partial \operatorname{Im}\{w_l\}}=0 \Rightarrow \operatorname{Im}\{w_l\}=-\mathrm{j}\frac{\ell}{2}\boldsymbol{a}_0(l+1)+\mathrm{j}\frac{\ell^*}{2}\boldsymbol{a}_0^*(l+1)\end{aligned}\right\}\Rightarrow w_l=\ell\boldsymbol{a}_0(l+1)$$

因而仍可推得 $\boldsymbol{w}=\ell\boldsymbol{a}_0$。又由于 $\partial J(\boldsymbol{w},\ell)/\partial\ell^*=(1-\boldsymbol{w}^{\mathrm{H}}\boldsymbol{a}_0)^*=0$，所以最终也可得到式（2.18）所示结果。

此外，根据式（2.11）所给出的实标量函数关于复矢量的偏导定义，不难推得 $\partial J(\boldsymbol{w},\ell)/\partial\boldsymbol{w}^*=\boldsymbol{w}-\ell\boldsymbol{a}_0$，所以式（2.18）所示结果也可直接通过将实值拉格朗日函数 $J(\boldsymbol{w},\ell)=\boldsymbol{w}^{\mathrm{H}}\boldsymbol{w}+\ell(1-\boldsymbol{w}^{\mathrm{H}}\boldsymbol{a}_0)+\ell^*(1-\boldsymbol{w}^{\mathrm{H}}\boldsymbol{a}_0)^*$ 分别对 $\boldsymbol{w}^*$ 和 ℓ^* 求偏导并令各自结果为零得到。

常规波束形成器的输出信噪比为

$$\operatorname{OSNR}(\boldsymbol{w}_{\mathrm{DAS}})=\|\boldsymbol{a}_0\|_2^2\left(\frac{\sigma_0^2}{\sigma^2}\right)=\operatorname{OSNR}_{\max} \tag{2.19}$$

这表明经过空域匹配滤波后，信噪比改善了 $\|\boldsymbol{a}_0\|_2^2=L$ 倍。需要注意的是，当存在某些方向上的干扰时，该结论一般不再成立。

2.2.2 统计最优波束形成[15]

1. 最大输出信干噪比波束形成器（MOSINR）

输出信干噪比（OSINR）是波束形成器的主要性能指标，而使输出信干噪比最大化则是统计最优波束形成器最基本的一种设计准则。

波束形成器的输出信干噪比与权矢量具有如下关系：

$$\begin{cases}\operatorname{OSINR}(\boldsymbol{w})=\dfrac{\boldsymbol{w}^{\mathrm{H}}\underbrace{(\sigma_0^2\boldsymbol{a}_0\boldsymbol{a}_0^{\mathrm{H}})}_{\boldsymbol{R}_0}\boldsymbol{w}}{\boldsymbol{w}^{\mathrm{H}}\underbrace{\left(\sum_{m=1}^{M-1}\boldsymbol{R}_m+\sigma^2\boldsymbol{I}_L\right)}_{\boldsymbol{R}_{\mathrm{I+N}}}\boldsymbol{w}}=\dfrac{\boldsymbol{w}^{\mathrm{H}}\boldsymbol{R}_0\boldsymbol{w}}{\boldsymbol{w}^{\mathrm{H}}\boldsymbol{R}_{\mathrm{I+N}}\boldsymbol{w}}\\ \boldsymbol{R}_m=\sigma_m^2\boldsymbol{a}_m\boldsymbol{a}_m^{\mathrm{H}},\ m=0,1,2,\cdots,M-1\end{cases} \tag{2.20}$$

式中，$\boldsymbol{I}_L$ 为 $L\times L$ 维单位矩阵；$\boldsymbol{R}_0=\sigma_0^2\boldsymbol{a}_0\boldsymbol{a}_0^{\mathrm{H}}$ 为阵列输出期望信号分量的协方差矩阵；$\{\boldsymbol{R}_m\}_{m=1}^{M-1}$ 为阵列输出各干扰分量的协方差矩阵；$\boldsymbol{R}_{\mathrm{I+N}}$ 为阵列输出干扰加噪声分量的协方差矩阵。

根据定义可知 $\boldsymbol{R}_{\mathrm{I+N}}$ 为正定厄米特矩阵，因此 $\{\boldsymbol{R}_0,\boldsymbol{R}_{\mathrm{I+N}}\}$ 为非负定正则矩阵束。

由式（2.20）可知，使得波束形成器输出信干噪比最大的非零权矢量并不唯一，即问题 $\max\limits_{\boldsymbol{w}\neq 0}\mathrm{OSINR}(\boldsymbol{w})$ 的解不唯一。

由于 $\boldsymbol{R}_{\mathrm{I+N}}$ 正定，对于任意非零权矢量 $\boldsymbol{w}$，都有 $\boldsymbol{w}^{\mathrm{H}}\boldsymbol{R}_{\mathrm{I+N}}\boldsymbol{w}\neq 0$ 成立，由此有

$$\mathrm{OSINR}_{\max} = \mathrm{OSINR}(\boldsymbol{w}_{\max}\neq \boldsymbol{0}) = \mathrm{OSINR}\left(\frac{\boldsymbol{w}_{\max}}{\sqrt{\boldsymbol{w}_{\max}^{\mathrm{H}}\boldsymbol{R}_{\mathrm{I+N}}\boldsymbol{w}_{\max}}}\right) \tag{2.21}$$

式中，$\boldsymbol{w}_{\max}$ 为使波束形成器输出信干噪比取得最大值的某一权矢量。

式（2.21）表明，问题 $\max\limits_{\boldsymbol{w}\neq 0}\mathrm{OSINR}(\boldsymbol{w})$ 一定存在满足条件 $\boldsymbol{w}^{\mathrm{H}}\boldsymbol{R}_{\mathrm{I+N}}\boldsymbol{w}=1$ 的权矢量解，该权矢量可通过求解式（2.22）所示二次约束最大化问题而获得：

$$\max_{\boldsymbol{w}}\boldsymbol{w}^{\mathrm{H}}\boldsymbol{R}_0\boldsymbol{w} \quad \text{s. t.} \quad \boldsymbol{w}^{\mathrm{H}}\boldsymbol{R}_{\mathrm{I+N}}\boldsymbol{w} = 1 \tag{2.22}$$

式（2.22）所示的二次约束最大化问题仍可通过拉格朗日乘子法进行求解。为此，构造

$$J(\boldsymbol{w},\ell) = \boldsymbol{w}^{\mathrm{H}}\boldsymbol{R}_0\boldsymbol{w} + \ell(1-\boldsymbol{w}^{\mathrm{H}}\boldsymbol{R}_{\mathrm{I+N}}\boldsymbol{w}) \tag{2.23}$$

式中，ℓ 为实值拉格朗日乘子。

对函数 $J(\boldsymbol{w},\ell)$ 分别取关于 $\boldsymbol{w}^*$ 和 ℓ 的偏导：

$$\frac{\partial J(\boldsymbol{w},\ell)}{\partial \boldsymbol{w}^*} = \boldsymbol{R}_0\boldsymbol{w} - \ell\boldsymbol{R}_{\mathrm{I+N}}\boldsymbol{w} \tag{2.24}$$

$$\frac{\partial J(\boldsymbol{w},\ell)}{\partial \ell} = 1 - \boldsymbol{w}^{\mathrm{H}}\boldsymbol{R}_{\mathrm{I+N}}\boldsymbol{w} \tag{2.25}$$

同时令 $\partial J(\boldsymbol{w},\ell)/\partial\ell = 0$，$\partial J(\boldsymbol{w},\ell)/\partial\boldsymbol{w}^* = \boldsymbol{0}$，可得

$$\boldsymbol{R}_{\mathrm{I+N}}^{-1}\boldsymbol{R}_0\boldsymbol{w} = \ell\boldsymbol{w} \overset{\boldsymbol{w}^{\mathrm{H}}\boldsymbol{R}_{\mathrm{I+N}}\boldsymbol{w}=1}{\Rightarrow} \ell = \boldsymbol{w}^{\mathrm{H}}\boldsymbol{R}_0\boldsymbol{w} = \mathrm{OSINR}(\boldsymbol{w})\mid_{\boldsymbol{w}^{\mathrm{H}}\boldsymbol{R}_{\mathrm{I+N}}\boldsymbol{w}=1} \tag{2.26}$$

又由于 $\boldsymbol{R}_0 = \sigma_0^2\boldsymbol{a}_0\boldsymbol{a}_0^{\mathrm{H}}$，所以

$$\ell = \sigma_0^2\,\|\boldsymbol{a}_0^{\mathrm{H}}\boldsymbol{w}\|_2^2 \geqslant 0 \tag{2.27}$$

进一步注意到 $\boldsymbol{R}_{\mathrm{I+N}}^{-1}\boldsymbol{R}_0$ 的秩为1，所以其只有一个非零的正特征值，此特征值为其最大特征值，而最大输出信干噪比统计最优波束形成器的权矢量应与该最大特征值所对应的特征矢量成比例关系，即

$$\boldsymbol{w}_{\mathrm{MOSINR}} \propto \mathcal{P}\{\boldsymbol{R}_{\mathrm{I+N}}^{-1}\boldsymbol{R}_0\} \underset{\mathcal{P}}{\propto}^{\boldsymbol{R}_{\mathrm{I+N}}^{-1}\boldsymbol{R}_0\boldsymbol{w}_{\mathrm{MOSINR}}=(\sigma_0^2\boldsymbol{a}_0^{\mathrm{H}}\boldsymbol{w}_{\mathrm{MOSINR}})\boldsymbol{R}_{\mathrm{I+N}}^{-1}\boldsymbol{a}_0=\ell\boldsymbol{w}_{\mathrm{MOSINR}}} \boldsymbol{R}_{\mathrm{I+N}}^{-1}\boldsymbol{a}_0 \tag{2.28}$$

将式（2.28）所示最优解 $\boldsymbol{w}_{\mathrm{MOSINR}}$ 代入式（2.20），可得式（2.29）所示最大输出信干噪比波束形成器输出信干噪比所能达到的最大值，即

$$\begin{aligned}\mathrm{OSINR}_{\max} &= \frac{\boldsymbol{a}_0^{\mathrm{H}}\,(\boldsymbol{R}_{\mathrm{I+N}}^{-1})^{\mathrm{H}}(\sigma_0^2\boldsymbol{a}_0\boldsymbol{a}_0^{\mathrm{H}})\boldsymbol{R}_{\mathrm{I+N}}^{-1}\boldsymbol{a}_0}{\boldsymbol{a}_0^{\mathrm{H}}\,(\boldsymbol{R}_{\mathrm{I+N}}^{-1})^{\mathrm{H}}\boldsymbol{R}_{\mathrm{I+N}}\boldsymbol{R}_{\mathrm{I+N}}^{-1}\boldsymbol{a}_0}\\ &= \frac{\sigma_0^2[\boldsymbol{a}_0^{\mathrm{H}}\,(\boldsymbol{R}_{\mathrm{I+N}}^{-1})^{\mathrm{H}}\boldsymbol{a}_0](\boldsymbol{a}_0^{\mathrm{H}}\boldsymbol{R}_{\mathrm{I+N}}^{-1}\boldsymbol{a}_0)}{\boldsymbol{a}_0^{\mathrm{H}}\,(\boldsymbol{R}_{\mathrm{I+N}}^{-1})^{\mathrm{H}}\boldsymbol{a}_0}\\ &= \sigma_0^2(\boldsymbol{a}_0^{\mathrm{H}}\boldsymbol{R}_{\mathrm{I+N}}^{-1}\boldsymbol{a}_0)\\ &= \max\{\ell\}\end{aligned} \tag{2.29}$$

式中，$\max\{\ell\}$ 为 $\boldsymbol{R}_{\mathrm{I+N}}^{-1}\boldsymbol{R}_0$ 的非零（最大）特征值。

由于阵列输出干扰加噪声分量协方差矩阵 $\boldsymbol{R}_{\mathrm{I+N}}$ 为正定厄米特矩阵，所以有下述分解：

$$\boldsymbol{R}_{\mathrm{I+N}} = \boldsymbol{L}_{\mathrm{I+N}}\boldsymbol{L}_{\mathrm{I+N}}^{\mathrm{H}} \tag{2.30}$$

式中，$\boldsymbol{L}_{\mathrm{I+N}}$ 为一满秩方阵。

进一步可得

$$\mathrm{OSINR}(\boldsymbol{w}) = \sigma_0^2 | \bar{\boldsymbol{v}}_w^H(\boldsymbol{L}_{\mathrm{I+N}}^{-1}\boldsymbol{a}_0) |^2 \tag{2.31}$$

式中，$\bar{\boldsymbol{v}}_w = \|\boldsymbol{v}_w\|_2^{-1}\boldsymbol{v}_w$，$\boldsymbol{v}_w = \boldsymbol{L}_{\mathrm{I+N}}^{\mathrm{H}}\boldsymbol{w}$。

由此可见，OSINR($\boldsymbol{w}$) 将在 $\boldsymbol{v}_w \propto \boldsymbol{L}_{\mathrm{I+N}}^{-1}\boldsymbol{a}_0$ 亦即 $\boldsymbol{w} \propto \boldsymbol{R}_{\mathrm{I+N}}^{-1}\boldsymbol{a}_0$ 时，取得最大值 $\mathrm{OSINR}_{\max} = \sigma_0^2(\boldsymbol{a}_0^{\mathrm{H}}\boldsymbol{R}_{\mathrm{I+N}}^{-1}\boldsymbol{a}_0)$，这显然与之前所得到的结论是一致的。

若不存在干扰，则 $\boldsymbol{R}_{\mathrm{I+N}}$ 为对角矩阵（注意到空间白噪声的假设），且其对角线元素相同，此时有 $\boldsymbol{w}_{\mathrm{MOSINR}} \propto \boldsymbol{a}_0$，最大输出信干噪比波束形成器等效为空域匹配滤波器，即

$$\max_{\boldsymbol{w}} \boldsymbol{w}^{\mathrm{H}}\boldsymbol{R}_0\boldsymbol{w} \quad \text{s.t.} \quad \|\boldsymbol{w}\|_2^2 = 1 \tag{2.32}$$

如果存在干扰，则 $\boldsymbol{R}_{\mathrm{I+N}}$ 一般并不是对角矩阵，此时匹配滤波方法并不能保证波束形成器的输出信干噪比性能达到最佳。

不难看出，最优解式（2.28）正比于 $\boldsymbol{R}_{\mathrm{I+N}}^{-1/2}(\boldsymbol{R}_{\mathrm{I+N}}^{-1/2}\boldsymbol{a}_0)$，其中 $\boldsymbol{R}_{\mathrm{I+N}}^{-1/2} = \boldsymbol{E}\boldsymbol{\Lambda}^{-1/2}\boldsymbol{E}^{\mathrm{H}}$，$\boldsymbol{E}$ 为 $\boldsymbol{R}_{\mathrm{I+N}}$ 的标准正交特征矢量按列排列所组成的酉矩阵，$\boldsymbol{\Lambda}$ 为对角矩阵，其对角线元素为 $\boldsymbol{R}_{\mathrm{I+N}}$ 的正特征值（详见 1.3.1 节的介绍）。

因此，在存在干扰的条件下，输出信干噪比最大化准则下的空域滤波又可解释为首先对阵列观测矢量进行白化，即

$$\boldsymbol{R}_{\mathrm{I+N}}^{-1/2}\boldsymbol{x}(t) = \boldsymbol{R}_{\mathrm{I+N}}^{-1/2}\boldsymbol{a}_0 s_0(t) + \boldsymbol{R}_{\mathrm{I+N}}^{-1/2}\left[\sum_{m=1}^{M-1}\boldsymbol{a}_m s_m(t) + \boldsymbol{n}(t)\right] \tag{2.33}$$

然后再进行空域匹配滤波，即权矢量正比于 $\boldsymbol{R}_{\mathrm{I+N}}^{-1/2}\boldsymbol{a}_0$。这样，整个波束形成器的权矢量正比于 $\boldsymbol{R}_{\mathrm{I+N}}^{-1/2}(\boldsymbol{R}_{\mathrm{I+N}}^{-1/2}\boldsymbol{a}_0) = \boldsymbol{R}_{\mathrm{I+N}}^{-1}\boldsymbol{a}_0$。

最大输出信干噪比波束形成器的实现需要知道精确的期望信号分量协方差矩阵 $\boldsymbol{R}_0$ 或者期望信号导向矢量 $\boldsymbol{a}_0$，以及阵列输出干扰加噪声分量协方差矩阵 $\boldsymbol{R}_{\mathrm{I+N}}$。

2. 最小方差无失真响应波束形成器（MVDR）

若能获得期望信号导向矢量 $\boldsymbol{a}_0$ 以及阵列输出协方差矩阵 $\boldsymbol{R}_{xx}$，则统计最优空域波束形成器权矢量也可按下述准则进行设计[16]：

$$\min_{\boldsymbol{w}} \boldsymbol{w}^{\mathrm{H}}\boldsymbol{R}_{xx}\boldsymbol{w} \quad \text{s.t.} \quad \boldsymbol{w}^{\mathrm{H}}\boldsymbol{a}_0 = 1 \tag{2.34}$$

式（2.34）所示线性约束最小化问题仍可通过拉格朗日乘子法进行求解。首先构造

$$J(\boldsymbol{w},\ell) = \boldsymbol{w}^{\mathrm{H}}\boldsymbol{R}_{xx}\boldsymbol{w} + \ell(1 - \boldsymbol{w}^{\mathrm{H}}\boldsymbol{a}_0) + \ell^*(1 - \boldsymbol{w}^{\mathrm{H}}\boldsymbol{a}_0)^* \tag{2.35}$$

式中，ℓ 为拉格朗日乘子。

再对 $J(\boldsymbol{w},\ell)$ 分别取关于 $\boldsymbol{w}^*$ 和 ℓ 的偏导，得到

$$\frac{\partial J(\boldsymbol{w},\ell)}{\partial \boldsymbol{w}^*} = \boldsymbol{R}_{xx}\boldsymbol{w} - \ell\boldsymbol{a}_0 \tag{2.36}$$

$$\frac{\partial J(\boldsymbol{w},\ell)}{\partial \ell} = 1 - \boldsymbol{w}^{\mathrm{H}}\boldsymbol{a}_0 \tag{2.37}$$

由于 $\boldsymbol{R}_{xx}$ 为正定厄米特矩阵，所以可写成 $\boldsymbol{R}_{xx} = \boldsymbol{U}\boldsymbol{\Sigma}\boldsymbol{U}^{\mathrm{H}}$，其中 $\boldsymbol{U}$ 为酉矩阵（标准正交特征矢量矩阵），即 $\boldsymbol{U}\boldsymbol{U}^{\mathrm{H}} = \boldsymbol{U}^{\mathrm{H}}\boldsymbol{U} = \boldsymbol{I}_L$，$\boldsymbol{\Sigma}$ 为对角矩阵，其对角线元素为 $\boldsymbol{R}_{xx}$ 的 L 个正特征值（详见 1.3.1 节的介绍）。由此有（该结论对任意正定厄米特矩阵都成立）

$$(\boldsymbol{R}_{xx}^{\mathrm{H}})^{-1} = \boldsymbol{R}_{xx}^{-1} = (\boldsymbol{R}_{xx}^{-1})^{\mathrm{H}} = (\boldsymbol{U}\boldsymbol{\Sigma}\boldsymbol{U}^{\mathrm{H}})^{-1} = \boldsymbol{U}\boldsymbol{\Sigma}^{-1}\boldsymbol{U}^{\mathrm{H}} \tag{2.38}$$

基于式（2.38），令 $\partial J(\boldsymbol{w},\ell)/\partial \ell = 0$ ，$\partial J(\boldsymbol{w},\ell)/\partial \boldsymbol{w}^* = \boldsymbol{0}$ ，可得

$$\boldsymbol{R}_{xx}\boldsymbol{w} = \ell \boldsymbol{a}_0$$

$$\Rightarrow \boldsymbol{w} = \ell \boldsymbol{R}_{xx}^{-1}\boldsymbol{a}_0 \xRightarrow{\boldsymbol{w}^{\mathrm{H}}\boldsymbol{a}_0 = 1 \Rightarrow \ell = \frac{1}{\boldsymbol{a}_0^{\mathrm{H}}(\boldsymbol{R}_{xx}^{-1})^{\mathrm{H}}\boldsymbol{a}_0} = \frac{1}{\boldsymbol{a}_0^{\mathrm{H}}\boldsymbol{R}_{xx}^{-1}\boldsymbol{a}_0}} \boldsymbol{w}_{\mathrm{MVDR}} = \frac{\boldsymbol{R}_{xx}^{-1}\boldsymbol{a}_0}{\boldsymbol{a}_0^{\mathrm{H}}\boldsymbol{R}_{xx}^{-1}\boldsymbol{a}_0} \tag{2.39}$$

由于满足 $\boldsymbol{w}^{\mathrm{H}}\boldsymbol{a}_0 = 1$ ，所以上述波束形成器通常称为最小方差无失真响应（MVDR）波束形成器，也有文献称之为最小功率无失真响应波束形成器（MPDR）或 Capon 波束形成器。

例 2.1 波束形成阵列为 8 元等距线阵，阵元间距为 1/2 信号波长。期望信号波达方向为 10°，两个非相关干扰波达方向分别为 -60°和 60°。信噪比为 0dB，信干比为 -30dB。图 2.3 所示为 MOSINR 和 MVDR 的波束方向图，两者均在期望信号角度 10°处形成了主瓣，并在干扰角度 -60°和 60°处形成了零陷，从而在保存期望信号的同时实现对两个干扰的有效抑制。

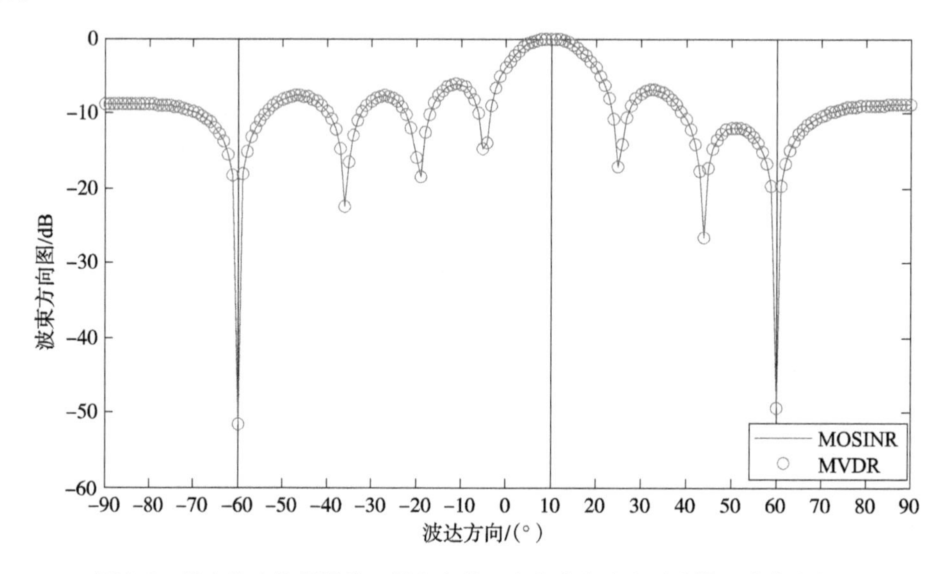

图 2.3 最大输出信干噪比、最小方差无失真响应波束形成器之波束方向图

3. 最小均方误差波束形成器（MMSE）

最小均方误差波束形成方法又称参考信号方法，它可视为维纳滤波思想在空域的拓展。参考信号既可以是根据期望信号特性产生的本地信号，也可以是接收到的导引信号（如通信系统中的导频信号[17]）。

如果期望信号具有某些特殊的时域特征，如循环平稳特性、恒模特性、非圆特性、非高斯特性等，还可以根据阵列观测构造虚拟参考信号。参考信号的主要特点是与期望信号具有相关性，但与干扰和噪声均不相关。

所谓最小均方误差方法是指按照下面的最小均方误差准则（MMSE）设计波束形成器：

$$\boldsymbol{w}_{\mathrm{MMSE}} = \arg\min_{\boldsymbol{w}\neq\boldsymbol{0}} J(\boldsymbol{w}) = E\{|r(t) - \boldsymbol{w}^{\mathrm{H}}\boldsymbol{x}(t)|^2\} \tag{2.40}$$

式中，$r(t)$ 为参考信号。

下面以单个干扰情形为例，简单说明式（2.40）所示设计准则如何可以实现干扰和噪

声的抑制。假设期望信号和干扰的导向矢量分别为 $\boldsymbol{a}_0$ 和 $\boldsymbol{a}_1$ ，并将参考信号写成 $r(t) = \zeta s_0(t) + i_0(t)$ ，其中 $\zeta = E\{r(t)s_0^*(t)\}/\sigma_0^2 \neq 0$ ，σ_0^2 为信号功率 $\sigma_0^2 = E\{|s_0(t)|^2\}$ ，$i_0(t) = r(t) - \zeta s_0(t)$ ，且 $E\{i_0(t)s_0^*(t)\} = 0$。

根据波束形成原理，波束形成器的输出可写成

$$y(t) = \boldsymbol{w}^{\mathrm{H}}\boldsymbol{x}(t) = g_0(\boldsymbol{w})s_0(t) + g_1(\boldsymbol{w})s_1(t) + n_w(t) \tag{2.41}$$

式中，$g_0(\boldsymbol{w}) = \boldsymbol{w}^{\mathrm{H}}\boldsymbol{a}_0$ ；$g_1(\boldsymbol{w}) = \boldsymbol{w}^{\mathrm{H}}\boldsymbol{a}_1$ ；$n_w(t) = \boldsymbol{w}^{\mathrm{H}}\boldsymbol{n}(t)$ ，其中 $\boldsymbol{n}(t)$ 为噪声矢量。

若期望信号、干扰和噪声互不相关，则

$$J(\boldsymbol{w}) = |\zeta - g_0(\boldsymbol{w})|^2\sigma_0^2 + E\{|i_0(t)|^2\} + |g_1(\boldsymbol{w})|^2\sigma_1^2 + \|\boldsymbol{w}\|_2^2\sigma^2 \tag{2.42}$$

式中，$\sigma_1^2 = E\{|s_1(t)|^2\}$ 和 σ^2 分别为干扰功率和噪声功率。

很显然，对于任意 $\boldsymbol{w} \neq \boldsymbol{0}$ ，都有 $J(\boldsymbol{w}) > 0$ 。另外，无限制增大 $\boldsymbol{w}$ 元素的值可以使得 $J(\boldsymbol{w})$ 的取值任意的大，所以 $J(\boldsymbol{w})$ 应该存在最小值。

此外，$J(\boldsymbol{w})$ 取得最小值时，$g_0(\boldsymbol{w})$ 应近似为 ζ ，而 $|g_1(\boldsymbol{w})|^2$ 和 $\|\boldsymbol{w}\|_2^2$ 则都很小，这又近似等价于在保证一定输出期望信号功率的同时，迫使输出干扰和噪声功率达到最小，从而实现干扰和噪声的抑制。

为了确定最小均方误差波束形成器权矢量 $\boldsymbol{w}_{\mathrm{MMSE}}$ ，将目标函数 $J(\boldsymbol{w})$ 进一步写成

$$\begin{aligned} J(\boldsymbol{w}) &= E\{[r(t) - \boldsymbol{w}^{\mathrm{H}}\boldsymbol{x}(t)][r(t) - \boldsymbol{w}^{\mathrm{H}}\boldsymbol{x}(t)]^{\mathrm{H}}\} \\ &= \boldsymbol{w}^{\mathrm{H}}\boldsymbol{R}_{xx}\boldsymbol{w} - \boldsymbol{w}^{\mathrm{H}}\boldsymbol{r}_{xr} - \boldsymbol{r}_{xr}^{\mathrm{H}}\boldsymbol{w} + E\{|r(t)|^2\} \\ &= (\boldsymbol{R}_{xx}\boldsymbol{w} - \boldsymbol{r}_{xr})^{\mathrm{H}}\boldsymbol{R}_{xx}^{-1}(\boldsymbol{R}_{xx}\boldsymbol{w} - \boldsymbol{r}_{xr}) - \boldsymbol{r}_{xr}^{\mathrm{H}}\boldsymbol{R}_{xx}^{-1}\boldsymbol{r}_{xr} + E\{|r(t)|^2\} \end{aligned} \tag{2.43}$$

$$\boldsymbol{r}_{xr} = E\{\boldsymbol{x}(t)r^*(t)\}$$

很显然，$J(\boldsymbol{w})$ 是关于 $\boldsymbol{w}$ 的一个二次函数。由于 $\boldsymbol{R}_{xx}$ 是正定的，该二次函数为一“碗状”曲面，存在一个唯一的极小值，即位于“碗底”的最小值。而使得 $J(\boldsymbol{w})$ 达到这一最小值的 $\boldsymbol{w}$ ，即是我们需要确定的波束形成器权矢量 $\boldsymbol{w}_{\mathrm{MMSE}}$ ，它可通过令 $J(\boldsymbol{w})$ 关于 $\boldsymbol{w}^*$ 的导数为零获得，也可利用牛顿迭代寻优方法，或最陡下降方法。

这里讨论第一种方法，即根据 $\partial J(\boldsymbol{w})/\partial \boldsymbol{w}^* = \boldsymbol{R}_{xx}\boldsymbol{w} - \boldsymbol{r}_{xr} = \boldsymbol{0}$ ，可得

$$\boldsymbol{R}_{xx}\boldsymbol{w} = \boldsymbol{r}_{xr} \tag{2.44}$$

其解即为最小均方误差波束形成器的权矢量 $\boldsymbol{w}_{\mathrm{MMSE}}$ ，即 $\boldsymbol{w}_{\mathrm{MMSE}} = \boldsymbol{R}_{xx}^{-1}\boldsymbol{r}_{xr}$

事实上，由于 $\boldsymbol{R}_{xx}^{-1}$ 是正定的，所以

$$(\boldsymbol{R}_{xx}\boldsymbol{w} - \boldsymbol{r}_{xr})^{\mathrm{H}}\boldsymbol{R}_{xx}^{-1}(\boldsymbol{R}_{xx}\boldsymbol{w} - \boldsymbol{r}_{xr}) \geqslant 0 \tag{2.45}$$

根据式（2.43）进一步可知，当 $\boldsymbol{R}_{xx}\boldsymbol{w} - \boldsymbol{r}_{xr} = \boldsymbol{0}$ ，亦即 $\boldsymbol{R}_{xx}\boldsymbol{w} = \boldsymbol{r}_{xr}$ 时，非负值代价函数 $J(\boldsymbol{w})$ 取得最小值 $E\{|r(t)|^2\} - \boldsymbol{r}_{xr}^{\mathrm{H}}\boldsymbol{R}_{xx}^{-1}\boldsymbol{r}_{xr}$。

根据参考信号的特点，即与期望信号具有相关性，而与干扰和噪声均不相关，因而

$$\boldsymbol{r}_{xr} = E\{\boldsymbol{x}(t)r^*(t)\} = [E\{s_0(t)r^*(t)\}]\boldsymbol{a}_0 = R_{s_0,r}\boldsymbol{a}_0 \tag{2.46}$$

式中，$R_{s_0,r} = E\{s_0(t)r^*(t)\} \neq 0$。

因此，有

$$\boldsymbol{w}_{\mathrm{MMSE}} \propto \boldsymbol{R}_{xx}^{-1}\boldsymbol{a}_0 \tag{2.47}$$

参考信号方法无须知道期望信号的导向矢量或其协方差矩阵，但仍需获得阵列输出协方差矩阵 $\boldsymbol{R}_{xx}$ ，其实现框图如图 2.4 所示。

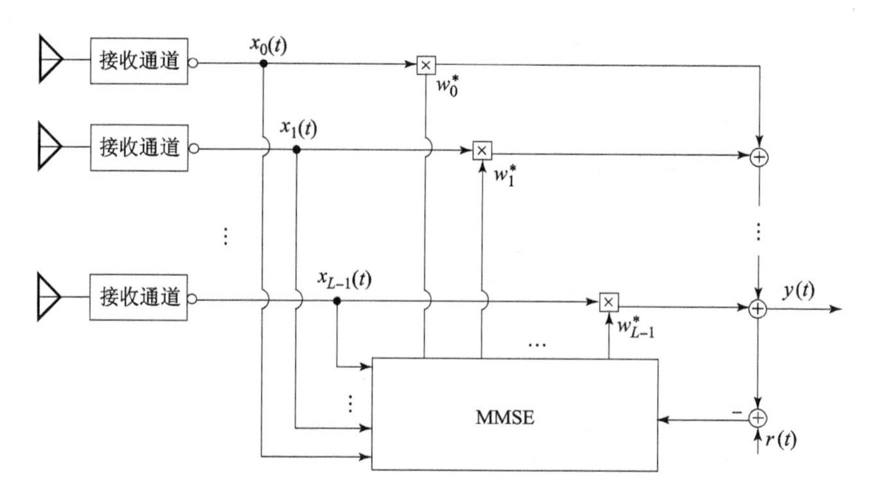

图 2.4　最小均方误差波束形成器的实现框图

4. 三种统计最优波束形成器的等价性

定理 2.1　在理想情况下，即 $\boldsymbol{R}_{\mathrm{I+N}}$、$\boldsymbol{R}_{xx}$、$\boldsymbol{a}_0$ 和 $\boldsymbol{r}_{xr}$ 等精确已知时，最大输出信干噪比和最小方差无失真响应，以及最小均方误差等 3 种统计最优波束形成器在输出信干噪比相同这一意义下是等价的，即

$$\boldsymbol{w}_{\mathrm{MOSINR}} \propto \boldsymbol{w}_{\mathrm{MVDR}} \propto \boldsymbol{w}_{\mathrm{MMSE}} \tag{2.48}$$

证明：首先给出矩阵求逆引理[11]：

引理 2.1　令 $\boldsymbol{B}$ 为一 $L \times L$ 维可逆矩阵，$\boldsymbol{c}$ 和 $\boldsymbol{d}$ 分别为两个 L 维矢量，并且 $(\boldsymbol{B}+\boldsymbol{c}\boldsymbol{d}^{\mathrm{H}})$ 可逆，则

$$(\boldsymbol{B}+\boldsymbol{c}\boldsymbol{d}^{\mathrm{H}})^{-1} = \boldsymbol{B}^{-1} - \frac{\boldsymbol{B}^{-1}\boldsymbol{c}\boldsymbol{d}^{\mathrm{H}}\boldsymbol{B}^{-1}}{1+\boldsymbol{d}^{\mathrm{H}}\boldsymbol{B}^{-1}\boldsymbol{c}} \tag{2.49}$$

下面证明结论［式（2.48）］。由于期望信号与干扰和噪声互不相关，所以

$$\boldsymbol{R}_{xx} = \boldsymbol{R}_{\mathrm{I+N}} + \sigma_0^2\boldsymbol{a}_0\boldsymbol{a}_0^{\mathrm{H}} \tag{2.50}$$

因此，有

$$\boldsymbol{R}_{xx}^{-1} = \boldsymbol{R}_{\mathrm{I+N}}^{-1} - \frac{\sigma_0^2\boldsymbol{R}_{\mathrm{I+N}}^{-1}\boldsymbol{a}_0\boldsymbol{a}_0^{\mathrm{H}}\boldsymbol{R}_{\mathrm{I+N}}^{-1}}{1+\sigma_0^2\boldsymbol{a}_0^{\mathrm{H}}\boldsymbol{R}_{\mathrm{I+N}}^{-1}\boldsymbol{a}_0} \tag{2.51}$$

由此可得

$$\boldsymbol{R}_{xx}^{-1}\boldsymbol{a}_0 = \left(\frac{1}{1+\sigma_0^2\boldsymbol{a}_0^{\mathrm{H}}\boldsymbol{R}_{\mathrm{I+N}}^{-1}\boldsymbol{a}_0}\right)\boldsymbol{R}_{\mathrm{I+N}}^{-1}\boldsymbol{a}_0 \propto \boldsymbol{R}_{\mathrm{I+N}}^{-1}\boldsymbol{a}_0 \tag{2.52}$$

再联立式（2.28）、式（2.39）以及式（2.47），定理得证。

事实上，若式（2.50）成立，优化式（2.34）的解为

$$\boldsymbol{w}_{\mathrm{MVDR}} = \arg\min_{\boldsymbol{w}^{\mathrm{H}}\boldsymbol{a}_0=1}\{\boldsymbol{w}^{\mathrm{H}}\boldsymbol{R}_{xx}\boldsymbol{w} = \boldsymbol{w}^{\mathrm{H}}\boldsymbol{R}_{\mathrm{I+N}}\boldsymbol{w} + \sigma_0^2\} = \arg\min_{\boldsymbol{w}^{\mathrm{H}}\boldsymbol{a}_0=1}\boldsymbol{w}^{\mathrm{H}}\boldsymbol{R}_{\mathrm{I+N}}\boldsymbol{w} \tag{2.53}$$

由此也可证明式（2.48）所示结论成立。

另外，此处所讨论的波束形成方法主要是基于信号和干扰的空域差异（远场假设下也即角度差异）实现滤波以抑制干扰。当信号和干扰空域差异较小时，还可采用多极化阵列（极化敏感阵列）以有效利用信号和干扰的极化和距离差异达到抑制后者的目的。再者，利用信号和干扰的非圆率差异也可进一步提高干扰抑制性能。关于这两点详见第 4 章的讨论。

2.3　鲁棒自适应波束形成

2.2.2节所讨论的统计最优波束形成器均需要利用信号、干扰以及噪声的二阶统计特性，而实际应用中这些特性往往是未知的，此时可采用批处理自适应技术，即利用一组满足宽遍历特性的阵列快拍矢量对波束形成器所需的数据统计特性进行估计，在此基础上确定波束形成器的权矢量。在获得新一批数据之后，再重新估计数据统计特性并更新波束形成器的权矢量。在有些场合信号和干扰的统计特性还可能是时变的，此时需要采用逐点自适应技术对波束形成器的权矢量进行连续更新，如采用最小均方误差（LMS）方法和递归最小二乘方法（RLS）等。本节的讨论主要考虑前者；关于后者，参见习题【2-15】和【2-16】。

由于数据统计特性的估计不可避免存在误差，自适应波束形成器的性能较之统计最优波束形成器一般将有所下降，有时甚至会急剧恶化以至无法正常工作。以最小方差无失真响应波束形成器为例，其权矢量与$\boldsymbol{R}_{xx}^{-1}\boldsymbol{a}_0$成比例关系，实际实现时$\boldsymbol{R}_{xx}$可用其估计值$\hat{\boldsymbol{R}}_{xx}$代替，又称样本（协方差）矩阵求逆波束形成器（SMI[18]），其权矢量与$\boldsymbol{R}_{xx}^{-1}(\boldsymbol{R}_{xx}\hat{\boldsymbol{R}}_{xx}^{-1}\boldsymbol{a}_0) = \boldsymbol{R}_{xx}^{-1}\hat{\boldsymbol{a}}_0$成比例关系，其中$\hat{\boldsymbol{a}}_0 = \boldsymbol{R}_{xx}\hat{\boldsymbol{R}}_{xx}^{-1}\boldsymbol{a}_0 \neq \boldsymbol{a}_0$。此时波束形成器会将期望信号误判为干扰而进行不当抑制（特别是在较高信噪比条件下），造成所谓信号相消现象。

此外，当期望信号导向矢量标称值（仍记为$\hat{\boldsymbol{a}}_0$）由于模型失配或测向误差等原因与其实际值之间存在一定偏差时，也会由于相同原因而出现信号相消现象。

事实上，若令

$$\underset{\frown}{\boldsymbol{a}}_0 = \boldsymbol{R}_{\mathrm{I+N}}\hat{\boldsymbol{R}}_{\mathrm{I+N}}^{-1}\hat{\boldsymbol{a}}_0 \tag{2.54}$$

$$\underset{\smile}{\boldsymbol{a}}_0 = \boldsymbol{R}_{xx}\hat{\boldsymbol{R}}_{xx}^{-1}\hat{\boldsymbol{a}}_0 \tag{2.55}$$

则最大输出信干噪比波束形成器和样本协方差矩阵求逆波束形成器的实际权矢量分别满足

$$\hat{\boldsymbol{w}}_{\mathrm{MOSINR}} \propto \boldsymbol{R}_{\mathrm{I+N}}^{-1}\underset{\frown}{\boldsymbol{a}}_0 \tag{2.56}$$

$$\hat{\boldsymbol{w}}_{\mathrm{SMI}} \propto \boldsymbol{R}_{xx}^{-1}\underset{\smile}{\boldsymbol{a}}_0 \tag{2.57}$$

两者的输出信干噪比分别为

$$\mathrm{OSINR}(\hat{\boldsymbol{w}}_{\mathrm{MOSINR}}) = \frac{\sigma_0^2\,|\,\hat{\boldsymbol{w}}_{\mathrm{MOSINR}}^{\mathrm{H}}\boldsymbol{a}_0\,|^2}{\hat{\boldsymbol{w}}_{\mathrm{MOSINR}}^{\mathrm{H}}\boldsymbol{R}_{\mathrm{I+N}}\hat{\boldsymbol{w}}_{\mathrm{MOSINR}}} \tag{2.58}$$

$$\mathrm{OSINR}(\hat{\boldsymbol{w}}_{\mathrm{SMI}}) = \frac{\sigma_0^2\,|\,\hat{\boldsymbol{w}}_{\mathrm{SMI}}^{\mathrm{H}}\boldsymbol{a}_0\,|^2}{\hat{\boldsymbol{w}}_{\mathrm{SMI}}^{\mathrm{H}}\boldsymbol{R}_{\mathrm{I+N}}\hat{\boldsymbol{w}}_{\mathrm{SMI}}} \tag{2.59}$$

若定义

$$\cos^2(\boldsymbol{a},\boldsymbol{b};\boldsymbol{R}) = \frac{|\,\boldsymbol{a}^{\mathrm{H}}\boldsymbol{R}\boldsymbol{b}\,|^2}{(\boldsymbol{a}^{\mathrm{H}}\boldsymbol{R}\boldsymbol{a})(\boldsymbol{b}^{\mathrm{H}}\boldsymbol{R}\boldsymbol{b})} = \frac{|\,(\boldsymbol{R}^{1/2}\boldsymbol{a})^{\mathrm{H}}(\boldsymbol{R}^{1/2}\boldsymbol{b})\,|^2}{[(\boldsymbol{R}^{1/2}\boldsymbol{a})^{\mathrm{H}}(\boldsymbol{R}^{1/2}\boldsymbol{a})][(\boldsymbol{R}^{1/2}\boldsymbol{b})^{\mathrm{H}}(\boldsymbol{R}^{1/2}\boldsymbol{b})]} \tag{2.60}$$

$$\sin^2(\boldsymbol{a},\boldsymbol{b};\boldsymbol{R}) = 1 - \cos^2(\boldsymbol{a},\boldsymbol{b};\boldsymbol{R}) \tag{2.61}$$

则有［其中式（2.63）的推导需要使用式（2.51）］

$$\mathrm{OSINR}(\hat{\boldsymbol{w}}_{\mathrm{MOSINR}}) = \cos^2(\underset{\frown}{\boldsymbol{a}}_0,\boldsymbol{a}_0;\boldsymbol{R}_{\mathrm{I+N}}^{-1})\,\mathrm{OSINR}_{\max} \tag{2.62}$$

$$\mathrm{OSINR}(\hat{\boldsymbol{w}}_{\mathrm{SMI}}) = \frac{\cos^2(\underset{\smile}{\boldsymbol{a}}_0,\boldsymbol{a}_0;\boldsymbol{R}_{\mathrm{I+N}}^{-1})\,\mathrm{OSINR}_{\max}}{1+[2\mathrm{OSINR}_{\max}+(\mathrm{OSINR}_{\max})^2]\sin^2(\underset{\smile}{\boldsymbol{a}}_0,\boldsymbol{a}_0;\boldsymbol{R}_{\mathrm{I+N}}^{-1})} \tag{2.63}$$

式中，$\mathrm{OSINR}_{\max}$ 如式（2.29）所示；$\cos^2(\underset{\frown}{\boldsymbol{a}}_0,\boldsymbol{a}_0;\boldsymbol{R}_{\mathrm{I+N}}^{-1})$ 和 $\cos^2(\underset{\frown}{\boldsymbol{a}}_0,\boldsymbol{a}_0;\boldsymbol{R}_{\mathrm{I+N}}^{-1})$ 分别为 $\underset{\frown}{\boldsymbol{a}}_0$ 与 $\boldsymbol{a}_0$ 和 $\underset{\frown}{\boldsymbol{a}}_0$ 与 $\boldsymbol{a}_0$ 间的失配广义夹角（白化后失配夹角）的余弦平方，用以表征两种波束形成器阵列输出数据白化后期望信号导向矢量失配误差的大小[19]。

可以看到，如果波束形成阵列的阵元数不是非常大，当存在较小的失配误差时，最大输出信干噪比波束形成器的输出信干噪比一般并不会急剧下降。相比之下，若期望信号功率较大（ISNR 较高，$\mathrm{OSINR}_{\max}$ 也较大），则样本协方差矩阵求逆波束形成器的输出信干噪比将明显下降，如图 2.5 所示，其中波束形成阵列为 8 元等距线阵，阵元间距为 1/2 信号波长，期望信号波达方向为10°，其标称值为16°（即存在 6° 的指向误差），两个等功率干扰其波达方向分别为 -60°和 60°，输入信干比为 -30dB，快拍数为 50，所示结果为 1 000 次独立实验结果的平均。因此，有必要研究对估计误差（这里主要指统计特性估计误差和信号波达方向估计误差，关于后者，将在后续有关章节中进行讨论）和模型失配误差（这里主要指期望信号导向矢量失配，如指向误差）等不敏感的鲁棒自适应波束形成方法。

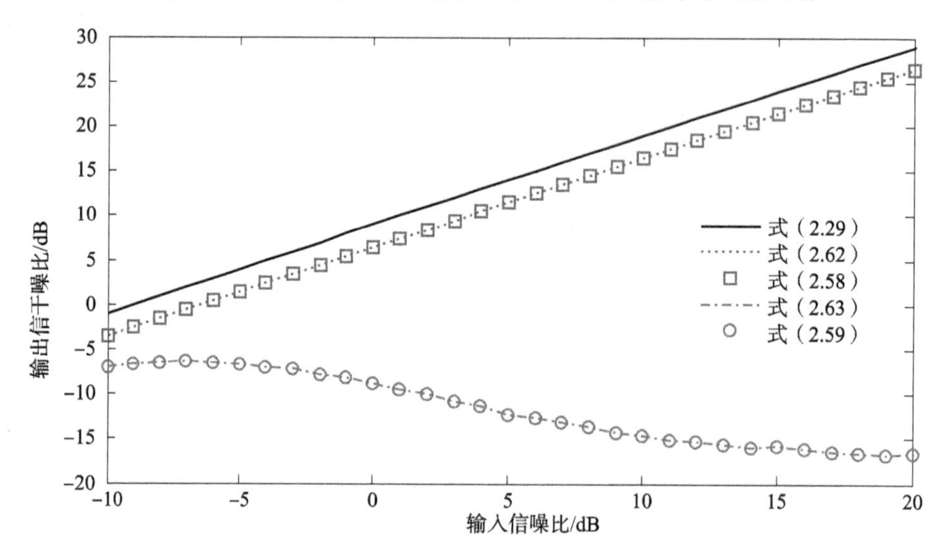

图 2.5 存在指向误差条件下最大输出信干噪比波束形成器和样本协方差矩阵求逆波束形成器输出信干噪比的比较

2.3.1 信号加干扰子空间投影方法[20,21]

信号加干扰子空间投影方法假设阵元噪声为空间白随机过程或者协方差矩阵已知的任意随机过程，为简单起见，这里考虑前者。

令 $\{\mu_l\}_{l=1}^{L}$ 和 $\{\boldsymbol{u}_l\}_{l=1}^{L}$ 为 $\boldsymbol{R}_{xx}$ 的特征值和对应的特征矢量，则

$$\boldsymbol{w}_{\mathrm{MVDR}} \propto \Big(\sum_{l=1}^{L}\mu_l^{-1}\boldsymbol{u}_l\boldsymbol{u}_l^{\mathrm{H}}\Big)\boldsymbol{a}_0 \tag{2.64}$$

不失一般性，假设 $\{\mu_l\}_{l=1}^{M}$ 为主特征值，根据第 1 章的讨论可知，在空间白噪声条件下，有

$$\boldsymbol{u}_l^{\mathrm{H}}\boldsymbol{a}_0 = 0\ ,\ l = M+1, M+2, \cdots, L \tag{2.65}$$

并且 $\mu_{M+1} = \mu_{M+2} = \cdots = \sigma^2$，其中 σ^2 为阵元加性噪声功率。由此有

$$\boldsymbol{w}_{\mathrm{MVDR}} \propto \underbrace{\left(\sum_{l=1}^{M}\mu_l^{-1}\boldsymbol{u}_l\boldsymbol{u}_l^{\mathrm{H}}\right)}_{\boldsymbol{R}_{xx}^{\#}}\boldsymbol{a}_0 = \sum_{l=1}^{M}(\mu_l^{-1}\boldsymbol{u}_l^{\mathrm{H}}\boldsymbol{a}_0)\boldsymbol{u}_l \tag{2.66}$$

式中，$\boldsymbol{R}_{xx}^{\#}$ 为 $\boldsymbol{R}_{xx}$ 的伪逆矩阵。

将 $\boldsymbol{R}_{xx}$ 用其估计值 $\hat{\boldsymbol{R}}_{xx}$ 代替，而 $\boldsymbol{a}_0$ 用其标称值 $\hat{\boldsymbol{a}}_0$（可能存在误差）代替，可得

$$\hat{\boldsymbol{w}}_{\mathrm{SMI}} \propto \hat{\boldsymbol{R}}_{xx}^{-1}\hat{\boldsymbol{a}}_0 = \boldsymbol{R}_{xx}^{-1}(\boldsymbol{R}_{xx}\hat{\boldsymbol{R}}_{xx}^{-1}\hat{\boldsymbol{a}}_0) = \left(\sum_{l=1}^{M}\hat{\mu}_l^{-1}\hat{\boldsymbol{u}}_l\hat{\boldsymbol{u}}_l^{\mathrm{H}}\right)\hat{\boldsymbol{a}}_0 + \left(\sum_{l=M+1}^{L}\hat{\mu}_l^{-1}\hat{\boldsymbol{u}}_l\hat{\boldsymbol{u}}_l^{\mathrm{H}}\right)\hat{\boldsymbol{a}}_0 \tag{2.67}$$

式中，$\{\hat{\mu}_l\}_{l=1}^{L}$ 和 $\{\hat{\boldsymbol{u}}_l\}_{l=1}^{L}$ 分别为 $\hat{\boldsymbol{R}}_{xx}$ 的特征值和对应的特征矢量。

式（2.67）所示波束形成方法即为样本协方差矩阵求逆自适应波束形成方法。由于存在估计误差，对于 $l = M+1, M+2, \cdots, L$，无论 $\hat{\boldsymbol{a}}_0$ 是否存在误差，$\hat{\boldsymbol{u}}_l^{\mathrm{H}}\hat{\boldsymbol{a}}_0 = 0$ 一般不再成立，此时式（2.67）右端的第二项对波束形成器的性能将产生影响。特别地，在高信噪比条件下，$\{\hat{\mu}_l\}_{l=M+1}^{L}$ 非常小，而 $\{\hat{\mu}_l^{-1}\}_{l=M+1}^{L}$ 则非常大，即使 $\hat{\boldsymbol{a}}_0$ 存在较小误差，也会对权矢量的元素值产生较大影响。

为此，可以考虑舍弃 $\hat{\boldsymbol{R}}_{xx}$ 较小的特征值，即对 $\hat{\boldsymbol{R}}_{xx}$ 进行小特征值截断，从而得到下述权矢量：

$$\hat{\boldsymbol{w}}_{\mathrm{SISP}} \propto \underbrace{\left(\sum_{l=1}^{M}\hat{\mu}_l^{-1}\hat{\boldsymbol{u}}_l\hat{\boldsymbol{u}}_l^{\mathrm{H}}\right)}_{\hat{\boldsymbol{R}}_{xx}^{\#}}\hat{\boldsymbol{a}}_0 \tag{2.68}$$

由于 $\{\hat{\boldsymbol{u}}_l\}_{l=1}^{L}$ 为标准正交矢量集，所以

$$\hat{\boldsymbol{w}}_{\mathrm{SISP}} \propto \hat{\boldsymbol{R}}_{xx}^{\#}\hat{\boldsymbol{a}}_0 = \hat{\boldsymbol{R}}_{xx}^{-1}\left[\left(\sum_{l=1}^{M}\hat{\boldsymbol{u}}_l\hat{\boldsymbol{u}}_l^{\mathrm{H}}\right)\hat{\boldsymbol{a}}_0\right] = \boldsymbol{R}_{xx}^{-1}\left[\boldsymbol{R}_{xx}\hat{\boldsymbol{R}}_{xx}^{-1}\left(\sum_{l=1}^{M}\hat{\boldsymbol{u}}_l\hat{\boldsymbol{u}}_l^{\mathrm{H}}\right)\hat{\boldsymbol{a}}_0\right] \tag{2.69}$$

由此可见，特征值截断方法又可以解释为首先将期望信号的标称导向矢量 $\hat{\boldsymbol{a}}_0$ 投影于估计出的 M 维信号加干扰子空间，然后再进行样本协方差矩阵求逆自适应波束形成，由此得名信号加干扰子空间投影方法[20,21]。

根据式（2.63）、式（2.67）和式（2.69）可知，若 $\boldsymbol{R}_{xx}\hat{\boldsymbol{R}}_{xx}^{-1}\left(\sum_{l=1}^{M}\hat{\boldsymbol{u}}_l\hat{\boldsymbol{u}}_l^{\mathrm{H}}\right)\hat{\boldsymbol{a}}_0$ 与 $\boldsymbol{a}_0$ 间的失配广义夹角小于 $\boldsymbol{R}_{xx}\hat{\boldsymbol{R}}_{xx}^{-1}\hat{\boldsymbol{a}}_0$ 与 $\boldsymbol{a}_0$ 间的失配广义夹角，则信号加干扰子空间投影波束形成器的输出信干噪比性能将优于样本协方差矩阵求逆波束形成器。

例 2.2　波束形成阵列为 8 元等距线阵，阵元间距为 1/2 信号波长。期望信号波达方向为 0°，两个非相关干扰波达方向分别为 −60°和 60°。信干比为 −30dB，快拍数为 500。期望信号波达方向标称值为 2°，即存在 2°的指向误差。

图 2.6（a）所示为信号加干扰子空间投影波束形成器（SISP）和样本协方差矩阵求逆波束形成器（SMI）的波束方向图（5 次独立实验，信噪比为 30dB）。可以看出，SMI 波束形成器尽管在两个干扰角度 −60°和 60°处形成了零陷，但在期望信号角度 0°处也出现了错误零陷，这将导致信号相消现象。相比之下，SISP 波束形成器较好克服了信号相消现象。图 2.6（b）所示为两种波束形成器输出信干噪比随输入信噪比的变化情况，所示结果为 500 次独立实验结果的平均。图 2.6（c）所示为两种波束形成器失配广义夹角随输入信噪比的变化情况，所示结果为 500 次独立实验结果的平均。

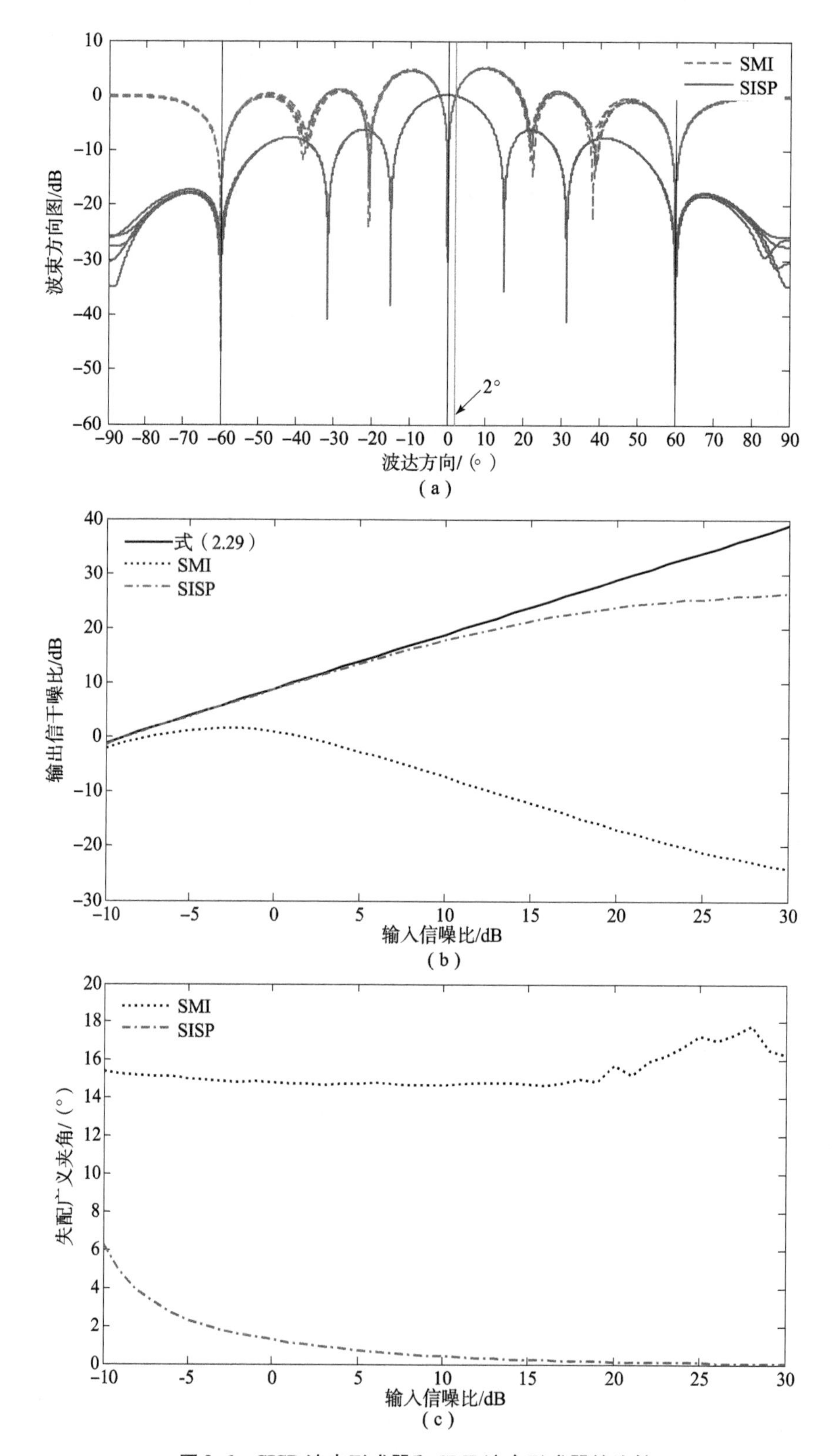

图 2.6　SISP 波束形成器和 SMI 波束形成器的比较

(a) 波束方向图；(b) 输出信干噪比随输入信噪比的变化；(c) 失配广义夹角随输入信噪比的变化

可以看出，SISP 波束形成器高输入信噪比条件下的输出信干噪比性能显著优于 SMI 波束形成器。另外，波束形成器间失配广义夹角的大小关系与两者输出信干噪比性能的优劣也吻合。

2.3.2　线性约束最小方差方法

如果波束形成器阵列流形矢量 $\boldsymbol{a}(\theta)$ 的形式已知，并且期望信号导向矢量的误差主要是由于指向误差所引起的，则可在期望信号标称角度的附近增加额外的约束（增益或导数约束），通过展宽波束主瓣阻止波束形成器在期望信号方向形成不当零陷，从而提高其鲁棒性，避免信号相消现象。

假设期望信号标称角度为 $\hat{\theta}_0$，若采用主瓣增益约束，可以 Δ_θ 为角度栅格宽度，在其周围选择若干角度，构造下述约束矩阵：

$$\boldsymbol{C} = [\boldsymbol{a}(\hat{\theta}_0), \boldsymbol{a}(\hat{\theta}_0 + \Delta_\theta), \boldsymbol{a}(\hat{\theta}_0 - \Delta_\theta), \cdots, \boldsymbol{a}(\hat{\theta}_0 + N\Delta_\theta), \boldsymbol{a}(\hat{\theta}_0 - N\Delta_\theta)] \tag{2.70}$$

若采用主瓣 0 到 $N-1$ 阶导数约束（最小方差无失真响应波束形成器相当于采用了主瓣零阶导数约束），则约束矩阵可以构造为

$$\boldsymbol{C} = \left[\boldsymbol{a}(\hat{\theta}_0), \left.\frac{\partial \boldsymbol{a}(\theta)}{\partial \theta}\right|_{\theta=\hat{\theta}_0}, \cdots, \left.\frac{\partial \boldsymbol{a}^{N-1}(\theta)}{\partial \theta^{N-1}}\right|_{\theta=\hat{\theta}_0}\right] \tag{2.71}$$

然后，按照下述准则进行权矢量的设计：

$$\min_{\boldsymbol{w}} \boldsymbol{w}^{\mathrm{H}} \hat{\boldsymbol{R}}_{xx} \boldsymbol{w} \quad \text{s.t.} \quad \boldsymbol{C}^{\mathrm{H}} \boldsymbol{w} = \boldsymbol{c} \tag{2.72}$$

式中，$\boldsymbol{c}$ 为约束矢量。

若采用主瓣增益约束，$\boldsymbol{c}$ 可以取全 1 矢量；若采用主瓣导数约束，$\boldsymbol{c}$ 可以取 $N \times N$ 维单位矩阵的第 1 列。

利用拉格朗日乘子方法，可以求得波束主瓣展宽鲁棒波束形成方法的权矢量，具体方法如下。

首先构造

$$J(\boldsymbol{w}, \ell) = \boldsymbol{w}^{\mathrm{H}} \hat{\boldsymbol{R}}_{xx} \boldsymbol{w} + (\boldsymbol{c}^{\mathrm{H}} - \boldsymbol{w}^{\mathrm{H}} \boldsymbol{C})\ell + \ell^{\mathrm{H}}(\boldsymbol{c} - \boldsymbol{C}^{\mathrm{H}} \boldsymbol{w}) \tag{2.73}$$

式中，ℓ 为拉格朗日乘子矢量。

再对 $J(\boldsymbol{w}, \ell)$ 分别取关于 $\boldsymbol{w}^*$ 和 ℓ 的偏导，得到

$$\frac{\partial J(\boldsymbol{w}, \ell)}{\partial \boldsymbol{w}^*} = \hat{\boldsymbol{R}}_{xx} \boldsymbol{w} - \boldsymbol{C}\ell \tag{2.74}$$

$$\frac{\partial J(\boldsymbol{w}, \ell)}{\partial \ell} = \boldsymbol{c}^* - \boldsymbol{C}^{\mathrm{T}} \boldsymbol{w}^* \tag{2.75}$$

同时令 $\partial J(\boldsymbol{w}, \ell)/\partial \ell = \boldsymbol{0}$，$\partial J(\boldsymbol{w}, \ell)/\partial \boldsymbol{w}^* = \boldsymbol{0}$，可得

$$\hat{\boldsymbol{R}}_{xx} \boldsymbol{w} = \boldsymbol{C}\ell \;\xRightarrow{\boldsymbol{C}^{\mathrm{H}}\boldsymbol{w} = \boldsymbol{c}}\; \hat{\boldsymbol{w}}_{\mathrm{MB}} = \hat{\boldsymbol{R}}_{xx}^{-1} \boldsymbol{C} (\boldsymbol{C}^{\mathrm{H}} \hat{\boldsymbol{R}}_{xx}^{-1} \boldsymbol{C})^{-1} \boldsymbol{c} = \boldsymbol{R}_{xx}^{-1} [\boldsymbol{R}_{xx} \hat{\boldsymbol{R}}_{xx}^{-1} \boldsymbol{C} (\boldsymbol{C}^{\mathrm{H}} \hat{\boldsymbol{R}}_{xx}^{-1} \boldsymbol{C})^{-1} \boldsymbol{c}] \tag{2.76}$$

由式（2.76）可以看出，线性约束最小方差鲁棒波束形成器也可解释为在样本协方差矩阵求逆波束形成器中将 $\hat{\boldsymbol{a}}_0$ 用 $\boldsymbol{C} (\boldsymbol{C}^{\mathrm{H}} \hat{\boldsymbol{R}}_{xx}^{-1} \boldsymbol{C})^{-1} \boldsymbol{c}$ 替代。根据定义，矢量 $\boldsymbol{C} (\boldsymbol{C}^{\mathrm{H}} \hat{\boldsymbol{R}}_{xx}^{-1} \boldsymbol{C})^{-1} \boldsymbol{c}$ 为 $\boldsymbol{a}(\hat{\theta}_0)$ 与一组增益约束矢量或导数约束矢量的线性组合（内插）。

若对权矢量增加的线性约束可使得 $\boldsymbol{R}_{xx}\hat{\boldsymbol{R}}_{xx}^{-1}\boldsymbol{C}(\boldsymbol{C}^{\mathrm{H}}\hat{\boldsymbol{R}}_{xx}^{-1}\boldsymbol{C})^{-1}\boldsymbol{c}$ 与 $\boldsymbol{a}_0$ 间的失配广义夹角小于 $\boldsymbol{R}_{xx}\hat{\boldsymbol{R}}_{xx}^{-1}\hat{\boldsymbol{a}}_0$ 与 $\boldsymbol{a}_0$ 间的失配广义夹角，则线性约束波束形成器的输出信干噪比性能将优于样本协方差矩阵求逆波束形成器。

另外，当干扰导向矢量已知时，利用上述最小方差线性约束方法，可以在干扰方向形成绝对零点，以提高干扰抑制能力。但增加线性约束减小了波束形成器权矢量的自由度，造成噪声抑制能力的下降。

例 2.3 波束形成阵列为 10 元等距线阵，阵元间距为 1/2 信号波长。期望信号波达方向为 $\arcsin(0.14)\times180°/\pi$，两个非相关干扰波达方向则分别为 $\arcsin(-0.5)\times180°/\pi$ 和 $\arcsin(0.6)\times180°/\pi$。

增益约束最小方差波束形成器（GCMV）中，指向误差为 $-10°$，并且在 $\arcsin(-0.15)\times180°/\pi$、$\arcsin(-0.05)\times180°/\pi$、$\arcsin(0.05)\times180°/\pi$ 以及 $\arcsin(0.15)\times180°/\pi$ 四个角度处施加了单位约束。信噪比为 20dB，干噪比为 30dB，快拍数为 30；导数约束最小方差波束形成器（DCMV）对应的指向误差为 $-5°$，信噪比为 10dB，干噪比为 30dB，快拍数为 30；约束矩阵为 $\boldsymbol{C}=[\boldsymbol{a}(\hat{\theta}_0),\partial\boldsymbol{a}(\theta)/\partial\theta|_{\theta=\hat{\theta}_0},\partial\boldsymbol{a}^2(\theta)/\partial\theta^2|_{\theta=\hat{\theta}_0}]$，其中 $\hat{\theta}_0$ 为期望信号波达方向的标称值，约束矢量为 $\boldsymbol{c}=[1,0,0]^{\mathrm{T}}$。

图 2.7 和图 2.8 分别为 GCMV 波束形成器、DCMV 波束形成器与 SMI 波束形成器的波束方向图比较。由结果可以看出，GCMV 和 DCMV 两种波束形成器均能较好地克服信号相消现象，而 SMI 波束形成器则存在信号相消现象。

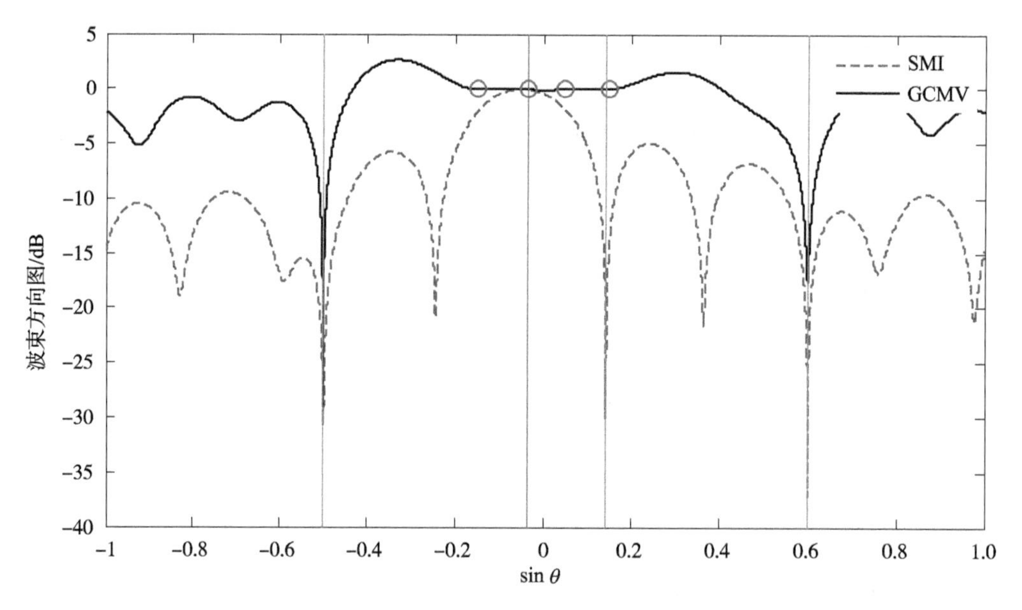

图 2.7　SMI 波束形成器和 GCMV 波束形成器的波束方向图比较

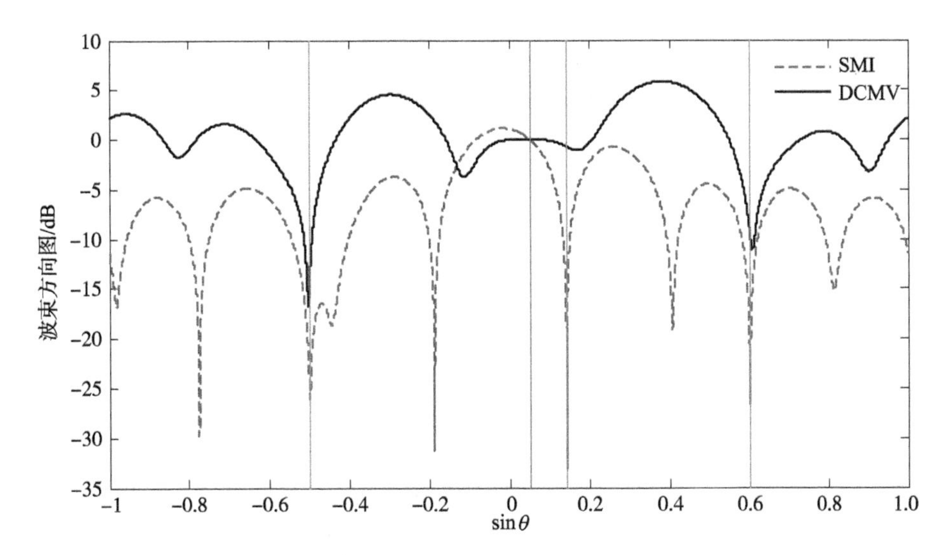

图 2.8　SMI 波束形成器和 DCMV 波束形成器的波束方向图比较

2.3.3　对角加载方法[22]

提高样本协方差矩阵求逆波束形成鲁棒性的另一常见措施为对角加载正则化技术，即按下述方式确定波束形成器权矢量：

$$\min_{\boldsymbol{w}}(1-\kappa)\boldsymbol{w}^{\mathrm{H}}\hat{\boldsymbol{R}}_{xx}\boldsymbol{w}+\kappa\|\boldsymbol{w}\|_2^2 \quad \text{s.t.} \quad \boldsymbol{w}^{\mathrm{H}}\hat{\boldsymbol{a}}_0=1 \tag{2.77}$$

式中，$\kappa\in[0,1]$ 为一实值正则化参数。

优化问题式（2.77）仍可利用拉格朗日乘子法进行求解，其解为

$$\hat{\boldsymbol{w}}_{\mathrm{DL}}(\kappa)=\frac{[(1-\kappa)\hat{\boldsymbol{R}}_{xx}+\kappa\boldsymbol{I}]^{-1}\hat{\boldsymbol{a}}_0}{\hat{\boldsymbol{a}}_0^{\mathrm{H}}[(1-\kappa)\hat{\boldsymbol{R}}_{xx}+\kappa\boldsymbol{I}]^{-1}\hat{\boldsymbol{a}}_0}=\frac{\hat{\boldsymbol{R}}_{\mathrm{DL}}^{-1}(\kappa)\hat{\boldsymbol{a}}_0}{\hat{\boldsymbol{a}}_0^{\mathrm{H}}\hat{\boldsymbol{R}}_{\mathrm{DL}}^{-1}(\kappa)\hat{\boldsymbol{a}}_0}$$

$$\overset{\kappa\neq1}{\Rightarrow}$$

$$\hat{\boldsymbol{w}}_{\mathrm{DL}}(\kappa)=\frac{(\hat{\boldsymbol{R}}_{xx}+\lambda_\kappa\boldsymbol{I})^{-1}\hat{\boldsymbol{a}}_0}{\hat{\boldsymbol{a}}_0^{\mathrm{H}}(\hat{\boldsymbol{R}}_{xx}+\lambda_\kappa\boldsymbol{I})^{-1}\hat{\boldsymbol{a}}_0}\propto\boldsymbol{R}_{xx}^{-1}[\boldsymbol{R}_{xx}(\hat{\boldsymbol{R}}_{xx}+\lambda_\kappa\boldsymbol{I})^{-1}\hat{\boldsymbol{a}}_0] \tag{2.78}$$

式中，$\hat{\boldsymbol{R}}_{\mathrm{DL}}(\kappa)=(1-\kappa)\hat{\boldsymbol{R}}_{xx}+\kappa\boldsymbol{I}$；$\lambda_\kappa=\kappa/(1-\kappa)$ 为对角加载因子。

由式（2.78）可知，若对角加载可使得 $\boldsymbol{R}_{xx}(\hat{\boldsymbol{R}}_{xx}+\lambda_\kappa\boldsymbol{I})^{-1}\hat{\boldsymbol{a}}_0$ 与 $\boldsymbol{a}_0$ 间的失配广义夹角小于 $\boldsymbol{R}_{xx}\hat{\boldsymbol{R}}_{xx}^{-1}\hat{\boldsymbol{a}}_0$ 与 $\boldsymbol{a}_0$ 间的失配广义夹角，则对角加载波束形成器的输出信干噪比性能将优于未对角加载的样本协方差矩阵求逆波束形成器。

图 2.9 为信号加干扰子空间投影、对角加载和样本协方差矩阵直接求逆 3 种波束形成器期望信号导向矢量失配广义夹角随输入信噪比变化的比较（500 次独立实验结果的平均），其中波束形成阵列为 8 元等距线阵，阵元间距为 1/2 信号波长，期望信号波达方向为0°，两个非相关干扰波达方向分别为 −45°和 45°，信干比为 −30dB，快拍数为 20。期望信号波达方向标称值为 2°，即存在 2°的指向误差；对角加载因子为 1。

对于一般期望信号的鲁棒提取，最佳对角加载量的确定至今仍是个开放问题，没有得到彻底解决。下面讨论当期望信号为非圆和恒模信号时，如何基于非圆和恒模特征恢复这一准则来确定对角加载量。

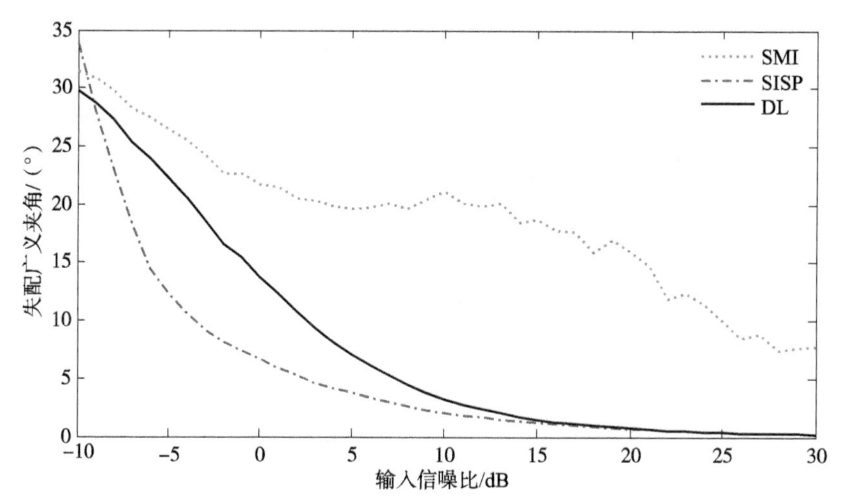

图 2.9　3 种波束形成器失配广义夹角随输入信噪比的变化比较

1. 信号非圆特征恢复方法[23]

首先给出下述关于混合信号时间平均非圆率的定理 2.2。

定理 2.2[23]　若 $z(t) = z_1(t) + z_2(t)$，其中 $z_1(t)$ 和 $z_2(t)$ 均值都为零，且互不相关，则

$$\alpha_z \leqslant \max\{\alpha_{z_1}, \alpha_{z_2}\} \tag{2.79}$$

式中，α_z 为 $z(t)$ 的时间平均非圆率；α_{z_1} 和 α_{z_2} 分别为 $z_1(t)$ 和 $z_2(t)$ 的时间平均非圆率。

若 $\alpha_{z_2} = 0$，则

$$\alpha_z = \frac{\alpha_{z_1}}{1 + \sigma_{z_2}^2/\sigma_{z_1}^2} \tag{2.80}$$

式中，$\sigma_{z_1}^2$ 和 $\sigma_{z_2}^2$ 分别为 $z_1(t)$ 和 $z_2(t)$ 的时间平均功率。

证明：根据定义，有

$$\alpha_z = \frac{|\langle E\{z_1^2(t)\}\rangle + \langle E\{z_2^2(t)\}\rangle|}{\langle E\{|z_1(t)|^2\}\rangle + \langle E\{|z_2(t)|^2\}\rangle} = \frac{|\alpha_{z_1}\mathrm{e}^{\mathrm{j}\beta_{z_1}}\sigma_{z_1}^2 + \alpha_{z_2}\mathrm{e}^{\mathrm{j}\beta_{z_2}}\sigma_{z_2}^2|}{\sigma_{z_1}^2 + \sigma_{z_2}^2} \tag{2.81}$$

式中，β_{z_1} 和 β_{z_2} 分别为 $z_1(t)$ 和 $z_2(t)$ 的时间平均非圆相位。

进一步可得

$$\alpha_z = \sqrt{\frac{\alpha_{z_1}^2\sigma_{z_1}^4 + 2\alpha_{z_1}\alpha_{z_2}\cos(\beta_{z_1} - \beta_{z_2})\sigma_{z_1}^2\sigma_{z_2}^2 + \alpha_{z_2}^2\sigma_{z_2}^4}{\sigma_{z_1}^4 + 2\sigma_{z_1}^2\sigma_{z_2}^2 + \sigma_{z_2}^4}} \leqslant \max\{\alpha_{z_1}, \alpha_{z_2}\} \tag{2.82}$$

若 $\alpha_{z_2} = 0$，则

$$\alpha_z = \frac{\alpha_{z_1}\sigma_{z_1}^2}{\sigma_{z_1}^2 + \sigma_{z_2}^2} = \frac{\alpha_{z_1}}{1 + \sigma_{z_2}^2/\sigma_{z_1}^2} \tag{2.83}$$

证毕。

对角加载样本协方差矩阵求逆波束形成器的输出为

$$\hat{y}(\kappa,t) = \hat{\boldsymbol{w}}_{\mathrm{DL}}^{\mathrm{H}}(\kappa)\boldsymbol{x}(t) = \hat{s}_0(\kappa,t) + \hat{\imath}(\kappa,t) \tag{2.84}$$

式中，$\hat{s}_0(\kappa,t) = \hat{\boldsymbol{w}}_{\mathrm{DL}}^{\mathrm{H}}(\kappa)\boldsymbol{a}_0 s_0(t)$ 为波束形成器输出信号 $\hat{y}(\kappa,t)$ 中的期望信号分量；$\hat{\imath}(\kappa,t)$ 为 $\hat{y}(\kappa,t)$ 中的干扰加噪声分量。

需要指出的是，对角加载技术通常用于非主瓣强干扰条件下弱信号的保护，若所选择的加载值不是非常大，可能不是最优，但仍能保证对干扰的较好抑制作用，因此 $\hat{i}(\kappa,t)$ 的主要成分为波束形成残余圆噪声。

基于上述事实，根据定理2.2可知，若加载量 λ_κ 为有限值，则波束形成器输出干扰和噪声残余分量 $\hat{i}(\kappa,t)$ 的时间平均非圆率 $\alpha_{\hat{i}}(\kappa)$ 非常小，整个输出的时间平均非圆率几乎只有在干扰被有效抑制，而期望信号被有效保留时，才会趋近期望信号的时间平均非圆率。因此，正则化参数 κ 或对角加载量 λ_κ 的选择应使得波束形成器输出的时间平均非圆率尽可能逼近期望信号的时间平均非圆率，即

$$\kappa_{\mathrm{NRDL1}} = \arg\min_{\kappa\in[0,1]}\left[J_1(\kappa) = |1-\alpha_{\hat{y}}(\kappa)/\alpha_0|\right] \tag{2.85}$$

式中，$\alpha_0\in(0,1]$ 为期望信号的时间平均非圆率；$\alpha_{\hat{y}}(\kappa)$ 为 $\hat{y}(\kappa,t)$ 的时间平均非圆率；

$$\begin{aligned}\alpha_{\hat{y}}(\kappa) &= \frac{|\langle E\{\hat{y}^2(\kappa,t)\}\rangle|}{\langle E\{|\hat{y}(\kappa,t)|^2\}\rangle}\\ &\approx \frac{|\hat{\boldsymbol{w}}_{\mathrm{DL}}^{\mathrm{H}}(\kappa)\hat{\boldsymbol{R}}_{\boldsymbol{xx}^*}\hat{\boldsymbol{w}}_{\mathrm{DL}}^{*}(\kappa)|}{\hat{\boldsymbol{w}}_{\mathrm{DL}}^{\mathrm{H}}(\kappa)\hat{\boldsymbol{R}}_{\boldsymbol{xx}}\hat{\boldsymbol{w}}_{\mathrm{DL}}(\kappa)}\\ &= \frac{|\hat{\boldsymbol{a}}_0^{\mathrm{H}}[(1-\kappa)\hat{\boldsymbol{R}}_{\boldsymbol{xx}}+\kappa\boldsymbol{I}]^{-1}\hat{\boldsymbol{R}}_{\boldsymbol{xx}^*}\{[(1-\kappa)\hat{\boldsymbol{R}}_{\boldsymbol{xx}}+\kappa\boldsymbol{I}]^{-1}\}^*\hat{\boldsymbol{a}}_0^*|}{\hat{\boldsymbol{a}}_0^{\mathrm{H}}[(1-\kappa)\hat{\boldsymbol{R}}_{\boldsymbol{xx}}+\kappa\boldsymbol{I}]^{-1}\hat{\boldsymbol{R}}_{\boldsymbol{xx}}[(1-\kappa)\hat{\boldsymbol{R}}_{\boldsymbol{xx}}+\kappa\boldsymbol{I}]^{-1}\hat{\boldsymbol{a}}_0}\in[0,1]\end{aligned}$$

$\hat{\boldsymbol{R}}_{xx^*}$ 为阵列输出共轭协方差矩阵的估计值。

由于当 λ_κ 为有限值时，波束形成器输出干扰和噪声残余分量 $\hat{i}(\kappa,t)$ 的时间平均非圆率 $\alpha_{\hat{i}}(\kappa)$ 其值很小，因此 κ 也可以按照下述更加简单的非圆率最大准则进行确定：

$$\kappa_{\mathrm{NRDL2}} = \arg\max_{\kappa\in[0,1]}\left[J_2(\kappa) = \alpha_{\hat{y}}(\kappa)\right] \tag{2.86}$$

根据定理2.2，若期望信号时间平均非圆率 α_0 不小于干扰的时间平均非圆率，则 $\alpha_{\hat{y}}(\kappa)\leqslant\alpha_0$，由此有

$$\kappa_{\mathrm{NRDL1}} = \arg\min_{\kappa\in[0,1]}\left[1-\alpha_{\hat{y}}(\kappa)/\alpha_0\right] = \arg\max_{\kappa\in[0,1]}\alpha_{\hat{y}}(\kappa) = \kappa_{\mathrm{NRDL2}} \tag{2.87}$$

实际中，因为期望信号时间平均非圆率 α_0 一般未知，所以 NRDL1 波束形成器适用范围非常受限。

2. 信号恒模特征恢复方法[24]

恒模信号，譬如相位调制信号，在很多领域有着广泛的应用。若期望信号 $s_0(t)$ 为恒模信号，则其具有下述性质：

$$E\{|s_0(t)|^2\} = \sigma_0^2 = |s_0(t)s_0(t+\tau)| \tag{2.88}$$

式中，τ 为信号时延。

若波束形成后干扰和噪声被极大抑制，而期望信号得以充分保留，则波束形成器输出信号具有下述特征：

$$|\hat{y}(\kappa,t_k)\hat{y}(\kappa,t_{k+n})|\rightarrow\sigma_0^2 \tag{2.89}$$

因此，为了避免信号相消现象，可以基于波束形成器输出信号恒模化这一准则确定对角加载样本协方差矩阵求逆波束形成方法的加载量：

$$\kappa_{\mathrm{CRDL1}} = \arg\min_{\kappa}\frac{1}{KN-(N-1)N/2}\sum_{n=0}^{N-1}\sum_{k=0}^{K-n-1}\left|1-\frac{|\hat{y}(\kappa,t_k)\hat{y}(\kappa,t_{k+n})|}{\hat{\sigma}_0^2(\kappa)}\right| \tag{2.90}$$

或者

$$\kappa_{\mathrm{CRDL2}} = \arg\min_{\kappa}\left|1 - \frac{1}{KN-(N-1)N/2}\sum_{n=0}^{N-1}\sum_{k=0}^{K-n-1}\frac{|\hat{y}(\kappa,t_k)\hat{y}(\kappa,t_{k+n})|}{\hat{\sigma}_0^2(\kappa)}\right| \tag{2.91}$$

式中，$1 \leqslant N \leqslant K$；$\hat{\sigma}_0^2(\kappa)$ 为信号功率的估计，$\hat{\sigma}_0^2(\kappa) = \hat{\boldsymbol{w}}_{\mathrm{DL}}^{\mathrm{H}}(\kappa)\hat{\boldsymbol{R}}_{xx}\hat{\boldsymbol{w}}_{\mathrm{DL}}(\kappa)$。

例 2.4 波束形成阵列为 8 元等距线阵，阵元间距为 1/2 信号波长。期望信号波达方向为 0°，两个非相关干扰波达方向分别为 -30°和 30°。信噪比为 20dB，信干比为 -30dB，快拍数为 500，N 与快拍数相等。期望信号波达方向标称值为 1°，即存在 1°的指向误差。期望信号和两个干扰均为 BPSK 信号（同时具有非圆特征和恒模特征）。

图 2.10（a）为 CRDL1、CRDL2、NRDL1、NRDL2（本例中 NRDL1 和 NRDL2 等价）、SMI 4 种波束形成器的波束方向图。由结果可以看出，SMI 波束形成器存在信号相消现象，而恒模特征恢复和非圆特征恢复波束形成器均能一定程度上降低信号相消。图 2.10（b）为两类波束形成器输出信干噪比（1 000 次独立实验结果的平均）随输入信噪比的变化曲线，其中快拍数为 50，其他条件不变。

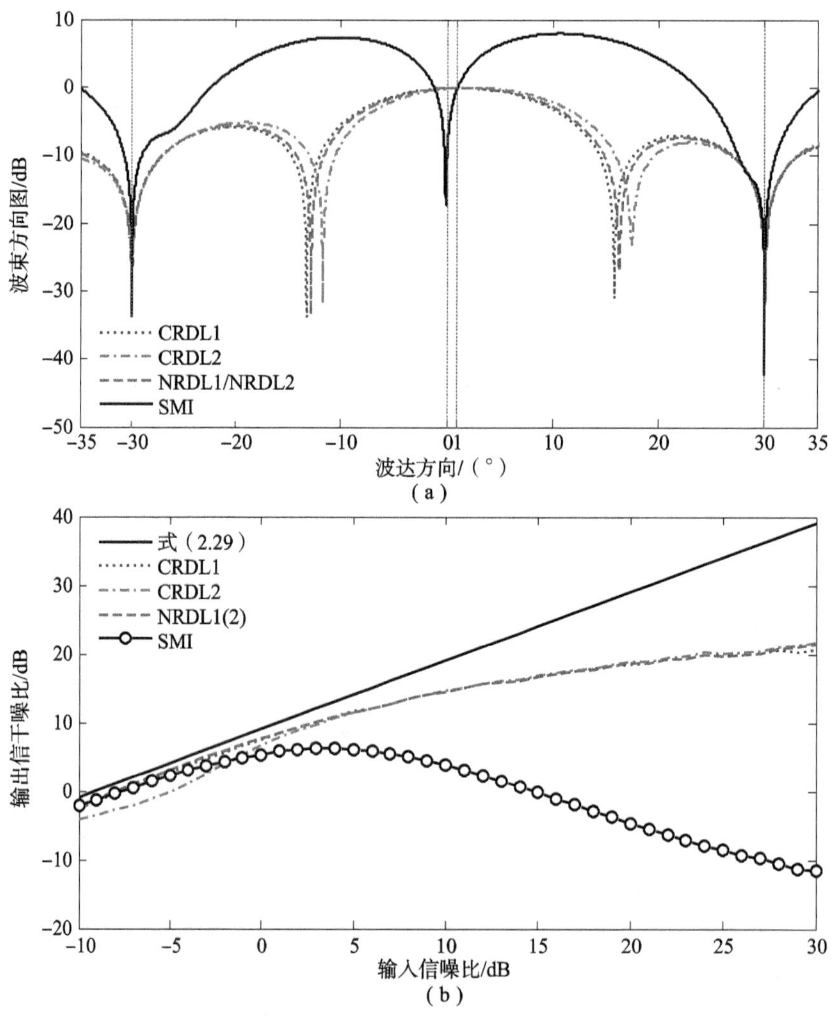

图 2.10 样本协方差矩阵求逆波束形成器、信号恒模特征恢复对角加载波束形成器、信号非圆特征恢复对角加载波束形成器的比较

（a）波束形成器波束方向图；（b）波束形成器输出信干噪比随输入信噪比的变化

可以看出，高信噪比条件下几种鲁棒波束形成器性能相仿，但CRDL2波束形成器在低信噪比条件下性能较差，甚至不及SMI波束形成器。

2.3.4　不确定集约束方法[25]

假设期望信号导向矢量失配误差其l_2范数是有界的，即

$$\|\Delta \boldsymbol{a}_0\|_2 = \|\boldsymbol{a}_0 - \hat{\boldsymbol{a}}_0\|_2 \leqslant \varepsilon < \infty \tag{2.92}$$

式中，$\boldsymbol{a}_0$和$\hat{\boldsymbol{a}}_0$分别为期望信号导向矢量的真实值和标称值；ε为一已知常数（用户参数）。

上面假设也意味着$\boldsymbol{a}_0$属于下述不确定集：

$$\mathcal{U}_0 = \{\boldsymbol{a} \mid \boldsymbol{a} = \hat{\boldsymbol{a}}_0 + \Delta \boldsymbol{a}, \|\Delta \boldsymbol{a}\|_2 \leqslant \varepsilon\} \tag{2.93}$$

因此，可通过对波束形成器权矢量施加下述不确定集增益约束来克服信号相消问题：

$$\min_{\boldsymbol{w}} \boldsymbol{w}^{\mathrm{H}} \hat{\boldsymbol{R}}_{xx} \boldsymbol{w} \quad \text{s.t.} \quad |\boldsymbol{w}^{\mathrm{H}} \boldsymbol{a}| \geqslant 1,\ \forall \boldsymbol{a} \in \mathcal{U}_0 \tag{2.94}$$

式（2.94）所示问题为非线性、非凸二次优化问题，但可以转化成相对容易求解的凸优化问题。

因为$|a+b| \geqslant |a| - |b|$（三角不等式），所以

$$|\boldsymbol{w}^{\mathrm{H}} \boldsymbol{a}| = |\boldsymbol{w}^{\mathrm{H}}(\hat{\boldsymbol{a}}_0 + \Delta \boldsymbol{a})| = |\boldsymbol{w}^{\mathrm{H}} \hat{\boldsymbol{a}}_0 + \boldsymbol{w}^{\mathrm{H}} \Delta \boldsymbol{a}| \geqslant |\boldsymbol{w}^{\mathrm{H}} \hat{\boldsymbol{a}}_0| - |\boldsymbol{w}^{\mathrm{H}} \Delta \boldsymbol{a}| \tag{2.95}$$

由此，可将式（2.94）所示优化问题改成

$$\min_{\boldsymbol{w}} \boldsymbol{w}^{\mathrm{H}} \hat{\boldsymbol{R}}_{xx} \boldsymbol{w} \quad \text{s.t.} \quad |\boldsymbol{w}^{\mathrm{H}} \hat{\boldsymbol{a}}_0| - |\boldsymbol{w}^{\mathrm{H}} \Delta \boldsymbol{a}| \geqslant 1,\ \forall \Delta \boldsymbol{a}: \|\Delta \boldsymbol{a}\|_2 \leqslant \varepsilon \tag{2.96}$$

又因为$|\boldsymbol{a}^{\mathrm{H}} \boldsymbol{b}| \leqslant \|\boldsymbol{a}\|_2 \|\boldsymbol{b}\|_2$（柯西－许瓦兹不等式），所以

$$|\boldsymbol{w}^{\mathrm{H}} \hat{\boldsymbol{a}}_0| - |\boldsymbol{w}^{\mathrm{H}} \Delta \boldsymbol{a}| \geqslant |\boldsymbol{w}^{\mathrm{H}} \hat{\boldsymbol{a}}_0| - \|\Delta \boldsymbol{a}\|_2 \|\boldsymbol{w}\|_2 \overset{\|\Delta a\|_2 \leqslant \varepsilon}{\geqslant} |\boldsymbol{w}^{\mathrm{H}} \hat{\boldsymbol{a}}_0| - \varepsilon \|\boldsymbol{w}\|_2 \tag{2.97}$$

这样，式（2.96）所示优化问题又可改成

$$\min_{\boldsymbol{w}} \boldsymbol{w}^{\mathrm{H}} \hat{\boldsymbol{R}}_{xx} \boldsymbol{w} \quad \text{s.t.} \quad |\boldsymbol{w}^{\mathrm{H}} \hat{\boldsymbol{a}}_0| - \varepsilon \|\boldsymbol{w}\|_2 \geqslant 1 \tag{2.98}$$

注意到将$\boldsymbol{w}$乘以$\mathrm{e}^{\mathrm{j}\varphi}$（其中$\varphi$为任意相角）后并不会改变$\boldsymbol{w}^{\mathrm{H}} \hat{\boldsymbol{R}}_{xx} \boldsymbol{w}$、$|\boldsymbol{w}^{\mathrm{H}} \hat{\boldsymbol{a}}_0|$以及$\|\boldsymbol{w}\|_2$的值，因此式（2.98）所示的优化问题其解并不唯一，并且其中存在使得$\boldsymbol{w}^{\mathrm{H}} \hat{\boldsymbol{a}}_0$为正实值的权矢量解，其可通过求解式（2.99）所示的二次凸优化问题而获得：

$$\min_{\boldsymbol{w}} \boldsymbol{w}^{\mathrm{H}} \hat{\boldsymbol{R}}_{xx} \boldsymbol{w} \quad \text{s.t.} \quad \boldsymbol{w}^{\mathrm{H}} \hat{\boldsymbol{a}}_0 \geqslant \varepsilon \|\boldsymbol{w}\|_2 + 1, \mathrm{Im}\{\boldsymbol{w}^{\mathrm{H}} \hat{\boldsymbol{a}}_0\} = 0 \tag{2.99}$$

式（2.99）所示二次凸优化问题可以进一步转化为实数形式，进而可以通过二阶锥规划（SOCP）方法进行求解。

首先，由于样本协方差矩阵$\hat{\boldsymbol{R}}_{xx}$为正定厄米特矩阵，因此可以分解为下述形式：

$$\hat{\boldsymbol{R}}_{xx} = \hat{\boldsymbol{L}}^{\mathrm{H}} \hat{\boldsymbol{L}} \tag{2.100}$$

式中，$\hat{\boldsymbol{L}}$为满秩方阵。

于是

$$\boldsymbol{w}^{\mathrm{H}} \hat{\boldsymbol{R}}_{xx} \boldsymbol{w} = \boldsymbol{w}^{\mathrm{H}} \hat{\boldsymbol{L}}^{\mathrm{H}} \hat{\boldsymbol{L}} \boldsymbol{w} = \|\hat{\boldsymbol{L}} \boldsymbol{w}\|_2^2 \tag{2.101}$$

由此，通过引入非负变量v和新的约束$\|\hat{\boldsymbol{L}} \boldsymbol{w}\|_2 \leqslant v$，式（2.94）所示问题可重新表述为

$$\min_{\boldsymbol{w}, v} v \quad \text{s.t.} \quad \|\hat{\boldsymbol{L}} \boldsymbol{w}\|_2 \leqslant v, \varepsilon \|\boldsymbol{w}\|_2 \leqslant \boldsymbol{w}^{\mathrm{H}} \hat{\boldsymbol{a}}_0 - 1, \mathrm{Im}\{\boldsymbol{w}^{\mathrm{H}} \hat{\boldsymbol{a}}_0\} = 0 \tag{2.102}$$

进一步定义下述实值矩阵与矢量：

$$\boldsymbol{w}_{\mathrm{R}} = [\mathrm{Re}^{\mathrm{T}}\{\boldsymbol{w}\}, \mathrm{Im}^{\mathrm{T}}\{\boldsymbol{w}\}]^{\mathrm{T}} \tag{2.103}$$

$$\hat{\boldsymbol{a}}_{\mathrm{R},0}^{(1)} = [\mathrm{Re}^{\mathrm{T}}\{\hat{\boldsymbol{a}}_0\}, \mathrm{Im}^{\mathrm{T}}\{\hat{\boldsymbol{a}}_0\}]^{\mathrm{T}} \tag{2.104}$$

$$\hat{\boldsymbol{a}}_{\mathrm{R},0}^{(2)} = [\mathrm{Im}^{\mathrm{T}}\{\hat{\boldsymbol{a}}_0\}, -\mathrm{Re}^{\mathrm{T}}\{\hat{\boldsymbol{a}}_0\}]^{\mathrm{T}} \tag{2.105}$$

$$\hat{\boldsymbol{L}}_{\mathrm{R}} = \begin{bmatrix} \mathrm{Re}\{\hat{\boldsymbol{L}}\} & -\mathrm{Im}\{\hat{\boldsymbol{L}}\} \\ \mathrm{Im}\{\hat{\boldsymbol{L}}\} & \mathrm{Re}\{\hat{\boldsymbol{L}}\} \end{bmatrix} \tag{2.106}$$

由此可将式（2.102）所示优化问题转化为下述实数形式：

$$\min_{\boldsymbol{w}_{\mathrm{R}},v} v \quad \text{s. t.} \quad \|\hat{\boldsymbol{L}}_{\mathrm{R}}\boldsymbol{w}_{\mathrm{R}}\|_2 \leqslant v, \varepsilon\|\boldsymbol{w}_{\mathrm{R}}\|_2 \leqslant \boldsymbol{w}_{\mathrm{R}}^{\mathrm{T}}\hat{\boldsymbol{a}}_{\mathrm{R},0}^{(1)} - 1, \boldsymbol{w}_{\mathrm{R}}^{\mathrm{T}}\hat{\boldsymbol{a}}_{\mathrm{R},0}^{(2)} = 0 \tag{2.107}$$

最终，通过求解式（2.107）所示 SOCP 问题得到 $\boldsymbol{w}_{\mathrm{R}}$ 的数值解 $\hat{\boldsymbol{w}}_{\mathrm{R}}$，进而可得下述权矢量的数值解：

$$\hat{\boldsymbol{w}}_{\mathrm{WCCB}} = \hat{\boldsymbol{w}}_{\mathrm{R}}(1:L) + \mathrm{j}\,\hat{\boldsymbol{w}}_{\mathrm{R}}(L+1:2L) \tag{2.108}$$

例 2.5 波束形成阵列为 12 元等距线阵，阵元间距为 1/2 信号波长。期望信号波达方向为 0°，存在 3°指向误差；两个非相关干扰波达方向分别为 −40°和 30°，信干比为 −20dB，快拍数为 500。本例中，期望信号和干扰均为零均值窄带高斯随机过程（不具有恒模和非圆特征）。

图 2.11 为不确定集约束波束形成器（WCCB）和 SMI 波束形成器输出信干噪比随输入信噪比的变化曲线。可以看出，高信噪比条件下 WCCB 波束形成器的性能显著优于 SMI 波束形成器。

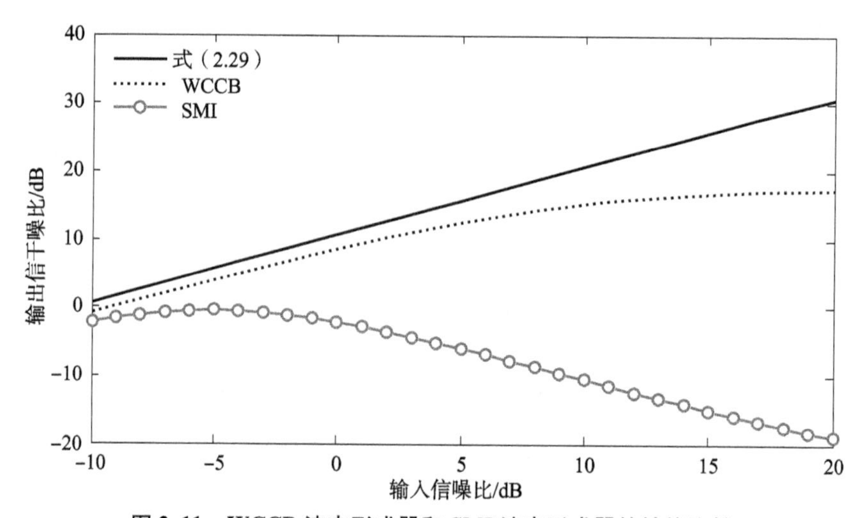

图 2.11 WCCB 波束形成器和 SMI 波束形成器的性能比较

最后指出，本节所讨论的信号加干扰子空间投影、增益约束和导数约束以及对角加载等技术同样可用于提高有限快拍条件下最小均方误差波束形成器的鲁棒性，其中式（2.43）所示的 $\boldsymbol{r}_{xr}$ 可以估计为

$$\hat{r}_{xr} = \frac{1}{K}\sum_{k=0}^{K-1}\boldsymbol{x}(t_k)r^*(t_k) \tag{2.109}$$

式中，$\boldsymbol{x}(t)$ 为阵列输出信号矢量；$r(t)$ 为参考信号；K 为快拍数。

对于输出信干噪比最大波束形成器，如果能获得干扰加噪声协方差矩阵 $\boldsymbol{R}_{\mathrm{I+N}}$ 的较好估计，在存在指向误差时，一般并不会导致严重的信号相消现象，具体参见习题【2-17】。

习　题

【2－1】考虑一个 20 元等距线阵，所有阵元特性相同，且阵元间距为1/2 信号波长；阵元 0 位于相位参考点，作为参考阵元。利用常规波束形成方法可使阵列波束主瓣指向期望角度。

（1）若欲使波束主瓣指向 0°，波束形成权矢量应如何选择？进一步画出此时的归一化幅度波束方向图：$|\boldsymbol{a}^{\mathrm{H}}(0°)\boldsymbol{a}(\theta)|/L$，并证明其零点主瓣宽度和半功率点主瓣宽度分别为 $2\arcsin(2/L)$ 和 $1.772/L$（前者的1/2 又称为瑞利限，后者为近似值），其中 L 为阵元数。

（2）若欲使波束主瓣指向 45°，波束形成权矢量应如何选择？进一步画出此时的阵列（电扫描）波束方向图：$|\boldsymbol{a}^{\mathrm{H}}(45°)\boldsymbol{a}(\theta)|/L$。

（3）对阵列进行机械转动，使其法线指向 45°，画出此时的阵列（机械扫描）波束方向图：$|\boldsymbol{a}^{\mathrm{H}}(0°)\boldsymbol{a}(\theta-45°)|/L$，并将其与问题（2）中所画波束方向图作比较。

（4）若欲使阵列波束主瓣指向 60°，重做问题（2）和问题（3），并解释所观察到的主要现象。

【2－2】本题从旁瓣相消的角度讨论基于阵列的信号有效接收以及干扰抑制方法，相应的波束形成器也称作旁瓣相消器。

（1）假设波束形成器阵列由两个传感器组成，如 Howells－Applebaum 旁瓣相消器（SLC），其中一个传感器能同时接收期望信号和干扰信号，其输出记作 $x_0(t)$，另一个传感器只能接收干扰信号，其输出记作 $x_1(t)$，旁瓣相消器的输出为 $y(t)=y_w(t)=x_0(t)-wx_1(t)$，其中 w 为加权值。结合计算机仿真，讨论如何确定 w 可使 $y(t)$ 中的干扰成分得到充分抑制。如果存在多个干扰，这种方法还能工作吗？为什么？

（2）考虑如图 2.12 所示的波束形成器，其输出可以写成

$$y(t)=y_{\boldsymbol{w}}(t)=\boldsymbol{w}_0^{\mathrm{H}}\boldsymbol{x}(t)-\boldsymbol{w}^{\mathrm{H}}\boldsymbol{x}(t)=(\boldsymbol{w}_0-\boldsymbol{w})^{\mathrm{H}}\boldsymbol{x}(t) \quad ①$$

式中，$\boldsymbol{w}_0$ 为主通道预设权矢量，满足条件 $\boldsymbol{w}_0^{\mathrm{H}}\boldsymbol{a}_0\neq 0$，$\boldsymbol{a}_0$ 为期望信号的导向矢量；$\boldsymbol{w}$ 为波束形成器辅助通道自适应权矢量。

$\boldsymbol{w}$ 的设计准则为

$$\min_{\boldsymbol{w}} E\{|y_{\boldsymbol{w}}(t)|^2\} \quad \text{s. t.} \quad \boldsymbol{w}^{\mathrm{H}}\boldsymbol{a}_0=0 \quad ②$$

若 $\boldsymbol{w}_0$ 选择为 $\boldsymbol{w}_0=\boldsymbol{a}_0\|\boldsymbol{a}_0\|_2^{-2}$，图 2.12 所示波束形成器即为所谓的多旁瓣相消器（MSC），求出此时式②的解。

（3）若阵列输出协方差矩阵和期望信号导向矢量精确已知，问题（2）中的多旁瓣相消器与 2.2.2 节所介绍的最小方差无失真响应波束形成器在输出信干噪比相同意义下等价吗？

（4）若 $\boldsymbol{w}_0=\boldsymbol{C}(\boldsymbol{C}^{\mathrm{H}}\boldsymbol{C})^{-1}\boldsymbol{c}$，并且波束形成器辅助通道采用波束空间域自适应方法，即

$$y_{\boldsymbol{w}}(t)=\boldsymbol{w}_0^{\mathrm{H}}\boldsymbol{x}(t)-\boldsymbol{w}^{\mathrm{H}}[\boldsymbol{B}\boldsymbol{x}(t)] \quad ③$$

式中，$\boldsymbol{B}\boldsymbol{a}_0=\boldsymbol{0}$，其中 $\boldsymbol{B}$ 称为阻塞矩阵，为 $L'\times L$ 维（$L'<L$）行满秩矩阵；$\boldsymbol{w}$ 为辅助通道 $L'\times 1$ 维自适应权矢量。

$\boldsymbol{w}$ 的设计准则为

$$\min_{\boldsymbol{w}\neq 0} E\{|y_{\boldsymbol{w}}(t)|^2\} \quad ④$$

此时图 2.12 所示波束形成器又称为广义旁瓣相消器（GSC），证明其权矢量解为

$$\boldsymbol{w}_{\mathrm{MSC}} = \boldsymbol{w}_0 - \boldsymbol{B}^{\mathrm{H}}(\boldsymbol{B}\boldsymbol{R}_{xx}\boldsymbol{B}^{\mathrm{H}})^{-1}\boldsymbol{B}\boldsymbol{R}_{xx}\boldsymbol{w}_0 \tag{⑤}$$

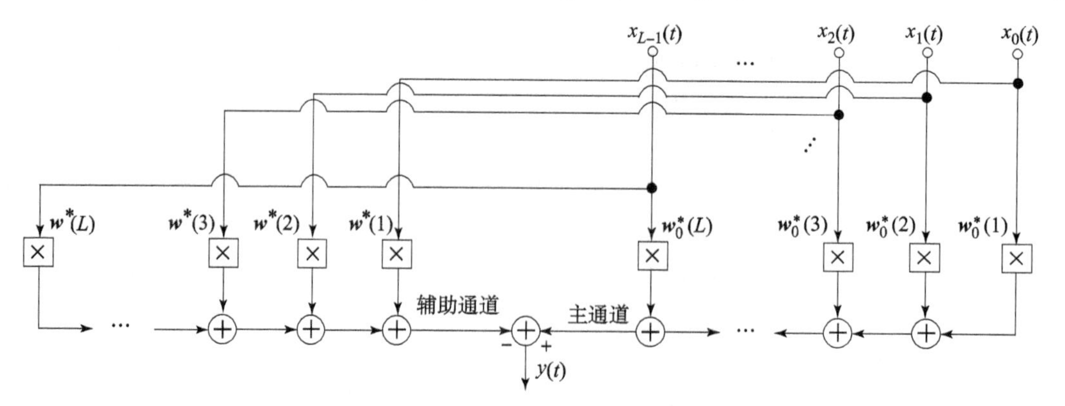

图 2.12　旁瓣相消器的结构示意图

（5）若 $\boldsymbol{w}_0 = \boldsymbol{a}_0\|\boldsymbol{a}_0\|_2^{-2}$，$L' = L-1$，证明

$$\boldsymbol{w}_{\mathrm{MSC}} = \frac{\boldsymbol{R}_{xx}^{-1}\boldsymbol{a}_0}{\boldsymbol{a}_0^{\mathrm{H}}\boldsymbol{R}_{xx}^{-1}\boldsymbol{a}_0} = \boldsymbol{w}_{\mathrm{MVDR}} \tag{⑥}$$

【2-3】现有一个 12 元等距线阵，阵元间距为 1/2 信号波长，阵元 0 位于相位参考点，作为参考阵元。期望信号波达方向为 0°，干扰波达方向为 60°，噪声方差为 0.001。利用最小方差无失真响应波束形成器进行空域滤波。

（1）计算波束形成器权矢量。

（2）若干扰和期望信号互不相关，画出波束形成器相应的归一化幅度波束方向图。

（3）若干扰和期望信号相干，即 $s_1(t) = bs_0(t)$，其中 b 为一复常数，重画波束形成器的方向图，将其与问题（2）中结果进行比较，并解释所观察到的主要现象。

【2-4】在 2.3.1 节中讨论了信号加干扰子空间投影鲁棒自适应波束形成方法，该方法虽然实现简单，但需要估计干扰源个数，并要求阵元噪声为空间白噪声。

（1）若阵元噪声为空间色噪声，且其二阶统计特性未知，信号加干扰子空间投影还能实现吗？为什么？

（2）若阵元噪声为空间色噪声，且其二阶统计特性未知，但期望信号和干扰均来自于二阶非圆源，此时能否实现信号加干扰子空间投影？如果能，如何实现？

（3）若阵元噪声为空间色噪声，但其二阶统计特性已知，情况又如何？

【2-5】本题研究信号加干扰子空间投影鲁棒自适应波束形成器在快拍数趋于无穷，即渐近条件下的输出信干噪比性能。在渐近条件下，信号加干扰子空间投影鲁棒自适应波束形成器权矢量近似为

$$\hat{\boldsymbol{w}}_{\mathrm{SISP}} \propto \boldsymbol{R}_{xx}^{-1}\left[\left(\sum_{l=1}^{M}\boldsymbol{u}_l\boldsymbol{u}_l^{\mathrm{H}}\right)\hat{\boldsymbol{a}}_0\right] = \left(\sum_{l=1}^{M}\mu_l^{-1}\boldsymbol{u}_l\boldsymbol{u}_l^{\mathrm{H}}\right)\hat{\boldsymbol{a}}_0 \tag{⑦}$$

式中，$\boldsymbol{R}_{xx}$ 为阵列输出协方差矩阵；$\{\mu_l\}_{l=1}^{L}$ 和 $\{\boldsymbol{u}_l\}_{l=1}^{L}$ 分别为其特征值和对应的特征矢量，其中 L 为阵元数，M 为期望信号加干扰的个数。

假设波束形成器阵列为等距线阵，所有阵元通道特性一致，阵元加性噪声为空间白宽平稳随机过程，其方差为 σ^2。

（1）若不存在干扰，试证明无论期望信号导向矢量的标称值是否准确，信号加干扰子空间投影鲁棒自适应波束形成器的输出信干噪比均为

$$\mathrm{OSINR} = L \cdot \mathrm{ISNR} \tag{⑧}$$

式中，OSINR 和 ISNR 分别表示波束形成器的输出信干噪比和输入信噪比。

（2）若只存在一个干扰，其导向矢量为 $\boldsymbol{a}_1$，且 $\hat{\boldsymbol{a}}_0 = \boldsymbol{a}_0$，其中 $\boldsymbol{a}_0$ 为期望信号的真实导向矢量，试证明此时信号加干扰子空间投影鲁棒自适应波束形成器的输出信干噪比为

$$\mathrm{OSINR}_1 = \frac{L \cdot \mathrm{ISNR}[L \cdot \mathrm{IINR}(1 - |\hbar_{01}|^2) + 1]}{L \cdot \mathrm{IINR} + 1} \tag{⑨}$$

式中，IINR 表示波束形成器的输入干噪比。

$$\hbar_{01} = \frac{\boldsymbol{a}_0^{\mathrm{H}} \boldsymbol{a}_1}{\sqrt{\boldsymbol{a}_0^{\mathrm{H}} \boldsymbol{a}_0} \cdot \sqrt{\boldsymbol{a}_1^{\mathrm{H}} \boldsymbol{a}_1}} = \frac{\boldsymbol{a}_0^{\mathrm{H}} \boldsymbol{a}_1}{L}$$

（3）若只存在一个干扰，而期望信号导向矢量的标称值存在非常小的误差，但干扰功率远远大于期望信号功率，且 $L \cdot \mathrm{ISNR} \gg 1$，$L \cdot \mathrm{IINR} \gg 1$，试证明信号加干扰子空间投影鲁棒自适应波束形成器的输出信干噪比近似为

$$\mathrm{OSINR}_2 \approx L \cdot \mathrm{ISNR}(1 - |\hbar_{01}|^2) \approx \mathrm{OSINR}_1 \tag{⑩}$$

（4）若只存在一个干扰，证明式（2.29）所示的统计最优波束形成器输出信干噪比的最大值为（与输入信噪比 ISNR 成线性正比关系）

$$\mathrm{OSINR}_{\max} = L \cdot \mathrm{ISNR}\left(1 - \frac{L \cdot \mathrm{IINR}}{1 + L \cdot \mathrm{IINR}} |\hbar_{01}|^2\right) \tag{⑪}$$

比较式⑩和式⑪所示结果，能得到什么结论？

（5）通过计算机仿真，验证问题（1）、问题（2）、问题（3）中所得到的结论。

【2-6】 2.3.2 节所介绍的线性约束方法又可以解释为一种内插方法，即

$$\hat{\boldsymbol{w}}_{\mathrm{MB}} \propto \hat{\boldsymbol{R}}_{xx}^{-1}[\mathcal{I}(\hat{\boldsymbol{a}}_0)\boldsymbol{g}] \tag{⑫}$$

式中，$\mathcal{I}(\hat{\boldsymbol{a}}_0)$ 为与期望信号标称导向矢量 $\hat{\boldsymbol{a}}_0$ 有关的内插矩阵；$\boldsymbol{g}$ 为内插矢量。

（1）写出线性约束方法中内插矩阵 $\mathcal{I}(\hat{\boldsymbol{a}}_0)$ 以及内插矢量 $\boldsymbol{g}$ 的具体形式。

（2）通过计算机仿真，比较 $\boldsymbol{R}_{xx} \hat{\boldsymbol{R}}_{xx}^{-1} \mathcal{I}(\hat{\boldsymbol{a}}_0)\boldsymbol{g}$ 和 $\hat{\boldsymbol{a}}_0$ 与真实期望信号导向矢量之间的失配广义夹角，其中 $\boldsymbol{R}_{xx}$ 为真实的阵列输出协方差矩阵；解释所观察到的现象（注意 $\hat{\boldsymbol{w}}_{\mathrm{MB}} \propto \boldsymbol{R}_{xx}^{-1}[\boldsymbol{R}_{xx} \hat{\boldsymbol{R}}_{xx}^{-1} \mathcal{I}(\hat{\boldsymbol{a}}_0)\boldsymbol{g}]$）。

（3）假设阵列流形精确已知，而期望信号波达方向存在误差，其值等于离散角度集 $\{\vartheta_n\}_{n=1}^N$ 中的一个。若 $\{\vartheta_n\}_{n=1}^N$ 的后验概率已知，试根据本章所学知识，设计一种可能的基于内插技术的鲁棒自适应波束形成方法。

【2-7】 2.3.1 节所介绍的信号加干扰子空间投影方法和 2.3.3 节所介绍的对角加载方法均可解释为先对期望信号的标称导向矢量作适当旋转，以获得一个“更为可靠”的期望信号导向矢量，然后再进行样本协方差矩阵求逆波束形成，即

$$\hat{\boldsymbol{w}}(\lambda_\kappa) \propto \hat{\boldsymbol{R}}_{xx}^{-1}[\mathcal{R}(\lambda_\kappa)\hat{\boldsymbol{a}}_0] \tag{⑬}$$

式中，$\mathcal{R}(\lambda_\kappa)$ 为与对角加载因子 λ_κ 有关的旋转矩阵；$\hat{\boldsymbol{a}}_0$ 为期望信号的标称导向矢量。

（1）分别写出对应于信号加干扰子空间投影方法和对角加载方法的旋转矩阵 $\mathcal{R}(\lambda_\kappa)$ 的具体形式；通过计算机仿真，比较 $\boldsymbol{R}_{xx} \hat{\boldsymbol{R}}_{xx}^{-1} \mathcal{R}(\lambda_\kappa)\hat{\boldsymbol{a}}_0$ 和 $\hat{\boldsymbol{a}}_0$ 与真实期望信号导向矢量之间的失配广义夹角，其中 $\boldsymbol{R}_{xx}$ 为真实的阵列输出协方差矩阵；解释所观察到的现象（注意 $\hat{\boldsymbol{w}}(\lambda_\kappa)$

$\propto \boldsymbol{R}_{xx}^{-1}[\boldsymbol{R}_{xx}\hat{\boldsymbol{R}}_{xx}^{-1}\mathcal{R}(\lambda_{\kappa})\hat{\boldsymbol{a}}_0])$。

（2）除了旋转，也可基于期望信号导向矢量失配程度的有关先验信息，通过协方差矩阵拟合得到一个“更为可靠”的期望信号导向矢量[14]，即

$$\min_{\boldsymbol{a}} \boldsymbol{a}^{\mathrm{H}}\hat{\boldsymbol{R}}_{xx}^{-1}\boldsymbol{a} \quad \text{s. t.} \quad \|\boldsymbol{a}-\hat{\boldsymbol{a}}_0\|_2^2 \leqslant \varepsilon^2 \tag{⑭}$$

式中，$\|\hat{\boldsymbol{a}}_0\|_2 > \varepsilon > 0$。

试证明该方法在波束形成器输出信干噪比相同这一意义下等价于式（2.99）所示的不确定集约束方法。

（3）若已知期望信号真实导向矢量属于下述不确定集：

$$\mathcal{U}_0 = \{\boldsymbol{a} \mid \boldsymbol{a} = \boldsymbol{B}\boldsymbol{u} + \hat{\boldsymbol{a}}_0, \|\boldsymbol{u}\|_2 \leqslant 1\} \tag{⑮}$$

式中，$\boldsymbol{B}$ 为 $L \times L'$ 维列满秩矩阵，且 $L' < L$（如果 $L' = L$，则式⑮所示的不确定集等价于 $\{\boldsymbol{a} \mid (\boldsymbol{a}-\hat{\boldsymbol{a}}_0)^{\mathrm{H}}\boldsymbol{C}^{-1}(\boldsymbol{a}-\hat{\boldsymbol{a}}_0) \leqslant 1\}$，其中 $\boldsymbol{C} = \boldsymbol{B}\boldsymbol{B}^{\mathrm{H}}$）；$\boldsymbol{u}$ 为 L' 维列矢量。

此时可通过下述优化方法求取 $\boldsymbol{u}$ 而获得一个“更为可靠”的期望信号导向矢量估计[26]：

$$\min_{\boldsymbol{u}} (\boldsymbol{B}\boldsymbol{u} + \hat{\boldsymbol{a}}_0)^{\mathrm{H}}\hat{\boldsymbol{R}}_{xx}^{-1}(\boldsymbol{B}\boldsymbol{u} + \hat{\boldsymbol{a}}_0) \quad \text{s. t.} \quad \|\boldsymbol{u}\|_2 \leqslant 1 \tag{⑯}$$

试证明该方法所得到的波束形成权矢量等价于下述优化问题的解：

$$\min_{\boldsymbol{w}} \boldsymbol{w}^{\mathrm{H}}\hat{\boldsymbol{R}}_{xx}\boldsymbol{w} \quad \text{s. t.} \quad \|\boldsymbol{B}^{\mathrm{H}}\boldsymbol{w}\|_2 \leqslant \hat{\boldsymbol{a}}_0^{\mathrm{H}}\boldsymbol{w} - 1 \tag{⑰}$$

（4）若阵列经过精确校正，而期望信号波达方向信息不精确，但其所在区间准确已知，试重新设计式⑭和式⑮中的约束条件，并将其与不确定集约束方法进行比较。

【2-8】 对波束形成权矢量进行适当的范数“硬”约束，也是提高波束形成鲁棒性的一种手段。具体的设计准则为

$$\min_{\boldsymbol{w}} \boldsymbol{w}^{\mathrm{H}}\hat{\boldsymbol{R}}_{xx}\boldsymbol{w} \quad \text{s. t.} \quad \boldsymbol{w}^{\mathrm{H}}\hat{\boldsymbol{a}}_0 = 1, \boldsymbol{w}^{\mathrm{H}}\boldsymbol{w} = \varepsilon^2 \tag{⑱}$$

式中，ε^2 为用户参数。

证明该方法也属于对角加载类方法。

【2-9】 本章2.3节主要讨论了如何减小期望信号导向矢量标称值 $\hat{\boldsymbol{a}}_0$ 的失配误差对自适应波束形成器性能的影响，本题将从如何降低样本协方差矩阵 $\hat{\boldsymbol{R}}_{xx}$ 估计误差对波束形成器性能的影响这一角度研究对角加载方法的另一种解释[27]。

$$\min_{\boldsymbol{w}} \max_{\|\Delta\boldsymbol{R}_{xx}\|_{\mathrm{F}} \leqslant \lambda} \boldsymbol{w}^{\mathrm{H}}(\hat{\boldsymbol{R}}_{xx} + \Delta\boldsymbol{R}_{xx})\boldsymbol{w} \quad \text{s. t.} \quad \boldsymbol{w}^{\mathrm{H}}\hat{\boldsymbol{a}}_0 = 1 \tag{⑲}$$

式中，“$\|\cdot\|_{\mathrm{F}}$”表示 Frobenius 范数。

证明式⑲的解具有下述对角加载形式：

$$\boldsymbol{w}_{\mathrm{LSMI}} = \frac{(\hat{\boldsymbol{R}}_{xx} + \lambda\boldsymbol{I}_L)^{-1}\hat{\boldsymbol{a}}_0}{\hat{\boldsymbol{a}}_0^{\mathrm{H}}(\hat{\boldsymbol{R}}_{xx} + \lambda\boldsymbol{I}_L)^{-1}\hat{\boldsymbol{a}}_0} \tag{⑳}$$

【2-10】 在某些应用场合，干扰源可能会快速移动；另外，阵列平台本身也可能存在振动或移动，如机载或舰载阵列。若波束形成零陷位置无法及时对准干扰方向，则干扰抑制性能将急剧下降。若能获得期望信号源和干扰源的粗略方向 $\{\hat{\theta}_m\}_{m=0}^{M-1}$，可考虑采用导数约束零陷展宽技术进行改善[28]。

$$\begin{cases} \max\limits_{\boldsymbol{w}} |\boldsymbol{w}^{\mathrm{H}}\boldsymbol{a}(\hat{\theta}_0)|^2 \quad \text{s. t.} \quad \boldsymbol{w}^{\mathrm{H}}\boldsymbol{w} = 1, \left.\dfrac{\partial^n[\boldsymbol{w}^{\mathrm{H}}\boldsymbol{a}(\theta)]}{\partial\theta^n}\right|_{\theta=\hat{\theta}_m} = 0 \\ m = 1,2,\cdots,M-1\,;\ n = 0,1,\cdots,N-1 \end{cases} \tag{㉑}$$

式中，$(M-1)N<L$。

证明式㉑的解为

$$\boldsymbol{w}_{\mathrm{CHT}}=\frac{\boldsymbol{D}\boldsymbol{a}(\hat{\theta}_0)}{\sqrt{\boldsymbol{a}^{\mathrm{H}}(\hat{\theta}_0)\boldsymbol{D}\boldsymbol{a}(\hat{\theta}_0)}} \tag{㉒}$$

$$\boldsymbol{D}=\boldsymbol{I}_L-\boldsymbol{C}(\boldsymbol{C}^{\mathrm{H}}\boldsymbol{C})^{-1}\boldsymbol{C}^{\mathrm{H}}=\boldsymbol{D}^{\mathrm{H}}$$

$$\boldsymbol{C}=\left[\boldsymbol{a}(\hat{\theta}_1),\cdots,\boldsymbol{a}(\hat{\theta}_{M-1}),\left.\frac{\partial\boldsymbol{a}(\theta)}{\partial\theta}\right|_{\theta=\hat{\theta}_1},\cdots,\left.\frac{\partial\boldsymbol{a}^{N-1}(\theta)}{\partial\theta^{N-1}}\right|_{\theta=\hat{\theta}_{M-1}}\right]$$

【2-11】 本章所讨论的波束形成器设计理论与方法主要关注干扰和噪声的抑制，实际中还可以从波束方向图合成的角度对波束形成器的权矢量进行合理设计（数据无关/非自适应），以使相应波束方向图在特定的准则下能够尽可能地逼近某一期望的形状，如进行主瓣赋形和旁瓣压低等。

假设一个 L 元全向传感器等距线阵，所有传感器特性相同，阵元间距为 d，信号波长为 λ_0。通过计算机仿真，比较下述权矢量对应的波束形成器其归一化幅度波束方向图的主瓣和旁瓣。

（1）均匀权矢量为

$$\boldsymbol{w}(l)=1/L\,,\ l=1,2,\cdots,L \tag{㉓}$$

（2）余弦权矢量为

$$\boldsymbol{w}(l)=\cos\{\pi L^{-1}[l-(L+1)/2]\}\,,\ l=1,2,\cdots,L \tag{㉔}$$

（3）汉宁（Hanning）权矢量为

$$\boldsymbol{w}(l)=\cos^2\{\pi L^{-1}[l-(L+1)/2]\}\,,\ l=1,2,\cdots,L \tag{㉕}$$

（4）Dolph-Chebyshev 权矢量为

$$\begin{aligned}\boldsymbol{w}(l)&=z^{L-1}/2\,,\ l=1;\\&=\sum_{m=1}^{l-1}\frac{z^{L-2l+1}(z^2-1)^{l-m}(L-1)(l-2)!(L-m-1)!}{2(l-m)!(m-1)!(l-m-1)!(L-l)!}\,,\ 2\leqslant l<L/2+1;\\&=\boldsymbol{w}(L-l+1)\,,\ l\geqslant L/2+1\end{aligned} \tag{㉖}$$

式中，$z=[\cos(\pi d\sin\vartheta_{\mathrm{NN}}/\lambda_0)]^{-1}\cos[\pi(L-1)^{-1}/2]$ 或者 $z=\cosh[(L-1)^{-1}\mathrm{arcosh}(\sqrt{10^{-g_{\mathrm{SLL}}/10}})]$，$\vartheta_{\mathrm{NN}}$ 为期望的波束主瓣右侧第一零点位置，g_{SLL} 为期望的旁瓣级，其单位为分贝（dB）。

【2-12】 本题讨论无须参考信号或期望信号导向矢量信息（无须信号参数估计以及阵列校正）的“盲”波束形成技术。

（1）若期望信号具有严格非圆性，而干扰和噪声均为圆性，则盲波束形成器的权矢量可按下式所示准则进行设计：

$$\min_{\boldsymbol{w}}\langle E\{|\boldsymbol{w}^{\mathrm{H}}\boldsymbol{x}(t)-\boldsymbol{c}^{\mathrm{H}}\boldsymbol{x}^*(t)|^2\}\rangle \tag{㉗}$$

式中，$\boldsymbol{c}$ 为控制矢量，且满足条件 $\boldsymbol{c}^{\mathrm{H}}\boldsymbol{a}_0^*\neq 0$，比如 $\boldsymbol{c}=\boldsymbol{i}_L^{(1)}$。

试求出式㉗所示问题的解。

（2）分析（1）中所得出的解，它们与本章此前所介绍的样本协方差矩阵求逆方法的解有何关系？进一步基于计算机仿真，研究问题（1）中所得方法的输出信干噪比性能。

（3）将信号加干扰子空间投影和对角加载等技术推广至上述盲波束形成器，并通过计算机仿真，分析研究改进后的盲波束形成器在不同条件下对有关误差的鲁棒性。

【2－13】1.5 节讨论了基于自适应通道均衡技术的宽带阵列通道频率响应不一致的补偿问题。

（1）试利用本章所学波束形成器设计中的矩阵代数知识，重新求解自适应均衡问题（1.184）的解。

（2）若 $Q < N$，问题（1）中方法会出现什么问题？能否利用本章所介绍的对角加载技术加以解决？

【2－14】本题讨论利用波束形成器权矢量的共轭对称性提高波束形成的效率和鲁棒性[29]。假设波束形成器阵列为等距线阵，且所有阵元通道响应特性一致，期望信号与干扰以及干扰之间互不相关，期望信号和干扰均与噪声统计独立。

将阵列输出信号矢量 $\boldsymbol{x}(t)$ 重新写成

$$\boldsymbol{x}(t) = \sum_{m=0}^{M-1} \underbrace{(\boldsymbol{a}_m \mathrm{e}^{-\mathrm{j}\pi(L-1)d\sin\theta_m/\lambda_0})}_{\boldsymbol{b}_m}[\mathrm{e}^{\mathrm{j}\pi(L-1)d\sin\theta_m/\lambda_0} s_m(t)] + \boldsymbol{n}(t) \tag{㉘}$$

式中，L 为阵元数；M 为信号加干扰总数；θ_0 和 $\boldsymbol{a}_0$ 分别为期望信号 $s_0(t)$ 的波达方向和导向矢量；$\{\theta_m\}_{m=1}^{M-1}$ 和 $\{\boldsymbol{a}_m\}_{m=1}^{M-1}$ 分别为干扰 $\{s_m(t)\}_{m=1}^{M-1}$ 的波达方向和导向矢量；λ_0 为信号和干扰波长；$\boldsymbol{n}(t)$ 为阵元噪声矢量。

（1）证明：(a) $\boldsymbol{J}\boldsymbol{b}_0^* = \boldsymbol{b}_0$；(b) $(\boldsymbol{R}_{xx}^{-1})^* = (\boldsymbol{R}_{xx}^*)^{-1}$；(c) $\boldsymbol{J}\boldsymbol{R}_{xx}^*\boldsymbol{J} = \boldsymbol{R}_{xx}$，其中 $\boldsymbol{R}_{xx}$ 为阵列输出协方差矩阵，$\boldsymbol{J} = \begin{bmatrix} & & & 1 \\ & & 1 & \\ & \iddots & & \\ 1 & & & \end{bmatrix}$。

（2）证明 2.2.2 节中的最小方差无失真响应波束形成器权矢量具有共轭对称性，即

$$\begin{cases} \boldsymbol{J}\boldsymbol{w}_{\mathrm{MVDR}}^* = \boldsymbol{w}_{\mathrm{MVDR}} \\ \boldsymbol{w}_{\mathrm{MVDR}} = \boldsymbol{R}_{xx}^{-1}\boldsymbol{b}_0 \end{cases} \tag{㉙}$$

（3）基于式㉙所示结论，讨论如何利用实数实现方式提高最小方差无失真响应波束形成器的效率和鲁棒性，并通过计算机仿真验证有关结论。

【2－15】Widrow 等提出的基于最小均方误差连续自适应算法的参考信号自适应波束形成器，其权矢量更新公式如下[30]：

$$\hat{\boldsymbol{w}}^{(0)} = \boldsymbol{0}$$

$$\hat{\boldsymbol{w}}^{(k+1)} = \hat{\boldsymbol{w}}^{(k)} + \Delta_k [r(t_k) - (\hat{\boldsymbol{w}}^{(k)})^{\mathrm{H}}\boldsymbol{x}(t_k)]^* \boldsymbol{x}(t_k)$$

$$0 < \Delta_k < 2/\mu_{\max}$$

式中，$\hat{\boldsymbol{w}}^{(k)}$ 为第 k 次迭代更新后的波束形成器权矢量；$\boldsymbol{x}(t_k)$ 为阵列输出信号矢量；$r(t_k)$ 为参考信号；Δ_k 为步长因子；$\mu_{\max}$ 为阵列输出协方差矩阵 $\boldsymbol{R}_{xx}$ 的最大特征值。

试通过计算机仿真研究该方法的收敛性能和稳态性能。

【2－16】基于最小均方误差连续自适应算法的最小方差无失真响应自适应波束形成器，其权矢量更新公式如下：

$$\boldsymbol{w}_0 = \boldsymbol{a}_0 \|\boldsymbol{a}_0\|_2^{-2}$$

$$\hat{\boldsymbol{w}}^{(0)} = \boldsymbol{w}_0$$

$$\hat{\boldsymbol{w}}^{(k+1)} = \hat{\boldsymbol{w}}^{(k)} - \Delta_k[(\hat{\boldsymbol{w}}^{(k)})^{\mathrm{T}}\boldsymbol{x}^*(t_k)][\boldsymbol{B}^{\mathrm{H}}\boldsymbol{B}\boldsymbol{x}(t_k)]$$

$$0 < \Delta_k < 2/\mu_{\max}$$

式中，$\boldsymbol{a}_0$ 为期望信号导向矢量；$\hat{\boldsymbol{w}}^{(k)}$ 为第 k 次迭代更新后的波束形成器权矢量；$\boldsymbol{x}(t_k)$ 为阵列输出信号矢量；$\boldsymbol{B}$ 为阻塞矩阵；Δ_k 为步长因子；$\mu_{\max}$ 为阵列输出协方差矩阵 $\boldsymbol{R}_{xx}$ 的最大特征值。

试通过计算机仿真研究该方法的收敛性能和稳态性能。

【2-17】 根据2.2.2节的讨论，最大输出信干噪比波束形成器的实现需要估计干扰加噪声协方差矩阵 $\boldsymbol{R}_{\mathrm{I+N}}$。

（1）若能获得 $\boldsymbol{R}_{\mathrm{I+N}}$ 的较好估计，试证明即使存在指向误差，最大输出信干噪比波束形成器一般也不会出现严重的信号相消现象。

（2）假定 $\theta_0 \in \Theta_0$，其中 θ_0 为期望信号的真实波达方向，则 $\boldsymbol{R}_{\mathrm{I+N}}$ 可按下式进行重构[31]：

$$\hat{\boldsymbol{R}}_{\mathrm{I+N}} = \int_{\theta \notin \Theta_0} [\boldsymbol{a}^{\mathrm{H}}(\theta)\hat{\boldsymbol{R}}_{xx}^{-1}\boldsymbol{a}(\theta)]^{-1}\boldsymbol{a}(\theta)\boldsymbol{a}^{\mathrm{H}}(\theta)\mathrm{d}\theta \tag{30}$$

式中，$\boldsymbol{a}(\theta)$ 为阵列流形矢量；$\hat{\boldsymbol{R}}_{xx}$ 为阵列输出样本协方差矩阵。

试通过计算机仿真，研究不同条件下基于 $\hat{\boldsymbol{R}}_{\mathrm{I+N}}$ 的最大输出信干噪比波束形成器的性能。

【2-18】 如果能精确获取干扰源信号的波达方向，理想条件下可以通过线性约束最小方差技术（LCMV）对其实现完全抑制，同时尽可能抑制噪声。以单个干扰情形为例，LCMV 波束形成器设计准则为

$$\min_{\boldsymbol{w}} \boldsymbol{w}^{\mathrm{H}}\boldsymbol{R}_{xx}\boldsymbol{w} \quad \text{s.t.} \quad \boldsymbol{w}^{\mathrm{H}}\boldsymbol{a}_0 = 1, \boldsymbol{w}^{\mathrm{H}}\boldsymbol{a}_1 = 0 \tag{31}$$

式中，$\boldsymbol{a}_0$ 和 $\boldsymbol{a}_1$ 分别为期望信号导向矢量和干扰导向矢量；$\boldsymbol{R}_{xx}$ 为阵列输出协方差矩阵。

（1）若阵元噪声为空间白，试证明式㉛的解为

$$\boldsymbol{w}_{\mathrm{LCMV}} = \boldsymbol{R}_{xx}^{-1}\boldsymbol{C}(\boldsymbol{C}^{\mathrm{H}}\boldsymbol{R}_{xx}^{-1}\boldsymbol{C})^{-1}[1,0]^{\mathrm{T}} = \boldsymbol{C}(\boldsymbol{C}^{\mathrm{H}}\boldsymbol{C})^{-1}[1,0]^{\mathrm{T}} \tag{32}$$

式中，$\boldsymbol{C} = [\boldsymbol{a}_0, \boldsymbol{a}_1]$。

（2）利用斜投影技术（OP）也可实现对导向矢量已知之干扰的完全抑制，其对应的权矢量为

$$\begin{cases} \boldsymbol{w}_{\mathrm{OP}} = \boldsymbol{W}_{\mathrm{OP}}^{\mathrm{H}}\boldsymbol{w}_{\mathrm{DAS}} = \boldsymbol{W}_{\mathrm{OP}}^{\mathrm{H}}[(\boldsymbol{a}_0^{\mathrm{H}}\boldsymbol{a}_0)^{-1}\boldsymbol{a}_0] \\ \boldsymbol{W}_{\mathrm{OP}} = \boldsymbol{a}_0(\boldsymbol{a}_0^{\mathrm{H}}\boldsymbol{P}_{\boldsymbol{a}_1}^{\perp}\boldsymbol{a}_0)^{-1}\boldsymbol{a}_0^{\mathrm{H}}\boldsymbol{P}_{\boldsymbol{a}_1}^{\perp} \\ \boldsymbol{P}_{\boldsymbol{a}_1}^{\perp} = \boldsymbol{I} - \boldsymbol{a}_1(\boldsymbol{a}_1^{\mathrm{H}}\boldsymbol{a}_1)^{-1}\boldsymbol{a}_1^{\mathrm{H}} \end{cases} \tag{33}$$

通过理论分析和计算机仿真比较理想条件下常规波束形成器、最小方差无失真响应波束形成器、线性约束最小方差波束形成器以及斜投影波束形成器的输出信干噪比性能。

（3）若 $\boldsymbol{a}_0^{\mathrm{H}}\boldsymbol{a}_1 = 0$，则最小方差无失真响应波束形成器、线性约束最小方差波束形成器以及斜投影波束形成器退化成何种形式？问题（2）中所得结论又有何变化？

（4）若干扰数大于1，但期望信号导向矢量与干扰导向矢量正交，则最小方差无失真响应波束形成器、线性约束最小方差波束形成器以及斜投影波束形成器退化成何种形式？（提示：若 $\boldsymbol{A}$ 和 $\boldsymbol{B}$ 为同维数方阵，且 $\boldsymbol{A}$ 为可逆矩阵，则 $(\boldsymbol{A}+\boldsymbol{B})^{-1} = \boldsymbol{A}^{-1} - \boldsymbol{A}^{-1}(\boldsymbol{I}+\boldsymbol{B}\boldsymbol{A}^{-1})^{-1}\boldsymbol{B}\boldsymbol{A}^{-1}$。）

第3章

窄带阵列信号波达方向估计

在雷达、声呐和地震学等阵列信号处理应用领域，经常需要估计源信号的功率谱密度和空间谱，其本质为二维谱估计问题。若信号源为理想点源，且源信号满足窄带假设，则二维谱估计问题将退化成信号频率和波达方向的联合估计问题。若所有信号中心频率相同且已知，则问题进一步简化成阵列信号波达方向估计问题。

本章主要讨论窄带阵列信号波达方向估计的基本理论及典型方法。关于窄带阵列信号频率和波达方向的联合估计问题以及宽带阵列信号波达方向估计问题，将分别在第5章和第6章中进行讨论。

3.1 问题描述

为简单起见，考虑利用 L 元等距线阵估计 M 个窄带信号的波达方向（本章仅考虑信号一维方位角的估计问题），其中 $M < L$。

首先作以下假设：

• 观测阵列位置固定，已经过精确校正和补偿，所有阵元特性和接收通道增益均一致，并且与信号参数无关（采用各向同性传感器）；阵元0位于相位参考点，作为参考阵元；

• 若无特别说明，信号均为零均值宽平稳窄带随机过程，所有信号中心频率均相同且已知；

• 信号源均位于阵列远场，位置均固定；信号源数目已知或已通过某种方法正确估出[32]；

• 若无特别说明，阵元加性噪声为零均值、二阶圆、宽平稳、空-时白随机过程，且与信号统计独立；

• 不存在观测模糊，任意 $M+1$ 个对应于不同波达方向的信号导向矢量均是线性无关的。

根据1.2.1节的讨论可知，阵列输出信号矢量具有下述形式：

$$\boldsymbol{x}(t) = [x_0(t), x_1(t), \cdots, x_{L-1}(t)]^{\mathrm{T}} = \sum_{m=0}^{M-1} \boldsymbol{a}(\theta_m) s_m(t) + \boldsymbol{n}(t) = \boldsymbol{A}(\boldsymbol{\theta})\boldsymbol{s}(t) + \boldsymbol{n}(t) \tag{3.1}$$

式中，θ_m 为第 m 个信号的波达方向；$\boldsymbol{a}(\theta_m)$ 为第 m 个信号的导向矢量，且 $m = 0,1,\cdots,M-1$，λ_0 为信号公共波长，d 为阵元间距；$\boldsymbol{\theta} = [\theta_0, \theta_1, \cdots, \theta_{M-1}]^{\mathrm{T}}$ 为信号波达方向矢量；$\boldsymbol{s}(t) = [s_0(t), s_1(t), \cdots, s_{M-1}(t)]^{\mathrm{T}}$ 和 $\boldsymbol{n}(t) = [n_0(t), n_1(t), \cdots, n_{L-1}(t)]^{\mathrm{T}}$ 分别为信号矢量和阵元加

性噪声矢量。

$$\boldsymbol{a}(\theta_m) = [1, \mathrm{e}^{\mathrm{j}2\pi d\sin\theta_m/\lambda_0}, \cdots, \mathrm{e}^{\mathrm{j}2\pi(L-1)d\sin\theta_m/\lambda_0}]^{\mathrm{T}}$$

$$\boldsymbol{A}(\theta) = [\boldsymbol{a}(\theta_0), \boldsymbol{a}(\theta_1), \cdots, \boldsymbol{a}(\theta_{M-1})]$$

在上述信号模型描述中，将信号导向矢量矩阵$\boldsymbol{A}$详写成了$\boldsymbol{A}(\boldsymbol{\theta})$，以强调其与信号真实波达方向有关。

阵列输出协方差矩阵为

$$\boldsymbol{R}_{xx} = E\{\boldsymbol{x}(t)\boldsymbol{x}^{\mathrm{H}}(t)\} = \boldsymbol{A}(\theta)\boldsymbol{R}_{ss}\boldsymbol{A}^{\mathrm{H}}(\theta) + \sigma^2\boldsymbol{I}_L \tag{3.2}$$

式中，$\boldsymbol{R}_{ss} = E\{\boldsymbol{s}(t)\boldsymbol{s}^{\mathrm{H}}(t)\}$为信号协方差矩阵；$\sigma^2$为未知噪声功率；$\boldsymbol{I}_L$为$L \times L$维单位矩阵。

本章所要讨论的问题是：根据阵列输出快拍矢量$\{\boldsymbol{x}(t_k)\}_{k=0}^{K-1}$，估计$M$个阵列入射窄带信号的波达方向，即$\{\theta_m\}_{m=0}^{M-1}$。

3.2　非相干信号波达方向估计

3.2.1　波束扫描方法

根据第2章的讨论可知，通过对阵元输出进行适当的幅相调整，可以形成具有一定指向的波束。若空间只存在一个信号源，则当波束主瓣指向信号源时，波束形成器输出功率会出现峰值。据此，可以通过波束扫描估计信号的波达方向。

1. 常规波束形成方法

根据2.2.1节的讨论可知，若期望指向角度为θ，则常规波束形成器的权矢量为

$$\boldsymbol{w}_{\mathrm{DAS}}(\theta) = [\boldsymbol{a}^{\mathrm{H}}(\theta)\boldsymbol{a}(\theta)]^{-1}\boldsymbol{a}(\theta)$$

$$\boldsymbol{a}(\theta) = [1, \mathrm{e}^{\mathrm{j}2\pi d\sin\theta/\lambda_0}, \cdots, \mathrm{e}^{\mathrm{j}2\pi(L-1)d\sin\theta/\lambda_0}]^{\mathrm{T}} \tag{3.3}$$

式中，$\boldsymbol{a}(\theta)$为阵列流形矢量。

由此，可以构造以下常规波束扫描空间谱表达式：

$$\begin{aligned} J_{\mathrm{CB}}(\theta) &= E\{|\boldsymbol{w}_{\mathrm{DAS}}^{\mathrm{H}}(\theta)\boldsymbol{x}(t)|^2\} \\ &= \boldsymbol{w}_{\mathrm{DAS}}^{\mathrm{H}}(\theta)\boldsymbol{R}_{xx}\boldsymbol{w}_{\mathrm{DAS}}(\theta) \\ &= \frac{\boldsymbol{a}^{\mathrm{H}}(\theta)\boldsymbol{R}_{xx}\boldsymbol{a}(\theta)}{|\boldsymbol{a}^{\mathrm{H}}(\theta)\boldsymbol{a}(\theta)|^2} \\ &= \sum_{l=1}^{M}\left(\frac{\mu_l}{L^2}\right)|\boldsymbol{a}^{\mathrm{H}}(\theta)\boldsymbol{u}_l|^2 + \sum_{l=M+1}^{L}\left(\frac{\sigma^2}{L^2}\right)|\boldsymbol{a}^{\mathrm{H}}(\theta)\boldsymbol{u}_l|^2, \theta \in \Theta \end{aligned} \tag{3.4}$$

式中，$\boldsymbol{R}_{xx}$为阵列输出协方差矩阵；$\{\mu_l\}_{l=1}^{L}$和$\{\boldsymbol{u}_l\}_{l=1}^{L}$为$\boldsymbol{R}_{xx}$的实特征值及其对应的特征矢量，且$\mu_1 \geqslant \mu_2 \geqslant \cdots \geqslant \mu_M > \sigma^2$；$\Theta$为感兴趣的角度区域。

常规波束形成方法实现简单，运算量小，容差性高，但只能分辨角度差异大于波束主瓣宽度的信号，空间分辨率较低。需要指出的是，常规波束扫描方法本身也适用于相干信号的波达方向估计。

2. 最小方差方法

最小方差方法所采用的波束形成技术为2.2.2节所介绍的MVDR波束形成器，其权矢量为

$$\boldsymbol{w}_{\text{MVDR}}(\theta)=\frac{\boldsymbol{R}_{xx}^{-1}\boldsymbol{a}(\theta)}{\boldsymbol{a}^{\text{H}}(\theta)\boldsymbol{R}_{xx}^{-1}\boldsymbol{a}(\theta)} \tag{3.5}$$

由于

$$(\boldsymbol{R}_{xx}^{-1})^{\text{H}}=\Big(\sum_{l=1}^{L}\mu_l^{-1}\boldsymbol{u}_l\boldsymbol{u}_l^{\text{H}}\Big)^{\text{H}}=\sum_{l=1}^{L}\mu_l^{-1}\boldsymbol{u}_l\boldsymbol{u}_l^{\text{H}}=\boldsymbol{R}_{xx}^{-1} \tag{3.6}$$

所以相应的空间谱表达式为

$$\begin{aligned}J_{\text{MV}}(\theta)&=E\{|\boldsymbol{w}_{\text{MVDR}}^{\text{H}}(\theta)\boldsymbol{x}(t)|^2\}\\&=\boldsymbol{w}_{\text{MVDR}}^{\text{H}}(\theta)\boldsymbol{R}_{xx}\boldsymbol{w}_{\text{MVDR}}(\theta)\\&=\frac{1}{\boldsymbol{a}^{\text{H}}(\theta)\boldsymbol{R}_{xx}^{-1}\boldsymbol{a}(\theta)}\\&=\frac{1}{\sum\limits_{l=1}^{M}\mu_l^{-1}|\boldsymbol{a}^{\text{H}}(\theta)\boldsymbol{u}_l|^2+\sum\limits_{l=M+1}^{L}\sigma^{-2}|\boldsymbol{a}^{\text{H}}(\theta)\boldsymbol{u}_l|^2},\ \theta\in\Theta\end{aligned} \tag{3.7}$$

与常规波束形成方法相比，最小方差方法具有对非扫描方向信号的抑制能力，因而其空间分辨率较前者有所提高。

3.2.2 多重信号分类方法（MUSIC[4]）

由于阵列入射信号互不相干，所以信号协方差矩阵 $\boldsymbol{R}_{ss}$ 为满秩矩阵，即 $\text{rank}\{\boldsymbol{R}_{ss}\}=M$。这样，根据1.3.1节的讨论，阵列输出协方差矩阵 $\boldsymbol{R}_{xx}$ 有下述特征分解：

$$\begin{aligned}&\boldsymbol{R}_{xx}=\boldsymbol{A}(\boldsymbol{\theta})\boldsymbol{R}_{ss}\boldsymbol{A}^{\text{H}}(\boldsymbol{\theta})+\sigma^2\boldsymbol{I}_L=\sum_{l=1}^{M}(\mu_l-\sigma^2)\boldsymbol{u}_l\boldsymbol{u}_l^{\text{H}}+\sigma^2\boldsymbol{I}_L\\&\Rightarrow\\&\boldsymbol{U}_{\text{S}}=[\boldsymbol{u}_1,\boldsymbol{u}_2,\cdots,\boldsymbol{u}_M]=\boldsymbol{A}(\theta)\underbrace{[\boldsymbol{R}_{ss}\boldsymbol{A}^{\text{H}}(\boldsymbol{\theta})\boldsymbol{U}_{\text{S}}\boldsymbol{\Sigma}_{\text{S}}^{-1}]}_{\boldsymbol{T}}=\boldsymbol{A}(\boldsymbol{\theta})\boldsymbol{T}\end{aligned} \tag{3.8}$$

式中，$\boldsymbol{\Sigma}_{\text{S}}=\text{diag}\{\mu_1,\mu_2,\cdots,\mu_M\}-\sigma^2\boldsymbol{I}_M$，其中 $\{\mu_l\}_{l=1}^{M}$ 为 $\boldsymbol{R}_{xx}$ 的 M 个较大特征值；$\{\boldsymbol{u}_l\}_{l=1}^{M}$ 为对应的标准正交特征矢量；$\boldsymbol{T}$ 为满秩方阵（由于 $\boldsymbol{U}_{\text{S}}$ 和 $\boldsymbol{A}(\boldsymbol{\theta})$ 均为列满秩矩阵）。

式（3.8）表明，矩阵 $\boldsymbol{A}(\theta)$ 的任意一列均可表示为 $\boldsymbol{u}_1,\boldsymbol{u}_2,\cdots,\boldsymbol{u}_M$ 的线性组合。注意到 $\boldsymbol{u}_1,\boldsymbol{u}_2,\cdots,\boldsymbol{u}_M$ 相互正交，所以是线性无关的，而 $\boldsymbol{A}(\boldsymbol{\theta})$ 的列矢量，即 M 个信号导向矢量 $\{\boldsymbol{a}(\theta_m)\}_{m=0}^{M-1}$ 也是线性无关的。这样，结合1.3.1节中所介绍的知识，有下述一些重要结论（证明详见附录）：

- $\text{span}\{\boldsymbol{a}(\theta_0),\boldsymbol{a}(\theta_1),\cdots,\boldsymbol{a}(\theta_{M-1})\}=\text{span}\{\boldsymbol{u}_1,\boldsymbol{u}_2,\cdots,\boldsymbol{u}_M\}$。
- $\mathfrak{R}_{\text{S}}=\text{span}\{\boldsymbol{a}(\theta_0),\boldsymbol{a}(\theta_1),\cdots,\boldsymbol{a}(\theta_{M-1})\}$。
- $\mathfrak{R}_{\text{N}}=\text{span}\{\boldsymbol{u}_{M+1},\boldsymbol{u}_{M+2},\cdots,\boldsymbol{u}_L\}$。
- $\mathfrak{R}_{\text{N}}\perp\mathfrak{R}_{\text{S}}$。

其中，$\{\boldsymbol{u}_l\}_{l=M+1}^{L}$ 为 $\boldsymbol{R}_{xx}$ 的 $L-M$ 个较小特征值 $\{\mu_l\}_{l=M+1}^{L}$ 所对应的特征矢量；$\mathfrak{R}_{\text{S}}$ 和 $\mathfrak{R}_{\text{N}}$ 分别称为信号子空间和噪声子空间，其投影矩阵分别为

$$\boldsymbol{P}_{\text{S}}=\sum_{l=1}^{M}\boldsymbol{u}_l\boldsymbol{u}_l^{\text{H}}=\boldsymbol{U}_{\text{S}}\boldsymbol{U}_{\text{S}}^{\text{H}} \tag{3.9}$$

$$\boldsymbol{P}_{\mathrm{N}} = \sum_{l=M+1}^{L} \boldsymbol{u}_l \boldsymbol{u}_l^{\mathrm{H}} = \boldsymbol{U}_{\mathrm{N}} \boldsymbol{U}_{\mathrm{N}}^{\mathrm{H}} \tag{3.10}$$

式中，$\boldsymbol{U}_{\mathrm{N}} = [\boldsymbol{u}_{M+1}, \boldsymbol{u}_{M+2}, \cdots, \boldsymbol{u}_L]$。

1. 阵元空间 MUSIC 方法

根据上文讨论可知

$$|\boldsymbol{u}_l^{\mathrm{H}} \boldsymbol{a}(\theta_m)|^2 = 0, l = M+1, M+2, \cdots, L, m = 0, 1, \cdots, M-1 \tag{3.11}$$

由于任意 $M+1$ 个对应于互异波达方向的信号导向矢量线性无关，所以阵列流形与信号子空间的交集仅为 M 个信号导向矢量，即在感兴趣的角度区域内不存在任何角度 $\theta \notin \{\theta_0, \theta_1, \cdots, \theta_{M-1}\}$，使得式（3.11）成立。

谱搜索多重信号分类方法（MUSIC）正是基于上述结论，通过对式（3.12）所示空间谱表达式在感兴趣的角度区域 Θ 内进行谱峰搜索而获得信号波达方向的估计，即

$$J_{\mathrm{MUSIC}}(\theta) = \frac{\boldsymbol{a}^{\mathrm{H}}(\theta)\boldsymbol{a}(\theta)}{\sum_{l=M+1}^{L} |\boldsymbol{a}^{\mathrm{H}}(\theta)\boldsymbol{u}_l|^2}, \theta \in \Theta \tag{3.12}$$

对于等距线阵，信号导向矢量矩阵具有范德蒙结构，利用这一特性并结合信号模型，可以把信号波达方向估计问题转化为多项式求根问题，从而无须谱峰搜索，计算效率相对较高[33]。

根据子空间正交原理，可得

$$\boldsymbol{a}^{\mathrm{H}}(\theta_m)\boldsymbol{P}_{\mathrm{N}}\boldsymbol{a}(\theta_m) = 0$$

$$\Rightarrow$$

$$\sum_{p=-(L-1)}^{-1} \underbrace{\left[\sum_{l=1}^{L+p} \boldsymbol{P}_{\mathrm{N}}(l-p, l)\right]}_{c^{(p)}} (\mathrm{e}^{\mathrm{j}2\pi d\sin\theta_m/\lambda_0})^p + \sum_{p=0}^{L-1} \underbrace{\left[\sum_{l=1}^{L-p} \boldsymbol{P}_{\mathrm{N}}(l, l+p)\right]}_{c^{(p)}} (\mathrm{e}^{\mathrm{j}2\pi d\sin\theta_m/\lambda_0})^p = 0, m = 0, 1, \cdots, M-1 \tag{3.13}$$

式中，$c^{(p)}$ 为 $\boldsymbol{P}_{\mathrm{N}}$ 第 p 条对角线所有元素的和。

由于 $\boldsymbol{P}_{\mathrm{N}}$ 为厄米特矩阵，即 $\boldsymbol{P}_{\mathrm{N}} = \boldsymbol{P}_{\mathrm{N}}^{\mathrm{H}}$，所以

$$c^{(p)} = (c^{(-p)})^*, p = -(L-1), -(L-2), \cdots, L-1 \tag{3.14}$$

构造下述多项式：

$$\wp(z) = \sum_{p=-(L-1)}^{L-1} c^{(p)} z^p = \wp^*\left(\frac{1}{z^*}\right) \tag{3.15}$$

该多项式一共有 $L-1$ 对根，每对根均是共轭倒数关系。

根据式（3.13）又知

$$\wp(\mathrm{e}^{\mathrm{j}2\pi d\sin\theta_m/\lambda_0}) = \sum_{p=-(L-1)}^{L-1} c^{(p)} (\mathrm{e}^{\mathrm{j}2\pi d\sin\theta_m/\lambda_0})^p = 0, m = 0, 1, \cdots, M-1 \tag{3.16}$$

这表明，式（3.15）所示多项式的根中有 M 对二重根为 $\{\mathrm{e}^{\mathrm{j}2\pi d\sin\theta_m/\lambda_0}\}_{m=0}^{M-1}$。

实际中，估计误差的存在使得这 M 对根的位置偏离单位圆，但仍满足两两共轭倒数的关系，此时可以选择最接近单位圆（单位圆内或单位圆外）的 M 个根 $\{\hat{r}_n\}_{n=1}^{M}$，用于估计信号波达方向，即

$$\{\hat{\theta}_m\}_{m=0}^{M-1} = \arcsin\left\{\frac{\lambda_0}{2\pi d}\{\arg\{\hat{r}_n\}\}_{n=1}^{M}\right\} \tag{3.17}$$

例 3.1 假设利用 8 元等距线阵估计 3 个非相关高斯窄带信号的波达方向，阵元间距为 1/2 信号波长，信号波达方向分别为 −30°、30°和 60°，快拍数为 100，阵元噪声为空间白高斯噪声，信噪比均为 10dB。

图 3.1（a）所示为上述条件下常规波束扫描方法（Bartlett）、最小方差波束扫描方法（MV）和多重信号分类方法（MUSIC）的空间谱图。由图可以看出，3 种方法均可以成功分辨 3 个信号。

改变信号波达方向为 −30°、30°和 40°，其他条件不变，相应的归一化空间谱图示于图 3.1（b）中。由图可以看出，Bartlett 方法不再能分辨后两个信号，而 MV 方法和 MUSIC 方法仍然可分辨之，但是前者的分辨力要低于后者。图 3.2 所示为 100 次独立实验求根多重信号分类方法的信号波达方向估计结果图，其中 3 个非相关高斯窄带信号波达方向分别为 0°、30°和 60°，快拍数为 100，阵元噪声为空间白高斯噪声，信噪比均为 0dB。该结果验证了求根多重信号分类方法的正确性。

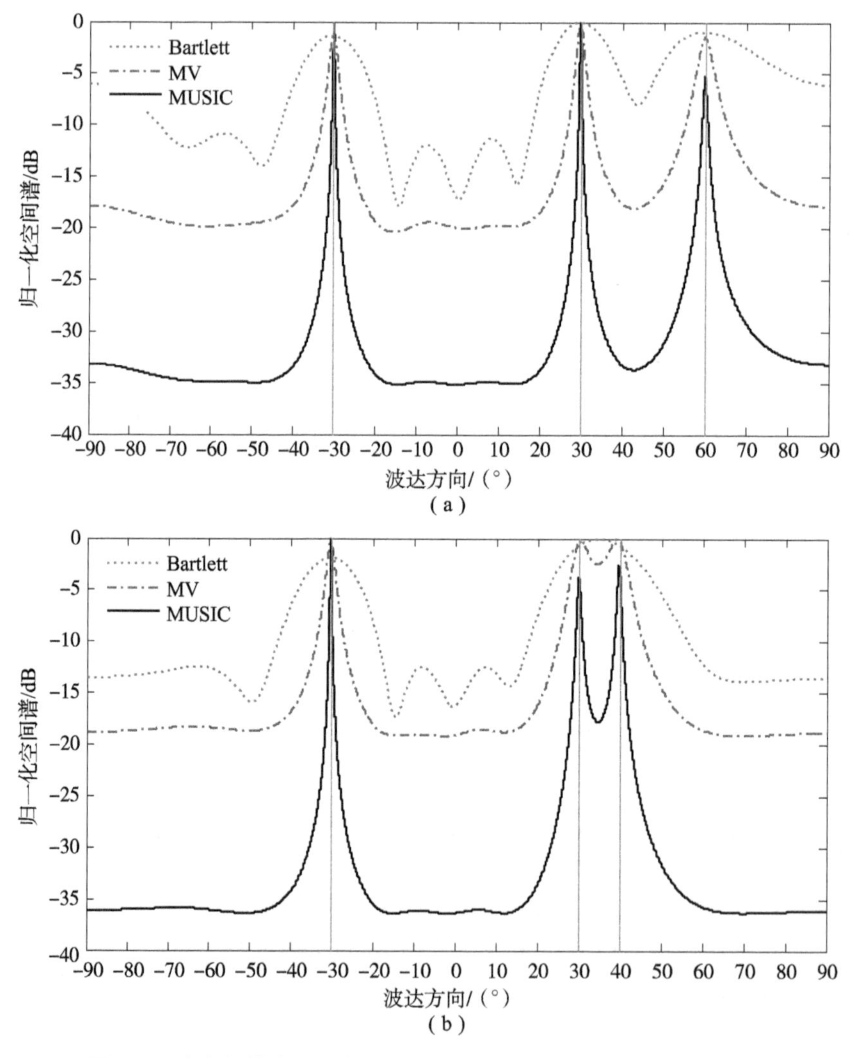

图 3.1 波束扫描方法和多重信号分类方法归一化空间谱图的比较

（a）信号波达方向分别为 −30°、30°和 60°；（b）信号波达方向分别为 −30°、30°和 40°

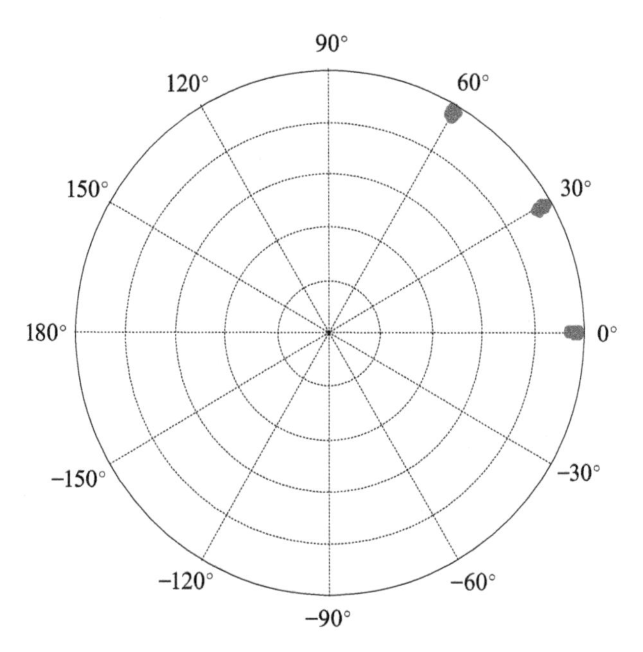

图 3.2　求根多重信号分类方法信号波达方向估计结果图

当阵列为非等距线阵时，可以通过流形变换（也称阵列内插）或流形分离等技术将阵列等效为一个等距线阵，然后再利用求根方法估计信号的波达方向，详见习题【3-11】和【3-12】。

2. 波束空间 MUSIC 方法

阵列输出信号矢量 $\boldsymbol{x}(t)$ 经过波束形成预处理后变为

$$\boldsymbol{x}'(t) = \boldsymbol{W}^{\mathrm{H}}\boldsymbol{x}(t) \tag{3.18}$$

式中，$\boldsymbol{W}$ 为 $L \times L'$ 维波束加权矩阵，它将 L 维空间的数据 $\boldsymbol{x}(t)$ 映射为 L' 维空间数据 $\boldsymbol{x}'(t)$。

为了不产生信噪比损失，且避免在变换中改变噪声的空间白性，加权矩阵需要满足下面的条件：

$$\boldsymbol{W}^{\mathrm{H}}\boldsymbol{W} = \boldsymbol{I}_{L'} \tag{3.19}$$

经过加权变换后的阵列输出协方差矩阵为

$$\boldsymbol{R}_{x'x'} = E\{\boldsymbol{x}'(t)\boldsymbol{x}'^{\mathrm{H}}(t)\} = \boldsymbol{W}^{\mathrm{H}}\boldsymbol{A}(\boldsymbol{\theta})\boldsymbol{R}_{ss}\boldsymbol{A}^{\mathrm{H}}(\boldsymbol{\theta})\boldsymbol{W} + \sigma^2\boldsymbol{I}_{L'} \tag{3.20}$$

当某些信号波达方向已知时，可以按照以下方式选择 $\boldsymbol{W}$。不失一般性，假设已经确知前 G 个信号源的方向，利用这 G 个方向已知源信号对应的导向矢量构造式（3.21）所示的矩阵：

$$\boldsymbol{B} = [\boldsymbol{a}(\theta_0), \boldsymbol{a}(\theta_1), \cdots, \boldsymbol{a}(\theta_{G-1})] \tag{3.21}$$

对矩阵 $\boldsymbol{B}\boldsymbol{B}^{\mathrm{H}}$ 进行特征分解，根据之前的讨论可知，$\boldsymbol{B}\boldsymbol{B}^{\mathrm{H}}$ 存在 $L-G$ 个零特征值，令相应的特征矢量为 $\{\boldsymbol{u}''_l\}_{l=G+1}^{L}$，则加权矩阵可以确定为

$$\boldsymbol{W} = [\boldsymbol{u}''_{G+1}, \boldsymbol{u}''_{G+2}, \cdots, \boldsymbol{u}''_{L}] \tag{3.22}$$

此处 $L' = L - G$。假设 $\boldsymbol{W}^{\mathrm{H}}[\boldsymbol{a}(\theta_G), \boldsymbol{a}(\theta_{G+1}), \cdots, \boldsymbol{a}(\theta_{M-1})]$ 为列满秩矩阵，则空间谱表达式可以构造为

$$J_{\text{BS-MUSIC}}(\theta) = \frac{\boldsymbol{a}'^{\text{H}}(\theta)\boldsymbol{a}'(\theta)}{\sum_{l=M'+1}^{L'} |\boldsymbol{a}'^{\text{H}}(\theta)\boldsymbol{u}'_l|^2}, \theta \in \Theta \tag{3.23}$$

式中，$\boldsymbol{a}'(\theta) = \boldsymbol{W}^{\text{H}}\boldsymbol{a}(\theta)$；$\{\boldsymbol{u}'_m\}_{m=M'+1}^{L'}$ 为 $\boldsymbol{R}_{\boldsymbol{x}'\boldsymbol{x}'}$ 的 $L'-M'$ 个较小特征值所对应的特征矢量，其中 M' 为 $\boldsymbol{R}_{\boldsymbol{x}'\boldsymbol{x}'}$ 大特征值的个数，比如，若 $\boldsymbol{W}$ 按照式（3.22）所示方式进行选择，则 $M' = M-G$。该方法有时也称为约束多重信号分类方法（约束 MUSIC[34]）。

例 3.2 假设利用 8 元等距线阵估计 4 个高斯窄带信号的波达方向，阵元间距为 1/2 信号波长；信号波达方向分别为 0°、20°、40°和 60°，其中前两个信号波达方向已知，而波达方向为 20°和 40°的两个信号则完全相关；快拍数为 200，阵元噪声为空间白高斯噪声，信噪比均为 20dB。

图 3.3 所示为上述条件下（阵元空间）MUSIC 和约束 MUSIC 的空间谱图。由图可以看出，由于采取了波达方向已知信号滤除技术，约束 MUSIC 方法可以成功分辨波达方向未知的后两个信号，而 MUSIC 方法则未能分辨完全相关的两个信号。

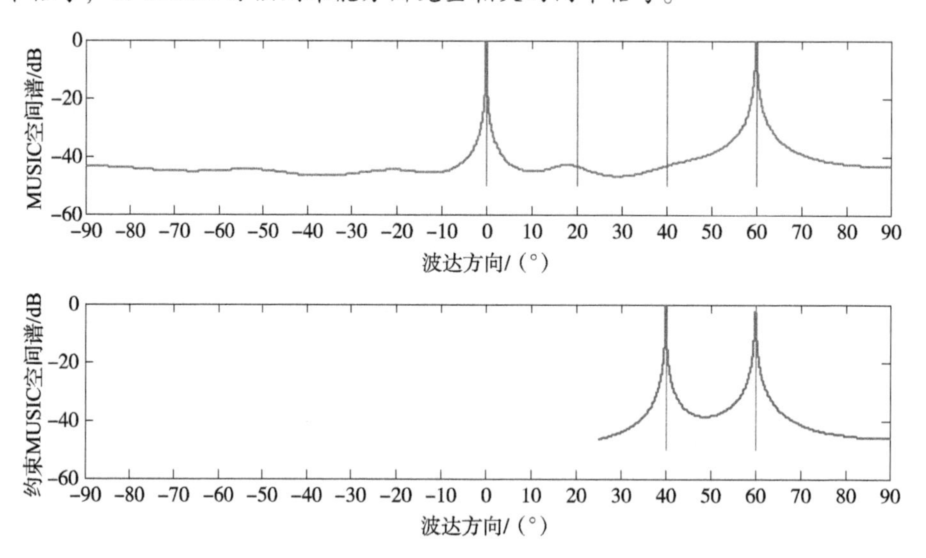

图 3.3 多重信号分类方法和约束多重信号分类方法空间谱图的比较

3. 循环 MUSIC 方法

本节讨论一类特殊的非平稳信号，其统计特性随时间而变，但呈现一定的周期性，因此也称循环平稳信号[35]。

首先介绍循环平稳和共轭循环平稳的概念，为简单起见，这里仅讨论二阶统计意义下的循环平稳性，即宽循环平稳性。

假设信号 $r_0(t)$，定义其循环自相关函数为

$$R_{r_0,r_0}^{(\acute{\omega})}(\tau) = \lim_{\Delta\to\infty}\frac{1}{\Delta}\int_{-\Delta/2}^{\Delta/2} R_{r_0,r_0}(t,\tau)\mathrm{e}^{-\mathrm{j}\acute{\omega}t}\mathrm{d}t = \langle R_{r_0,r_0}(t,\tau)\mathrm{e}^{-\mathrm{j}\acute{\omega}t}\rangle \tag{3.24}$$

式中，$R_{r_0,r_0}(t,\tau)$ 为 $r_0(t)$ 的自相关函数。

$$R_{r_0,r_0}(t,\tau) = E\{r_0(t)r_0^*(t-\tau)\}$$

若存在 $\acute{\omega}_0 \neq 0$，使得 $R_{r_0,r_0}^{(\acute{\omega}_0)}(\tau)$ 不恒为零，则称信号 $r_0(t)$ 具有循环平稳性，而 $\acute{\omega}_0$ 称为其循环频率。

若信号 $r_0(t)$ 具有循环平稳性，则其自相关函数可以写成

$$R_{r_0,r_0}(t,\tau) = \sum_{\acute{\omega}\in\acute{\Gamma}_\tau\neq\{0\}} R_{r_0,r_0}^{(\acute{\omega})}(\tau)\mathrm{e}^{\mathrm{j}\acute{\omega}t} \tag{3.25}$$

即 $R_{r_0,r_0}(t,\tau)$ 呈现一定的周期性，其中 $\acute{\Gamma}_\tau$ 称为循环谱。

类似地，定义信号共轭循环自相关函数为

$$R_{r_0,r_0*}^{(\acute{\omega}_*)}(\tau) = \lim_{\Delta\to\infty}\frac{1}{\Delta}\int_{-\Delta/2}^{\Delta/2} R_{r_0,r_0*}(t,\tau)\mathrm{e}^{-\mathrm{j}\acute{\omega}_* t}\mathrm{d}t = \langle R_{r_0,r_0*}(t,\tau)\mathrm{e}^{-\mathrm{j}\acute{\omega}_* t}\rangle \tag{3.26}$$

式中，$R_{r_0,r_0*}(t,\tau)$ 为 $r_0(t)$ 的共轭自相关函数。

$$R_{r_0,r_0*}(t,\tau) = E\{r_0(t)r_0(t-\tau)\}$$

若存在 $\acute{\omega}_{0*}\neq 0$，使得 $R_{r_0,r_0*}^{(\acute{\omega}_{0*})}(\tau)$ 不恒为零，则称信号 $r_0(t)$ 具有共轭循环平稳性，而 $\acute{\omega}_{0*}$ 称为其共轭循环频率。

若信号 $r_0(t)$ 具有共轭循环平稳性，则其共轭自相关函数可以写成

$$R_{r_0,r_0*}(t,\tau) = \sum_{\acute{\omega}_*\in\acute{\Gamma}_{\tau*}\neq\{0\}} R_{r_0,r_0*}^{(\acute{\omega}_*)}(\tau)\mathrm{e}^{\mathrm{j}\acute{\omega}_* t} \tag{3.27}$$

即 $R_{r_0,r_0*}(t,\tau)$ 呈现一定的周期性，其中 $\acute{\Gamma}_{\tau*}$ 称为共轭循环谱。

特别地，若信号自相关函数为周期时变函数，其周期为 $2\pi/\acute{\omega}_0$，则信号循环频率为 $q\acute{\omega}_0$，其中 q 为整数，并且信号循环自相关函数为信号自相关函数的傅里叶级数，即

$$R_{r_0,r_0}^{(q\acute{\omega}_0)}(\tau) = \frac{\acute{\omega}_0}{2\pi}\int_{-\pi/\acute{\omega}_0}^{\pi/\acute{\omega}_0} R_{r_0,r_0}(t,\tau)\mathrm{e}^{-\mathrm{j}q\acute{\omega}_0 t}\mathrm{d}t \tag{3.28}$$

此时 $\Gamma_\tau = \{q\acute{\omega}_0\}$。

类似地，若信号共轭自相关函数为周期时变函数，其周期为 $2\pi/\acute{\omega}_{0*}$，则信号共轭循环频率为 $q\acute{\omega}_{0*}$，其中 q 为整数，并且信号共轭循环自相关函数为信号共轭自相关函数的傅里叶级数，即

$$R_{r_0,r_0*}^{(q\acute{\omega}_{0*})}(\tau) = \frac{\acute{\omega}_{0*}}{2\pi}\int_{-\pi/\acute{\omega}_{0*}}^{\pi/\acute{\omega}_{0*}} R_{r_0,r_0*}(t,\tau)\mathrm{e}^{-\mathrm{j}q\acute{\omega}_{0*}t}\mathrm{d}t \tag{3.29}$$

此时 $\Gamma_{\tau*} = \{q\acute{\omega}_{0*}\}$。

若信号为宽平稳随机过程而非循环平稳随机过程/共轭循环平稳随机过程，则有 $\Gamma_\tau = \Gamma_{\tau*} = \{0\}$。

进一步，若信号具有循环遍历性，则①

$$R_{r_0,r_0}^{(\acute{\omega})}(\tau) = \lim_{\Delta\to\infty}\frac{1}{\Delta}\int_{-\Delta/2}^{\Delta/2} r_0(t)r_0^*(t-\tau)\mathrm{e}^{-\mathrm{j}\acute{\omega}t}\mathrm{d}t = \langle r_0(t)r_0^*(t-\tau)\mathrm{e}^{-\mathrm{j}\acute{\omega}t}\rangle \tag{3.30}$$

$$R_{r_0,r_0*}^{(\acute{\omega}_*)}(\tau) = \lim_{\Delta\to\infty}\frac{1}{\Delta}\int_{-\Delta/2}^{\Delta/2} r_0(t)r_0(t-\tau)\mathrm{e}^{-\mathrm{j}\acute{\omega}_* t}\mathrm{d}t = \langle r_0(t)r_0(t-\tau)\mathrm{e}^{-\mathrm{j}\acute{\omega}_* t}\rangle \tag{3.31}$$

为便于理解，下面分析两种典型的循环平稳/共轭循环平稳信号，即调幅（AM）信号和二进制相移键控（BPSK）信号。

1）调幅信号

调幅信号的复包络具有下述形式：

---

① 也有文献分别将信号循环自相关函数和信号共轭循环自相关函数直接定义为式（3.30）和式（3.31），并称之为非概率方法。

$$s_0(t) = a_0(t)\mathrm{e}^{\mathrm{j}(\Delta\omega_0 t+\varphi_0)} \tag{3.32}$$

式中，$a_0(t)$ 为零均值宽平稳（基带）实随机过程；$\Delta\omega_0$ 为信号频偏（载波频率与解调频率的差值）；φ_0 为载波初始相位。

信号 $s_0(t)$ 的自相关函数和共轭自相关函数分别为

$$R_{s_0,s_0}(t,\tau) = R_{a_0,a_0}(\tau)\mathrm{e}^{\mathrm{j}\Delta\omega_0\tau} = R_{s_0,s_0}(\tau) \tag{3.33}$$

$$R_{s_0,s_0*}(t,\tau) = R_{a_0,a_0}(\tau)\mathrm{e}^{-\mathrm{j}\Delta\omega_0\tau}\mathrm{e}^{\mathrm{j}2\varphi_0}\mathrm{e}^{\mathrm{j}2\Delta\omega_0 t} \tag{3.34}$$

式中，$R_{a_0,a_0}(\tau) = E\{a_0(t)a_0(t-\tau)\}$。

可以看出，调幅信号复包络 $s_0(t)$ 为非循环平稳信号（尽管宽平稳信号有时也可视为循环频率为 0 时的特例），但为共轭循环平稳信号，其共轭循环频率为 $2\Delta\omega_0$。

根据定义，信号 $s_0(t)$ 的循环自相关函数和共轭循环自相关函数分别为：

$$\begin{aligned}R_{s_0,s_0}^{(\acute{\omega})}(\tau) &= \lim_{\Delta\to\infty}\frac{1}{\Delta}\int_{-\Delta/2}^{\Delta/2}R_{a_0,a_0}(\tau)\mathrm{e}^{\mathrm{j}\Delta\omega_0\tau}\mathrm{e}^{-\mathrm{j}\acute{\omega}t}\mathrm{d}t\\ &= R_{a_0,a_0}(\tau)\mathrm{e}^{\mathrm{j}\Delta\omega_0\tau}\left[\lim_{\Delta\to\infty}\frac{1}{\Delta}\int_{-\Delta/2}^{\Delta/2}\mathrm{e}^{-\mathrm{j}\acute{\omega}t}\mathrm{d}t\right]\\ &= \begin{cases}0, & \acute{\omega}\neq 0\\ R_{a_0,a_0}(\tau)\mathrm{e}^{\mathrm{j}\Delta\omega_0\tau} = R_{s_0,s_0}(\tau), & \acute{\omega}=0\end{cases}\end{aligned} \tag{3.35}$$

$$\begin{aligned}R_{s_0,s_0*}^{(\acute{\omega}_*)}(\tau) &= \lim_{\Delta\to\infty}\frac{1}{\Delta}\int_{-\Delta/2}^{\Delta/2}R_{a_0,a_0}(\tau)\mathrm{e}^{-\mathrm{j}\Delta\omega_0\tau}\mathrm{e}^{\mathrm{j}2\varphi_0}\mathrm{e}^{-\mathrm{j}(\acute{\omega}_*-2\Delta\omega_0)t}\mathrm{d}t\\ &= R_{a_0,a_0}(\tau)\mathrm{e}^{-\mathrm{j}\Delta\omega_0\tau}\mathrm{e}^{\mathrm{j}2\varphi_0}\left[\lim_{\Delta\to\infty}\frac{1}{\Delta}\int_{-\Delta/2}^{\Delta/2}\mathrm{e}^{-\mathrm{j}(\acute{\omega}_*-2\Delta\omega_0)t}\mathrm{d}t\right]\\ &= \begin{cases}0, & \acute{\omega}_*\neq 2\Delta\omega_0\\ R_{a_0,a_0}(\tau)\mathrm{e}^{-\mathrm{j}\Delta\omega_0\tau}\mathrm{e}^{\mathrm{j}2\varphi_0}, & \acute{\omega}_* = 2\Delta\omega_0\end{cases}\end{aligned} \tag{3.36}$$

若 $\Delta\omega_0 = 0$，则 $s_0(t) = a_0(t)\mathrm{e}^{\mathrm{j}\varphi_0}$，于是 $E\{s_0^2(t)\} = E\{a_0^2(t)\}\mathrm{e}^{\mathrm{j}2\varphi_0}$，此时幅度调制信号的复包络为严格非圆，即

$$\frac{|E\{s_0^2(t)\}|}{E\{|s_0(t)|^2\}} = \frac{E\{a_0^2(t)\}}{E\{a_0^2(t)\}} = 1 \tag{3.37}$$

2）二进制相移键控信号

二进制相移键控信号的复包络具有下述形式：

$$s_0(t) = \underbrace{\left[\sum_n b_0(n)h_0(t-nT_0)\right]}_{a_0(t)}\mathrm{e}^{\mathrm{j}(\Delta\omega_0 t+\varphi_0)} \tag{3.38}$$

式中，$\{b_0(n)\}$ 为零均值、独立同分布实码元序列，且 $E\{b_0^2(n)\} = \sigma_0^2$；$h_0(t)$ 为时域支撑区间 $[-T_0/2, T_0/2]$ 上的脉冲；T_0 为码元周期；$\Delta\omega_0$ 为信号频偏；φ_0 为载波初始相位。

信号 $s_0(t)$ 的自相关函数和共轭自相关函数分别为

$$R_{s_0,s_0}(t,\tau) = R_{a_0,a_0}(t,\tau)\mathrm{e}^{\mathrm{j}\Delta\omega_0\tau} \tag{3.39}$$

$$R_{s_0,s_0*}(t,\tau) = R_{a_0,a_0}(t,\tau)\mathrm{e}^{-\mathrm{j}\Delta\omega_0\tau}\mathrm{e}^{\mathrm{j}2\varphi_0}\mathrm{e}^{\mathrm{j}2\Delta\omega_0 t} \tag{3.40}$$

式中，$R_{a_0,a_0}(t,\tau) = E\{a_0(t)a_0(t-\tau)\}$。

由式（3.38）可得

$$R_{a_0,a_0}(t,\tau) = \sum_n \sigma_0^2 h_0(t-nT_0)h_0(t-\tau-nT_0) \tag{3.41}$$

再注意到

$$R_{a_0,a_0}(t,\tau) = R_{a_0,a_0}(t+T_0,\tau) \tag{3.42}$$

所以 $R_{a_0,a_0}(t,\tau)$ 又可写成

$$R_{a_0,a_0}(t,\tau) = \sum_q R_{a_0,a_0}^{(2\pi q/T_0)}(\tau)\mathrm{e}^{\mathrm{j}(2\pi q/T_0)t} \tag{3.43}$$

式中，$R_{a_0,a_0}^{(2\pi q/T_0)}(\tau) = \dfrac{1}{T_0}\displaystyle\int_{-T_0/2}^{T_0/2} R_{a_0,a_0}(t,\tau)\mathrm{e}^{-\mathrm{j}(2\pi q/T_0)t}\mathrm{d}t$。

由式（3.41）可得

$$R_{a_0,a_0}^{(2\pi q/T_0)}(\tau) = \sigma_0^2\left[\frac{1}{T_0}\int_{-\infty}^{\infty} h_0(t)h_0(t-\tau)\mathrm{e}^{-\mathrm{j}(2\pi q/T_0)t}\mathrm{d}t\right] \tag{3.44}$$

所以

$$R_{s_0,s_0}(t,\tau) = \sum_q R_{a_0,a_0}^{(2\pi q/T_0)}(\tau)\mathrm{e}^{\mathrm{j}\Delta\omega_0\tau}\mathrm{e}^{\mathrm{j}(2\pi q/T_0)t} \tag{3.45}$$

$$R_{s_0,s_{0*}}(t,\tau) = \sum_q R_{a_0,a_0}^{(2\pi q/T_0)}(\tau)\mathrm{e}^{-\mathrm{j}\Delta\omega_0\tau}\mathrm{e}^{\mathrm{j}2\varphi_0}\mathrm{e}^{\mathrm{j}(2\pi q/T_0+2\Delta\omega_0)t} \tag{3.46}$$

由式（3.45）和式（3.46）可以看出，二进制相移键控信号的复包络 $s_0(t)$ 既为循环平稳信号，也为共轭循环平稳信号，循环频率和共轭循环频率分别为 $2\pi q/T_0$ 和 $2\pi q/T_0+2\Delta\omega_0$，其中 q 为整数。

根据定义，信号 $s_0(t)$ 的循环自相关函数和共轭循环自相关函数分别为

$$\begin{aligned}R_{s_0,s_0}^{(\acute{\omega})}(\tau) &= \lim_{\Delta\to\infty}\frac{1}{\Delta}\int_{-\Delta/2}^{\Delta/2}\sum_q R_{a_0,a_0}^{(2\pi q/T_0)}(\tau)\mathrm{e}^{\mathrm{j}\Delta\omega_0\tau}\mathrm{e}^{-\mathrm{j}(\acute{\omega}-2\pi q/T_0)t}\mathrm{d}t\\ &= \sum_q R_{a_0,a_0}^{(2\pi q/T_0)}(\tau)\mathrm{e}^{\mathrm{j}\Delta\omega_0\tau}\left[\lim_{\Delta\to\infty}\frac{1}{\Delta}\int_{-\Delta/2}^{\Delta/2}\mathrm{e}^{-\mathrm{j}(\acute{\omega}-2\pi q/T_0)t}\mathrm{d}t\right]\\ &= \begin{cases}0, & \acute{\omega}\neq 2\pi q/T_0\\ R_{a_0,a_0}^{(2\pi q/T_0)}(\tau)\mathrm{e}^{\mathrm{j}\Delta\omega_0\tau}, & \acute{\omega} = 2\pi q/T_0\end{cases}\end{aligned} \tag{3.47}$$

$$\begin{aligned}R_{s_0,s_{0*}}^{(\acute{\omega}_*)}(\tau) &= \lim_{\Delta\to\infty}\frac{1}{\Delta}\int_{-\Delta/2}^{\Delta/2}\sum_q R_{a_0,a_0}^{(2\pi q/T_0)}(\tau)\mathrm{e}^{-\mathrm{j}\Delta\omega_0\tau}\mathrm{e}^{\mathrm{j}2\varphi_0}\mathrm{e}^{-\mathrm{j}(\acute{\omega}_*-2\pi q/T_0-2\Delta\omega_0)t}\mathrm{d}t\\ &= \sum_q R_{a_0,a_0}^{(2\pi q/T_0)}(\tau)\mathrm{e}^{-\mathrm{j}\Delta\omega_0\tau}\mathrm{e}^{\mathrm{j}2\varphi_0}\left[\lim_{\Delta\to\infty}\frac{1}{\Delta}\int_{-\Delta/2}^{\Delta/2}\mathrm{e}^{-\mathrm{j}(\acute{\omega}_*-2\pi q/T_0-2\Delta\omega_0)t}\mathrm{d}t\right]\\ &= \begin{cases}0, & \acute{\omega}_*\neq 2\pi q/T_0+2\Delta\omega_0\\ R_{a_0,a_0}^{(2\pi q/T_0)}(\tau)\mathrm{e}^{-\mathrm{j}\Delta\omega_0\tau}\mathrm{e}^{\mathrm{j}2\varphi_0}, & \acute{\omega}_* = 2\pi q/T_0+2\Delta\omega_0\end{cases}\end{aligned} \tag{3.48}$$

最后，若 $\Delta\omega_0=0$，同样可以证明二进制相移键控信号的复包络也为严格非圆。

若信号未作解调处理，仍可采用与上述类似的方法分析其循环平稳性或共轭循环平稳性。

假设阵列输出信号具有循环平稳性，分别定义阵列输出循环相关函数矩阵和阵列输出共轭循环相关函数矩阵如下：

$$\boldsymbol{R}_{xx}^{(\acute{\omega}_0)}(\tau) = \langle E\{\boldsymbol{x}(t)\boldsymbol{x}^{\mathrm{H}}(t-\tau)\}\mathrm{e}^{-\mathrm{j}\acute{\omega}_0 t}\rangle \tag{3.49}$$

$$\boldsymbol{R}_{xx^*}^{(\acute{\omega}_{0*})}(\tau) = \langle E\{\boldsymbol{x}(t)\boldsymbol{x}^{\mathrm{T}}(t-\tau)\}\mathrm{e}^{-\mathrm{j}\acute{\omega}_{0*}t}\rangle \tag{3.50}$$

式中，$\acute{\omega}_0$ 为信号共同的循环频率；$\acute{\omega}_{0*}$ 为信号共同的共轭循环频率。

需要指出的是，待处理信号有时并不存在一个共同的循环频率/共轭循环频率，此时可

以将信号分成若干组，每组循环频率/共轭循环频率相同，然后针对不同的组分别进行处理。另外，有些信号还可能为非循环平稳随机过程，其循环自相关函数和共轭循环自相关函数恒为零。

由此可见，利用循环平稳性的信号波达方向估计技术还具有循环域的信号选择性，且当信号循环频率/共轭循环频率不完全相同时，其可处理信号源总数可以超过阵元数[36]。除此之外，循环平稳信号波达方向估计技术对平稳噪声（非循环平稳随机过程）的空间相关性也不敏感。

式（3.49）和式（3.50）所示阵列输出循环相关函数矩阵 $\boldsymbol{R}_{xx}^{(\acute{\omega}_0)}(\tau)$ 和阵列输出共轭循环相关函数矩阵 $\boldsymbol{R}_{xx^*}^{(\acute{\omega}_{0*})}(\tau)$ 分别与阵列输出协方差矩阵 $\boldsymbol{R}_{xx}$ 和阵列输出共轭协方差矩阵 $\boldsymbol{R}_{xx^*}$ 具有相似的代数结构。

事实上，若阵元加性噪声为平稳随机过程，则

$$\boldsymbol{R}_{xx}^{(\acute{\omega}_0)}(\tau) = \boldsymbol{A}(\boldsymbol{\theta}^{(\acute{\omega}_0)})\boldsymbol{R}_{ss}^{(\acute{\omega}_0)}(\tau)\boldsymbol{A}^{\mathrm{H}}(\boldsymbol{\theta}^{(\acute{\omega}_0)}) \tag{3.51}$$

$$\boldsymbol{R}_{xx^*}^{(\acute{\omega}_{0*})}(\tau) = \boldsymbol{A}(\boldsymbol{\theta}^{(\acute{\omega}_{0*})})\boldsymbol{R}_{ss^*}^{(\acute{\omega}_{0*})}(\tau)\boldsymbol{A}^{\mathrm{T}}(\boldsymbol{\theta}^{(\acute{\omega}_{0*})}) \tag{3.52}$$

式中，$\boldsymbol{A}(\boldsymbol{\theta}^{(\acute{\omega}_0)})$ 和 $\boldsymbol{A}(\boldsymbol{\theta}^{(\acute{\omega}_{0*})})$ 分别为循环平稳信号导向矢量矩阵和共轭循环平稳信号导向矢量矩阵，其中 $\boldsymbol{\theta}^{(\acute{\omega}_0)}$ 和 $\boldsymbol{\theta}^{(\acute{\omega}_{0*})}$ 分别表示循环频率为 $\acute{\omega}_0$ 和共轭循环频率为 $\acute{\omega}_{0*}$ 的信号波达方向矢量。

$$\boldsymbol{R}_{ss}^{(\acute{\omega}_0)}(\tau) = \langle E\{\boldsymbol{s}(t)\boldsymbol{s}^{\mathrm{H}}(t-\tau)\}\mathrm{e}^{-\mathrm{j}\acute{\omega}_0 t}\rangle \tag{3.53}$$

$$\boldsymbol{R}_{ss^*}^{(\acute{\omega}_{0*})}(\tau) = \langle E\{\boldsymbol{s}(t)\boldsymbol{s}^{\mathrm{T}}(t-\tau)\}\mathrm{e}^{-\mathrm{j}\acute{\omega}_{0*} t}\rangle \tag{3.54}$$

分别为信号循环相关函数矩阵和信号共轭循环相关函数矩阵。

假设信号非循环相干或非共轭循环相干，即信号循环相关函数矩阵或信号共轭循环相关函数矩阵为非奇异矩阵，则循环平稳或共轭循环平稳空间谱表达式可以构造如下：

$$J_{\mathrm{CYCLIC-MUSIC}}(\theta) = \frac{\boldsymbol{a}^{\mathrm{H}}(\theta)\boldsymbol{a}(\theta)}{\sum\limits_{l=M^{(\omega_0)}+1}^{L} |\boldsymbol{a}^{\mathrm{H}}(\theta)\boldsymbol{u}_l^{(\acute{\omega}_0)}(\tau)|^2},\ \theta \in \Theta \tag{3.55}$$

$$J_{\mathrm{CCYCLIC-MUSIC}}(\theta) = \frac{\boldsymbol{a}^{\mathrm{H}}(\theta)\boldsymbol{a}(\theta)}{\sum\limits_{l=M^{(\omega_{0*})}+1}^{L} |\boldsymbol{a}^{\mathrm{H}}(\theta)\boldsymbol{u}_l^{(\acute{\omega}_{0*})}(\tau)|^2},\ \theta \in \Theta \tag{3.56}$$

式中，$\{\boldsymbol{u}_l^{(\acute{\omega}_0)}(\tau)\}_{l=M^{(\acute{\omega}_0)}+1}^{L}$ 为 $\boldsymbol{R}_{xx}^{(\acute{\omega}_0)}(\tau)$ 较小特征值所对应的特征矢量；$M^{(\acute{\omega}_0)}$ 为循环频率为 ω_0 的信号源数；$\{\boldsymbol{u}_l^{(\acute{\omega}_{0*})}(\tau)\}_{l=M^{(\acute{\omega}_{0*})}+1}^{L}$ 为 $[\boldsymbol{R}_{xx^*}^{(\acute{\omega}_{0*})}(\tau)][\boldsymbol{R}_{xx^*}^{(\acute{\omega}_{0*})}(\tau)]^{\mathrm{H}}$ 较小特征值所对应的特征矢量；$M^{(\acute{\omega}_{0*})}$ 为共轭循环频率为 $\acute{\omega}_{0*}$ 的信号源数。

循环频率为其他值的信号其波达方向可以采用与上述类似的方法进行估计，而宽平稳信号的波达方向则可以利用此前讨论的基于阵列输出协方差矩阵的方法进行估计，不再赘述。

例 3.3 假设阵元间距为半个信号波长的 10 元等距线阵以及 1 个窄带 BPSK 信号（关于采样率的归一化循环频率为 0.1）和 2 个非相关宽平稳高斯信号，信号波达方向分别为 $-3°$、$-4°$和 $3°$；快拍数为 5 000，阵元噪声为空间白高斯噪声，信噪比均为 5dB。图 3.4 所示为多重信号分类法（MUSIC）和循环多重信号分类方法（循环 MUSIC）的空间谱图。由图可以看出，MUSIC 未能成功分辨波达方向为 $-3°$和 $-4°$的两个信号；由于具有循环域的信号选择能力，循环 MUSIC 可以较高精度辨识波达方向为 $-3°$的唯一 BPSK 信号。

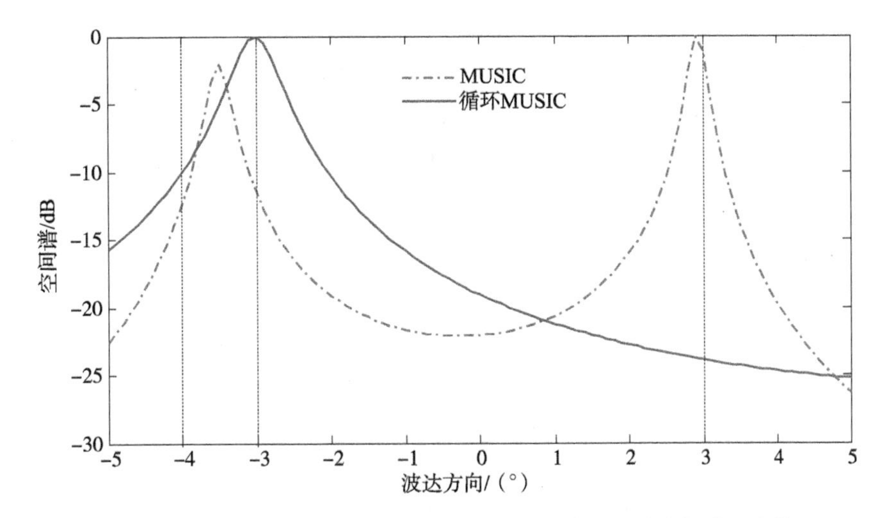

图 3.4　多重信号分类方法和循环多重信号分类方法的空间谱图比较

3.2.3　旋转不变参数估计方法（ESPRIT[37]）

对于等距线阵，若令 $(L-1)\times M$ 维矩阵 $\boldsymbol{A}^{(1)}(\boldsymbol{\theta})$ 和 $\boldsymbol{A}^{(2)}(\boldsymbol{\theta})$ 分别为信号导向矢量矩阵 $\boldsymbol{A}(\boldsymbol{\theta})$ 的前 $L-1$ 和后 $L-1$ 行所构成的两个子矩阵，则

$$\boldsymbol{A}^{(2)}(\boldsymbol{\theta}) = \boldsymbol{A}^{(1)}(\boldsymbol{\theta})\boldsymbol{\Phi}(\boldsymbol{\theta}) \tag{3.57}$$

$$\boldsymbol{\Phi}(\boldsymbol{\theta}) = \mathrm{diag}\{\mathrm{e}^{\mathrm{j}2\pi d\sin\theta_0/\lambda_0}, \mathrm{e}^{\mathrm{j}2\pi d\sin\theta_1/\lambda_0}, \cdots, \mathrm{e}^{\mathrm{j}2\pi d\sin\theta_{M-1}/\lambda_0}\}$$

进一步令 $\boldsymbol{U}_{\mathrm{S}}$ 为阵列输出协方差矩阵主特征矢量所构成的矩阵，即

$$\boldsymbol{U}_{\mathrm{S}} = [\boldsymbol{u}_1, \boldsymbol{u}_2, \cdots, \boldsymbol{u}_M] \tag{3.58}$$

根据 3.2.2 节的讨论可知

$$\boldsymbol{U}_{\mathrm{S}} = \boldsymbol{A}(\boldsymbol{\theta})\boldsymbol{T} \tag{3.59}$$

式中，$\boldsymbol{T}$ 为 $M\times M$ 维满秩矩阵。

令 $\boldsymbol{U}^{(1)}$ 和 $\boldsymbol{U}^{(2)}$ 分别为 $\boldsymbol{U}_{\mathrm{S}}$ 的前 $L-1$ 和后 $L-1$ 行所构成的两个子矩阵，则

$$\boldsymbol{U}^{(1)} = \underbrace{[\boldsymbol{I}_{L-1}, \boldsymbol{0}]}_{\boldsymbol{J}^{(1)}}\boldsymbol{U}_{\mathrm{S}} = \boldsymbol{J}^{(1)}\boldsymbol{U}_{\mathrm{S}} = \boldsymbol{A}^{(1)}(\boldsymbol{\theta})\boldsymbol{T} \tag{3.60}$$

$$\boldsymbol{U}^{(2)} = \underbrace{[\boldsymbol{0}, \boldsymbol{I}_{L-1}]}_{\boldsymbol{J}^{(2)}}\boldsymbol{U}_{\mathrm{S}} = \boldsymbol{J}^{(2)}\boldsymbol{U}_{\mathrm{S}} = \boldsymbol{A}^{(2)}(\boldsymbol{\theta})\boldsymbol{T} = \boldsymbol{A}^{(1)}(\boldsymbol{\theta})\boldsymbol{\Phi}(\boldsymbol{\theta})\boldsymbol{T} \tag{3.61}$$

由于 $\boldsymbol{U}^{(1)}$ 和 $\boldsymbol{U}^{(2)}$ 的列矢量为同一降维信号子空间的两组基底，所以有

$$\boldsymbol{U}^{(1)}\boldsymbol{\Xi} = \boldsymbol{U}^{(2)} \tag{3.62}$$

式中，$\boldsymbol{\Xi}$ 为 $M\times M$ 维满秩矩阵，这里称之为 ESPRIT 矩阵。

综合式（3.60）、式（3.61）和式（3.62），可知

$$\boldsymbol{\Xi} = \boldsymbol{T}^{-1}\boldsymbol{\Phi}(\boldsymbol{\theta})\boldsymbol{T} \Rightarrow \boldsymbol{\Xi}\boldsymbol{T}^{-1} = \boldsymbol{T}^{-1}\boldsymbol{\Phi}(\boldsymbol{\theta}) \tag{3.63}$$

由此可见 $\boldsymbol{\Xi}$ 的特征值为矩阵 $\boldsymbol{\Phi}(\boldsymbol{\theta})$ 的对角线元素。

分别记 $\boldsymbol{U}^{(1)}$ 和 $\boldsymbol{U}^{(2)}$ 的估计值为 $\hat{\boldsymbol{U}}^{(1)}$ 和 $\hat{\boldsymbol{U}}^{(2)}$，而 $\boldsymbol{\Xi}$ 的估计值记为 $\hat{\boldsymbol{\Xi}}$，为下述问题的解：

$$\hat{\boldsymbol{U}}^{(1)}\boldsymbol{\Xi} = \hat{\boldsymbol{U}}^{(2)} \tag{3.64}$$

式（3.64）所示问题的求解可利用下面的拟合思想：

$$\min_{U^{(1)},\boldsymbol{\Xi}}\left\|\begin{bmatrix}\hat{\boldsymbol{U}}^{(1)}\\ \hat{\boldsymbol{U}}^{(2)}\end{bmatrix}-\begin{bmatrix}\boldsymbol{U}^{(1)}\\ \boldsymbol{U}^{(1)}\boldsymbol{\Xi}\end{bmatrix}\right\|_F^2 \tag{3.65}$$

式中，"$\|\cdot\|_F$"表示矩阵 Frobenius 范数。

估计 $\boldsymbol{\Xi}$ 可采用最小二乘方法，也可采用总体最小二乘方法，相应的方法分别称为最小二乘 ESPRIT 方法（LS - ESPRIT）和总体最小二乘 ESPRIT 方法（TLS - ESPRIT），详细介绍如下。

1. 最小二乘 ESPRIT 方法

忽略 $\hat{\boldsymbol{U}}^{(1)}$ 中存在的误差，即令 $\hat{\boldsymbol{U}}^{(1)}=\boldsymbol{U}^{(1)}=\boldsymbol{A}^{(1)}(\boldsymbol{\theta})\boldsymbol{T}$，则问题（3.65）变为下述最小二乘拟合问题：

$$\min_{\boldsymbol{\Xi}}\|\hat{\boldsymbol{U}}^{(2)}-\hat{\boldsymbol{U}}^{(1)}\boldsymbol{\Xi}\|_F^2=\min_{\boldsymbol{\Xi}}\|\mathrm{vec}\{\hat{\boldsymbol{U}}^{(2)}\}-(\boldsymbol{I}_M\otimes\hat{\boldsymbol{U}}^{(1)})\mathrm{vec}\{\boldsymbol{\Xi}\}\|_2^2 \tag{3.66}$$

式中，"vec"表示矩阵矢量化操作，即将矩阵从左至右各列矢量按顺序首尾相接，堆栈成一长矢量（所以也称矩阵拉直操作）；"$\otimes$"表示 Kronecker 积。

Kronecker 积有下述主要性质：

- $\mathrm{vec}\{\boldsymbol{ABC}\}=(\boldsymbol{C}^{\mathrm{T}}\otimes\boldsymbol{A})\mathrm{vec}\{\boldsymbol{B}\}$。
- $(\boldsymbol{A}\otimes\boldsymbol{B})^{-1}=\boldsymbol{A}^{-1}\otimes\boldsymbol{B}^{-1}$。
- $(\boldsymbol{A}\otimes\boldsymbol{B})^{\mathrm{H}}=\boldsymbol{A}^{\mathrm{H}}\otimes\boldsymbol{B}^{\mathrm{H}}$。
- $(\boldsymbol{A}\otimes\boldsymbol{B})(\boldsymbol{C}\otimes\boldsymbol{D})=(\boldsymbol{AC})\otimes(\boldsymbol{BD})$。

将 $\|\hat{\boldsymbol{U}}^{(2)}-\hat{\boldsymbol{U}}^{(1)}\boldsymbol{\Xi}\|_F^2$ 对 $\mathrm{vec}^*\{\boldsymbol{\Xi}\}$ 求导数，并令结果为零，可以得到

$$\begin{aligned}
&(\boldsymbol{I}_M\otimes\hat{\boldsymbol{U}}^{(1)})^{\mathrm{H}}(\boldsymbol{I}_M\otimes\hat{\boldsymbol{U}}^{(1)})\mathrm{vec}\{\boldsymbol{\Xi}\}-(\boldsymbol{I}_M\otimes\hat{\boldsymbol{U}}^{(1)})^{\mathrm{H}}\mathrm{vec}\{\hat{\boldsymbol{U}}^{(2)}\}=\boldsymbol{0}\\
&\Rightarrow\\
&\mathrm{vec}\{\boldsymbol{\Xi}\}_{\mathrm{LS}}=[(\boldsymbol{I}_M\otimes\hat{\boldsymbol{U}}^{(1)})^{\mathrm{H}}(\boldsymbol{I}_M\otimes\hat{\boldsymbol{U}}^{(1)})]^{-1}(\boldsymbol{I}_M\otimes\hat{\boldsymbol{U}}^{(1)})^{\mathrm{H}}\mathrm{vec}\{\hat{\boldsymbol{U}}^{(2)}\}\\
&=\{(\boldsymbol{I}_M\otimes[(\hat{\boldsymbol{U}}^{(1)})^{\mathrm{H}}\hat{\boldsymbol{U}}^{(1)}]\}^{-1}[\boldsymbol{I}_M\otimes(\hat{\boldsymbol{U}}^{(1)})^{\mathrm{H}}]\mathrm{vec}\{\hat{\boldsymbol{U}}^{(2)}\}\\
&=\{(\boldsymbol{I}_M\otimes[(\hat{\boldsymbol{U}}^{(1)})^{\mathrm{H}}\hat{\boldsymbol{U}}^{(1)}]^{-1}\}[\boldsymbol{I}_M\otimes(\hat{\boldsymbol{U}}^{(1)})^{\mathrm{H}}]\mathrm{vec}\{\hat{\boldsymbol{U}}^{(2)}\}\\
&=[\boldsymbol{I}_M\otimes(\hat{\boldsymbol{U}}^{(1)})^{+}]\mathrm{vec}\{\hat{\boldsymbol{U}}^{(2)}\}
\end{aligned} \tag{3.67}$$

式中，$(\hat{\boldsymbol{U}}^{(1)})^{+}=[(\hat{\boldsymbol{U}}^{(1)})^{\mathrm{H}}\hat{\boldsymbol{U}}^{(1)}]^{-1}(\hat{\boldsymbol{U}}^{(1)})^{\mathrm{H}}$ 为矩阵 $\hat{\boldsymbol{U}}^{(1)}$ 的左逆。

由此可得 $\boldsymbol{\Xi}$ 的最小二乘解：

$$\hat{\boldsymbol{\Xi}}_{\mathrm{LS}}=(\hat{\boldsymbol{U}}^{(1)})^{+}\hat{\boldsymbol{U}}^{(2)} \tag{3.68}$$

上述求解过程也可通过标量函数对矩阵的求导运算进行简化，即

$$\frac{\partial\|\hat{\boldsymbol{U}}^{(2)}-\hat{\boldsymbol{U}}^{(1)}\boldsymbol{\Xi}\|_F^2}{\partial\boldsymbol{\Xi}^*}=\left[\frac{\partial\|\hat{\boldsymbol{U}}^{(2)}-\hat{\boldsymbol{U}}^{(1)}\boldsymbol{\Xi}\|_F^2}{\partial\boldsymbol{\Xi}^*(:,1)}\quad\frac{\partial\|\hat{\boldsymbol{U}}^{(2)}-\hat{\boldsymbol{U}}^{(1)}\boldsymbol{\Xi}\|_F^2}{\partial\boldsymbol{\Xi}^*(:,2)}\quad\cdots\quad\frac{\partial\|\hat{\boldsymbol{U}}^{(2)}-\hat{\boldsymbol{U}}^{(1)}\boldsymbol{\Xi}\|_F^2}{\partial\boldsymbol{\Xi}^*(:,M)}\right] \tag{3.69}$$

注意到 $\|\boldsymbol{A}\|_F^2=\mathrm{tr}\{\boldsymbol{AA}^{\mathrm{H}}\}$，其中"tr"表示矩阵迹，所以

$$\begin{aligned}\|\hat{\boldsymbol{U}}^{(2)}-\hat{\boldsymbol{U}}^{(1)}\boldsymbol{\Xi}\|_F^2=\mathrm{tr}\{&\hat{\boldsymbol{U}}^{(2)}(\hat{\boldsymbol{U}}^{(2)})^{\mathrm{H}}-\hat{\boldsymbol{U}}^{(2)}\boldsymbol{\Xi}^{\mathrm{H}}(\hat{\boldsymbol{U}}^{(1)})^{\mathrm{H}}-\\&\hat{\boldsymbol{U}}^{(1)}\boldsymbol{\Xi}(\hat{\boldsymbol{U}}^{(2)})^{\mathrm{H}}+\hat{\boldsymbol{U}}^{(1)}\boldsymbol{\Xi}\boldsymbol{\Xi}^{\mathrm{H}}(\hat{\boldsymbol{U}}^{(1)})^{\mathrm{H}}\}\end{aligned} \tag{3.70}$$

又由于 $\mathrm{tr}\{\boldsymbol{AB}\}=\mathrm{tr}\{\boldsymbol{BA}\}$，因此

$$\frac{\partial \| \hat{\boldsymbol{U}}^{(2)} - \hat{\boldsymbol{U}}^{(1)}\boldsymbol{\Xi} \|_{\mathrm{F}}^{2}}{\partial \boldsymbol{\Xi}^{*}} = -\frac{\partial \mathrm{tr}\{\boldsymbol{\Xi}^{\mathrm{H}} (\hat{\boldsymbol{U}}^{(1)})^{\mathrm{H}} \hat{\boldsymbol{U}}^{(2)}\}}{\partial \boldsymbol{\Xi}^{*}} + \frac{\partial \mathrm{tr}\{\boldsymbol{\Xi}\boldsymbol{\Xi}^{\mathrm{H}} (\hat{\boldsymbol{U}}^{(1)})^{\mathrm{H}} \hat{\boldsymbol{U}}^{(1)}\}}{\partial \boldsymbol{\Xi}^{*}}$$
$$= -(\hat{\boldsymbol{U}}^{(1)})^{\mathrm{H}} \hat{\boldsymbol{U}}^{(2)} + [(\hat{\boldsymbol{U}}^{(1)})^{\mathrm{H}} \hat{\boldsymbol{U}}^{(1)}]\boldsymbol{\Xi} \tag{3.71}$$

令式（3.71）为零矩阵，仍可得到式（3.68）所示最小二乘解。

2. 总体最小二乘 ESPRIT 方法

求矩阵 $\boldsymbol{\Xi}$ 的总体最小二乘解等效于下述优化问题：

$$\min \| \underbrace{[\Delta \hat{\boldsymbol{U}}^{(1)}, \Delta \hat{\boldsymbol{U}}^{(2)}]}_{\Delta \hat{\boldsymbol{V}}} \|_{\mathrm{F}} \quad \text{s. t.} \quad (\hat{\boldsymbol{U}}^{(1)} + \Delta \hat{\boldsymbol{U}}^{(1)})\boldsymbol{\Xi} = \hat{\boldsymbol{U}}^{(2)} + \Delta \hat{\boldsymbol{U}}^{(2)} \tag{3.72}$$

进一步记

$$\hat{\boldsymbol{V}} = [\hat{\boldsymbol{U}}^{(1)}, \hat{\boldsymbol{U}}^{(2)}] \tag{3.73}$$

则式（3.72）所示问题等价为

$$\min \| \Delta \hat{\boldsymbol{V}} \|_{\mathrm{F}} \quad \text{s. t.} \quad (\hat{\boldsymbol{V}} + \Delta \hat{\boldsymbol{V}})\begin{bmatrix} \boldsymbol{\Xi} \\ -\boldsymbol{I}_M \end{bmatrix} = \boldsymbol{O} \tag{3.74}$$

对 $\hat{\boldsymbol{V}}$ 进行奇异值分解，得到

$$\hat{\boldsymbol{V}} = \underbrace{[\hat{\boldsymbol{U}}_1, \hat{\boldsymbol{U}}_2]}_{\hat{\boldsymbol{U}}} \underbrace{\begin{bmatrix} \hat{\boldsymbol{\Sigma}}_1 & \\ & \hat{\boldsymbol{\Sigma}}_2 \end{bmatrix}}_{\hat{\boldsymbol{\Sigma}}} \underbrace{\begin{bmatrix} \hat{\boldsymbol{E}}_{11} & \hat{\boldsymbol{E}}_{12} \\ \hat{\boldsymbol{E}}_{21} & \hat{\boldsymbol{E}}_{22} \end{bmatrix}^{\mathrm{H}}}_{\hat{\boldsymbol{E}}} = \hat{\boldsymbol{U}}\hat{\boldsymbol{\Sigma}}\hat{\boldsymbol{E}}^{\mathrm{H}} \tag{3.75}$$

式中，$\hat{\boldsymbol{U}}$ 和 $\hat{\boldsymbol{E}}$ 分别为 $(L-1)\times(L-1)$ 维左奇异矢量矩阵和 $2M\times 2M$ 维右奇异矢量矩阵；$\hat{\boldsymbol{\Sigma}}$ 为 $(L-1)\times 2M$ 维奇异值矩阵（奇异值按降序排列）；$\hat{\boldsymbol{U}}_1$ 和 $\hat{\boldsymbol{U}}_2$ 均为 $(L-1)\times M$ 维矩阵；$\hat{\boldsymbol{\Sigma}}_1$ 和 $\hat{\boldsymbol{\Sigma}}_2$ 均为 $M\times M$ 维对角矩阵；$\hat{\boldsymbol{E}}_{11}$ 、$\hat{\boldsymbol{E}}_{12}$ 、$\hat{\boldsymbol{E}}_{21}$ 和 $\hat{\boldsymbol{E}}_{22}$ 均为 $M\times M$ 维矩阵。

进一步记

$$\hat{\boldsymbol{E}}_1 = \begin{bmatrix} \hat{\boldsymbol{E}}_{11} \\ \hat{\boldsymbol{E}}_{21} \end{bmatrix} \tag{3.76}$$

$$\hat{\boldsymbol{E}}_2 = \begin{bmatrix} \hat{\boldsymbol{E}}_{12} \\ \hat{\boldsymbol{E}}_{22} \end{bmatrix} \tag{3.77}$$

则 $\hat{\boldsymbol{V}} = \hat{\boldsymbol{U}}_1\hat{\boldsymbol{\Sigma}}_1\hat{\boldsymbol{E}}_1^{\mathrm{H}} + \hat{\boldsymbol{U}}_2\hat{\boldsymbol{\Sigma}}_2\hat{\boldsymbol{E}}_2^{\mathrm{H}}$ ，其中 $\hat{\boldsymbol{E}}_1^{\mathrm{H}}\hat{\boldsymbol{E}}_2 = \boldsymbol{O}$。

式（3.74）又等价于寻求具有最小 Frobenius 范数的矩阵 $\Delta\hat{\boldsymbol{V}}$ ，使得矩阵 $\hat{\boldsymbol{V}} + \Delta\hat{\boldsymbol{V}}$ 的秩降为 M 。由矩阵奇异值分解的定义及其性质可知

$$\Delta\hat{\boldsymbol{V}} = -\hat{\boldsymbol{U}}_2\hat{\boldsymbol{\Sigma}}_2\hat{\boldsymbol{E}}_2^{\mathrm{H}} \tag{3.78}$$

$$\hat{\boldsymbol{V}} + \Delta\hat{\boldsymbol{V}} = \hat{\boldsymbol{U}}_1\hat{\boldsymbol{\Sigma}}_1\hat{\boldsymbol{E}}_1^{\mathrm{H}} \Rightarrow (\hat{\boldsymbol{V}} + \Delta\hat{\boldsymbol{V}})\hat{\boldsymbol{E}}_2 = (\hat{\boldsymbol{V}} + \Delta\hat{\boldsymbol{V}})\begin{bmatrix} \hat{\boldsymbol{E}}_{12} \\ \hat{\boldsymbol{E}}_{22} \end{bmatrix} = \boldsymbol{O} \tag{3.79}$$

若 $\hat{\boldsymbol{E}}_{22}$ 为非奇异矩阵，则

$$(\hat{\boldsymbol{V}} + \Delta\hat{\boldsymbol{V}})\begin{bmatrix} \hat{\boldsymbol{E}}_{12} \\ \hat{\boldsymbol{E}}_{22} \end{bmatrix}(-\hat{\boldsymbol{E}}_{22}^{-1}) = (\hat{\boldsymbol{V}} + \Delta\hat{\boldsymbol{V}})\begin{bmatrix} -\hat{\boldsymbol{E}}_{12}\hat{\boldsymbol{E}}_{22}^{-1} \\ -\boldsymbol{I}_M \end{bmatrix} = \boldsymbol{O} \tag{3.80}$$

根据式（3.74）和式（3.80）可知，$\boldsymbol{\Xi}$ 的总体最小二乘解为

$$\hat{\boldsymbol{\Xi}}_{\mathrm{TLS}} = -\hat{\boldsymbol{E}}_{12}\hat{\boldsymbol{E}}_{22}^{-1} \tag{3.81}$$

下面给出 TLS－ESPRIT 方法的另外一种解释。首先记

$$\boldsymbol{V} = [\boldsymbol{U}^{(1)}, \boldsymbol{U}^{(2)}] = [\boldsymbol{A}^{(1)}(\boldsymbol{\theta})\boldsymbol{T}, \boldsymbol{A}^{(1)}(\boldsymbol{\theta})\boldsymbol{\Phi}(\boldsymbol{\theta})\boldsymbol{T}] \tag{3.82}$$

易于证明 $\text{rank}\{\boldsymbol{V}\}=M$。

由于 $\boldsymbol{T}$ 为 $M\times M$ 维满秩矩阵，所以一定存在一个 $2M\times M$ 维矩阵 $\boldsymbol{F}=\begin{bmatrix}\boldsymbol{F}^{(1)}\\ \boldsymbol{F}^{(2)}\end{bmatrix}$，使得

$$\boldsymbol{VF}=\boldsymbol{O}\Rightarrow\boldsymbol{A}^{(1)}(\boldsymbol{\theta})[\boldsymbol{TF}^{(1)}+\boldsymbol{\Phi}(\boldsymbol{\theta})\boldsymbol{TF}^{(2)}]=\boldsymbol{O} \tag{3.83}$$

式中，$\boldsymbol{F}^{(1)}$ 和 $\boldsymbol{F}^{(2)}$ 均为 $M\times M$ 维矩阵。

由于已假设 $\boldsymbol{A}^{(1)}(\boldsymbol{\theta})$ 为列满秩矩阵，当 $\boldsymbol{F}^{(2)}$ 为满秩矩阵时，有

$$\boldsymbol{TF}^{(1)}=-\boldsymbol{\Phi}(\boldsymbol{\theta})\boldsymbol{TF}^{(2)}\Rightarrow-\boldsymbol{F}^{(1)}(\boldsymbol{F}^{(2)})^{-1}=\boldsymbol{T}^{-1}\boldsymbol{\Phi}(\boldsymbol{\theta})\boldsymbol{T} \tag{3.84}$$

由式（3.63）可知，此即我们所要求的矩阵 $\boldsymbol{\Xi}$。

令矩阵 $\boldsymbol{V}$ 的奇异值分解为

$$\boldsymbol{V}=\boldsymbol{U\Sigma E}^{\mathrm{H}}=[\boldsymbol{U}_1,\boldsymbol{U}_2]\begin{bmatrix}\boldsymbol{\Sigma}_1 & \\ & \boldsymbol{\Sigma}_2\end{bmatrix}[\boldsymbol{E}_1,\boldsymbol{E}_2]^{\mathrm{H}} \tag{3.85}$$

式中，$\boldsymbol{U}$ 和 $\boldsymbol{E}$ 分别为 $(L-1)\times(L-1)$ 维左奇异矢量矩阵和 $2M\times2M$ 维右奇异矢量矩阵；$\boldsymbol{\Sigma}$ 为 $(L-1)\times2M$ 维奇异值矩阵（奇异值按降序排列）；$\boldsymbol{U}_1$ 和 $\boldsymbol{U}_2$ 均为 $(L-1)\times M$ 维矩阵；$\boldsymbol{E}_1$ 和 $\boldsymbol{E}_2$ 均为 $2M\times M$ 维矩阵；$\boldsymbol{\Sigma}_1$ 和 $\boldsymbol{\Sigma}_2$ 均为 $M\times M$ 维对角矩阵。

进一步可得

$$\boldsymbol{V}^{\mathrm{H}}\boldsymbol{V}=[\boldsymbol{E}_1,\boldsymbol{E}_2]\begin{bmatrix}\boldsymbol{\Sigma}_1^{\mathrm{H}}\boldsymbol{\Sigma}_1 & \\ & \boldsymbol{\Sigma}_2^{\mathrm{H}}\boldsymbol{\Sigma}_2\end{bmatrix}[\boldsymbol{E}_1,\boldsymbol{E}_2]^{\mathrm{H}} \tag{3.86}$$

又由于 $\text{rank}\{\boldsymbol{V}^{\mathrm{H}}\boldsymbol{V}\}=\text{rank}\{\boldsymbol{V}\}=M$，所以

$$\boldsymbol{V}^{\mathrm{H}}\boldsymbol{V}=\boldsymbol{E}_1\boldsymbol{\Sigma}_1^{\mathrm{H}}\boldsymbol{\Sigma}_1\boldsymbol{E}_1^{\mathrm{H}}\Rightarrow\boldsymbol{E}_2^{\mathrm{H}}\boldsymbol{V}^{\mathrm{H}}\boldsymbol{VE}_2=\boldsymbol{O}\Rightarrow\boldsymbol{VE}_2=\boldsymbol{O} \tag{3.87}$$

因此，$\boldsymbol{E}_2$ 可以作为 $\boldsymbol{F}$ 的解。将 $\boldsymbol{V}$ 用 $\hat{\boldsymbol{V}}$ 代替，上述过程即为 TLS－ESPRIT。

例 3.4 若利用 8 元等距线阵估计 3 个高斯窄带信号的波达方向，阵元间距为 1/2 信号波长；信号波达方向分别为 0°、30°和 60°；快拍数为 100，阵元噪声为空间白高斯噪声，信噪比均为 0dB。

图 3.5（a）和图 3.5（b）所示分别为上述条件下 50 次独立实验 LS－ESPRIT 方法和 TLS－ESPRIT 方法信号波达方向的估计结果图。由图可以看出，后者信号波达方向估计性能略微优于前者。

图 3.5（c）和图 3.5（d）所示为求根 MUSIC 方法和两种 ESPRIT 方法信号波达方向估计总体均方根误差（图中所示均为 $N=2000$ 次独立实验的估算结果：$\sqrt{\frac{1}{NM}\sum_{n=1}^{N}\|\hat{\boldsymbol{\theta}}_n-\boldsymbol{\theta}\|_2^2}=\sqrt{\frac{1}{6\,000}\sum_{n=1}^{2\,000}\|\hat{\boldsymbol{\theta}}_n-\boldsymbol{\theta}\|_2^2}$，其中 $\hat{\boldsymbol{\theta}}_n$ 为第 n 次独立实验中信号波达方向矢量 $\boldsymbol{\theta}$ 的估计值）随信噪比（快拍数为 100）和快拍数（信噪比为 10dB）的变化曲线图。由图可以看出，此时两种 ESPRIT 方法的性能非常相近。另外，求根 MUSIC 方法的性能在低信噪比和短快拍条件下优于两种 ESPRIT 方法，并且非常逼近克拉美－罗下界（参见附录）。

若第一个信号波达方向变为 25°，快拍数减为 20，重画信号波达方向估计总体均方根误差随信噪比的变化曲线于图 3.5（e）。由图可以看出，此时两种 ESPRIT 方法和求根 MUSIC 方法的性能在低信噪比条件下均比较差，但前者性能优于后者。

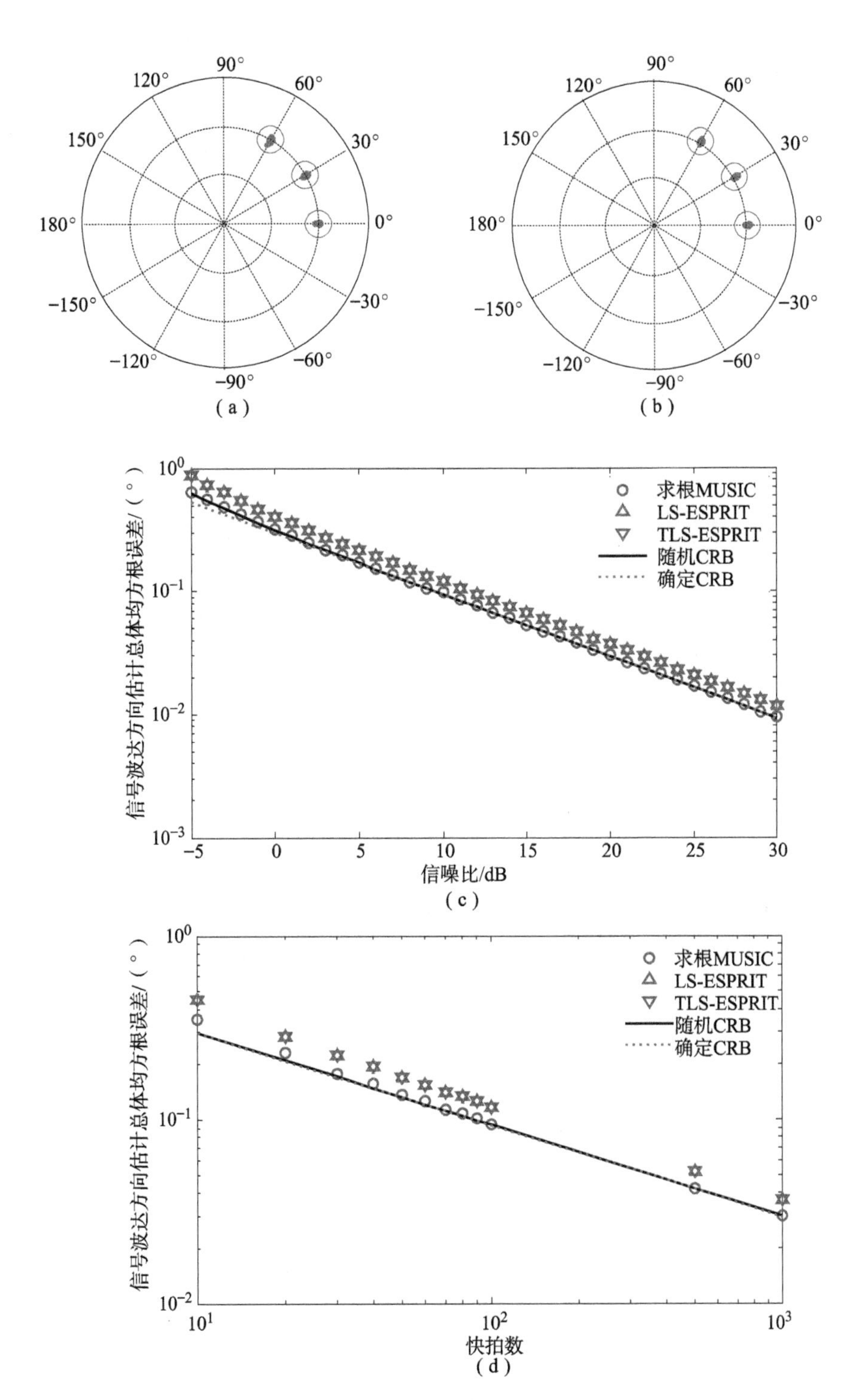

图 3.5　旋转不变参数估计方法信号波达方向估计结果图及其与求根 MUSIC 方法的性能比较

(a) LS－ESPRIT；(b) TLS－ESPRIT；(c) 信号波达方向估计总体均方根误差随信噪比的变化曲线；(d) 信号波达方向估计总体均方根误差随快拍数的变化曲线

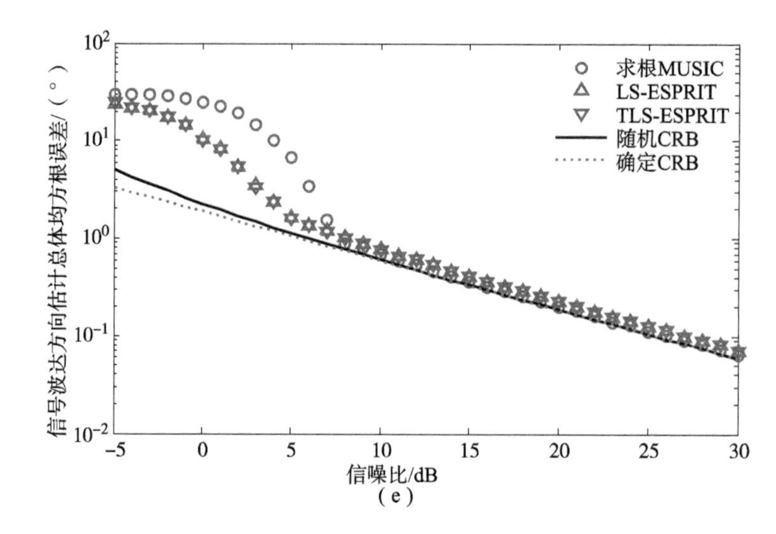

图 3.5　旋转不变参数估计方法信号波达方向估计结果图及其与求根 MUSIC 方法的性能比较（续）

（e）信号波达方向估计总体均方根误差随信噪比的变化曲线

3.3　相干信号波达方向估计

3.3.1　最小二乘拟合方法

首先利用所有观测矢量构造下述数据矩阵：

$$\begin{cases} \boldsymbol{X} = [\boldsymbol{x}(t_0), \boldsymbol{x}(t_1), \cdots, \boldsymbol{x}(t_{K-1})] = \boldsymbol{A}(\theta)\boldsymbol{S} + \boldsymbol{N} \\ \boldsymbol{S} = [\boldsymbol{s}(t_0), \boldsymbol{s}(t_1), \cdots, \boldsymbol{s}(t_{K-1})]\boldsymbol{N} = [\boldsymbol{n}(t_0), \boldsymbol{n}(t_1), \cdots, \boldsymbol{n}(t_{K-1})] \end{cases} \tag{3.88}$$

由此，可考虑利用下述非线性最小二乘拟合方法获得信号波达方向估计：

$$\min_{\boldsymbol{\vartheta}, \mathbb{S}} \| \boldsymbol{X} - \boldsymbol{A}(\boldsymbol{\vartheta}) \mathbb{S} \|_{\mathrm{F}}^2 \tag{3.89}$$

式中，$\boldsymbol{\vartheta} = [\vartheta_0, \vartheta_1, \cdots, \vartheta_{M-1}]^{\mathrm{T}}$，$\{\vartheta_0, \vartheta_1, \cdots, \vartheta_{M-1}\} \subset \Theta$，其中 Θ 为感兴趣的信号角度区域。

根据 3.2.3 节的讨论可知，$\mathbb{S}$ 关于 $\boldsymbol{A}(\boldsymbol{\vartheta})$ 的条件最小二乘估计为

$$\hat{\boldsymbol{S}}_{\boldsymbol{\vartheta}} = \boldsymbol{A}^{+}(\boldsymbol{\vartheta})\boldsymbol{X} = [\boldsymbol{A}^{\mathrm{H}}(\boldsymbol{\vartheta})\boldsymbol{A}(\boldsymbol{\vartheta})]^{-1}\boldsymbol{A}^{\mathrm{H}}(\boldsymbol{\vartheta})\boldsymbol{X} \tag{3.90}$$

将其代入式（3.89）可得

$$\begin{aligned} \hat{\boldsymbol{\theta}} &= [\hat{\theta}_0, \hat{\theta}_1, \cdots, \hat{\theta}_{M-1}]^{\mathrm{T}} \\ &= \arg\min_{\boldsymbol{\vartheta}} \| \underbrace{[\boldsymbol{I}_L - \boldsymbol{A}(\boldsymbol{\vartheta})\boldsymbol{A}^{+}(\boldsymbol{\vartheta})]}_{\boldsymbol{P}_{\boldsymbol{A}_{\boldsymbol{\vartheta}}}^{\perp}} \boldsymbol{X} \|_{\mathrm{F}}^2 \\ &= \arg\min_{\boldsymbol{\vartheta}} \| \boldsymbol{P}_{\boldsymbol{A}_{\boldsymbol{\vartheta}}}^{\perp} \boldsymbol{X} \|_{\mathrm{F}}^2 \end{aligned} \tag{3.91}$$

注意到 $(\boldsymbol{P}_{\boldsymbol{A}_{\boldsymbol{\vartheta}}}^{\perp})^{\mathrm{H}}\boldsymbol{P}_{\boldsymbol{A}_{\boldsymbol{\vartheta}}}^{\perp} = \boldsymbol{P}_{\boldsymbol{A}_{\boldsymbol{\vartheta}}}^{\perp}$，以及 $\|\boldsymbol{A}\|_{\mathrm{F}}^2 = \mathrm{tr}\{\boldsymbol{A}\boldsymbol{A}^{\mathrm{H}}\}$，$\mathrm{tr}\{\boldsymbol{A}\boldsymbol{B}\} = \mathrm{tr}\{\boldsymbol{B}\boldsymbol{A}\}$，进一步可得

$$\begin{aligned} \hat{\boldsymbol{\theta}} &= \arg\min_{\boldsymbol{\vartheta}} \mathrm{tr}\{\boldsymbol{P}_{\boldsymbol{A}_{\boldsymbol{\vartheta}}}^{\perp}\boldsymbol{X}\boldsymbol{X}^{\mathrm{H}}(\boldsymbol{P}_{\boldsymbol{A}_{\boldsymbol{\vartheta}}}^{\perp})^{\mathrm{H}}\} \\ &= \arg\min_{\boldsymbol{\vartheta}} \mathrm{tr}\{\boldsymbol{P}_{\boldsymbol{A}_{\boldsymbol{\vartheta}}}^{\perp}\boldsymbol{X}\boldsymbol{X}^{\mathrm{H}}\} \\ &= \arg\min_{\boldsymbol{\vartheta}} \mathrm{tr}\{(\boldsymbol{I}_L - \boldsymbol{P}_{\boldsymbol{A}_{\boldsymbol{\vartheta}}})\boldsymbol{X}\boldsymbol{X}^{\mathrm{H}}\} \end{aligned}$$

$$= \arg\min_{\boldsymbol{\vartheta}}[\operatorname{tr}\{\boldsymbol{X}\boldsymbol{X}^{\mathrm{H}}\} - \operatorname{tr}\{\boldsymbol{P}_{A_{\vartheta}}\boldsymbol{X}\boldsymbol{X}^{\mathrm{H}}\}]$$
$$= \arg\max_{\boldsymbol{\vartheta}}\operatorname{tr}\{\boldsymbol{P}_{A_{\vartheta}}\boldsymbol{X}\boldsymbol{X}^{\mathrm{H}}\}$$
$$= \arg\max_{\boldsymbol{\vartheta}}\operatorname{tr}\{\boldsymbol{P}_{A_{\vartheta}}\hat{\boldsymbol{R}}_{xx}\} \tag{3.92}$$

式中，$\boldsymbol{P}_{A_{\vartheta}} = \boldsymbol{A}(\boldsymbol{\vartheta})\boldsymbol{A}^{+}(\boldsymbol{\vartheta}) = \boldsymbol{A}(\boldsymbol{\vartheta})[\boldsymbol{A}^{\mathrm{H}}(\boldsymbol{\vartheta})\boldsymbol{A}(\boldsymbol{\vartheta})]^{-1}\boldsymbol{A}^{\mathrm{H}}(\boldsymbol{\vartheta})$。

若阵元加性噪声为高斯随机过程，信号波形未知但确定，则在采样间隔大于噪声相关时间时，上述最小二乘拟合方法又可解释为最大似然方法，具体证明留作习题。

3.3.2 信号子空间拟合方法[38]

假设信号协方差矩阵的秩为 M'，且 $M' < M$，记

$$\boldsymbol{E}_{\mathrm{S}} = [\boldsymbol{u}_1, \boldsymbol{u}_2, \cdots, \boldsymbol{u}_{M'}] \tag{3.93}$$

可以证明，此时存在某个 $L \times M'$ 维列满秩矩阵 $\boldsymbol{T}'$，使得

$$\boldsymbol{E}_{\mathrm{S}} = \boldsymbol{A}(\boldsymbol{\theta})\boldsymbol{T}' \tag{3.94}$$

基于式（3.94），通过解决下述最优化问题，信号子空间拟合方法获得信号波达方向估计：

$$\hat{\boldsymbol{\theta}} = \arg\min_{\boldsymbol{\vartheta},\mathbb{T}'} \| \boldsymbol{E}_{\mathrm{S}} - \boldsymbol{A}(\boldsymbol{\vartheta})\, \mathbb{T}' \|_{\mathrm{F}}^{2} \tag{3.95}$$

式中，$\mathbb{T}'$ 为 $L \times M'$ 维矩阵。

根据3.2.3节的讨论可知，优化式（3.95）中 $\mathbb{T}'$ 关于 $\boldsymbol{A}(\boldsymbol{\vartheta})$ 的条件最小二乘解为：

$$\hat{\mathbb{T}}'_{\vartheta} = \boldsymbol{A}^{+}(\boldsymbol{\vartheta})\ \boldsymbol{E}_{S} = [\boldsymbol{A}^{\mathrm{H}}(\boldsymbol{\vartheta})\ \boldsymbol{A}(\boldsymbol{\vartheta})]^{-1}\boldsymbol{A}^{\mathrm{H}}(\boldsymbol{\vartheta})\ \boldsymbol{E}_{S} \tag{3.96}$$

于是进一步有

$$\hat{\theta} = \arg\min_{\boldsymbol{\vartheta}} \| \boldsymbol{P}_{A_{\vartheta}}^{\perp}\boldsymbol{E}_{\mathrm{S}} \|_{\mathrm{F}}^{2}$$
$$= \arg\min_{\boldsymbol{\vartheta}}\operatorname{tr}\{\boldsymbol{P}_{A_{\vartheta}}^{\perp}\boldsymbol{E}_{\mathrm{S}}\boldsymbol{E}_{\mathrm{S}}^{\mathrm{H}}(\boldsymbol{P}_{A_{\vartheta}}^{\perp})^{\mathrm{H}}\}$$
$$= \arg\min_{\boldsymbol{\vartheta}}\operatorname{tr}\{\boldsymbol{P}_{A_{\vartheta}}^{\perp}\boldsymbol{E}_{\mathrm{S}}\boldsymbol{E}_{\mathrm{S}}^{\mathrm{H}}\}$$
$$= \arg\min_{\boldsymbol{\vartheta}}\operatorname{tr}\{(\boldsymbol{I}_L - \boldsymbol{P}_{A_{\vartheta}})\boldsymbol{E}_{\mathrm{S}}\boldsymbol{E}_{\mathrm{S}}^{\mathrm{H}}\}$$
$$= \arg\min_{\boldsymbol{\vartheta}}[\operatorname{tr}\{\boldsymbol{E}_{\mathrm{S}}\boldsymbol{E}_{\mathrm{S}}^{\mathrm{H}}\} - \operatorname{tr}\{\boldsymbol{P}_{A_{\vartheta}}\boldsymbol{E}_{\mathrm{S}}\boldsymbol{E}_{\mathrm{S}}^{\mathrm{H}}\}]$$
$$= \arg\max_{\boldsymbol{\vartheta}}\operatorname{tr}\{\boldsymbol{P}_{A_{\vartheta}}\boldsymbol{E}_{\mathrm{S}}\boldsymbol{E}_{\mathrm{S}}^{\mathrm{H}}\} \tag{3.97}$$

实际中，$\boldsymbol{E}_{\mathrm{S}}$ 需要用其估计值 $\hat{\boldsymbol{E}}_{\mathrm{S}}$ 代替，考虑到 $\hat{\boldsymbol{E}}_{\mathrm{S}}$ 各列矢量对子空间的不同贡献，可以引入一个正定加权矩阵 $\boldsymbol{W}$ 对其各列矢量进行加权，这样最终可得下面的信号子空间拟合空间谱表达式：

$$\hat{\boldsymbol{\theta}} = \arg\max_{\boldsymbol{\vartheta}}\operatorname{tr}\{\boldsymbol{P}_{A_{\vartheta}}\hat{\boldsymbol{E}}_{\mathrm{S}}\boldsymbol{W}\hat{\boldsymbol{E}}_{\mathrm{S}}^{\mathrm{H}}\} \tag{3.98}$$

下面，给出上述信号子空间拟合信号波达方向估计方法更为简单的一种解释。

首先，根据式（3.94）可知，$\boldsymbol{E}_{\mathrm{S}}$ 的列矢量均位于 $\boldsymbol{A}(\boldsymbol{\theta})$ 的列扩张空间中，但由于 $M' < M$，所以 $\boldsymbol{E}_{\mathrm{S}}$ 的列扩张空间仅是 $\boldsymbol{A}(\boldsymbol{\theta})$ 列扩张空间中的一个 M' 维子空间，因而其正交补空间中的矢量并不一定与 $\boldsymbol{A}(\boldsymbol{\theta})$ 的列矢量正交，但是 $\boldsymbol{A}(\boldsymbol{\theta})$ 列扩张空间的正交补空间一定与 $\boldsymbol{E}_{\mathrm{S}}$ 的列扩张空间正交。

其次，由于 $\boldsymbol{A}(\boldsymbol{\theta})$ 列扩张空间的正交补空间投影矩阵为 $[\boldsymbol{I}_L - \boldsymbol{A}(\boldsymbol{\theta})\boldsymbol{A}^{+}(\boldsymbol{\theta})]$，所以 $[\boldsymbol{I}_L - \boldsymbol{A}(\boldsymbol{\theta})\boldsymbol{A}^{+}(\boldsymbol{\theta})]\boldsymbol{E}_{\mathrm{S}}$ 应为零矩阵，由此也可导出公式（3.97）。

例 3.5 利用 8 元等距线阵估计 2 个完全相关的高斯窄带信号的波达方向，阵元间距为 1/2 信号波长；信号波达方向分别为 -10°和 30°；快拍数为 100，阵元噪声为空间白高斯噪声，信噪比均为 0dB。

图 3.6 和图 3.7 所示分别为最小二乘拟合方法和信号子空间拟合方法的空间谱图，图 3.8 所示则是两种方法 100 次独立实验的信号波达方向估计结果散布图。由图可以看出，两种方法性能相近，均能较好地分辨 2 个完全相关信号。

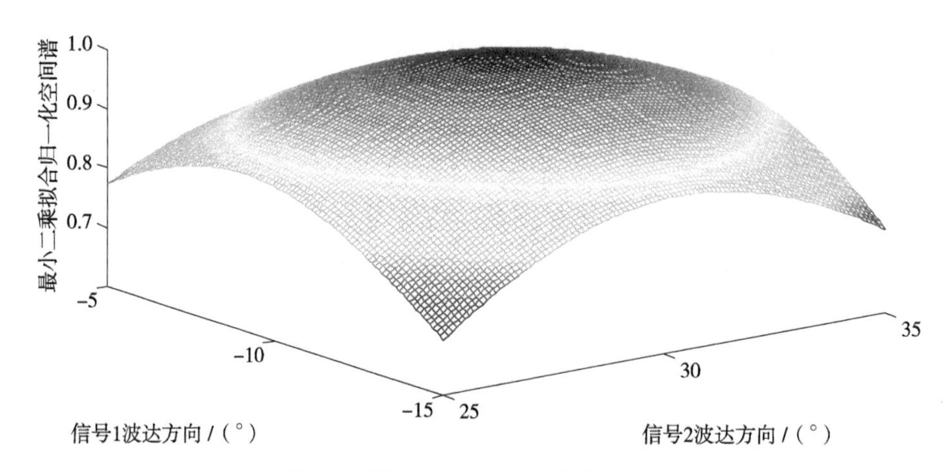

图 3.6　最小二乘拟合归一化空间谱图

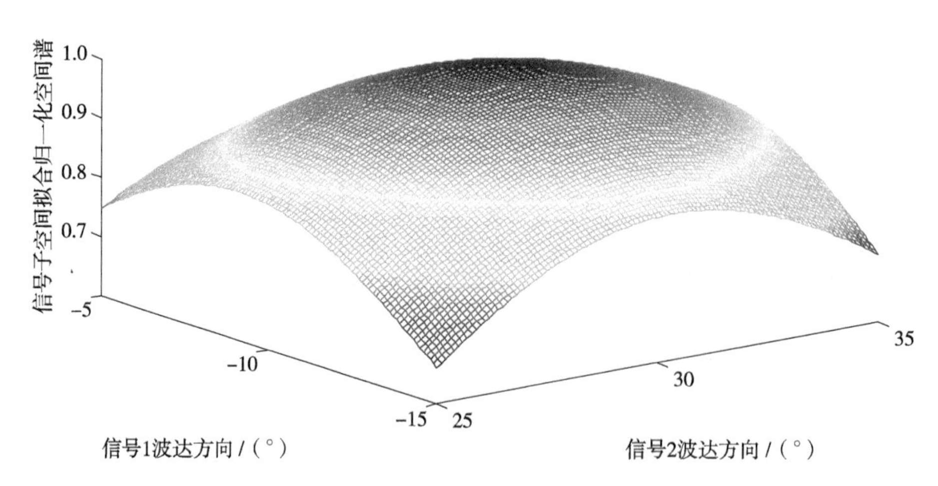

图 3.7　信号子空间拟合归一化空间谱图

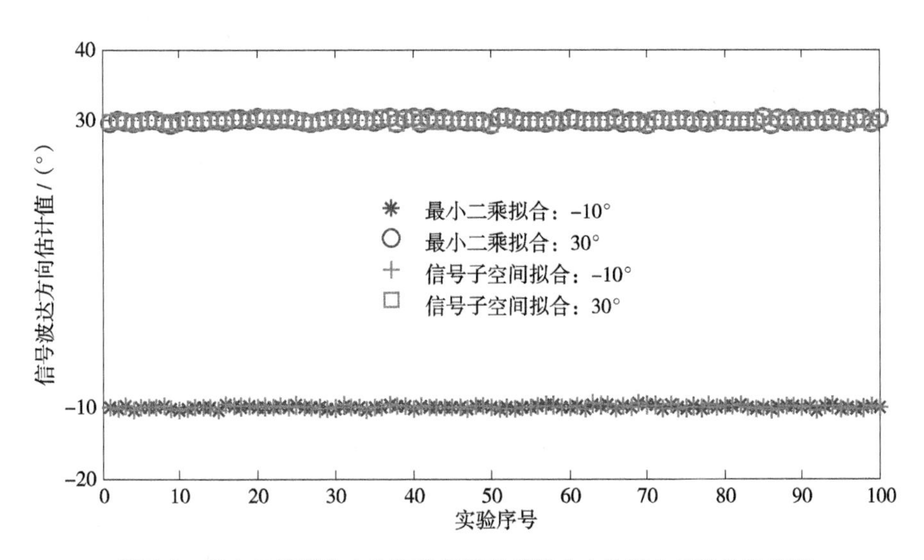

图3.8　最小二乘拟合方法和信号子空间拟合方法测向结果的散布图

3.3.3　空间平滑方法[39]

空间平滑技术只适用于具有空间平移不变性质的阵列。图3.9所示阵列可划分为N个空间平移不变子阵，每个子阵的阵元数为L'。N的选择应使得每个子阵的阵元数L'大于信号源数M。

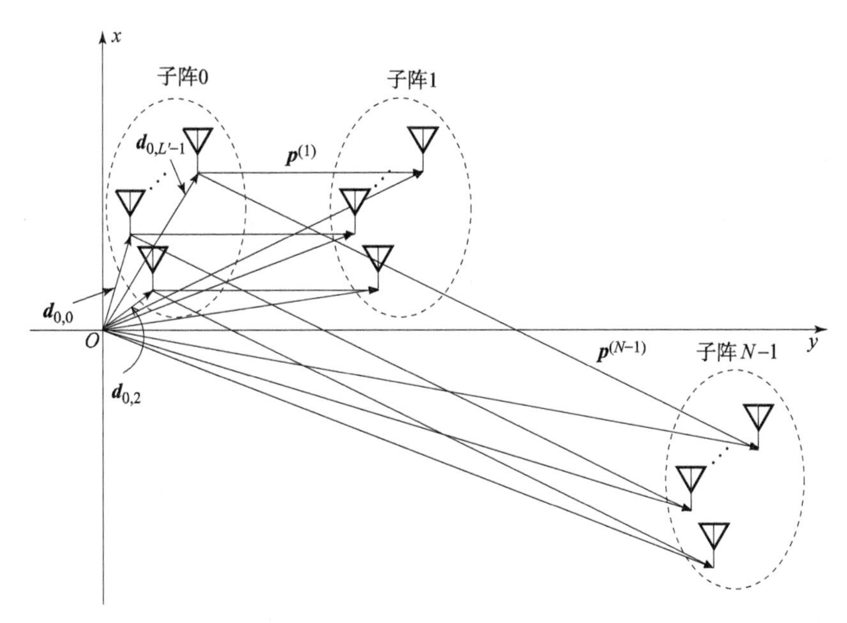

图3.9　空间平移不变阵列结构示意图

假设子阵0和子阵n间的空间平移矢量为$\boldsymbol{p}^{(n)}$，其中$n=0,1,\cdots,N-1$，且$\boldsymbol{p}^{(0)}=\boldsymbol{0}$。若子阵间满足空间平移不变特性，则子阵$n$中第$l$个阵元的位置矢量$\boldsymbol{d}_{n,l}$应为

$$\boldsymbol{d}_{n,l}=\boldsymbol{d}_{0,l}+\boldsymbol{p}^{(n)} \tag{3.99}$$

式中，$\boldsymbol{d}_{0,l}$为子阵0中第l个阵元的位置矢量。

等距线阵是一种典型的空间平移不变阵。将其按图 3.10 所示划分为 N 个部分重叠的空间平移不变子阵，则有

$$\boldsymbol{p}^{(n)}=n\boldsymbol{p}^{(1)} \tag{3.100}$$

式中，$n=0,1,\cdots,N-1$。

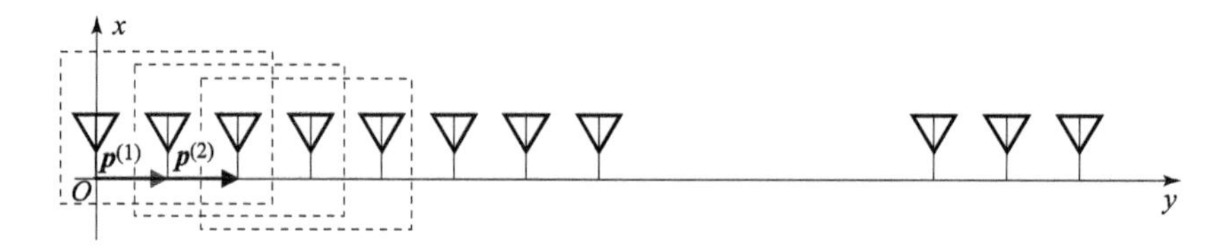

图 3.10 等距线阵空间平移不变子阵划分示意图

记子阵 n 的输出信号矢量为 $\boldsymbol{x}^{(n)}(t)$，则

$$\boldsymbol{x}^{(n)}(t)=\boldsymbol{A}^{(n)}(\boldsymbol{\theta})\boldsymbol{s}(t)+\boldsymbol{n}^{(n)}(t) \tag{3.101}$$

式中，$\boldsymbol{A}^{(n)}(\boldsymbol{\theta})$ 为子阵 n 信号导向矢量矩阵；$\boldsymbol{n}^{(n)}(t)$ 为子阵 n 加性噪声矢量。

根据空间平移不变子阵的定义，有

$$\boldsymbol{A}^{(n)}(\boldsymbol{\theta})=\boldsymbol{A}^{(0)}(\boldsymbol{\theta})\mathrm{diag}\{\mathrm{e}^{-\mathrm{j}2\pi\boldsymbol{k}_0^{\mathrm{T}}\vec{\boldsymbol{p}}^{(n)}/\lambda_0},\mathrm{e}^{-\mathrm{j}2\pi\boldsymbol{k}_1^{\mathrm{T}}\vec{\boldsymbol{p}}^{(n)}/\lambda_0},\cdots,\mathrm{e}^{-\mathrm{j}2\pi\boldsymbol{k}_{M-1}^{\mathrm{T}}\boldsymbol{p}^{(n)}/\lambda_0}\} \tag{3.102}$$

式中，$n=0,1,\cdots,N-1$；$\boldsymbol{k}_m$ 为第 m 个信号波的传播矢量。

根据图 3.10 所示空间平移不变子阵划分方式，有

$$\boldsymbol{A}^{(n)}(\boldsymbol{\theta})=\boldsymbol{A}^{(0)}(\boldsymbol{\theta})\mathrm{diag}\{\mathrm{e}^{-\mathrm{j}2\pi n\boldsymbol{k}_0^{\mathrm{T}}\boldsymbol{p}^{(1)}/\lambda_0},\mathrm{e}^{-\mathrm{j}2\pi n\boldsymbol{k}_1^{\mathrm{T}}\boldsymbol{p}^{(1)}/\lambda_0},\cdots,\mathrm{e}^{-\mathrm{j}2\pi n\boldsymbol{k}_{M-1}^{\mathrm{T}}\boldsymbol{p}^{(1)}/\lambda_0}\} \tag{3.103}$$

进一步记

$$\boldsymbol{\Gamma}=\mathrm{diag}\{\mathrm{e}^{-\mathrm{j}2\pi\boldsymbol{k}_0^{\mathrm{T}}\boldsymbol{p}^{(1)}/\lambda_0},\mathrm{e}^{-\mathrm{j}2\pi\boldsymbol{k}_1^{\mathrm{T}}\boldsymbol{p}^{(1)}/\lambda_0},\cdots,\mathrm{e}^{-\mathrm{j}2\pi\boldsymbol{k}_{M-1}^{\mathrm{T}}\boldsymbol{p}^{(1)}/\lambda_0}\} \tag{3.104}$$

于是有

$$\boldsymbol{A}^{(n)}(\boldsymbol{\theta})=\boldsymbol{A}^{(0)}(\theta)\boldsymbol{\Gamma}^n,\ n=0,1,\cdots,N-1 \tag{3.105}$$

根据式（3.101）和式（3.105），子阵 n 的输出协方差矩阵为

$$\begin{cases}\boldsymbol{R}_{\boldsymbol{x}^{(n)}\boldsymbol{x}^{(n)}}=E\{\boldsymbol{x}^{(n)}(t)[\boldsymbol{x}^{(n)}(t)]^{\mathrm{H}}\}=\boldsymbol{A}^{(0)}(\boldsymbol{\theta})\boldsymbol{\Gamma}^n\boldsymbol{R}_{ss}(\boldsymbol{\Gamma}^n)^{\mathrm{H}}[\boldsymbol{A}^{(0)}(\boldsymbol{\theta})]^{\mathrm{H}}+\boldsymbol{R}_{\boldsymbol{n}^{(n)}\boldsymbol{n}^{(n)}}\\ \boldsymbol{R}_{\boldsymbol{n}^{(n)}\boldsymbol{n}^{(n)}}=E\{\boldsymbol{n}^{(n)}(t)[\boldsymbol{n}^{(n)}(t)]^{\mathrm{H}}\}\end{cases} \tag{3.106}$$

对这 N 个子阵输出协方差矩阵 $\{\boldsymbol{R}_{\boldsymbol{x}^{(n)}\boldsymbol{x}^{(n)}}\}_{n=0}^{N-1}$ 进行平均，得到

$$\begin{aligned}\bar{\boldsymbol{R}}_{xx}&=\frac{1}{N}\sum_{n=0}^{N-1}\boldsymbol{R}_{\boldsymbol{x}^{(n)}\boldsymbol{x}^{(n)}}\\&=\boldsymbol{A}^{(0)}(\boldsymbol{\theta})\underbrace{\left[\frac{1}{N}\sum_{n=0}^{N-1}\boldsymbol{\Gamma}^n\boldsymbol{R}_{ss}(\boldsymbol{\Gamma}^n)^{\mathrm{H}}\right]}_{\bar{\boldsymbol{R}}_{ss}}[\boldsymbol{A}^{(0)}(\boldsymbol{\theta})]^{\mathrm{H}}+\underbrace{\frac{1}{N}\sum_{n=0}^{N-1}\boldsymbol{R}_{\boldsymbol{n}^{(n)}\boldsymbol{n}^{(n)}}}_{\bar{\boldsymbol{R}}_{nn}}\end{aligned} \tag{3.107}$$

此即所谓空间平滑技术。

下面解释为什么空间平滑可以实现信号解相干。假设所有入射信号均是相干的，则 $\mathrm{rank}\{\boldsymbol{R}_{ss}\}=1$；由于 $\boldsymbol{R}_{ss}$ 为非负定厄米特矩阵，所以可以分解为下述形式：

$$\boldsymbol{R}_{ss}=\boldsymbol{r}\boldsymbol{r}^{\mathrm{H}} \tag{3.108}$$

式中，$\boldsymbol{r}$ 为不存在零元素的 $M\times1$ 维矢量。

进一步令 $\boldsymbol{\Psi}=\mathrm{diag}\{\boldsymbol{r}(1),\boldsymbol{r}(2),\cdots,\boldsymbol{r}(M)\}$，则

$$\bar{\boldsymbol{R}}_{ss} = \frac{1}{N}\boldsymbol{\Psi}\left[\sum_{n=0}^{N-1}\boldsymbol{\gamma}_n\boldsymbol{\gamma}_n^{\mathrm{H}}\right]\boldsymbol{\Psi}^{\mathrm{H}} = \frac{1}{N}(\boldsymbol{\Psi\Pi})(\boldsymbol{\Psi\Pi})^{\mathrm{H}} \tag{3.109}$$

$$\boldsymbol{\gamma}_n = \left[\mathrm{e}^{-\mathrm{j}2\pi n\boldsymbol{k}_0^{\mathrm{T}}\boldsymbol{p}^{(1)}/\lambda_0}, \mathrm{e}^{-\mathrm{j}2\pi n\boldsymbol{k}_1^{\mathrm{T}}\boldsymbol{p}^{(1)}/\lambda_0}, \cdots, \mathrm{e}^{-\mathrm{j}2\pi n\boldsymbol{k}_{M-1}^{\mathrm{T}}\boldsymbol{p}^{(1)}/\lambda_0}\right]^{\mathrm{T}}$$

$$\boldsymbol{\Pi} = \left[\boldsymbol{\gamma}_0, \boldsymbol{\gamma}_1, \cdots, \boldsymbol{\gamma}_{N-1}\right]$$

由式（3.109）可知

$$\mathrm{rank}\{\bar{\boldsymbol{R}}_{ss}\} = \mathrm{rank}\{\boldsymbol{\Psi\Pi}\} \tag{3.110}$$

根据式（3.110）所得结论，若所有相干信号的波达方向均不相同，当子阵数 N 满足条件 $N \geqslant M$ 时，$\boldsymbol{\Psi\Pi}$ 的秩为 M，这意味着空间平滑可使 $\bar{\boldsymbol{R}}_{ss}$ 恢复满秩特性，即 $\mathrm{rank}\{\bar{\boldsymbol{R}}_{ss}\} = M$。

对经过空间平滑的子阵级降维协方差矩阵 $\bar{\boldsymbol{R}}_{xx}$ 进行特征分解，再利用子空间分解方法即可完成相干信号波达方向的估计。

上述结论同样适用于图3.9所示更一般的空间平移不变阵，具体证明留作习题。若阵列不能划分为多个空间平移不变子阵，可先利用流形内插或流形分离等技术将阵列等效为一个虚拟的空间平移不变阵，然后再进行空间平滑，参见习题【3-11】和【3-12】。

例3.6 利用8元等距线阵估计3个高斯窄带信号的波达方向，阵元间距为1/2信号波长；信号波达方向分别为-10°、30°和60°，其中前两个信号完全相关；快拍数为100，阵元噪声为空间白高斯噪声，信噪比均为15dB；空间平滑多重信号分类方法（空间平滑MUSIC）中阵列被分为3个子阵，每个子阵的阵元数为6，进行3次空间平滑。

图3.11所示为多重信号分类（MUSIC）方法和空间平滑多重信号分类方法的空间谱图。由图可以看出，空间平滑MUSIC方法可以成功分辨3个信号，而MUSIC方法则未能非常有效地分辨出两个完全相关信号。

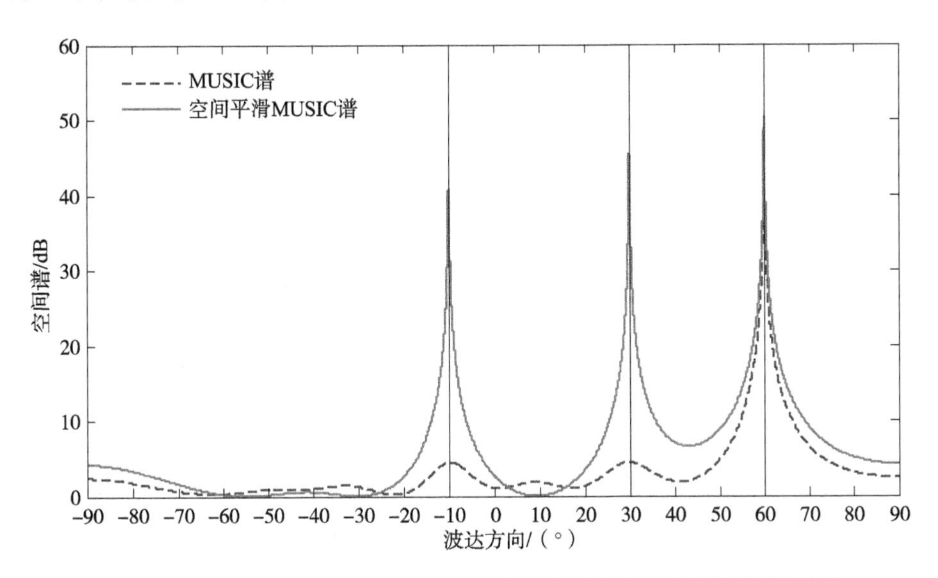

图3.11 多重信号分类方法和空间平滑多重信号分类方法空间谱图的比较

3.3.4 空域稀疏表示方法

本节讨论如何利用信号的空域稀疏性，实现相干信号的波达方向估计。根据上文讨论可知，当所有入射信号都完全相关时，即 $s_m(t) = b_m s_0(t)$，其中 $b_0 = 1$，$b_m \neq 0$，$m = 1,2,$

$\cdots, M-1$，阵列输出协方差矩阵 $\boldsymbol{R}_{xx}$ 的主特征矢量 $\boldsymbol{u}$ 与信号导向矢量矩阵 $\boldsymbol{A}(\boldsymbol{\theta})$ 具有下述关系：

$$\boldsymbol{u} = b\left(\sum_{m=0}^{M-1} b_m \boldsymbol{a}_m\right) = \boldsymbol{A}(\boldsymbol{\theta})\boldsymbol{t} \tag{3.111}$$

式中，b 为非零常数；矢量 $\boldsymbol{t} = [b, bb_1, \cdots, bb_{M-1}]^{\mathrm{T}}$ 的所有元素均不为零。

由此，$\boldsymbol{u}$ 具有下述空域稀疏表示形式[40]：

$$\boldsymbol{u} = \boldsymbol{D}(\boldsymbol{\vartheta})\boldsymbol{s} = \boldsymbol{D}_{\boldsymbol{\vartheta}}\boldsymbol{s} \tag{3.112}$$

式中，$\boldsymbol{D}(\boldsymbol{\vartheta}) = \boldsymbol{D}_{\boldsymbol{\vartheta}}$ 为 $L \times N$ 维字典矩阵，其列矢量为在感兴趣的信号角度区域 Θ 内按一定角度间隔所选择的 N 个角度 $\boldsymbol{\vartheta} = [\vartheta_0, \vartheta_1, \cdots, \vartheta_{N-1}]^{\mathrm{T}}$ 所对应的阵列流形矢量，即 $\boldsymbol{D}(\boldsymbol{\vartheta}) = \boldsymbol{D}_{\boldsymbol{\vartheta}} = [\boldsymbol{a}(\vartheta_0), \boldsymbol{a}(\vartheta_1), \cdots, \boldsymbol{a}(\vartheta_{N-1})]$，其中 $N \gg L$。

此外，$\boldsymbol{s}$ 为稀疏矢量（读者勿将其与信号矢量 $\boldsymbol{s}(t)$ 相混淆），其大部分元素为零，而非零元素位置所对应的字典矩阵角度正好与某一信号的实际波达方向相同或者非常相近。据此，通过某种方法确定稀疏矢量后，即可获得信号的波达方向估计。

关于稀疏矢量 $\boldsymbol{s}$ 的确定，可以采用下述欠定方程求解法。

FOCUSS（Focal Underdetermined System Solver）算法[41]：

❶确定稀疏矢量 $\boldsymbol{s}$ 的初始值：

$$\boldsymbol{s}^{(0)} = \boldsymbol{D}_{\boldsymbol{\vartheta}}^{\mathrm{H}}(\boldsymbol{D}_{\boldsymbol{\vartheta}}\boldsymbol{D}_{\boldsymbol{\vartheta}}^{\mathrm{H}})^{-1}\boldsymbol{u} \tag{3.113}$$

❷确定稀疏矢量 $\boldsymbol{s}$ 的第 k 次迭代值：

$$\boldsymbol{s}^{(k)} = \boldsymbol{W}^{(k)}(\boldsymbol{W}^{(k)})^{\mathrm{H}}\boldsymbol{D}_{\boldsymbol{\vartheta}}^{\mathrm{H}}[\boldsymbol{D}_{\boldsymbol{\vartheta}}\boldsymbol{W}^{(k)}(\boldsymbol{W}^{(k)})^{\mathrm{H}}\boldsymbol{D}_{\boldsymbol{\vartheta}}^{\mathrm{H}} + \lambda \boldsymbol{I}_L]^{-1}\boldsymbol{u} \tag{3.114}$$

$$\boldsymbol{W}^{(k)} = \begin{bmatrix} [\boldsymbol{s}^{(k-1)}(0)]^{1-\zeta/2} & & & \\ & [\boldsymbol{s}^{(k-1)}(1)]^{1-\zeta/2} & & \\ & & \ddots & \\ & & & [\boldsymbol{s}^{(k-1)}(N-1)]^{1-\zeta/2} \end{bmatrix}$$

式中，λ 为正则化参数；ζ 为稀疏因子。

❸重复上述步骤❷，直至满足下述迭代终止条件：

$$\|\boldsymbol{s}^{(k)} - \boldsymbol{s}^{(k-1)}\|_2 / \|\boldsymbol{s}^{(k-1)}\|_2 \leqslant \varepsilon \tag{3.115}$$

式中，ε 为一预设阈值；“$\|\cdot\|_2$”表示矢量的 l_2 范数。

关于稀疏矢量 $\boldsymbol{s}$ 的确定，还可采用下述凸优化求解方法：

$$\hat{\boldsymbol{s}} = \arg\min_{\boldsymbol{b}} \|\boldsymbol{b}\|_1 \quad \text{s.t.} \quad \|\boldsymbol{u} - \boldsymbol{D}_{\boldsymbol{\vartheta}}\boldsymbol{b}\|_2 \leqslant \varepsilon \tag{3.116}$$

式中，“$\|\cdot\|_1$”表示矢量的 l_1 范数；ε 为用于平衡稀疏性和拟合误差的预设阈值。

问题（3.116）可以用复数域凸优化（CVX）工具包直接进行求解。

例 3.7 利用 16 元等距线阵估计 3 个完全相关高斯窄带信号的波达方向，阵元间距为 1/2 信号波长；信号波达方向分别为 0°、20°和 −40°，快拍数为 100，阵元噪声为空间白高斯噪声，信噪比均为 0dB。FOCUSS 稀疏重构方法中采用的正则化参数和预设阈值分别为 $\lambda = 0.5$ 和 $\varepsilon = 10^{-4}$；CVX 稀疏重构方法中采用的正则化参数为 $\varepsilon = 10^{-3}$。

图 3.12 所示为上述条件下两种稀疏表示方法归一化伪谱图（即 $\hat{s}$ 的归一化）与 MUSIC 方法归一化空间谱图的比较。由图可以看出，两种稀疏表示方法可以成功地分辨 3 个信号，而 MUSIC 方法则近乎失败。

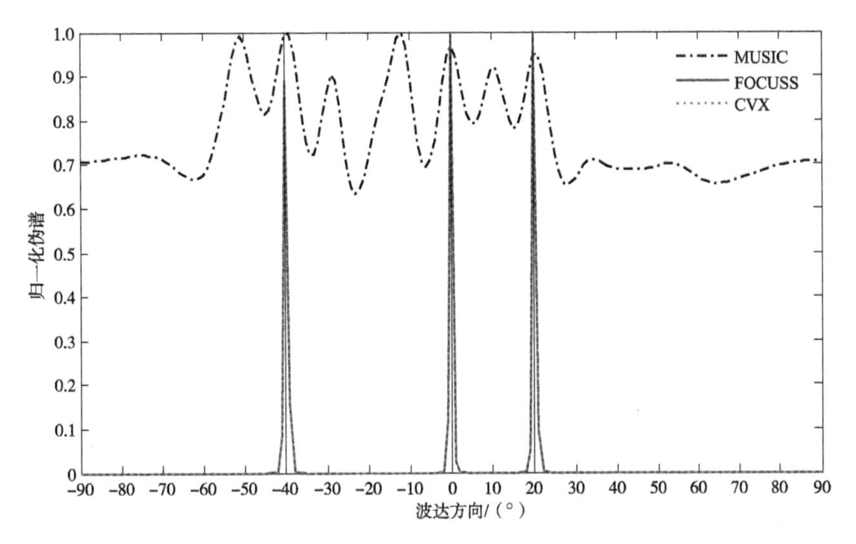

图 3.12　稀疏表示方法归一化伪谱图和 MUSIC 方法归一化空间谱图的比较

3.4　单接收通道阵列信号波达方向估计[42]

本节讨论基于单接收通道的窄带信号波达方向估计方法，由于只使用单个接收通道，所以可以避免通道不一致性问题。不过，若采用正交解调接收方式，仍可能存在同相、正交通道失配问题，这一点在此前的讨论中并未加以考虑。

考虑如图 3.13 所示的单路解调接收系统，其中阵列传感器均为各向同性，且特性相同。为简单起见，这里并不考虑阵元位置误差、阵元耦合、开关阵列幅相不一致性、直流偏移以及量化误差等。若阵元开关具有周期性，该阵列也称时间调制阵列。

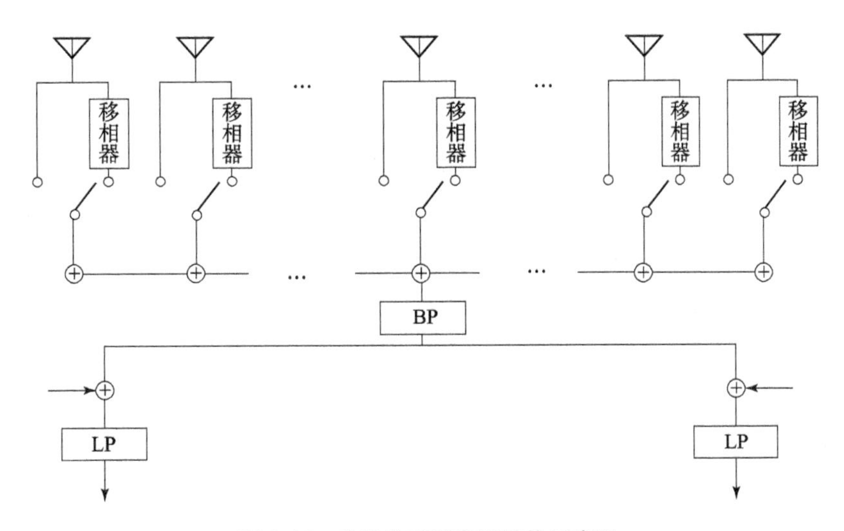

图 3.13　单接收通道阵列结构示意图

3.4.1 正交解调失配误差的校正

假设有 M 个窄带信号从不同方向入射至图 3.13 所示的单接收通道阵列，暂不考虑噪声，接收机输出信号具有下述近似形式：

$$\boldsymbol{x}_{\boldsymbol{w}}(t) \approx \sum_{l=0}^{L-1} w_l \{ \sum_{m=0}^{M-1} a_m(t)\cos[(\omega_m - \omega_0)t + \omega_m \tau_{l,m} + \varphi_m(t)] + \mathrm{j}\sum_{m=0}^{M-1} g a_m(t)\sin[(\omega_m - \omega_0)t + \omega_m \tau_{l,m} + \varphi_m(t) + \psi] \} \tag{3.117}$$

式中，$\boldsymbol{w} = [w_0, w_1, \cdots, w_{L-1}]^{\mathrm{T}}$，其中 w_l（$l = 0,1,\cdots,L-1$）等于“0”“1”或“j”，由第 l 个阵元选择开关“开”或“合”进行控制；g 和 ψ 分别为同相通道和正交通道间的幅度失配误差和相位失配误差；$a_m(t)$ 和 $\varphi_m(t)$ 分别为同相通道输出信号的振幅和相位；ω_m 为第 m 个信号的中心角频率；ω_0 为本地解调角频率；$\tau_{l,m}$ 为第 m 个信号波到达阵元 l 相对于到达参考阵元 0 的传播时延。

关于正交解调同相、正交通道失配误差，可以利用正弦校正信号进行估计和补偿。为方便讨论，记 $L \times L$ 维单位矩阵的第 l 列为 $\boldsymbol{i}_L^{(l)}$。

首先令 $\boldsymbol{w} = \boldsymbol{i}_L^{(1)}$，即接通阵元 0，根据式（3.117），此时接收机输出信号的同相分量和正交分量分别可以写成

$$x_{\mathrm{I}}(t) \approx a\cos(\Delta\omega t + \varphi) \tag{3.118}$$

$$x_{\mathrm{Q}}(t) \approx g a\sin(\Delta\omega t + \varphi + \psi) \tag{3.119}$$

式中，a 和 φ 分别为未知的校正信号幅度和初相；$\Delta\omega$ 为解调频偏，即校正信号角频率与解调角频率 ω_0 的差。

进一步有

$$\sum_{k=0}^{K-1} x_{\mathrm{I}}^2(t_k) \approx \sum_{k=0}^{K-1} a^2\cos^2(\Delta\omega t_k + \varphi) = \sum_{k=0}^{K-1} a^2 \left\{ \frac{1 + \cos[2(\Delta\omega t_k + \varphi)]}{2} \right\} \tag{3.120}$$

$$\sum_{k=0}^{K-1} x_{\mathrm{Q}}^2(t_k) \approx \sum_{k=0}^{K-1} g^2 a^2\sin^2(\Delta\omega t_k + \varphi + \psi) = \sum_{k=0}^{K-1} g^2 a^2 \left\{ \frac{1 - \cos[2(\Delta\omega t_k + \varphi + \psi)]}{2} \right\} \tag{3.121}$$

式中，$t_k = t_0 + k\Delta t$，其中 $k = 0,1,\cdots,K-1$，t_0 为采样起始时间，Δt 为采样间隔，K 为采样点数。

若 $\Delta\omega$ 为采样角频率 $2\pi/\Delta t$ 的 D/K 倍，其中 D/K 为非整数，D 为非零整数，则有下述结论成立：

$$\sum_{k=0}^{K-1} \mathrm{e}^{\mathrm{j}2(\Delta\omega t_k + \varphi')} = \mathrm{e}^{\mathrm{j}2(\Delta\omega t_0 + \varphi')} [\sum_{k=0}^{K-1} (\mathrm{e}^{\mathrm{j}2\Delta\omega\Delta t})^k] = 0 \tag{3.122}$$

式中，φ' 为任意相位值。

按上述条件调节测试频率，可以得到

$$\sum_{k=0}^{K-1} x_{\mathrm{I}}^2(t_k) \approx \frac{Ka^2}{2} \tag{3.123}$$

$$\sum_{k=0}^{K-1} x_{\mathrm{Q}}^2(t_k) \approx \frac{Kg^2 a^2}{2} \tag{3.124}$$

由此可以估计出正交解调同相、正交通道幅度失配误差

$$\hat{g} = \sqrt{\left[\sum_{k=0}^{K-1} x_{\mathrm{Q}}^2(t_k)\right] \Big/ \left[\sum_{k=0}^{K-1} x_{\mathrm{I}}^2(t_k)\right]} \tag{3.125}$$

根据结论式（3.122），进一步有

$$\sum_{k=0}^{K-1} x_{\mathrm{I}}(t_k) x_{\mathrm{Q}}(t_k) \approx \frac{Kga^2 \sin\psi}{2} \tag{3.126}$$

根据式（3.123）和式（3.126），ψ 可按下式进行估计：

$$\hat{\psi} = \arcsin\left\{\frac{\sum_{k=0}^{K-1} x_{\mathrm{I}}(t_k) x_{\mathrm{Q}}(t_k)}{\hat{g}\sum_{k=0}^{K-1} x_{\mathrm{I}}^2(t_k)}\right\} \tag{3.127}$$

假设阵列入射信号中心角频率均为 ω_0，利用式（3.125）和式（3.127）所得到的 $\hat{g}$ 和 $\hat{\psi}$，对 $x_{\boldsymbol{w}}(t)$ 进行下述补偿：

$$\begin{cases} y_{\boldsymbol{w}}(t) = \mathrm{Re}\{x_{\boldsymbol{w}}(t)\} + \mathrm{j}\left[\dfrac{\mathrm{Im}\{x_{\boldsymbol{w}}(t)\}/\hat{g} - \mathrm{Re}\{x_{\boldsymbol{w}}(t)\}\sin\hat{\psi}}{\cos\hat{\psi}}\right] \\ \qquad \approx \sum_{l=0}^{L-1} w_l \{\sum_{m=0}^{M-1} \underbrace{a_m(t)\mathrm{e}^{\mathrm{j}\varphi_m(t)}}_{s_m(t)} \mathrm{e}^{\mathrm{j}\omega_0\tau_{l,m}}\} \\ \qquad = \boldsymbol{w}^{\mathrm{H}}\boldsymbol{A}\boldsymbol{s}(t) \\ \boldsymbol{A} = [\boldsymbol{a}_0, \boldsymbol{a}_1, \cdots, \boldsymbol{a}_{M-1}] \\ \boldsymbol{a}_m = [1, \mathrm{e}^{\mathrm{j}\omega_0\tau_{1,m}}, \mathrm{e}^{\mathrm{j}\omega_0\tau_{2,m}}, \cdots, \mathrm{e}^{\mathrm{j}\omega_0\tau_{L-1,m}}]^{\mathrm{T}} \\ \boldsymbol{s}(t) = [s_0(t), s_1(t), \cdots, s_{M-1}(t)]^{\mathrm{T}} \end{cases} \tag{3.128}$$

考虑噪声后，接收机输出校正信号可以写成

$$y_{\boldsymbol{w}}(t) \approx \boldsymbol{w}^{\mathrm{H}}[\boldsymbol{A}\boldsymbol{s}(t) + \boldsymbol{n}(t)] = \boldsymbol{w}^{\mathrm{H}}\boldsymbol{x}(t) \tag{3.129}$$

式中，$\boldsymbol{x}(t) = \boldsymbol{A}\boldsymbol{s}(t) + \boldsymbol{n}(t)$，其中 $\boldsymbol{n}(t)$ 为与信号统计独立的阵元加性噪声矢量。

3.4.2　基于阵元选择的信号波达方向估计

根据之前的讨论，若能获得阵列输出协方差矩阵 $\boldsymbol{R}_{xx} = E\{\boldsymbol{x}(t)\boldsymbol{x}^{\mathrm{H}}(t)\}$，则可利用子空间分解方法获得信号波达方向的估计。

为此，首先将 $\boldsymbol{R}_{xx}$ 写成下述形式：

$$\boldsymbol{R}_{xx} = \boldsymbol{R}_{\mathrm{R}} + \mathrm{j}\boldsymbol{R}_{\mathrm{I}} \tag{3.130}$$

式中，$\boldsymbol{R}_{\mathrm{R}}$ 和 $\boldsymbol{R}_{\mathrm{I}}$ 分别为 $\boldsymbol{R}_{xx}$ 的实部和虚部。

由于 $\boldsymbol{R}_{xx}$ 为厄米特矩阵，所以

$$\boldsymbol{w}^{\mathrm{H}}\boldsymbol{R}_{xx}\boldsymbol{w} = \boldsymbol{w}_{\mathrm{R}}^{\mathrm{T}}\boldsymbol{R}_{\mathrm{R}}\boldsymbol{w}_{\mathrm{R}} + \boldsymbol{w}_{\mathrm{I}}^{\mathrm{T}}\boldsymbol{R}_{\mathrm{R}}\boldsymbol{w}_{\mathrm{I}} + 2\boldsymbol{w}_{\mathrm{I}}^{\mathrm{T}}\boldsymbol{R}_{\mathrm{I}}\boldsymbol{w}_{\mathrm{R}} = E\{|y_{\boldsymbol{w}}(t)|^2\} \tag{3.131}$$

式中，$\boldsymbol{w}_{\mathrm{R}}$ 和 $\boldsymbol{w}_{\mathrm{I}}$ 分别为 $\boldsymbol{w}$ 的实部和虚部。

基于式（3.130）和式（3.131），采用不同的阵元选择方式，以及对接收机输出的多次独立观测，可以实现对 $\boldsymbol{R}_{xx}$ 的估计，具体如下。

❶令 $\boldsymbol{w}_{\mathrm{R}} = \boldsymbol{i}_L^{(l)}$，$\boldsymbol{w}_{\mathrm{I}} = \boldsymbol{0}$，可得 $\boldsymbol{R}_{\mathbf{R}}(1,1)$，其中 $l = 1,2,\cdots,L$：

$$[\boldsymbol{i}_L^{(l)}]^{\mathrm{H}}\boldsymbol{R}_{xx}[\boldsymbol{i}_L^{(l)}] = E\{|y_{\boldsymbol{i}_L^{(l)}}(t)|^2\} \approx \frac{1}{K}\sum_k |y_{\boldsymbol{i}_L^{(l)}}(t_k)|^2 \tag{3.132}$$

❷令 $\boldsymbol{w}_{\mathrm{R}} = \boldsymbol{i}_L^{(l)} + \boldsymbol{i}_L^{(m)}$ ，$m > l$ ，$\boldsymbol{w}_{\mathrm{I}} = \boldsymbol{0}$ ，可得 $\boldsymbol{R}_{\mathrm{R}}(l,m)$：

$$[(\boldsymbol{i}_L^{(l)} + \boldsymbol{i}_L^{(m)})^{\mathrm{H}}\boldsymbol{R}_{xx}(\boldsymbol{i}_L^{(l)} + \boldsymbol{i}_L^{(m)}) - \boldsymbol{R}_{\mathrm{R}}(l,l) - \boldsymbol{R}_{\mathrm{R}}(m,m)]/2 \tag{3.133}$$

式中，$(\boldsymbol{i}_L^{(l)} + \boldsymbol{i}_L^{(m)})^{\mathrm{H}}\boldsymbol{R}_{xx}(\boldsymbol{i}_L^{(l)} + \boldsymbol{i}_L^{(m)}) \approx \frac{1}{K}\sum_k |y_{\boldsymbol{i}_L^{(l)}+\boldsymbol{i}_L^{(m)}}(t_k)|^2$。

❸ $\boldsymbol{R}_{\mathrm{R}}$ 剩下的元素可由其对称性得到。

❹由于 $\boldsymbol{R}_{\mathrm{I}}$ 为反对称矩阵，其主对角线元素均为 0。

❺令 $\boldsymbol{w}_{\mathrm{R}} = \boldsymbol{i}_L^{(m)}$ ，$\boldsymbol{w}_{\mathrm{I}} = \boldsymbol{i}_L^{(l)}$ ，$m > l$ ，可得 $\boldsymbol{R}_{\mathrm{I}}(l,m)$：

$$[(\boldsymbol{i}_L^{(m)} + \mathrm{j}\boldsymbol{i}_L^{(l)})^{\mathrm{H}}\boldsymbol{R}_{xx}(\boldsymbol{i}_L^{(m)} + \mathrm{j}\boldsymbol{i}_L^{(l)}) - \boldsymbol{R}_{\mathrm{R}}(l,l) - \boldsymbol{R}_{\mathrm{R}}(m,m)]/2 \tag{3.134}$$

式中，$(\boldsymbol{i}_L^{(m)} + \mathrm{j}\boldsymbol{i}_L^{(l)})^{\mathrm{H}}\boldsymbol{R}_{xx}(\boldsymbol{i}_L^{(m)} + \mathrm{j}\boldsymbol{i}_L^{(l)}) \approx \frac{1}{K}\sum_k |y_{\boldsymbol{i}_L^{(m)}+\mathrm{j}\boldsymbol{i}_L^{(l)}}(t_k)|^2$。

❻ $\boldsymbol{R}_{\mathrm{I}}$ 剩下的元素可由其反对称性得到。

例 3.8 利用 16 元等距线阵估计 2 个非相关/完全相关信号的波达方向，阵元间距为 1/2 信号波长；信号波达方向分别为 30°和 −40°；快拍数为 100；阵元噪声为空间白高斯噪声，信噪比均为 20dB；$g = 1.5$ ，$\psi = 5°$ ；为处理完全相关信号，将阵列分为 2 个子阵，每个子阵的阵元数为 15，采用了一次空间平滑。

图 3.14 所示为上述条件下处理非相关信号的单接收机多重信号分类方法（SR－MUSIC）空间谱图，以及处理完全相关信号的单接收机空间平滑多重信号分类方法（SRSS－MUSIC）的空间谱图。由图可以看出，SR－MUSIC 方法和 SRSS－MUSIC 方法均可成功分辨 2 个信号。

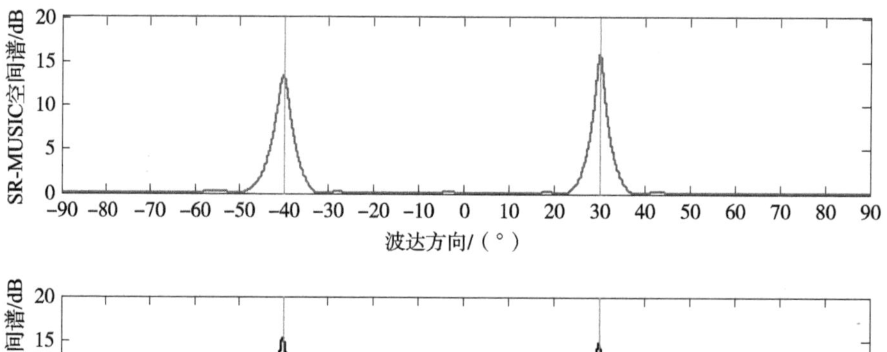

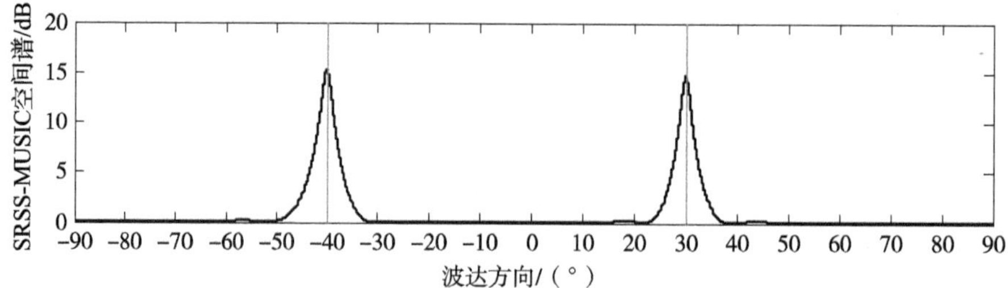

图 3.14 单接收机多重信号分类方法和空间平滑多重信号分类方法空间谱图的比较

习 题

【3-1】若一8元等距线阵，阵元间距为1/2信号波长。两个入射信号互不相关，波达方向分别为10°和45°。通过计算机仿真，研究多重信号分类方法在不同信噪比和快拍数条件下的信号波达方向估计性能。

【3-2】若一8元等距线阵，阵元间距为1/2信号波长。两个入射信号互不相关，波达方向分别为0°和5°。通过计算机仿真，研究和比较最小方差方法和多重信号分类方法在不同信噪比和快拍数条件下的分辨性能。

【3-3】根据第1章的讨论，若阵列输入信号为窄带，则不同阵元的输出信号近似完全相关，由此，参考阵元的输出可以利用其他 $L-1$ 个阵元输出的加权线性组合进行估计，即

$$\hat{x}_0(t) = -\sum_{l=1}^{L-1} w_l^* x_l(t) \quad ①$$

进一步有 $x_0(t) - \hat{x}_0(t) = \boldsymbol{w}^{\mathrm{H}}\boldsymbol{x}(t)$，其中 $\boldsymbol{w} = [1, w_1, \cdots, w_{L-1}]^{\mathrm{T}}$，$\boldsymbol{x}(t)$ 为阵列输出信号矢量。

暂不考虑噪声，若阵列为等距线阵，则有

$$\sum_{m=0}^{M-1} s_m(t) = -\sum_{l=1}^{L-1} w_l^* \Big[\sum_{m=0}^{M-1} \mathrm{e}^{\mathrm{j}2\pi l d \sin\theta_m/\lambda_0} s_m(t)\Big] = \sum_{m=0}^{M-1}\Big[-\sum_{l=1}^{L-1} w_l^* \mathrm{e}^{\mathrm{j}2\pi l d \sin\theta_m/\lambda_0}\Big] s_m(t)$$

$$\Rightarrow$$

$$\sum_{l=1}^{L-1} w_l^* \mathrm{e}^{\mathrm{j}2\pi l d \sin\theta_m/\lambda_0} = -1,\ m = 0,1,\cdots,M-1$$

$$\Rightarrow$$

$$\boldsymbol{w}^{\mathrm{H}}\boldsymbol{a}(\theta_m) = 0,\ m = 0,1,\cdots,M-1 \quad ②$$

式中，d 为阵元间距；θ_m 为第 m 个信号的波达方向；λ_0 为信号公共波长；$\boldsymbol{a}(\theta_m)$ 为第 m 个信号的导向矢量。

（1）实际上，$\boldsymbol{w}$ 可通过下述优化问题进行求解：

$$\min_{\boldsymbol{w}^{\mathrm{H}}\boldsymbol{i}_L^{(1)}=1} E\{|x_0(t) - \hat{x}_0(t)|^2\} \quad ③$$

试证明式③的解为

$$\hat{\boldsymbol{w}}_{\mathrm{MPE}} = \frac{\boldsymbol{R}_{\boldsymbol{xx}}^{-1}\boldsymbol{i}_L^{(1)}}{(\boldsymbol{i}_L^{(1)})^{\mathrm{H}}\boldsymbol{R}_{\boldsymbol{xx}}^{-1}\boldsymbol{i}_L^{(1)}} \quad ④$$

式中，$\boldsymbol{R}_{\boldsymbol{xx}}$ 为阵列输出协方差矩阵；$\boldsymbol{i}_L^{(1)}$ 表示 $L\times L$ 维单位矩阵的第1列。

（2）根据式④，可以定义下述空间谱表达式：

$$J_{\mathrm{MPE}}(\theta) = \frac{(\boldsymbol{i}_L^{(1)})^{\mathrm{H}}\hat{\boldsymbol{R}}_{\boldsymbol{xx}}^{-1}\boldsymbol{i}_L^{(1)}}{|(\boldsymbol{i}_L^{(1)})^{\mathrm{H}}\hat{\boldsymbol{R}}_{\boldsymbol{xx}}^{-1}\boldsymbol{a}(\theta)|} \quad ⑤$$

或者

$$J_{\mathrm{ME}}(\theta) = \frac{1}{|(\boldsymbol{i}_L^{(1)})^{\mathrm{H}}\hat{\boldsymbol{R}}_{\boldsymbol{xx}}^{-1}\boldsymbol{a}(\theta)|^2} \quad ⑥$$

式中，$\boldsymbol{a}(\theta)$ 为阵列流形矢量；$\hat{\boldsymbol{R}}_{xx}$ 为阵列输出样本协方差矩阵。

通过计算机仿真，比较式⑤、式⑥所示方法（此方法又称最大熵方法）与多重信号分类方法的测向性能。

【3-4】根据3.2.2节的讨论可知，多重信号分类信号波达方向估计方法利用了噪声子空间的一组基底构造空间谱表达式。本题考虑如何仅利用噪声子空间中某单一矢量 $\boldsymbol{v}$ 估计信号波达方向，其主要问题是当 $\boldsymbol{v}$ 所在1维空间的 $L-1$ 维正交补空间与阵列流形$\mathcal{M}$比较接近时，空间谱旁瓣电平较高，从而导致虚警的发生，即空间谱会出现伪峰，比如无须估计信号源数的Pisarenko方法，该方法仅利用了阵列输出协方差矩阵最小特征值所对应的特征矢量。

为了解决上述问题，可以考虑使 $\boldsymbol{v}$ 所在空间的正交补空间最大程度地偏离阵列流形，或者使 $\boldsymbol{v}$ 最大程度地靠近阵列流形，比如式⑦所示的“CLOSEST”方法[43]：

$$\min_{\boldsymbol{v}\neq\boldsymbol{0}} D(\boldsymbol{v},\mathcal{M}) \quad \text{s. t.} \quad \boldsymbol{U}_{\mathrm{S}}^{\mathrm{H}}\boldsymbol{v}=\boldsymbol{0} \tag{⑦}$$

式中，$\boldsymbol{U}_{\mathrm{S}}$ 为阵列输出协方差矩阵较大特征值对应的特征矢量所组成的矩阵；$D(\boldsymbol{v},\mathcal{M})$ 为某种距离准则，如 $D(\boldsymbol{v},\mathcal{M})=\dfrac{1}{2\pi}\displaystyle\int_{-\pi}^{\pi}|1-\boldsymbol{v}^{\mathrm{H}}\boldsymbol{a}(\varpi)|^2\mathrm{d}\varpi$ 所示的针对等距线阵的“最近”准则，其中，$\boldsymbol{a}(\varpi)$ 为阵列流形矢量，且 $\varpi=2\pi d\sin\theta/\lambda_0$。

（1）证明按照 $D(\boldsymbol{v},\mathcal{M})=\dfrac{1}{2\pi}\displaystyle\int_{-\pi}^{\pi}|1-\boldsymbol{v}^{\mathrm{H}}\boldsymbol{a}(\varpi)|^2\mathrm{d}\varpi$ 所示距离准则所设计的矢量 $\boldsymbol{v}$，其最优解为

$$\begin{aligned}\boldsymbol{v}_{\mathrm{CLOSEST}} &= \boldsymbol{U}_{\mathrm{N}}\left[\boldsymbol{U}_{\mathrm{N}}^{\mathrm{H}}\underbrace{\left[\frac{1}{2\pi}\int_{-\pi}^{\pi}\boldsymbol{a}(\varpi)\boldsymbol{a}^{\mathrm{H}}(\varpi)\mathrm{d}\varpi\right]}_{\boldsymbol{I}_L}\boldsymbol{U}_{\mathrm{N}}\right]^{-1}\boldsymbol{U}_{\mathrm{N}}^{\mathrm{H}}\underbrace{\left[\frac{1}{2\pi}\int_{-\pi}^{\pi}\boldsymbol{a}(\varpi)\mathrm{d}\varpi\right]}_{\boldsymbol{i}_L^{(1)}} \\ &= \boldsymbol{U}_{\mathrm{N}}\boldsymbol{U}_{\mathrm{N}}^{\mathrm{H}}\boldsymbol{i}_L^{(1)}\end{aligned} \tag{⑧}$$

式中，$\boldsymbol{i}_L^{(1)}$ 表示 $L\times L$ 维单位矩阵的第1列；$\boldsymbol{U}_{\mathrm{N}}$ 为阵列输出协方差矩阵较小特征值对应的特征矢量所组成的矩阵。

（2）按照式⑨所示准则重新设计 $\boldsymbol{v}$：

$$\min_{\boldsymbol{v}} \boldsymbol{v}^{\mathrm{H}}\boldsymbol{v} \quad \text{s. t.} \quad \boldsymbol{U}_{\mathrm{S}}^{\mathrm{H}}\boldsymbol{v}=\boldsymbol{0},\ \boldsymbol{v}^{\mathrm{H}}\boldsymbol{i}_L^{(1)}=1 \tag{⑨}$$

试证明式⑨的解为

$$\boldsymbol{v}_{\mathrm{MN}}=\frac{(\boldsymbol{U}_{\mathrm{N}}\boldsymbol{U}_{\mathrm{N}}^{\mathrm{H}})\boldsymbol{i}_L^{(1)}}{(\boldsymbol{i}_L^{(1)})^{\mathrm{H}}(\boldsymbol{U}_{\mathrm{N}}\boldsymbol{U}_{\mathrm{N}}^{\mathrm{H}})\boldsymbol{i}_L^{(1)}} \tag{⑩}$$

式⑧所示 $\boldsymbol{v}_{\mathrm{CLOSEST}}$ 与式⑩所示 $\boldsymbol{v}_{\mathrm{MN}}$ 有何关系？

（3）构造下述空间谱表达式：

$$J_{\mathrm{CLOSEST}}(\theta)=\frac{\boldsymbol{a}^{\mathrm{H}}(\theta)\boldsymbol{a}(\theta)}{|\boldsymbol{a}^{\mathrm{H}}(\theta)\boldsymbol{v}_{\mathrm{CLOSEST}}|^2} \tag{⑪}$$

$$J_{\mathrm{MN}}(\theta)=\frac{\boldsymbol{a}^{\mathrm{H}}(\theta)\boldsymbol{a}(\theta)}{|\boldsymbol{a}^{\mathrm{H}}(\theta)\boldsymbol{v}_{\mathrm{MN}}|^2} \tag{⑫}$$

通过计算机仿真，分析比较式⑪、式⑫所示方法与多重信号分类方法和Pisarenko方法的测向性能，其中 $\boldsymbol{U}_{\mathrm{S}}$ 和 $\boldsymbol{U}_{\mathrm{N}}$ 采用阵列输出样本协方差矩阵的特征分解进行估计。

【3-5】若一12元等距线阵，阵元间距为1/2信号波长。两个入射信号互不相关，波达

方向分别为20°和50°。通过计算机仿真，研究和比较最小二乘旋转不变参数估计方法和总体最小二乘旋转不变参数估计方法在不同信噪比和快拍数条件下的信号波达方向估计性能。

【3－6】 本章介绍的大部分非相干源信号波达方向估计方法都要求知道阵列入射信号个数，实际中通常需要对其进行估计。若一18元等距线阵，阵元间距为1/2信号波长。三个入射信号互不相关，波达方向分别为0°、15°和45°，信噪比均为20dB，快拍数为300。

（1）若通过某种方法估计出的信号源数为2（也称为欠估计），画出对应的MUSIC空间谱图。

（2）若通过某种方法估计出的信号源数为4（也称为过估计），画出对应的MUSIC空间谱图。

（3）通过计算机仿真，比较问题（1）和问题（2）所得结果，解释所观察到的主要现象。

【3－7】 当阵元加性空间白噪声为高斯随机过程，且采样时间大于噪声相关时间，信号波形未知但确定时，证明3.3.1节所介绍的最小二乘拟合方法等价为最大似然方法（有时也称确定最大似然方法[44,45]）。

【3－8】 若一16元等距线阵，阵元间距为1/2信号波长。两个入射信号彼此相干，波达方向分别为0°和20°。通过计算机仿真，分析研究空间平滑多重信号分类方法在不同平滑次数/子阵维数条件下的信号波达方向估计性能，并解释所观察到的现象。

【3－9】 证明空间平滑技术同样适用于图3.9所示的一般的空间平移不变阵列。

【3－10】 本题讨论加权平滑空间平滑技术，其公式为[46]

$$\bar{\boldsymbol{R}}_{xx} = \sum_{n=0}^{N-1} w_n \boldsymbol{R}_{\boldsymbol{x}^{(n)}\boldsymbol{x}^{(n)}} \tag{⑬}$$

式中，$\{\boldsymbol{R}_{\boldsymbol{x}^{(n)}\boldsymbol{x}^{(n)}}\}_{n=0}^{N-1}$ 为 N 个子阵的输出协方差矩阵；$\{w_n\}_{n=0}^{N-1}$ 为对应的 N 个非零的加权系数。

（1）若所有信号均相干，证明当 $N \geqslant M$ 时，式⑬所示加权平滑可以实现信号解相干，其中 M 为信号源数。

（2）证明若所有加权系数均为非负实数，则 $\bar{\boldsymbol{R}}_{xx}$ 为非负定矩阵。

（3）若每个子阵对应的噪声协方差矩阵相同，则可选择满足下述条件的加权系数以抑制噪声：

$$\sum_{n=0}^{N-1} w_n = 0 \tag{⑭}$$

但是，上述加权方式并不能应用于阵列入射信号互不相关的情形，为什么？

【3－11】 本题讨论流形变换虚拟阵列构造技术的一种特殊形式：针对均匀圆阵的模式变换方法。阵列流形变换（也称阵列内插[47]）的目的是设计变换矩阵 $\boldsymbol{B}$，使得

$$\boldsymbol{B}\boldsymbol{a}(\theta) \approx \boldsymbol{b}(\theta), \theta \in \Theta \tag{⑮}$$

式中，Θ 为感兴趣的角度区域；$\boldsymbol{a}(\theta)$ 为实际阵列的流形矢量；$\boldsymbol{b}(\theta)$ 为期望的虚拟阵列（也称内插阵列）的流形矢量。

图3.15所示的为 L 元均匀圆阵，并假设圆半径为 d，圆心位于坐标原点，第 l 个阵元的位置矢量 $\boldsymbol{d}_l$ 与 x 轴正方向的夹角为 $\varkappa_l$，所有阵元通道响应均为1，相位参考点为坐标原点（注意此处阵元0并不位于相位参考点处）。

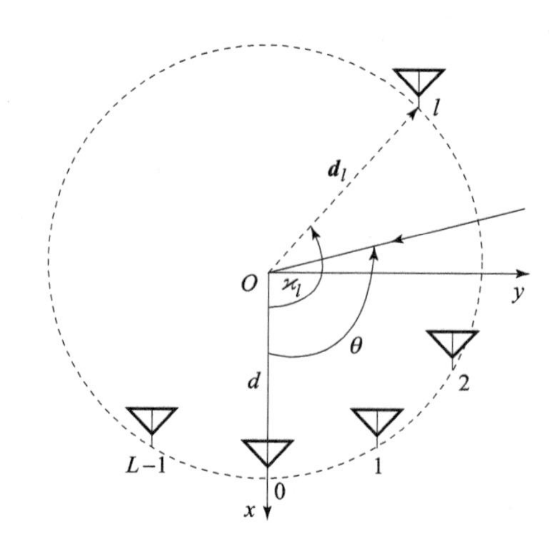

图 3.15　L 元均匀圆阵结构示意图

（1）证明 $\boldsymbol{a}(\theta)$ 的第 l 个元素为 $\mathrm{e}^{\mathrm{j}\omega_0 d\cos(\varkappa_l-\theta)/c}$，其中 ω_0 为信号中心角频率，c 为信号波传播速度。

（2）证明下述模式变换成立（其中 N 为模式空间的维数）：

$$\frac{1}{L}\boldsymbol{M}_1\boldsymbol{M}_2\boldsymbol{a}(\theta) \approx \boldsymbol{b}(\theta) = [\mathrm{e}^{-\mathrm{j}N\theta},\cdots,\mathrm{e}^{-\mathrm{j}\theta},1,\mathrm{e}^{\mathrm{j}\theta},\cdots,\mathrm{e}^{\mathrm{j}N\theta}]^{\mathrm{T}},\theta \in \Theta \quad ⑯$$

$$\boldsymbol{M}_1 = \mathrm{diag}\left\{\frac{1}{\mathrm{j}^{-N}J_{-N}\left(\frac{\omega_0 d}{c}\right)},\cdots,\frac{1}{\mathrm{j}^{-1}J_{-1}\left(\frac{\omega_0 d}{c}\right)},\frac{1}{J_0\left(\frac{\omega_0 d}{c}\right)},\frac{1}{\mathrm{j}J_1\left(\frac{\omega_0 d}{c}\right)},\cdots,\frac{1}{\mathrm{j}^N J_N\left(\frac{\omega_0 d}{c}\right)}\right\}$$

$$\boldsymbol{M}_2 = \begin{bmatrix} \mathrm{e}^{-\mathrm{j}N\varkappa_0} & \mathrm{e}^{-\mathrm{j}N\varkappa_1} & \cdots & \mathrm{e}^{-\mathrm{j}N\varkappa_{L-1}} \\ \vdots & \vdots & \ddots & \vdots \\ \mathrm{e}^{-\mathrm{j}\varkappa_0} & \mathrm{e}^{-\mathrm{j}\varkappa_1} & \cdots & \mathrm{e}^{-\mathrm{j}\varkappa_{L-1}} \\ 1 & 1 & \cdots & 1 \\ \mathrm{e}^{\mathrm{j}\varkappa_0} & \mathrm{e}^{\mathrm{j}\varkappa_1} & \cdots & \mathrm{e}^{\mathrm{j}\varkappa_{L-1}} \\ \vdots & \vdots & \ddots & \vdots \\ \mathrm{e}^{\mathrm{j}N\varkappa_0} & \mathrm{e}^{\mathrm{j}N\varkappa_1} & \cdots & \mathrm{e}^{\mathrm{j}N\varkappa_{L-1}} \end{bmatrix}$$

式⑯中的 $J_n(x)$ 为第一类 n 阶贝塞尔函数，即

$$J_n(x) = \frac{1}{\mathrm{j}^n}\frac{1}{2\pi}\int_{-\pi}^{\pi}\mathrm{e}^{\mathrm{j}x\cos\theta}\mathrm{e}^{\mathrm{j}n\theta}\mathrm{d}\theta \quad ⑰$$

（3）基于问题（2）中结论，推导一种适用于均匀圆阵的求根多重信号分类信号波达方向估计方法。

（4）基于问题（2）中结论，推导一种适用于均匀圆阵的信号解相干方法。

【3-12】 本题讨论流形分离虚拟阵列构造问题[48]。假设坐标原点为相位参考点（阵元 0 不一定位于相位参考点处），所有阵元通道响应均为 1，第 l 个阵元的位置矢量 $\boldsymbol{d}_l$ 与 x 轴正方向的夹角为 $\varkappa_l$。

（1）证明实际阵列的流形矢量 $\boldsymbol{a}(\theta)$ 的第 l 个元素满足下式：

$$
\begin{aligned}
\mathrm{e}^{\mathrm{j}\omega_0 d_l \cos(\varkappa_l-\theta)/c} &= \sum_{n=-\infty}^{\infty} \underbrace{\left[\mathrm{j}^n J_n\left(\frac{\omega_0 d_l}{c}\right)\mathrm{e}^{\mathrm{j}n\varkappa_l}\right]}_{\mu_{n,l}} \mathrm{e}^{-\mathrm{j}n\theta} \\
&= \sum_{n=-\infty}^{\infty} \mu_{n,l}\mathrm{e}^{-\mathrm{j}n\theta} \\
&= \sum_{n=-\infty}^{\infty} \underbrace{\left[\mathrm{j}^n J_n\left(\frac{\omega_0 d_l}{c}\right)\mathrm{e}^{-\mathrm{j}n\varkappa_l}\right]}_{\mu'_{n,l}} \mathrm{e}^{\mathrm{j}n\theta} \\
&= \sum_{n=-\infty}^{\infty} \mu'_{n,l}\mathrm{e}^{\mathrm{j}n\theta}, \theta \in \Theta
\end{aligned} \tag{⑱}
$$

从而实现下述所谓流形分离，即

$$
\begin{aligned}
\boldsymbol{a}(\theta) &= \begin{bmatrix} \cdots & \mu_{-1,0} & \mu_{0,0} & \mu_{1,0} & \cdots \\ \cdots & \mu_{-1,1} & \mu_{0,1} & \mu_{1,1} & \cdots \\ \vdots & \vdots & \vdots & \vdots & \vdots \\ \cdots & \mu_{-1,L-1} & \mu_{0,L-1} & \mu_{1,L-1} & \cdots \end{bmatrix} \begin{bmatrix} \vdots \\ \mathrm{e}^{\mathrm{j}\theta} \\ 1 \\ \mathrm{e}^{-\mathrm{j}\theta} \\ \vdots \end{bmatrix} \\
&= \begin{bmatrix} \cdots & \mu'_{-1,0} & \mu'_{0,0} & \mu'_{1,0} & \cdots \\ \cdots & \mu'_{-1,1} & \mu'_{0,1} & \mu'_{1,1} & \cdots \\ \vdots & \vdots & \vdots & \vdots & \vdots \\ \cdots & \mu'_{-1,L-1} & \mu'_{0,L-1} & \mu'_{1,L-1} & \cdots \end{bmatrix} \begin{bmatrix} \vdots \\ \mathrm{e}^{-\mathrm{j}\theta} \\ 1 \\ \mathrm{e}^{\mathrm{j}\theta} \\ \vdots \end{bmatrix}, \theta \in \Theta
\end{aligned} \tag{⑲}
$$

式中，$d_l = \|\boldsymbol{d}_l\|_2$；$\omega_0$ 为信号中心角频率；c 为信号波传播速度；$J_n(x)$ 为第一类 n 阶贝塞尔函数；Θ 为感兴趣的角度区域。

（2）基于问题（1）结论，推导一种适用于一般阵列的求根多重信号分类信号波达方向估计方法。

（3）本题中所讨论的流形分离问题与习题【3－11】中的流形变换问题有什么区别和联系？

【3－13】如图 3.16 所示，坐标原点为相位参考点。假设阵列平台可以沿 y 轴运动，假定阵列平台运动速度 $\boldsymbol{v}$ 恒定，且 $\boldsymbol{v} \ll c$，其中 c 为信号波传播速度。

（1）若阵列远场 θ_0 方向存在一个窄带信号源，阵列接收机如图 1.3 所示。试证明当相位参考点处的信号为 $s_0(t) = a_0(t)\cos[\omega_0 t + \varphi_0(t)]$ 时，阵元 l 的输出信号 $x_l(t)$ 近似可以写成

$$
x_l(t) \approx \rho_{l,0} a_0(t) \mathrm{e}^{\mathrm{j}\varphi_0(t)} \mathrm{e}^{\mathrm{j}\frac{\omega_0 d_l(0)\sin\theta_0}{c}} \mathrm{e}^{\mathrm{j}\frac{\omega_0 v\sin\theta_0}{c}t} + n_l(t) \tag{⑳}
$$

式中，$\rho_{l,0}$ 为阵元 l 接收通道增益；$a_0(t)$ 和 $\varphi_0(t)$ 分别为信号振幅和相位，均为窄带随机过程；$d_l(0)$ 为阵元 l 的初始位置（即零时刻的位置）；$n_l(t)$ 为阵元 l 加性噪声。

（2）式⑳中，$\omega_0 v\sin\theta_0/c$ 又称为信号的多普勒频率或多普勒频移[49]。基于问题（1）的结论，分析讨论能否基于单个速度恒定且已知的直线运动阵元（即图 3.16 中的阵列只包含单个阵元）的输出进行测向？如果能，具体方法是什么？

（3）对于多阵元多信号源情形，能否采用图 3.16 所示移动阵列实现基于子空间分解的

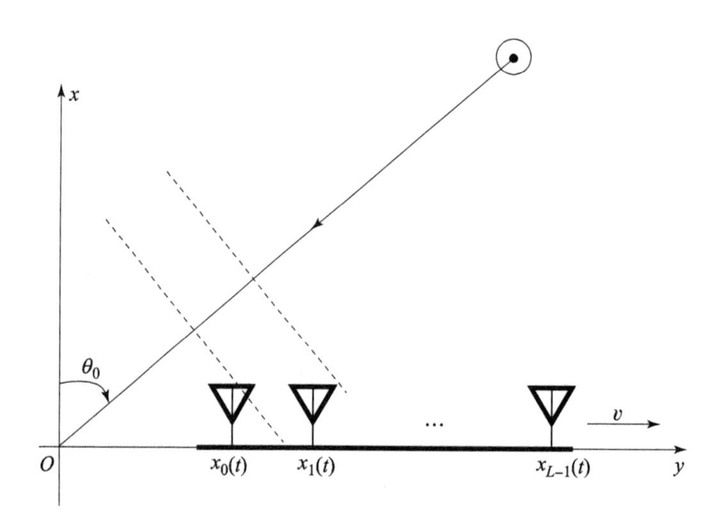

图 3.16　移动阵列测向示意图

相干源信号波达方向估计?

【3-14】在电磁应用背景中，阵列天线在感应电磁波的同时，还存在一定的反射性辐射，对距离较近的天线产生影响，此即天线互耦效应，它会严重影响信号波达方向估计的性能，甚至使之失效[50]。

阵列天线间的互耦效应可以用互耦系数矩阵 $\boldsymbol{M}$ 进行描述。假设天线响应与信号参数无关，不存在通道失配以及天线指向误差和位置误差，则当信号 $s_0(t)$ 的波达方向为 θ_0 时，阵列输出信号矢量具有下述形式：

$$\boldsymbol{x}(t) = \boldsymbol{M}\boldsymbol{a}(\theta_0)s_0(t) + \boldsymbol{n}(t) \tag{21}$$

式中，$\boldsymbol{a}(\theta_0)$为信号导向矢量；$\boldsymbol{n}(t)$为阵元加性噪声矢量。

对于等距线阵，$\boldsymbol{M}$ 为托普利兹矩阵，且有下述结论成立：

$$\boldsymbol{M}\boldsymbol{a}(\theta_0) = \boldsymbol{C}(\theta_0)\boldsymbol{m} \tag{22}$$

式中，$\boldsymbol{C}(\theta_0)$ 为与 θ_0 和 $\boldsymbol{a}(\theta_0)$ 结构有关的矩阵；$\boldsymbol{m}$ 为互耦系数矢量，其元素为互耦系数矩阵 $\boldsymbol{M}$ 的主、次对角线元素。

例如，对于阵元间距为 1/2 信号波长的 3 元等距线阵，若以阵元 0 为参考阵元，则有

$$\underbrace{\begin{bmatrix} 1 & m_1 & m_2 \\ m_1 & 1 & m_1 \\ m_2 & m_1 & 1 \end{bmatrix}}_{\boldsymbol{M}} \underbrace{\begin{bmatrix} 1 \\ \mathrm{e}^{\mathrm{j}\pi\sin\theta_0} \\ \mathrm{e}^{\mathrm{j}2\pi\sin\theta_0} \end{bmatrix}}_{\boldsymbol{a}(\theta_0)} = \underbrace{\begin{bmatrix} 1 & \mathrm{e}^{\mathrm{j}\pi\sin\theta_0} & \mathrm{e}^{\mathrm{j}2\pi\sin\theta_0} \\ \mathrm{e}^{\mathrm{j}\pi\sin\theta_0} & 1+\mathrm{e}^{\mathrm{j}2\pi\sin\theta_0} & 0 \\ \mathrm{e}^{\mathrm{j}2\pi\sin\theta_0} & \mathrm{e}^{\mathrm{j}\pi\sin\theta_0} & 1 \end{bmatrix}}_{\boldsymbol{C}(\theta_0)} \underbrace{\begin{bmatrix} 1 \\ m_1 \\ m_2 \end{bmatrix}}_{\boldsymbol{m}} \tag{23}$$

式中，m_1 和 m_2 为互耦系数。

（1）若阵元间距为 1/2 信号波长的 L 元等距线阵，并假设当天线距离超过 2 倍信号波长时其互耦效应可以忽略，写出矩阵 $\boldsymbol{C}(\theta_0)$ 的一般形式。

（2）如何利用一个角度精确已知的校正源对问题（1）中等距线阵的互耦矩阵进行估计?

（3）由于阵列天线互耦系数矩阵会随外界环境的变化而改变，对具有时变性的互耦效应进行在线自校正有时更具实际意义，即直接根据阵列输出，对阵列天线互耦系数矩阵和信

号波达方向进行联合估计。令 $\boldsymbol{U}_{\mathrm{N}}$ 为阵列输出协方差矩阵 $\boldsymbol{R}_{xx}$ 较小特征值对应的特征矢量矩阵，并记为 $\boldsymbol{H}(\theta_0) = \boldsymbol{C}^{\mathrm{H}}(\theta_0)\boldsymbol{U}_{\mathrm{N}}\boldsymbol{U}_{\mathrm{N}}^{\mathrm{H}}\boldsymbol{C}(\theta_0)$。

（a）证明 $\det\{\boldsymbol{H}(\theta_0)\} = 0$，其中“det”表示矩阵的行列式。

（b）证明 $\boldsymbol{m}$ 与 $\boldsymbol{H}(\theta_0)$ 最小特征值对应的特征矢量成比例关系。

（c）基于（a）和（b）的结论，设计一种阵列天线互耦系数矩阵和信号波达方向的联合估计方法，并通过计算机仿真研究其性能。

【3－15】由习题【1－9】可知，当所有各向同性阵元接收通道特性完全相同时，若信号互不相关，且和空间白噪声统计独立，则阵列输出协方差矩阵 $\boldsymbol{R}_{xx}$ 为托普利兹矩阵，阵列输出信号呈现空间宽平稳性。

（1）信号相干条件下，利用空间平滑技术能够恢复阵列输出信号的空间宽平稳性吗？为什么？

（2）若阵元接收通道存在失配，但与信号参数无关，则当信号互不相关时，阵列输出协方差矩阵 $\boldsymbol{R}_{xx}$ 还为托普利兹矩阵吗？为什么？

（3）假设阵列接收通道失配与信号参数无关，基于问题（2）的结论，推导几种可行的通道失配校正方法。

【3－16】本题讨论多径传播条件下的相干波束形成问题。假设只有一个多径干扰与期望信号相干，则波束形成器阵列输出信号矢量可以写成

$$\boldsymbol{x}(t) = \underbrace{[\boldsymbol{a}(\theta_0) + b\boldsymbol{a}(\theta_1)]s_0(t)}_{s(t)} + \underbrace{\sum_{m=2}^{M-1}\boldsymbol{a}(\theta_m)s_m(t)}_{\boldsymbol{i}(t)} + \boldsymbol{n}(t) \quad ㉔$$

式中，b 为多径传播衰减因子；$\boldsymbol{i}(t)$ 和 $\boldsymbol{n}(t)$ 分别为与期望信号互不相关的干扰矢量和空间白噪声矢量。

（1）若波束形成器权矢量为 $[\boldsymbol{a}^{\mathrm{H}}(\theta_0)\boldsymbol{R}_{xx}^{-1}\boldsymbol{a}(\theta_0)]^{-1}\boldsymbol{R}_{xx}^{-1}\boldsymbol{a}(\theta_0)$，其中 $\boldsymbol{R}_{xx}$ 为阵列输出协方差矩阵，分析该波束形成器是否会存在信号相消现象。

（2）记 $\boldsymbol{U}_{\mathrm{N}}$ 为 $\boldsymbol{R}_{xx}$ 较小特征值对应的特征矢量矩阵，则

$$\underbrace{\begin{bmatrix}\boldsymbol{a}^{\mathrm{H}}(\theta_0)\\ \boldsymbol{a}^{\mathrm{H}}(\theta_1)\end{bmatrix}\boldsymbol{U}_{\mathrm{N}}\boldsymbol{U}_{\mathrm{N}}^{\mathrm{H}}[\boldsymbol{a}(\theta_0),\boldsymbol{a}(\theta_1)]}_{\boldsymbol{H}}\underbrace{\begin{bmatrix}1\\ b\end{bmatrix}}_{\boldsymbol{h}} = \boldsymbol{0} \quad ㉕$$

若存在 $b' \neq b$，使得 $\boldsymbol{H}\begin{bmatrix}1\\ b'\end{bmatrix} = \boldsymbol{0}$，则 $\boldsymbol{a}(\theta_0) + b'\boldsymbol{a}(\theta_1)$ 应是 $\boldsymbol{a}(\theta_0) + b\boldsymbol{a}(\theta_1)$，$\boldsymbol{a}(\theta_2)$，…，$\boldsymbol{a}(\theta_{M-1})$ 的线性组合，即

$$\begin{aligned}&\boldsymbol{a}(\theta_0) + b'\boldsymbol{a}(\theta_1) = k_0\boldsymbol{a}(\theta_0) + k_0b\boldsymbol{a}(\theta_1) + k_2\boldsymbol{a}(\theta_2) + \cdots + k_{M-1}\boldsymbol{a}(\theta_{M-1})\\ &\Rightarrow\\ &(k_0 - 1)\boldsymbol{a}(\theta_0) + (k_0b - b')\boldsymbol{a}(\theta_1) + k_2\boldsymbol{a}(\theta_2) + \cdots + k_{M-1}\boldsymbol{a}(\theta_{M-1}) = \boldsymbol{0}\end{aligned} \quad ㉖$$

由于 $\boldsymbol{a}(\theta_0)$，$\boldsymbol{a}(\theta_1)$，$\boldsymbol{a}(\theta_2)$，…，$\boldsymbol{a}(\theta_{M-1})$ 线性无关，所以 $k_0 = 1$，$b = b'$。由此可见，$\boldsymbol{H}$ 只有一个零特征值，其对应的特征矢量与 $\boldsymbol{h}$ 成比例关系。根据上述分析和本章所介绍的知识，推导一种多径传播条件下的鲁棒波束形成方法。

【3－17】利用信号的循环平稳性和共轭循环平稳性除了可以改善信号波达方向估计质量，还可用于实现自适应盲波束形成[51]。

（1）若期望信号具有循环平稳性，且其循环频率为 $\acute{\omega}_0$ ，干扰为平稳随机过程或其循环频率与 $\acute{\omega}_0$ 不同，噪声为平稳随机过程，则盲波束形成器的权矢量可按下式所示准则进行设计：

$$\min_{\boldsymbol{w}}\langle | \boldsymbol{w}^{\mathrm{H}}\boldsymbol{x}(t) - \boldsymbol{c}^{\mathrm{H}}\boldsymbol{x}(t-\tau)\mathrm{e}^{\mathrm{j}\acute{\omega}_0 t} |^2\rangle \tag{27}$$

式中，$\boldsymbol{c}$ 为控制矢量，且满足条件 $\boldsymbol{c}^{\mathrm{H}}\boldsymbol{a}_0 \neq 0$ ，比如 $\boldsymbol{c} = \boldsymbol{i}_L^{(1)}$ ；τ 为某一合适的滞后值。

试求出式㉗的解。

（2）若期望信号具有共轭循环平稳性，且其共轭循环频率为 $\acute{\omega}_{0*}$ ，干扰为平稳随机过程或其共轭循环频率与 $\acute{\omega}_{0*}$ 不同，噪声为平稳随机过程，则盲波束形成器的权矢量可按下式所示准则进行设计：

$$\min_{\boldsymbol{w}}\langle | \boldsymbol{w}^{\mathrm{H}}\boldsymbol{x}(t) - \boldsymbol{c}^{\mathrm{H}}\boldsymbol{x}^*(t-\tau)\mathrm{e}^{\mathrm{j}\acute{\omega}_{0*} t} |^2\rangle \tag{28}$$

式中，$\boldsymbol{c}$ 为控制矢量，且满足条件 $\boldsymbol{c}^{\mathrm{H}}\boldsymbol{a}_0^* \neq 0$ ；τ 为某一合适的滞后值。

试求出式㉘的解。

第4章
窄带阵列孔径扩展

在不引入多值模糊的前提下，增大阵列的有效孔径，即阵列空间尺寸，有利于提高阵列波束形成和信号波达方向估计的性能，下面通过两个简单的仿真实例说明这一点。

图4.1（a）所示为阵元数相同，但阵元间距不同，即孔径不同时，相应的常规波束形成波束方向图比较。其中，两个阵列均为等距线阵，阵元均在y轴上，阵元数均为12，阵元间距分别为1/2信号波长和1/5信号波长，快拍数为100，信噪比为0dB，信干比为-20dB。

期望信号和干扰的波达方向分别为30°和0°，两者互不相关。阵元加性噪声为宽平稳、空间白随机过程，并且与信号和干扰均统计独立，其中信号和干扰均为宽平稳随机过程。

由图4.1（a）所示结果可以看出，阵列空间孔径越大，波束方向图的主瓣越窄，旁瓣越低，更有利于干扰和噪声的抑制。

图4.1（b）所示为阵元数相同，但阵列孔径不同时，相应的MUSIC空间谱图比较。其中，两个阵列均为等距线阵，阵元均在y轴上，阵元数均为8，阵元间距分别为1/2信号波长和1/5信号波长，快拍数为100，信噪比均为0dB。

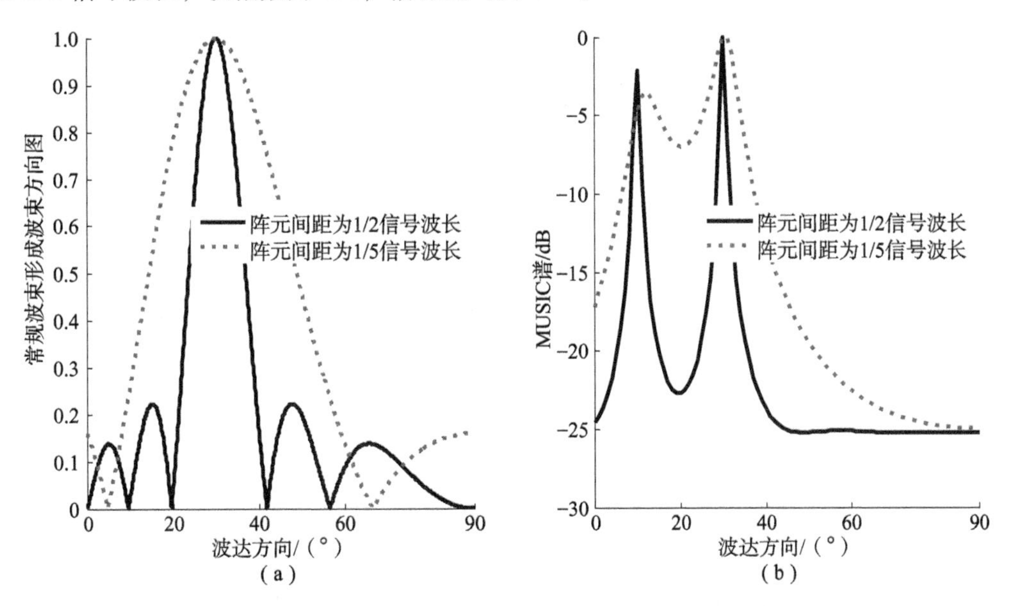

图4.1 阵元数相同但孔径不同的阵列其常规波束形成波束方向图和MUSIC空间谱的比较

（a）波束方向图；（b）MUSIC空间谱

两个信号波达方向分别为10°和30°，两者互不相关。阵元加性噪声为空间白宽平稳随机过程，与信号统计独立，其中信号为宽平稳随机过程。

由图4.1（b）所示结果可以看出，阵列空间孔径越大，相应的信号波达方向估计的分辨率和精度越高。

4.1 问题描述

对于阵元数一定的等距线阵，增大阵列有效孔径就必须加大阵元间距，但当阵元间距超过入射信号波长的1/2时会产生栅瓣，从而出现信号波达方向估计多值模糊问题，下面对此作一简单解释。

考虑如图4.2所示的非等距线阵，并假定$\bar{d}_l = 2d_l/\lambda_0$为阵元$l$相对于1/2信号波长的归一化坐标值，其中$d_l$为其实际坐标轴。阵元0位于相位参考点（坐标原点$O$），作为参考阵元。

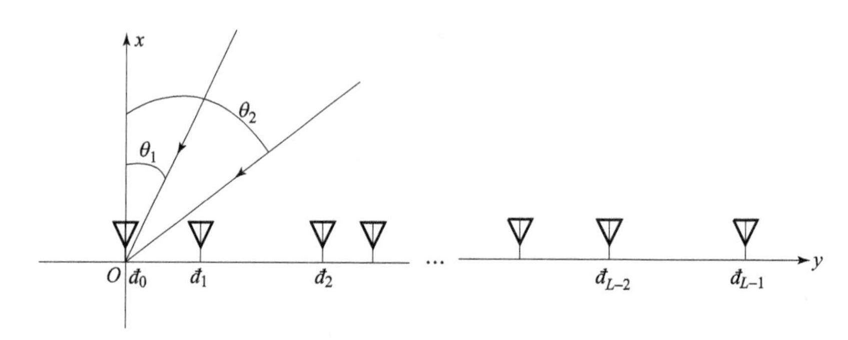

图4.2 非等距线阵示意图

很显然，$\bar{d}_0 = 0$，阵列流形矢量为

$$\boldsymbol{a}(\theta) = [1, e^{j\pi\bar{d}_1\sin\theta}, \cdots, e^{j\pi\bar{d}_{L-1}\sin\theta}]^{\mathrm{T}} \tag{4.1}$$

下面讨论什么情况下会发生信号波达方向估计的多值模糊问题，其中感兴趣的角度区域为$\Theta = [-90°, 90°]$。

为简单起见，仅考虑信号波达方向估计的二值模糊问题，即存在两个不同的角度$\theta_1, \theta_2 \in \Theta$，$\theta_1 \neq \theta_2$，其对应的信号导向矢量相同，即

$$\boldsymbol{a}(\theta_1) = \boldsymbol{a}(\theta_2) \tag{4.2}$$

若式（4.2）成立，应有式（4.3）成立：

$$e^{j\pi\bar{d}_l\sin\theta_1} = e^{j\pi\bar{d}_l\sin\theta_2}, \ l = 1, 2, \cdots, L-1 \tag{4.3}$$

进一步有

$$\begin{aligned} &\pi\bar{d}_l\sin\theta_1 = 2k_l\pi + \pi\bar{d}_l\sin\theta_2 \\ &\Rightarrow \\ &\bar{d}_l(\sin\theta_1 - \sin\theta_2) = 2k_l, \ l = 1, 2, \cdots, L-1 \end{aligned} \tag{4.4}$$

式中，$\{k_l\}_{l=1}^{L-1}$均为整数，且由于$0 < |\sin\theta_1 - \sin\theta_2| \leqslant 2$，所以$0 < |k_l| \leqslant \bar{d}_l$。

先考虑特殊情形：$\theta_1 = 90°$，$\theta_2 = -90°$，此时$\sin\theta_1 - \sin\theta_2 = 2$，则当下述条件满足时，存在信号波达方向估计的二值模糊问题：

$$\bar{d}_l = k_l = kl\ ,\ l = 1,2,\cdots,L-1 \tag{4.5}$$

式中，k 为整数，比如阵元间距为 1/2 信号波长的等距线阵，即 $k=1$。

通常，若 $\boldsymbol{a}(\theta_1)=\boldsymbol{a}(\theta_2)$ 而 $\theta_1 \neq \theta_2$，则应有

$$\frac{\bar{d}_1}{k_1} = \frac{\bar{d}_2}{k_2} = \cdots = \frac{\bar{d}_{L-1}}{k_{L-1}} = \frac{2}{\sin\theta_1 - \sin\theta_2} \tag{4.6}$$

式处，$2|\sin\theta_1 - \sin\theta_2|^{-1}$ 为不小于 1 的有理数。

对于等距线阵，当其阵元间距大于等于 1/2 信号波长时，存在一组整数 $\{k_l\}_{l=1}^{L-1}$ 使得式（4.6）成立，此时存在信号波达方向估计的二值模糊问题。因此，对于 L 元等距线阵，欲避免信号波达方向估计的二值模糊问题，其空间孔径最大值应小于 $(L-1)/2$ 个信号波长。

本章所要讨论的问题是，在阵元数一定的条件下，如何通过阵列合理设计或信号特殊性质的利用，增大阵列有效孔径，同时又不引入信号波达方向估计的二值模糊问题。

4.2　阵元间距非均匀配置方法

本节主要讨论如何利用稀密结合空间非均匀采样以及信号波场的空间宽平稳性实现阵列有效孔径的扩展。

为简单起见，假设感兴趣的角度区域为 $\Theta = (-90°,90°)$，由式（4.6）可以看出，当 $\bar{d}_1,\bar{d}_2,\cdots,\bar{d}_{L-1}$ 为递增的互异整数且最大公约数为 1 时，不可能存在整数 $k_1,k_2,\cdots,k_{L-1}$ 使得式（4.6）成立，即此时不存在信号波达方向估计的二值模糊问题。

鉴于此，可以采用非等距线阵，并通过阵列空间几何（阵元位置）的合理配置来消除信号波达方向估计的二值模糊问题，同时又满足有关处理方法对阵列几何的其他要求，比如具有空间平移不变、最小冗余等性质。

4.2.1　空间平移不变非等距线阵设计

第 3 章已经指出，对于相干源信号波达方向估计，可采用空间平滑技术进行解相干处理，而空间平滑方法只适用于具有空间平移不变性质的阵列，即整个阵列存在多个结构、特性相同的子阵。

空间平移不变非等距线阵设计的主要目的即是在阵元数一定的情况下，尽量增加阵列的有效孔径，并能运用空间平滑方法进行信号解相干。

可以采用间距组合设计方法，即在保证 $\bar{d}_1,\bar{d}_2,\cdots,\bar{d}_{L-1}$ 为递增互异整数且最大公约数为 1 的前提下，选择阵元间距使得非等距线阵存在空间平移不变性质。例如，对于 8 元线阵，阵元位置可以选择为 0、3、5、8、10、13、15、18，如图 4.3 所示。

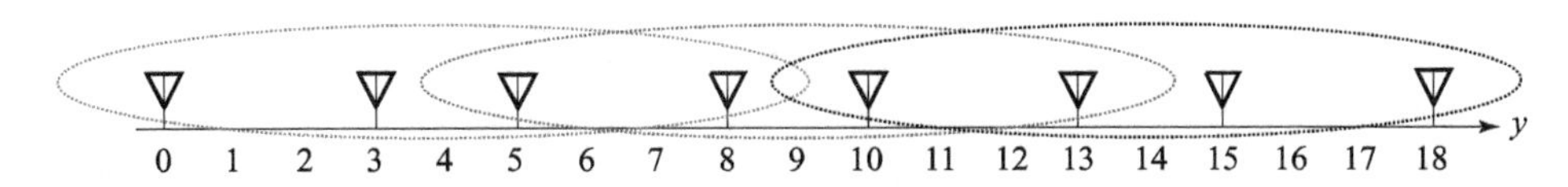

图 4.3　空间平移不变非等距线阵示意图

4.2.2 最小冗余非等距线阵设计[52,53]

本节考虑整数阵，即 $\bar{d}_l$ 为 $\bar{d}_1$ 的整数倍，其中 $l = 2,3,\cdots,L-1$ 。若采用与第3章相同的基本假设，则当阵列入射信号互不相关时，等距线阵输出协方差矩阵具有下述形式：

$$\boldsymbol{R}_{xx} = \begin{bmatrix} R_{x_0,x_0} & R_{x_0,x_1} & \cdots & R_{x_0,x_{L-1}} \\ R_{x_1,x_0} & R_{x_1,x_1} & \cdots & R_{x_1,x_{L-1}} \\ \vdots & \vdots & \ddots & \vdots \\ R_{x_{L-1},x_0} & R_{x_{L-1},x_1} & \cdots & R_{x_{L-1},x_{L-1}} \end{bmatrix} \tag{4.7}$$

式中，$R_{x_l,x_n} = E[x_l(t)x_n^*(t)]$。

根据定义，进一步有

$$R_{x_l,x_n} = \sum_{m=0}^{M-1}\sigma_m^2 \mathrm{e}^{\mathrm{j}\pi(\bar{d}_l-\bar{d}_n)\sin\theta_m} + \sigma^2\delta(\bar{d}_l - \bar{d}_n) = R_{x_n,x_l}^* = R_{x_{l+p},x_{n+p}} \tag{4.8}$$

式中，σ_m^2 为第 m 个信号的功率；σ^2 为噪声功率；$\delta(x)$ 表示狄拉克 Delta 函数。

由此可见，当入射信号互不相关时，阵列输出信号是空间宽平稳的，即两阵元信号间的协方差函数只依赖于（归一化）阵元间距。同时 $\boldsymbol{R}_{xx}$ 是厄米特、托普利兹矩阵，只要获得矩阵的第一列或最后一列就可以确定整个的阵列输出协方差矩阵。这一特性也表明等距线阵存在部分冗余阵元，即对于不同的阵元对，其输出信号间的协方差函数可能是相同的。例如，图4.4（b）所示阵列，其输出协方差矩阵为

$$\boldsymbol{R}_{\mathrm{MRA}} = \begin{bmatrix} R_{x_0,x_0} & R_{x_0,x_1} & R_{x_0,x_3} \\ R_{x_1,x_0} & R_{x_1,x_1} & R_{x_1,x_3} \\ R_{x_3,x_0} & R_{x_3,x_1} & R_{x_3,x_3} \end{bmatrix} \tag{4.9}$$

而图4.4（c）所示阵列，其输出协方差矩阵为

$$\boldsymbol{R}_{\mathrm{VA}} = \begin{bmatrix} R_{x_0,x_0} & R_{x_0,x_1} & R_{x_0,x_2} & R_{x_0,x_3} \\ R_{x_1,x_0} & R_{x_1,x_1} & R_{x_1,x_2} & R_{x_1,x_3} \\ R_{x_2,x_0} & R_{x_2,x_1} & R_{x_2,x_2} & R_{x_2,x_3} \\ R_{x_3,x_0} & R_{x_3,x_1} & R_{x_3,x_2} & R_{x_3,x_3} \end{bmatrix} \tag{4.10}$$

由于

$$R_{x_0,x_2} = R_{x_2,x_0}^* = R_{x_1,x_3} \tag{4.11}$$

$$R_{x_1,x_2} = R_{x_2,x_1}^* = R_{x_2,x_3} = R_{x_3,x_2}^* = R_{x_0,x_1} \tag{4.12}$$

$$R_{x_2,x_2} = R_{x_0,x_0} = R_{x_1,x_1} = R_{x_3,x_3} \tag{4.13}$$

所以，由 $\boldsymbol{R}_{\mathrm{MRA}}$ 可以完全重构出 $\boldsymbol{R}_{\mathrm{VA}}$ ，即根据图4.4（b）所示阵列的输出，可以有效估计图4.4（c）所示阵列的输出协方差矩阵。换言之，根据图4.4（b）所示阵列的输出，可以采用任意适用于图4.4（c）所示4元（虚拟）等距线阵的基于协方差矩阵分解的信号波达方向估计方法。

由上述例子可以看出，通过对阵元位置进行合理配置，可使一个 L 元非等距线阵在输出协方差矩阵可重构意义下与一个 D 元等距线阵等价，其中 $D > L$ 。另外，对于一个 L 元阵

列，非零间距阵元对的数目为 $L(L-1)/2$ ，其中间距相同的阵元对的数目越多，从阵列输出协方差矩阵可重构的角度看，阵列的冗余度越大。如图 4.4（b）所示 3 元阵列，其位置互异阵元对数为 3，即阵元 0 和阵元 1、阵元 0 和阵元 3、阵元 2 和阵元 3，其中间距相同的阵元对数为 0，所以阵列在输出协方差矩阵可重构意义下不存在冗余。相比之下，图 4.4（a）所示 3 元等距线阵，其位置互异阵元对数也为 3，即阵元 0 和阵元 1、阵元 1 和阵元 2、阵元 0 和阵元 2，但其中前两个阵元对的阵元间距相同，所以该阵列存在一定数目的冗余阵元。

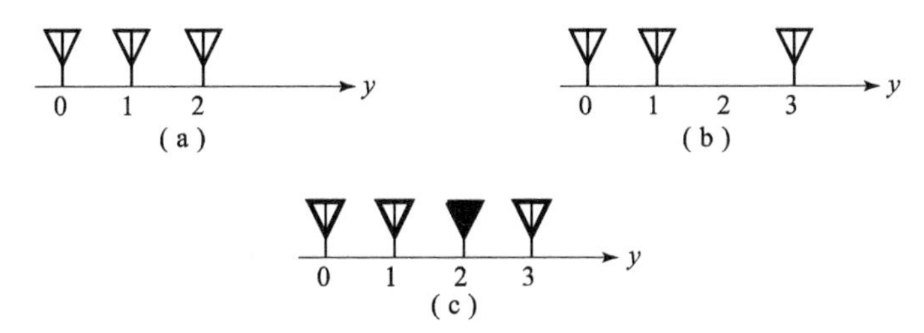

图 4.4　3 元等距线阵、3 元最小冗余线阵及其虚拟阵示意图

（a）3 元等距线阵；（b）3 元最小冗余线阵；（c）3 元最小冗余线阵的虚拟阵，也即 4 元等距线阵（空心三角代表实际存在的物理阵元，实心三角代表虚拟阵元）

所谓最小冗余线阵，是指归一化阵元间距 $\bar{d}_l-\bar{d}_n$ 遍历 $\{1,2,\cdots,D\}$ 中的所有值，其中 $l>n$ ，$l,n=0,1,\cdots,L-1$ ；$D>L$ ，同时冗余最小的整数阵。表 4.1 给出了最小冗余线阵的一种归一化阵元配置方式。

表 4.1　最小冗余线阵的一种归一化阵元配置方式[52]

L								$\bar{d}_l$									
3	0	1	3														
4	0	1	4	6													
5	0	1	2	6	9												
6	0	1	2	6	10	13											
7	0	1	2	6	10	14	17										
8	0	1	2	11	15	18	21	23									
9	0	1	2	14	18	21	24	27	29								
10	0	1	3	6	13	20	27	31	35	36							
11	0	1	3	6	13	20	27	34	38	42	43						
12	0	1	5	9	16	23	30	37	44	47	49	50					
13	0	1	5	8	12	21	30	39	48	53	54	56	58				
14	0	1	2	8	14	20	31	42	53	58	63	66	67	68			
15	0	1	2	8	14	20	31	42	53	64	69	74	77	78	79		
16	0	1	2	8	14	20	31	42	53	64	75	80	85	88	89	90	
17	0	1	2	8	14	20	31	42	53	64	75	86	91	96	99	100	101

类似地，若基于阵列输出共轭协方差矩阵进行非圆信号测向（详见后文的讨论），则可采用共轭最小冗余线阵进行孔径扩展[53]。利用共轭最小冗余阵的输出可以重构出相应虚拟等距线阵的输出共轭协方差矩阵。表 4. 2 给出了共轭最小冗余线阵的一种归一化阵元配置方式。

表 4. 2　共轭最小冗余线阵的一种归一化阵元配置方式[53]

L								$\bar{d}_l$									
3	0	1	2														
4	0	1	3	4													
5	0	1	3	5	6												
6	0	1	3	5	7	8											
7	0	1	2	5	8	9	10										
8	0	1	2	5	8	11	12	13									
9	0	1	2	5	8	11	14	15	16								
10	0	1	3	4	9	11	16	17	19	20							

例 4. 1　考虑利用 4 元最小冗余线阵估计 4 个非相关窄带 BPSK 信号的波达方向，以阵元 0 为参考阵元，归一化阵元位置分别为 0、1、4、6。信号波达方向分别为 -40°、10°、40°和 0°；快拍数为 500，阵元噪声为空间白高斯噪声，信噪比均为 15dB。图 4. 5（a）所示为上述条件下对阵列输出协方差矩阵进行重构后的多重信号分类方法（最小冗余阵 MUSIC）的空间谱图。由图可以看出，4 个信号均被成功分辨。

图 4. 5（b）所示为未进行阵列输出协方差矩阵重构条件下，采用同一阵列处理 3 个非相关 BPSK 信号的最小冗余阵 MUSIC 空间谱图，其中信号波达方向分别为 -30°、30°和 20°，快拍数为 500，信噪比均为 15dB。由图可以看出，在 -42°附近出现了一个明显伪峰，此时信号波达方向估计存在模糊问题。

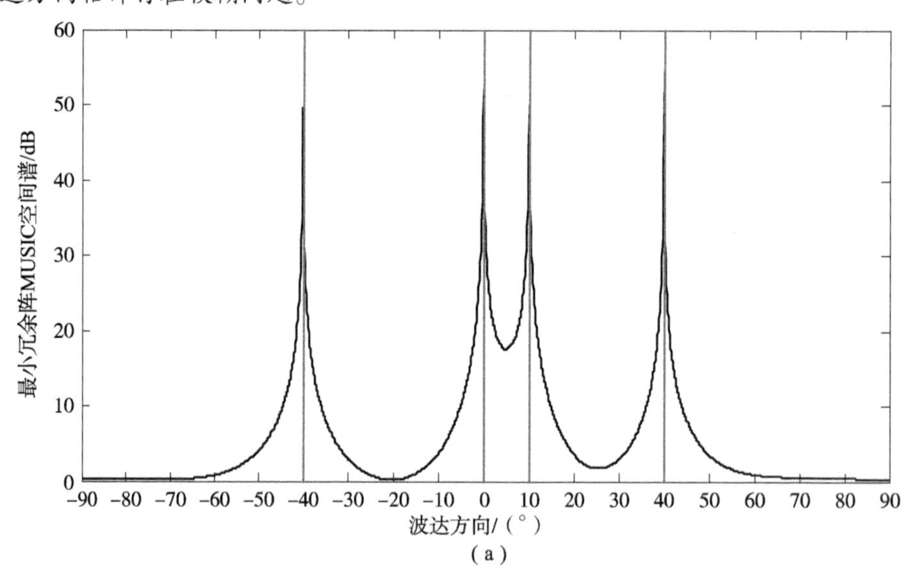

（a）

图 4. 5　4 元最小冗余线阵多重信号分类方法空间谱图

（a）阵列输出协方差矩阵重构情形：辨识 4 个非相关信号

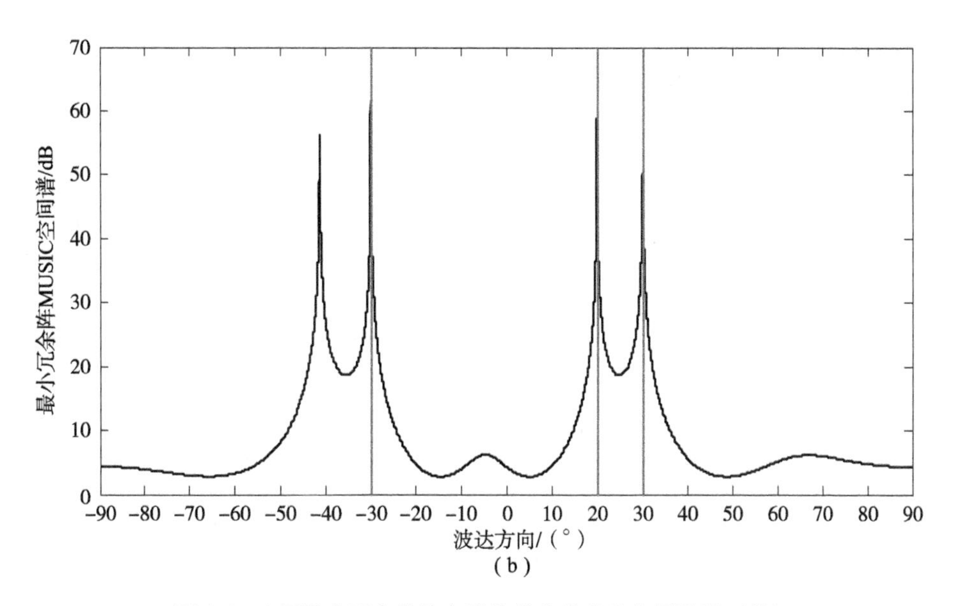

图 4.5　4 元最小冗余线阵多重信号分类方法空间谱图（续）

（b）阵列输出协方差矩阵未重构情形：辨识 3 个非相关信号

4.3　阵元响应非均匀配置方法

本节主要讨论如何利用信号波场的微观矢量特性实现阵列有效孔径的扩展。在前面的讨论中，假定阵列所有阵元的特性均相同，这样的阵列称为同型阵列。由于只能感应信号波场的强度信息，或信号波场沿某一方向的投影，这类阵列又称为标量阵列。若阵列各阵元的响应特性不完全相同，则称为异型阵列或矢量阵列。如图 4.6 所示的用于处理电磁波信号的 6 元多极化天线阵列（也称极化敏感阵列）[54-56]，它由相互正交的短偶极子天线组成，每个天线的输出与其指向上的信号波电场分量成比例关系。

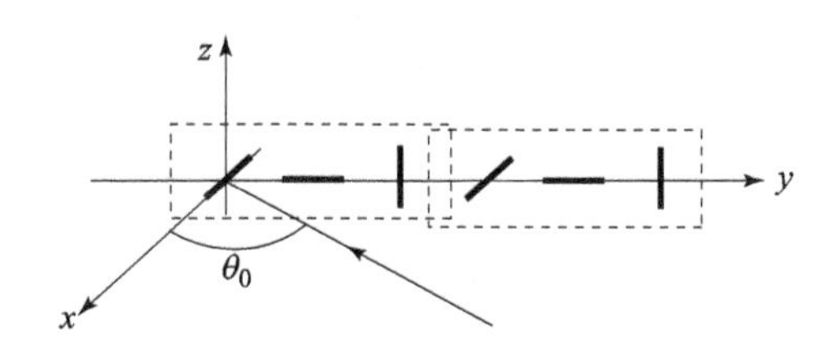

图 4.6　拉伸三极子天线阵列示意图

假设电磁波信号为 $s_0(t)$，由于电磁波为横波，其电场和磁场矢量始终垂直于波的传播方向。假设信号方位角和俯仰角分别为 θ_0 和 ϕ_0，则垂直于其传播方向的波前平面可由下述两个相互正交的单位矢量决定：

$$\boldsymbol{e}_{\mathrm{H},0} = [-\sin\theta_0, \cos\theta_0, 0]^{\mathrm{T}} \tag{4.14}$$

$$\boldsymbol{e}_{\mathrm{V},0} = [\cos\phi_0\cos\theta_0, \cos\phi_0\sin\theta_0, -\sin\phi_0]^{\mathrm{T}} \tag{4.15}$$

任意时刻信号波的电场矢量均位于上述波前平面内，所以可以表示成为 $\boldsymbol{e}_{\mathrm{H},0}$ 和 $\boldsymbol{e}_{\mathrm{V},0}$ 的线性组合。

若信号波为完全极化状态，则电场矢量沿 $\boldsymbol{e}_{\mathrm{H},0}$ 和 $\boldsymbol{e}_{\mathrm{V},0}$ 方向的投影分量具有恒定的幅相关系，正交解调后相应的输出信号可以分别写成

$$s_{\mathrm{H},0}(t) = \cos\gamma_0 s_0(t) \tag{4.16}$$

$$s_{\mathrm{V},0}(t) = \sin\gamma_0 \mathrm{e}^{\mathrm{j}\eta_0} s_0(t) \tag{4.17}$$

式中，$s_{\mathrm{H},0}(t)$ 和 $s_{\mathrm{V},0}(t)$ 分别为水平分量信号和垂直分量信号；γ_0 和 η_0 分别为信号极化辅助角和极化相位差。

这里假设信号波为非线性极化，即 $\eta_0 \neq 0,\pi$。

进一步地，若信号位于 $x-y$ 平面内，阵列所有接收机增益同为 ρ（不包括天线本身对信号的增益），加性噪声矢量为 $\boldsymbol{n}(t)$，则图 4.6 所示阵列的输出信号矢量可以写成

$$\boldsymbol{x}(t) = \boldsymbol{a}(\theta_0,\gamma_0,\eta_0)s_0(t) + \boldsymbol{n}(t) \tag{4.18}$$

式中，$\boldsymbol{a}(\theta_0,\gamma_0,\eta_0)$ 为信号的空间－极化域导向矢量，其形式为

$$\boldsymbol{a}(\theta_0,\gamma_0,\eta_0) = \begin{bmatrix} \rho_{0,0} = \rho_0(\theta_0,\gamma_0) \\ \rho_{1,0} = \rho_1(\theta_0,\gamma_0) \\ \rho_{2,0} = \rho_2(\gamma_0,\eta_0) \\ \rho_{3,0} = \rho_3(\theta_0,\gamma_0) \\ \rho_{4,0} = \rho_4(\theta_0,\gamma_0) \\ \rho_{5,0} = \rho_5(\gamma_0,\eta_0) \end{bmatrix} \odot \begin{bmatrix} 1 \\ \mathrm{e}^{\mathrm{j}\pi \bar{d}\sin\theta_0} \\ \mathrm{e}^{\mathrm{j}2\pi \bar{d}\sin\theta_0} \\ \mathrm{e}^{\mathrm{j}3\pi \bar{d}\sin\theta_0} \\ \mathrm{e}^{\mathrm{j}4\pi \bar{d}\sin\theta_0} \\ \mathrm{e}^{\mathrm{j}5\pi \bar{d}\sin\theta_0} \end{bmatrix} = \begin{bmatrix} \rho_0(\theta_0,\gamma_0) \\ \rho_1(\theta_0,\gamma_0)\mathrm{e}^{\mathrm{j}\pi \bar{d}\sin\theta_0} \\ \rho_2(\gamma_0,\eta_0)\mathrm{e}^{\mathrm{j}2\pi \bar{d}\sin\theta_0} \\ \rho_3(\theta_0,\gamma_0)\mathrm{e}^{\mathrm{j}3\pi \bar{d}\sin\theta_0} \\ \rho_4(\theta_0,\gamma_0)\mathrm{e}^{\mathrm{j}4\pi \bar{d}\sin\theta_0} \\ \rho_5(\gamma_0,\eta_0)\mathrm{e}^{\mathrm{j}5\pi \bar{d}\sin\theta_0} \end{bmatrix}$$

$$= \underbrace{\begin{bmatrix} -\sin\theta_0 & 0 \\ \cos\theta_0 \mathrm{e}^{\mathrm{j}\pi \bar{d}\sin\theta_0} & 0 \\ 0 & -\mathrm{e}^{\mathrm{j}2\pi \bar{d}\sin\theta_0} \\ -\sin\theta_0 \mathrm{e}^{\mathrm{j}3\pi \bar{d}\sin\theta_0} & 0 \\ \cos\theta_0 \mathrm{e}^{\mathrm{j}4\pi \bar{d}\sin\theta_0} & 0 \\ 0 & -\mathrm{e}^{\mathrm{j}5\pi \bar{d}\sin\theta_0} \end{bmatrix}}_{\boldsymbol{H}(\theta_0)} \underbrace{\begin{bmatrix} \cos\gamma_0 \\ \sin\gamma_0 \mathrm{e}^{\mathrm{j}\eta_0} \end{bmatrix}}_{\boldsymbol{h}(\gamma_0,\eta_0)} \rho \tag{4.19}$$

式中，$\bar{d}$ 为关于1/2 信号波长的归一化阵元间距；“$\odot$” 表示 Hadamard 积；$\rho_{0,0} = \rho_0(\theta_0,\gamma_0) = \rho_{3,0} = \rho_3(\theta_0,\gamma_0) = -\rho\sin\theta_0\cos\gamma_0$，$\rho_{1,0} = \rho_1(\theta_0,\gamma_0) = \rho_{4,0} = \rho_4(\theta_0,\gamma_0) = \rho\cos\theta_0\cos\gamma_0$，$\rho_{2,0} = \rho_2(\gamma_0,\eta_0) = \rho_{5,0} = \rho_5(\gamma_0,\eta_0) = -\rho\sin\gamma_0\mathrm{e}^{\mathrm{j}\eta_0}$。

注意到，$\{\rho_{l,0}\}_{l=0}^{5}$ 只与信号波达方向和极化参数有关（所以利用其进行波束形成时，可以有效利用信号和干扰的极化差异），而与阵列空间几何结构无关。当阵列不满足前述空域均匀采样定理时，空间相位因子的整周期模糊并不会影响 $\{\rho_{l,0}\}_{l=0}^{5}$。

此时，即使存在另一角度 ϑ_0，使得 $\mathrm{e}^{\mathrm{j}l\pi \bar{d}\sin\vartheta_0} = \mathrm{e}^{\mathrm{j}l\pi \bar{d}\sin\theta_0}(l = 0,1,\cdots,5)$，但 $\boldsymbol{a}(\theta_0,\gamma_0,\eta_0) \neq \boldsymbol{a}(\vartheta_0,\gamma_0,\eta_0)$ 一般仍然成立。

在水声应用场合对声波信号的处理有着类似的情况，此时信号波场为声场，兼有标量声压场和矢量振速场。声波为行波和纵波，其质点振速方向和信号波达方向相同。

采用声压传感器以及沿 x 轴和 y 轴方向的振速传感器组成声矢量传感器，可同时测量声压和 $x-y$ 平面内的质点振速。由 L 个指向相同并沿 y 轴方向等间隔排列的声矢量传感器组成阵列，其首元素归一化信号导向矢量具有下述形式：

$$\boldsymbol{a}(\theta_0) = \begin{bmatrix} 1 \\ \cos\theta_0 \\ \sin\theta_0 \end{bmatrix} \otimes \begin{bmatrix} 1 \\ e^{j\pi\bar{d}\sin\theta_0} \\ \vdots \\ e^{j\pi(L-1)\bar{d}\sin\theta_0} \end{bmatrix} \tag{4.20}$$

式中，θ_0 为信号波达方向；$[1,\cos\theta_0,\sin\theta_0]^T$ 为对应于单个声矢量传感器的信号导向矢量，其与阵列空间几何无关；“$\otimes$” 表示 Kronecker 积。

由式（4.20）可以看出，声矢量传感器阵列也可进行空间稀疏布阵，而不存在信号波达方向估计的多值模糊问题。

4.3.1　空间 - 极化域 MVDR 波束形成

在电磁应用场合，采用多极化阵列除了便于孔径扩展之外，还可以利用信号和干扰间的极化差异进一步提高对后者的抑制能力[17]。

根据上文讨论可知，对于空间 - 极化域波束形成器，其阵列输出信号矢量可以写成

$$\boldsymbol{x}(t) = \boldsymbol{a}(\theta_0,\gamma_0,\eta_0)s_0(t) + \sum_{m=1}^{M-1}\boldsymbol{a}(\theta_m,\gamma_m,\eta_m)s_m(t) + \boldsymbol{n}(t) \tag{4.21}$$

式中，θ_0 和 (γ_0,η_0) 分别为期望信号的波达方向和极化；θ_m 和 (γ_m,η_m) 分别为第 m 个干扰的波达方向和极化；$\boldsymbol{a}(\theta_0,\gamma_0,\eta_0)$ 和 $\boldsymbol{a}(\theta_m,\gamma_m,\eta_m)$ 分别为期望信号和第 m 个干扰的导向矢量；$\boldsymbol{n}(t)$ 为阵元加性噪声矢量。

上述信号模型与均匀（单）极化阵列情形非常类似，区别仅在于期望信号和干扰信号的导向矢量都同时与信号波达方向和极化参数有关。当期望信号和干扰信号导向矢量线性无关时，可实现空间 - 极化域联合滤波。

多极化阵列空间 - 极化域 MVDR 波束形成器的设计准则为

$$\min_{\boldsymbol{w}} \boldsymbol{w}^H\boldsymbol{R}_{xx}\boldsymbol{w} \quad \text{s.t.} \quad \boldsymbol{w}^H\boldsymbol{a}(\theta_0,\gamma_0,\eta_0) = 1 \tag{4.22}$$

利用拉格朗日乘子法，可得式（4.22）所示波束形成器的权矢量：

$$\boldsymbol{w}_{\mathrm{pMVDR}} = \frac{\boldsymbol{R}_{xx}^{-1}\boldsymbol{a}(\theta_0,\gamma_0,\eta_0)}{\boldsymbol{a}^H(\theta_0,\gamma_0,\eta_0)\boldsymbol{R}_{xx}^{-1}\boldsymbol{a}(\theta_0,\gamma_0,\eta_0)} \tag{4.23}$$

4.3.2　多极化阵列信号波达方向估计

1. 极化波束扫描方法

基于式（4.23），可以采用空间 - 极化域波束扫描及其谱峰搜索获得信号波达方向和极化参数的同时估计，即

$$\begin{aligned} J_{p\mathrm{MVDR}}(\theta,\gamma,\eta) &= \boldsymbol{w}_{p\mathrm{MVDR}}^H(\theta,\gamma,\eta)\boldsymbol{R}_{xx}\boldsymbol{w}_{p\mathrm{MVDR}}(\theta,\gamma,\eta) \\ &= \frac{1}{\boldsymbol{a}^H(\theta,\gamma,\eta)\boldsymbol{R}_{xx}^{-1}\boldsymbol{a}(\theta,\gamma,\eta)} \\ &= \frac{\boldsymbol{h}^H(\gamma,\eta)\boldsymbol{h}(\gamma,\eta)}{\boldsymbol{h}^H(\gamma,\eta)[\boldsymbol{H}^H(\theta)\boldsymbol{R}_{xx}^{-1}\boldsymbol{H}(\theta)]\boldsymbol{h}(\gamma,\eta)} \end{aligned} \tag{4.24}$$

式中，$\boldsymbol{w}_{p\mathrm{MVDR}}(\theta,\gamma,\eta) = \dfrac{\boldsymbol{R}_{xx}^{-1}\boldsymbol{a}(\theta,\gamma,\eta)}{\boldsymbol{a}^H(\theta,\gamma,\eta)\boldsymbol{R}_{xx}^{-1}\boldsymbol{a}(\theta,\gamma,\eta)}$；$\boldsymbol{H}(\theta)$ 和 $\boldsymbol{h}(\gamma,\eta)$ 的定义参见前文式（4.19）。

不难证明，$J_{\mathrm{pMVDR}}(\theta,\gamma,\eta)$ 关于 θ 的条件最大值为矩阵 $\boldsymbol{H}^{\mathrm{H}}(\theta)\boldsymbol{R}_{xx}^{-1}\boldsymbol{H}(\theta)$ 最小特征值的倒数，因此信号波达方向也可通过更为简单的唯空域谱峰搜索获得，即利用 $\boldsymbol{H}^{\mathrm{H}}(\theta)\boldsymbol{R}_{xx}^{-1}\boldsymbol{H}(\theta)$ 最小特征值的倒数构造空间谱，并根据其谱峰位置获得信号波达方向估计[54]。

2. 极化 MUSIC 方法

记阵列输出协方差矩阵 $\boldsymbol{R}_{xx}$ 的较小特征值所对应的特征矢量矩阵为 $\boldsymbol{U}_{\mathrm{N}}$，根据第 3 章关于子空间正交性的讨论可知 $\boldsymbol{U}_{\mathrm{N}}^{\mathrm{H}}\boldsymbol{H}(\theta_0)\boldsymbol{h}(\gamma_0,\eta_0)=\boldsymbol{0}$。又由于给定任意非零矢量 $\boldsymbol{h}$，都有

$$\boldsymbol{h}^{\mathrm{H}}\boldsymbol{H}^{\mathrm{H}}(\theta_0)\boldsymbol{U}_N\boldsymbol{U}_N^{\mathrm{H}}\boldsymbol{H}(\theta_0)\boldsymbol{h}=\|\boldsymbol{U}_N^{\mathrm{H}}\boldsymbol{H}(\theta_0)\boldsymbol{h}\|_2^2\geqslant 0 \tag{4.25}$$

因此 $\boldsymbol{H}^{\mathrm{H}}(\theta_0)\boldsymbol{U}_N\boldsymbol{U}_N^{\mathrm{H}}\boldsymbol{H}(\theta_0)$ 为非负定厄米特矩阵，于是有

$$\begin{aligned}&\boldsymbol{h}^{\mathrm{H}}(\gamma_0,\eta_0)\boldsymbol{H}^{\mathrm{H}}(\theta_0)\boldsymbol{U}_{\mathrm{N}}\boldsymbol{U}_{\mathrm{N}}^{\mathrm{H}}\boldsymbol{H}(\theta_0)\boldsymbol{h}(\gamma_0,\eta_0)=0\\&\Rightarrow\\&\det\{\boldsymbol{H}^{\mathrm{H}}(\theta_0)\boldsymbol{U}_{\mathrm{N}}\boldsymbol{U}_{\mathrm{N}}^{\mathrm{H}}\boldsymbol{H}(\theta_0)\}=0\end{aligned} \tag{4.26}$$

式中，“det”表示行列式。

据此，信号波达方向可以通过对式（4.27）所示的谱表达式进行唯空域搜索加以估计[55]：

$$J_{p\mathrm{MUSIC}}(\theta)=\frac{1}{\det\{\boldsymbol{H}^{\mathrm{H}}(\theta)\boldsymbol{U}_N\boldsymbol{U}_N^{\mathrm{H}}\boldsymbol{H}(\theta)\}},\theta\in\Theta \tag{4.27}$$

另外，式（4.27）所示空间谱表达式中的求取行列式操作，也可改为求取相应矩阵的最小特征值[56]。

例 4.2 分别利用单个拉伸矢量天线（6 元多极化阵列）和一个 6 元单极化阵估计 2 个非相关窄带 BPSK 信号的波达方向，两者阵元间距均为 2 倍信号波长。信号波达方向分别为 60°和 70°，信号极化辅助角分别为 120°和 60°，信号极化相位差分别为 30°和 60°；快拍数为 100，阵元噪声为空间－极化白高斯噪声，信噪比均为 10dB。

图 4.7（a）所示为上述条件下，基于 6 元多极化阵的唯空域极化波束扫描方法（pMV），极化 MUSIC 方法（pMUSIC）和基于 6 元单极化阵的常规 MUSIC 方法的空间谱图。由图可以看出，3 种方法均可以成功分辨两个信号，但 MUSIC 方法存在明显的伪峰，而 pMV 和 pMUSIC 方法则不存在明显伪峰。

将第 2 个信号波达方向改为 62°，其他条件不变，重做相同实验，结果示于图 4.7（b）。由于可利用信号间的极化差异，两种多极化方法仍能分辨两个信号，而 MUSIC 方法未能较好分辨两个信号，且存在伪峰。

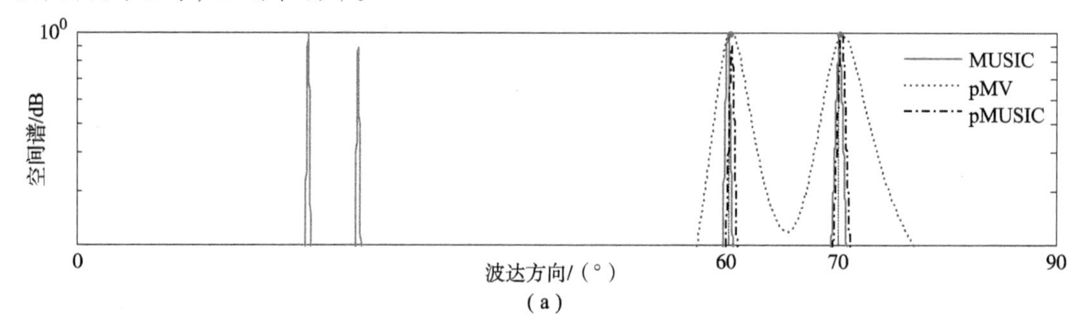

（a）

图 4.7 pMV，pMUSIC 和 MUSIC 方法的空间谱图比较

（a）$\theta_0=60°$，$\theta_1=70°$

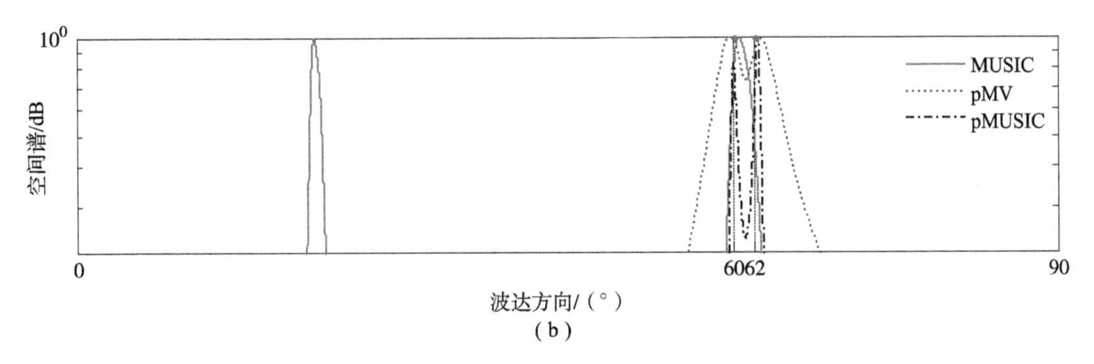

(b)

图4.7　pMV，pMUSIC和MUSIC方法的空间谱图比较（续）

(b) $\theta_0 = 60°$，$\theta_1 = 62°$

3. 极化ESPRIT－MUSIC方法

图4.6所示阵列可视为由两个具有空间平移不变性的拉伸三极子矢量天线所组成的阵列，因此可以用ESPRIT方法估计出M个信号的空间相位因子$\{e^{j\pi\bar{d}\sin\theta_m}\}_{m=0}^{M-1}$。

由于稀疏多极化阵列的阵元间距大于1/2信号波长，所以根据上述信号空间相位因子估计信号的波达方向存在多值模糊问题，但可以通过MUSIC方法进行解模糊。

根据上述信号空间相位因子的估计值可以获得含有虚假解的信号波达方向估计集$\hat{\Theta}$，该估计集中包含M个估计结果其值与信号真实波达方向最为接近。

根据4.3.2节的讨论，信号真实波达方向又满足式(4.28)：

$$\det\{\boldsymbol{H}^{\mathrm{H}}(\theta_m)\boldsymbol{U}_{\mathrm{N}}\boldsymbol{U}_{\mathrm{N}}^{\mathrm{H}}\boldsymbol{H}(\theta_m)\} = 0 \tag{4.28}$$

由于波达方向估计集$\hat{\Theta}$包含与信号真实波达方向非常接近的一组估计值，将其作为式(4.27)所示空间谱公式的搜索区域（它远比Θ的范围要小，因此谱搜索所涉及的计算量大为下降），即可得到下面的不存在估计模糊的空间谱表达式[57]：

$$J_{\text{ESPRIT-MUSIC}}(\theta) = \frac{1}{\det\{\boldsymbol{H}^{\mathrm{H}}(\theta)\hat{\boldsymbol{U}}_N\hat{\boldsymbol{U}}_N^{\mathrm{H}}\boldsymbol{H}(\theta)\}},\ \theta \in \hat{\Theta} \tag{4.29}$$

4.4　非高斯信号高阶累积量方法

本节主要讨论如何利用信号的非高斯性以及噪声的高斯性实现阵列有效孔径的扩展[58,59]。

4.4.1　高阶累积量的相位合成能力

累积量运算有下面一些主要性质：

性质1：如果$\{c_q\}_{q=1}^{Q}$为一组常数，$\{x_q\}_{q=1}^{Q}$为一组随机变量，则

$$\mathrm{cum}^{\langle Q\rangle}\{(c_1x_1)\cdots(c_Qx_Q)\} = (\prod_{q=1}^{Q}c_q)\mathrm{cum}^{\langle Q\rangle}\{x_1\cdots x_Q\} \tag{4.30}$$

性质2：累积量相对于变元是加性的，即

$$\mathrm{cum}^{\langle Q\rangle}\{(x_1+y_1)x_2\cdots x_Q\} = \mathrm{cum}^{\langle Q\rangle}\{x_1x_2\cdots x_Q\} + \mathrm{cum}^{\langle Q\rangle}\{y_1x_2\cdots x_Q\} \tag{4.31}$$

性质3：随机变量 $\{x_q\}_{q=1}^{Q}$ 独立于随机变量 $\{y_q\}_{q=1}^{Q}$，则

$$\mathrm{cum}^{\langle Q\rangle}\{(x_1+y_1)\cdots(x_Q+y_Q)\}=\mathrm{cum}^{\langle Q\rangle}\{x_1\cdots x_Q\}+\mathrm{cum}^{\langle Q\rangle}\{y_1\cdots y_Q\} \tag{4.32}$$

性质4：若高斯随机变量 $\{z_q\}_{q=1}^{Q}$ 独立于非高斯随机变量 $\{x_q\}_{q=1}^{Q}$，并且 $Q>2$，则

$$\mathrm{cum}^{\langle Q\rangle}\{(x_1+z_1)\cdots(x_Q+z_Q)\}=\mathrm{cum}^{\langle Q\rangle}\{x_1\cdots x_Q\} \tag{4.33}$$

性质5：随机变量 $\{x_q\}_{q=1}^{Q}$ 的一个子集与其余部分独立，则

$$\mathrm{cum}^{\langle Q\rangle}\{x_1\cdots x_Q\}=0 \tag{4.34}$$

性质6：c_0 为一常数，则

$$\mathrm{cum}^{\langle Q\rangle}\{(c_0+x_1)x_2\cdots x_Q\}=\mathrm{cum}^{\langle Q\rangle}\{x_1x_2\cdots x_Q\} \tag{4.35}$$

考虑单个窄带信号 $s_0(t)$，其传播矢量为 $\boldsymbol{k}_0$，阵元0位于相位参考点（参见图4.8），而阵元1和2的位置矢量分别为 $\boldsymbol{d}_1$ 和 $\boldsymbol{d}_2$。

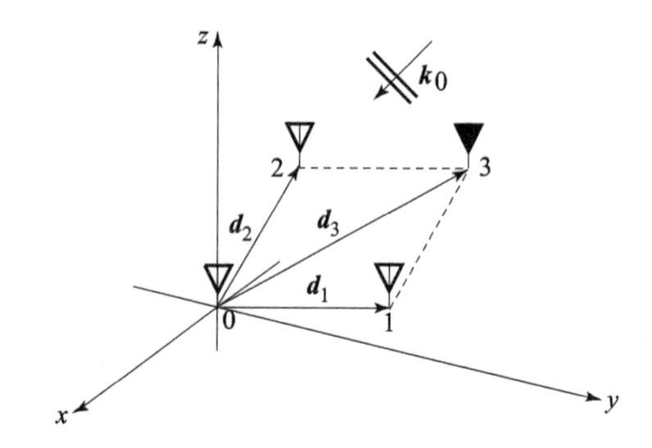

图4.8　四阶累积量相位合成能力几何解释示意图

（空心三角代表实际存在的物理阵元，实心三角代表虚拟阵元[59]）

为简单起见，这里仅以四阶累积量为例，讨论基于高阶累积量操作的阵列孔径扩展技术。

若阵元加性噪声为宽平稳高斯随机过程，定义下述阵元0、1、2间的输出四阶累积量：

$$\begin{aligned}C_{x_0,x_1,x_2}&=\mathrm{cum}^{\langle 4\rangle}\{x_0(t)x_1^*(t)x_2^*(t)x_0(t)\}\\&=\mathrm{cum}^{\langle 4\rangle}\{[s_0(t)][s_0^*(t)\mathrm{e}^{\mathrm{j}2\pi\boldsymbol{k}_0^{\mathrm{T}}\boldsymbol{d}_1/\lambda}][s_0^*(t)\mathrm{e}^{\mathrm{j}2\pi\boldsymbol{k}_0^{\mathrm{T}}\boldsymbol{d}_2/\lambda}][s_0(t)]\}\end{aligned} \tag{4.36}$$

利用累积量运算性质1，可得

$$\begin{cases}C_{x_0,x_1,x_2}=\mathrm{cum}^{\langle 4\rangle}\{s_0(t)s_0^*(t)s_0^*(t)s_0(t)\}\mathrm{e}^{\mathrm{j}2\pi\boldsymbol{k}_0^{\mathrm{T}}(\boldsymbol{d}_1+\boldsymbol{d}_2)/\lambda}=\tilde{\sigma}_0\mathrm{e}^{\mathrm{j}2\pi\boldsymbol{k}_0^{\mathrm{T}}\boldsymbol{d}_3/\lambda}\\ \tilde{\sigma}_0=\mathrm{cum}^{\langle 4\rangle}\{s_0(t)s_0^*(t)s_0^*(t)s_0(t)\}=E\{|s_0(t)|^4\}-(2+\alpha_0^2)\sigma_0^4=\tilde{\sigma}_0^*\end{cases} \tag{4.37}$$

式中，$\tilde{\sigma}_0$ 为信号四阶累积量；α_0 为信号非圆率；$\sigma_0^2=E\{|s_0(t)|^2\}\geqslant 0$ 为信号功率。注意信号四阶累积量 $\tilde{\sigma}_0$ 的值不一定为正。例如，二进制相移键控（BPSK）信号，其非圆率为1，$E\{|s_0(t)|^4\}=\sigma_0^4$，所以 $\tilde{\sigma}_0=-2\sigma_0^4<0$。

另一方面，阵元0与位于 $\boldsymbol{d}_3=\boldsymbol{d}_1+\boldsymbol{d}_2$ 处的虚拟阵元3输出间的互相关函数为

$$R_{x_0,x_3}=E\{x_0(t)x_3^*(t)\}=E\{|s_0(t)|^2\}\mathrm{e}^{\mathrm{j}2\pi\boldsymbol{k}_0^{\mathrm{T}}\boldsymbol{d}_3/\lambda}=\sigma_0^2\mathrm{e}^{\mathrm{j}2\pi\boldsymbol{k}_0^{\mathrm{T}}\boldsymbol{d}_3/\lambda} \tag{4.38}$$

比较式（4.37）和式（4.38）可以发现，C_{x_0,x_1,x_2} 和 R_{x_0,x_3} 蕴含相同的空间相位信息[59]。

4.4.2 四阶累积量阵列扩展技术

1. 四阶累积量 MUSIC 方法

假设 M 个阵列入射信号为零均值、宽平稳非高斯随机过程，而阵元加性噪声为零均值、宽平稳高斯随机过程，并与信号统计独立。

首先定义下述阵列输出四阶累积量矩阵：

$$\tilde{\boldsymbol{R}}_{xx} = \mathrm{cum}^{\langle 4\rangle}\{\underbrace{[\boldsymbol{x}(t)\otimes\boldsymbol{x}^*(t)]}_{\tilde{\boldsymbol{x}}(t)}[\boldsymbol{x}(t)\otimes\boldsymbol{x}^*(t)]^{\mathrm{H}}\} = \mathrm{cum}^{\langle 4\rangle}\{\tilde{\boldsymbol{x}}(t)\ \tilde{\boldsymbol{x}}^{\mathrm{H}}(t)\} \tag{4.39}$$

式中，$\boldsymbol{x}(t)$ 为 $L\times 1$ 维阵列输出信号矢量；$\tilde{\boldsymbol{x}}(t) = \boldsymbol{x}(t)\otimes\boldsymbol{x}^*(t)$ 为扩展的阵列输出信号矢量；"$\mathrm{cum}^{\langle 4\rangle}(\cdot)$"表示四阶累积量；"$\otimes$"表示 Kronecker 积。

由于 $\boldsymbol{x}(t) = \boldsymbol{A}(\boldsymbol{\theta})\boldsymbol{s}(t)+\boldsymbol{n}(t)$，其中 $\boldsymbol{A}(\boldsymbol{\theta})$ 为信号导向矢量矩阵，$\boldsymbol{\theta}$ 为信号波达方向矢量，$\boldsymbol{s}(t)$ 为信号矢量，噪声 $\boldsymbol{n}(t)$ 为高斯随机过程，且与信号相互独立。根据累积量运算的有关性质，以及下述 Kronecker 积运算性质：

$$(\boldsymbol{A}_1\otimes\boldsymbol{A}_2)(\boldsymbol{A}_3\otimes\boldsymbol{A}_4) = (\boldsymbol{A}_1\boldsymbol{A}_3)\otimes(\boldsymbol{A}_2\boldsymbol{A}_4) \tag{4.40}$$

$$(\boldsymbol{A}_1\otimes\boldsymbol{A}_2)^{\mathrm{H}} = \boldsymbol{A}_1^{\mathrm{H}}\otimes\boldsymbol{A}_2^{\mathrm{H}} \tag{4.41}$$

可以得到

$$\begin{cases}\tilde{\boldsymbol{R}}_{xx} = \mathrm{cum}^{\langle 4\rangle}\{[\boldsymbol{x}(t)\otimes\boldsymbol{x}^*(t)][\boldsymbol{x}(t)\otimes\boldsymbol{x}^*(t)]^{\mathrm{H}}\}\\ \quad = \mathrm{cum}^{\langle 4\rangle}\{[\boldsymbol{x}(t)\boldsymbol{x}^{\mathrm{H}}(t)]\otimes[\boldsymbol{x}(t)\boldsymbol{x}^{\mathrm{H}}(t)]^*\}\\ \quad = \mathrm{cum}^{\langle 4\rangle}\{[\boldsymbol{A}(\boldsymbol{\theta})\boldsymbol{s}(t)\boldsymbol{s}^{\mathrm{H}}(t)\boldsymbol{A}^{\mathrm{H}}(\boldsymbol{\theta})]\otimes[\boldsymbol{A}^*(\boldsymbol{\theta})\boldsymbol{s}^*(t)\boldsymbol{s}^{\mathrm{T}}(t)\boldsymbol{A}^{\mathrm{T}}(\theta)]\}\\ \quad = \mathrm{cum}^{\langle 4\rangle}\{[\boldsymbol{A}(\boldsymbol{\theta})\otimes\boldsymbol{A}^*(\boldsymbol{\theta})][\boldsymbol{s}(t)\otimes\boldsymbol{s}^*(t)][\boldsymbol{s}(t)\otimes\boldsymbol{s}^*(t)]^{\mathrm{H}}[\boldsymbol{A}(\boldsymbol{\theta})\otimes\boldsymbol{A}^*(\boldsymbol{\theta})]^{\mathrm{H}}\}\\ \quad = [\boldsymbol{A}(\boldsymbol{\theta})\otimes\boldsymbol{A}^*(\boldsymbol{\theta})]\underbrace{\mathrm{cum}^{\langle 4\rangle}\{[\boldsymbol{s}(t)\otimes\boldsymbol{s}^*(t)][\boldsymbol{s}(t)\otimes\boldsymbol{s}^*(t)]^{\mathrm{H}}\}}_{\tilde{\boldsymbol{R}}_{ss}}[\boldsymbol{A}(\boldsymbol{\theta})\otimes\boldsymbol{A}^*(\boldsymbol{\theta})]^{\mathrm{H}}\\ \tilde{\boldsymbol{R}}_{ss} = \mathrm{cum}^{\langle 4\rangle}\{\underbrace{[\boldsymbol{s}(t)\otimes\boldsymbol{s}^*(t)]}_{\tilde{\boldsymbol{s}}(t)}[\boldsymbol{s}(t)\otimes\boldsymbol{s}^*(t)]^{\mathrm{H}}\} = \mathrm{cum}^{\langle 4\rangle}\{\tilde{\boldsymbol{s}}(t)\ \tilde{\boldsymbol{s}}^{\mathrm{H}}(t)\}\\ \quad = E\{\tilde{\boldsymbol{s}}(t)\ \tilde{\boldsymbol{s}}^{\mathrm{H}}(t)\} - \mathrm{vec}\{\boldsymbol{R}_{ss}^*\}\ \mathrm{vec}^{\mathrm{T}}\{\boldsymbol{R}_{ss}\} - \boldsymbol{R}_{ss}\otimes\boldsymbol{R}_{ss}^* - (\boldsymbol{1}_M^{\mathrm{T}}\otimes\boldsymbol{R}_{ss^*})\ominus(\boldsymbol{R}_{ss^*}^*\otimes\boldsymbol{1}_M^{\mathrm{T}})\end{cases} \tag{4.42}$$

式中，$\tilde{\boldsymbol{R}}_{ss}$ 为信号四阶累积量矩阵；"$\ominus$"表示 Khatri－Rao 积；"$\mathrm{vec}(\cdot)$"表示矩阵矢量化；$\boldsymbol{R}_{ss}$ 和 $\boldsymbol{R}_{ss^*}$ 分别为信号协方差矩阵和信号共轭协方差矩阵；$\boldsymbol{1}_M$ 表示 $M\times 1$ 维全 1 矢量。

由此有

$$\begin{aligned}\tilde{\boldsymbol{R}}_{xx} &= [\boldsymbol{A}(\boldsymbol{\theta})\otimes\boldsymbol{A}^*(\boldsymbol{\theta})]\tilde{\boldsymbol{R}}_{ss}[\boldsymbol{A}(\boldsymbol{\theta})\otimes\boldsymbol{A}^*(\boldsymbol{\theta})]^{\mathrm{H}}\\ &= E\{\tilde{\boldsymbol{x}}(t)\ \tilde{\boldsymbol{x}}^{\mathrm{H}}(t)\} - \mathrm{vec}\{\boldsymbol{R}_{xx}^*\}\ \mathrm{vec}^{\mathrm{T}}\{\boldsymbol{R}_{xx}\} - \boldsymbol{R}_{xx}\otimes\boldsymbol{R}_{xx}^* -\\ &\quad (\boldsymbol{1}_L^{\mathrm{T}}\otimes\boldsymbol{R}_{xx^*})\ominus(\boldsymbol{R}_{xx^*}^*\otimes\boldsymbol{1}_L^{\mathrm{T}})\end{aligned} \tag{4.43}$$

式中，$\boldsymbol{R}_{xx}$ 和 $\boldsymbol{R}_{xx^*}$ 分别为阵列输出协方差矩阵和阵列输出共轭协方差矩阵。

若阵列入射信号互不相干，但是并不独立，则 $\tilde{\boldsymbol{R}}_{ss}$ 为 $M^2\times M^2$ 维厄米特矩阵，并且其秩为 M^2，即为非奇异矩阵。

注意到 $L\times M$ 维信号导向矢量矩阵 $\boldsymbol{A}(\boldsymbol{\theta})$ 为列满秩矩阵，又由于矩阵秩具有下述性质：

$$\mathrm{rank}\{\boldsymbol{A}_1\otimes\boldsymbol{A}_2\} = \mathrm{rank}\{\boldsymbol{A}_1\}\,\mathrm{rank}\{\boldsymbol{A}_2\} \tag{4.44}$$

因此

$$\begin{aligned}&\text{rank}\{\boldsymbol{A}(\boldsymbol{\theta})\otimes\boldsymbol{A}^*(\boldsymbol{\theta})\}=\text{rank}\{\boldsymbol{A}(\boldsymbol{\theta})\}\text{rank}\{\boldsymbol{A}^*(\boldsymbol{\theta})\}=M^2\\&\Rightarrow\\&\text{rank}\{\tilde{\boldsymbol{R}}_{xx}\}=\text{rank}\{[\boldsymbol{A}(\boldsymbol{\theta})\otimes\boldsymbol{A}^*(\boldsymbol{\theta})]\tilde{\boldsymbol{R}}_{ss}[\boldsymbol{A}(\boldsymbol{\theta})\otimes\boldsymbol{A}^*(\boldsymbol{\theta})]^{\mathrm{H}}\}=M^2\end{aligned}\tag{4.45}$$

需要注意的是，矩阵 $\tilde{\boldsymbol{R}}_{xx}$ 虽为厄米特矩阵，但由于信号四阶累积量可能为负，所以其不一定为非负定矩阵。为此，构造下述矩阵：

$$\begin{cases}\tilde{\boldsymbol{C}}_{xx}=\tilde{\boldsymbol{R}}_{xx}\tilde{\boldsymbol{R}}_{xx}^{\mathrm{H}}=[\boldsymbol{A}(\boldsymbol{\theta})\otimes\boldsymbol{A}^*(\boldsymbol{\theta})]\tilde{\boldsymbol{C}}_{ss}[\boldsymbol{A}(\boldsymbol{\theta})\otimes\boldsymbol{A}^*(\boldsymbol{\theta})]^{\mathrm{H}}\geq 0\\\tilde{\boldsymbol{C}}_{ss}=\tilde{\boldsymbol{R}}_{ss}[\boldsymbol{A}(\boldsymbol{\theta})\otimes\boldsymbol{A}^*(\boldsymbol{\theta})]^{\mathrm{H}}[\boldsymbol{A}(\boldsymbol{\theta})\otimes\boldsymbol{A}^*(\boldsymbol{\theta})]\boldsymbol{R}_{ss}^{\mathrm{H}}\end{cases}\tag{4.46}$$

式（4.46）所构造的 $\tilde{\boldsymbol{C}}_{xx}$ 为 $L^2\times L^2$ 维非负定厄米特矩阵，其秩为 M^2，故此具有 M^2 个正特征值和 L^2-M^2 个零特征值。

令 $\tilde{\boldsymbol{C}}_{xx}$ 的 L^2-M^2 个零特征值所对应的特征矢量为 $\{\tilde{\boldsymbol{u}}_l\}_{l=M^2+1}^{L^2}$，根据子空间正交原理，有下述结论成立：

$$\begin{cases}\tilde{\boldsymbol{a}}^{\mathrm{H}}(\theta_m)\tilde{\boldsymbol{u}}_l=0,\ m=0,1,\cdots,M-1;\ l=M^2+1,M^2+2,\cdots,L^2\\\tilde{\boldsymbol{a}}(\theta_m)=\boldsymbol{a}(\theta_m)\otimes\boldsymbol{a}^*(\theta_m),\ m=0,1,\cdots,M-1\end{cases}\tag{4.47}$$

式中，$\tilde{\boldsymbol{a}}(\theta_m)$ 为第 m 个信号孔径扩展后的虚拟导向矢量，θ_m 为其波达方向。

根据以上分析，四阶累积量 MUSIC 空间谱表达式可以构造为[58]

$$J_{\text{FOC-MUSIC}}(\theta)=\frac{\tilde{\boldsymbol{a}}^{\mathrm{H}}(\theta)\tilde{\boldsymbol{a}}(\theta)}{\sum\limits_{l=M^2+1}^{L^2}|\tilde{\boldsymbol{a}}^{\mathrm{H}}(\theta)\tilde{\boldsymbol{u}}_l|^2},\ \theta\in\Theta\tag{4.48}$$

实际中，阵列输出四阶累积量矩阵会存在估计误差，此时可选择绝对值较小的 L^2-M^2 个特征值所对应的特征矢量构造式（4.48）所示空间谱。

若阵列入射信号彼此独立，则信号四阶累积量矩阵 $\tilde{\boldsymbol{R}}_{ss}$ 为 $M^2\times M^2$ 维对角矩阵，其第 $(M+1)m+1$ 行第 $(M+1)m+1$ 列元素为第 m 个信号的四阶累积量 $\tilde{\sigma}_m$，其中 $m=0,1,\cdots,M-1$，其余元素均为零，此时 $\tilde{\boldsymbol{R}}_{xx}$ 具有下述形式：

$$\tilde{\boldsymbol{R}}_{xx}=\sum_{m=0}^{M-1}\tilde{\sigma}_m\tilde{\boldsymbol{a}}(\theta_m)\tilde{\boldsymbol{a}}^{\mathrm{H}}(\theta_m)\tag{4.49}$$

式中，$\tilde{\sigma}_m=\text{cum}^{\langle 4\rangle}\{s_m(t)s_m^*(t)s_m^*(t)s_m(t)\}=\tilde{\sigma}_m^*$，其中 $m=0,1,\cdots,M-1$。

很显然，$\tilde{\boldsymbol{R}}_{xx}$ 为厄米特矩阵，其秩为 M，但由于信号四阶累积量可能为负，因而 $\tilde{\boldsymbol{R}}_{xx}$ 不一定为非负定矩阵，故此其特征值可能为负实数。由于 $\tilde{\boldsymbol{R}}_{xx}$ 的秩为 M，所以其一定有 L^2-M 个零特征值。

由此，令 $\tilde{\boldsymbol{R}}_{xx}$ 的 L^2-M 个零特征值所对应的特征矢量为 $\{\tilde{\boldsymbol{u}}_l\}_{l=M+1}^{L^2}$（实际中，可选择绝对值较小的 L^2-M 个特征值所对应的特征矢量构造空间谱表达式），根据正交子空间原理，得

$$\tilde{\boldsymbol{a}}^{\mathrm{H}}(\theta_m)\tilde{\boldsymbol{u}}_l=0,\ m=0,1,\cdots,M-1;\ l=M+1,M+2,\cdots,L^2\tag{4.50}$$

相应地，四阶累积量 MUSIC 空间谱表达式可构造为

$$J_{\text{FOC-MUSIC}}(\theta)=\frac{\tilde{\boldsymbol{a}}^{\mathrm{H}}(\theta)\tilde{\boldsymbol{a}}(\theta)}{\sum\limits_{l=M+1}^{L^2}|\tilde{\boldsymbol{a}}^{\mathrm{H}}(\theta)\tilde{\boldsymbol{u}}_l|^2},\ \theta\in\Theta\tag{4.51}$$

式（4.47）所示虚拟信号导向矢量对应着一虚拟阵列，其有效孔径与原阵列相比扩展了一倍，如图 4.9 所示的 3 元阵列情形。

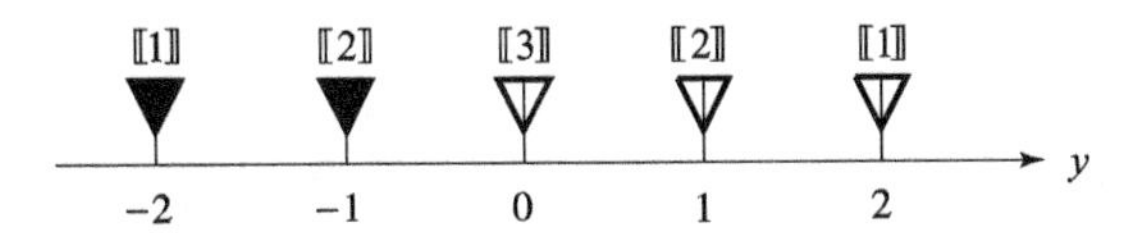

图 4.9　四阶累积量 MUSIC 阵列扩展示意图（图中“〚·〛”表示阵元重复度；空心三角代表实际存在的物理阵元；实心三角代表虚拟阵元）

例 4.3　考虑利用 3 元等距线阵估计 3 个非相关窄带 BPSK 信号的波达方向，阵元间距为 1/2 信号波长。信号波达方向分别为 −30°、0°和 40°，快拍数为 2 000，阵元噪声为空间白高斯噪声，信噪比均为 15dB。图 4.10 所示为上述条件下四阶累积量 MUSIC 方法的空间谱图。由图可以看出，3 个信号均被成功分辨。

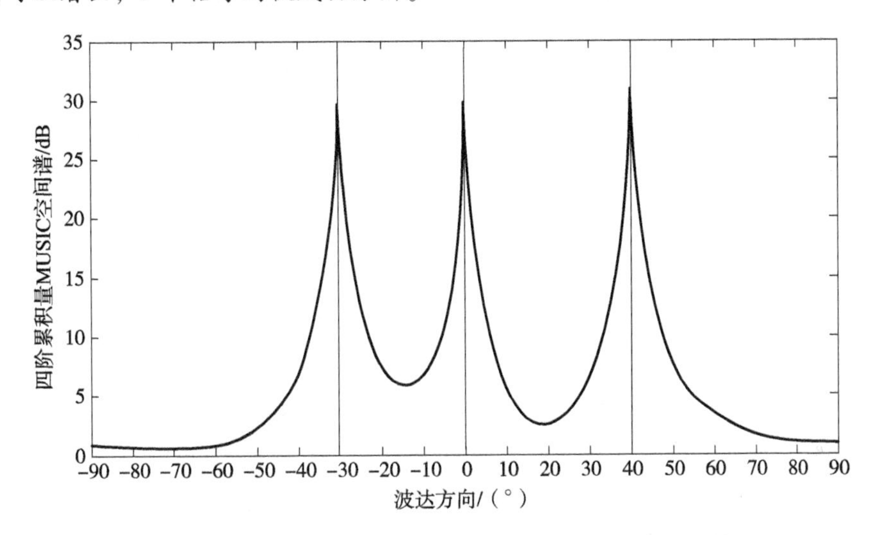

图 4.10　3 元等距线阵四阶累积量 MUSIC 方法的空间谱图

2. 四阶累积量 ESPRIT 方法

本节考虑等距线阵，并假设阵列入射信号互相独立，此时阵列输出四阶累积量矩阵 $\tilde{\boldsymbol{R}}_{xx}$ 如式（4.49）所示。

根据 4.4.2 节的讨论可知，此时 $\tilde{\boldsymbol{R}}_{xx}$ 有 M 个非零特征值，将这 M 个非零特征值对应的特征矢量按列排放构成矩阵 $\tilde{\boldsymbol{U}}_{\mathrm{S}}$，则有

$$\tilde{\boldsymbol{U}}_S = \underbrace{[\boldsymbol{A}(\boldsymbol{\theta}) \ominus \boldsymbol{A}^*(\boldsymbol{\theta})]}_{\tilde{\boldsymbol{A}}(\boldsymbol{\theta})}\tilde{\boldsymbol{T}} = \tilde{\boldsymbol{A}}(\boldsymbol{\theta})\tilde{\boldsymbol{T}} \tag{4.52}$$

式中，$\boldsymbol{\theta}$ 为信号波达方向矢量；“$\ominus$”表示 Khatri – Rao 积，即 $\tilde{\boldsymbol{A}}(\boldsymbol{\theta}) = [\boldsymbol{a}(\theta_0)\otimes\boldsymbol{a}^*(\theta_0), \boldsymbol{a}(\theta_1)\otimes\boldsymbol{a}^*(\theta_1),\cdots,\boldsymbol{a}(\theta_{M-1})\otimes\boldsymbol{a}^*(\theta_{M-1})]$；$\theta_m$ 为第 m 个信号的波达方向；$\tilde{\boldsymbol{T}}$ 为 $M\times M$ 维满秩矩阵。

进一步构造下述两个矩阵：

$$\tilde{\boldsymbol{U}}^{(1)} = \underbrace{[\boldsymbol{J}^{(1)} \otimes \boldsymbol{I}_L]}_{\tilde{\boldsymbol{J}}^{(1)}}\tilde{\boldsymbol{U}}_{\mathrm{S}} = \tilde{\boldsymbol{J}}^{(1)}\tilde{\boldsymbol{U}}_{\mathrm{S}} \tag{4.53}$$

$$\tilde{U}^{(2)} = \underbrace{[J^{(2)} \otimes I_L]}_{\tilde{J}^{(2)}} \tilde{U}_S = \tilde{J}^{(2)} \tilde{U}_S \tag{4.54}$$

式中，$J^{(1)} = [I_{L-1}, 0]$；$J^{(2)} = [0, I_{L-1}]$。

注意到

$$\begin{aligned}[J^{(2)} \otimes I_L][a(\theta_m) \otimes a^*(\theta_m)] &= [J^{(2)} a(\theta_m)] \otimes a^*(\theta_m) \\ &= e^{j2\pi d\sin\theta_m/\lambda_0}[J^{(1)} a(\theta_m)] \otimes a^*(\theta_m) \\ &= e^{j2\pi d\sin\theta_m/\lambda_0}[J^{(1)} \otimes I_L][a(\theta_m) \otimes a^*(\theta_m)]\end{aligned} \tag{4.55}$$

式中，d 为阵元间距；λ_0 为信号公共波长。

因此有

$$\tilde{U}^{(1)} = \tilde{A}^{(1)}(\theta)\tilde{T} \tag{4.56}$$

$$\tilde{U}^{(2)} = \tilde{A}^{(2)}(\theta)\tilde{T} = \tilde{A}^{(1)}(\theta)\Phi(\theta)\tilde{T} \tag{4.57}$$

式中，$\tilde{A}^{(1)}(\theta) = \tilde{J}^{(1)}\tilde{A}(\theta)$；$\tilde{A}^{(2)}(\theta) = \tilde{J}^{(2)}\tilde{A}(\theta)$；$\Phi(\theta) = \mathrm{diag}\{e^{j2\pi d\sin\theta_0/\lambda_0}, e^{j2\pi d\sin\theta_1/\lambda_0}, \cdots, e^{j2\pi d\sin\theta_{M-1}/\lambda_0}\}$。

基于矩阵对 $\{\tilde{U}^{(1)}, \tilde{U}^{(2)}\}$，利用 LS – ESPRIT 或 TLS – ESPRIT 方法即可以获得信号波达方向的估计。图 4.11 所示为 3 元阵列情形下的子阵划分方式。

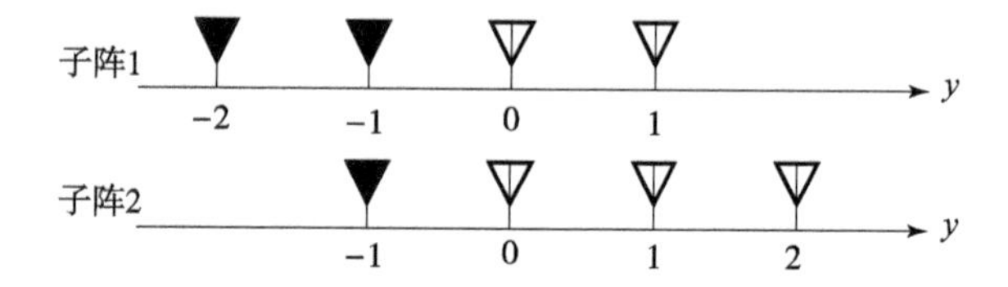

图 4.11　四阶累积量 ESPRIT 阵列扩展示意图

例 4.4　考虑利用 3 元等距线阵估计 3 个非相关窄带 BPSK 信号的波达方向，阵元间距为 1/2 信号波长。信号波达方向分别为 30°、0°和 60°，快拍数为 1 000，阵元噪声为空间白高斯噪声，信噪比均为 5dB。图 4.12 所示为上述条件下 500 次独立实验四阶累积量 ESPRIT 方法的信号波达方向估计结果。由图可以看出，3 个信号均被成功分辨。

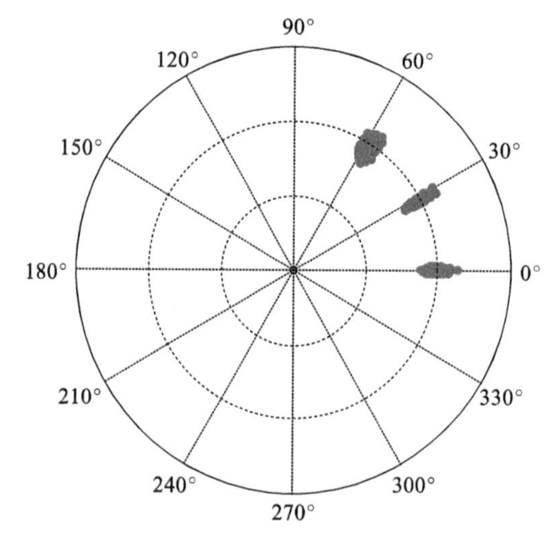

图 4.12　四阶累积量 ESPRIT 方法的信号波达方向估计结果

4.5　非圆信号数据增广方法

本节主要讨论如何利用统计独立基带复信号的二阶非圆性实现阵列有效孔径的扩展[60-64]。

若阵列所有入射信号均为二阶严格非圆，即

$$s_m^*(t) = \mathrm{e}^{-\mathrm{j}\beta_m} s_m(t),\ m = 0,1,\cdots,M-1 \tag{4.58}$$

式中，β_m 为第 m 个信号的非圆相位。

由此有

$$\boldsymbol{x}^*(t) = \boldsymbol{A}^*(\theta)\boldsymbol{s}^*(t) + \boldsymbol{n}^*(t) = \boldsymbol{A}^*(\boldsymbol{\theta})\boldsymbol{\Phi}(\boldsymbol{\beta})\boldsymbol{s}(t) + \boldsymbol{n}^*(t) \tag{4.59}$$

式中，$\boldsymbol{\Phi}(\boldsymbol{\beta}) = \mathrm{diag}\{\mathrm{e}^{-\mathrm{j}\beta_0},\mathrm{e}^{-\mathrm{j}\beta_1},\cdots,\mathrm{e}^{-\mathrm{j}\beta_{M-1}}\}$。

构造下述共轭增广观测矢量：

$$\begin{aligned}\breve{\boldsymbol{x}}(t) &= \begin{bmatrix}\boldsymbol{x}(t)\\ \boldsymbol{x}^*(t)\end{bmatrix} = \sum_{m=0}^{M-1}\underbrace{\begin{bmatrix}\boldsymbol{a}(\theta_m)\\ \mathrm{e}^{-\mathrm{j}\beta_m}\boldsymbol{a}^*(\theta_m)\end{bmatrix}}_{\breve{\boldsymbol{a}}(\theta_m,\beta_m)} s_m(t) + \underbrace{\begin{bmatrix}\boldsymbol{n}(t)\\ \boldsymbol{n}^*(t)\end{bmatrix}}_{\breve{\boldsymbol{n}}(t)}\\ &= \underbrace{\begin{bmatrix}\boldsymbol{A}(\boldsymbol{\theta})\\ \boldsymbol{A}^*(\boldsymbol{\theta})\boldsymbol{\Phi}(\boldsymbol{\beta})\end{bmatrix}}_{\breve{\boldsymbol{A}}(\boldsymbol{\theta},\boldsymbol{\beta})}\boldsymbol{s}(t) + \breve{\boldsymbol{n}}(t)\end{aligned} \tag{4.60}$$

式中，$\boldsymbol{s}(t) = [s_0(t),s_1(t),\cdots,s_{M-1}(t)]^{\mathrm{T}}$ 为信号矢量；$\breve{\boldsymbol{a}}(\theta_m,\beta_m) = \begin{bmatrix}\boldsymbol{a}(\theta_m)\\ \mathrm{e}^{-\mathrm{j}\beta_m}\boldsymbol{a}^*(\theta_m)\end{bmatrix} = \underbrace{\begin{bmatrix}\boldsymbol{a}(\theta_m) & \\ & \boldsymbol{a}^*(\theta_m)\end{bmatrix}}_{\breve{\boldsymbol{H}}(\theta_m)}\underbrace{\begin{bmatrix}1\\ \mathrm{e}^{-\mathrm{j}\beta_m}\end{bmatrix}}_{\breve{\boldsymbol{h}}(\beta_m)}$ 为信号共轭增广导向矢量。

信号共轭增广导向矢量对应着一个 $2L$ 元虚拟阵列，因而阵列孔径得到了扩展，图 4.13 为相应的孔径扩展示意图。

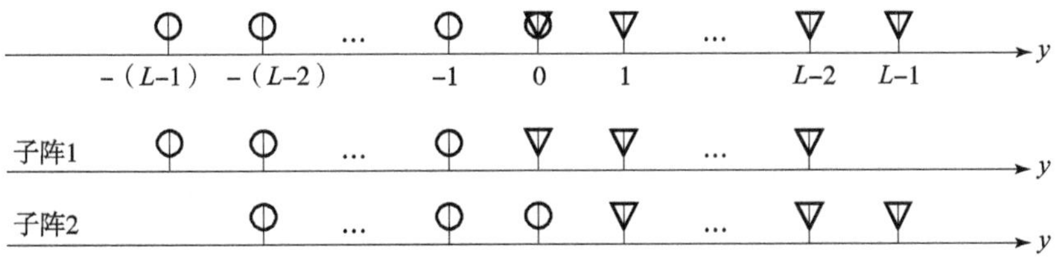

图 4.13　共轭增广阵列扩展示意图（图中三角和圆圈分别表示增益为 1 和 $\mathrm{e}^{-\mathrm{j}\beta}$ 的阵元）

下面考虑更一般的二阶部分非圆入射信号情形，即[63]

$$s_m^*(t) = \alpha_m \mathrm{e}^{-\mathrm{j}\beta_m} s_m(t) + \sqrt{1-\alpha_m^2}\, s_m'(t) \tag{4.61}$$

式中，α_m、β_m 和 $\sigma_m^2 = \langle E\{|s_m(t)|^2\}\rangle$ 分别为第 m 个信号 $s_m(t)$ 的非圆率、非圆相位和功率；$E\{s_m'(t)\} = 0$，$E\{s_m'(t)s_m^*(t)\} = 0$，$E\{|s_m'(t)|^2\} = \sigma_m^2$。

由此有

$$
\begin{aligned}
\breve{\mathbf{x}}(t) &= \sum_{m=0}^{M-1}\begin{bmatrix}\boldsymbol{a}(\theta_m)s_m(t)\\ \boldsymbol{a}^*(\theta_m)s_m^*(t)\end{bmatrix}+\breve{\boldsymbol{n}}(t)\\
&= \sum_{m=0}^{M-1}\begin{bmatrix}\boldsymbol{a}(\theta_m)\\ \boldsymbol{0}\end{bmatrix}s_m(t)+\sum_{m=0}^{M-1}\begin{bmatrix}\boldsymbol{0}\\ \boldsymbol{a}^*(\theta_m)\end{bmatrix}s_m^*(t)+\breve{\boldsymbol{n}}(t)\\
&= \sum_{m=0}^{M-1}\underbrace{\begin{bmatrix}\boldsymbol{a}(\theta_m)\\ \alpha_m \mathrm{e}^{-\mathrm{j}\beta_m}\boldsymbol{a}^*(\theta_m)\end{bmatrix}}_{\breve{\boldsymbol{a}}(\theta_m,\alpha_m,\beta_m)}s_m(t)+\sum_{m=0}^{M-1}\underbrace{\begin{bmatrix}\boldsymbol{0}\\ \sqrt{1-\alpha_m^2}\boldsymbol{a}^*(\theta_m)\end{bmatrix}}_{\breve{\boldsymbol{b}}(\theta_m,\alpha_m)}s'_m(t)+\breve{\boldsymbol{n}}(t)
\end{aligned}
\tag{4.62}
$$

式（4.62）表明，当阵列入射信号为二阶部分非圆时，在数据处理维数扩展的同时，阵列负载也有所增加。

4.5.1 宽线性 MVDR 波束形成

采用共轭增广技术进行波束形成，不仅可以实现孔径扩展，还可利用期望信号和干扰信号间的非圆特性差异提高对后者的抑制能力。

宽线性波束形成的输出可以写成

$$
\begin{aligned}
y(t) &= \boldsymbol{w}^{\mathrm{H}}\breve{\boldsymbol{x}}(t)\\
&= \boldsymbol{w}^{\mathrm{H}}\begin{bmatrix}\boldsymbol{a}(\theta_0)\\ \boldsymbol{0}\end{bmatrix}s_0(t)+\boldsymbol{w}^{\mathrm{H}}\begin{bmatrix}\boldsymbol{0}\\ \boldsymbol{a}^*(\theta_0)\end{bmatrix}s_0^*(t)+\\
&\quad \sum_{m=1}^{M-1}\boldsymbol{w}^{\mathrm{H}}\begin{bmatrix}\boldsymbol{a}(\theta_m)\\ \boldsymbol{0}\end{bmatrix}s_m(t)+\sum_{m=1}^{M-1}\boldsymbol{w}^{\mathrm{H}}\begin{bmatrix}\boldsymbol{0}\\ \boldsymbol{a}^*(\theta_m)\end{bmatrix}s_m^*(t)+\boldsymbol{w}^{\mathrm{H}}\breve{\boldsymbol{n}}(t)\\
&= [\boldsymbol{w}^{\mathrm{H}}\breve{\boldsymbol{a}}(\theta_0,\alpha_0,\beta_0)]s_0(t)+[\boldsymbol{w}^{\mathrm{H}}\breve{\boldsymbol{b}}(\theta_0,\alpha_0)]s'_0(t)+\\
&\quad \sum_{m=1}^{M-1}[\boldsymbol{w}^{\mathrm{H}}\breve{\boldsymbol{a}}(\theta_m,\alpha_m,\beta_m)]s_m(t)+\sum_{m=1}^{M-1}[\boldsymbol{w}^{\mathrm{H}}\breve{\boldsymbol{b}}(\theta_m,\alpha_m)]s'_m(t)+\boldsymbol{w}^{\mathrm{H}}\breve{\boldsymbol{n}}(t)
\end{aligned}
\tag{4.63}
$$

由于 $y(t)$ 中的虚拟干扰残余分量 $\{[\boldsymbol{w}^{\mathrm{H}}\breve{\boldsymbol{b}}(\theta_m,\alpha_m)]s'_m(t)\}_{m=0}^{M-1}$、真正干扰残余分量 $\{[\boldsymbol{w}^{\mathrm{H}}\breve{\boldsymbol{a}}(\theta_m,\alpha_m,\beta_m)]s_m(t)\}_{m=1}^{M-1}$ 以及阵元噪声残余分量 $\boldsymbol{w}^{\mathrm{H}}\breve{\boldsymbol{n}}(t)$ 均与期望信号分量 $[\boldsymbol{w}^{\mathrm{H}}\breve{\boldsymbol{a}}(\theta_0,\alpha_0,\beta_0)]s_0(t)$ 互不相关，所以仍可采用 2.2.2 节所介绍的（线性）MVDR 准则实现空域滤波[63]，即

$$
\begin{cases}
\min\limits_{\boldsymbol{w}}\boldsymbol{w}^{\mathrm{H}}\boldsymbol{R}_{\breve{x}\breve{x}}\boldsymbol{w} \quad \text{s. t.} \quad \boldsymbol{w}^{\mathrm{H}}\breve{\boldsymbol{a}}(\theta_0,\alpha_0,\beta_0)=1\\
\boldsymbol{R}_{\breve{x}\breve{x}}=E\{\breve{\boldsymbol{x}}(t)\breve{\boldsymbol{x}}^{\mathrm{H}}(t)\}=\begin{bmatrix}\boldsymbol{R}_{xx} & \boldsymbol{R}_{xx^*}\\ \boldsymbol{R}_{xx^*}^* & \boldsymbol{R}_{xx}^*\end{bmatrix}
\end{cases}
\tag{4.64}
$$

式中，$\boldsymbol{R}_{\breve{x}\breve{x}}$ 为阵列输出共轭增广协方差矩阵；$\boldsymbol{R}_{xx}$ 和 $\boldsymbol{R}_{xx^*}$ 分别为阵列输出协方差矩阵和阵列输出共轭协方差矩阵；θ_0、α_0 和 β_0 分别为期望信号的波达方向、非圆率和非圆相位。

利用拉格朗日乘子法，可得式（4.64）所示的宽线性 MVDR 波束形成器（WL－MVDR）权矢量为

$$
\boldsymbol{w}_{\mathrm{WL-MVDR}}=\frac{\boldsymbol{R}_{\breve{x}\breve{x}}^{-1}\breve{\boldsymbol{a}}(\theta_0,\alpha_0,\beta_0)}{\breve{\boldsymbol{a}}^{\mathrm{H}}(\theta_0,\alpha_0,\beta_0)\boldsymbol{R}_{\breve{x}\breve{x}}^{-1}\breve{\boldsymbol{a}}(\theta_0,\alpha_0,\beta_0)}
\tag{4.65}
$$

上述 WL－MVDR 波束形成器要求期望信号圆商已知，若其值未知，可采用下述宽线性

线性约束最小方差波束形成（WL－LCMV）进行空域滤波（由式（4.63）所示波束形成器的输出形式推得[62]）：

$$\min_{w} \boldsymbol{w}^{\mathrm{H}} \boldsymbol{R}_{\breve{x}\breve{x}} \boldsymbol{w} \quad \text{s. t.} \quad \boldsymbol{w}^{\mathrm{H}} \begin{bmatrix} \boldsymbol{a}(\theta_0) \\ \boldsymbol{0} \end{bmatrix} = 1\ ,\ \boldsymbol{w}^{\mathrm{H}} \begin{bmatrix} \boldsymbol{0} \\ \boldsymbol{a}^{*}(\theta_0) \end{bmatrix} = 0 \tag{4.66}$$

利用拉格朗日乘子法，可得式（4.66）所示 WL－LCMV 波束形成器的权矢量为

$$\boldsymbol{w}_{\mathrm{WL-LCMV}} = \boldsymbol{R}_{\breve{x}\breve{x}}^{-1} \breve{\boldsymbol{H}}(\theta_0) [\breve{\boldsymbol{H}}^{\mathrm{H}}(\theta_0) \boldsymbol{R}_{\breve{x}\breve{x}}^{-1} \breve{\boldsymbol{H}}(\theta_0)]^{-1} \boldsymbol{i}_2^{(1)} \tag{4.67}$$

式中，$\boldsymbol{i}_2^{(1)} = [1,0]^{\mathrm{T}}$；$\breve{\boldsymbol{H}}(\theta_0) = \begin{bmatrix} \boldsymbol{a}(\theta_0) & \\ & \boldsymbol{a}^{*}(\theta_0) \end{bmatrix}$。

有趣的是，当期望信号和干扰不全为圆随机过程时，无须利用期望信号圆商信息的 WL－LCMV 波束形成器，也可解释为存在期望信号圆商失配的 WL－MVDR 波束形成器，而当期望信号和干扰均为圆随机过程时，两者等价，具体留作习题【4－11】和【4－12】。

此外，在宽线性处理框架下，经典（线性）MVDR 波束形成器的设计准则可表述为

$$\min_{w} \boldsymbol{w}^{\mathrm{H}} \boldsymbol{R}_{\breve{x}\breve{x}} \boldsymbol{w} \quad \text{s. t.} \quad \boldsymbol{w}^{\mathrm{H}} \begin{bmatrix} \boldsymbol{a}(\theta_0) \\ \boldsymbol{0} \end{bmatrix} = 1\ ,\ \boldsymbol{w}^{\mathrm{H}} \begin{bmatrix} \boldsymbol{O}_L \\ \boldsymbol{I}_L \end{bmatrix} = \boldsymbol{0}^{\mathrm{T}} \tag{4.68}$$

其解为

$$\breve{\boldsymbol{w}}_{\mathrm{MVDR}} = \begin{bmatrix} \boldsymbol{w}_{\mathrm{MVDR}} \\ \boldsymbol{0} \end{bmatrix} = \begin{bmatrix} \dfrac{\boldsymbol{R}_{xx}^{-1} \boldsymbol{a}(\theta_0)}{\boldsymbol{a}^{\mathrm{H}}(\theta_0) \boldsymbol{R}_{xx}^{-1} \boldsymbol{a}(\theta_0)} \\ \boldsymbol{0} \end{bmatrix} \tag{4.69}$$

宽线性处理框架下波束形成器的输出信干噪比定义为

$$\mathrm{OSINR}_{\mathrm{WL}}(\boldsymbol{w}) = \frac{|\boldsymbol{w}^{\mathrm{H}} \breve{\boldsymbol{a}}_0|^2 \sigma_0^2}{\sum_{m=1}^{M-1} |\boldsymbol{w}^{\mathrm{H}} \breve{\boldsymbol{a}}_m|^2 \sigma_m^2 + \sum_{m=0}^{M-1} |\boldsymbol{w}^{\mathrm{H}} \breve{\boldsymbol{b}}_m|^2 \sigma_m^2 + \|\boldsymbol{w}\|_2^2 \sigma^2} \tag{4.70}$$

式中，$\breve{\boldsymbol{a}}_m = \breve{\boldsymbol{a}}(\theta_m, \alpha_m, \beta_m)$；$\breve{\boldsymbol{b}}_m = \breve{\boldsymbol{b}}(\theta_m, \alpha_m)$；$\sigma_0^2$ 和 σ_m^2 分别为期望信号和第 m 个干扰的功率；σ^2 为噪声功率。

式（4.64）、式（4.66）、式（4.68）所示设计准则中的代价函数均为波束形成器的输出功率，约束条件都能保证期望信号的无失真响应，即 $\boldsymbol{w}^{\mathrm{H}} \breve{\boldsymbol{a}}_0 = 1$。此外，式（4.64）的约束解集包含式（4.66）的约束解集，而式（4.66）的约束解集又包含式（4.68）的约束解集。换言之，若 $\boldsymbol{w}$ 满足式（4.66）中的约束条件，其一定满足式（4.64）中的约束条件，反之则不一定成立；若其满足式（4.68）中的约束条件，一定也满足式（4.66）中的约束条件，反之则不一定成立。由此可知[63]

$$\mathrm{OSINR}_{\mathrm{WL}}(\boldsymbol{w}_{\mathrm{WL-MVDR}}) \geqslant \mathrm{OSINR}_{\mathrm{WL}}(\boldsymbol{w}_{\mathrm{WL-LCMV}}) \geqslant \mathrm{OSINR}_{\mathrm{WL}}(\breve{\boldsymbol{w}}_{\mathrm{MVDR}}) \tag{4.71}$$

式中，$\mathrm{OSINR}_{\mathrm{WL}}(\breve{\boldsymbol{w}}_{\mathrm{MVDR}}) = \mathrm{OSINR}(\boldsymbol{w}_{\mathrm{MVDR}})$。

宽线性波束形成器干扰抑制性能的提高主要归因于非圆条件下数据增广操作的孔径扩展作用。不过，由于干扰抑制能力的提高，宽线性波束形成器其性能对模型误差更为敏感。

例 4.5　采用 6 元等距线阵进行波束形成，阵元间距为 1/2 期望信号/干扰波长。期望信号和两个非相关干扰均为 BPSK，波达方向分别为 5°、15°和 10°。期望信号和干扰的非圆相位分别为 45°、30°和 60°；阵元噪声为空间白高斯噪声，干噪比均为 30dB。图 4.14（a）和图 4.14（b）所示分别为不存在误差和存在误差两种情形下 MVDR、WL－MVDR 和 WL－

LCMV 3 种波束形成器的输出信干噪比随输入信噪比的变化曲线图，其中指向误差为2°，非圆率误差为0.2，非圆相位误差为2°。可以看出：不存在误差条件下，WL－MVDR 波束形成器的性能优于 WL－LCMV 波束形成器，后者的性能又优于 MVDR 波束形成器；存在误差条件下，输入信噪比较低时，WL－MVDR 波束形成器的性能仍然优于 WL－LCMV 波束形成器和 MVDR 波束形成器，但在输入信噪比较高时，WL－MVDR 波束形成器的性能劣于 WL－LCMV 波束形成器，而后者的性能又劣于经典 MVDR 波束形成器。

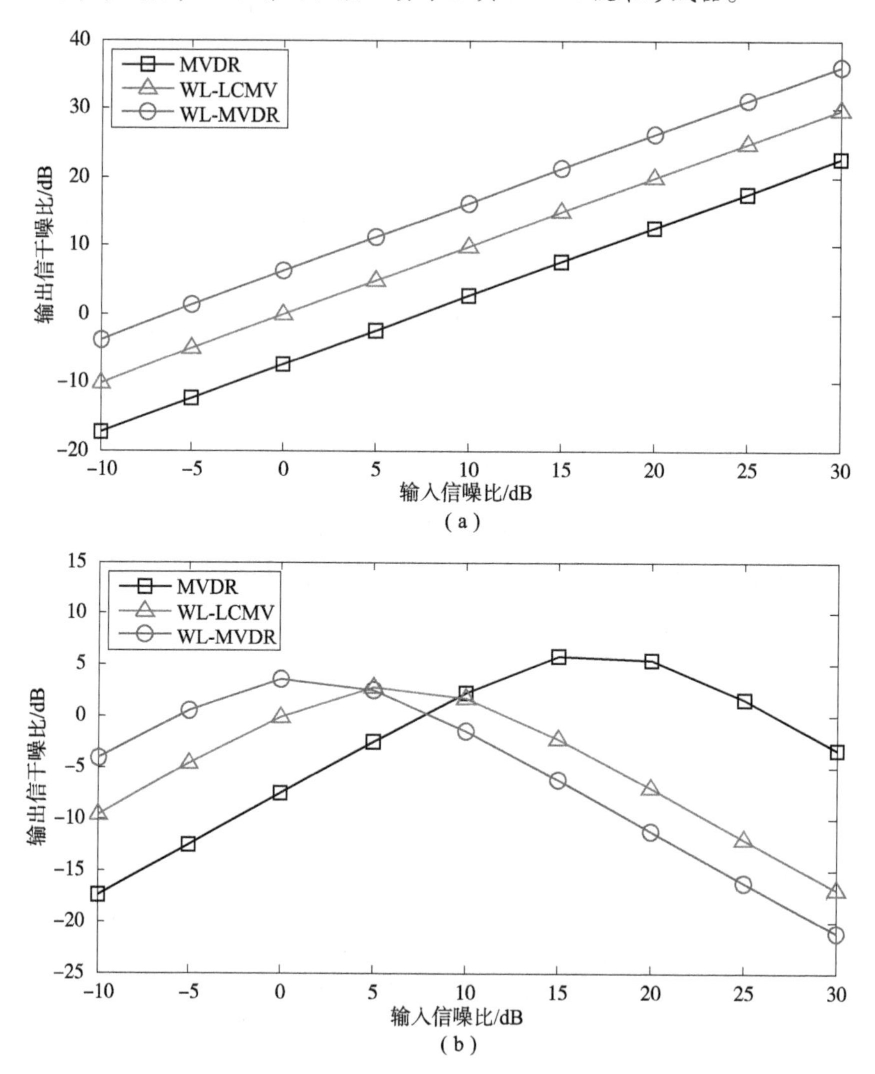

图 4.14　宽线性波束形成器和线性波束形成器输出信干噪比的比较

（a）无误差情形；（b）有误差情形

4.5.2　非圆信号波达方向估计

1. 宽线性波束扫描方法

若采用 WL－LCMV 波束扫描，可得到下述空间谱表达式：

$$J_{\mathrm{WL-LCMV}}(\theta) = \boldsymbol{w}_{\mathrm{WL-LCMV}}^{\mathrm{H}}(\theta)\boldsymbol{R}_{\breve{x}\breve{x}}\boldsymbol{w}_{\mathrm{WL-LCMV}}(\theta) = (\boldsymbol{i}_2^{(1)})^{\mathrm{H}}[\breve{\boldsymbol{H}}^{\mathrm{H}}(\theta)\boldsymbol{R}_{\breve{x}\breve{x}}^{-1}\breve{\boldsymbol{H}}(\theta)]^{-1}\boldsymbol{i}_2^{(1)}$$

$$
\begin{aligned}
&= (\boldsymbol{i}_2^{(1)})^{\mathrm{H}}\left\{\breve{\boldsymbol{H}}^{\mathrm{H}}(\theta)\begin{bmatrix}\breve{\boldsymbol{C}}_{xx}^{-1} & -\breve{\boldsymbol{C}}_{xx}^{-1}\boldsymbol{R}_{xx^*}(\boldsymbol{R}_{xx}^*)^{-1} \\ -(\breve{\boldsymbol{C}}_{xx}^{-1})^*\boldsymbol{R}_{xx^*}^*\boldsymbol{R}_{xx}^{-1} & (\breve{\boldsymbol{C}}_{xx}^{-1})^*\end{bmatrix}\breve{\boldsymbol{H}}(\theta)\right\}^{-1}\boldsymbol{i}_2^{(1)} \\
&= \frac{\boldsymbol{a}^{\mathrm{H}}(\theta)\breve{\boldsymbol{C}}_{xx}^{-1}\boldsymbol{a}(\theta)}{|\boldsymbol{a}^{\mathrm{H}}(\theta)\breve{\boldsymbol{C}}_{xx}^{-1}\boldsymbol{a}(\theta)|^2-|\boldsymbol{a}^{\mathrm{H}}(\theta)\breve{\boldsymbol{C}}_{xx}^{-1}\boldsymbol{R}_{xx^*}(\boldsymbol{R}_{xx}^*)^{-1}\boldsymbol{a}^*(\theta)|^2}
\end{aligned}
\tag{4.72}
$$

式中，$\breve{\boldsymbol{C}}_{xx}=\boldsymbol{R}_{xx}-\boldsymbol{R}_{xx^*}(\boldsymbol{R}_{xx}^*)^{-1}\boldsymbol{R}_{xx^*}^*$；$\boldsymbol{R}_{xx}$ 和 $\boldsymbol{R}_{xx^*}$ 分别为时间平均阵列输出协方差矩阵和共轭协方差矩阵；$\boldsymbol{w}_{\mathrm{WL-LCMV}}(\theta)=\boldsymbol{R}_{\breve{x}\breve{x}}^{-1}\breve{\boldsymbol{H}}(\theta)[\breve{\boldsymbol{H}}^{H}(\theta)\boldsymbol{R}_{\breve{x}\breve{x}}^{-1}\breve{\boldsymbol{H}}(\theta)]^{-1}\boldsymbol{i}_2^{(1)}$；$\breve{\boldsymbol{H}}(\theta)=\begin{bmatrix}\boldsymbol{a}(\theta) & \\ & \boldsymbol{a}^*(\theta)\end{bmatrix}$。

若采用 WL－MVDR 波束扫描，可得到下述非圆相位－空间二维谱：

$$
J_{\mathrm{WL-MVDR}}(\theta)=\frac{1}{\breve{\boldsymbol{a}}^{\mathrm{H}}(\theta,\alpha,\beta)\boldsymbol{R}_{\breve{x}\breve{x}}^{-1}\breve{\boldsymbol{a}}(\theta,\alpha,\beta)}=\frac{1}{\breve{\boldsymbol{h}}^{\mathrm{H}}(\alpha,\beta)[\breve{\boldsymbol{H}}^{\mathrm{H}}(\theta)\boldsymbol{R}_{\breve{x}\breve{x}}^{-1}\breve{\boldsymbol{H}}(\theta)]\breve{\boldsymbol{h}}(\alpha,\beta)}
\tag{4.73}
$$

式中，$\breve{\boldsymbol{h}}(\alpha,\beta)=\begin{bmatrix}1\\ \alpha\mathrm{e}^{-\mathrm{j}\beta}\end{bmatrix}$。

对于某一扫描角 θ，$J_{\mathrm{WL-MVDR}}(\theta)$ 的条件最大值为 $\dfrac{1}{\breve{\boldsymbol{h}}_\theta^{\mathrm{H}}[\breve{\boldsymbol{H}}^{\mathrm{H}}(\theta)\boldsymbol{R}_{\breve{x}\breve{x}}^{-1}\breve{\boldsymbol{H}}(\theta)]\breve{\boldsymbol{h}}_\theta}$，其中 $\breve{\boldsymbol{h}}_\theta$ 为下述问题的解：

$$
\min_{\boldsymbol{h}}\boldsymbol{h}^{\mathrm{H}}[\breve{\boldsymbol{H}}^{\mathrm{H}}(\theta)\boldsymbol{R}_{\breve{x}\breve{x}}^{-1}\breve{\boldsymbol{H}}(\theta)]\boldsymbol{h}\quad \text{s. t.}\quad \boldsymbol{h}^{\mathrm{H}}\boldsymbol{i}_2^{(1)}=1
\tag{4.74}
$$

利用拉格朗日乘子法可得

$$
\breve{\boldsymbol{h}}_\theta=\frac{[\breve{\boldsymbol{H}}^{\mathrm{H}}(\theta)\boldsymbol{R}_{\breve{x}\breve{x}}^{-1}\breve{\boldsymbol{H}}(\theta)]^{-1}\boldsymbol{i}_2^{(1)}}{(\boldsymbol{i}_2^{(1)})^{\mathrm{H}}[\breve{\boldsymbol{H}}^{\mathrm{H}}(\theta)\boldsymbol{R}_{\breve{x}\breve{x}}^{-1}\breve{\boldsymbol{H}}(\theta)]^{-1}\boldsymbol{i}_2^{(1)}}
\tag{4.75}
$$

若将式（4.73）中的 $\breve{\boldsymbol{h}}(\alpha,\beta)$ 用式（4.75）中 $\breve{\boldsymbol{h}}_\theta$ 代替，则 WL－MVDR 二维谱将退化成式（4.72）所示的 WL－LCMV 一维空间谱。

例 4.6　利用 8 元等距线阵估计 4 个非相关窄带 BPSK 信号的波达方向，阵元间距为 1/2 信号波长。信号波达方向分别为 －40°、10°、60°和 0°，信号非圆相位分别为 60°、180°、120°和 72°；快拍数为 100，阵元噪声为空间白高斯噪声，信噪比均为 15dB。图 4.15（a）所示为上述条件下基于 WL－LCMV 波束扫描的线性约束最小方差方法的空间一维谱图（100 次独立实验的结果）；图 4.15（b）所示为上述条件下基于 WL－MVDR 波束扫描的非圆相位－空间二维谱图。由图可以看出，两种方法均能成功分辨本例中的 4 个严格非圆 BPSK 信号。

2. 非圆 MUSIC 方法[60,61]

本节讨论基于正交子空间分解技术的孔径扩展二阶非圆信号波达方向估计方法。首先考虑所有阵列入射信号均为严格非圆的情形，由式（4.60）可知

$$
\boldsymbol{R}_{\breve{x}\breve{x}}=\sum_{m=0}^{M-1}\sigma_m^2\breve{\boldsymbol{a}}(\theta_m,\beta_m)\breve{\boldsymbol{a}}^{\mathrm{H}}(\theta_m,\beta_m)+\sigma^2\boldsymbol{I}_{2L}
\tag{4.76}
$$

式中，$\breve{\boldsymbol{a}}(\theta_m,\beta_m)=[\boldsymbol{a}^{\mathrm{T}}(\theta_m),\mathrm{e}^{-\mathrm{j}\beta_m}\boldsymbol{a}^{\mathrm{H}}(\theta_m)]^{\mathrm{T}}$。

不难看出，阵列输出共轭增广协方差矩阵 $\boldsymbol{R}_{\breve{x}\breve{x}}$ 与阵列输出协方差矩阵 $\boldsymbol{R}_{xx}$ 的代数结构完全相同，所以仍可采用正交子空间分解方法进行信号波达方向估计。

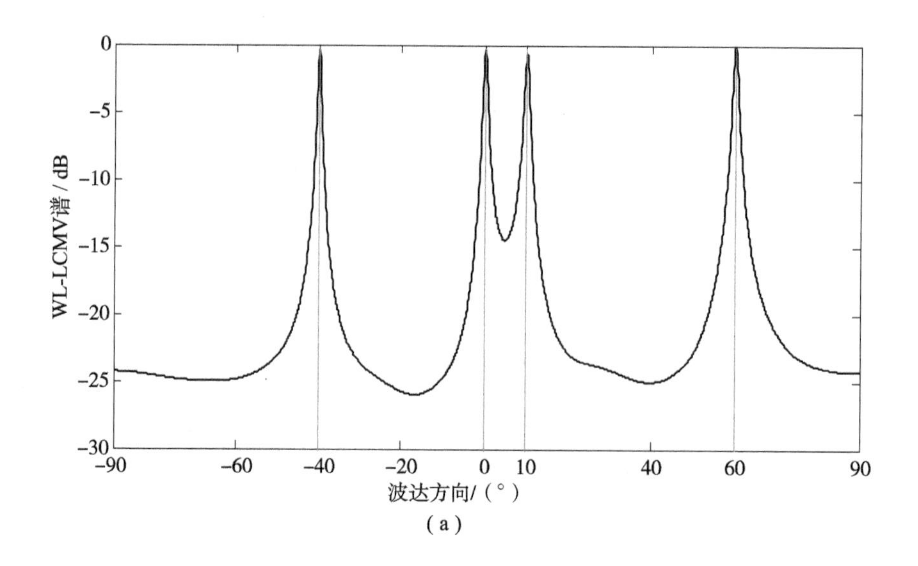

（a）

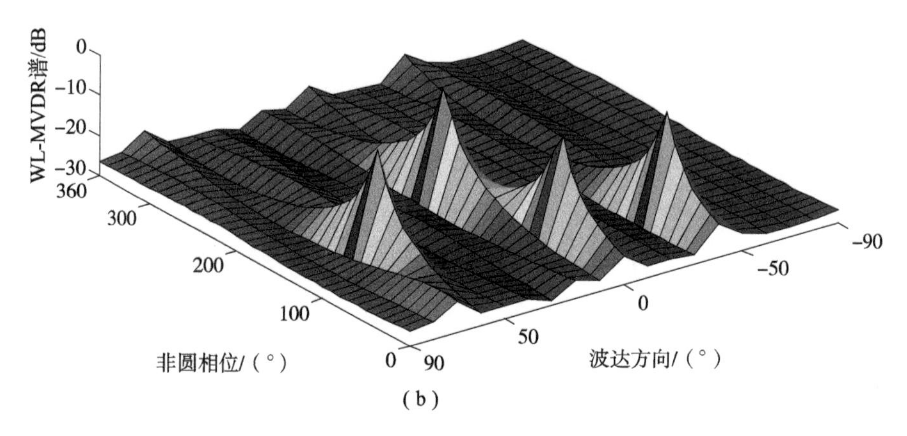

（b）

图 4.15　宽线性波束扫描谱图

（a）宽线性波束扫描线性约束最小方差一维空间谱；（b）宽线性波束扫描最小方差无失真响应非圆相位－空间二维谱

对 $\boldsymbol{R}_{\breve{x}\breve{x}}$ 进行特征分解，记其 M 个大特征值所对应的特征矢量矩阵为 $\breve{\boldsymbol{U}}_{\mathrm{S}}$，它的列空间称为共轭增广信号子空间；记其 $2L-M$ 个较小特征值所对应的特征矢量矩阵为 $\breve{\boldsymbol{U}}_{\mathrm{N}}$，它的列空间称为共轭增广噪声子空间。

通过类似于 3.2.2 节的方法可以证明信号共轭增广导向矢量位于共轭增广信号子空间中。由此，与 4.3.2 节的讨论类似，可得下述空间谱表达式：

$$J_{\mathrm{NC-MUSIC}}(\theta) = \frac{1}{\det\{\breve{\boldsymbol{H}}^{\mathrm{H}}(\theta)\breve{\boldsymbol{U}}_{\mathrm{N}}\breve{\boldsymbol{U}}_{\mathrm{N}}^{\mathrm{H}}\breve{\boldsymbol{H}}(\theta)\}} \tag{4.77}$$

利用式（4.77）所示方法完成无多值模糊信号波达方向估计的一个必要条件为：在 $\theta \neq \theta_m$ 时，$\breve{\boldsymbol{H}}^{\mathrm{H}}(\theta)\breve{\boldsymbol{U}}_{\mathrm{N}}\breve{\boldsymbol{U}}_{\mathrm{N}}^{\mathrm{H}}\breve{\boldsymbol{H}}(\theta)$ 为非奇异满秩矩阵。

注意到 $\breve{\boldsymbol{H}}(\theta)$ 为 $2L\times 2$ 维矩阵，矩阵 $\breve{\boldsymbol{U}}_{\mathrm{N}}\breve{\boldsymbol{U}}_{\mathrm{N}}^{\mathrm{H}}$ 的秩应至少大于 2，因此有

$$2L-M \geqslant 2 \Rightarrow M \leqslant 2L-2 \tag{4.78}$$

这意味着本节方法最多只能处理 $2L-2$ 个二阶严格非圆信号（注意该方法并不能处理 $2L-1$ 个信号，尽管虚拟阵列的维数为 $2L$）。

若阵列入射信号中存在 M_1 个二阶部分非圆或圆信号，则无噪条件下阵列输出共轭增广协方差矩阵 $\boldsymbol{R}_{\breve{x}\breve{x}}$ 的秩将变为 $M+M_1$，此时本节方法可处理信号源数目将有所下降。特别地，若所有信号均为二阶部分非圆或圆信号，即 $M_1=M$，本节方法将失去阵列有效孔径扩展能力。一个特例是，所有信号非零非圆率相同且已知，此时孔径扩展可通过将式（4.64）所示 $\boldsymbol{R}_{\breve{x}\breve{x}}$ 中的 $\boldsymbol{R}_{xx^*}$ 用 $\alpha^{-1}\boldsymbol{R}_{xx^*}$ 代替来实现，其中 α 为信号公共非圆率。

另外，式（4.77）所示空间谱也存在简单的求根形式[60]，具体算法推导留作习题。

例 4.7　利用 4 元等距线阵估计 4 个非相关窄带 BPSK 信号的波达方向，阵元间距为 1/2 信号波长。信号波达方向分别为 $-30°$、$10°$、$40°$和 $0°$，快拍数为 200，阵元噪声为空间白高斯噪声，信噪比均为 10dB。图 4.16 所示为上述条件下非圆 MUSIC（NC－MUSIC）方法的空间谱图，由图可以看出，4 个信号均被成功分辨。

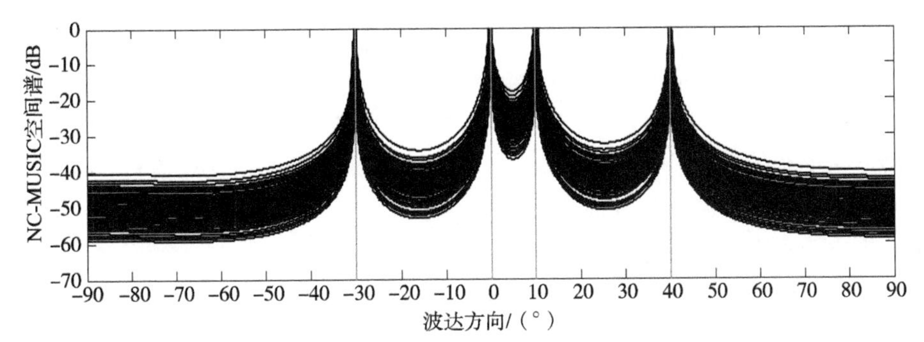

图 4.16　NC－MUSIC 空间谱图（4 个严格非圆信号）

将阵列入射信号改成 2 个非严格非圆信号加 1 个严格非圆信号，波达方向分别为 $-30°$、$10°$、$40°$；$\alpha_0=0$，$\alpha_1=0.5$，$\alpha_2=1$；$\beta_0=0°$，$\beta_1=60°$，$\beta_2=45°$，其他条件不变，相应空间谱示于图 4.17。可以看出，当存在部分非圆或圆信号时，本节方法仍能正常工作。

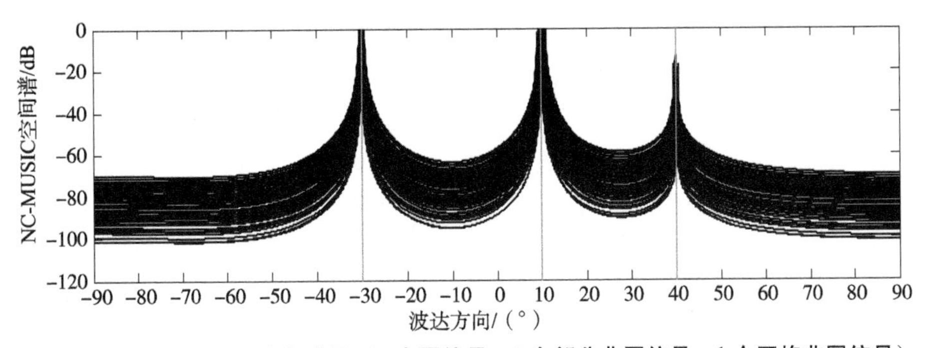

图 4.17　NC－MUSIC 空间谱图（1 个圆信号，1 个部分非圆信号，1 个严格非圆信号）

3. 非圆 ESPRIT 方法

本节讨论如何采用子空间旋转不变技术实现孔径扩展二阶非圆信号的闭式波达方向估计。首先考虑所有阵列入射信号均为严格非圆的情形，类似于 3.2.3 节的讨论，可知

$$\breve{\boldsymbol{U}}_{\mathrm{S}}=\breve{\boldsymbol{A}}(\boldsymbol{\theta},\boldsymbol{\beta})\boldsymbol{T} \tag{4.79}$$

式中，$\boldsymbol{T}$ 为 $M\times M$ 维满秩矩阵。

由图 4.13 可以看出，共轭增广虚拟阵列仍可以划分为两个具有空间平移不变性质的 $2L-2$ 元子阵，也可采用 ESPRIT 方法估计信号波达方向。

为此，令 $\breve{\boldsymbol{U}}^{(1)}$ 为 $\breve{\boldsymbol{U}}_{\mathrm{S}}$ 第 1 到 $L-1$ 行、第 $L+2$ 到 $2L$ 行组成的矩阵，$\breve{\boldsymbol{U}}^{(2)}$ 为 $\breve{\boldsymbol{U}}_{\mathrm{S}}$ 第 2 到 L 行、第 $L+1$ 到 $2L-1$ 行组成的矩阵，则

$$\breve{\boldsymbol{U}}^{(1)}\breve{\boldsymbol{\Xi}} = \breve{\boldsymbol{U}}^{(2)} \tag{4.80}$$

$$\breve{\boldsymbol{\Xi}} = \boldsymbol{T}^{-1}\boldsymbol{\Phi}(\boldsymbol{\theta})\boldsymbol{T}$$

$$\boldsymbol{\Phi}(\boldsymbol{\theta}) = \mathrm{diag}\{\mathrm{e}^{\mathrm{j}\pi\bar{d}\sin\theta_0}, \mathrm{e}^{\mathrm{j}\pi\bar{d}\sin\theta_1}, \cdots, \mathrm{e}^{\mathrm{j}\pi\bar{d}\sin\theta_{M-1}}\}$$

进一步利用 LS－ESPRIT 或 TLS－ESPRIT 方法即可获得信号的波达方向估计，不再赘述。

下面考虑二阶部分非圆信号情形，不失一般性，假设前 M_1 个信号为部分非圆，此时，$\breve{\boldsymbol{U}}_{\mathrm{S}}$ 将具有 $M+M_1$ 列，而

$$\boldsymbol{\Phi}(\boldsymbol{\theta}) = \begin{bmatrix} \boldsymbol{\Phi}^{(1)}(\boldsymbol{\theta})\otimes \boldsymbol{I}_2 & \\ & \boldsymbol{\Phi}^{(2)}(\boldsymbol{\theta}) \end{bmatrix} \tag{4.81}$$

$$\boldsymbol{\Phi}^{(1)}(\boldsymbol{\theta}) = \mathrm{diag}\{\mathrm{e}^{\mathrm{j}\pi\bar{d}\sin\theta_0}, \mathrm{e}^{\mathrm{j}\pi\bar{d}\sin\theta_1}, \cdots, \mathrm{e}^{\mathrm{j}\pi\bar{d}\sin\theta_{M_1-1}}\}$$

$$\boldsymbol{\Phi}^{(2)}(\boldsymbol{\theta}) = \mathrm{diag}\{\mathrm{e}^{\mathrm{j}\pi\bar{d}\sin\theta_{M_1}}, \mathrm{e}^{\mathrm{j}\pi\bar{d}\sin\theta_{M_1+1}}, \cdots, \mathrm{e}^{\mathrm{j}\pi\bar{d}\sin\theta_{M-1}}\}$$

因此，$\breve{\boldsymbol{\Xi}}$ 具有 M_1 个二重复度特征值和 $M-M_1$ 个单重特征值，分别对应着二阶部分非圆信号和二阶严格非圆信号的空间相位，此时仍可采用 ESPRIT 方法估计信号波达方向，但可处理信号源数目将有所下降。特别地，若所有信号均为二阶部分非圆信号，即 $M_1=M$，本节方法也将失去阵列有效孔径扩展能力。

例 4.8　利用 4 元等距线阵估计 4 个非相关窄带 BPSK 信号的波达方向，阵元间距为 1/2 信号波长。信号波达方向分别为 −45°、45°、20°和 0°，快拍数为 200，阵元噪声为空间白圆高斯噪声，信噪比均为 0dB。图 4.18（a）所示为上述条件下 500 次独立实验非圆 LS－ESPRIT 方法的信号波达方向估计结果。可以看出，4 个信号均被成功分辨。

将阵列入射信号改成 2 个非严格非圆信号加 1 个严格非圆信号，波达方向分别为 −45°、45°、20°；$\alpha_0=0$，$\alpha_1=0.5$，$\alpha_2=1$；$\beta_0=0°$，$\beta_1=60°$，$\beta_2=45°$，信噪比增大为 10dB，其他条件不变，相应的信号波达方向估计结果示于图 4.18（b）。可以看出，与 4.5.2 节方法类似，当存在部分非圆或圆信号时，本节方法仍能正常工作。

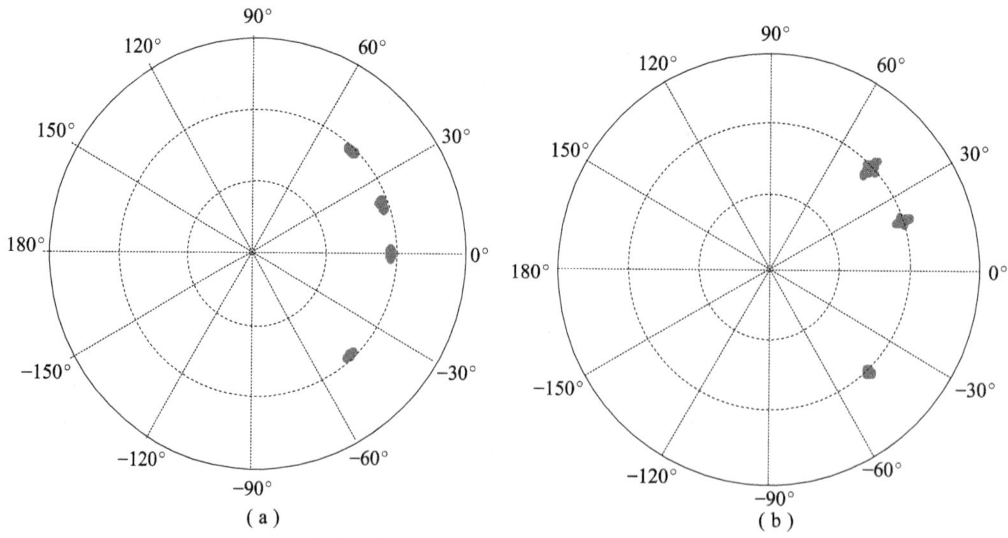

图 4.18　非圆 LS－ESPRIT 方法的信号波达方向估计结果

（a）4 个严格非圆信号；（b）1 个圆信号，1 个部分非圆信号，1 个严格非圆信号

图 4.19 所示为非圆求根 MUSIC、非圆 LS－ESPRIT 与常规求根 MUSIC 和 LS－ESPRIT 等方法信号波达方向估计总体均方根误差性能的比较，其中阵列为 8 元等距线阵，3 个信号均为严格非圆，波达方向分别为 5°、15°和 60°；非圆相位分别为 60°、90°和 120°。图 4.19（a）所示结果对应的信噪比均为 0dB，图 4.19（b）所示结果对应的快拍数为 20。图 4.19 中的 CRB 曲线根据附录 A 中式（A.58）计算得出。由所示结果可以看出，非圆信息的利用可以显著提高低信噪比和短快拍条件下的信号波达方向估计性能。

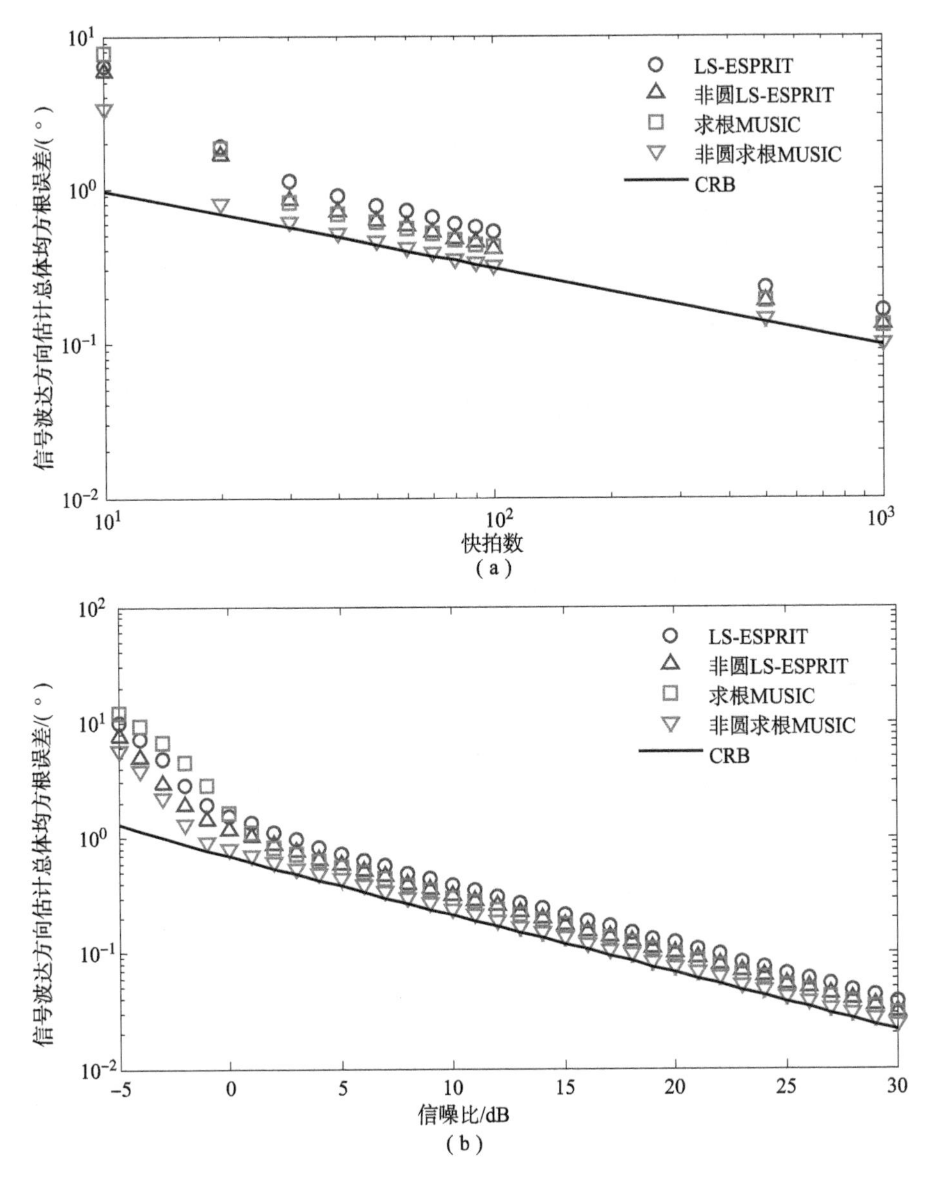

图 4.19　非圆处理方法与常规方法信号波达方向估计性能的比较

（a）信号波达方向估计总体均方根误差随快拍数的变化曲线；

（b）信号波达方向估计总体均方根误差随信噪比的变化曲线

4. 非圆稀疏表示方法

在 3.3.4 节中曾讨论过空域稀疏表示及重构方法在相干源信号波达方向估计中的应用，

这里讨论其在利用信号非圆性进行阵列有效孔径扩展中的应用。

若阵列入射信号互不相关，且与圆阵元噪声互不相关，则阵列输出共轭协方差矩阵 $\boldsymbol{R}_{xx^*}$ 可以写成

$$\boldsymbol{R}_{xx^*} = E\{\boldsymbol{x}(t)\boldsymbol{x}^{\mathrm{T}}(t)\} = \sum_{m=0}^{M-1}(\alpha_m \mathrm{e}^{\mathrm{j}\beta_m}\sigma_m^2)[\boldsymbol{a}(\theta_m)\boldsymbol{a}^{\mathrm{T}}(\theta_m)] \tag{4.82}$$

式中，θ_m、α_m、β_m、σ_m^2 和 $\boldsymbol{a}(\theta_m)$ 分别为第 m 个信号的波达方向、非圆率、非圆相位、功率和导向矢量。

因此有

$$\mathrm{vec}\{\boldsymbol{R}_{xx^*}\} = \sum_{m=0}^{M-1}(\alpha_m \mathrm{e}^{\mathrm{j}\beta_m}\sigma_m^2)[\boldsymbol{a}(\theta_m)\otimes\boldsymbol{a}(\theta_m)] \tag{4.83}$$

式中，“$\otimes$”表示 Kronecker 积。

将 $\mathrm{vec}\{\boldsymbol{R}_{xx^*}\}$ 进行下述稀疏表示：

$$\mathrm{vec}\{\boldsymbol{R}_{xx^*}\} = \boldsymbol{D}(\boldsymbol{\vartheta})\boldsymbol{s} \tag{4.84}$$

式中，$\boldsymbol{s}$ 为稀疏矢量；$\boldsymbol{D}(\boldsymbol{\vartheta})$ 为 $L^2\times N$ 维字典矩阵，其形式为 $\boldsymbol{D}(\boldsymbol{\vartheta})=[\boldsymbol{a}(\vartheta_0)\otimes\boldsymbol{a}(\vartheta_0),\boldsymbol{a}(\vartheta_1)\otimes\boldsymbol{a}(\vartheta_1),\cdots,\boldsymbol{a}(\vartheta_{N-1})\otimes\boldsymbol{a}(\vartheta_{N-1})]$，其中 $\vartheta_0,\vartheta_1,\cdots,\vartheta_{N-1}$ 为在感兴趣的信号角度区域 Θ 内按一定角度间隔所选的 N 个角度，并且 $N\gg L^2$。

采用与 3.3.4 节类似的方法重构稀疏矢量后，即可获得信号的波达方向估计。

例 4.9 利用 6 元等距线阵估计 7 个非相关非圆信号的波达方向，阵元间距为 1/2 信号波长。信号波达方向分别为 0°、20°、40°、-20°、-40°、50°和 -60°，信号非圆率分别为 0.7、0.8、0.9、1、0.8、1 和 1，信号非圆相位分别为 0、π/6、π/4、π/3、π/5、π/7 和 0，快拍数为 5 000，信噪比为 0dB。采用 CVX 稀疏重构方法，正则化参数为 1。图 4.20 所示为上述条件下非圆稀疏表示方法的归一化伪谱图。由图可以看出，7 个信号均能被成功分辨。

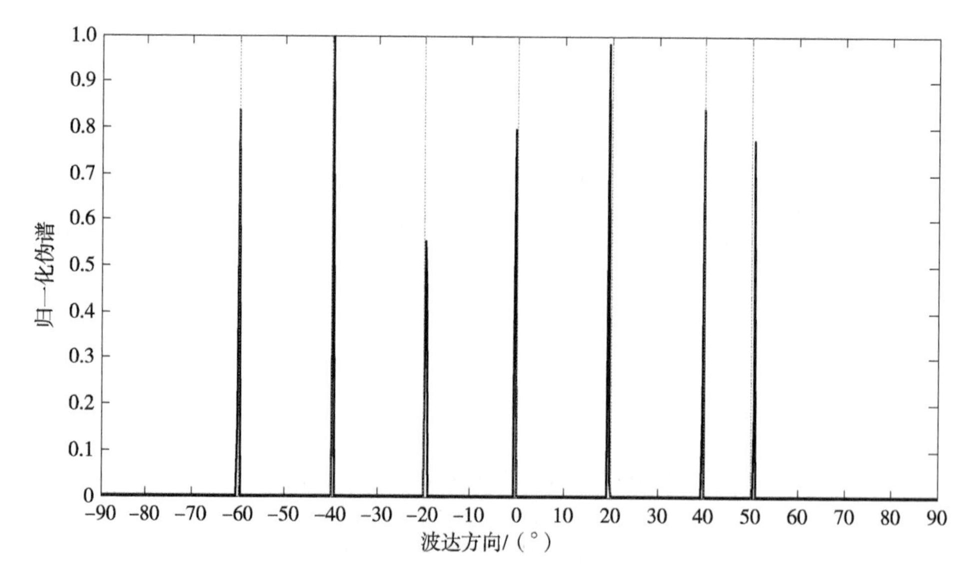

图 4.20 非圆稀疏表示方法的归一化伪谱图

4.6　循环平稳信号数据增广方法

本节讨论如何利用信号的循环平稳性/共轭循环平稳性进行阵列有效孔径扩展[65,66]。

假设信号既为循环平稳，又为共轭循环平稳，构造下述阵列输出增广循环相关函数矩阵：

$$\begin{cases}\widehat{\boldsymbol{R}}_{xx}=\begin{bmatrix}\boldsymbol{R}_{xx}^{(\acute{\omega}_1)}(\tau_1) & \boldsymbol{R}_{xx^*}^{(\acute{\omega}_2)}(\tau_2)\\ [\boldsymbol{R}_{xx^*}^{(\acute{\omega}_3)}(\tau_3)]^* & [\boldsymbol{R}_{xx}^{(\acute{\omega}_4)}(\tau_4)]^*\end{bmatrix}\\ \boldsymbol{R}_{xx}^{(\acute{\omega})}(\tau)=\langle E\{\boldsymbol{x}(t)\boldsymbol{x}^{\mathrm{H}}(t-\tau)\}\mathrm{e}^{-\mathrm{j}\acute{\omega}t}\rangle\\ \boldsymbol{R}_{xx^*}^{(\acute{\omega})}(\tau)=\langle E\{\boldsymbol{x}(t)\boldsymbol{x}^{\mathrm{T}}(t-\tau)\}\mathrm{e}^{-\mathrm{j}\acute{\omega}t}\rangle\end{cases}\tag{4.85}$$

式中，$\acute{\omega}_1$，$\acute{\omega}_2$，$\acute{\omega}_3$ 和 $\acute{\omega}_4$ 为合适的循环/共轭循环频率；τ_1，τ_2，τ_3 和 τ_4 为合适的滞后参数。

进一步假设信号循环、共轭循环互不相关，并令

$$\breve{\boldsymbol{H}}(\theta_m)=\begin{bmatrix}\boldsymbol{a}(\theta_m) & \\ & \boldsymbol{a}^*(\theta_m)\end{bmatrix}\tag{4.86}$$

则

$$\begin{cases}\widehat{\boldsymbol{R}}_{xx}=\sum_{m=0}^{M-1}\breve{\boldsymbol{H}}(\theta_m)\underbrace{\begin{bmatrix}R_{s_m,s_m}^{(\acute{\omega}_1)}(\tau_1) & R_{s_m,s_m^*}^{(\acute{\omega}_2)}(\tau_2)\\ [R_{s_m,s_m^*}^{(\acute{\omega}_3)}(\tau_3)]^* & [R_{s_m,s_m}^{(\acute{\omega}_4)}(\tau_4)]^*\end{bmatrix}}_{\widehat{\boldsymbol{R}}_{s_m,s_m}}\breve{\boldsymbol{H}}^{\mathrm{H}}(\theta_m)\\ R_{s_m,s_m}^{(\acute{\omega})}(\tau)=\langle E\{s_m(t)s_m^*(t-\tau)\}\mathrm{e}^{-\mathrm{j}\acute{\omega}t}\rangle\\ R_{s_m,s_m^*}^{(\acute{\omega})}(\tau)=\langle E\{s_m(t)s_m(t-\tau)\}\mathrm{e}^{-\mathrm{j}\acute{\omega}t}\rangle\end{cases}\tag{4.87}$$

若 $R_{s_m,s_m^*}^{(\acute{\omega}_2)}(\tau_2)[R_{s_m,s_m^*}^{(\acute{\omega}_3)}(\tau_3)]^*=R_{s_m,s_m}^{(\acute{\omega}_1)}(\tau_1)[R_{s_m,s_m}^{(\acute{\omega}_4)}(\tau_4)]^*$，则 $\widehat{\boldsymbol{R}}_{s_m,s_m}$ 的秩为1，对其进行奇异值分解，得到

$$\widehat{\boldsymbol{R}}_{s_m,s_m}=\widehat{\mu}_{s_m}\widehat{\boldsymbol{u}}_{s_m}\widehat{\boldsymbol{v}}_{s_m}^{\mathrm{H}}\tag{4.88}$$

式中，$\widehat{\mu}_{s_m}$ 为 $\widehat{\boldsymbol{R}}_{s_m,s_m}$ 的非零奇异值；$\widehat{\boldsymbol{u}}_{s_m}$ 和 $\widehat{\boldsymbol{v}}_{s_m}$ 为对应的左奇异矢量和右奇异矢量。

根据式（4.88），进一步有

$$\widehat{\boldsymbol{R}}_{xx}=\sum_{m=0}^{M-1}\widehat{\mu}_{s_m}[\breve{\boldsymbol{H}}(\theta_m)\widehat{\boldsymbol{u}}_{s_m}][\breve{\boldsymbol{H}}(\theta_m)\widehat{\boldsymbol{v}}_{s_m}]^{\mathrm{H}}\tag{4.89}$$

因此，可采用类似于4.5.2节所讨论的非圆信号处理方法获得隐含孔径扩展的信号波达方向估计。

例4.10　利用阵元间距为1/2信号波长的4元等距线阵辨识4个非相关窄带BPSK信号。信号波达方向分别为−30°、−10°、10°和30°；$\acute{\omega}_1$、$\acute{\omega}_2$、$\acute{\omega}_3$ 和 $\acute{\omega}_4$ 关于采样率的归一化值分别为0.1、−0.1、−0.1和0.1，τ_1、τ_2、τ_3 和 τ_4 关于采样间隔的归一化值分别为5、4、6和5；快拍数为5 000，阵元噪声为空间白高斯噪声，信噪比均为30dB。图4.21所示为数据增广循环MUSIC的空间谱图。由图可以看出，4个信号均可被成功分辨。

图4.22所示为基于10元等距线阵的循环MUSIC（基于式（3.49）所示阵列输出循环相关函数矩阵的MUSIC）、共轭循环MUSIC（基于式（3.50）所示阵列输出共轭循环相关函

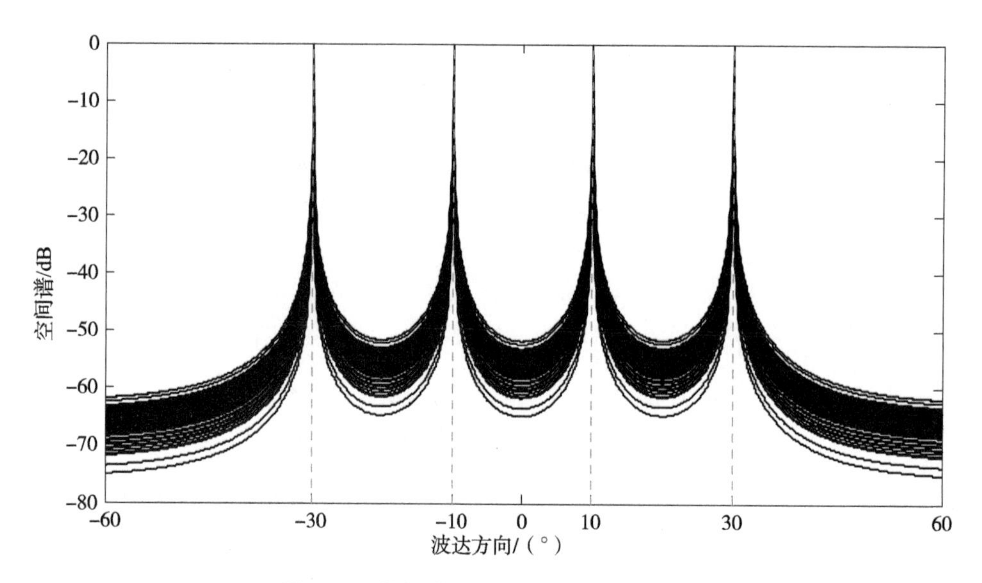

图 4.21　数据增广循环 MUSIC 空间谱图

数矩阵的 MUSIC）以及数据增广循环 MUSIC 信号波达方向估计总体均方根误差随信噪比的变化曲线图，其中两个非相关 BPSK 信号的波达方向分别为 −10°和 30°，$\acute{\omega}_1$、$\acute{\omega}_2$、$\acute{\omega}_3$ 和 $\acute{\omega}_4$ 关于采样率的归一化值分别为 0.1、0.1、−0.1 和 −0.1，τ_1、τ_2、τ_3 和 τ_4 关于采样间隔的归一化值均为 5；快拍数为 500。由图可以看出，数据增广循环 MUSIC 的测向性能明显优于非数据增广循环/共轭循环 MUSIC。

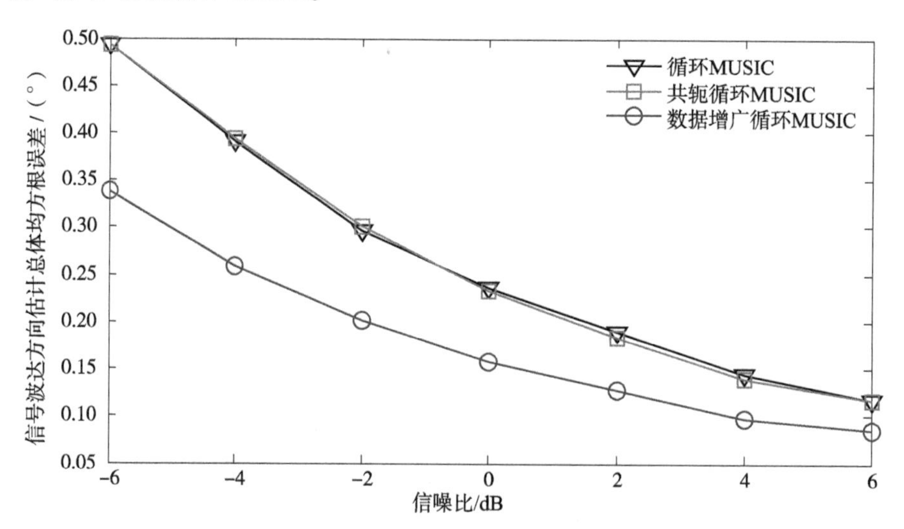

图 4.22　循环 MUSIC、共轭循环 MUSIC 和数据增广循环 MUSIC 信号波达方向估计总体均方根误差随信噪比的变化曲线图

习　题

【4−1】 在本章 4.2 节中讨论了空间平移不变和最小冗余两种稀疏非等距线阵，这里考

虑另外两种更易于设计的非等距稀疏线阵，即嵌套阵[67]和互质阵[68]。

（1）嵌套阵：由两个子阵组成，且两个子阵均为等距线阵，但首个阵元不重合，阵元数分别为 L_1 和 L_2，归一化阵元间距分别为 1 和 L_1+1。

若 $L_1=4$，$L_2=2$，如图 4.23（a）所示，此时阵列为最小冗余线阵吗？根据阵列输出能够重构出一个阵元间距为 1/2 信号波长的 10 元等距线阵的输出协方差矩阵吗？

（2）互质阵：由两个子阵组成，且两个子阵均为等距线阵，首个阵元重合，阵元数分别为 L_1 和 L_2，归一化阵元间距分别为 L_2 和 L_1，其中 L_1 和 L_2 互质（故称互质阵）。

若 $L_1=4$，$L_2=3$，如图 4.23（b）所示，此时阵列为最小冗余线阵吗？根据阵列输出能够重构出一个阵元间距为 1/2 信号波长的 10 元等距线阵的输出协方差矩阵吗？

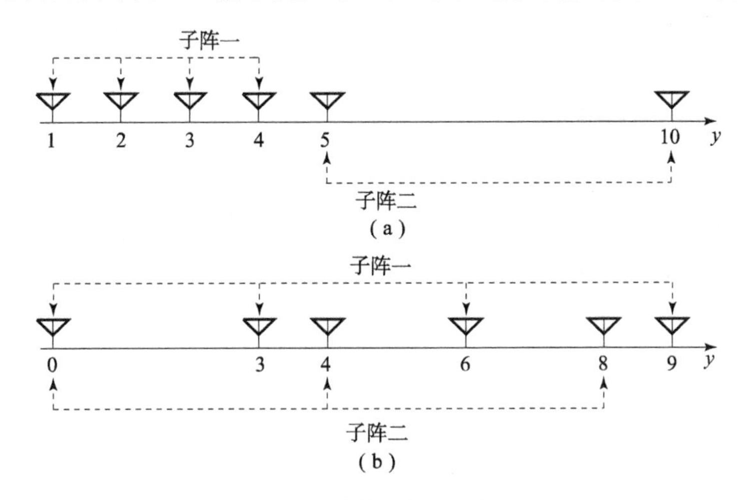

图 4.23 非等距线阵示意图

（a）嵌套阵；（b）互质阵

（3）参考 4.5.2 节中的讨论，研究基于稀疏表示的嵌套阵和互质阵信号波达方向估计方法及其孔径扩展能力。

【4-2】采用多极化阵进行信号波达方向估计，其性能是否一定优于常规单极化阵方法？为什么？

【4-3】利用如图 4.24 所示三极子天线多极化阵[17]，从一个干扰和高斯空间白噪声中滤取一个期望信号，其中三极子天线间的距离为一个信号波长。若期望信号波达方向为 45°，极化参数为（15°，30°）；信噪比为 0dB，干噪比为 40dB。

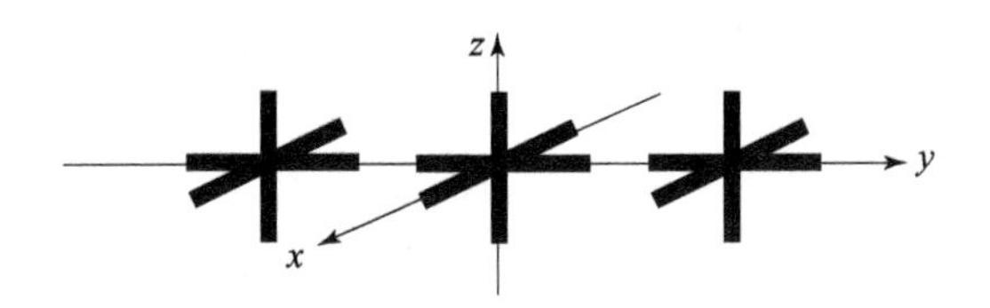

图 4.24 三极子天线多极化阵

（1）通过计算机仿真，分别画出干扰极化参数为（30°，−45°）、（30°，−30°）、（30°，−15°）、（30°，0°）、（30°，15°）、（30°，30°）、（30°，45°）条件下，最小方差无失真响应波束形成器输出信干噪比随干扰波达方向变化的曲线图。

（2）通过计算机仿真，以输出信干噪比为指标，比较多极化阵波束形成器与单极化阵波束形成器的干扰抑制性能，其中后者为9元等距线阵，阵元间距为1/2信号波长。

（3）若只存在一个干扰，其波达方向和极化参数均和期望信号不同，但与期望信号相干，直接利用最小方差无失真响应波束形成方法能够成功抑制该干扰吗？为什么？

（4）将图4.24所示阵列划分为3个子阵：指向x轴的偶极子天线组成的子阵1、指向y轴的偶极子天线组成的子阵2、指向z轴的偶极子天线组成的子阵3。研究3个子阵输出$\boldsymbol{x}^{(1)}(t)$、$\boldsymbol{x}^{(2)}(t)$和$\boldsymbol{x}^{(3)}(t)$之间的关系，并分析下述极化平滑技术在什么条件下可以实现信号和干扰的解相干[70]：

$$E\{\boldsymbol{x}^{(1)}(t)[\boldsymbol{x}^{(1)}(t)]^{\mathrm{H}}\}+E\{\boldsymbol{x}^{(2)}(t)[\boldsymbol{x}^{(2)}(t)]^{\mathrm{H}}\}+E\{\boldsymbol{x}^{(3)}(t)[\boldsymbol{x}^{(3)}(t)]^{\mathrm{H}}\} \quad ①$$

（5）在问题（4）基础上，设计一个空域波束形成器，以抑制问题（3）中所提及的相干干扰，并通过计算机仿真，研究其在不同条件下的性能。

【4-4】 考虑由指向相同声矢量传感器所组成的阵列，仿照习题【4-3】的问题（4），推导一种信号和干扰解相干方法，并通过计算机仿真，研究其在不同条件下的性能。

【4-5】 在4.3.1节中，讨论了针对完全极化期望信号的波束形成方法。在雷达和通信等应用领域，有时期望信号波的极化状态会随时间连续变化，即表现为部分极化。

令$s_{\mathrm{H},0}(t)$和$s_{\mathrm{V},0}(t)$分别为期望信号$s_0(t)$的水平分量和垂直分量，并定义$\boldsymbol{p}_0(t)=[s_{\mathrm{H},0}(t),s_{\mathrm{V},0}(t)]^{\mathrm{T}}$，其协方差矩阵为$\boldsymbol{R}_{\boldsymbol{p}_0\boldsymbol{p}_0}=E\{\boldsymbol{p}_0(t)\boldsymbol{p}_0^{\mathrm{H}}(t)\}$，也称为期望信号的波相干矩阵。若期望信号为完全极化，其波相干矩阵是奇异的，而当期望信号为部分极化时，其波相干矩阵是非奇异的。

（1）当期望信号为部分极化时，证明下述分解成立：

$$s_{\mathrm{V},0}(t)=\frac{\sigma_{\mathrm{VH}}}{\sigma_{\mathrm{HH}}}s_{\mathrm{H},0}(t)+i_{\mathrm{H},0}(t) \quad ②$$

$$s_{\mathrm{H},0}(t)=\frac{\sigma_{\mathrm{HV}}}{\sigma_{\mathrm{VV}}}s_{\mathrm{V},0}(t)+i_{\mathrm{V},0}(t) \quad ③$$

其中，$i_{\mathrm{H},0}(t)$与$s_{\mathrm{H},0}(t)$互不相关，$i_{\mathrm{V},0}(t)$与$s_{\mathrm{V},0}(t)$互不相关，且$i_{\mathrm{H},0}(t)=s_{\mathrm{V},0}(t)-\frac{\sigma_{\mathrm{VH}}}{\sigma_{\mathrm{HH}}}s_{\mathrm{H},0}(t)$，$i_{\mathrm{V},0}(t)=s_{\mathrm{H},0}(t)-\frac{\sigma_{\mathrm{HV}}}{\sigma_{\mathrm{VV}}}s_{\mathrm{V},0}(t)$，$\sigma_{\mathrm{HH}}=E\{|s_{\mathrm{H},0}(t)|^2\}=\sigma_{\mathrm{H},0}^2$，$\sigma_{\mathrm{VV}}=E\{|s_{\mathrm{V},0}(t)|^2\}=\sigma_{\mathrm{V},0}^2$，$\sigma_{\mathrm{HV}}=E\{s_{\mathrm{H},0}(t)s_{\mathrm{V},0}^*(t)\}$，$\sigma_{\mathrm{VH}}=E\{s_{\mathrm{V},0}(t)s_{\mathrm{H},0}^*(t)\}=\sigma_{\mathrm{HV}}^*$。

进一步基于式②和式③，设计一种针对部分极化期望信号的波束形成方法。

（2）令$\boldsymbol{E}_0$为$\boldsymbol{R}_{\boldsymbol{p}_0\boldsymbol{p}_0}$的特征矢量矩阵，并对$\boldsymbol{p}_0(t)$进行解相关变换，得到$\bar{\boldsymbol{p}}_0(t)=\boldsymbol{E}_0^{\mathrm{H}}\boldsymbol{p}_0(t)$。证明$\bar{\boldsymbol{p}}_0(t)$的协方差矩阵$\boldsymbol{R}_{\bar{\boldsymbol{p}}_0\bar{\boldsymbol{p}}_0}=E\{\bar{\boldsymbol{p}}_0(t)\bar{\boldsymbol{p}}_0^{\mathrm{H}}(t)\}$为对角矩阵，且其对角线元素为$\boldsymbol{R}_{\boldsymbol{p}_0\boldsymbol{p}_0}$的特征值。

（3）基于问题（2）中结论，重新设计一种针对波相干矩阵归一化值已知之部分极化期望信号的波束形成方法，并通过计算机仿真，将其与问题（1）中所导出的波束形成方法进行性能比较，解释所观察到的主要现象。

（4）证明下式成立：

$$\boldsymbol{p}_0(t)=\begin{bmatrix}\cos\gamma_0^{(1)} & \cos\gamma_0^{(2)}\\ \sin\gamma_0^{(1)}\mathrm{e}^{\mathrm{j}\eta_0^{(1)}} & \sin\gamma_0^{(2)}\mathrm{e}^{\mathrm{j}\eta_0^{(2)}}\end{bmatrix}\begin{bmatrix}p_0^{(1)}(t)\\ p_0^{(2)}(t)\end{bmatrix} \quad ④$$

式中，$(\gamma_0^{(1)},\eta_0^{(1)})$ 和 $(\gamma_0^{(2)},\eta_0^{(2)})$ 为两种虚拟极化状态。

（5）若期望问题（4）中的 $p_0^{(1)}(t)$ 和 $p_0^{(2)}(t)$ 互不相关，应如何设计对应的两种虚拟极化状态？这与问题（2）中的数据变换有何关联？

【4-6】 重新定义阵列输出四阶累积量矩阵如下：

$$\tilde{\boldsymbol{R}}_{xx} = \text{cum}^{\langle 4\rangle}\{[\boldsymbol{x}(t)\otimes\boldsymbol{x}(t)][\boldsymbol{x}(t)\otimes\boldsymbol{x}(t)]^{\text{H}}\} \tag{⑤}$$

式中，$\boldsymbol{x}(t)$ 为阵列输出信号矢量。

试说明式⑤所对应的信号虚拟导向矢量具有什么形式，相应的虚拟阵列与图4.9中所示的虚拟阵列有何区别？通过计算机仿真，比较基于式（4.39）和式⑤的四阶累积量MUSIC方法的信号波达方向估计性能。

【4-7】 考虑零均值复信号 $s_0(t)$，并且定义 $\boldsymbol{s}_0(t)=[s_0(t),s_0^*(t)]^{\text{T}}$，其协方差矩阵为 $\boldsymbol{R}_{s_0s_0}=E\{\boldsymbol{s}_0(t)\boldsymbol{s}_0^{\text{H}}(t)\}$。令 $\boldsymbol{U}_0$ 为 $\boldsymbol{R}_{s_0s_0}$ 的特征矢量矩阵，对 $\boldsymbol{s}_0(t)$ 进行变换，得到 $\bar{\boldsymbol{s}}_0(t)=\boldsymbol{U}_0^{\text{H}}\boldsymbol{s}_0(t)$。

（1）证明 $\bar{\boldsymbol{s}}_0(t)$ 的协方差矩阵 $\boldsymbol{R}_{\bar{s}_0\bar{s}_0}=E\{\bar{\boldsymbol{s}}_0(t)\bar{\boldsymbol{s}}_0^{\text{H}}(t)\}$ 为对角矩阵，且其对角线元素为 $\boldsymbol{R}_{s_0s_0}$ 的特征值。

（2）基于问题（1）中结论，设计一种针对非圆期望信号的波束形成方法，并通过计算机仿真，将其与4.5.1节所介绍的宽线性MVDR波束形成方法进行性能比较。

【4-8】 将4.4节所讨论的高阶累积量方法推广到非高斯二阶非圆信号情形，并通过计算机仿真，研究其在不同条件下的性能。

【4-9】 通过计算机仿真，研究4.6节所介绍的孔径扩展方法在不同条件下的性能。

【4-10】 在有些阵列信号处理领域，如音频和语音信号处理，信号呈现局部平稳性[71]。此时可将阵列输出快拍矢量分成若干帧，帧内数据满足宽平稳特性，此种情形下，可以获得一组阵列输出协方差矩阵：

$$\boldsymbol{R}_{xx}^{(n)} = \boldsymbol{A}\boldsymbol{\Phi}^{(n)}\boldsymbol{A}^{\text{H}}+\boldsymbol{R}_{nn},\ n=0,1,\cdots,N-1 \tag{⑥}$$

式中，$\boldsymbol{R}_{xx}^{(n)}$ 为第 n 帧数据的阵列输出协方差矩阵；$\boldsymbol{A}$ 为信号导向矢量矩阵；$\boldsymbol{\Phi}^{(n)}$ 为第 n 帧数据的信号协方差矩阵。

假设 $\boldsymbol{\Phi}^{(n)}$ 为对角矩阵，$\boldsymbol{R}_{nn}$ 为噪声协方差矩阵，$N>M$ 为总的数据帧数，其中 M 为信号源数。构造下述矩阵：

$$\boldsymbol{Y}=[\text{vec}\{\boldsymbol{R}_{xx}^{(0)}\},\text{vec}\{\boldsymbol{R}_{xx}^{(1)}\},\cdots,\text{vec}\{\boldsymbol{R}_{xx}^{(N-1)}\}] \tag{⑦}$$

（1）证明

$$\boldsymbol{Y}=(\boldsymbol{A}^*\ominus\boldsymbol{A})\boldsymbol{C}+\text{vec}\{\boldsymbol{R}_{nn}\}\boldsymbol{1}_N^{\text{T}} \tag{⑧}$$

式中，"$\ominus$"表示Khatri-Rao积；$\boldsymbol{C}=[\boldsymbol{c}_0,\boldsymbol{c}_1,\cdots,\boldsymbol{c}_{N-1}]$，其中 $\boldsymbol{c}_n$ 为 $\boldsymbol{\Phi}^{(n)}$ 对角线元素所组成的矢量；$\boldsymbol{1}_N$ 为 $N\times 1$ 维全1矢量。

（2）假设矩阵 $[\boldsymbol{C}^{\text{T}},\boldsymbol{1}_N]$ 为列满秩，证明下述结论成立：

$$\text{rank}\left\{\boldsymbol{C}\left(\boldsymbol{I}_N-\frac{\boldsymbol{1}_N\boldsymbol{1}_N^{\text{T}}}{N}\right)\right\}=M \tag{⑨}$$

进一步基于式⑧和式⑨所示结论，推导一种多重信号分类型信号波达方向估计方法，并基于计算机仿真，分析研究该方法可辨识信号数及信号波达方向估计性能。

【4-11】 证明WL-LCMV波束形成器权矢量又可以写成

$$\mathbf{w}_{\text{WL-LCMV}} = J_{\text{WL-LCMV}}(\theta_0)\breve{\boldsymbol{R}}_{xx}^{-1}\breve{\boldsymbol{H}}(\theta_0)\begin{bmatrix} 1 \\ \dfrac{\boldsymbol{a}_0^{\mathrm{T}}(\breve{\boldsymbol{C}}_{xx}^{-1})^*\boldsymbol{R}_{xx^*}^*\boldsymbol{R}_{xx}^{-1}\boldsymbol{a}_0}{\boldsymbol{a}_0^{\mathrm{T}}(\breve{\mathbf{C}}_{\mathbf{xx}}^{-1})^*a_0^*} \end{bmatrix}$$

$$= \breve{\boldsymbol{R}}_{\mathrm{I+N}}^{-1}\breve{\boldsymbol{H}}(\theta_0)\left[\breve{\boldsymbol{H}}^{\mathrm{H}}(\theta_0)\breve{\boldsymbol{R}}_{\mathrm{I+N}}^{-1}\breve{\boldsymbol{H}}(\theta_0)\right]^{-1}\boldsymbol{i}_2^{(1)} \qquad ⑩$$

式中，θ_0 为期望信号波达方向；$J_{\text{WL-LCMV}}(\theta_0)$ 为 WL－LCMV 空间谱在 θ_0 处的值，其定义如式（4.72）所示；$\breve{\boldsymbol{H}}(\theta_0)$ 的定义如式（4.72）备注项所示；$\boldsymbol{a}_0 = \boldsymbol{a}(\theta_0)$ 为期望信号导向矢量；$\breve{\boldsymbol{C}}_{xx} = \boldsymbol{R}_{xx} - \boldsymbol{R}_{xx^*}(\boldsymbol{R}_{xx}^*)^{-1}\boldsymbol{R}_{xx^*}^*$，其中 $\boldsymbol{R}_{xx}$ 和 $\boldsymbol{R}_{xx^*}$ 分别为阵列输出协方差矩阵和阵列输出共轭协方差矩阵；$\breve{\boldsymbol{R}}_{\mathrm{I+N}}$ 为阵列输出干扰加噪声共轭增广协方差矩阵。

【4－12】 证明当期望信号、干扰以及噪声均为圆随机过程时，WL－MVDR 和 WL－LCMV 波束形成器等价于经典 MVDR 波束形成器，即

$$\boldsymbol{w}_{\text{WL-MVDR}} = \boldsymbol{w}_{\text{WL-LCMV}} = \breve{\boldsymbol{w}}_{\text{MVDR}} = \begin{bmatrix} \dfrac{\boldsymbol{R}_{xx}^{-1}\boldsymbol{a}_0}{\boldsymbol{a}_0^{\mathrm{H}}\boldsymbol{R}_{xx}^{-1}\boldsymbol{a}_0} \\ \boldsymbol{0} \end{bmatrix} = \begin{bmatrix} \dfrac{\boldsymbol{R}_{\mathrm{I+N}}^{-1}\boldsymbol{a}_0}{\boldsymbol{a}_0^{\mathrm{H}}\boldsymbol{R}_{\mathrm{I+N}}^{-1}\boldsymbol{a}_0} \\ \boldsymbol{0} \end{bmatrix} \qquad ⑪$$

若期望信号导向矢量与干扰导向矢量正交，证明对于任意类型期望信号和干扰，有下述结论成立：

$$\boldsymbol{w}_{\text{WL-LCMV}} = \breve{\boldsymbol{w}}_{\text{MVDR}} = \begin{bmatrix} (\boldsymbol{a}_0^{\mathrm{H}}\boldsymbol{a}_0)^{-1}\boldsymbol{a}_0 \\ \boldsymbol{0} \end{bmatrix} \qquad ⑫$$

式中，$\boldsymbol{a}_0 = \boldsymbol{a}(\theta_0)$ 为期望信号导向矢量；θ_0 为期望信号波达方向；$\boldsymbol{R}_{xx}$ 为阵列输出协方差矩阵；$\boldsymbol{R}_{\mathrm{I+N}}$ 为阵列输出干扰加噪声协方差矩阵；$\boldsymbol{0}$ 为零矢量。

【4－13】（1）若信号均为部分非圆，非圆率相同并已知，如何实现阵列孔径扩展？（2）推导式（4.77）的求根形式。

【4－14】 若用阵列输出协方差矩阵 $\boldsymbol{R}_{xx}$ 代替阵列输出共轭协方差矩阵 $\boldsymbol{R}_{xx^*}$ 进行类似于式（4.83）所示的矢量化操作，能通过稀疏表示方法估计信号波达方向吗？如果能，通过计算机仿真研究其可处理的信号个数。

第 5 章

信号频率和波达方向的联合估计

在此前的讨论中，假设所有阵列入射窄带信号中心频率相同且已知，相应方法只局限于在已知信号波长的场合使用，如传统雷达和声呐系统。在现代信息系统和电子侦察、对抗领域，信号虽然满足窄带假设，但通常占有很宽的频段，不同角度的信号其中心频率往往互异并且未知。

根据此前的讨论还可知，阵列观测空间相位信息中的信号频率和波达方向是耦合在一起的。若信号频率互异且未知，唯空域处理方法将不再适用，必须考虑信号频率和波达方向的联合估计问题[72-75]。

5.1 问题描述

除了考虑信号频率可能互异且未知之外，本章采用与第 3 章完全相同的假设。

考虑 L 元等距线阵，为了便于后续讨论，定义信号空间频率为

$$\varpi(\omega_m,\theta_m)=\varpi_m=-\omega_m\sin\theta_m/c \tag{5.1}$$

式中，$\omega_m=2\pi f_m$ 和 θ_m 分别为第 m 个信号的角频率（f_m 为其频率）和波达方向；c 为信号波传播速度。

由定义可以看出，信号空间频率是信号频率和波达方向的二元函数。

定义了信号空间频率后，信号导向矢量又可写成

$$\boldsymbol{a}(\omega_m,\theta_m)=\boldsymbol{a}(\varpi_m)=[1,\mathrm{e}^{-\mathrm{j}\varpi_m d},\mathrm{e}^{-\mathrm{j}\varpi_m 2d},\cdots,\mathrm{e}^{-\mathrm{j}\varpi_m(L-1)d}]^{\mathrm{T}} \tag{5.2}$$

式中，d 为阵元间距。

可以看出，$\boldsymbol{a}(\varpi_m)$ 与信号频率和波达方向同时有关。

由于信号频率参数和波达方向参数同时耦合于信号空间频率中，若阵列入射信号频率不同且未知，一般需要进行信号频率估计，才能获得信号波达方向的估计。换言之，需要研究信号频率和波达方向的联合估计问题。

另外，两个信号即使频率和波达方向均不同，对应的导向矢量仍可能线性相关，这会造成信号参数估计模糊问题。为此，可在信号处理之前对阵元输出进行延迟，采用如图 5.1 所示的抽头延迟线结构，其中每个延迟器引入的延迟均为 τ，并且 $\tau<\pi/\max\{\omega_m\}$。

在后续讨论中，假设阵列窄带入射信号满足下述条件：

$$s_m(t)\approx s_m(t-\tau)\approx\cdots\approx s_m(t-(P-1)\tau) \tag{5.3}$$

式中，$s_m(t)$ 为第 m 个信号的复包络；$P-1$ 为抽头延迟线的数目。

由图 5.1 可知，经过下变频处理后，阵元 l 后接第 p 个延迟单元的输出信号近似为

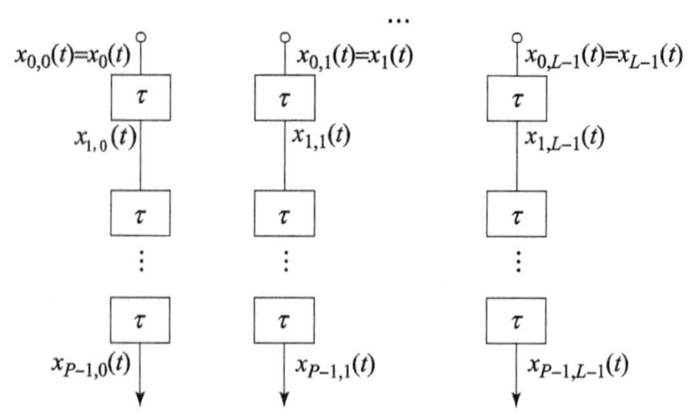

图 5.1　阵列时－空二维接收结构图

$$x_{p,l}(t) = \sum_{m=0}^{M-1} [s_m(t)e^{j\Delta\omega_m t}]e^{-j\varpi_m ld}e^{-j\omega_m p\tau} + n_l(t-p\tau) \tag{5.4}$$

式中，M 为信号源数；$\Delta\omega_m = \omega_m - \omega_0$；$n_l(t)$ 为阵元 l 加性噪声；$l=0,\ 1,\ \cdots,\ L-1$；$p=0,\ 1,\ \cdots,\ P-1$。

若不进行下变频处理，而是直接通过希尔伯特正交变换，将阵列输出信号复解析化，此时阵元 l 后接第 p 个延迟单元的输出信号具有如下形式：

$$x_{p,l}(t) = \sum_{m=0}^{M-1} \underbrace{[s_m(t)e^{j\omega_m t}]}_{\S_m(t)}e^{-j\varpi_m ld}e^{-j\omega_m p\tau} + n_l(t-p\tau) \tag{5.5}$$

式中，$\S_m(t) = s_m(t)e^{j\omega_m t}$ 为第 m 个信号的复解析形式；$l=0,\ 1,\ \cdots,\ L-1$；$p=0,\ 1,\ \cdots,\ P-1$。

下文讨论将主要围绕式（5.5）所示信号模型展开，但有关理论和方法同样适用于式（5.4）所示信号模型。

定义下述阵列空－时输出信号矢量：

$$\begin{cases} \boldsymbol{x}(t) = [[\boldsymbol{x}^{(0)}(t)]^{\mathrm{T}},\cdots,[\boldsymbol{x}^{(p)}(t)]^{\mathrm{T}},\cdots,[\boldsymbol{x}^{(P-1)}(t)]^{\mathrm{T}}]^{\mathrm{T}} \\ \boldsymbol{x}^{(p)}(t) = [x_{p,0}(t),\cdots,x_{p,l}(t),\cdots,x_{p,L-1}(t)]^{\mathrm{T}} \end{cases} \tag{5.6}$$

若不存在抽头延迟线，即 $P=1$，则 $\boldsymbol{x}(t) = \boldsymbol{x}^{(0)}(t)$ 即为前面几章所提及的阵列输出信号矢量。

根据式（5.5）可知

$$\boldsymbol{x}(t) = \sum_{m=0}^{M-1}\boldsymbol{a}(\omega_m,\theta_m)\S_m(t) + \boldsymbol{n}(t) = \boldsymbol{A}(\boldsymbol{\omega},\boldsymbol{\theta})\boldsymbol{\S}(t) + \boldsymbol{n}(t) \tag{5.7}$$

式中，$\boldsymbol{\omega} = [\omega_0,\omega_1,\cdots,\omega_{M-1}]^{\mathrm{T}}$ 和 $\boldsymbol{\theta} = [\theta_0,\theta_1,\cdots,\theta_{M-1}]^{\mathrm{T}}$ 分别为信号角频率矢量和信号波达方向矢量；$\boldsymbol{A}(\boldsymbol{\omega},\boldsymbol{\theta}) = [\boldsymbol{a}(\omega_0,\theta_0),\boldsymbol{a}(\omega_1,\theta_1),\cdots,\boldsymbol{a}(\omega_{M-1},\theta_{M-1})]$ 为信号导向矢量矩阵，其中 $\boldsymbol{a}(\omega_m,\theta_m) = \boldsymbol{a}_{\omega_m}^{(P,\tau)} \otimes \boldsymbol{a}_{\varpi_m}^{(L,d)}$ 为第 m 个信号的空－时导向矢量，且 $\boldsymbol{a}_{\omega_m}^{(P,\tau)} = [1,e^{-j\omega_m\tau},e^{-j\omega_m 2\tau},\cdots,e^{-j\omega_m(P-1)\tau}]^{\mathrm{T}}$，$\boldsymbol{a}_{\varpi_m}^{(L,d)} = [1,e^{-j\varpi_m d},e^{-j\varpi_m 2d},\cdots,e^{-j\varpi_m(L-1)d}]^{\mathrm{T}}$；$\boldsymbol{\S}(t) = [\S_0(t),\S_1(t),\cdots,\S_{M-1}(t)]^{\mathrm{T}}$；$\boldsymbol{n}(t) = [[\boldsymbol{n}^{(0)}(t)]^{\mathrm{T}},\cdots,[\boldsymbol{n}^{(p)}(t)]^{\mathrm{T}},\cdots,[\boldsymbol{n}^{(P-1)}(t)]^{\mathrm{T}}]^{\mathrm{T}}$，且 $\boldsymbol{n}^{(p)}(t) = [n_{p,0}(t),\cdots,n_{p,l}(t),\cdots,n_{p,L-1}(t)]^{\mathrm{T}}$。

将 $\boldsymbol{x}^{(p)}(t)$ 第 n_1 到第 n_2 个元素所组成的矢量用 $\boldsymbol{x}_{n_1-1:n_2-1}^{(p)}(t)$ 表示，构造下述空间平滑数

据矩阵，其中 N 为子阵之阵元数，且 $N \leqslant L$，则

$$\begin{cases} \bar{\boldsymbol{X}}(t) = [\bar{\boldsymbol{x}}^{(0)}(t), \bar{\boldsymbol{x}}^{(1)}(t), \cdots, \bar{\boldsymbol{x}}^{(L-N)}(t)] = \bar{\boldsymbol{A}}(\boldsymbol{\omega}, \boldsymbol{\theta})\bar{\boldsymbol{\varsigma}}(t) + \bar{\boldsymbol{N}}(t) \\ \bar{\boldsymbol{x}}^{(n)}(t) = [[\boldsymbol{x}_{n:n+N-1}^{(0)}(t)]^{\mathrm{T}}, \cdots, [\boldsymbol{x}_{n:n+N-1}^{(p)}(t)]^{\mathrm{T}}, \cdots, [\boldsymbol{x}_{n:n+N-1}^{(P-1)}(t)]^{\mathrm{T}}]^{\mathrm{T}} \\ \bar{\boldsymbol{A}}(\boldsymbol{\omega}, \boldsymbol{\theta}) = [\bar{\boldsymbol{a}}(\omega_0, \theta_0), \bar{\boldsymbol{a}}(\omega_1, \theta_1), \cdots, \bar{\boldsymbol{a}}(\omega_{M-1}, \theta_{M-1})] \\ \bar{\boldsymbol{\varsigma}}(t) = [\boldsymbol{\varsigma}(t), \boldsymbol{\Phi}_{\varpi}\boldsymbol{\varsigma}(t), \cdots, \boldsymbol{\Phi}_{\varpi}^{L-N}\boldsymbol{\varsigma}(t)] \\ \bar{\boldsymbol{N}}(t) = [\bar{\boldsymbol{n}}^{(0)}(t), \bar{\boldsymbol{n}}^{(1)}(t), \cdots, \bar{\boldsymbol{n}}^{(L-N)}(t)] \end{cases} \tag{5.8}$$

式中，$\bar{\boldsymbol{a}}(\omega_m, \theta_m) = \boldsymbol{a}_{\omega_m}^{(P,\tau)} \otimes \boldsymbol{a}_{\varpi_m}^{(N,d)}$；$\boldsymbol{\Phi}_{\varpi} = \mathrm{diag}\{\mathrm{e}^{-\mathrm{j}\varpi_0 d}, \mathrm{e}^{-\mathrm{j}\varpi_1 d}, \cdots, \mathrm{e}^{-\mathrm{j}\varpi_{M-1} d}\}$；$\bar{\boldsymbol{n}}^{(n)}(t) = [[\boldsymbol{n}_{n:n+N-1}^{(0)}(t)]^{\mathrm{T}}, \cdots, [\boldsymbol{n}_{n:n+N-1}^{(p)}(t)]^{\mathrm{T}}, \cdots, [\boldsymbol{n}_{n:n+N-1}^{(P-1)}(t)]^{\mathrm{T}}]^{\mathrm{T}}$。

若不进行空间平滑，即 $N = L$，则

$$\begin{aligned} \bar{\boldsymbol{X}}(t) &= \bar{\boldsymbol{x}}^{(0)}(t) = [[\boldsymbol{x}_{0:L-1}^{(0)}(t)]^{\mathrm{T}}, \cdots, [\boldsymbol{x}_{0:L-1}^{(p)}(t)]^{\mathrm{T}}, \cdots, [\boldsymbol{x}_{0:L-1}^{(P-1)}(t)]^{\mathrm{T}}]^{\mathrm{T}} \\ &= [[\boldsymbol{x}^{(0)}(t)]^{\mathrm{T}}, \cdots, [\boldsymbol{x}^{(p)}(t)]^{\mathrm{T}}, \cdots, [\boldsymbol{x}^{(P-1)}(t)]^{\mathrm{T}}]^{\mathrm{T}} = \boldsymbol{x}(t) \end{aligned} \tag{5.9}$$

本章所要讨论的问题是：根据阵列输出 $\{\bar{\boldsymbol{X}}(t_k)\}_{k=0}^{K-1}$，估计 M 个阵列入射窄带信号的角频率 $\{\omega_m\}_{m=0}^{M-1}$（或频率 $\{f_m\}_{m=0}^{M-1}$）和波达方向 $\{\theta_m\}_{m=0}^{M-1}$。

5.2　信号频率和波达方向的联合估计

5.2.1　二维波束扫描方法

与空域波束扫描信号波达方向估计方法类似，通过频率 - 角度二维波束扫描可以获得信号频率和波达方向的联合估计（即 Capon 方法[72]）：

$$J_{2\mathrm{D-MV}}(\omega, \theta) = \frac{1}{\bar{\boldsymbol{a}}^{\mathrm{H}}(\omega, \theta)\boldsymbol{R}_{\bar{X}\bar{X}}^{-1}\bar{\boldsymbol{a}}(\omega, \theta)}, \omega \in \Omega; \theta \in \Theta \tag{5.10}$$

式中，$\boldsymbol{R}_{\bar{X}\bar{X}} = \dfrac{1}{(L-N+1)}E\{\bar{\boldsymbol{X}}(t)\bar{\boldsymbol{X}}^{\mathrm{H}}(t)\}$ 为广义阵列输出协方差矩阵；$\bar{\boldsymbol{a}}(\omega, \theta)$ 为阵列频 - 空域二维流形矢量，即

$\bar{\boldsymbol{a}}(\omega, \theta) = \boldsymbol{a}_{\omega}^{(P,\tau)} \otimes \boldsymbol{a}_{\varpi}^{(N,d)}$，且 $\boldsymbol{a}_{\omega}^{(P,\tau)} = [1, \mathrm{e}^{-\mathrm{j}\omega\tau}, \mathrm{e}^{-\mathrm{j}\omega 2\tau}, \cdots, \mathrm{e}^{-\mathrm{j}\omega(P-1)\tau}]^{\mathrm{T}}$，$\boldsymbol{a}_{\varpi}^{(N,d)} = [1, \mathrm{e}^{\mathrm{j}\omega d\sin\theta/c}, \mathrm{e}^{\mathrm{j}\omega 2d\sin\theta/c}, \cdots, \mathrm{e}^{\mathrm{j}\omega(N-1)d\sin\theta/c}]^{\mathrm{T}}$。

此外，式（5.10）中的 Ω 和 Θ 分别为感兴趣的频率和角度区域。

5.2.2　二维子空间分解方法

1. 二维 MUSIC 方法

假设空间白噪声相关时间远小于 τ，则式（5.10）备注项所定义的广义阵列输出协方差矩阵 $\boldsymbol{R}_{\bar{X}\bar{X}}$ 又具有下述形式：

$$\boldsymbol{R}_{\bar{X}\bar{X}} = \bar{\boldsymbol{A}}(\boldsymbol{\omega}, \boldsymbol{\theta})\boldsymbol{R}_{\bar{\varsigma}\bar{\varsigma}}\bar{\boldsymbol{A}}^{\mathrm{H}}(\boldsymbol{\omega}, \boldsymbol{\theta}) + \sigma^2\boldsymbol{I}_{PN} \tag{5.11}$$

式中，$\boldsymbol{R}_{\bar{\varsigma}\bar{\varsigma}} = (L-N+1)^{-1}E\{\bar{\boldsymbol{\varsigma}}(t)\bar{\boldsymbol{\varsigma}}^{\mathrm{H}}(t)\}$ 为广义信号协方差矩阵；σ^2 为噪声功率；$\boldsymbol{I}_{PN}$ 为 $PN \times PN$ 维单位矩阵。

当 $\boldsymbol{R}_{\bar{\varsigma}\bar{\varsigma}}$ 为非奇异矩阵时，对 $\boldsymbol{R}_{\bar{X}\bar{X}}$ 进行特征分解，其特征值 $\{\bar{\mu}_1\}_{l=1}^{PN}$ 及对应的特征矢量 $\{\bar{\boldsymbol{u}}_1\}_{l=1}^{PN}$ 具有下述性质：

- $\bar{\mu}_1 \geqslant \bar{\mu}_2 \geqslant \cdots \geqslant \bar{\mu}_M > \sigma^2$。
- $\bar{\mu}_{M+1} = \bar{\mu}_{M+2} = \cdots = \bar{\mu}_{PN} = \sigma^2$。
- $\overline{\Re}_{\mathrm{N}} = \mathrm{span}\{\bar{\boldsymbol{u}}_{M+1}, \bar{\boldsymbol{u}}_{M+2}, \cdots, \bar{\boldsymbol{u}}_{PN}\}$。
- $\overline{\Re}_{\mathrm{S}} = \mathrm{span}\{\bar{\boldsymbol{a}}(\omega_0, \theta_0), \bar{\boldsymbol{a}}(\omega_1, \theta_1), \cdots, \bar{\boldsymbol{a}}(\omega_{M-1}, \theta_{M-1})\}$。
- $\overline{\Re}_{\mathrm{N}} \perp \overline{\Re}_{\mathrm{S}}$。

类似于第 3 章的分析，可以通过下述频率 - 角度二维谱峰搜索获得信号频率和波达方向的联合估计：

$$J_{\text{2D-MUSIC}}(\omega,\theta) = \frac{1}{\sum_{l=M+1}^{PN} |\bar{\boldsymbol{a}}^{\mathrm{H}}(\omega,\theta)\,\bar{\boldsymbol{u}}_l|^2},\ \omega \in \Omega;\ \theta \in \Theta \tag{5.12}$$

例 5.1 利用 8 元等距线阵估计 3 个窄带信号的频率和波达方向，阵元间距为 1/2 最短信号波长，抽头延迟线数为 4，即 $P = 5$；信号频率分别为 60MHz、100MHz 和 140MHz，信号波达方向分别为 $-30°$、$0°$和 $-20°$；$N = L - 1 = 7$，采样率为最高信号频率的 2 倍，即 280MHz，抽头延迟与采样间隔相同；快拍数为 100，阵元噪声为空间白高斯噪声，信噪比均为 5dB。

图 5.2 所示为二维最小方差方法（二维 MV）的二维谱图，由图可以看出 3 个信号均被成功分辨。

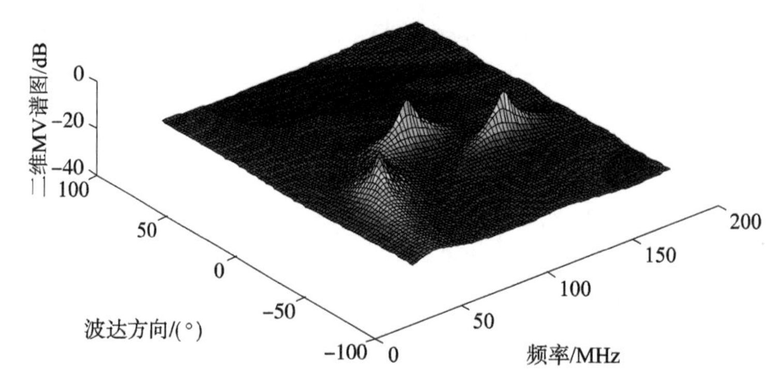

图 5.2 二维最小方差方法二维谱图

图 5.3 所示为二维多重信号分类方法（二维 MUSIC）的二维谱图，由图可以看出 3 个信号均被成功分辨。进一步将图 5.3 所示二维谱与图 5.2 所示二维 MV 方法的二维谱进行比较可以发现，二维 MUSIC 方法的分辨能力要优于二维 MV 方法。

2. 二维 ESPRIT 方法

根据前一节的结论可知，$\bar{\boldsymbol{A}}(\boldsymbol{\omega},\boldsymbol{\theta})$ 的列扩张空间与 $\bar{\boldsymbol{U}}_{\mathrm{S}}$ 的列扩张空间相同，其中 $\bar{\boldsymbol{U}}_{\mathrm{S}}$ 为 $\boldsymbol{R}_{\bar{X}\bar{X}}$ 的 M 个较大特征值所对应的特征矢量所组成的矩阵，则

$$\bar{\boldsymbol{U}}_{\mathrm{S}} = \bar{\boldsymbol{A}}(\boldsymbol{\omega},\boldsymbol{\theta})\bar{\boldsymbol{T}} \tag{5.13}$$

式中，$\bar{\boldsymbol{T}}$ 为 $M \times M$ 维满秩矩阵。

进一步可得

$$\bar{\boldsymbol{A}}(\boldsymbol{\omega},\boldsymbol{\theta}) = \bar{\boldsymbol{U}}_{\mathrm{S}}\bar{\boldsymbol{T}}^{-1} \Rightarrow \bar{\boldsymbol{T}}\,\bar{\boldsymbol{U}}_{\mathrm{S}}^{\mathrm{H}}\bar{\boldsymbol{A}}(\boldsymbol{\omega},\boldsymbol{\theta}) = \boldsymbol{I}_M \tag{5.14}$$

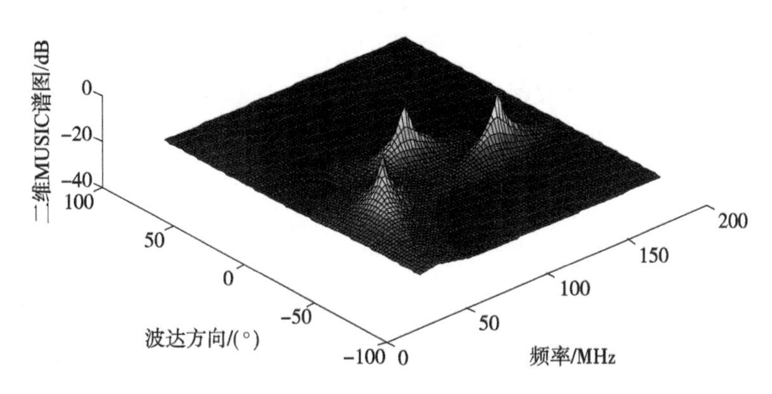

图 5.3　二维多重信号分类方法二维谱图

式中，$\boldsymbol{I}_M$ 表示 $M \times M$ 维单位矩阵。

构造下述两个 $(N-1)P \times M$ 维矩阵：

$$\bar{\boldsymbol{U}}^{(1)} = \bar{\boldsymbol{J}}^{(1)} \bar{\boldsymbol{U}}_{\mathrm{S}} = \bar{\boldsymbol{J}}^{(1)} \bar{\boldsymbol{A}}(\omega,\theta) \bar{\boldsymbol{T}} = \bar{\boldsymbol{A}}^{(1)}(\boldsymbol{\omega},\boldsymbol{\theta}) \bar{\boldsymbol{T}} \tag{5.15}$$

$$\bar{\boldsymbol{U}}^{(2)} = \bar{\boldsymbol{J}}^{(2)} \bar{\boldsymbol{U}}_{\mathrm{S}} = \bar{\boldsymbol{J}}^{(2)} \bar{\boldsymbol{A}}(\boldsymbol{\omega},\boldsymbol{\theta}) \bar{\boldsymbol{T}} = \bar{\boldsymbol{A}}^{(2)}(\boldsymbol{\omega},\boldsymbol{\theta}) \bar{\boldsymbol{T}} \tag{5.16}$$

式中，$\bar{\boldsymbol{A}}^{(1)}(\boldsymbol{\omega},\boldsymbol{\theta})$ 和 $\bar{\boldsymbol{A}}^{(2)}(\boldsymbol{\omega},\boldsymbol{\theta})$ 为两个子阵的 $(N-1)P \times M$ 维信号导向矢量矩阵，均与信号频率和波达方向同时有关；$\bar{\boldsymbol{J}}^{(1)}$ 和 $\bar{\boldsymbol{J}}^{(2)}$ 则为两个 $(N-1)P \times NP$ 维的选择矩阵，且

$$\bar{\boldsymbol{J}}^{(1)} = \begin{bmatrix} \boldsymbol{I}_{N-1} & \boldsymbol{0} & & & & \\ & & \boldsymbol{I}_{N-1} & \boldsymbol{0} & & \\ & & & & \ddots & \\ & & & & \boldsymbol{I}_{N-1} & \boldsymbol{0} \end{bmatrix}_{(N-1)P \times NP},$$

$$\bar{\boldsymbol{J}}^{(2)} = \begin{bmatrix} \boldsymbol{0} & \boldsymbol{I}_{N-1} & & & & \\ & & \boldsymbol{0} & \boldsymbol{I}_{N-1} & & \\ & & & & \ddots & \\ & & & & \boldsymbol{0} & \boldsymbol{I}_{N-1} \end{bmatrix}_{(N-1)P \times NP}。$$

根据式（5.8）和式（5.8）备注项可知

$$\bar{\boldsymbol{A}}^{(2)}(\boldsymbol{\omega},\boldsymbol{\theta}) = \bar{\boldsymbol{A}}^{(1)}(\boldsymbol{\omega},\boldsymbol{\theta}) \boldsymbol{\Phi}_{\varpi} \tag{5.17}$$

式中，$\boldsymbol{\Phi}_{\varpi} = \mathrm{diag}\{\mathrm{e}^{-\mathrm{j}\varpi_0 d}, \mathrm{e}^{-\mathrm{j}\varpi_1 d}, \cdots, \mathrm{e}^{-\mathrm{j}\varpi_{M-1} d}\}$。

构造下述二维 ESPRIT 矩阵：

$$\bar{\boldsymbol{\Xi}}_{\omega,\varpi} = \bar{\boldsymbol{U}}_{\mathrm{S}}[(\bar{\boldsymbol{U}}^{(1)})^{+} \bar{\boldsymbol{U}}^{(2)}] \bar{\boldsymbol{U}}_{\mathrm{S}}^{\mathrm{H}} \tag{5.18}$$

根据式（5.14），可以推出

$$\begin{aligned} \bar{\boldsymbol{\Xi}}_{\omega,\varpi} &= [\bar{\boldsymbol{A}}(\boldsymbol{\omega},\boldsymbol{\theta}) \bar{\boldsymbol{T}}][(\bar{\boldsymbol{U}}^{(1)})^{+} \bar{\boldsymbol{U}}^{(2)}] \bar{\boldsymbol{U}}_{\mathrm{S}}^{\mathrm{H}} \\ &= [\bar{\boldsymbol{A}}(\boldsymbol{\omega},\boldsymbol{\theta}) \bar{\boldsymbol{T}}] \bar{\boldsymbol{T}}^{-1} [\bar{\boldsymbol{A}}^{(1)}(\boldsymbol{\omega},\boldsymbol{\theta})]^{+} \bar{\boldsymbol{A}}^{(2)}(\boldsymbol{\omega},\boldsymbol{\theta}) (\bar{\boldsymbol{T}} \bar{\boldsymbol{U}}_{\mathrm{S}}^{\mathrm{H}}) \\ &= \bar{\boldsymbol{A}}(\boldsymbol{\omega},\boldsymbol{\theta}) [\bar{\boldsymbol{A}}^{(1)}(\boldsymbol{\omega},\boldsymbol{\theta})]^{+} [\bar{\boldsymbol{A}}^{(1)}(\boldsymbol{\omega},\boldsymbol{\theta}) \boldsymbol{\Phi}_{\varpi}] (\bar{\boldsymbol{T}} \bar{\boldsymbol{U}}_{\mathrm{S}}^{\mathrm{H}}) \\ &= \bar{\boldsymbol{A}}(\boldsymbol{\omega},\boldsymbol{\theta}) \boldsymbol{\Phi}_{\varpi} (\bar{\boldsymbol{T}} \bar{\boldsymbol{U}}_{\mathrm{S}}^{\mathrm{H}}) \\ &\Rightarrow \end{aligned}$$

$$\bar{\boldsymbol{\Xi}}_{\omega,\varpi} \bar{\boldsymbol{A}}(\boldsymbol{\omega},\boldsymbol{\theta}) = \bar{\boldsymbol{A}}(\boldsymbol{\omega},\boldsymbol{\theta}) \boldsymbol{\Phi}_{\varpi} [\bar{\boldsymbol{T}} \bar{\boldsymbol{U}}_{\mathrm{S}}^{\mathrm{H}} \bar{\boldsymbol{A}}(\boldsymbol{\omega},\boldsymbol{\theta})] = \bar{\boldsymbol{A}}(\boldsymbol{\omega},\boldsymbol{\theta}) \boldsymbol{\Phi}_{\varpi} \tag{5.19}$$

式（5.18）所定义的矩阵 $\overline{\boldsymbol{\Xi}}_{\omega,\varpi}$ 为 $PN\times PN$ 维矩阵，其中 $\bar{\boldsymbol{A}}(\boldsymbol{\omega},\boldsymbol{\theta})$ 和 $\bar{\boldsymbol{U}}_{\mathrm{S}}^{\mathrm{H}}$ 分别为 $PN\times M$ 维列满秩矩阵和 $M\times PN$ 维行满秩矩阵，而 $\boldsymbol{\Phi}_{\varpi}\bar{\boldsymbol{T}}$ 为 $M\times M$ 维满秩矩阵，所以 $\overline{\boldsymbol{\Xi}}_{\omega,\varpi}$ 的秩为 M，再结合式（5.19），有下述定理5.1。

定理5.1 当所有入射信号的空间频率互不相同时，式（5.18）所定义的二维ESPRIT矩阵 $\overline{\boldsymbol{\Xi}}_{\omega,\varpi}$，其非零主特征值为 $\boldsymbol{\Phi}_{\varpi}$ 的对角线元素，相应的特征矢量和 $\{\bar{\boldsymbol{a}}(\omega_m,\theta_m)\}_{m=0}^{M-1}$ 成比例关系。

基于定理5.1，可以通过对二维ESPRIT矩阵 $\overline{\boldsymbol{\Xi}}_{\omega,\varpi}$ 进行特征分解从而获得信号频率和波达方向的联合估计。

具体而言，若 $\overline{\boldsymbol{\Xi}}_{\omega,\varpi}$ 的第 n 个非零特征值 $\bar{\nu}_n$ 对应于第 m 个信号的空间相位因子 $\bar{\nu}_n=\mathrm{e}^{\mathrm{j}\omega_m d\sin\theta_m/c}$，其中 $n=1,2,\cdots,M$，$m=0,1,\cdots,M-1$，则相应的特征矢量 $\bar{\boldsymbol{\nu}}_n$ 与 $\bar{\boldsymbol{a}}(\omega_m,\theta_m)$ 成比例关系，于是有

$$\frac{\bar{\boldsymbol{\nu}}_n(N+1)}{\bar{\boldsymbol{\nu}}_n(1)}=\mathrm{e}^{-\mathrm{j}\omega_m\tau}\Rightarrow\hat{\omega}_m=\left|-\frac{1}{\tau}\arg\left\{\frac{\bar{\boldsymbol{\nu}}_n(N+1)}{\bar{\boldsymbol{\nu}}_n(1)}\right\}\right| \tag{5.20}$$

$$\hat{\theta}_m=\arcsin\left\{\frac{c\arg(\bar{\nu}_n)}{\hat{\omega}_m d}\right\} \tag{5.21}$$

例5.2 利用16元等距线阵估计3个窄带信号的频率和波达方向，阵元间距为1/2最短信号波长，抽头延迟线数为9，即 $P=10$；信号频率分别为120MHz、100MHz和140MHz，信号波达方向分别为60°、0°和-20°；$N=L-2=14$，采样率为最高信号频率的2倍，即280MHz，抽头延迟与采样间隔相同；快拍数为200，阵元噪声为空间白高斯噪声，信噪比均为10dB。

图5.4所示为上述条件下500次独立实验二维ESPRIT方法对信号频率和波达方向的联合估计结果，由图可以看出3个信号均被成功分辨。

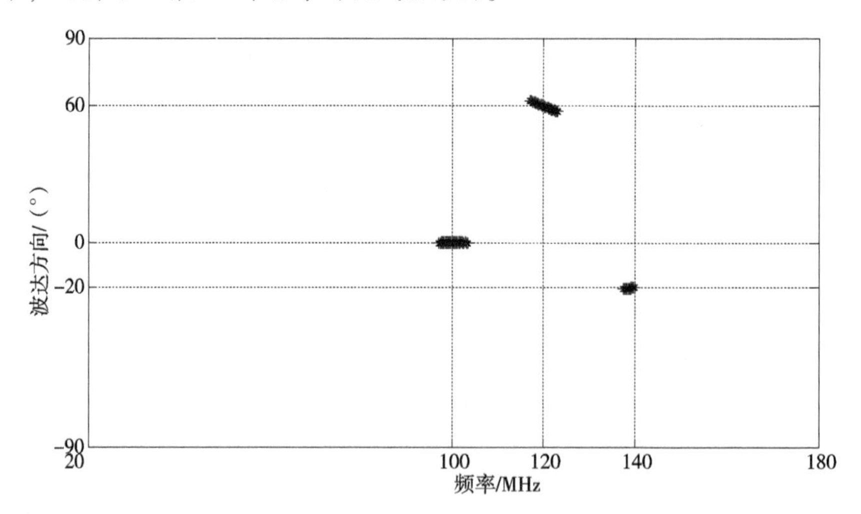

图5.4 二维ESPRIT方法对信号频率和波达方向的联合估计结果

5.2.3 最小二乘拟合方法

1. 信号频率估计

考虑式（5.6）所定义的 $\boldsymbol{x}^{(p)}(t)$，则

$$\boldsymbol{x}^{(p)}(t) = \sum_{m=0}^{M-1} \boldsymbol{a}_{\varpi_m}^{(L,d)} \mathrm{e}^{-\mathrm{j}\omega_m p\tau} \mathrm{e}^{\mathrm{j}\omega_m t} s_m(t) + \boldsymbol{n}^{(p)}(t)\ ,\ p = 0,1,\cdots,P-1 \tag{5.22}$$

相应的 K 次采样数据近似为

$$\begin{aligned}\boldsymbol{x}^{(p)}[k] &= \sum_{m=0}^{M-1} \boldsymbol{a}_{\varpi_m}^{(L,d)} \mathrm{e}^{-\mathrm{j}\omega_m p\tau} s_m(t_0 + k\Delta t) \mathrm{e}^{\mathrm{j}\omega_m(t_0+k\Delta t)} + \boldsymbol{n}^{(p)}[k] \\ &\approx \sum_{m=0}^{M-1} \boldsymbol{a}_{\varpi_m}^{(L,d)} \mathrm{e}^{-\mathrm{j}\omega_m p\tau} s_m(t_0) \mathrm{e}^{\mathrm{j}\omega_m(t_0+k\Delta t)} + \boldsymbol{n}^{(p)}[k] \\ &= \sum_{m=0}^{M-1} \boldsymbol{a}_{\varpi_m}^{(L,d)} \underbrace{s_m(t_0) \mathrm{e}^{\mathrm{j}\omega_m t_0}}_{\check{s}_m(t_0)} \mathrm{e}^{-\mathrm{j}\omega_m(p\tau-k\Delta t)} + \boldsymbol{n}^{(p)}[k] \\ &= \sum_{m=0}^{M-1} [\boldsymbol{a}_{\varpi_m}^{(L,d)} \check{s}_m(t_0)] \mathrm{e}^{-\mathrm{j}\omega_m(p\tau-k\Delta t)} + \boldsymbol{n}^{(p)}[k]\end{aligned} \tag{5.23}$$

式中，$\boldsymbol{x}^{(p)}[k] = \boldsymbol{x}^{(p)}(t_k)$ ；$\boldsymbol{n}^{(p)}[k] = \boldsymbol{n}^{(p)}(t_k)$ ；$t_k = t_0 + k\Delta t$ ，其中 t_0 为采样起始时间，Δt 为采样间隔；$p=0,\ 1,\ \cdots,\ P-1$；$k=0,\ 1,\ \cdots,\ K-1$。

根据式（5.23），信号频率可以通过求解下述最小化问题获得：

$$\min_{\boldsymbol{w},\omega} J_{\boldsymbol{\omega}}(\omega,\boldsymbol{w}) = \frac{1}{PK}\sum_{p=0}^{P-1}\sum_{k=0}^{K-1} |\ \boldsymbol{w}^{\mathrm{H}}\boldsymbol{x}^{(p)}(t_k) - \mathrm{e}^{-\mathrm{j}\omega(p\tau-k\Delta t)}\ |^2 \tag{5.24}$$

将式（5.24）右端展开，得到

$$\begin{aligned}J_{\boldsymbol{\omega}}(\omega,\boldsymbol{w}) &= \boldsymbol{w}^{\mathrm{H}} \underbrace{\left[\frac{1}{PK}\sum_{p=0}^{P-1}\sum_{k=0}^{K-1} \boldsymbol{x}^{(p)}(t_k)[\boldsymbol{x}^{(p)}(t_k)]^{\mathrm{H}}\right]}_{\hat{\boldsymbol{R}}_{xx}} \boldsymbol{w} - \boldsymbol{w}^{\mathrm{H}} \underbrace{\left[\frac{1}{PK}\sum_{p=0}^{P-1}\sum_{k=0}^{K-1} \boldsymbol{x}^{(p)}(t_k)\mathrm{e}^{\mathrm{j}\omega(p\tau-k\Delta t)}\right]}_{\hat{\boldsymbol{r}}_{\omega}} - \\ &\quad \underbrace{\left[\frac{1}{PK}\sum_{p=0}^{P-1}\sum_{k=0}^{K-1} \mathrm{e}^{-\mathrm{j}\omega(p\tau-k\Delta t)} [\boldsymbol{x}^{(p)}(t_k)]^{\mathrm{H}}\right]}_{\hat{\boldsymbol{r}}_{\omega}^{\mathrm{H}}} \boldsymbol{w} + 1 \\ &= \boldsymbol{w}^{\mathrm{H}} \hat{\boldsymbol{R}}_{xx}\boldsymbol{w} - \boldsymbol{w}^{\mathrm{H}} \hat{\boldsymbol{r}}_{\omega} - \hat{\boldsymbol{r}}_{\omega}^{\mathrm{H}}\boldsymbol{w} + 1\end{aligned} \tag{5.25}$$

代价函数 $J_{\boldsymbol{\omega}}(\omega,\boldsymbol{w})$ 关于 $\boldsymbol{w}^*$ 的偏导为

$$\frac{\partial J_{\boldsymbol{\omega}}(\omega,\boldsymbol{w})}{\partial \boldsymbol{w}^*} = \hat{\boldsymbol{R}}_{xx}\boldsymbol{w} - \hat{\boldsymbol{r}}_{\omega} \tag{5.26}$$

当 $\hat{\boldsymbol{R}}_{xx}$ 为非奇异矩阵时，$J_{\boldsymbol{\omega}}(\omega,\boldsymbol{w})$ 关于 ω 在 $\boldsymbol{w} = \hat{\boldsymbol{R}}_{xx}^{-1}\hat{\boldsymbol{r}}_{\omega}$ 时取得条件极值，于是信号频率可通过对式（5.27）所示的谱表达式进行谱峰搜索加以估计：

$$J_{\mathrm{LSF}}(\omega) = (1 - \hat{\boldsymbol{r}}_{\omega}^{\mathrm{H}} \hat{\boldsymbol{R}}_{xx}^{-1} \hat{\boldsymbol{r}}_{\omega})^{-1}\ ,\ \omega \in \Omega \tag{5.27}$$

式中，Ω 为感兴趣的频率范围。

当阵元接收通道幅相响应存在不一致时，有

$$\boldsymbol{x}^{(p)}(t_k) \approx \sum_{m=0}^{M-1} [\mathrm{diag}\{\Delta\boldsymbol{\rho}'\}\ \boldsymbol{a}_{\varpi_m}^{(L,d)} \check{s}_m(t_0)] \mathrm{e}^{-\mathrm{j}\omega_m(p\tau-k\Delta t)} + \boldsymbol{n}^{(p)}(t_k) \tag{5.28}$$

式中，$p=0,\ 1,\ \cdots,\ P-1$；$k=0,\ 1,\ \cdots,\ K-1$；$\Delta\boldsymbol{\rho}' = [1,\Delta\rho_1,\cdots,\Delta\rho_{L-1}]^{\mathrm{T}}$ ，其中 $\Delta\rho_l$ 为阵元 l 通道失配误差。

由式（5.28）可以看出，阵元通道失配并不影响信号的时域相干结构，此时利用式（5.27）所示的方法仍可完成信号频率的估计。

2. 信号波达方向估计

前一节所讨论的频率估计方法在信号频率相同的条件下仍可以工作，但有时不利于信

号波达方向的估计。本节假设信号频率互不相同，讨论在此条件下的信号波达方向估计问题。

首先根据信号频率估计结果（比如利用前一节所介绍的方法，或者利用之前所讨论的任一方法），构造下述一组矢量：

$$\begin{cases} \boldsymbol{z}^{(m)}(l) = \hat{\boldsymbol{P}}^{(m)}\left[\boldsymbol{y}_l^{\mathrm{T}}(t_0),\boldsymbol{y}_l^{\mathrm{T}}(t_1),\cdots,\boldsymbol{y}_l^{\mathrm{T}}(t_{K-1})\right]^{\mathrm{T}} \\ \hat{\boldsymbol{P}}^{(m)} = \boldsymbol{I}_{PK} - \hat{\boldsymbol{B}}^{(m)}\left[(\hat{\boldsymbol{B}}^{(m)})^{\mathrm{H}}\hat{\boldsymbol{B}}^{(m)}\right]^{-1}(\hat{\boldsymbol{B}}^{(m)})^{\mathrm{H}} \\ \hat{\boldsymbol{B}}^{(m)} = \left[\boldsymbol{b}(\hat{\omega}_0),\cdots,\boldsymbol{b}(\hat{\omega}_{m-1}),\boldsymbol{b}(\hat{\omega}_{m+1}),\cdots,\boldsymbol{b}(\hat{\omega}_{M-1})\right] \end{cases} \tag{5.29}$$

式中，$\boldsymbol{b}(\hat{\omega}_m) = (\boldsymbol{a}_{\hat{\omega}_m}^{(K,\Delta t)})^* \otimes \boldsymbol{a}_{\hat{\omega}_m}^{(P,\tau)}$；$\hat{\omega}_m$ 为 ω_m 的估计值；$m=0, 1, \cdots, M-1$；$l=0, 1, \cdots, L-1$。

此外，式（5.29）中的 $\boldsymbol{y}_l(t)$ 为阵元 l 及其后接延迟输出信号矢量，即

$$\boldsymbol{y}_l(t) = \left[x_{0,l}(t),x_{1,l}(t),\cdots,x_{P-1,l}(t)\right]^{\mathrm{T}} \tag{5.30}$$

根据式（5.5）可知

$$\boldsymbol{z}^{(m)}(l) \approx \left[\hat{\boldsymbol{P}}^{(m)}\boldsymbol{b}(\omega_m)\varsigma_m(t_0)\right]\mathrm{e}^{\mathrm{j}\omega_m l d\sin\theta/c} + \boldsymbol{n}'^{(m)}(l) \tag{5.31}$$

式中，$\boldsymbol{b}(\omega_m) = (\boldsymbol{a}_{\omega_m}^{(K,\Delta t)})^* \otimes \boldsymbol{a}_{\omega_m}^{(P,\tau)}$；$\boldsymbol{n}'^{(m)}(l)$ 为相应的噪声项；$m=0, 1, \cdots, M-1$；$l=0, 1, \cdots, L-1$。

第 m 个信号的波达方向可以通过求解下述最小化问题获得：

$$\min_{\boldsymbol{w},\theta} J_{\theta_m}(\theta,\boldsymbol{w}) = \frac{1}{L}\sum_{l=0}^{L-1} \left| \boldsymbol{w}^{\mathrm{H}}\boldsymbol{z}^{(m)}(l) - \mathrm{e}^{\mathrm{j}\hat{\omega}_m l d\sin\theta/c} \right|^2 \tag{5.32}$$

将式（5.32）右端展开，得到

$$\begin{aligned} J_{\theta_m}(\theta,\boldsymbol{w}) &= \boldsymbol{w}^{\mathrm{H}}\underbrace{\left[\frac{1}{L}\sum_{l=0}^{L-1}\boldsymbol{z}^{(m)}(l)\left[\boldsymbol{z}^{(m)}(l)\right]^{\mathrm{H}}\right]}_{\hat{\boldsymbol{R}}_{z^{(m)}z^{(m)}}}\boldsymbol{w} - \boldsymbol{w}^{\mathrm{H}}\underbrace{\left[\frac{1}{L}\sum_{l=0}^{L-1}\boldsymbol{z}^{(m)}(l)\mathrm{e}^{-\mathrm{j}\hat{\omega}_m l d\sin\theta/c}\right]}_{\hat{\boldsymbol{r}}_{\hat{\omega}_m,\theta}} - \\ &\quad \underbrace{\left[\frac{1}{L}\sum_{l=0}^{L-1}\mathrm{e}^{\mathrm{j}\hat{\omega}_m l d\sin\theta/c}\left[\boldsymbol{z}^{(m)}(l)\right]^{\mathrm{H}}\right]}_{\hat{\boldsymbol{r}}_{\hat{\omega}_m,\theta}^{\mathrm{H}}} + 1 \\ &= \boldsymbol{w}^{\mathrm{H}}\hat{\boldsymbol{R}}_{z^{(m)}z^{(m)}}\boldsymbol{w} - \boldsymbol{w}^{\mathrm{H}}\hat{\boldsymbol{r}}_{\hat{\omega}_m,\theta} - \hat{\boldsymbol{r}}_{\hat{\omega}_m,\theta}^{\mathrm{H}}\boldsymbol{w} + 1 \end{aligned} \tag{5.33}$$

代价函数 $J_{\theta_m}(\theta,\boldsymbol{w})$ 关于 $\boldsymbol{w}^*$ 的偏导为

$$\frac{\partial J_{\theta_m}(\theta,\boldsymbol{w})}{\partial \boldsymbol{w}^*} = \hat{\boldsymbol{R}}_{z^{(m)}z^{(m)}}\boldsymbol{w} - \hat{\boldsymbol{r}}_{\hat{\omega}_m,\theta} \tag{5.34}$$

当 $\hat{\boldsymbol{R}}_{z^{(m)}z^{(m)}}$ 为非奇异矩阵时，$J_{\theta_m}(\theta,\boldsymbol{w})$ 关于 θ 在 $\boldsymbol{w} = \hat{\boldsymbol{R}}_{z^{(m)}z^{(m)}}^{-1}\hat{\boldsymbol{r}}_{\hat{\omega}_m,\theta}$ 时取得条件极值，由此有下面的信号波达方向估计公式：

$$\hat{\theta}_m = \arg\max_{\theta\in\Theta}\left\{\hat{\boldsymbol{r}}_{\hat{\omega}_m,\theta}^{\mathrm{H}}\hat{\boldsymbol{R}}_{z^{(m)}z^{(m)}}^{-1}\hat{\boldsymbol{r}}_{\hat{\omega}_m,\theta}\right\} \tag{5.35}$$

式中，Θ 为感兴趣的角度区域；$m=0, 1, \cdots, M-1$。

当阵元接收通道幅相响应存在不一致时，有

$$\boldsymbol{z}^{(m)}(l) \approx \left[\hat{\boldsymbol{P}}^{(m)}\boldsymbol{b}(\omega_m)\varsigma_m(t_0)\right](\Delta\rho_l\mathrm{e}^{\mathrm{j}\omega_m l d\sin\theta/c}) + \boldsymbol{n}'^{(m)}(l) \tag{5.36}$$

式中，$m=0, 1, \cdots, M-1$；$l=0, 1, \cdots, L-1$。

由式（5.36）可以看出，阵元通道失配会影响信号的空域相干结构，由于 $\{\Delta\rho_l\}_{l=1}^{L-1}$ 未知，式（5.35）所示信号波达方向估计方法的性能将有所下降，但若阵元通道失配误差较

小，其性能尚可，具体参见下文例5.3。

另外，由于$z^{(m)}(l)$近似只包含第m个信号分量，也可以通过式（5.37）所示的对阵元通道失配不甚敏感的空域傅里叶变换方法（即常规波束扫描方法）获得第m个信号的波达方向估计：

$$\hat{\theta}_m = \arg\max_{\theta\in\Theta} \frac{\boldsymbol{a}^{\mathrm{H}}(\hat{\omega}_m,\theta)\hat{\boldsymbol{R}}_{z_m z_m}\boldsymbol{a}(\hat{\omega}_m,\theta)}{\boldsymbol{a}^{\mathrm{H}}(\hat{\omega}_m,\theta)\boldsymbol{a}(\hat{\omega}_m,\theta)} \tag{5.37}$$

式中，$\boldsymbol{a}(\hat{\omega}_m,\theta) = [1, \mathrm{e}^{\mathrm{j}\hat{\omega}_m d\sin\theta/c}, \cdots, \mathrm{e}^{\mathrm{j}\hat{\omega}_m(L-1)d\sin\theta/c}]^{\mathrm{T}}$；$\hat{\boldsymbol{R}}_{z_m z_m} = \boldsymbol{z}_m\boldsymbol{z}_m^{\mathrm{H}}/(PK)$，其中，

$$\boldsymbol{z}_m = [\boldsymbol{z}^{(m)}(0), \boldsymbol{z}^{(m)}(1), \cdots, \boldsymbol{z}^{(m)}(L-1)]^{\mathrm{T}}\;;\; m=0,1,\cdots,M-1$$

5.2.4　正则化最小二乘拟合测向方法

$\boldsymbol{z}^{(m)}(l)$为$PK\times 1$维矢量，当$PK > L$时，矩阵$\hat{\boldsymbol{R}}_{z^{(m)}z^{(m)}}$为奇异矩阵而不可逆，此时式（5.35）所示方法会出现病态问题，本节介绍几种正则化措施解决之。

1. 时域平滑方法

对观测数据作下述时域平滑：

$$\bar{\boldsymbol{z}}^{(m)}(l) = \frac{1}{PK-N+1}\sum_{n=0}^{PK-N}\boldsymbol{z}_{n:n+N-1}^{(m)}(l) \tag{5.38}$$

式中，$\boldsymbol{z}_{n:n+N-1}^{(m)}(l)$为由$\boldsymbol{z}^{(m)}(l)$的第$n+1$到第$n+N$个元素所组成的$N$维矢量；$N$为平滑后的数据维数，且$N\leqslant L$；$m=0,1,\cdots,M-1$。

用$\bar{\boldsymbol{z}}^{(m)}(l)$代替$\boldsymbol{z}^{(m)}(l)$，可得下述降维代价函数：

$$\begin{aligned}\bar{J}_{\theta_m}(\theta,\boldsymbol{w}) &= \boldsymbol{w}^{\mathrm{H}}\underbrace{\left[\frac{1}{L}\sum_{l=0}^{L-1}\bar{\boldsymbol{z}}^{(m)}(l)[\bar{\boldsymbol{z}}^{(m)}(l)]^{\mathrm{H}}\right]}_{\hat{\boldsymbol{R}}_{\bar{z}^{(m)}\bar{z}^{(m)}}}\boldsymbol{w} - \boldsymbol{w}^{\mathrm{H}}\underbrace{\left[\frac{1}{L}\sum_{l=0}^{L-1}\bar{\boldsymbol{z}}^{(m)}(l)\mathrm{e}^{-\mathrm{j}\hat{\omega}_m ld\sin\theta/c}\right]}_{\hat{\bar{\boldsymbol{r}}}_{\hat{\omega}_m,\theta}} - \\ &\quad \underbrace{\left[\frac{1}{L}\sum_{l=0}^{L-1}\mathrm{e}^{\mathrm{j}\hat{\omega}_m ld\sin\theta/c}[\bar{\boldsymbol{z}}^{(m)}(l)]^{\mathrm{H}}\right]}_{\hat{\bar{\boldsymbol{r}}}^{\mathrm{H}}_{\hat{\omega}_m,\theta}} + 1 \\ &= \boldsymbol{w}^{\mathrm{H}}\hat{\boldsymbol{R}}_{\bar{z}^{(m)}\bar{z}^{(m)}}\boldsymbol{w} - \boldsymbol{w}^{\mathrm{H}}\hat{\bar{\boldsymbol{r}}}_{\hat{\omega}_m,\theta} - \hat{\bar{\boldsymbol{r}}}^{\mathrm{H}}_{\hat{\omega}_m,\theta}\boldsymbol{w} + 1,\; m=0,1,\cdots,M-1\end{aligned} \tag{5.39}$$

相应地，第m个信号的波达方向估计公式修正为

$$\hat{\theta}_m = \arg\max_{\theta\in\Theta}\{\hat{\bar{\boldsymbol{r}}}^{\mathrm{H}}_{\hat{\omega}_m,\theta}\hat{\boldsymbol{R}}^{-1}_{\bar{z}^{(m)}\bar{z}^{(m)}}\hat{\bar{\boldsymbol{r}}}_{\hat{\omega}_m,\theta}\} \tag{5.40}$$

2. 波束空间变换方法

对$\boldsymbol{z}^{(m)}(l)$作波束空间变换，得到

$$\tilde{\boldsymbol{z}}^{(m)}(l) = (\hat{\boldsymbol{u}}^{(m)})^{\mathrm{H}}\boldsymbol{z}^{(m)}(l) \tag{5.41}$$

式中，$\hat{\boldsymbol{u}}^{(m)}$为$\hat{\boldsymbol{R}}_{z^{(m)}z^{(m)}}$的最大特征值$\hat{\mu}^{(m)}$所对应的主特征矢量；$m=0,1,\cdots,M-1$；$l=0,1,\cdots,L-1$。

相应地，第m个信号的波达方向估计公式修正为

$$\begin{aligned}\hat{\theta}_m &= \arg\max_{\theta\in\Theta}\{\hat{\boldsymbol{r}}^{\mathrm{H}}_{\hat{\omega}_m,\theta}\hat{\boldsymbol{u}}^{(m)}[(\hat{\boldsymbol{u}}^{(m)})^{\mathrm{H}}\hat{\boldsymbol{R}}_{z^{(m)}z^{(m)}}\hat{\boldsymbol{u}}^{(m)}]^{-1}(\hat{\boldsymbol{u}}^{(m)})^{\mathrm{H}}\hat{\boldsymbol{r}}_{\hat{\omega}_m,\theta}\} \\ &= \arg\max_{\theta\in\Theta}\{\hat{\boldsymbol{r}}^{\mathrm{H}}_{\hat{\omega}_m,\theta}\underbrace{[(\hat{\mu}^{(m)})^{-1}\hat{\boldsymbol{u}}^{(m)}(\hat{\boldsymbol{u}}^{(m)})^{\mathrm{H}}]}_{\hat{\boldsymbol{R}}^{\#}_{z^{(m)}z^{(m)}}}\hat{\boldsymbol{r}}_{\hat{\omega}_m,\theta}\} \\ &= \arg\max_{\theta\in\Theta}\{\hat{\boldsymbol{r}}^{\mathrm{H}}_{\hat{\omega}_m,\theta}\hat{\boldsymbol{R}}^{\#}_{z^{(m)}z^{(m)}}\hat{\boldsymbol{r}}_{\hat{\omega}_m,\theta}\}\end{aligned} \tag{5.42}$$

式中，$\hat{\boldsymbol{R}}^{\#}_{z^{(m)}z^{(m)}}$ 为 $\hat{\boldsymbol{R}}_{z^{(m)}z^{(m)}}$ 的伪逆矩阵。

3. 子空间约束方法

将优化问题式（5.32）修正为

$$\min_{\boldsymbol{w},\theta} J_{\theta_m}(\theta,\boldsymbol{w}) = \frac{1}{L}\sum_{l=0}^{L-1} | \boldsymbol{w}^{\mathrm{H}}\boldsymbol{z}^{(m)}(l) - \mathrm{e}^{\mathrm{j}\hat{\omega}_m l d\sin\theta/c} |^2 + \boldsymbol{\kappa}^{(m)} \| \boldsymbol{w}^{\mathrm{H}} \hat{\boldsymbol{E}}_{\mathrm{N}}^{(m)} \|_2^2 \tag{5.43}$$

式中，$\boldsymbol{\kappa}^{(m)}$ 为正则化参数；$\hat{\boldsymbol{E}}_{\mathrm{N}}^{(m)}$ 为 $\hat{\boldsymbol{R}}_{z^{(m)}z^{(m)}}$ 的 $PK-1$ 个较小特征值对应的特征矢量所组成的矩阵。

相应地，第 m 个信号的波达方向估计公式修正为

$$\hat{\theta}_m = \arg\max_{\theta\in\Theta}\{\hat{\boldsymbol{r}}_{\hat{\omega}_m,\theta}^{\mathrm{H}} [\hat{\boldsymbol{R}}_{z^{(m)}z^{(m)}} + \boldsymbol{\kappa}^{(m)} \hat{\boldsymbol{E}}_{\mathrm{N}}^{(m)} (\hat{\boldsymbol{E}}_{\mathrm{N}}^{(m)})^{\mathrm{H}}]^{-1} \hat{\boldsymbol{r}}_{\hat{\omega}_m,\theta}\} \tag{5.44}$$

4. 对角加载方法

仿照对角加载鲁棒波束形成方法，对 $\hat{\boldsymbol{R}}_{z^{(m)}z^{(m)}}$ 按下式进行修正：

$$\hat{\boldsymbol{R}}_{\overline{\lambda}^{(m)}} = \hat{\boldsymbol{R}}_{z^{(m)}z^{(m)}} + \lambda^{(m)}\boldsymbol{I}_{PK} \tag{5.45}$$

式中，$\lambda^{(m)}$ 为对角加载因子；$\boldsymbol{I}_{PK}$ 为 $PK\times PK$ 维单位矩阵；$m=0, 1, \cdots, M-1$。

相应地，第 m 个信号的波达方向估计公式修正为

$$\hat{\theta}_m = \arg\max_{\theta\in\Theta}\{\hat{\boldsymbol{r}}_{\hat{\omega}_m,\theta}^{\mathrm{H}} (\hat{\boldsymbol{R}}_{z^{(m)}z^{(m)}} + \lambda^{(m)}\boldsymbol{I}_{PK})^{-1} \hat{\boldsymbol{r}}_{\hat{\omega}_m,\theta}\} \tag{5.46}$$

例 5.3 利用 8 元等距线阵估计 3 个窄带信号的频率和波达方向，阵元间距为 1/2 最短信号波长，抽头延迟线数为 1，即 $P=2$；信号频率分别为 120MHz、100MHz 和 140MHz，信号波达方向分别为 35°、0°和 −20°；$N=L-2=14$，采样率为最高信号频率的 2 倍，即 280MHz，抽头延迟与采样间隔相同；快拍数为 100，阵元噪声为空间白高斯噪声，信噪比均为 10dB。

图 5.5 和图 5.6 所示分别为不存在通道失配误差以及存在通道失配误差条件下，正则化最小二乘拟合方法对信号频率和波达方向的联合估计结果，其中正则化手段采用波束空间变换方法，接收通道失配误差为 $0.1\mathrm{e}^{\mathrm{j}0.01°}$、$0.2\mathrm{e}^{\mathrm{j}0.04°}$、$0.14\mathrm{e}^{\mathrm{j}0.02°}$、$0.11\mathrm{e}^{\mathrm{j}0.02°}$、$0.12\mathrm{e}^{\mathrm{j}0.05°}$、$0.1\mathrm{e}^{\mathrm{j}0.03°}$、$0.13\mathrm{e}^{\mathrm{j}0.02°}$。

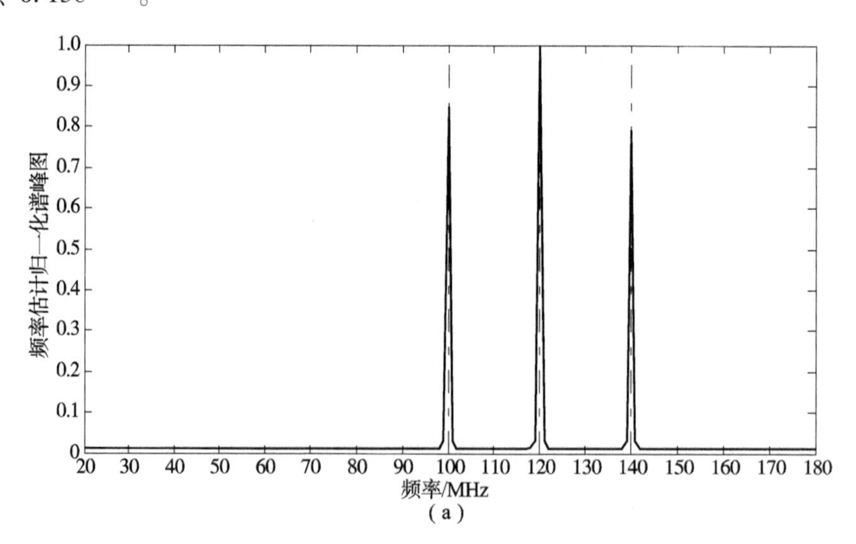

图 5.5 不存在通道失配误差条件下正则化最小二乘拟合方法信号频率和波达方向估计谱峰图

(a) 信号频率估计归一化谱峰图：100MHz、120MHz、140MHz

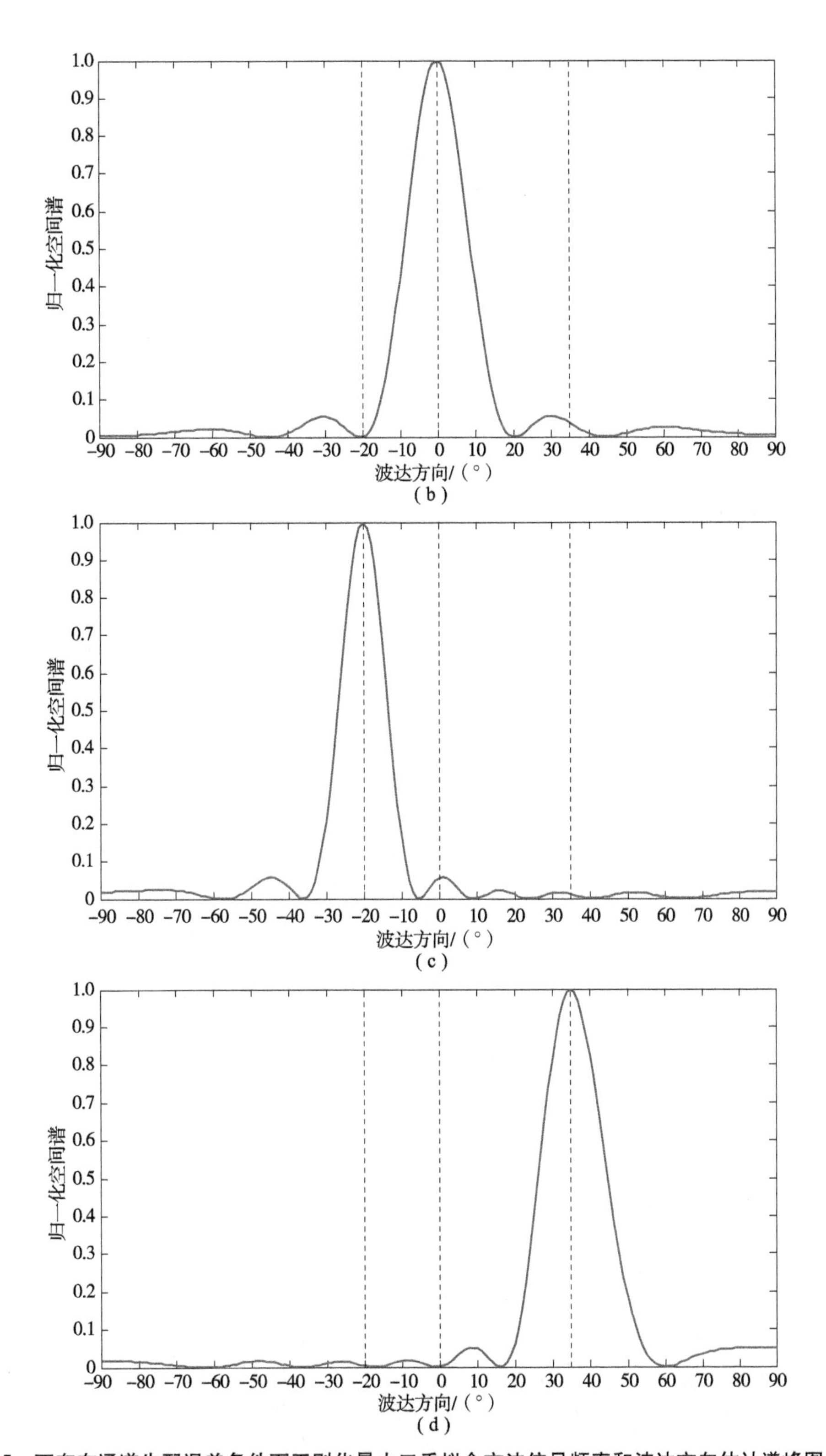

图 5.5　不存在通道失配误差条件下正则化最小二乘拟合方法信号频率和波达方向估计谱峰图（续）

（b）信号波达方向估计归一化谱峰图：0°；（c）信号波达方向估计归一化谱峰图：−20°；（d）信号波达方向估计归一化谱峰图：35°

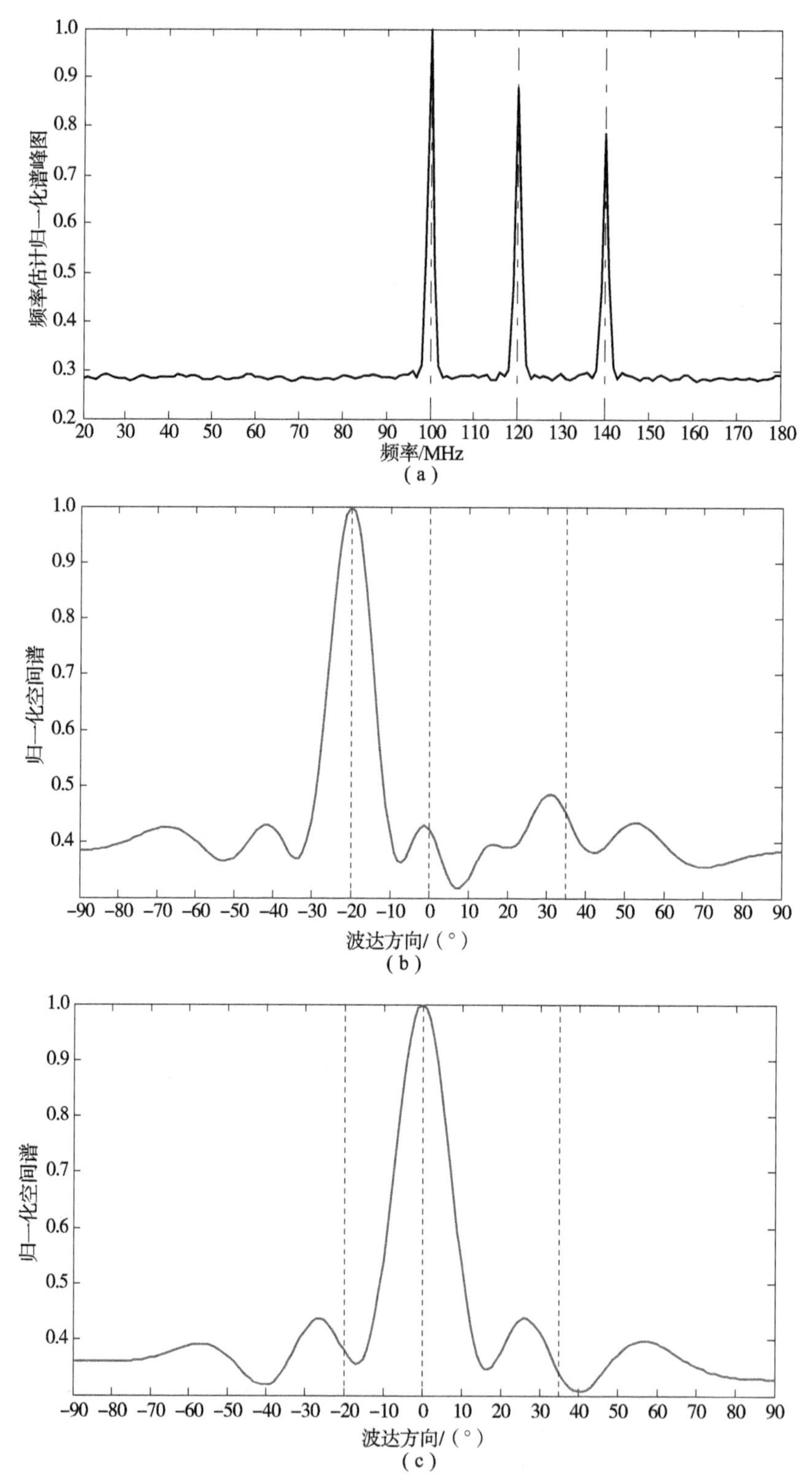

图 5.6　存在通道失配误差条件下正则化最小二乘拟合方法信号频率和波达方向估计谱峰图

(a) 信号频率估计归一化谱峰图：100MHz、120MHz、140MHz；

(b) 信号波达方向估计归一化谱峰图：−20°；(c) 信号波达方向估计归一化谱峰图：0°

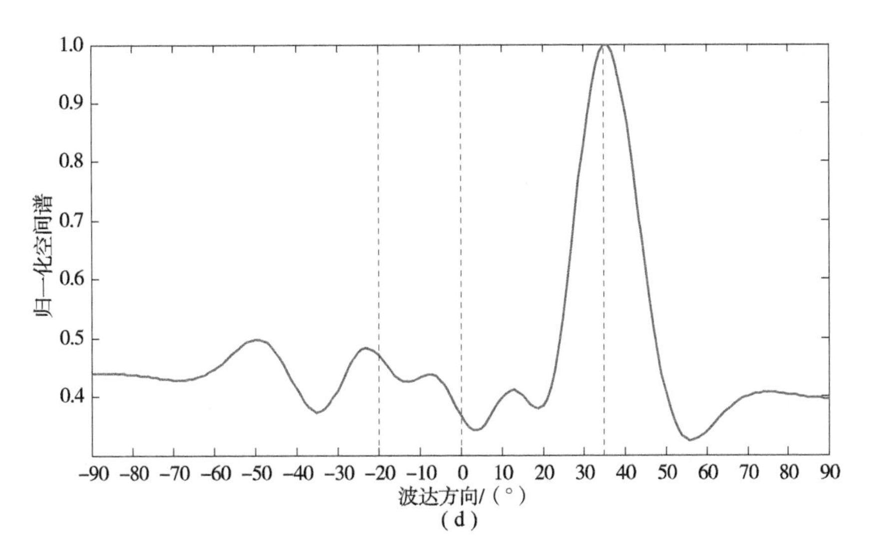

图5.6　存在通道失配误差条件下正则化最小二乘拟合方法信号频率和波达方向估计谱峰图（续）

（d）信号波达方向估计归一化谱峰图：35°

由图5.5所示结果可以看出，在不存在通道失配的情形下，正则化最小二乘拟合方法具有较好的信号频率和波达方向联合估计性能。

由图5.6所示结果可以看出，基于正则化最小二乘拟合的信号频率估计不受通道失配的影响，而信号波达方向估计也对其不甚敏感。

习　题

【5-1】 假设20元等距线阵，不存在抽头延迟线（$P=1$）。两个阵列入射信号互不相关，波达方向分别为20°和60°，频率分别为15MHz和45MHz，信噪比均为10dB，快拍数为100。通过计算机仿真，画出不同阵元间距条件下的二维MUSIC方法频率-空间二维谱图，并解释所观察到的主要现象。

【5-2】 假设8元等距线阵。两个阵列入射信号互不相关，波达方向分别为10°和45°，频率分别为10MHz和30MHz。通过计算机仿真，研究二维MUSIC方法在不同阵元间距、不同抽头延迟线数目、不同信噪比以及不同快拍数条件下的信号频率和波达方向联合估计性能。

【5-3】 根据定义，式（5.30）中$\boldsymbol{y}_l(t)$近似具有下述形式：

$$\boldsymbol{y}_l(t) \approx \sum_{m=0}^{M-1} \boldsymbol{a}_{\omega_m}^{(P,\tau)} \breve{s}_m(t) \mathrm{e}^{-\mathrm{j}\varpi_m l d} + \boldsymbol{n}_l(t) \qquad ①$$

式中，$\boldsymbol{a}_{\omega_m}^{(P,\tau)}$的定义如式（5.10）备注项所示；$\breve{s}_m(t)=s_m(t)\mathrm{e}^{\mathrm{j}\omega_m t}$，其中$s_m(t)$为第$m$个信号的复包络，$\omega_m$为其角频率；$\boldsymbol{n}_l(t)$为相应的噪声项；$l=0,1,\cdots,L-1$。

（1）根据式①，推导一种基于子空间分解的信号频率估计方法。

（2）利用问题（1）中所得信号频率估计结果，如何进一步获得信号波达方向的估计？

【5-4】 本题考虑如何通过分维处理技术实现对信号频率和波达方向的联合估计[74]。

假设 $P=2$，即抽头延时线数为 1，此时 $\boldsymbol{x}(t)=\begin{bmatrix}\boldsymbol{x}^{(0)}(t)\\ \boldsymbol{x}^{(1)}(t)\end{bmatrix}=\boldsymbol{A}(\boldsymbol{\omega},\boldsymbol{\theta})\boldsymbol{\varsigma}(t)+\boldsymbol{n}(t)$。

（1）证明下述结论成立：

$$\underbrace{[\boldsymbol{O}_L,\boldsymbol{I}_L]}_{\boldsymbol{J}_2}\boldsymbol{A}(\boldsymbol{\omega},\boldsymbol{\theta})=\underbrace{[\boldsymbol{I}_L,\boldsymbol{O}_L]}_{\boldsymbol{J}_1}\boldsymbol{A}(\boldsymbol{\omega},\boldsymbol{\theta})\boldsymbol{\Phi}_{\boldsymbol{\omega}} \quad ②$$

$$\underbrace{\begin{bmatrix}\boldsymbol{0}_L & \boldsymbol{I}_{L-1} & & \\ & & \boldsymbol{0}_L & \boldsymbol{I}_{L-1}\end{bmatrix}}_{\boldsymbol{J}_4}\boldsymbol{A}(\boldsymbol{\omega},\boldsymbol{\theta})=\underbrace{\begin{bmatrix}\boldsymbol{I}_{L-1} & \boldsymbol{0}_L & & \\ & & \boldsymbol{I}_{L-1} & \boldsymbol{0}_L\end{bmatrix}}_{\boldsymbol{J}_3}\boldsymbol{A}(\boldsymbol{\omega},\boldsymbol{\theta})\boldsymbol{\Phi}_{\boldsymbol{\varpi}} \quad ③$$

式中，$\boldsymbol{O}_L$ 和 $\boldsymbol{0}_L$ 分别表示 $L\times L$ 维零矩阵和 $L\times 1$ 维零矢量；$\boldsymbol{I}_L$ 为 $L\times L$ 维单位矩阵；$\boldsymbol{\Phi}_{\boldsymbol{\omega}}=\mathrm{diag}\{\mathrm{e}^{-\mathrm{j}\omega_0\tau},\mathrm{e}^{-\mathrm{j}\omega_1\tau},\cdots,\mathrm{e}^{-\mathrm{j}\omega_{M-1}\tau}\}$；$\boldsymbol{\Phi}_{\boldsymbol{\varpi}}=\mathrm{diag}\{\mathrm{e}^{-\mathrm{j}\varpi_0 d},\mathrm{e}^{-\mathrm{j}\varpi_1 d},\cdots,\mathrm{e}^{-\mathrm{j}\varpi_{M-1} d}\}$。

（2）令 $\boldsymbol{U}_{\mathrm{S}}=\boldsymbol{A}(\boldsymbol{\omega},\boldsymbol{\theta})\boldsymbol{T}$ 为矩阵 $\boldsymbol{R}_{\boldsymbol{xx}}=E\{\boldsymbol{x}(t)\boldsymbol{x}^{\mathrm{H}}(t)\}$ 的主特征矢量矩阵，其中 $\boldsymbol{T}$ 为一 $M\times M$ 维满秩矩阵。构造矩阵 $\boldsymbol{U}_1=\boldsymbol{J}_1\boldsymbol{U}_{\mathrm{S}}$，$\boldsymbol{U}_2=\boldsymbol{J}_2\boldsymbol{U}_{\mathrm{S}}$，$\boldsymbol{U}_3=\boldsymbol{J}_3\boldsymbol{U}_{\mathrm{S}}$，$\boldsymbol{U}_4=\boldsymbol{J}_4\boldsymbol{U}_{\mathrm{S}}$，并定义

$$\boldsymbol{\Xi}_{\boldsymbol{\omega}}=(\boldsymbol{U}_1^{\mathrm{H}}\boldsymbol{U}_1)^{-1}\boldsymbol{U}_1^{\mathrm{H}}\boldsymbol{U}_2=\boldsymbol{T}^{-1}\boldsymbol{\Phi}_{\boldsymbol{\omega}}\boldsymbol{T} \quad ④$$

$$\boldsymbol{\Xi}_{\boldsymbol{\varpi}}=(\boldsymbol{U}_3^{\mathrm{H}}\boldsymbol{U}_3)^{-1}\boldsymbol{U}_3^{\mathrm{H}}\boldsymbol{U}_4=\boldsymbol{T}^{-1}\boldsymbol{\Phi}_{\boldsymbol{\varpi}}\boldsymbol{T} \quad ⑤$$

根据式④和式⑤，能否直接通过对 $\boldsymbol{\Xi}_{\boldsymbol{\omega}}$ 和 $\boldsymbol{\Xi}_{\boldsymbol{\varpi}}$ 进行特征分解从而获得信号频率和波达方向的联合估计？为什么？

（3）记 $\boldsymbol{E}$ 为 $\boldsymbol{\Xi}_{\boldsymbol{\omega}}$ 的特征矢量矩阵，则 $\boldsymbol{E}=\boldsymbol{T}^{-1}\boldsymbol{\Delta}$，其中 $\boldsymbol{\Delta}$ 为扰动矩阵，其每行、每列都只有一个非零元素。假设 $\boldsymbol{D}$ 为一对角矩阵，试证明 $\boldsymbol{\Lambda}=\boldsymbol{\Delta}\boldsymbol{D}\boldsymbol{\Delta}^{-1}$ 仍为一对角矩阵，并且 $\boldsymbol{\Xi}_{\boldsymbol{\omega}}(\boldsymbol{E}\boldsymbol{D}\boldsymbol{E}^{-1})=\boldsymbol{T}^{-1}(\boldsymbol{\Phi}_{\boldsymbol{\omega}}\boldsymbol{\Lambda})\boldsymbol{T}$，$\boldsymbol{\Xi}_{\boldsymbol{\varpi}}(\boldsymbol{E}\boldsymbol{D}\boldsymbol{E}^{-1})=\boldsymbol{T}^{-1}(\boldsymbol{\Phi}_{\boldsymbol{\varpi}}\boldsymbol{\Lambda})\boldsymbol{T}$。

（4）基于问题（1）、问题（2）、问题（3）中的结论，推导一种信号频率和波达方向的分维估计方法。

【5-5】本章所讨论的基于子空间分解的信号频率和波达方向联合估计方法均未考虑通道失配及阵元位置误差等非理想因素。若这些模型误差存在时，有关方法还适用吗？为什么？

【5-6】本题讨论雷达阵列信号多普勒频率和波达方向的联合估计问题。假设雷达发射天线位于坐标原点（相位参考点）处，阵列远场存在 M 个理想点目标以恒定径向速度沿平行于回波传播方向的轨迹运动。雷达接收阵列为 L 元等距线阵，所有阵元均位于 y 轴上（阵元 0 位于相位参考点处），接收通道特性一致，如图 5.7 所示。

（1）若雷达发射信号为连续正弦波，频率为 ω_0，目标运动速度远小于信号波传播速度，试证明阵元 l 后接第 p 个延迟单元的输出信号可以近似写成

$$x_{p,l}(t)\approx\sum_{m=0}^{M-1}s_m\mathrm{e}^{\mathrm{j}\frac{\omega_0 d_l\sin\theta_m}{c}}\mathrm{e}^{\mathrm{j}\omega_0(t-p\tau)}\mathrm{e}^{\mathrm{j}\frac{2\omega_0 v_m}{c}(t-p\tau)}+n_l(t-p\tau) \quad ⑥$$

式中，$s_m=\rho b_m a_0\mathrm{e}^{\mathrm{j}(\varphi_0-2\omega_0 R_m/c)}$ 为阵列输出信号复振幅，其中 ρ 为阵元接收通道增益，c 为目标回波的传播速度，a_0 和 φ_0 分别为雷达发射信号的振幅和初相，b_m 为第 m 个目标回波在传输、后向散射过程中的衰减系数，R_m 为第 m 个目标与相位参考点间的初始距离；d_l 为阵元 l 的位置；v_m 为第 m 个目标的恒定径向速度；θ_m 为第 m 个目标回波的方向；$2\omega_0 v_m/c$ 为第 m 个目标回波信号的多普勒（角）频率；$n_l(t)$ 为阵元 l 加性噪声；$l=0,1,\cdots,L-1$；$p=0,1,\cdots,P-1$。

（2）若雷达接收阵列采用如图 1.3 所示的接收机，证明此时阵元 l 后接第 p 个延迟单元

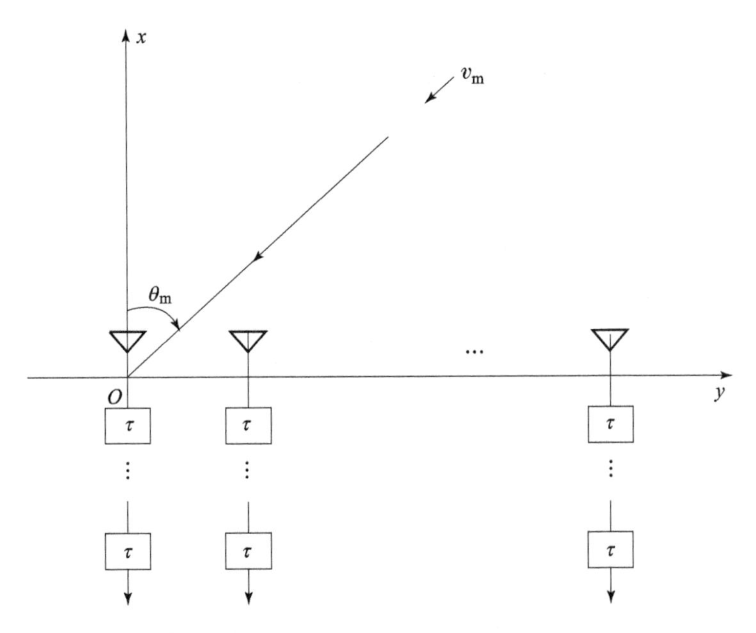

图 5.7 阵列信号接收示意图

的输出信号可以近似写成：

$$\begin{cases} x_{p,l}(t) \approx \sum_{m=0}^{M-1} s_m e^{j\frac{\omega_0 d_l \sin\theta_m}{c}} e^{-j\omega_0 p\tau} e^{j\frac{2\omega_0 v_m}{c}(t-p\tau)} + n_l(t-p\tau) \\ l = 0,1,\cdots,L-1\ ;\ p = 0,1,\cdots,P-1 \end{cases} \tag{⑦}$$

（3）式⑥和式⑦所示信号模型与式（5.5）和式（5.4）所示模型具有类似的形式，基于这一点，结合本章关于信号频率和波达方向联合估计方法的讨论，推导几种雷达目标回波信号多普勒频率和波达方向的联合估计方法。

（4）若目标非匀速运动，阵列输出信号复包络 s_m 将出现起伏，即成为时间的函数 $s_m(t)$ 。若 $s_m(t)$ 起伏较慢，式⑥所示模型和式（5.5）所示模型仍然类似。通过计算机仿真，研究此时问题（3）中方法的性能变化。

（5）考虑利用信号多普勒特征的波束形成器设计问题。为简单起见，假设 $P=1$ ，并采用问题（2）中模型，此时阵列输出信号矢量可以写成

$$\boldsymbol{x}(t) \approx \boldsymbol{a}_0 s_0 e^{j\frac{2\omega_0 v_0}{c}t} + \sum_{m=1}^{M-1} \boldsymbol{a}_m s_m e^{j\frac{2\omega_0 v_m}{c}t} + \boldsymbol{n}(t) \tag{⑧}$$

式中，$\boldsymbol{a}_0$ 为期望信号导向矢量；$\{\boldsymbol{a}_m\}_{m=1}^{M-1}$ 为干扰导向矢量；s_0 和 $\{s_m\}_{m=1}^{M-1}$ 分别为期望信号和干扰的复振幅；$\boldsymbol{n}(t)$ 为噪声矢量。

若记波束形成器权矢量为 $\boldsymbol{w}$ ，则波束形成输出中的信号分量为

$$\hat{s}_0(t) = (\boldsymbol{w}^{\mathrm{H}}\boldsymbol{a}_0) s_0 e^{j\frac{2\omega_0 v_0}{c}t} \tag{⑨}$$

试根据式⑨所示结论，设计一种基于信号多普勒特征恢复的对角加载鲁棒自适应波束形成方法。

第 6 章

宽带阵列信号处理

当入射信号波在扫过整个阵列的过程中，其振幅和相位的变化不可忽略时，应视其为宽带，此时信号波传播时延不可直接近似为相移，因而此前所介绍的窄带处理方法性能将下降甚至失效[76]。

本章讨论宽带条件下阵列信号波达方向估计以及波束形成的基本理论与方法。

6.1　宽带阵列信号波达方向估计

6.1.1　基本假设与信号模型

本节利用 L 元等距线阵估计 M 个宽带源信号的波达方向，所有讨论均基于以下假设：

- 观测阵列位置固定，阵元 0 位于相位参考点，作为参考阵元。所有各向同性阵元通道频率响应特性一致，具有平坦通带以及线性相位响应。
- 所有宽带信号源均位于阵列远场，其位置均固定；信号源数目已知或已正确估出[77]。
- 阵列数据观测时间远远大于信号相关时间、信号带宽倒数以及信号波扫过整个阵列的传播时延最大值。
- 阵列数据观测期间，输入信号为零均值宽平稳随机过程，或者零均值循环平稳随机过程。
- 阵元加性噪声为零均值宽平稳随机过程，不同阵元的噪声互不相关，但功率谱密度相同。
- 所有信号带宽相同，中心角频率均为 ω_0，并且所有信号均与阵元噪声统计独立。
- 对于信号频带范围内任一频点，任意 $M+1$ 个波达方向不同的信号导向矢量均是线性无关的。

根据第 1 章的讨论，非解调接收条件下的阵列频域输出矢量 $\underline{\boldsymbol{x}}(\omega^{(q)})$ 可以近似写成

$$\begin{aligned}\underline{\boldsymbol{x}}(\omega^{(q)}) &= \mathrm{FTFT}\{\boldsymbol{x}(t)\} = \frac{1}{\sqrt{T_0}}\int_{-T_0/2}^{T_0/2}\boldsymbol{x}(t)\mathrm{e}^{-\mathrm{j}\omega^{(q)}t}\mathrm{d}t \\ &= [\underline{x}_0(\omega^{(q)}),\underline{x}_1(\omega^{(q)}),\cdots,\underline{x}_{L-1}(\omega^{(q)})]^{\mathrm{T}} \\ &= \underline{\boldsymbol{A}}(\omega^{(q)})\underline{\boldsymbol{s}}(\omega^{(q)}) + \underline{\boldsymbol{n}}(\omega^{(q)}) \end{aligned} \tag{6.1}$$

$$\underline{\boldsymbol{A}}(\omega^{(q)}) = [\underline{\boldsymbol{a}}_0(\omega^{(q)}),\underline{\boldsymbol{a}}_1(\omega^{(q)}),\cdots,\underline{\boldsymbol{a}}_{M-1}(\omega^{(q)})] = \underline{\boldsymbol{A}}(\omega^{(q)},\boldsymbol{\theta})$$

$$\underline{\boldsymbol{a}}_m(\omega^{(q)}) = [1, \mathrm{e}^{\mathrm{j}\omega^{(q)} d\sin\theta_m/c}, \cdots, \mathrm{e}^{\mathrm{j}\omega^{(q)}(L-1)d\sin\theta_m/c}]^{\mathrm{T}} = \underline{\boldsymbol{a}}(\omega^{(q)}, \theta_m)$$

$$\underline{\boldsymbol{s}}(\omega^{(q)}) = [\underline{s}_0(\omega^{(q)}), \underline{s}_1(\omega^{(q)}), \cdots, \underline{s}_{M-1}(\omega^{(q)})]^{\mathrm{T}}$$

$$\underline{\boldsymbol{n}}(\omega^{(q)}) = [\underline{n}_0(\omega^{(q)}), \underline{n}_1(\omega^{(q)}), \cdots, \underline{n}_{L-1}(\omega^{(q)})]^{\mathrm{T}}$$

式中，$\boldsymbol{x}(t)$ 为阵列输出信号矢量（复解析形式）；$\omega^{(q)} = 2\pi q/T_0$ 为位于信号谱支撑区域内的处理频点，其中 q 为整数，T_0 为阵列数据观测时间；FTFT 表示有限时间傅里叶变换；上标“T”表示转置，$\underline{x}_l(\omega^{(q)})$ 为阵元 l 输出信号 $x_l(t)$ 的有限时间傅里叶变换；$\underline{\boldsymbol{A}}(\omega^{(q)})$ 为频点 $\omega^{(q)}$ 处的信号导向矢量矩阵；$\boldsymbol{\theta} = [\theta_0, \theta_1, \cdots, \theta_{M-1}]^{\mathrm{T}}$ 为信号波达方向矢量，其中 θ_m 为第 m 个信号的波达方向；$\underline{\boldsymbol{a}}_m(\omega^{(q)})$ 为第 m 个信号在频点 $\omega^{(q)}$ 处的导向矢量，其中 d 为阵元间距，c 为信号波传播速度；$\underline{s}_m(\omega^{(q)})$ 为第 m 个信号 $s_m(t)$ 的有限时间傅里叶变换；$\underline{n}_l(\omega^{(q)})$ 为阵元 l 加性噪声 $n_l(t)$ 的有限时间傅里叶变换。

6.1.2　子带波束扫描方法

由式（6.1）可以看出，经过子带分解后，宽带阵列频域输出与窄带阵列时域输出形式类似，可以针对子带数据进行窄带波束形成。基于此，可以通过子带波束扫描实现对宽带源信号波达方向的估计（与 3.2.1 节的方法类似），介绍如下。

首先，若要求对应于频点 $\omega^{(q)}$ 的子带波束主瓣指向某一方向 θ，则该子带波束形成器的权矢量可按下式进行设计（类似于此前所介绍的常规窄带波束形成）：

$$\min_{\boldsymbol{w}} \|\boldsymbol{w}\|_2^2 \quad \text{s.t.} \quad \boldsymbol{w}^{\mathrm{H}}\underline{\boldsymbol{a}}(\omega^{(q)}, \theta) = 1 \tag{6.2}$$

式中，$\|\cdot\|_2$ 表示矢量的 l_2 范数；$\underline{\boldsymbol{a}}(\omega^{(q)}, \theta) = [1, \mathrm{e}^{\mathrm{j}\omega^{(q)} d\sin\theta/c}, \cdots, \mathrm{e}^{\mathrm{j}\omega^{(q)}(L-1)d\sin\theta/c}]^{\mathrm{T}}$。

利用拉格朗日乘子法，可得问题（6.2）的解为

$$\boldsymbol{w}_{\mathrm{SD-Bartlett}}(\omega^{(q)}, \theta) = \frac{\underline{\boldsymbol{a}}(\omega^{(q)}, \theta)}{\|\underline{\boldsymbol{a}}(\omega^{(q)}, \theta)\|_2^2} \tag{6.3}$$

若要求子带波束形成器具有干扰抑制能力，其权矢量可以按照下式进行设计（类似于窄带最小方差无失真响应波束形成）：

$$\min_{\boldsymbol{w}} \boldsymbol{w}^{\mathrm{H}}\boldsymbol{R}_{\underline{x}\underline{x}}(\omega^{(q)})\boldsymbol{w} \quad \text{s.t.} \quad \boldsymbol{w}^{\mathrm{H}}\underline{\boldsymbol{a}}(\omega^{(q)}, \theta) = 1 \tag{6.4}$$

式中，$\boldsymbol{R}_{\underline{x}\underline{x}}(\omega^{(q)}) = E\{\underline{\boldsymbol{x}}(\omega^{(q)})\underline{\boldsymbol{x}}^{\mathrm{H}}(\omega^{(q)})\}$ 为阵列频域输出协方差矩阵。

注意到信号和阵元噪声统计独立，所以

$$\boldsymbol{R}_{\underline{x}\underline{x}}(\omega^{(q)}) = \underline{\boldsymbol{A}}(\omega^{(q)}, \boldsymbol{\theta})\boldsymbol{R}_{\underline{s}\underline{s}}(\omega^{(q)})\underline{\boldsymbol{A}}^{\mathrm{H}}(\omega^{(q)}, \boldsymbol{\theta}) + \boldsymbol{R}_{\underline{n}\underline{n}}(\omega^{(q)}) \tag{6.5}$$

式中，$\boldsymbol{R}_{\underline{s}\underline{s}}(\omega^{(q)}) = E\{\underline{\boldsymbol{s}}(\omega^{(q)})\underline{\boldsymbol{s}}^{\mathrm{H}}(\omega^{(q)})\}$ 和 $\boldsymbol{R}_{\underline{n}\underline{n}}(\omega^{(q)}) = E\{\underline{\boldsymbol{n}}(\omega^{(q)})\underline{\boldsymbol{n}}^{\mathrm{H}}(\omega^{(q)})\}$ 分别为频域信号协方差矩阵和频域噪声协方差矩阵。

由于阵列数据观测时间 T_0 远远大于信号带宽倒数，不同阵元的加性噪声为互不相关的零均值宽平稳随机过程，并且功率谱密度相同，所以

$$\boldsymbol{R}_{\underline{x}\underline{x}}(\omega^{(q)}) \approx \underline{\boldsymbol{A}}(\omega^{(q)}, \boldsymbol{\theta})\underline{\boldsymbol{S}}_{\underline{s}\underline{s}}(\omega^{(q)})\underline{\boldsymbol{A}}^{\mathrm{H}}(\omega^{(q)}, \boldsymbol{\theta}) + \underline{\varrho}(\omega^{(q)})\boldsymbol{I}_L \tag{6.6}$$

式中，$\underline{\boldsymbol{S}}_{\underline{s}\underline{s}}(\omega^{(q)})$ 为信号互谱密度矩阵，$\underline{\boldsymbol{S}}_{\underline{s}\underline{s}}(\omega^{(q)}) = \lim\limits_{T_0\to\infty}\boldsymbol{R}_{\underline{s}\underline{s}}(\omega^{(q)})$；$\underline{\varrho}(\omega^{(q)})$ 为阵元噪声功率谱密度，$\underline{\varrho}(\omega^{(q)}) = \int_{-\infty}^{\infty} R_{n_0,n_0}(\tau)\mathrm{e}^{-\mathrm{j}\omega^{(q)}\tau}\mathrm{d}\tau = \int_{-\infty}^{\infty} R_{n_1,n_1}(\tau)\mathrm{e}^{-\mathrm{j}\omega^{(q)}\tau}\mathrm{d}\tau = \cdots = \int_{-\infty}^{\infty} R_{n_{L-1},n_{L-1}}(\tau)\mathrm{e}^{-\mathrm{j}\omega^{(q)}\tau}\mathrm{d}\tau$，

$R_{n_l,n_l}(\tau) = E\{n_l(t)n_l^*(t-\tau)\}$ ，$l = 0,1,\cdots,L-1$。

利用拉格朗日乘子法，可得式（6.4）的解为

$$\boldsymbol{w}_{\text{SD-MV}}(\omega^{(q)},\theta) = \frac{\boldsymbol{R}_{\underline{xx}}^{-1}(\omega^{(q)})\underline{\boldsymbol{a}}(\omega^{(q)},\theta)}{\underline{\boldsymbol{a}}^{\text{H}}(\omega^{(q)},\theta)\boldsymbol{R}_{\underline{xx}}^{-1}(\omega^{(q)})\underline{\boldsymbol{a}}(\omega^{(q)},\theta)} \tag{6.7}$$

假设信号谱支撑区域内可用的频点总数为 Q ，基于式（6.3）和式（6.7）所示的权矢量解，可以构造下述子带波束扫描宽带信号空间谱表达式：

$$\begin{aligned} J_{\text{SD-Bartlett}}(\theta) &= \frac{1}{Q}\sum_q E\{|\ \boldsymbol{w}_{\text{SD-Bartlett}}^{\text{H}}(\omega^{(q)},\theta)\underline{\boldsymbol{x}}(\omega^{(q)})\ |^2\} \\ &= \frac{1}{Q}\sum_q \left[\frac{\underline{\boldsymbol{a}}^{\text{H}}(\omega^{(q)},\theta)\boldsymbol{R}_{\underline{xx}}(\omega^{(q)})\underline{\boldsymbol{a}}(\omega^{(q)},\theta)}{\|\ \underline{\boldsymbol{a}}(\omega^{(q)},\theta)\ \|_2^4}\right],\ \theta \in \Theta \end{aligned} \tag{6.8}$$

$$\begin{aligned} J_{\text{SD-MV}}(\theta) &= \frac{1}{Q}\sum_q E\{|\ \boldsymbol{w}_{\text{SD-MV}}^{\text{H}}(\omega^{(q)},\theta)\underline{\boldsymbol{x}}(\omega^{(q)})\ |^2\} \\ &= \frac{1}{Q}\sum_q \left[\frac{1}{\underline{\boldsymbol{a}}^{\text{H}}(\omega^{(q)},\theta)\boldsymbol{R}_{\underline{xx}}^{-1}(\omega^{(q)})\underline{\boldsymbol{a}}(\omega^{(q)},\theta)}\right],\ \theta \in \Theta \end{aligned} \tag{6.9}$$

式中，Θ 为感兴趣的角度区域。

实际中，可以利用阵列输出信号矢量 $\boldsymbol{x}(t)$ 的采样值对阵列频域输出协方差矩阵 $\boldsymbol{R}_{\underline{xx}}(\omega^{(q)})$ 进行估计。

假设快拍数 $K = K_1K_2$ ，其中 K_1 和 K_2 均为正整数。将所有快拍数据分成不重叠的 K_2 段，每段观测时间为 T_0 ，采样点数为 K_1 ，其中 $K_1 \geqslant Q$ ，如图 6.1 所示。

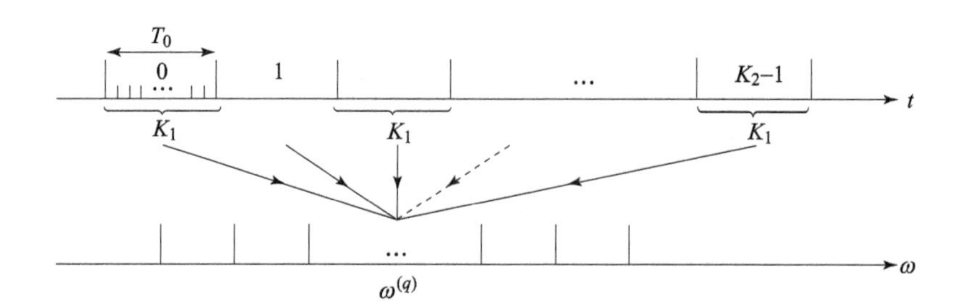

图 6.1　阵列频域输出协方差矩阵估计方法的数据分段与变换示意图

利用离散傅里叶变换将 K_2 段数据分别变换至包含 Q 个处理频点的公共频段，然后对各段所得到的对应于相同频点的频域数据进行平均，作为阵列频域输出协方差矩阵 $\boldsymbol{R}_{\underline{xx}}(\omega^{(q)})$ 的估计（参见习题【1－7】和【6－1】）：

$$\hat{\boldsymbol{R}}_{\underline{xx}}(\omega^{(q)}) = \frac{1}{K_2}\left[\sum_{k=0}^{K_2-1}\underline{\boldsymbol{x}}_k(\omega^{(q)})\,\underline{\boldsymbol{x}}_k^{\text{H}}(\omega^{(q)})\right] = \frac{\Delta t}{K}\left[\sum_{k=0}^{K_2-1}\underline{\boldsymbol{x}}_k[q]\,\underline{\boldsymbol{x}}_k^{\text{H}}[q]\right] \tag{6.10}$$

式中，Δt 为采样间隔；$\underline{\boldsymbol{x}}_k(\omega^{(q)})$ 和 $\underline{\boldsymbol{x}}_k[q]$ 分别为第 k 段数据的有限时间傅里叶变换和离散傅里叶变换。

若 T_0 足够长，数据段数 K_2 足够多，并且采样率足够高，从而可忽略折叠误差时，$\hat{\boldsymbol{R}}_{\underline{xx}}(\omega^{(q)})$ 可以很好地近似 $\boldsymbol{R}_{\underline{xx}}(\omega^{(q)})$ ，但该方法要求不同数据段的功率谱密度相同。

6.1.3 非相干信号子空间方法[7]

由于 $\underline{\boldsymbol{R}}_{\underline{xx}}(\omega^{(q)})$ 与窄带阵列输出协方差矩阵 $\boldsymbol{R}_{xx}$ 具有非常类似的代数结构，根据第1章和第2章关于厄米特矩阵特征分解的介绍可知，当信号谱密度矩阵 $\underline{\boldsymbol{S}}_{\underline{ss}}(\omega^{(q)})$ 为满秩矩阵时，$\underline{\boldsymbol{R}}_{\underline{xx}}(\omega^{(q)})$ 的特征值 $\{\underline{\mu}_l(\omega^{(q)})\}_{l=1}^{L}$ 及其对应的特征矢量 $\{\underline{\boldsymbol{u}}_l(\omega^{(q)})\}_{l=1}^{L}$ 有下述性质：

- $\underline{\mu}_1(\omega^{(q)}) \geqslant \underline{\mu}_2(\omega^{(q)}) \geqslant \cdots \geqslant \underline{\mu}_M(\omega^{(q)}) > \underline{\varrho}(\omega^{(q)})$。
- $\underline{\mu}_{M+1}(\omega^{(q)}) = \underline{\mu}_{M+2}(\omega^{(q)}) = \cdots = \underline{\mu}_L(\omega^{(q)}) = \underline{\varrho}(\omega^{(q)})$。
- $\underline{\mathfrak{R}}_{\mathrm{S}}(\omega^{(q)}) = \mathrm{span}\{\underline{\boldsymbol{a}}(\omega^{(q)},\theta_0),\underline{\boldsymbol{a}}(\omega^{(q)},\theta_1),\cdots,\underline{\boldsymbol{a}}(\omega^{(q)},\theta_{M-1})\}$。
- $\underline{\mathfrak{R}}_{\mathrm{N}}(\omega^{(q)}) = \mathrm{span}\{\underline{\boldsymbol{u}}_{M+1}(\omega^{(q)}),\underline{\boldsymbol{u}}_{M+2}(\omega^{(q)}),\cdots,\underline{\boldsymbol{u}}_L(\omega^{(q)})\}$。
- $\underline{\mathfrak{R}}_{\mathrm{N}}(\omega^{(q)}) \perp \underline{\mathfrak{R}}_{\mathrm{S}}(\omega^{(q)})$。

记 $\underline{\boldsymbol{R}}_{\underline{xx}}(\omega^{(q)})$ 的估计值为 $\hat{\underline{\boldsymbol{R}}}_{\underline{xx}}(\omega^{(q)})$，其特征矢量记为 $\{\hat{\underline{\boldsymbol{u}}}_l(\omega^{(q)})\}_{l=1}^{L}$，与子空间分解窄带阵列信号波达方向估计方法类似，可以构造式（6.11）所示的宽带信号空间谱表达式，并在感兴趣的角度区域内对其进行谱峰搜索，再根据相应谱峰位置获得信号波达方向估计[7]：

$$J_{\mathrm{ISM}}(\theta) = \frac{\sum_q |\underline{\boldsymbol{a}}^{\mathrm{H}}(\omega^{(q)},\theta)\underline{\boldsymbol{a}}(\omega^{(q)},\theta)|}{\sum_q \left[\frac{1}{L-M}\sum_{l=M+1}^{L}|\underline{\boldsymbol{a}}^{\mathrm{H}}(\omega^{(q)},\theta)\ \hat{\underline{\boldsymbol{u}}}_l(\omega^{(q)})|^2\right]},\ \theta\in\Theta \tag{6.11}$$

例 6.1 利用8元等距线阵估计3个非相关宽带高斯信号的波达方向，阵元间距为 $c/60$m，其中 c 为信号波传播速度；信号带宽均为10Hz，中心频率均为25Hz，波达方向分别为 −20°、30°和5°；采样率为100Hz，$K_1 = 64$，快拍数为6 400，阵元噪声为空间白高斯噪声，信噪比均为10dB。

图6.2所示为上述条件下Bartlett子带波束扫描方法（SD – Bartlett）、最小方差子带波束

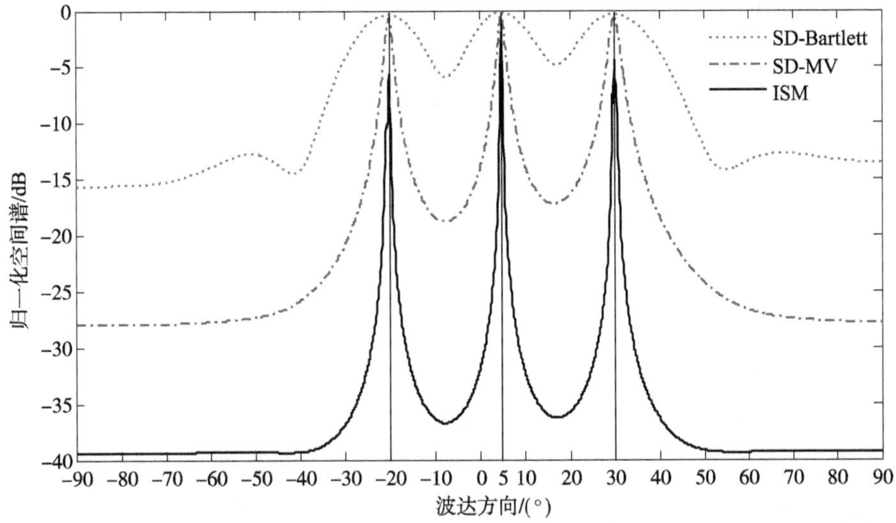

图6.2 Bartlett子带波束扫描方法、最小方差子带波束扫描方法、非相干信号子空间方法归一化空间谱图的比较：信号波达方向分别为 −20°、30°和5°

扫描方法（SD－MV）、非相干信号子空间方法（ISM）的归一化空间谱图。可以看出，3 种方法均能成功分辨 3 个信号。改变信号波达方向分别为 －10°、10°和 5°，其他条件不变，相应的归一化空间谱图示于图 6.3，此时只有非相干信号子空间方法能成功分辨 3 个信号，而两种波束扫描方法由于分辨力较低，未能正确分辨角度差为 5°的两个信号。

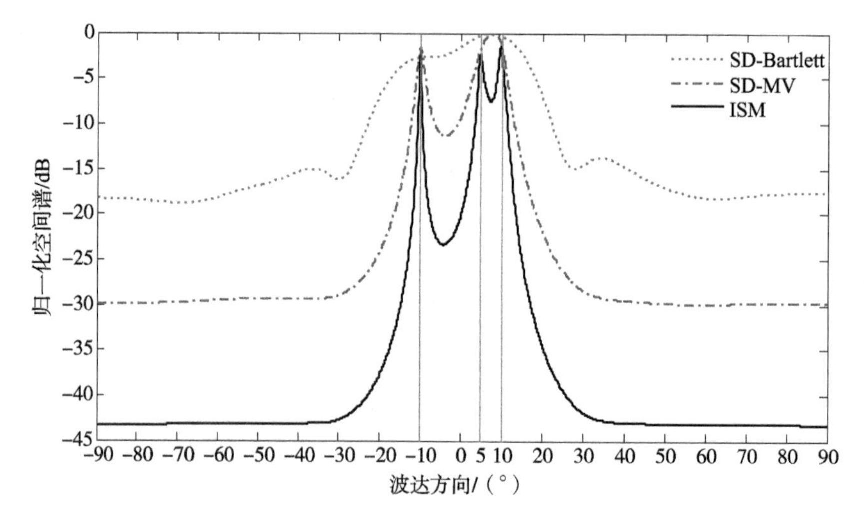

图 6.3　Bartlett 子带波束扫描方法、最小方差子带波束扫描方法、非相干信号子空间方法归一化空间谱图的比较：信号波达方向分别为 －10°、10°和 5°

非相干信号子空间信号波达方向估计方法的一个主要缺点是不能处理多径传播信号，因为多径传播条件下信号互谱密度矩阵 $\underline{\boldsymbol{S}}_{\underline{ss}}(\omega^{(q)})$ 会出现亏秩现象，即其秩小于信号源数 M 。下面以两个多径传播信号为例，粗略解释之。

假设两个信号为 $s_0(t)$ 和 $s_1(t)$ ，并且 $s_1(t) = bs_0(t-\tau_{\mathrm{MP}})$ ，其中 b 为非零常数，τ_{MP} 为多径传播延时，信号相关函数矩阵为

$$\boldsymbol{R}_{ss}(\tau) = E\{\boldsymbol{s}(t)\boldsymbol{s}^{\mathrm{H}}(t-\tau)\} = \begin{bmatrix} R_{s_0,s_0}(\tau) & b^* R_{s_0,s_0}(\tau+\tau_{\mathrm{MP}}) \\ bR_{s_0,s_0}(\tau-\tau_{\mathrm{MP}}) & |b|^2 R_{s_0,s_0}(\tau) \end{bmatrix} \tag{6.12}$$

式中，$R_{s_0,s_0}(\tau) = E\{s_0(t)s_0^*(t-\tau)\}$ ，其中 τ 表示滞后；$\boldsymbol{s}(t) = [s_0(t), s_1(t)]^{\mathrm{T}}$。

相应的信号互谱密度矩阵为

$$\underline{\boldsymbol{S}}_{\underline{ss}}(\omega) = \int_{-\infty}^{\infty} \boldsymbol{R}_{ss}(\tau)\mathrm{e}^{-\mathrm{j}\omega\tau}\mathrm{d}\tau = \begin{bmatrix} 1 & b^*\mathrm{e}^{\mathrm{j}\omega\tau_{\mathrm{MP}}} \\ b\mathrm{e}^{-\mathrm{j}\omega\tau_{\mathrm{MP}}} & |b|^2 \end{bmatrix} \underline{\varrho}_0(\omega) \tag{6.13}$$

式中，$\underline{\varrho}_0(\omega) = \int_{-\infty}^{\infty} R_{s_0,s_0}(\tau)\mathrm{e}^{-\mathrm{j}\omega\tau}\mathrm{d}\tau$。

很显然，无论 τ_{MP} 是否为零，信号互谱密度矩阵 $\underline{\boldsymbol{S}}_{\underline{ss}}(\omega)$ 均为奇异矩阵。

当 $\underline{\boldsymbol{S}}_{\underline{ss}}(\omega)$ 为奇异矩阵时，可以通过子带最小二乘拟合或子带信号子空间拟合等技术实现多径传播条件下的宽带信号波达方向估计。与 3.3 节的讨论类似，两者的空间谱表达式可以分别构造为

$$J_{\mathrm{SD-LSF}}(\boldsymbol{\theta}) = \frac{1}{Q}\sum_q \left[\mathrm{tr}\{\boldsymbol{P}_{\underline{\boldsymbol{A}}(\omega^{(q)},\boldsymbol{\vartheta})} \hat{\underline{\boldsymbol{R}}}_{\underline{xx}}(\omega^{(q)})\}\right] \tag{6.14}$$

$$J_{\text{SD-SSF}}(\boldsymbol{\theta}) = \frac{1}{Q}\sum_{q}\left[\text{tr}\{\boldsymbol{P}_{\underline{\boldsymbol{A}}(\omega^{(q)},\boldsymbol{\vartheta})}\hat{\underline{\boldsymbol{U}}}_{\text{S}}(\omega^{(q)})\hat{\underline{\boldsymbol{U}}}_{\text{S}}^{\text{H}}(\omega^{(q)})\}\right] \tag{6.15}$$

$$\boldsymbol{P}_{\underline{\boldsymbol{A}}(\omega^{(q)},\boldsymbol{\vartheta})} = \underline{\boldsymbol{A}}(\omega^{(q)},\boldsymbol{\vartheta})\left[\underline{\boldsymbol{A}}^{\text{H}}(\omega^{(q)},\boldsymbol{\vartheta})\underline{\boldsymbol{A}}(\omega^{(q)},\boldsymbol{\vartheta})\right]^{-1}\underline{\boldsymbol{A}}^{\text{H}}(\omega^{(q)},\boldsymbol{\vartheta})$$

$$\underline{\boldsymbol{A}}(\omega^{(q)},\boldsymbol{\vartheta}) = \left[\underline{\boldsymbol{a}}(\omega^{(q)},\vartheta_0),\underline{\boldsymbol{a}}(\omega^{(q)},\vartheta_1),\cdots,\underline{\boldsymbol{a}}(\omega^{(q)},\vartheta_{M-1})\right]$$

$$\underline{\boldsymbol{a}}(\omega^{(q)},\vartheta_m) = \left[1,\text{e}^{\text{j}\omega^{(q)}d\sin\vartheta_m/c},\cdots,\text{e}^{\text{j}\omega^{(q)}(L-1)d\sin\vartheta_m/c}\right]^{\text{T}}$$

$$\hat{\underline{\boldsymbol{U}}}_{\text{S}}(\omega^{(q)}) = \left[\hat{\underline{\boldsymbol{u}}}_1(\omega^{(q)}),\hat{\underline{\boldsymbol{u}}}_2(\omega^{(q)}),\cdots,\hat{\underline{\boldsymbol{u}}}_{M'}(\omega^{(q)})\right]$$

式中，$\boldsymbol{\vartheta} = [\vartheta_0,\vartheta_1,\cdots,\vartheta_{M-1}]^{\text{T}}$，且 $\{\vartheta_m\}_{m=0}^{M-1}\subset\Theta$；$\{\hat{\underline{\boldsymbol{u}}}_l(\omega^{(q)})\}_{l=1}^{M'}$ 为 $\hat{\boldsymbol{R}}_{\underline{x}\underline{x}}(\omega^{(q)})$ 的 M' 个较大特征值所对应的特征矢量，M' 为信号互谱密度矩阵 $\underline{\boldsymbol{S}}_{\underline{s}\underline{s}}(\omega)$ 的秩，此处 $M' \leqslant M$。

对于等距线阵，$\underline{\boldsymbol{A}}(\omega^{(q)},\boldsymbol{\theta})$ 具有范德蒙结构，所以也可以采用空间平滑技术解决式(6.12) 所示亏秩问题，或者通过对不同频点的阵列频域输出协方差矩阵进行聚焦以及频域平滑处理加以解决，此即6.1.4节将要介绍的所谓相干信号子空间方法。与空间平滑技术相比，频域平滑主要有两点优势：一是不存在空域孔径损失问题；二是适用于任意阵列几何。

6.1.4　相干信号子空间方法[77]

1. 频域平滑预处理

频域平滑利用所谓聚焦矩阵将对应于不同频点的信号导向矢量映射为对应于同一参考频点的聚焦导向矢量，同时通过不同频点数据的平均处理使聚焦后的等效信号互谱密度矩阵恢复满秩特性，下面介绍其具体步骤。

假设 $\tau_{\text{MP}} \neq 0$，并且 $|R_{s_0,s_0}(0)| \neq |R_{s_0,s_0}(\tau_{\text{MP}})|$，其中 τ_{MP} 为多径传播延时。首先构造聚焦矩阵 $\underline{\boldsymbol{F}}^{(q)}$，使得

$$\begin{cases}\underline{\boldsymbol{F}}^{(q)}\underline{\boldsymbol{A}}(\omega^{(q)},\boldsymbol{\theta}) = \underline{\boldsymbol{A}}(\omega_{\text{R}},\boldsymbol{\theta})\\ \underline{\boldsymbol{A}}(\omega_{\text{R}},\boldsymbol{\theta}) = \left[\underline{\boldsymbol{a}}_0(\omega_{\text{R}}),\underline{\boldsymbol{a}}_1(\omega_{\text{R}}),\cdots,\underline{\boldsymbol{a}}_{M-1}(\omega_{\text{R}})\right]\\ \underline{\boldsymbol{a}}_m(\omega_{\text{R}}) = \left[1,\text{e}^{\text{j}\omega_{\text{R}}d\sin\theta_m/c},\cdots,\text{e}^{\text{j}\omega_{\text{R}}(L-1)d\sin\theta_m/c}\right]^{\text{T}} = \underline{\boldsymbol{a}}(\omega_{\text{R}},\theta_m)\end{cases} \tag{6.16}$$

式中，ω_{R} 为参考角频率。

将聚焦矩阵 $\underline{\boldsymbol{F}}^{(q)}$ 左乘 $\underline{\boldsymbol{x}}(\omega^{(q)})$，可以得到

$$\underline{\boldsymbol{y}}(\omega^{(q)}) = \underline{\boldsymbol{F}}^{(q)}\underline{\boldsymbol{x}}(\omega^{(q)}) = \underline{\boldsymbol{A}}(\omega_{\text{R}},\boldsymbol{\theta})\underline{\boldsymbol{s}}(\omega^{(q)}) + \underline{\boldsymbol{F}}^{(q)}\underline{\boldsymbol{n}}(\omega^{(q)}) \tag{6.17}$$

进一步构造下面的频域平滑协方差矩阵：

$$\begin{cases}\bar{\boldsymbol{R}}_{\underline{y}\underline{y}} = \sum_{q}\left[E\{\underline{\boldsymbol{y}}(\omega^{(q)})\underline{\boldsymbol{y}}^{\text{H}}(\omega^{(q)})\}\right]\\ \quad\;\; = \sum_{q}\left[\underline{\boldsymbol{F}}^{(q)}\boldsymbol{R}_{\underline{x}\underline{x}}(\omega^{(q)})(\underline{\boldsymbol{F}}^{(q)})^{\text{H}}\right]\\ \quad\;\; = \underline{\boldsymbol{A}}(\omega_{\text{R}},\boldsymbol{\theta})\bar{\boldsymbol{R}}_{\underline{s}\underline{s}}\underline{\boldsymbol{A}}^{\text{H}}(\omega_{\text{R}},\boldsymbol{\theta}) + \bar{\boldsymbol{R}}_{\underline{n}\underline{n}}\\ \bar{\boldsymbol{R}}_{\underline{s}\underline{s}} = \sum_{q}\boldsymbol{R}_{\underline{s}\underline{s}}(\omega^{(q)})\\ \bar{\boldsymbol{R}}_{\underline{n}\underline{n}} = \sum_{q}\left[\underline{\boldsymbol{F}}^{(q)}\boldsymbol{R}_{\underline{n}\underline{n}}(\omega^{(q)})(\underline{\boldsymbol{F}}^{(q)})^{\text{H}}\right]\end{cases} \tag{6.18}$$

下面证明频域平滑可使 $\bar{\boldsymbol{R}}_{\underline{s}\underline{s}}$ 具有满秩特性。为简单起见，仍然考虑两个信号 $s_0(t)$ 和

$s_1(t)$，其中 $s_1(t) = bs_0(t-\tau_{\mathrm{MP}})$，$b$ 和 τ_{MP} 仍分别为非零常数和多径传播延时，此时信号协方差矩阵为

$$\boldsymbol{R}_{ss} = \boldsymbol{R}_{ss}(0) = \frac{1}{2\pi}\int_{-\infty}^{\infty} \underline{\boldsymbol{S}}_{\underline{ss}}(\omega)\mathrm{d}\omega = \begin{bmatrix} R_{s_0,s_0}(0) & b^* R_{s_0,s_0}(\tau_{\mathrm{MP}}) \\ bR^*_{s_0,s_0}(\tau_{\mathrm{MP}}) & |b|^2 R_{s_0,s_0}(0) \end{bmatrix} \tag{6.19}$$

由于信号为宽带，所以当 $\tau_{\mathrm{MP}} \neq 0$ 时，通常有 $|R_{s_0,s_0}(0)| \neq |R_{s_0,s_0}(\tau_{\mathrm{MP}})|$ 成立，从而使得 $\boldsymbol{R}_{ss}$ 具有满秩特性。

进一步注意到当阵列数据观测时间 T_0 足够长时，$\boldsymbol{R}_{\underline{ss}}(\omega^{(q)})$ 与 $\underline{\boldsymbol{S}}_{\underline{ss}}(\omega^{(q)})$ 近似相等，因此有

$$\bar{\boldsymbol{R}}_{\underline{ss}} = \sum_q \boldsymbol{R}_{\underline{ss}}(\omega^{(q)}) \approx \frac{T_0}{2\pi}\sum_q \left[\underline{\boldsymbol{S}}_{\underline{ss}}(\omega^{(q)})\left(\frac{2\pi}{T_0}\right)\right] \approx T_0\left[\frac{1}{2\pi}\int_{-\infty}^{\infty} \underline{\boldsymbol{S}}_{\underline{ss}}(\omega)\mathrm{d}\omega\right] = T_0\boldsymbol{R}_{ss} \tag{6.20}$$

这表示频域平滑可使 $\bar{\boldsymbol{R}}_{ss}$ 趋近于 $T_0\boldsymbol{R}_{ss}$，所以当多径传播延时不为零时，前者将具有满秩特性。

2. 聚焦矩阵的构造

相干信号子空间方法的关键在于聚焦矩阵的构造，下面介绍一种相对比较简单的基于常规子带波束扫描信号波达方向预估计（参见 6.1.2 节中的讨论）的方法[77]。

假定信号波达方向的预估计结果为 ϑ_0、ϑ_1、…、ϑ_{N-1}，其中 $N \leqslant M < L$，在这 N 个角度附近再选择 $L-N$ 个角度 ϑ_N、ϑ_{N+1}、…、ϑ_{L-1}，然后按照下式构造聚焦矩阵 $\underline{\boldsymbol{F}}^{(q)}$：

$$\begin{cases} \underline{\boldsymbol{F}}^{(q)} = \underline{\boldsymbol{A}}(\omega_{\mathrm{R}},\boldsymbol{\vartheta})\,\underline{\boldsymbol{A}}^{-1}(\omega^{(q)},\boldsymbol{\vartheta}) \Rightarrow \underline{\boldsymbol{F}}^{(q)}\underline{\boldsymbol{A}}(\omega^{(q)},\boldsymbol{\vartheta}) = \underline{\boldsymbol{A}}(\omega_{\mathrm{R}},\boldsymbol{\vartheta}) \\ \boldsymbol{\vartheta} = [\vartheta_0,\vartheta_1,\cdots,\vartheta_{L-1}]^{\mathrm{T}} \\ \underline{\boldsymbol{A}}(\omega^{(q)},\boldsymbol{\vartheta}) = [\underline{\boldsymbol{a}}(\omega^{(q)},\vartheta_0),\underline{\boldsymbol{a}}(\omega^{(q)},\vartheta_1),\cdots,\underline{\boldsymbol{a}}(\omega^{(q)},\vartheta_{L-1})] \\ \underline{\boldsymbol{A}}(\omega_{\mathrm{R}},\boldsymbol{\vartheta}) = [\underline{\boldsymbol{a}}(\omega_{\mathrm{R}},\vartheta_0),\underline{\boldsymbol{a}}(\omega_{\mathrm{R}},\vartheta_1),\cdots,\underline{\boldsymbol{a}}(\omega_{\mathrm{R}},\vartheta_{L-1})] \end{cases} \tag{6.21}$$

聚焦矩阵的构造还有其他一些方法，比如旋转信号子空间变换及酉约束方法、空间重采样方法、广义信号子空间变换方法、流形分离方法（无须信号波达方向预估计）、双边相关变换方法、频率不变波束形成方法以及阵列内插方法等[78-87]。

3. 广义特征子空间分解

根据上文的讨论可知

$$\bar{\boldsymbol{R}}_{\underline{nn}} = \sum_q [\underline{\boldsymbol{F}}^{(q)}\boldsymbol{R}_{\underline{nn}}(\omega^{(q)})(\underline{\boldsymbol{F}}^{(q)})^{\mathrm{H}}] \approx \sum_q [\underline{\varrho}(\omega^{(q)})\,\underline{\boldsymbol{F}}^{(q)}(\underline{\boldsymbol{F}}^{(q)})^{\mathrm{H}}] \tag{6.22}$$

若 $\underline{\varrho}(\omega^{(q)})$ 可以写成 $\underline{\varrho}(\omega^{(q)}) = \underline{\sigma}^2\underline{\sigma}^{(q)}$（对于空时白噪声，$\underline{\sigma}^{(q)}=1$），其中 $\underline{\sigma}^{(q)}$ 已知，$\underline{\sigma}^2$ 未知，则 $\bar{\boldsymbol{R}}_{\underline{nn}}$ 可写成 $\underline{\sigma}^2\,\bar{\underline{\boldsymbol{R}}}$ 的形式，其中 $\bar{\underline{\boldsymbol{R}}}$ 为已知矩阵，即 $\bar{\underline{\boldsymbol{R}}} \approx \sum_q [\underline{\sigma}^{(q)}\,\underline{\boldsymbol{F}}^{(q)}(\underline{\boldsymbol{F}}^{(q)})^{\mathrm{H}}]$
$= \sum_q \left[\frac{\underline{\varrho}(\omega^{(q)})}{\underline{\sigma}^2}\underline{\boldsymbol{F}}^{(q)}(\underline{\boldsymbol{F}}^{(q)})^{\mathrm{H}}\right]$。

假定 $\underline{\boldsymbol{F}}^{(q)}$ 为非奇异矩阵，则 $\bar{\underline{\boldsymbol{R}}}$ 为正定矩阵。令 $\{\bar{\underline{\mu}}_l\}_{l=1}^{L}$ 和 $\{\bar{\underline{\boldsymbol{u}}}_l\}_{l=1}^{L}$ 分别为矩阵束 $\{\bar{\boldsymbol{R}}_{\underline{yy}},\bar{\underline{\boldsymbol{R}}}\}$ 的广义特征值和对应的广义特征矢量，即 $\bar{\boldsymbol{R}}_{\underline{yy}}\,\bar{\underline{\boldsymbol{u}}}_l = \bar{\underline{\mu}}_l\,\bar{\underline{\boldsymbol{R}}}\,\bar{\underline{\boldsymbol{u}}}_l$，$l=1,2,\cdots,L$。

于是有

$$\left[\underline{\boldsymbol{A}}(\omega_{\mathrm{R}},\boldsymbol{\theta})\bar{\boldsymbol{R}}_{\underline{ss}}\underline{\boldsymbol{A}}^{\mathrm{H}}(\omega_{\mathrm{R}},\boldsymbol{\theta})+\underline{\sigma}^{2}\bar{\underline{\boldsymbol{R}}}\right][\bar{\underline{\boldsymbol{u}}}_{1},\bar{\underline{\boldsymbol{u}}}_{2},\cdots,\bar{\underline{\boldsymbol{u}}}_{L}]
=\bar{\underline{\boldsymbol{R}}}[\bar{\underline{\boldsymbol{u}}}_{1},\bar{\underline{\boldsymbol{u}}}_{2},\cdots,\bar{\underline{\boldsymbol{u}}}_{L}]\begin{bmatrix}\bar{\underline{\mu}}_{1} & & & \\ & \bar{\underline{\mu}}_{2} & & \\ & & \ddots & \\ & & & \bar{\underline{\mu}}_{L}\end{bmatrix} \tag{6.23}$$

$\Rightarrow$

$$\left[\underline{\boldsymbol{A}}(\omega_{\mathrm{R}},\boldsymbol{\theta})\bar{\boldsymbol{R}}_{\underline{ss}}\underline{\boldsymbol{A}}^{\mathrm{H}}(\omega_{\mathrm{R}},\boldsymbol{\theta})\right][\bar{\underline{\boldsymbol{u}}}_{1},\bar{\underline{\boldsymbol{u}}}_{2},\cdots,\bar{\underline{\boldsymbol{u}}}_{L}]
=\bar{\underline{\boldsymbol{R}}}[\bar{\underline{\boldsymbol{u}}}_{1},\bar{\underline{\boldsymbol{u}}}_{2},\cdots,\bar{\underline{\boldsymbol{u}}}_{L}]\begin{bmatrix}\bar{\underline{\mu}}_{1}-\underline{\sigma}^{2} & & & \\ & \bar{\underline{\mu}}_{2}-\underline{\sigma}^{2} & & \\ & & \ddots & \\ & & & \bar{\underline{\mu}}_{L}-\underline{\sigma}^{2}\end{bmatrix} \tag{6.24}$$

由于矩阵$\underline{\boldsymbol{A}}(\omega_{\mathrm{R}},\boldsymbol{\theta})\bar{\boldsymbol{R}}_{\underline{ss}}\underline{\boldsymbol{A}}^{\mathrm{H}}(\omega_{\mathrm{R}},\boldsymbol{\theta})$的秩为$M$，所以$\bar{\underline{\mu}}_{M+1}=\bar{\underline{\mu}}_{M+2}=\cdots=\bar{\underline{\mu}}_{L}=\underline{\sigma}^{2}$。进一步有

$$\left[\underline{\boldsymbol{A}}(\omega_{\mathrm{R}},\boldsymbol{\theta})\bar{\boldsymbol{R}}_{\underline{ss}}\underline{\boldsymbol{A}}^{\mathrm{H}}(\omega_{\mathrm{R}},\boldsymbol{\theta})\right]\underbrace{[\bar{\underline{\boldsymbol{u}}}_{M+1},\bar{\underline{\boldsymbol{u}}}_{M+2},\cdots,\bar{\underline{\boldsymbol{u}}}_{L}]}_{\bar{\underline{\boldsymbol{U}}}_{\mathrm{N}}}=\boldsymbol{O}\Rightarrow\underline{\boldsymbol{A}}^{\mathrm{H}}(\omega_{\mathrm{R}},\boldsymbol{\theta})\bar{\underline{\boldsymbol{U}}}_{\mathrm{N}}=\boldsymbol{O} \tag{6.25}$$

式中，“$\boldsymbol{O}$”表示零矩阵。

4. 空间谱表达式

假设阵元间距d满足下述条件：

$$d<0.5c/\omega_{\mathrm{R}} \tag{6.26}$$

由式（6.25）所示结论，可以定义下面的宽带信号空间谱：

$$\begin{cases}J_{\mathrm{CSM}}(\theta)=\dfrac{\underline{\boldsymbol{a}}^{\mathrm{H}}(\omega_{\mathrm{R}},\theta)\underline{\boldsymbol{a}}(\omega_{\mathrm{R}},\theta)}{\underline{\boldsymbol{a}}^{\mathrm{H}}(\omega_{\mathrm{R}},\theta)\hat{\bar{\underline{\boldsymbol{U}}}}_{\mathrm{N}}\hat{\bar{\underline{\boldsymbol{U}}}}_{\mathrm{N}}^{\mathrm{H}}\underline{\boldsymbol{a}}(\omega_{\mathrm{R}},\theta)},\ \theta\in\Theta \\ \underline{\boldsymbol{a}}(\omega_{\mathrm{R}},\theta)=[1,\mathrm{e}^{\mathrm{j}\omega_{\mathrm{R}}d\sin\theta/c},\cdots,\mathrm{e}^{\mathrm{j}\omega_{\mathrm{R}}(L-1)d\sin\theta/c}]^{\mathrm{T}}\end{cases} \tag{6.27}$$

而$\hat{\bar{\underline{\boldsymbol{U}}}}_{\mathrm{N}}$则为$\bar{\underline{\boldsymbol{U}}}_{\mathrm{N}}$的估计值。式（6.27）所示方法称为相干信号子空间方法。

例6.2　利用8元等距线阵估计3个多径传播宽带高斯信号的波达方向，阵元间距为0.02c，其中c为信号波传播速度；信号带宽均为10Hz，中心频率均为25Hz，波达方向分别为$-40°$、$30°$和$15°$，多径传播延时分别为0、-0.45和$-1.799\,8$；采样率为100Hz，$K_1=64$，快拍数为6 400，阵元噪声为空间白高斯噪声，信噪比均为10dB；相干信号子空间方法（CSM）中聚焦矩阵的构造使用了准确的信号波达方向，即未考虑聚焦误差，参考频率为25Hz。图6.4所示为上述条件下ISM和CSM方法的归一化空间谱图。可以看出，相干信号子空间方法能成功分辨3个信号，而非相干信号子空间方法则未能正确分辨第2个多径信号。

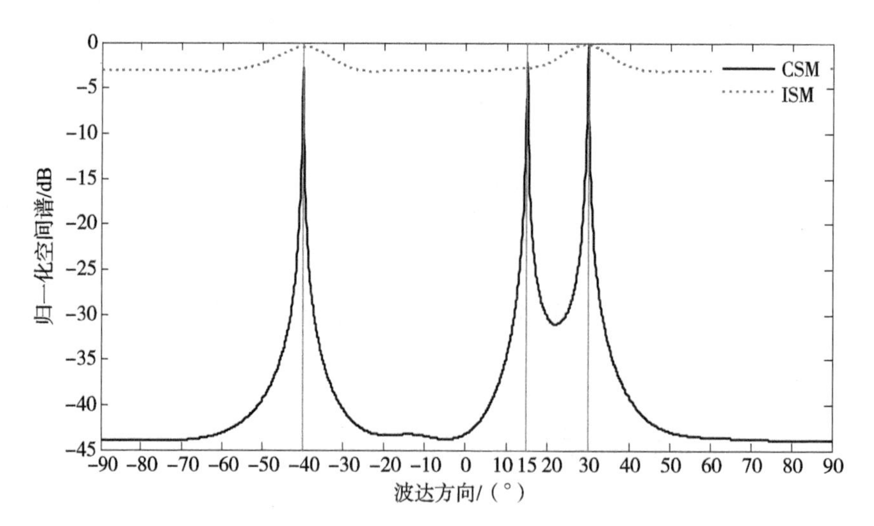

图 6.4　多径传播条件下非相干信号子空间方法和相干信号子空间方法归一化空间谱图的比较：信号波达方向分别为 -40°、30°和 15°

6.1.5　信号子空间加权平均方法[88]

假设信号互谱密度矩阵 $\underline{\boldsymbol{S}}_{\underline{s}\underline{s}}(\omega^{(q)})$ 的秩为 M'，其中 $M' \leqslant M$（即可能存在多径传播现象），并记阵列频域输出协方差矩阵 $\underline{\boldsymbol{R}}_{\underline{x}\underline{x}}(\omega^{(q)})$ 的 M' 个较大特征值所对应的特征矢量为 $\{\underline{\boldsymbol{u}}_l(\omega^{(q)})\}_{l=1}^{M'}$，根据 1.3.1 节和 3.2.2 节的讨论可知

$$\underline{\boldsymbol{U}}_{\mathrm{S}}(\omega^{(q)}) = [\underline{\boldsymbol{u}}_1(\omega^{(q)}),\underline{\boldsymbol{u}}_2(\omega^{(q)}),\cdots,\underline{\boldsymbol{u}}_{M'}(\omega^{(q)})] = \underline{\boldsymbol{A}}(\omega^{(q)},\boldsymbol{\theta})\underline{\boldsymbol{T}}(\omega^{(q)})$$
$$\Rightarrow$$
$$\underline{\boldsymbol{F}}^{(q)}\underline{\boldsymbol{U}}_{\mathrm{S}}(\omega^{(q)}) = \underline{\boldsymbol{A}}(\omega_{\mathrm{R}},\boldsymbol{\theta})\underline{\boldsymbol{T}}(\omega^{(q)}) \tag{6.28}$$

式中，$\underline{\boldsymbol{T}}(\omega^{(q)})$ 为 $M \times M'$ 维列满秩矩阵。

进一步构造下述矩阵：

$$\begin{aligned}\bar{\underline{\boldsymbol{R}}}'_{\underline{y}\underline{y}} &= \sum_q [\underline{\boldsymbol{F}}^{(q)}\underline{\boldsymbol{U}}_{\mathrm{S}}(\omega^{(q)})\underline{\boldsymbol{W}}(\omega^{(q)})][\underline{\boldsymbol{F}}^{(q)}\underline{\boldsymbol{U}}_{\mathrm{S}}(\omega^{(q)})\underline{\boldsymbol{W}}(\omega^{(q)})]^{\mathrm{H}} \\ &= \underline{\boldsymbol{A}}(\omega_{\mathrm{R}},\boldsymbol{\theta})\underbrace{\left[\sum_q [\underline{\boldsymbol{T}}(\omega^{(q)})\underline{\boldsymbol{W}}(\omega^{(q)})][\underline{\boldsymbol{T}}(\omega^{(q)})\underline{\boldsymbol{W}}(\omega^{(q)})]^{\mathrm{H}}\right]}_{\bar{\underline{\boldsymbol{R}}}'_{\underline{s}\underline{s}}}\underline{\boldsymbol{A}}^{\mathrm{H}}(\omega_{\mathrm{R}},\boldsymbol{\theta}) \\ &= \bar{\underline{\boldsymbol{R}}}'^{\mathrm{H}}_{\underline{y}\underline{y}}\end{aligned} \tag{6.29}$$

式中，$\underline{\boldsymbol{W}}(\omega^{(q)})$ 为针对第 q 个子带的信号子空间加权矩阵。

选择合适的子带信号子空间加权矩阵 $\boldsymbol{W}(\omega^{(q)})$，以使 $\bar{\underline{\boldsymbol{R}}}'_{\underline{s}\underline{s}}$ 为 $M \times M$ 维满秩方阵。例如，若令 $\bar{\underline{\mu}}'_l(\omega^{(q)}) = \underline{\mu}_l(\omega^{(q)}) - \underline{\varrho}(\omega^{(q)})$，且

$$\underline{\boldsymbol{W}}(\omega^{(q)}) = \begin{bmatrix} \sqrt{\underline{\bar{\mu}}_1'(\omega^{(q)})} & & & \\ & \sqrt{\underline{\bar{\mu}}_2'(\omega^{(q)})} & & \\ & & \ddots & \\ & & & \sqrt{\underline{\bar{\mu}}_{M'}'(\omega^{(q)})} \end{bmatrix}$$

其中，$\{\underline{\bar{\mu}}_l(\omega^{(q)})\}_{l=1}^{M'}$ 为 $\boldsymbol{R}_{\underline{x}\underline{x}}(\omega^{(q)})$ 的 M'个较大特征值。进一步有

$$\begin{aligned}\bar{\boldsymbol{R}}_{\underline{y}\underline{y}}' &\approx \sum_q \underline{\boldsymbol{F}}^{(q)}[\underline{\boldsymbol{A}}(\omega^{(q)},\boldsymbol{\theta})\boldsymbol{R}_{\underline{s}\underline{s}}(\omega^{(q)})\underline{\boldsymbol{A}}^{\mathrm{H}}(\omega^{(q)},\boldsymbol{\theta})](\underline{\boldsymbol{F}}^{(q)})^{\mathrm{H}} \\ &= \underline{\boldsymbol{A}}(\omega_{\mathrm{R}},\boldsymbol{\theta})\underbrace{\left[\sum_q \boldsymbol{R}_{\underline{s}\underline{s}}(\omega^{(q)})\right]}_{\bar{\boldsymbol{R}}_{\underline{s}\underline{s}}' = \bar{\boldsymbol{R}}_{\underline{s}\underline{s}}}\underline{\boldsymbol{A}}^{\mathrm{H}}(\omega_{\mathrm{R}},\boldsymbol{\theta}) \\ &= \bar{\boldsymbol{R}}_{\underline{y}\underline{y}} - \bar{\boldsymbol{R}}_{\underline{n}\underline{n}}\end{aligned} \tag{6.30}$$

式中，$\bar{\boldsymbol{R}}_{\underline{y}\underline{y}}$ 和 $\bar{\boldsymbol{R}}_{\underline{n}\underline{n}}$ 的定义如式（6.18）所示。

根据此前的讨论可知，$\bar{\boldsymbol{R}}_{\underline{s}\underline{s}}' = \bar{\boldsymbol{R}}_{\underline{s}\underline{s}}$ 为 $M \times M$ 维满秩方阵。

假定 $\bar{\boldsymbol{R}}_{\underline{s}\underline{s}}'$ 为满秩方阵，对 $\bar{\boldsymbol{R}}_{\underline{y}\underline{y}}'$ 进行特征分解，并令其 $L - M$ 个较小（零）特征值所对应的特征矢量为 $\{\bar{\underline{\boldsymbol{u}}}_l\}_{l=M+1}^{L}$。由于 $\bar{\boldsymbol{R}}_{\underline{y}\underline{y}}'$ 为厄米特矩阵，所以

$$\sum_{l=M+1}^{L} |\underline{\boldsymbol{a}}^{\mathrm{H}}(\omega_{\mathrm{R}},\theta_m)\bar{\underline{\boldsymbol{u}}}_l|^2 = 0, m = 0,1,\cdots,M-1 \tag{6.31}$$

由此，可定义下述信号子空间加权平均宽带信号空间谱表达式[88]：

$$J_{\mathrm{WAVES}}(\theta) = \frac{\underline{\boldsymbol{a}}^{\mathrm{H}}(\omega_{\mathrm{R}},\theta)\underline{\boldsymbol{a}}(\omega_{\mathrm{R}},\theta)}{\sum_{l=M+1}^{L}|\underline{\boldsymbol{a}}^{\mathrm{H}}(\omega_{\mathrm{R}},\theta)\hat{\bar{\underline{\boldsymbol{u}}}}_l'|^2}, \theta \in \Theta \tag{6.32}$$

式中，$\hat{\bar{\underline{\boldsymbol{u}}}}_l'$为 $\bar{\underline{\boldsymbol{u}}}_l'$ 的估计值。

例 6.3　利用 8 元等距线阵估计 3 个多径传播宽带高斯信号的波达方向，阵元间距为 0.02c，其中 c 为信号波传播速度；信号带宽均为 10Hz，中心频率均为 25Hz，波达方向分别为 −40°、15°和 30°，多径传播延时分别为 0、−0.45 和 −1.799 8；采样率为 100Hz，$K_1 = 64$，快拍数为 6 400，阵元噪声为空间白高斯噪声，信噪比均为 10dB；CSM 和信号子空间加权平均方法（WAVES）中聚焦矩阵的构造使用了准确的信号波达方向，即未考虑聚焦误差，参考频率为 25Hz；WAVES 方法中加权矩阵选择为单位矩阵。

图 6.5 所示为上述条件下 CSM 方法和 WAVES 方法的归一化空间谱图。改变信号波达方向分别为 −40°、20°和 15°，其他条件不变，结果示于图 6.6 中。由图可以看出，此处 CSM 方法的分辨性能要优于 WAVES 方法。

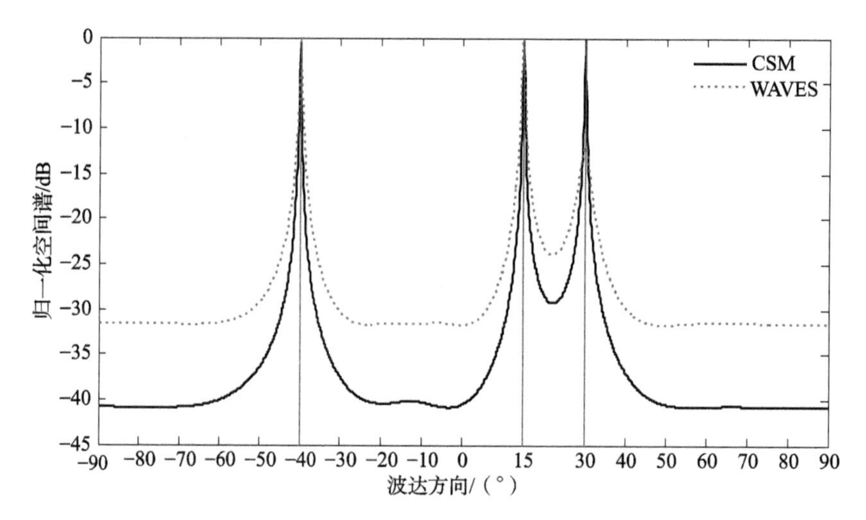

图 6.5　多径传播条件下相干信号子空间方法和信号子空间加权平均方法归一化空间谱图的比较：信号波达方向分别为 -40°、15°和 30°

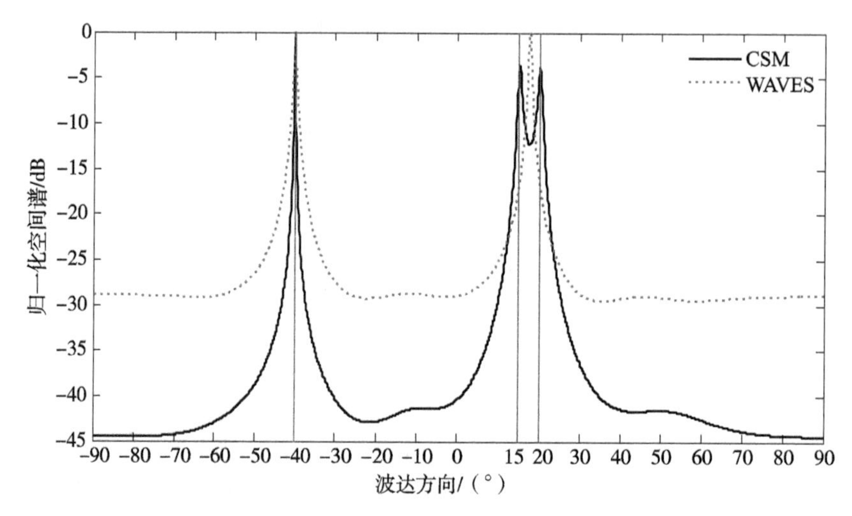

图 6.6　多径传播条件下相干信号子空间方法和信号子空间加权平均方法归一化空间谱图的比较：信号波达方向分别为 -40°、20°和 15°

6.1.6　聚焦旋转不变参数估计方法[89]

考虑式（6.30）所构造的矩阵 $\bar{\underline{\boldsymbol{R}}}'_{\underline{yy}}$，令其 M 个较大特征值所对应的特征矢量为 $\{\bar{\underline{\boldsymbol{u}}}'_l\}_{l=1}^{M}$，根据此前的讨论可知

$$\bar{\underline{\boldsymbol{U}}}'_{\mathrm{S}}=[\bar{\underline{\boldsymbol{u}}}'_1,\bar{\underline{\boldsymbol{u}}}'_2,\cdots,\bar{\underline{\boldsymbol{u}}}'_M]=\underline{\boldsymbol{A}}(\omega_{\mathrm{R}},\boldsymbol{\theta})\bar{\underline{\boldsymbol{T}}}' \tag{6.33}$$

式中，$\bar{\underline{\boldsymbol{T}}}'$ 为 $M\times M$ 维满秩矩阵。

令 $\bar{\underline{\boldsymbol{U}}}'^{(1)}$ 和 $\bar{\underline{\boldsymbol{U}}}'^{(2)}$ 分别为 $\bar{\underline{\boldsymbol{U}}}'_{\mathrm{S}}$ 的前 $L-1$ 和后 $L-1$ 行所构成的两个子矩阵，进一步构造下述矩阵：

$$\underline{\bar{\boldsymbol{\Xi}}}' = [(\underline{\bar{\boldsymbol{U}}}'^{(1)})^{\mathrm{H}}\underline{\bar{\boldsymbol{U}}}'^{(1)}]^{-1}(\underline{\bar{\boldsymbol{U}}}'^{(1)})^{\mathrm{H}}\underline{\bar{\boldsymbol{U}}}'^{(2)} = (\underline{\bar{\boldsymbol{U}}}'^{(1)})^{+}\underline{\bar{\boldsymbol{U}}}'^{(2)} = \underline{\bar{\boldsymbol{T}}}'^{-1}\underline{\bar{\boldsymbol{\Phi}}}'(\boldsymbol{\theta})\underline{\bar{\boldsymbol{T}}}' \tag{6.34}$$

式中，“+”表示矩阵左逆；$\underline{\bar{\boldsymbol{\Phi}}}'(\boldsymbol{\theta}) = \mathrm{diag}\{\mathrm{e}^{\mathrm{j}\omega_{\mathrm{R}}d\sin\theta_0/c},\mathrm{e}^{\mathrm{j}\omega_{\mathrm{R}}d\sin\theta_1/c},\cdots,\mathrm{e}^{\mathrm{j}\omega_{\mathrm{R}}d\sin\theta_{M-1}/c}\}$。

由于 $\underline{\bar{\boldsymbol{T}}}'$ 为 $M\times M$ 维满秩矩阵，根据式（6.34）可知 $\underline{\bar{\boldsymbol{\Xi}}}'\underline{\bar{\boldsymbol{T}}}'^{-1} = \underline{\bar{\boldsymbol{T}}}'^{-1}\underline{\bar{\boldsymbol{\Phi}}}'(\boldsymbol{\theta})$ 成立，这意味着 $\underline{\bar{\boldsymbol{\Xi}}}'$ 的特征值为矩阵 $\underline{\bar{\boldsymbol{\Phi}}}'(\boldsymbol{\theta})$ 的对角线元素。由此，可按下述步骤估计信号波达方向：

①估计 $\underline{\bar{\boldsymbol{U}}}'_{\mathrm{S}}$，进而得到 $\underline{\bar{\boldsymbol{U}}}'^{(1)}$ 和 $\underline{\bar{\boldsymbol{U}}}'^{(2)}$ 的估计 $\hat{\underline{\bar{\boldsymbol{U}}}}'^{(1)}$ 和 $\hat{\underline{\bar{\boldsymbol{U}}}}'^{(2)}$；

②构造 $\hat{\underline{\bar{\boldsymbol{\Xi}}}}' = (\hat{\underline{\bar{\boldsymbol{U}}}}'^{(1)})^{+}\hat{\underline{\bar{\boldsymbol{U}}}}'^{(2)}$；

③对②所得 $\hat{\underline{\bar{\boldsymbol{\Xi}}}}'$ 进行特征分解，然后按照式（6.35）所示方法估计信号波达方向：

$$\hat{\theta}_m = \arcsin\left\{\frac{c\arg\{\hat{\underline{\bar{v}}}'_n\}}{\omega_{\mathrm{R}}d}\right\}, m = 0,1,\cdots,M-1; n = 0,1,\cdots,M-1 \tag{6.35}$$

式中，$\hat{\underline{\bar{v}}}'_n$ 为 $\hat{\underline{\bar{\boldsymbol{\Xi}}}}'$ 的第 n 个特征值。

由于不需要谱峰搜索，聚焦旋转不变参数估计方法的计算复杂度要低于此前所介绍的谱峰搜索类方法。需要注意的是，聚焦旋转不变参数估计方法对阵列几何有空间平移不变这一特别的要求。

例 6.4　利用 8 元等距线阵估计 3 个多径传播/非多径传播宽带高斯信号的波达方向，阵元间距为 $0.02c$，其中 c 为信号波传播速度；信号带宽均为 10Hz，中心频率均为 25Hz，波达方向分别为 $-40°$、$5°$ 和 $30°$，多径传播延时分别为 0、-0.45 和 -1.7998；采样率为 100Hz，$K_1 = 64$，快拍数为 6 400，阵元噪声为空间白高斯噪声，信噪比均为 10dB；聚焦旋转不变参数估计方法中聚焦矩阵的构造使用了准确的信号波达方向，即未考虑聚焦误差，参考频率为 25Hz。

图 6.7 所示为上述条件下 200 次独立实验所对应的信号波达方向估计结果。由图可以看出，聚焦旋转不变参数估计方法可以处理多径传播宽带信号，不过其信号波达方向估计性能一般要差于非多径传播条件下的性能。

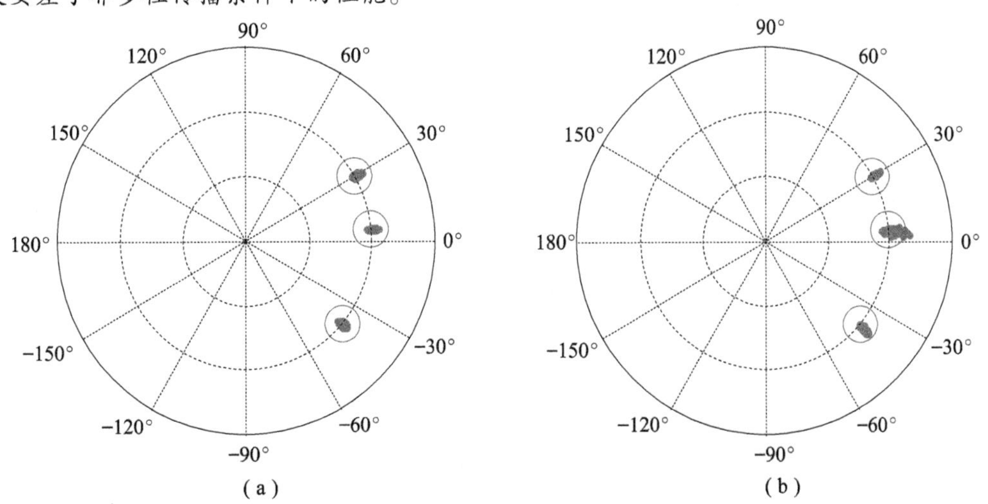

图 6.7　非多径传播和多径传播条件下聚焦旋转不变参数估计方法信号波达方向估计结果的比较：信号波达方向分别为 −40°、5°和 30°

（a）非多径传播条件；（b）多径传播条件

6.1.7 投影子空间正交性检测方法[90]

假设信号互谱密度矩阵 $\underline{\boldsymbol{S}}_{\underline{ss}}(\omega^{(q)})$ 为满秩矩阵，并记阵列频域输出协方差矩阵 $\boldsymbol{R}_{\underline{xx}}(\omega^{(q)})$ 的 M 个较大特征值和 $L-M$ 个较小特征值所对应的特征矢量分别为 $\{\underline{\boldsymbol{u}}_l(\omega^{(q)})\}_{l=1}^{M}$ 和 $\{\underline{\boldsymbol{u}}_l(\omega^{(q)})\}_{l=M+1}^{L}$。根据此前的讨论可知

$$|\underline{\boldsymbol{a}}^{\mathrm{H}}(\omega^{(q)},\theta_m)\underline{\boldsymbol{u}}_l(\omega^{(q)})|^2=0 \tag{6.36}$$

$$\underline{\boldsymbol{U}}_{\mathrm{S}}(\omega^{(q)})=[\underline{\boldsymbol{u}}_1(\omega^{(q)}),\underline{\boldsymbol{u}}_2(\omega^{(q)}),\cdots,\underline{\boldsymbol{u}}_M(\omega^{(q)})]=\underline{\boldsymbol{A}}(\omega^{(q)},\boldsymbol{\theta})\underline{\boldsymbol{T}}(\omega^{(q)}) \tag{6.37}$$

式（6.36）中，$m=0,1,\cdots,M-1$，$l=M+1,M+2,\cdots,L$；式（6.37）中，$\underline{\boldsymbol{A}}(\omega^{(q)},\boldsymbol{\theta})$ 的定义如式（6.1）所示；$\underline{\boldsymbol{T}}(\omega^{(q)})$ 为 $M\times M$ 维满秩矩阵。

进一步考虑下述聚焦矩阵：

$$\underline{\boldsymbol{F}}^{(q)}(\theta)=\mathrm{diag}\{\mathrm{e}^{\mathrm{j}(\omega^{(q)}-\omega^{(q_0)})\tau_0(\theta)},\mathrm{e}^{\mathrm{j}(\omega^{(q)}-\omega^{(q_0)})\tau_1(\theta)},\cdots,\mathrm{e}^{\mathrm{j}(\omega^{(q)}-\omega^{(q_0)})\tau_{L-1}(\theta)}\}$$

$$\Rightarrow$$

$$\underline{\boldsymbol{F}}^{(q)}(\theta)\underline{\boldsymbol{a}}(\omega^{(q_0)},\theta_m)=\underline{\boldsymbol{a}}(\omega^{(q)},\vartheta_m),\ m=0,1,\cdots,M-1 \tag{6.38}$$

式中，$\tau_l(\theta)=ld\sin\theta/c$，其中 $l=0,1,\cdots,L-1$，d 为阵元间距，c 为信号波传播速度；$\omega^{(q_0)}$ 为参考频率，其中 q_0 为整数；$\vartheta_m=\arcsin\{[(\omega^{(q)}-\omega^{(q_0)})\sin\theta+\omega^{(q_0)}\sin\theta_m]/\omega^{(q)}\}$，且当 $\theta=\theta_m$ 时，$\vartheta_m=\theta_m$，其中 $m=0,1,\cdots,M-1$。

综合式（6.36）、式（6.37）、式（6.38）以及式（6.38）备注项可知，若 $L\geqslant 2M$，$Q>M$，则当且仅当 $\theta=\theta_m$ 时，$\sum\limits_{q\neq q_0}\underline{\boldsymbol{H}}_{\omega^{(q)},\theta}\underline{\boldsymbol{H}}_{\omega^{(q)},\theta}^{\mathrm{H}}$ 会出现亏秩现象（此结论的详细证明留作习题【6-2】），其中 $\underline{\boldsymbol{H}}_{\omega^{(q)},\theta}=[\boldsymbol{P}_{\underline{\boldsymbol{a}}(\omega^{(q)},\theta)}^{\perp}\underline{\boldsymbol{F}}^{(q)}(\theta)\underline{\boldsymbol{U}}_{\mathrm{S}}(\omega^{(q_0)})]^{\mathrm{H}}\underline{\boldsymbol{U}}_{\mathrm{N}}(\omega^{(q)})$，$\boldsymbol{P}_{\underline{\boldsymbol{a}}(\omega^{(q)},\theta)}^{\perp}=\boldsymbol{I}_L-\underline{\boldsymbol{a}}(\omega^{(q)},\theta)[\underline{\boldsymbol{a}}^{\mathrm{H}}(\omega^{(q)},\theta)\underline{\boldsymbol{a}}(\omega^{(q)},\theta)]^{-1}\underline{\boldsymbol{a}}^{\mathrm{H}}(\omega^{(q)},\theta)$，$\underline{\boldsymbol{U}}_{\mathrm{N}}(\omega^{(q)})=[\underline{\boldsymbol{u}}_{M+1}(\omega^{(q)}),\underline{\boldsymbol{u}}_{M+2}(\omega^{(q)}),\cdots,\underline{\boldsymbol{u}}_L(\omega^{(q)})]$。

由此，可以定义下述宽带信号空间谱表达式[90]：

$$J_{\mathrm{TOPS}}(\theta)=\frac{1}{\det\{\sum\limits_{q\neq q_0}\hat{\underline{\boldsymbol{H}}}_{\omega^{(q)},\theta}\hat{\underline{\boldsymbol{H}}}_{\omega^{(q)},\theta}^{\mathrm{H}}\}},\ \theta\in\Theta \tag{6.39}$$

式中，“det”表示行列式；$\hat{\underline{\boldsymbol{H}}}_{\omega^{(q)},\theta}=[\boldsymbol{P}_{\underline{\boldsymbol{a}}(\omega^{(q)},\theta)}^{\perp}\underline{\boldsymbol{F}}^{(q)}(\theta)\hat{\underline{\boldsymbol{U}}}_{\mathrm{S}}(\omega^{(q_0)})]^{\mathrm{H}}\hat{\underline{\boldsymbol{U}}}_{\mathrm{N}}(\omega^{(q)})$，其中 $\hat{\underline{\boldsymbol{U}}}_{\mathrm{S}}(\omega^{(q_0)})$ 和 $\hat{\underline{\boldsymbol{U}}}_{\mathrm{N}}(\omega^{(q)})$ 分别为 $\underline{\boldsymbol{U}}_{\mathrm{S}}(\omega^{(q_0)})$ 和 $\underline{\boldsymbol{U}}_{\mathrm{N}}(\omega^{(q)})$ 的估计值。

式（6.39）所示方法称为投影子空间正交性检测方法，其中的行列式操作也可改成求取相应矩阵的最小特征值。与非相干信号子空间方法一样，该方法不属于聚焦类方法，无须对信号波达方向进行预估计，但不能处理多径传播信号。

另外，由于投影子空间正交性检测方法需要针对所有处理频点和扫描角构造正交性检测矩阵，所以计算复杂度较高。在中等信噪比和快拍数条件下，它的分辨性能介于相干信号子空间方法和非相干信号子空间方法之间，但测向精度较差。

例 6.5 本例比较几种宽带信号波达方向估计方法的性能，包括空间谱、分辨概率和信号波达方向估计总体均方根误差。

首先利用 8 元等距线阵估计 2 个非相关宽带 BPSK 信号的波达方向，阵元间距为信号最

高频率对应波长的1/2；信号带宽均为10MHz，中心频率均为25MHz，采样率为100MHz；阵元噪声为空间白高斯噪声；$K_1=64$，快拍数为6 400。

图6.8（a）、（b）所示为上述条件下ISM、CSM、WAVES和投影子空间正交性检测方法（TOPS）方法空间谱（100次独立实验的平均）的比较。

进一步利用6元等距线阵估计2个非相关宽带BPSK信号的波达方向，阵元间距为信号最高频率对应波长的1/2；信号带宽均为10MHz，中心频率均为24MHz，采样率为52.8MHz；阵元噪声为空间白高斯噪声；$K_1=64$。

图6.8（c）~（g）所示为上述条件下ISM、CSM、WAVES和TOPS 4种方法分辨概率和信号波达方向估计总体均方根误差的比较。本例中，两个信号被“成功分辨”，定义为两个谱峰值均比可能的伪峰高3dB以上，同时信号波达方向估计总的偏差不超过1°；信号波达方向估计总体均方根误差的定义与前文相同。图6.8（c）所示为各种方法分辨概率随信号波达方向间隔的变化曲线，其中信号1波达方向为10°，信噪比均为6dB，快拍数为192；图6.8（d）所示为各种方法分辨概率随快拍数的变化曲线，其中两个信号波达方向分别为10°和18°，信噪比均为6dB；图6.8（e）所示为各种方法分辨概率随信噪比的变化曲线，其中两个信号波达方向分别为10°和18°，快拍数为192；图6.8（f）所示为各种方法信号波达方向估计总体均方根误差随快拍数的变化曲线，其中两个信号波达方向分别为-10°和45°，信噪比均为0dB；图6.8（g）所示为各种方法信号波达方向估计总体均方根误差随信噪比的变化曲线，其中两个信号波达方向分别为-10°和45°，快拍数为192。可以看出，在本例所考虑的条件下，CSM方法的分辨性能和测向精度最好，WAVES方法其次；TOPS在中等信噪比和中等快拍数条件下其分辨性能优于ISM方法，但其测向精度较差。

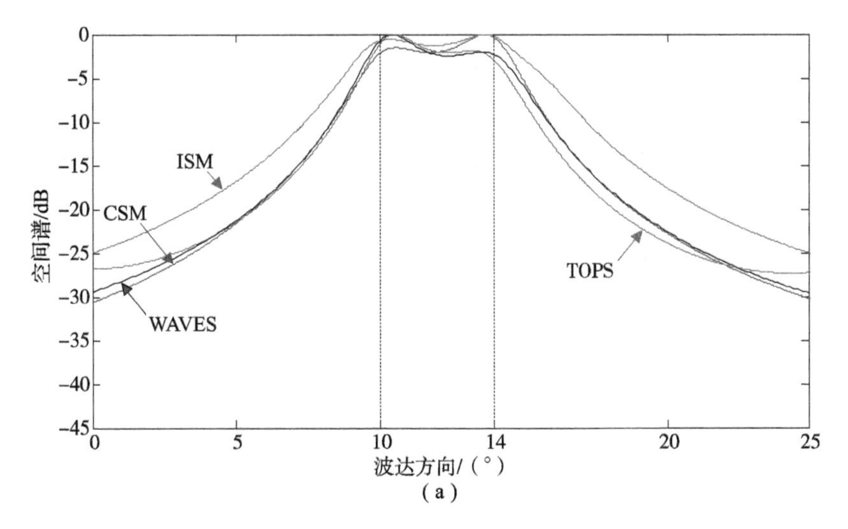

图6.8 子带分解宽带信号波达方向估计方法测向性能的比较

（a）空间谱（100次独立实验的平均）：信噪比均为0dB

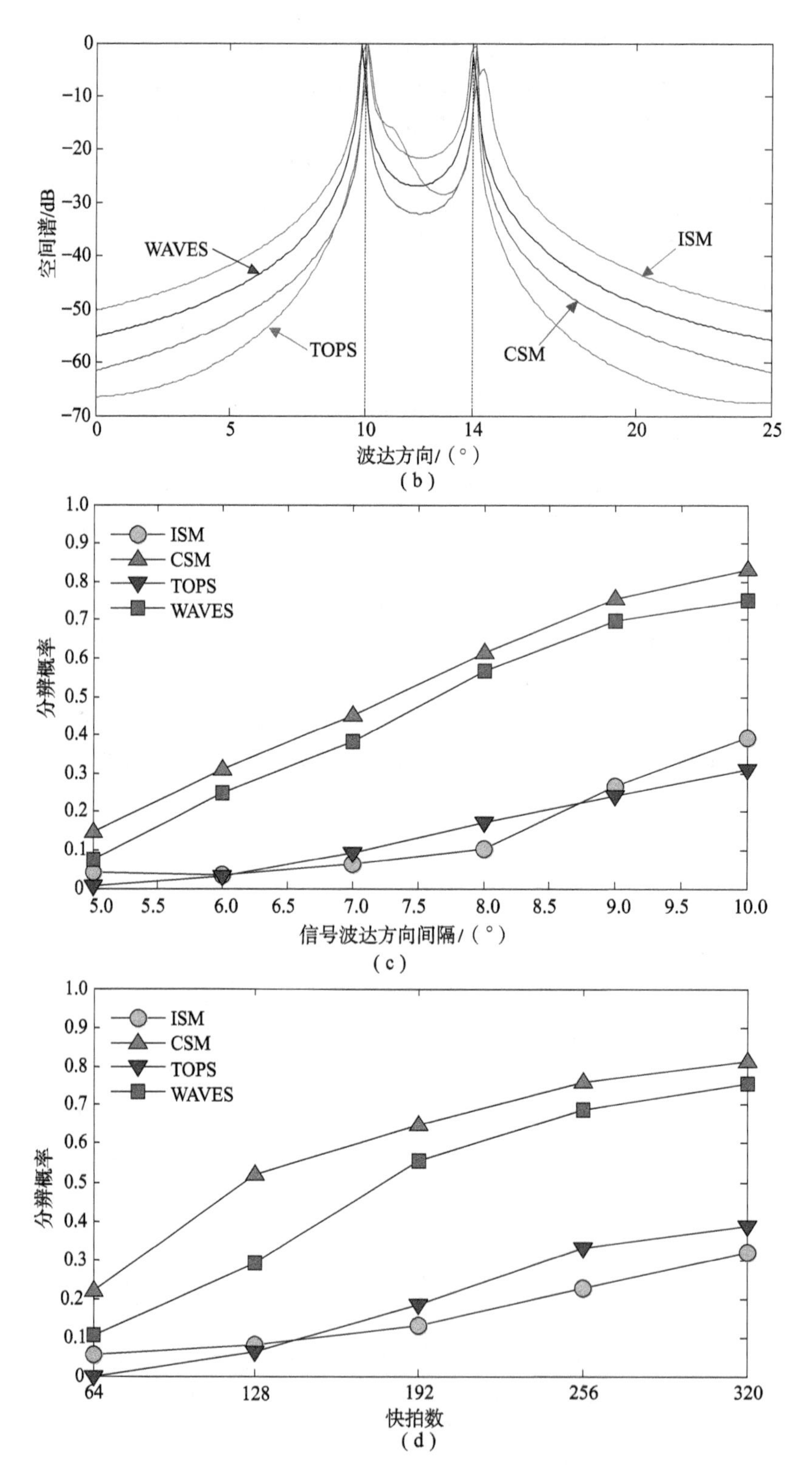

图 6.8　子带分解宽带信号波达方向估计方法测向性能的比较（续）

(b) 空间谱（100 次独立实验的平均）：信噪比均为 30dB；(c) 分辨概率随信号波达方向间隔的变化曲线；(d) 分辨概率随快拍数的变化曲线

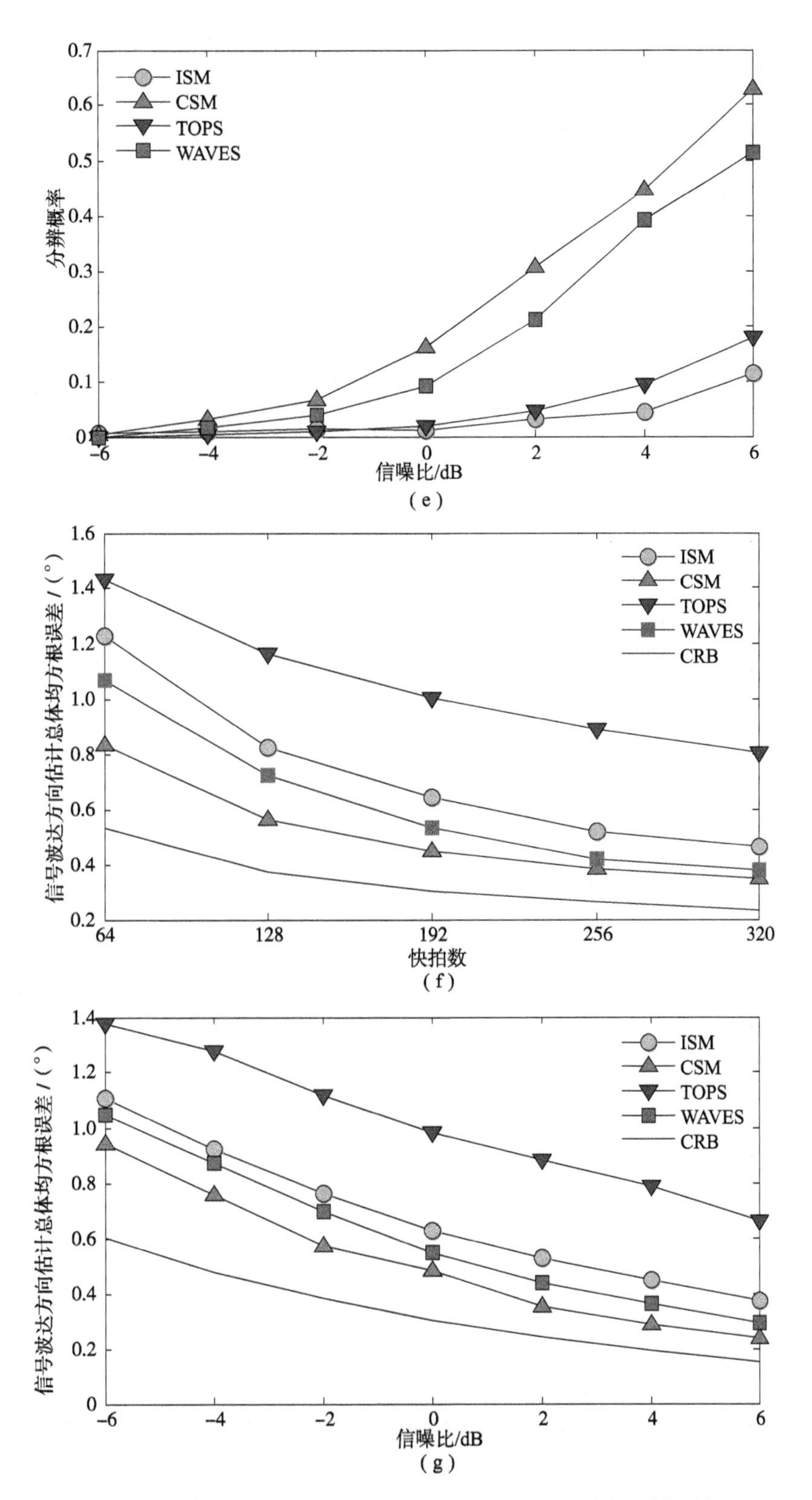

图 6.8　子带分解宽带信号波达方向估计方法测向性能的比较（续）

(e) 分辨概率随信噪比的变化曲线；(f) 测向精度随快拍数的变化曲线；(g) 测向精度随信噪比的变化曲线

上面所介绍的宽带信号波达方向估计方法均属于多子带分解频域方法，下面介绍一些无须子带分解的时域和相关域方法。

6.1.8 协方差拟合方法

1. 多维搜索方法[91]

假设所有信号互不相关，并且具有相同的自相关函数 $R_0(\tau)$ 和功率谱密度 $\varrho_0(\omega)$：

$$R_0(\tau) = \frac{1}{2\pi}\int_{-\infty}^{\infty} \varrho_0(\omega) e^{j\omega\tau} d\omega \tag{6.40}$$

对于等距线阵，阵列输出协方差矩阵 $\boldsymbol{R}_{xx} = E\{\boldsymbol{x}(t)\boldsymbol{x}^{H}(t)\}$ 满足下述条件：

$$\boldsymbol{R}_{xx}(l_1, l_1+m) = \boldsymbol{R}_{xx}(l_2, l_2+m) = \boldsymbol{R}_{xx}^{*}(l_1+m, l_1) = \boldsymbol{R}_{xx}^{*}(l_2+m, l_2) \tag{6.41}$$

$$\boldsymbol{J}\boldsymbol{R}_{xx}^{*}\boldsymbol{J} = \boldsymbol{R}_{xx} \tag{6.42}$$

$$\boldsymbol{J} = \begin{bmatrix} & & & 1 \\ & & 1 & \\ & \iddots & & \\ 1 & & & \end{bmatrix} \tag{6.43}$$

式中，$1 \leqslant l_1, l_2 \leqslant L-m$，$0 \leqslant m \leqslant L-1$，其中 L 为阵元数。

因此有

$$\boldsymbol{r} = \boldsymbol{D}^{(L)} \underbrace{\left(\sum_{l=1}^{L-1} \boldsymbol{J}^{(l)}\right)}_{\bar{\boldsymbol{J}}} \mathrm{vec}\{\boldsymbol{R}_{xx} + \boldsymbol{J}\boldsymbol{R}_{xx}^{*}\boldsymbol{J}\} = \sum_{m=0}^{M-1} \boldsymbol{b}_{\theta_m} = \boldsymbol{B}_{\theta}\boldsymbol{1} \tag{6.44}$$

式中，$\boldsymbol{D}^{(L)} = \mathrm{diag}\{(L-1)^{-1}, (L-2)^{-1}, \cdots, 1\}$。

$$\boldsymbol{J}^{(l)} = \begin{bmatrix} \boldsymbol{O}_{(L-l)\times[(l-1)L+l]} & \boldsymbol{I}_{L-l} & \boldsymbol{O}_{(L-l)\times(L^2-lL)} \\ \boldsymbol{O}_{(l-1)\times[(l-1)L+l]} & \boldsymbol{O}_{(l-1)\times(L-l)} & \boldsymbol{O}_{(l-1)\times(L^2-lL)} \end{bmatrix}$$

$$\boldsymbol{B}_{\boldsymbol{\theta}} = [\boldsymbol{b}_{\theta_0}, \boldsymbol{b}_{\theta_1}, \cdots, \boldsymbol{b}_{\theta_{M-1}}]$$

$$\boldsymbol{b}_{\theta_m}(l) = R_0(ld\sin\theta_m/c)$$

$\boldsymbol{\theta} = [\theta_0, \theta_1, \cdots, \theta_{M-1}]^{T}$；$\boldsymbol{1}$ 为 $M\times 1$ 维全 1 矢量；$\boldsymbol{I}_L$ 和 $\boldsymbol{O}_{L\times N}$ 分别表示 $L\times L$ 维单位矩阵和 $L\times N$ 维零矩阵；d 为阵元间距，θ_m 为第 m 个信号的波达方向，c 为信号波传播速度。

由此可定义下述针对宽带信号的多维空间谱表达式：

$$J_{\mathrm{WMD}}(\boldsymbol{\vartheta}) = |\hat{\boldsymbol{r}}^{H}[\boldsymbol{I} - \hat{\boldsymbol{B}}_{\boldsymbol{\vartheta}}(\hat{\boldsymbol{B}}_{\boldsymbol{\vartheta}}^{H}\hat{\boldsymbol{B}}_{\boldsymbol{\vartheta}})^{-1}\hat{\boldsymbol{B}}_{\boldsymbol{\vartheta}}^{H}]\hat{\boldsymbol{r}}|^{-1},\ \boldsymbol{\vartheta} \in \Theta \tag{6.45}$$

式中，$\boldsymbol{\vartheta} = [\vartheta_0, \vartheta_1, \cdots, \vartheta_{M-1}]^{T} \in \Theta$；$\hat{\boldsymbol{r}} = \boldsymbol{D}^{(L)}\bar{\boldsymbol{J}}\mathrm{vec}\{\hat{\boldsymbol{R}}_{xx} + \boldsymbol{J}\hat{\boldsymbol{R}}_{xx}^{*}\boldsymbol{J}\}$，其中 $\hat{\boldsymbol{R}}_{xx}$ 为阵列输出样本协方差矩阵。

$$\hat{\boldsymbol{B}}_{\boldsymbol{\vartheta}} = [\hat{\boldsymbol{b}}_{\vartheta_0}, \hat{\boldsymbol{b}}_{\vartheta_1}, \cdots, \hat{\boldsymbol{b}}_{\vartheta_{M-1}}]$$

$$\hat{\boldsymbol{b}}_{\vartheta_m}(l) = \hat{R}_0(ld\sin\vartheta_m/c)$$

$$\hat{R}_0(\tau) = \frac{1}{2\pi}\int_{-\infty}^{\infty} \hat{\varrho}_0(\omega) e^{j\omega\tau} d\omega \approx \frac{\Delta\omega}{2\pi}\left[\sum_{q} \hat{\varrho}_0(q\Delta\omega) e^{jq\Delta\omega\tau}\right]$$

$\hat{R}_0(\tau)$ 为 $R_0(\tau)$ 的估计值；$\hat{\varrho}_0(\omega)$ 为信号功率谱密度的估计值，可采用相关图法或其他常用的现代谱估计方法获得；$\Delta\omega$ 为谱采样间隔。

2. 一维正交投影方法

与 1.3 节的讨论类似，$s_m(t+\tau)$ 可以写成

$$s_m(t+\tau) = \frac{R_0(\tau)}{R_0(0)} s_m(t) + \sqrt{1 - \left|\frac{R_0(\tau)}{R_0(0)}\right|^2} s'_m(t,\tau) \tag{6.46}$$

式中，$E\{s'_m(t,\tau)s_m^*(t)\} = 0$；$E\{|s'_m(t,\tau)|^2\} = R_0(0)$。

因此有

$$\boldsymbol{x}(t) = \sum_{m=0}^{M-1} \underbrace{\begin{bmatrix} 1 \\ \dfrac{\boldsymbol{b}_{\theta_m}}{R_0(0)} \end{bmatrix}}_{\boldsymbol{a}_{\theta_m}} s_m(t) + \sum_{m=0}^{M-1} \boldsymbol{s}'_m(t) + \boldsymbol{n}(t) \tag{6.47}$$

式中，$\boldsymbol{n}(t)$ 为噪声矢量；$\boldsymbol{s}'_m(t)$ 为对应于第 m 个信号的伪干扰矢量，其第 l 个元素为 $\sqrt{1 - \left|\dfrac{R_0(ld\sin\theta_m/c)}{R_0(0)}\right|^2} s'_m(t, ld\sin\theta_m/c)$。

根据式（6.47），可以构造如下宽带最小方差波束扫描空间谱：

$$J_{\mathrm{W-MV}}(\theta) = \frac{1}{\hat{\boldsymbol{a}}_\theta^{\mathrm{H}} \hat{\boldsymbol{R}}_{\boldsymbol{xx}}^{-1} \hat{\boldsymbol{a}}_\theta} \tag{6.48}$$

或者宽带伪噪声子空间投影空间谱：

$$J_{\mathrm{W-MUSIC}}(\theta) = \frac{\hat{\boldsymbol{a}}_\theta^{\mathrm{H}} \hat{\boldsymbol{a}}_\theta}{\sum_{l=M'+1}^{L} |\hat{\boldsymbol{a}}_\theta^{\mathrm{H}} \hat{\boldsymbol{u}}'_l|^2} \tag{6.49}$$

式中，$\hat{\boldsymbol{R}}_{\boldsymbol{xx}}$ 为阵列输出样本协方差矩阵；$\{\hat{\boldsymbol{u}}'_l\}_{l=M'+1}^{L}$ 为其 $L-M'$ 个较小特征值所对应的特征矢量（$M' \geqslant M$ 为无噪阵列输出协方差矩阵的有效秩，其中 M 为信号源数）；$\hat{\boldsymbol{a}}_\theta(l+1) = \dfrac{\hat{R}_0(ld\sin\theta/c)}{\hat{R}_0(0)}$。

3. 稀疏表示方法[92-93]

式（6.44）所定义的 $\boldsymbol{r}$ 具有下述空域稀疏表示形式：

$$\boldsymbol{r} = \boldsymbol{D}_{\boldsymbol{\vartheta}} \boldsymbol{s} \tag{6.50}$$

式中，$\boldsymbol{D}_{\boldsymbol{\vartheta}}$ 为 $L \times N$ 维字典矩阵，其列矢量为在感兴趣的信号角度区域 Θ 内按一定角度间隔所选择的 N 个角度 $\boldsymbol{\vartheta} = [\vartheta_0, \vartheta_1, \cdots, \vartheta_{N-1}]^{\mathrm{T}}$ 所对应的阵列流形矢量，即 $\boldsymbol{D}_{\boldsymbol{\vartheta}} = [\boldsymbol{b}_{\vartheta_0}, \boldsymbol{b}_{\vartheta_1}, \cdots, \boldsymbol{b}_{\vartheta_{N-1}}]$，其中 $N \gg L$；$\boldsymbol{s}$ 为稀疏矢量，其非零元素位置所对应的字典矩阵角度与某一信号实际的波达方向相同或者非常相近。

关于稀疏矢量 $\boldsymbol{s}$ 的估计，可采用下述优化求解方法：

$$\hat{\boldsymbol{s}} = \arg\min_{\boldsymbol{c}} \|\boldsymbol{c}\|_1 \quad \text{s. t.} \quad \|\hat{\boldsymbol{r}} - \hat{\boldsymbol{D}}_{\boldsymbol{\vartheta}} \boldsymbol{c}\|_2 \leqslant \varepsilon \tag{6.51}$$

式中，$\|\cdot\|_1$ 表示矢量的 l_1 范数；ε 为用于平衡稀疏性和拟合误差的预设正则化参数；$\hat{\boldsymbol{D}}_{\boldsymbol{\vartheta}} = [\hat{\boldsymbol{b}}_{\vartheta_0}, \hat{\boldsymbol{b}}_{\vartheta_1}, \cdots, \hat{\boldsymbol{b}}_{\vartheta_{N-1}}]$。

特别地，若信号具有平坦功率谱密度，中心频率为 ω_0，带宽为 $2\Delta\omega$，根据式（6.40）可得 $R_0(\tau) \approx R_0(0)\mathrm{sinc}(\Delta\omega\tau)\mathrm{e}^{\mathrm{j}\omega_0\tau}$，其中 $\mathrm{sinc}(x) = \sin(x)/x$。

图 6.9 所示为针对平坦功率谱密度信号的多维搜索方法其波达方向估计 100 次独立实验结果的散布图，其中阵元数为 10，快拍数为 1 000；两个信号中心频率均为 25MHz，带宽均为 10MHz，波达方向分别为 -10°和 8°，信噪比均为 10dB。图 6.10 所示为针对平坦功率谱

密度信号的宽带最小方差波束扫描（W－MV）、宽带伪噪声子空间投影（W－MUSIC）以及宽带稀疏表示（W－CMSR）的空间谱图比较，其中阵元数为8，信噪比为10dB，快拍数为640；两个信号中心频率均为25MHz，带宽均为10MHz，波达方向分别为－10°和10°；有效秩参数为 $M'=2$。

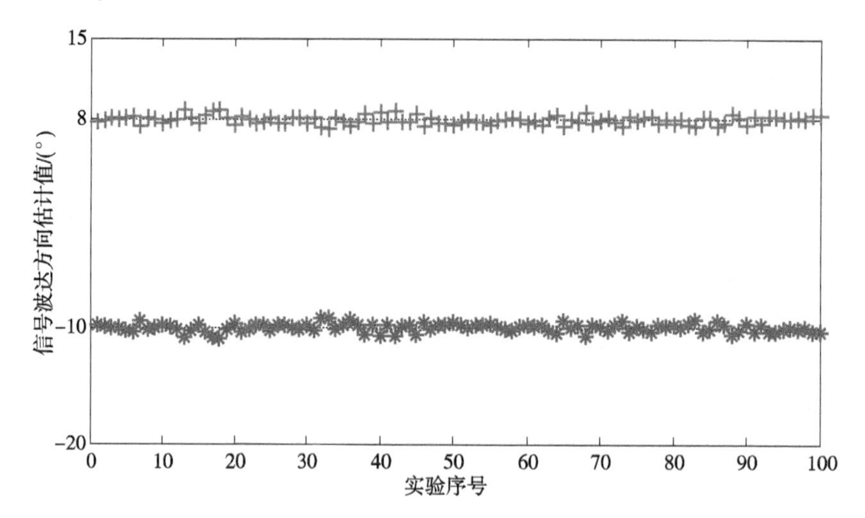

图6.9　多维搜索方法信号波达方向估计结果散布图

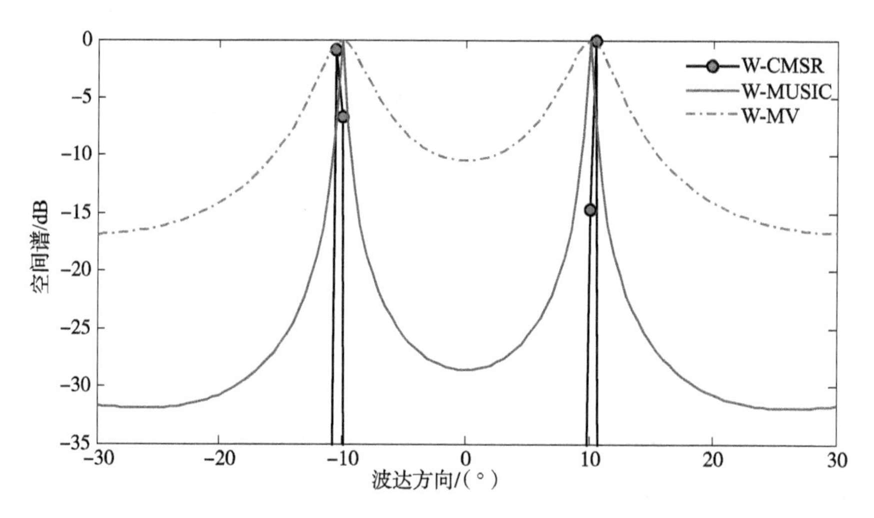

图6.10　时域、相关域方法空间谱图比较

需要指出的是，协方差拟合方法要求所有信号扫过整个阵列所需时间小于信号相关时间，否则某些阵元输出信号间的相关性将趋近于零，从而使得相应数据无效。

6.1.9　谱相关子空间分解方法[94]

第3章中已经讨论了循环平稳窄带信号的波达方向估计方法，本节讨论宽带条件下循环平稳信号的波达方向估计方法。

根据第1章的讨论可知，对于单个循环平稳宽带信号 $s_0(t)$，阵元 l 的输出信号可以写成（未变换至基带）

$$x_l(t) = s_0(t + \tau_{l,0}) + n_l(t) \tag{6.52}$$

式中，$\tau_{l,0}$ 为信号波到达阵元 l 相对于到达参考阵元的传播时延；$n_l(t)$ 为阵元 l 加性噪声。

阵元 l 输出信号 $x_l(t)$ 的循环自相关函数和共轭循环自相关函数分别为：

$$\begin{aligned}
R_{x_l,x_l}^{(\acute{\omega}_0)}(\tau) &= \langle E\{x_l(t)x_l^*(t-\tau)\}\mathrm{e}^{-\mathrm{j}\acute{\omega}_0 t}\rangle \\
&= \langle E\{s_0(t+\tau_{l,0})s_0^*(t+\tau_{l,0}-\tau)\}\mathrm{e}^{-\mathrm{j}\acute{\omega}_0(t+\tau_{l,0})}\mathrm{e}^{\mathrm{j}\acute{\omega}_0\tau_{l,0}}\rangle \\
&= \langle E\{s_0(t)s_0^*(t-\tau)\}\mathrm{e}^{-\mathrm{j}\acute{\omega}_0 t}\rangle\mathrm{e}^{\mathrm{j}\acute{\omega}_0\tau_{l,0}} \\
&= R_{s_0,s_0}^{(\acute{\omega}_0)}(\tau)\mathrm{e}^{\mathrm{j}\acute{\omega}_0\tau_{l,0}}
\end{aligned} \tag{6.53}$$

$$\begin{aligned}
R_{x_l,x_l*}^{(\acute{\omega}_{0*})}(\tau) &= \langle E\{x_l(t)x_l(t-\tau)\}\mathrm{e}^{-\mathrm{j}\acute{\omega}_{0*} t}\rangle \\
&= \langle E\{s_0(t+\tau_{l,0})s_0(t+\tau_{l,0}-\tau)\}\mathrm{e}^{-\mathrm{j}\acute{\omega}_{0*}(t+\tau_{l,0})}\mathrm{e}^{\mathrm{j}\acute{\omega}_{0*}\tau_{l,0}}\rangle \\
&= \langle E\{s_0(t)s_0(t-\tau)\}\mathrm{e}^{-\mathrm{j}\acute{\omega}_{0*} t}\rangle\mathrm{e}^{\mathrm{j}\acute{\omega}_{0*}\tau_{l,0}} \\
&= R_{s_0,s_0*}^{(\acute{\omega}_{0*})}(\tau)\mathrm{e}^{\mathrm{j}\acute{\omega}_{0*}\tau_{l,0}}
\end{aligned} \tag{6.54}$$

式中，τ 为滞后参数；$\acute{\omega}_0$ 和 $\acute{\omega}_{0*}$ 分别为信号 $s_0(t)$ 的循环频率和共轭循环频率；$R_{s_0,s_0}^{(\acute{\omega}_0)}(\tau)$ 和 $R_{s_0,s_0*}^{(\acute{\omega}_{0*})}(\tau)$ 分别为信号 $s_0(t)$ 的循环自相关函数和共轭循环自相关函数，且 $R_{s_0,s_0}^{(\acute{\omega}_0)}(\tau) = \langle E\{s_0(t)s_0^*(t-\tau)\}\mathrm{e}^{-\mathrm{j}\acute{\omega}_0 t}\rangle$，$R_{s_0,s_0*}^{(\acute{\omega}_{0*})}(\tau) = \langle E\{s_0(t)s_0(t-\tau)\}\mathrm{e}^{-\mathrm{j}\acute{\omega}_{0*} t}\rangle$。

根据上述分析，对于 L 元等距线阵，如果同时存在 M 个彼此循环不相关/共轭循环不相关的循环平稳宽带信号/共轭循环平稳宽带信号，且循环频率/共轭循环频率均为 $\acute{\omega}_0$ / $\acute{\omega}_{0*}$，则阵元 l 输出信号的循环自相关函数和共轭循环自相关函数分别具有下述形式：

$$R_{x_l,x_l}^{(\acute{\omega}_0)}(\tau) = \sum_{m=0}^{M-1} R_{s_m,s_m}^{(\acute{\omega}_0)}(\tau)\mathrm{e}^{\mathrm{j}\acute{\omega}_0 l d\sin\theta_m/c},\ l = 0,1,\cdots,L-1 \tag{6.55}$$

$$R_{x_l,x_l*}^{(\acute{\omega}_{0*})}(\tau) = \sum_{m=0}^{M-1} R_{s_m,s_m*}^{(\acute{\omega}_{0*})}(\tau)\mathrm{e}^{\mathrm{j}\acute{\omega}_{0*} l d\sin\theta_m/c},\ l = 0,1,\cdots,L-1 \tag{6.56}$$

式中，$R_{s_m,s_m}^{(\acute{\omega}_0)}(\tau)$ 和 $R_{s_m,s_m*}^{(\acute{\omega}_{0*})}(\tau)$ 分别为第 m 个信号的循环自相关函数和共轭循环自相关函数；θ_m 为第 m 个信号的波达方向；d 为阵元间距；c 为信号波传播速度。

利用式（6.55）所示的 L 个循环自相关函数可以组成式（6.57）所示的阵列输出循环自相关矢量：

$$\boldsymbol{r}_{\boldsymbol{xx}}^{(\acute{\omega}_0)}(\tau) = [R_{x_0,x_0}^{(\acute{\omega}_0)}(\tau), R_{x_1,x_1}^{(\acute{\omega}_0)}(\tau), \cdots, R_{x_{L-1},x_{L-1}}^{(\acute{\omega}_0)}(\tau)]^{\mathrm{T}} = \boldsymbol{A}^{(\acute{\omega}_0)}\boldsymbol{r}_{\boldsymbol{ss}}^{(\acute{\omega}_0)}(\tau) \tag{6.57}$$

式中，$\boldsymbol{A}^{(\acute{\omega}_0)} = [\boldsymbol{a}^{(\acute{\omega}_0)}(\theta_0), \boldsymbol{a}^{(\acute{\omega}_0)}(\theta_1), \cdots, \boldsymbol{a}^{(\acute{\omega}_0)}(\theta_{M-1})]$；$\boldsymbol{a}^{(\acute{\omega}_0)}(\theta_m)$ 类似于第 m 个信号在频点 $\acute{\omega}_0$ 处的导向矢量，即 $\boldsymbol{a}^{(\acute{\omega}_0)}(\theta_m) = [1, \mathrm{e}^{\mathrm{j}\acute{\omega}_0 d\sin\theta_m/c}, \cdots, \mathrm{e}^{\mathrm{j}\acute{\omega}_0(L-1)d\sin\theta_m/c}]^{\mathrm{T}} = \underline{\boldsymbol{a}}(\acute{\omega}_0, \theta_m)$；信号循环自相关矢量 $\boldsymbol{r}_{\boldsymbol{ss}}^{(\acute{\omega}_0)}(\tau)$ 则类似于窄带情形下的信号矢量，即 $\boldsymbol{r}_{\boldsymbol{ss}}^{(\acute{\omega}_0)}(\tau) = [R_{s_0,s_0}^{(\acute{\omega}_0)}(\tau), R_{s_1,s_1}^{(\acute{\omega}_0)}(\tau), \cdots, R_{s_{M-1},s_{M-1}}^{(\acute{\omega}_0)}(\tau)]^{\mathrm{T}}$。

类似地，利用式（6.56）所示的一共 L 个共轭循环自相关函数，可以组成如式（6.58）所示的阵列输出共轭循环自相关矢量：

$$\begin{cases}
\boldsymbol{r}_{\boldsymbol{xx}*}^{(\acute{\omega}_{0*})}(\tau) = [R_{x_0,x_0*}^{(\acute{\omega}_{0*})}(\tau), R_{x_1,x_1*}^{(\acute{\omega}_{0*})}(\tau), \cdots, R_{x_{L-1},x_{L-1}*}^{(\acute{\omega}_{0*})}(\tau)]^{\mathrm{T}} = \boldsymbol{A}^{(\acute{\omega}_{0*})}\boldsymbol{r}_{\boldsymbol{ss}*}^{(\acute{\omega}_{0*})}(\tau) \\
\boldsymbol{A}^{(\acute{\omega}_{0*})} = [\boldsymbol{a}^{(\acute{\omega}_{0*})}(\theta_0), \boldsymbol{a}^{(\acute{\omega}_{0*})}(\theta_1), \cdots, \boldsymbol{a}^{(\acute{\omega}_{0*})}(\theta_{M-1})] \\
\boldsymbol{a}^{(\acute{\omega}_{0*})}(\theta_m) = [1, \mathrm{e}^{\mathrm{j}\acute{\omega}_{0*} d\sin\theta_m/c}, \cdots, \mathrm{e}^{\mathrm{j}\acute{\omega}_{0*}(L-1)d\sin\theta_m/c}]^{\mathrm{T}} = \underline{\boldsymbol{a}}(\acute{\omega}_{0*}, \theta_m)
\end{cases} \tag{6.58}$$

另外，$\boldsymbol{r}_{\boldsymbol{ss}*}^{(\acute{\omega}_{0*})}(\tau)$ 为信号共轭循环自相关矢量：

$$r_{ss^*}^{(\acute{\omega}_{0*})}(\tau) = [R_{s_0,s_0*}^{(\acute{\omega}_{0*})}(\tau), R_{s_1,s_1*}^{(\acute{\omega}_{0*})}(\tau), \cdots, R_{s_{M-1},s_{M-1}*}^{(\acute{\omega}_{0*})}(\tau)]^{\mathrm{T}} \tag{6.59}$$

进一步地，通过选择不同的滞后值，可以得到

$$r_{xx}^{(\acute{\omega}_0)}(\tau_k) = A^{(\acute{\omega}_0)} r_{ss}^{(\acute{\omega}_0)}(\tau_k) \neq \mathbf{0}, k = 0,1,\cdots,K' \tag{6.60}$$

$$r_{xx^*}^{(\acute{\omega}_{0*})}(\tau_k) = A^{(\acute{\omega}_{0*})} r_{ss^*}^{(\acute{\omega}_{0*})}(\tau_k) \neq \mathbf{0}, k = 0,1,\cdots,K' \tag{6.61}$$

式中，K' 为不同滞后的数目，并且 $K' \geqslant M$。

基于式（6.60）或式（6.61），结合前面所介绍的子空间分解方法，如多重信号分类方法或者旋转不变参数估计方法，即可获得循环平稳宽带信号的波达方向估计，具体步骤不再赘述。

需要注意的是，为使谱相关子空间分解信号波达方向估计不存在多值模糊问题，等距线阵其阵元间距需要满足下述条件

$$\acute{\omega}_0 d/c < \pi \tag{6.62}$$

$$\acute{\omega}_{0*} d/c < \pi \tag{6.63}$$

此外，为保证子空间的正确分解，还需满足条件：

$$\mathrm{rank}\{[r_{ss}^{(\acute{\omega}_0)}(\tau_0), r_{ss}^{(\acute{\omega}_0)}(\tau_1), \cdots, r_{ss}^{(\acute{\omega}_0)}(\tau_{K'-1})]\} = M \tag{6.64}$$

$$\mathrm{rank}\{[r_{ss^*}^{(\acute{\omega}_{0*})}(\tau_0), r_{ss^*}^{(\acute{\omega}_{0*})}(\tau_1), \cdots, r_{ss^*}^{(\acute{\omega}_{0*})}(\tau_{K'-1})]\} = M \tag{6.65}$$

实际中，存在多种情形使得条件（6.64）或（6.65）不能满足，比如信号具有相同的归一化循环自相关函数或具有相同的归一化共轭循环自相关函数（无论信号循环相关/共轭循环相关与否），抑或 $K' < M$，此时可以通过空间平滑、多维搜索信号子空间拟合或稀疏表示等技术加以处理，抑或采用频域处理方法[95,96]，具体留作习题。

另外，谱相关子空间分解信号波达方向估计方法也适用于窄带阵列信号情形。

例 6.6 利用 16 元等距线阵估计 2 个宽带 BPSK 信号的波达方向，阵元间距为 1/2 循环波长；波达方向分别为 −30°和 20°；循环频率为 100Hz，采样率为 1 000Hz，快拍数为 5 000，阵元噪声为空间白高斯噪声，信噪比均为 0dB。图 6.11 所示为上述条件下谱相关空间平滑多重信号分类方法（SC − MUSIC）的空间谱图。由图可以看出，该方法可以有效地分辨 2 个信号。

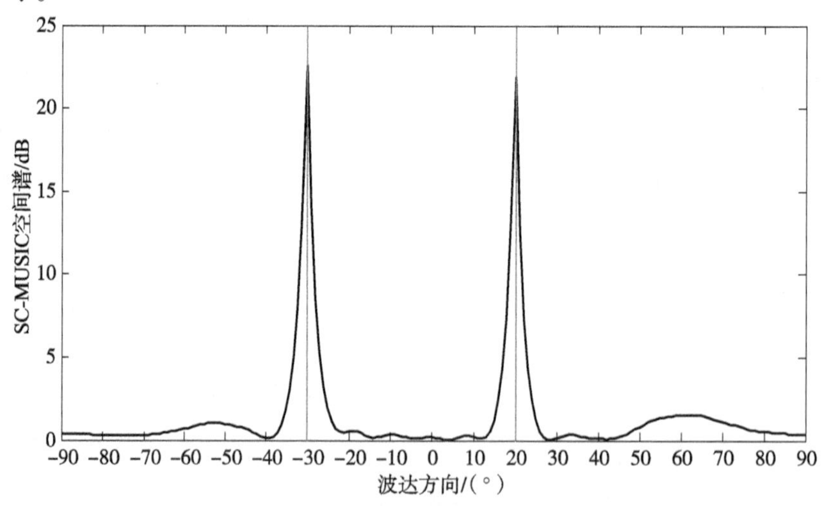

图 6.11 谱相关子空间分解多重信号分类方法的空间谱图

（信号波达方向分别为 −30°和 20°，空间平滑 1 次）

6.2　宽带波束形成

根据第 2 章的讨论可知，波束形成器的空间选择能力通常与信号频率和波达方向均有关，因此窄带滤波器的设计技术并不能直接用于宽带情形。本节讨论两种典型的宽带波束形成器设计方法。

6.2.1　时域方法[97]

首先介绍宽带波束形成的时域设计方法，其实现结构如图 6.12 所示，即所谓抽头延迟线（TDL）结构[97]。若可获得训练（参考）信号，可采用最小均方误差方法（与窄带情形类似），确定波束形成器权矢量。若无法获得训练信号，但期望信号波达方向以及阵列特性已知，可通过预导向或聚焦操作并采用线性约束最小方差方法确定波束形成器权矢量。

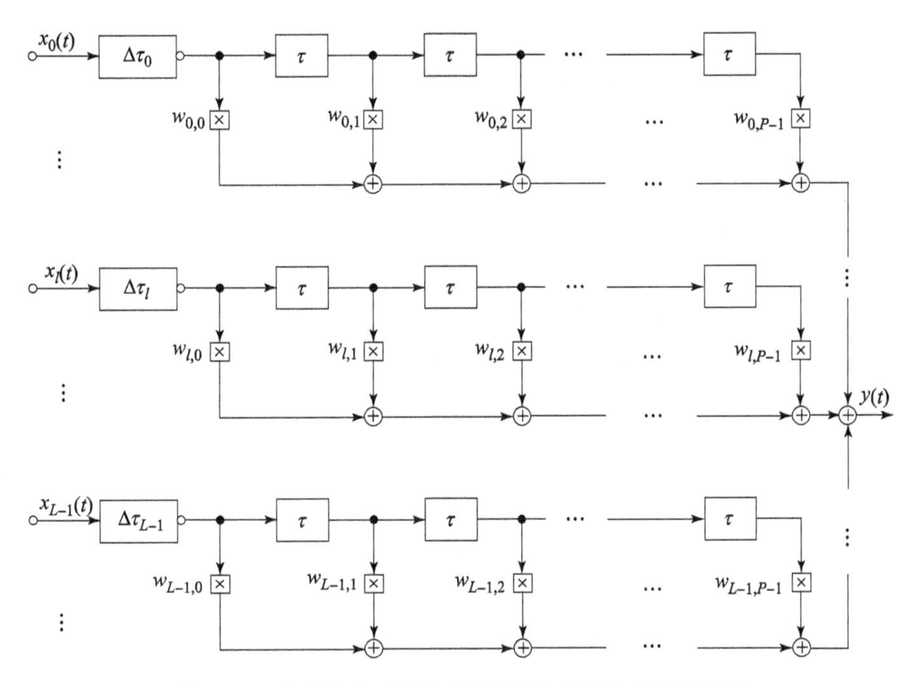

图 6.12　宽带波束形成器时域设计方法的实现结构框图

1. 预导向方法

首先通过对阵列各阵元实值输出进行延时操作，实现对期望信号 $s_0(t)$ 的预导向[98]。设期望信号波达方向为 θ_0，信号波扫过阵元 l 和参考阵元的相对时延为 $\tau_{l,0}$，则阵元 l 输出信号的预导向延时可选择为

$$\Delta\tau_l = \Delta\tau_l(\theta_0) = \tau_{l,0} \tag{6.66}$$

通过上述延时处理后，每路阵元第 p 级延时抽头输出中的期望信号成分均为

$$s_0(t+\tau_{l,0}-\Delta\tau_l-p\tau)=s_0(t-p\tau) \tag{6.67}$$

式中，τ 为延迟器的延时，其值大于噪声相关时间。

由式（6.67）可以看出，经过预导向调整后，所有阵元第 p 级延时抽头输出中的期望信号分量均相同，等同为期望信号波从阵列法线方向入射，这极大方便了后续波束形成器权矢量的优化设计。

由图 6.12 可知，宽带波束形成器的输出可以写成

$$y(t)=\sum_{l=0}^{L-1}\sum_{p=0}^{P-1}w_{l,p}x_l(t-\Delta\tau_l-p\tau)=\sum_{l=0}^{L-1}\sum_{p=0}^{P-1}w_{l,p}x_l^{\rightarrow\theta_0}(t-p\tau)=\boldsymbol{w}^{\mathrm{T}}\boldsymbol{x}^{\rightarrow\theta_0}(t) \tag{6.68}$$

式中，P 为抽头延迟线数；$w_{l,p}$ 为实加权系数；$x_l^{\rightarrow\theta_0}(t)=x_l(t-\Delta\tau_l)$；$x_l(t)$ 为阵元 l 的输出；$\boldsymbol{w}$ 为宽带波束形成器权矢量。

$$\begin{aligned}
\boldsymbol{w}&=[w_{0,0},\cdots,w_{L-1,0},\cdots,w_{0,P-1},\cdots,w_{L-1,P-1}]^{\mathrm{T}}\\
\boldsymbol{x}^{\rightarrow\theta_0}(t)&=[[\boldsymbol{x}^{(0)\rightarrow\theta_0}(t)]^{\mathrm{T}},[\boldsymbol{x}^{(1)\rightarrow\theta_0}(t)]^{\mathrm{T}},\cdots,[\boldsymbol{x}^{(P-1)\rightarrow\theta_0}(t)]^{\mathrm{T}}]^{\mathrm{T}}\\
\boldsymbol{x}^{(p)\rightarrow\theta_0}(t)&=[x_0^{\rightarrow\theta_0}(t-p\tau),x_1^{\rightarrow\theta_0}(t-p\tau),\cdots,x_{L-1}^{\rightarrow\theta_0}(t-p\tau)]^{\mathrm{T}}\\
&=[x_0(t-\Delta\tau_0-p\tau),x_1(t-\Delta\tau_1-p\tau),\cdots,x_{L-1}(t-\Delta\tau_{L-1}-p\tau)]^{\mathrm{T}}
\end{aligned}$$

关于式（6.68）中预导向延时观测 $\boldsymbol{x}^{\rightarrow\theta_0}(t)$ 的获得，实际中可通过阵列机械旋转或电子延时实现，也可采用下面介绍的信号变换方法[98]。

首先定义

$$\begin{cases}\boldsymbol{x}(t)=[[\boldsymbol{x}^{(0)}(t)]^{\mathrm{T}},[\boldsymbol{x}^{(1)}(t)]^{\mathrm{T}},\cdots,[\boldsymbol{x}^{(P-1)}(t)]^{\mathrm{T}}]^{\mathrm{T}}\\ \boldsymbol{x}^{(p)}(t)=[x_0(t-p\tau),x_1(t-p\tau),\cdots,x_{L-1}(t-p\tau)]^{\mathrm{T}}\end{cases} \tag{6.69}$$

进一步记 $\underline{\boldsymbol{x}}(\omega^{(q)})$ 为 $\boldsymbol{x}(t)$ 的 FTFT，其中 $\omega^{(q)}=2\pi q/T_0$，q 为整数，T_0 为阵列数据观测时间，则

$$\boldsymbol{x}(t)=\frac{1}{\sqrt{T_0}}\sum_q\underline{\boldsymbol{x}}(\omega^{(q)})\mathrm{e}^{\mathrm{j}\omega^{(q)}t} \tag{6.70}$$

由此可得

$$\boldsymbol{x}^{\rightarrow\theta_0}(t)=\frac{1}{\sqrt{T_0}}\sum_q\boldsymbol{F}^{(q)}(\theta_0)\underline{\boldsymbol{x}}(\omega^{(q)})\mathrm{e}^{\mathrm{j}\omega^{(q)}t} \tag{6.71}$$

式中，$\boldsymbol{F}^{(q)}(\theta_0)=\boldsymbol{I}_P\otimes\mathrm{diag}\{\mathrm{e}^{-\mathrm{j}\omega^{(q)}\Delta\tau_0(\theta_0)},\mathrm{e}^{-\mathrm{j}\omega^{(q)}\Delta\tau_1(\theta_0)},\cdots,\mathrm{e}^{-\mathrm{j}\omega^{(q)}\Delta\tau_{L-1}(\theta_0)}\}$，其中“$\otimes$”表示 Kronecker 积。

当 T_0 足够长时，可以证明（具体留作习题）$E\{\underline{\boldsymbol{x}}(\omega^{(q_1)})\underline{\boldsymbol{x}}^{\mathrm{H}}(\omega^{(q_2\neq q_1)})\}\approx\boldsymbol{O}$。

因此

$$\begin{aligned}
\boldsymbol{R}_{\boldsymbol{x}^{\rightarrow\theta_0}\boldsymbol{x}^{\rightarrow\theta_0}}&=E\{[\boldsymbol{x}^{\rightarrow\theta_0}(t)][\boldsymbol{x}^{\rightarrow\theta_0}(t)]^{\mathrm{H}}\}\\
&\approx\frac{1}{T_0}\sum_q\boldsymbol{F}^{(q)}(\theta_0)\underbrace{[E\{\underline{\boldsymbol{x}}(\omega^{(q)})\underline{\boldsymbol{x}}^{\mathrm{H}}(\omega^{(q)})\}]}_{\boldsymbol{R}_{\underline{x}\underline{x}}(\omega^{(q)})}[\boldsymbol{F}^{(q)}(\theta_0)]^{\mathrm{H}}\\
&=\frac{1}{T_0}\sum_q\boldsymbol{F}^{(q)}(\theta_0)\boldsymbol{R}_{\underline{x}\underline{x}}(\omega^{(q)})[\boldsymbol{F}^{(q)}(\theta_0)]^{\mathrm{H}}
\end{aligned} \tag{6.72}$$

其中，$\boldsymbol{R}_{\underline{x}\underline{x}}(\omega^{(q)})$ 可采用数据分段及其离散傅里叶变换进行估计，具体方法参见 6.1.2 节。

根据式（6.67）和式（6.68），并结合图 6.12 所示的宽带线性约束最小方差波束形成器的实现结构可知，波束形成器输出 $y(t)$ 中的期望信号分量具有下述形式：

$$\begin{aligned}\hat{s}_0(t) &= \sum_{p=0}^{P-1}\left[\sum_{l=0}^{L-1} w_{l,p} s_0(t-p\tau)\right] \\ &= \left(\sum_{l=0}^{L-1} w_{l,0}\right) s_0(t) + \cdots + \left(\sum_{l=0}^{L-1} w_{l,P-1}\right) s_0(t-(P-1)\tau)\end{aligned} \tag{6.73}$$

根据式（6.73），若波束形成器权矢量满足式（6.74）所示条件，则期望信号在波束形成之后能得以保留：

$$\sum_{l=0}^{L-1} w_{l,p'} = 1\ ,\ \sum_{l=0}^{L-1} w_{l,p} = 0 \tag{6.74}$$

式中，$p' \in \{0,1,\cdots,P-1\}$，$p = 0,1,\cdots,P-1$；$p \neq p'$

由此，波束形成权矢量可以简单地确定为

$$\boldsymbol{w} = [\boldsymbol{0}_L^{\mathrm{T}},\cdots,L^{-1}\boldsymbol{1}_L^{\mathrm{T}},\cdots,\boldsymbol{0}_L^{\mathrm{T}}]^{\mathrm{T}} \tag{6.75}$$

式中，$\boldsymbol{0}_L$ 和 $\boldsymbol{1}_L$ 分别表示 $L \times 1$ 维的零矢量和全 1 矢量。

上述方法虽然简单，但未考虑干扰的抑制。为使波束形成器具有干扰抑制能力，可采用下述宽带线性约束最小方差方法：

$$\min_{\boldsymbol{w}} \boldsymbol{w}^{\mathrm{H}} \boldsymbol{R}_{\boldsymbol{x}^{\to\theta_0}\boldsymbol{x}^{\to\theta_0}} \boldsymbol{w} \quad \text{s. t.} \quad \boldsymbol{C}^{\mathrm{H}}\boldsymbol{w} = \boldsymbol{c} \tag{6.76}$$

式中，$\boldsymbol{C}$ 为约束矩阵，即 $\boldsymbol{C} = \begin{bmatrix} \boldsymbol{1}_L & & & \\ & \boldsymbol{1}_L & & \\ & & \ddots & \\ & & & \boldsymbol{1}_L \end{bmatrix}_{LP\times P}$；$\boldsymbol{c}$ 为约束矢量，可以简单地选择为 $P \times P$ 维单位矩阵的第 $p'+1$ 列。

利用拉格朗日乘子法，可以求得如下宽带线性约束最小方差波束形成器权矢量：

$$\boldsymbol{w}_{\text{TDL-LCMV}} = \boldsymbol{R}_{\boldsymbol{x}^{\to\theta_0}\boldsymbol{x}^{\to\theta_0}}^{-1}\boldsymbol{C}\,(\boldsymbol{C}^{\mathrm{H}}\boldsymbol{R}_{\boldsymbol{x}^{\to\theta_0}\boldsymbol{x}^{\to\theta_0}}^{-1}\boldsymbol{C})^{-1}\boldsymbol{c} \tag{6.77}$$

式（6.77）中的约束矢量 $\boldsymbol{c}$ 也可按更为一般的方法进行设计。令

$$\sum_{l=0}^{L-1} w_{l,p} = h[p] = \boldsymbol{c}(p)\ ,\ p = 0,1,\cdots,P-1 \tag{6.78}$$

因此有

$$\hat{s}_0[k] = \hat{s}_0(t)\,|_{t=k\tau} = \sum_{p=0}^{P-1} h[p] s_0[k-p] \tag{6.79}$$

式中，$s_0[k] = s_0(t)\,|_{t=k\tau}$。

式（6.79）表明，抽头延迟线波束形成器对期望信号的作用又可解释为将其通过单位脉冲响应为 $\{h[p]\}_{p=0}^{P-1}$ 的有限长脉冲响应（FIR）数字滤波器，如图 6.13 所示。因此，抽头延迟线宽带波束形成器有时也称为 FIR 波束形成器，约束矢量的设计可以按照指定的期望信号方向频率响应进行合理设计。

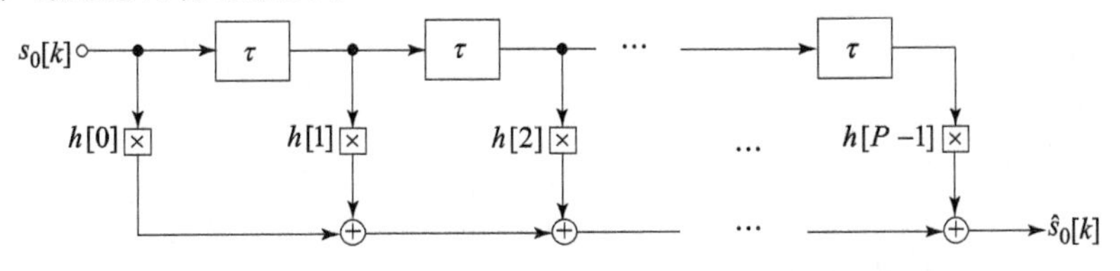

图 6.13　抽头延迟线宽带波束形成器的 FIR 滤波解释

实际中，可以用批处理方式更新波束形成器权矢量，也可采用连续自适应方式更新之，具体参见习题【6-13】。还可进一步采用导数约束、对角加载等技术以提高波束形成器对模型误差和估计误差等的鲁棒性，具体参见习题【6-15】。

下面通过一个仿真实例，讨论有限快拍条件下宽带线性约束最小方差波束形成器的空域滤波性能。

例 6.7 波束形成器阵列为 L 元等距线阵。根据式（6.68）可知，当信号形式为 $e^{j\omega t}$ 时，波束形成器的输出可以写成

$$y(t) = \sum_{l=0}^{L-1}\sum_{p=0}^{P-1} w_{l,p} e^{j\omega(t+ld\sin\theta/c-\Delta\tau_l-p\tau)} = \underbrace{\left(\sum_{l=0}^{L-1}\sum_{p=0}^{P-1} w_{l,p} e^{j\omega(ld\sin\theta/c-\Delta\tau_l-p\tau)}\right)}_{\mathcal{G}_w(\omega,\theta)} e^{j\omega t} \tag{6.80}$$

式中，$\mathcal{G}_w(\omega,\theta)$ 称为波束形成器的频率-空间二维波束方向图；ω 为信号角频率；θ 为其波达方向；d 为阵元间距；c 为信号波传播速度。

可以看出，$|\mathcal{G}_w(\omega,\theta)|$ 通常与频率有关，即不同频点处波束形成器的空间选择特性一般是不同的。

假设 $L=6$、$P=5$、$d=\pi c/\omega_H$、$\tau=\pi/\omega_H$，其中 ω_H 为信号最高频率。期望信号和两个干扰均为宽平稳随机过程，中心频率均为 25Hz，带宽均为 10Hz，干扰波达方向分别为 40°和 -40°，信噪比为 0dB，信干比均为 -30dB，快拍数为 500。图 6.14 所示为 TDL 波束形成器（6.75）和 TDL 波束形成器（6.77）的频率-空间二维波束方向图及其空域侧视图，其中期望信号波达方向分别为 0°和 10°。前者在两种情形下都在期望信号方向形成主瓣，但未能在干扰方向处形成有效零陷；后者除了在期望信号方向形成主瓣外，在干扰方向处均形成较深的零陷，因而干扰抑制能力明显优于前者。另外，后者的主瓣频率不变性也要明显优于前者。

2. 聚焦方法

假设 $P=1$，并将式（6.1）代入式（6.71），可得

$$\begin{aligned}
\boldsymbol{x}^{\to\theta_0}(t) &= \frac{1}{\sqrt{T_0}}\sum_q \boldsymbol{F}^{(q)}(\theta_0)\left[\underline{\boldsymbol{A}}(\omega^{(q)})\underline{\boldsymbol{s}}(\omega^{(q)}) + \underline{\boldsymbol{n}}(\omega^{(q)})\right]e^{j\omega^{(q)}t} \\
&= \sum_q \left[\frac{\boldsymbol{F}^{(q)}(\theta_0)}{\sqrt{T_0}}\right]\underline{\boldsymbol{A}}(\omega^{(q)})\underline{\boldsymbol{s}}(\omega^{(q)})e^{j\omega^{(q)}t} + \sum_q \left[\frac{\boldsymbol{F}^{(q)}(\theta_0)}{\sqrt{T_0}}\right]\underline{\boldsymbol{n}}(\omega^{(q)})e^{j\omega^{(q)}t}
\end{aligned} \tag{6.81}$$

由此可见，本节所介绍的数据预导向与式（6.17）所示的数据聚焦形式非常类似，但此处 $\boldsymbol{F}^{(q)}(\theta_0)$ 并不满足式（6.16）。

将 $\boldsymbol{F}^{(q)}(\theta_0)$ 换成 6.1.4 节所讨论的聚焦矩阵 $\underline{\boldsymbol{F}}^{(q)}$，并进行数据白化，可以得到

$$\begin{aligned}
\boldsymbol{x}^{(\omega_R)}(t) &= \underline{\boldsymbol{H}}\left[\frac{1}{\sqrt{T_0}}\sum_q \underline{\boldsymbol{F}}^{(q)}\underline{\boldsymbol{x}}(\omega^{(q)})e^{j\omega^{(q)}t}\right] \\
&= \underline{\boldsymbol{H}}\left[\frac{1}{\sqrt{T_0}}\sum_q \underline{\boldsymbol{F}}^{(q)}\left[\underline{\boldsymbol{A}}(\omega^{(q)})\underline{\boldsymbol{s}}(\omega^{(q)}) + \underline{\boldsymbol{n}}(\omega^{(q)})\right]e^{j\omega^{(q)}t}\right] \\
&= \underbrace{\underline{\boldsymbol{H}}\underline{\boldsymbol{A}}(\omega_R,\boldsymbol{\theta})}_{\underline{\boldsymbol{B}}(\omega_R,\theta)}\underbrace{\left[\frac{1}{\sqrt{T_0}}\sum_q \underline{\boldsymbol{s}}(\omega^{(q)})e^{j\omega^{(q)}t}\right]}_{s(t)} + \underbrace{\underline{\boldsymbol{H}}\left[\frac{1}{\sqrt{T_0}}\sum_q \underline{\boldsymbol{F}}^{(q)}\underline{\boldsymbol{n}}(\omega^{(q)})e^{j\omega^{(q)}t}\right]}_{\underline{\boldsymbol{n}}^{(\omega_R)}(t)} \\
&= \underline{\boldsymbol{B}}(\omega_R,\boldsymbol{\theta})\boldsymbol{s}(t) + \underline{\boldsymbol{n}}^{(\omega_R)}(t)
\end{aligned} \tag{6.82}$$

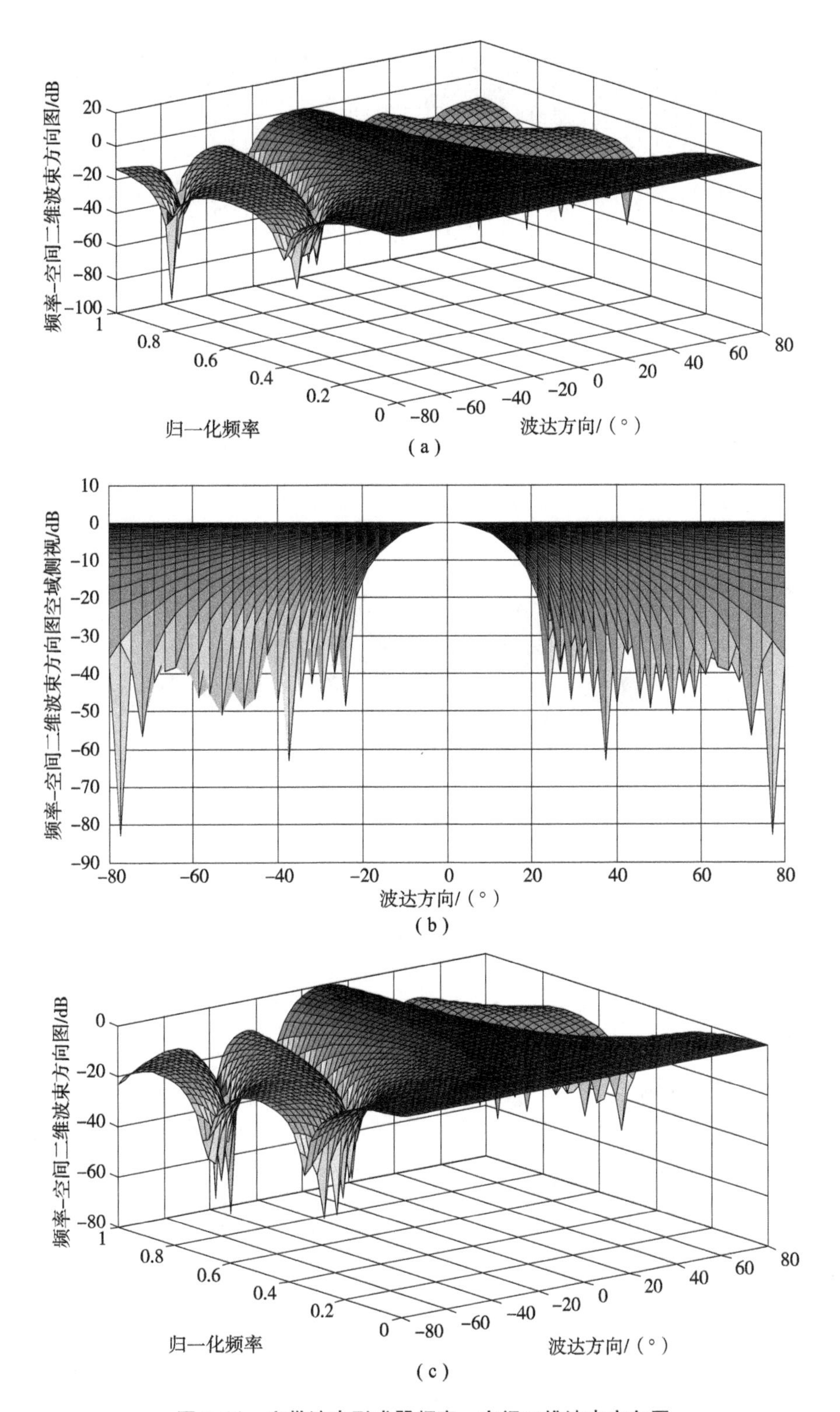

图 6.14　宽带波束形成器频率－空间二维波束方向图

(a) 波束形成器 (6.75) 波束方向图全景：期望信号波达方向为 0°；(b) 波束形成器 (6.75) 波束方向图空域侧视：期望信号波达方向为 0°；(c) 波束形成器 (6.75) 波束方向图全景：期望信号波达方向为 10°

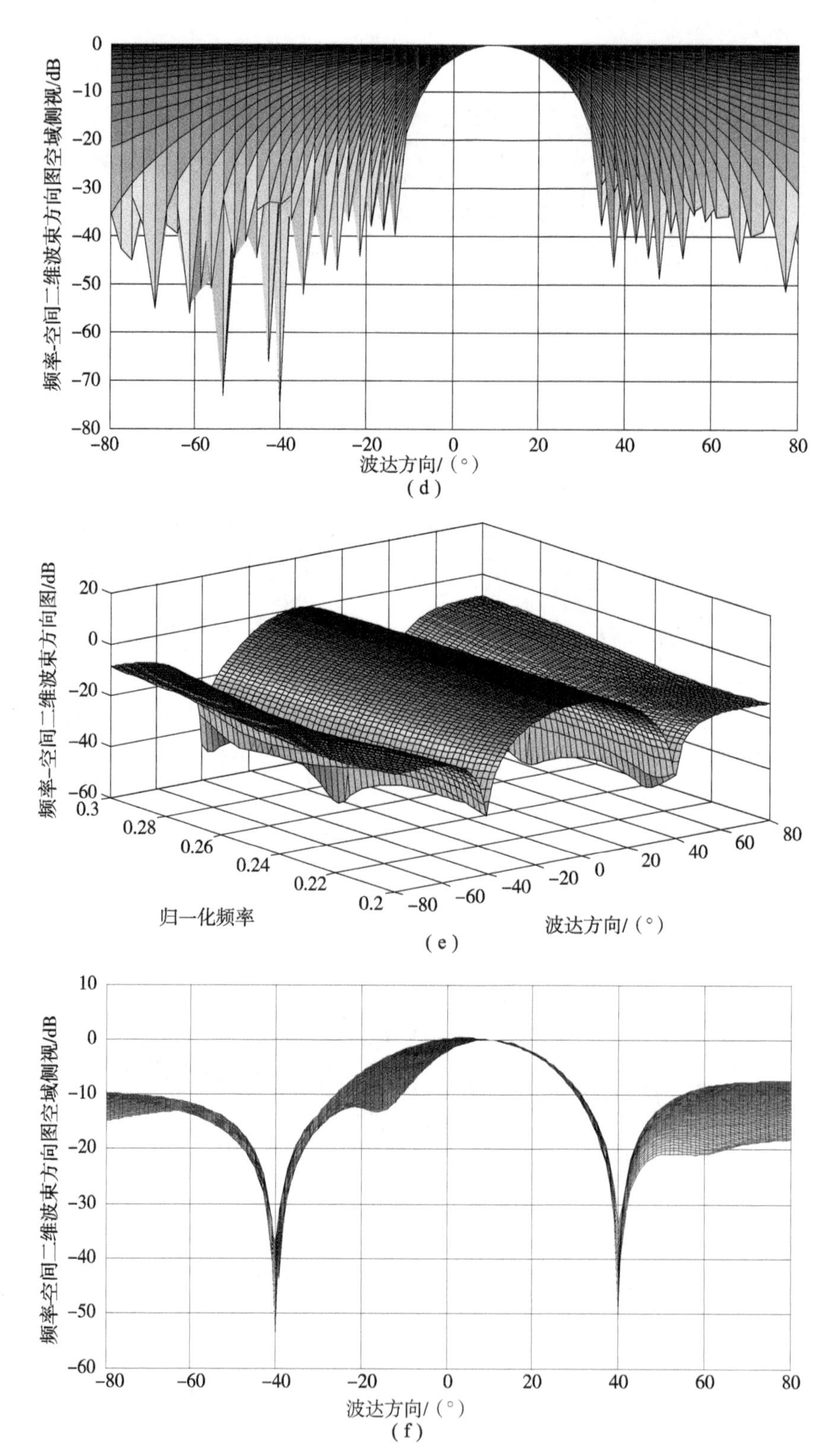

图 6.14　宽带波束形成器频率 – 空间二维波束方向图（续）

（d）波束形成器（6.75）波束方向图空域侧视：期望信号波达方向为 10°；（e）波束形成器（6.77）波束方向图全景：期望信号波达方向为 0°；（f）波束形成器（6.77）波束方向图空域侧视：期望信号波达方向为 0°

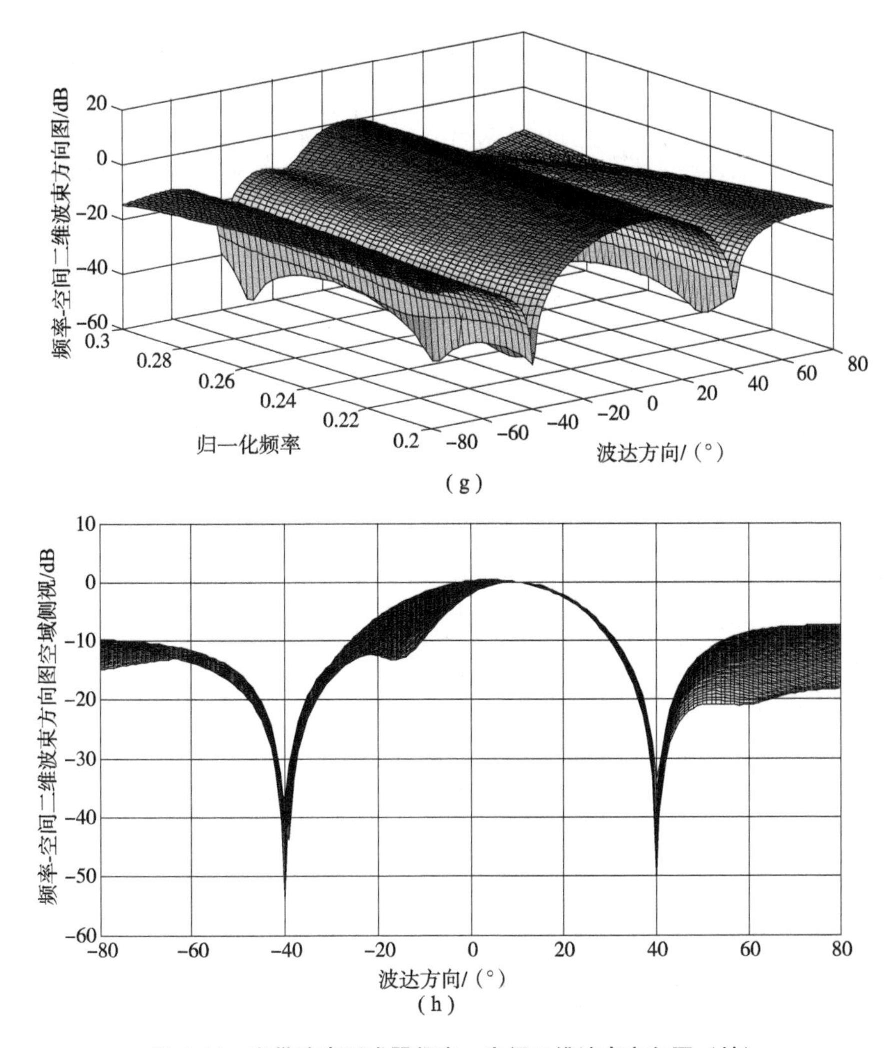

图 6.14　宽带波束形成器频率－空间二维波束方向图（续）

(g) 波束形成器（6.77）波束方向图全景：期望信号波达方向为 10°；

(h) 波束形成器（6.77）波束方向图空域侧视：期望信号波达方向为 10°

式中，$\underline{\boldsymbol{H}} = \left[\sum_q \underline{\boldsymbol{F}}^{(q)}\left(\underline{\boldsymbol{F}}^{(q)}\right)^{\mathrm{H}}\right]^{-1/2}$；$\underline{\boldsymbol{A}}(\omega_{\mathrm{R}},\boldsymbol{\theta})$ 的定义与式（6.16）相同；ω_{R} 为参考角频率；$\boldsymbol{\theta}$ 为期望信号加干扰波达方向矢量；$\boldsymbol{s}(t) = [s_0(t), s_1(t), \cdots, s_{M-1}(t)]^{\mathrm{T}}$。

式（6.82）所示聚焦矢量 $\boldsymbol{x}^{(\omega_{\mathrm{R}})}(t)$ 与窄带波束形成器阵列输出信号矢量形式类似，可直接选用第 2 章所介绍的窄带方法进行宽带波束形成。

6.2.2　频域方法[99]

宽带波束形成器的频域设计方法是窄带波束形成器设计方法的子带推广，其批处理方式实现结构如图 6.15 所示，具体包括下面 4 个主要步骤。

第一步　阵列输出信号矢量为

$$\boldsymbol{x}(t) = [x_0(t), x_1(t), \cdots, x_{L-1}(t)]^{\mathrm{T}} = \boldsymbol{s}_0(t) + \ddot{\boldsymbol{i}}(t) \tag{6.83}$$

式中，$\boldsymbol{s}_0(t)$ 和 $\ddot{\boldsymbol{i}}(t)$ 分别为阵列输出中期望信号分量（矢量）和干扰加噪声分量（矢量）。

对各阵元输出进行采样和分段，并进行离散傅里叶变换，得到

$$\underline{x}_l[q,k_2] = \sum_{k_1=0}^{K_1-1} x_l[k_1,k_2]\mathrm{e}^{-\mathrm{j}\frac{2\pi q}{K_1}k_1} = \sum_{k_1=0}^{K_1-1} x_l(t_{K_1k_2+k_1})\mathrm{e}^{-\mathrm{j}\frac{2\pi q}{K_1}k_1} \tag{6.84}$$

式中，$x_l(t_k) = x_l(t)|_{t=k\Delta t}$，其中 $l = 0,1,\cdots,L-1$，Δt 为采样间隔；K_1 和 K_2 分别为每段数据点数和数据段数，$K_1 \times K_2 = K$ 为数据总点数；$k_1 = 0,1,\cdots,K_1-1$；$k_2 = 0,1,\cdots,K_2-1$；$q = 0,1,\cdots,K_1-1$。

第二步　构造下述 K 组频域矢量：

$$\underline{\boldsymbol{x}}_{k_2}[q] = [\underline{x}_0[q,k_2],\underline{x}_1[q,k_2],\cdots,\underline{x}_{L-1}[q,k_2]]^{\mathrm{T}} \tag{6.85}$$

根据 6.1 节的讨论可知，$\underline{\boldsymbol{x}}_{k_2}[q]$ 具有下述形式：

$$\underline{\boldsymbol{x}}_{k_2}[q] = \underline{\boldsymbol{a}}_0(2\pi q/K_1)\underline{s}_0[q,k_2] + \underline{\ddot{\boldsymbol{i}}}[q,k_2] \tag{6.86}$$

$$\underline{s}_0[q,k_2] = \sum_{k_1=0}^{K_1-1} s_0[k_1,k_2]\mathrm{e}^{-\mathrm{j}\frac{2\pi q}{K_1}k_1}$$

$$\underline{\ddot{\boldsymbol{i}}}[q,k_2] = \sum_{k_1=0}^{K_1-1} \ddot{\boldsymbol{i}}[k_1,k_2]\mathrm{e}^{-\mathrm{j}\frac{2\pi q}{K_1}k_1}$$

式中，$\underline{\boldsymbol{a}}_0(2\pi q/K_1)$ 为期望信号 $s_0(t)$ 在频点 $2\pi q/K_1$ 处的导向矢量；$\underline{s}_0[q,k_2]$ 和 $\underline{\ddot{\boldsymbol{i}}}[q,k_2]$ 分别为期望信号和干扰加噪声分量的离散傅里叶变换；$s_0[k_1,k_2] = s_0(t_{K_1k_2+k_1})$；$\ddot{\boldsymbol{i}}[k_1,k_2] = \ddot{\boldsymbol{i}}(t_{K_1k_2+k_1})$。

第三步　对 $\{\underline{\boldsymbol{x}}_0[q]\}_{q=0}^{K_1-1}$ 分别进行窄带波束形成，得到 K_1 路输出：

$$\underline{y}[q] = \underline{\boldsymbol{w}}_q^{\mathrm{H}}\underline{\boldsymbol{x}}_0[q] = \sum_{l=0}^{L-1}\underline{w}_{l,q}^{\mathrm{H}}\underline{x}_l[q,0] \approx \underline{s}_0[q] \tag{6.87}$$

式中，$\underline{\boldsymbol{w}}_q = [\underline{w}_{0,q},\underline{w}_{1,q},\cdots,\underline{w}_{L-1,q}]^{\mathrm{T}}$ 为第 q 个频点对应的权矢量。

第四步　对 $\{\underline{y}[q]\}_{q=0}^{K_1-1}$ 进行逆离散傅里叶变换，得到

$$y[k_1] = \frac{1}{K_1}\sum_{q=0}^{K_1-1}\underline{y}[q]\mathrm{e}^{\mathrm{j}\frac{2\pi q}{K_1}k_1} = \frac{1}{K_1}\sum_{q=0}^{K_1-1}[\underline{\boldsymbol{w}}_q^{\mathrm{H}}\underline{\boldsymbol{x}}_0[q]]\mathrm{e}^{\mathrm{j}\frac{2\pi q}{K_1}k_1} \approx s_0[k_1] \tag{6.88}$$

式中，$k_1 = 0,1,\cdots,K_1-1$。

关于第三步中的窄带波束形成，可以采用常规波束形成器，但一般无法抑制干扰，此时无须数据分段，即 $K_1 = K$、$K_2 = 1$。为了有效抑制干扰，也可采用子带最小方差无失真响应波束形成方法，其中各子带阵列输出协方差矩阵的估计，可采用 6.1.2 节所介绍的方法。

例 6.8　利用 16 元等距线阵提取来自于 0°的宽带高斯信号，阵元间距为 $c/60$，其中 c 为信号波传播速度，信号带宽为 10Hz，中心频率为 25Hz；采样率为 100Hz，阵元噪声为空间白高斯噪声，信噪比为 5dB，快拍数为 500；宽带波束形成第三步中的窄带波束形成环节采用常规窄带波束形成方法。图 6.16 所示为上述条件下频域宽带波束形成器输出信号波形与期望信号真实波形和含噪期望信号波形的比较。由图可以看出，经过频域宽带波束形成滤波后，噪声得到了一定的抑制。

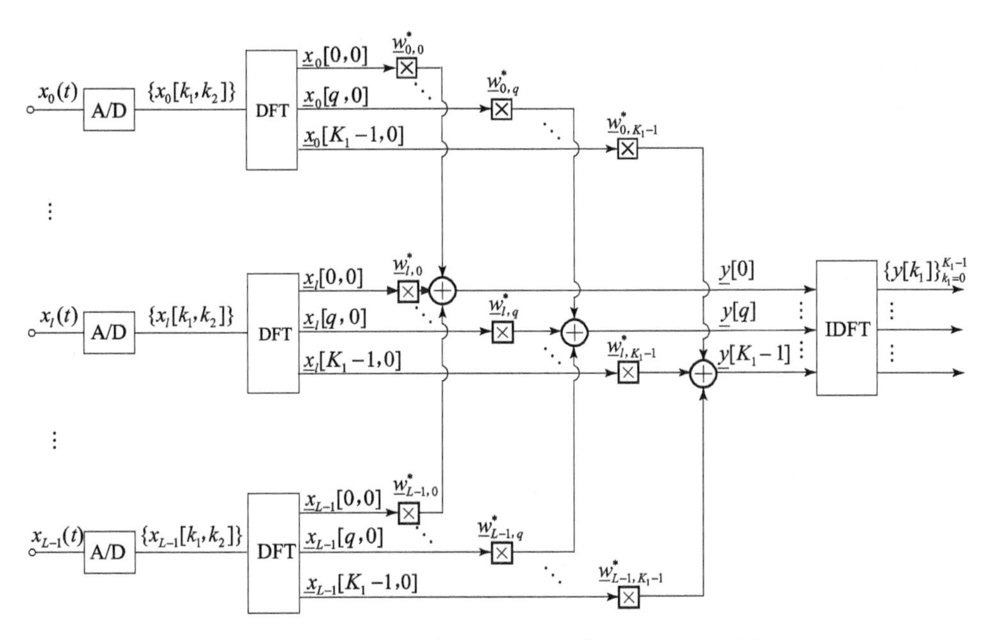

图 6.15 宽带波束形成器频域设计方法的批处理实现结构框图

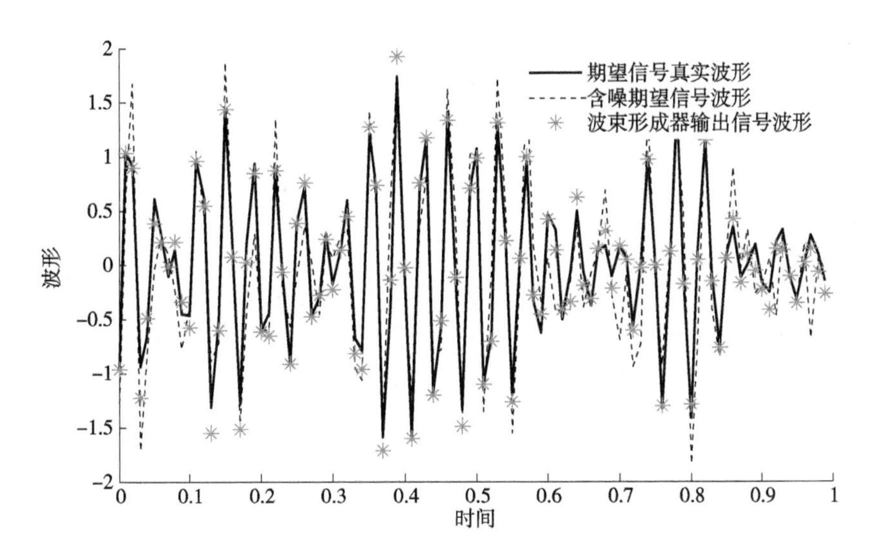

图 6.16 频域宽带波束形成器输出信号波形、期望信号真实波形、含噪期望信号波形的比较

习 题

【6－1】令 $\underline{\boldsymbol{x}}(\omega^{(q)})$ 为阵列输出信号矢量 $\boldsymbol{x}(t)$ 的 FTFT，且阵列输出互谱密度矩阵和共轭互谱密度矩阵不恒为零，证明下述结论成立：

$$\lim_{T_0\to\infty} E\{\underline{\boldsymbol{x}}(\omega^{(q_1)})\underline{\boldsymbol{x}}^{\mathrm{H}}(\omega^{(q_2)})\} = \boldsymbol{O}\ ,\ q_1 - q_2 \neq 0 \quad ①$$

$$\lim_{T_0\to\infty} E\{\underline{\boldsymbol{x}}(\omega^{(q_1)})\underline{\boldsymbol{x}}^{\mathrm{T}}(\omega^{(q_2)})\} = \boldsymbol{O}\ ,\ q_1 + q_2 \neq 0 \quad ②$$

式中，T_0 为阵列输出数据观测时间；$\omega^{(q)} = 2\pi q/T_0$，$q_1$ 和 q_2 均为整数。

【6－2】本题考虑基于等距线阵和导向波束扫描的非相关宽带信号波达方向估计方法。假设 $P = 1$，根据第6.2.1节的讨论可知，此时 $\boldsymbol{C} = \boldsymbol{1}_L$，$c = 1$，若导向角为 θ，则导向延时应为 $\Delta\tau_l(\theta) = ld\sin\theta/c$。

（1）试证明基于导向操作的常规波束形成器和最小方差无失真响应波束形成器的权矢量分别具有下述形式：

$$\boldsymbol{w}_{\mathrm{STDS}}(\theta) = \frac{\boldsymbol{1}_L}{\boldsymbol{1}_L^{\mathrm{H}}\boldsymbol{1}_L} = \frac{\boldsymbol{1}_L}{L} \tag{③}$$

$$\boldsymbol{w}_{\mathrm{STMV}}(\theta) = \frac{\boldsymbol{R}_{\boldsymbol{x}^{\to\theta}\boldsymbol{x}^{\to\theta}}^{-1}\boldsymbol{1}_L}{\boldsymbol{1}_L^{\mathrm{H}}\boldsymbol{R}_{\boldsymbol{x}^{\to\theta}\boldsymbol{x}^{\to\theta}}^{-1}\boldsymbol{1}_L} \tag{④}$$

式中，$\boldsymbol{R}_{\boldsymbol{x}^{\to\theta}\boldsymbol{x}^{\to\theta}} = E\{[\boldsymbol{x}^{\to\theta}(t)][\boldsymbol{x}^{\to\theta}(t)]^{\mathrm{H}}\}$ 为导向阵列输出协方差矩阵。

（2）假设 T_0 足够长以使式①成立，试证明

$$\boldsymbol{R}_{\boldsymbol{x}^{\to\theta}\boldsymbol{x}^{\to\theta}} = \sum_q \underbrace{\boldsymbol{F}^{(q)}(\theta)\left[\frac{\boldsymbol{R}_{\underline{\boldsymbol{x}}\underline{\boldsymbol{x}}}(\omega^{(q)})}{T_0}\right][\boldsymbol{F}^{(q)}(\theta)]^{\mathrm{H}}}_{\boldsymbol{R}_{\underline{\boldsymbol{x}}\underline{\boldsymbol{x}}}^{(q)}(\theta)} \tag{⑤}$$

式中，$\boldsymbol{R}_{\underline{\boldsymbol{x}}\underline{\boldsymbol{x}}}(\omega^{(q)})$ 为阵列频域输出协方差矩阵，其定义与式（6.6）相同；$\boldsymbol{F}^{(q)}(\theta) = \mathrm{diag}\{\mathrm{e}^{-\mathrm{j}\omega^{(q)}\Delta\tau_0(\theta)},\mathrm{e}^{-\mathrm{j}\omega^{(q)}\Delta\tau_1(\theta)},\cdots,\mathrm{e}^{-\mathrm{j}\omega^{(q)}\Delta\tau_{L-1}(\theta)}\}$。

根据式⑤，推导一种 $\boldsymbol{R}_{\boldsymbol{x}^{\to\theta}\boldsymbol{x}^{\to\theta}}$ 的估计方法。

（3）根据问题（1）中的结论，可以定义下述两种导向波束扫描宽带信号空间谱：

$$J_{\mathrm{STDS}}(\theta) = \boldsymbol{w}_{\mathrm{STDS}}^{\mathrm{H}}(\theta)\boldsymbol{R}_{\boldsymbol{x}^{\to\theta}\boldsymbol{x}^{\to\theta}}\boldsymbol{w}_{\mathrm{STDS}}(\theta) = \frac{\boldsymbol{1}_L^{\mathrm{H}}\boldsymbol{R}_{\boldsymbol{x}^{\to\theta}\boldsymbol{x}^{\to\theta}}\boldsymbol{1}_L}{L^2},\ \theta \in \Theta \tag{⑥}$$

$$J_{\mathrm{STMV}}(\theta) = \boldsymbol{w}_{\mathrm{STMV}}^{\mathrm{H}}(\theta)\boldsymbol{R}_{\boldsymbol{x}^{\to\theta}\boldsymbol{x}^{\to\theta}}\boldsymbol{w}_{\mathrm{STMV}}(\theta) = \frac{1}{\boldsymbol{1}_L^{\mathrm{H}}\boldsymbol{R}_{\boldsymbol{x}^{\to\theta}\boldsymbol{x}^{\to\theta}}^{-1}\boldsymbol{1}_L},\ \theta \in \Theta \tag{⑦}$$

式中，Θ 为感兴趣的角度区域。

试通过计算机仿真，研究不同条件下两种方法的信号波达方向估计性能。

（4）重新定义下述宽带信号空间谱：

$$J_{\mathrm{STEP}}(\theta) = \frac{1}{\boldsymbol{1}_L^{\mathrm{H}}\left[\sum_{l=M'+1}^{L}\boldsymbol{u}_l(\theta)\boldsymbol{u}_l^{\mathrm{H}}(\theta)\right]\boldsymbol{1}_L},\ \theta \in \Theta \tag{⑧}$$

式中，$\boldsymbol{u}_1(\theta),\boldsymbol{u}_2(\theta),\cdots,\boldsymbol{u}_L(\theta)$ 为 $\boldsymbol{R}_{\boldsymbol{x}^{\to\theta}\boldsymbol{x}^{\to\theta}}$ 按降序排列特征值所对应的特征矢量；$M \leqslant M' \leqslant L-1$，其中 M 和 L 分别为信号源数和阵元数。

试通过计算机仿真，分析研究不同 M' 值所对应的宽带信号空间谱图特点，并将其与式⑥和式⑦所示方法进行比较，解释所观察到的现象。

（5）将问题（3）和问题（4）中的方法推广至抽头延迟线阵列结构。

（6）假设 $L \geqslant 2M$，$Q > M$，其中 L 为阵元数，M 为信号源数，Q 为可用频点数。证明：当且仅当 $\theta = \theta_m$ 时，$\sum_{q\neq q_0}\underline{\boldsymbol{H}}_{\omega^{(q)},\theta}\underline{\boldsymbol{H}}_{\omega^{(q)},\theta}^{\mathrm{H}}$ 会出现亏秩现象，其中 $\underline{\boldsymbol{H}}_{\omega^{(q)},\theta}$ 的定义如6.1.7节所示，θ_m 为第 m 个信号的波达方向。

（7）对式⑤所定义的 $\boldsymbol{R}_{\underline{\boldsymbol{x}}\underline{\boldsymbol{x}}}^{(q)}(\theta)$ 进行特征分解，并令 $\{\boldsymbol{u}_l^{(q)}(\theta)\}_{l=M+1}^{L}$ 为其 $L-M$ 个较小

特征值所对应的特征矢量，构造下述宽带信号空间谱：

$$J_{\mathrm{STOP}}(\theta) = \frac{1}{\sum_q \left[\frac{1}{L-M_l}\sum_{l=M+1}^{L} | \boldsymbol{1}_L^{\mathrm{H}}\boldsymbol{u}_l^{(q)}(\theta) |^2\right]}, \theta \in \Theta \tag{⑨}$$

分析式⑨所示方法与式（6.11）所示方法的关系。

【6-3】本题讨论采用带延迟抽头线的等距线阵实现无须子带分解的宽带信号波达方向估计。

（1）自设条件，并通过计算机仿真研究阵列输出协方差矩阵 $\boldsymbol{R}_{xx}$ 特征值的大小分布，解释所观察到的现象。

（2）若 $\boldsymbol{R}_{xx}$ 存在 M' 个较大特征值，且 $M' < LP$，其中 L 和 $P-1$ 分别为阵元数和延迟抽头数，定义式⑩所示宽带信号空间谱[100]：

$$J_{\mathrm{BASS-ALE}}(\theta) = \sum_q \left(\sum_{l=M'+1}^{LP} \frac{1}{| \boldsymbol{a}^{\mathrm{H}}(\omega^{(q)},\theta)\boldsymbol{u}_l |^2}\right), \theta \in \Theta \tag{⑩}$$

$$\boldsymbol{a}(\omega^{(q)},\theta) = \boldsymbol{a}_{\omega^{(q)}}^{(P,\tau)} \otimes [1, \mathrm{e}^{\mathrm{j}\omega^{(q)}d\sin\theta/c}, \cdots, \mathrm{e}^{\mathrm{j}\omega^{(q)}(L-1)d\sin\theta/c}]^{\mathrm{T}}$$

$$\boldsymbol{a}_{\omega^{(q)}}^{(P,\tau)} = [1, \mathrm{e}^{-\mathrm{j}\omega^{(q)}\tau}, \mathrm{e}^{-\mathrm{j}2\omega^{(q)}\tau}, \cdots, \mathrm{e}^{-\mathrm{j}\omega^{(q)}(P-1)\tau}]^{\mathrm{T}}$$

式中，$\omega^{(q)} = 2\pi q/T_0$，其中 q 为整数，T_0 为阵列数据观测时间；$\{\boldsymbol{u}_l\}_{l=M'+1}^{L}$ 为 $\boldsymbol{R}_{xx}$ 较小特征值对应的特征矢量；Θ 为感兴趣的角度区域；τ 为抽头延时；d 为阵元间距；c 为信号波传播速度。

试通过计算机仿真，研究不同条件下该方法的测向性能。

（3）如果 $P = 1$，本题方法可能存在什么问题？为什么？

【6-4】非相干信号子空间方法的空间谱也可按式⑪进行构造：

$$J_{\mathrm{ISM}}(\theta) = \frac{\frac{1}{Q}\left[\sum_q | \underline{\boldsymbol{a}}^{\mathrm{H}}(\omega^{(q)},\theta)\underline{\boldsymbol{a}}(\omega^{(q)},\theta) |\right]}{\prod_q \left[\frac{1}{L-M}\sum_{l=M+1}^{L} | \underline{\boldsymbol{a}}^{\mathrm{H}}(\omega^{(q)},\theta)\ \hat{\underline{\boldsymbol{u}}}_l(\omega^{(q)}) |^2\right]^{1/Q}}, \theta \in \Theta \tag{⑪}$$

式中所有符号定义均与式（6.11）相同。考虑 8 元等距线阵，2 个入射宽带信号互不相关，波达方向分别为 0°和 45°。

试通过计算机仿真，研究和比较式（6.11）和式⑪所示的两种非相干信号子空间方法在不同阵元间距、不同信噪比以及不同快拍数条件下的信号波达方向估计性能。

【6-5】6 元等距线阵，2 个非多径传播宽带信号其波达方向分别为 10°和 55°。试通过计算机仿真，比较非相干信号子空间方法和相干信号子空间方法在不同阵元间距、不同信噪比、不同信号相关系数以及不同快拍数条件下的信号波达方向估计性能。

【6-6】6 元等距线阵，2 个多径传播宽带信号，其波达方向分别为 5°和 35°。试通过计算机仿真，比较相干信号子空间方法在不同阵元间距、不同信噪比以及不同快拍数条件下的信号波达方向估计性能。

【6-7】在无噪条件下，讨论下述双边相关变换（TCT）聚焦矩阵优化求解问题[82]：

$$\min_{\boldsymbol{F}^{(q)}} \| \boldsymbol{R}_{\underline{xx}}(\omega_{\mathrm{R}}) - \boldsymbol{F}^{(q)}\boldsymbol{R}_{\underline{xx}}(\omega^{(q)})(\boldsymbol{F}^{(q)})^{\mathrm{H}} \|_{\mathrm{F}}^2 \quad \text{s. t.} \quad (\boldsymbol{F}^{(q)})^{\mathrm{H}}\boldsymbol{F}^{(q)} = \boldsymbol{I} \tag{⑫}$$

式中，ω_{R} 为参考频率；“$\| \cdot \|_{\mathrm{F}}$”表示 Frobenius 范数；$\boldsymbol{R}_{\underline{xx}}(\omega^{(q)})$ 为频点 $\omega^{(q)}$ 处的阵列频

域输出协方差矩阵。

（1）求出式⑫的解。

（2）基于问题（1），推导一种宽带信号波达方向估计方法，并通过计算机仿真研究其性能。

【6-8】 假设阵列可以划分为 Q 个子阵（均为等距线阵），其中 Q 为可用频点数。若第 q 个子阵的阵元间距为第 q 个子带波长的1/2，即为 $\pi c/\omega^{(q)}$，其中 c 为信号波传播速度，则所有子阵其流形矢量均相同，此时频域平滑可直接通过所有子阵输出协方差矩阵的平均加以实现。

实际中可借鉴时域采样及其内插重构理论，通过空域重采样技术构造 Q 个满足上述频率不变条件的虚拟子阵。根据习题【3-12】所介绍的阵列流形分离原理，设计一种可能的空间重采样方法，并推导一种无须信号波达方向预估计的聚焦矩阵构造方法。

【6-9】 基于6.1.9节的讨论，推导基于旋转不变参数估计技术的宽带循环平稳信号波达方向估计方法，并通过计算机仿真，研究其在不同条件下的信号波达方向估计性能。

【6-10】 本题讨论循环或共轭循环互不相关宽带循环平稳信号波达方向估计的频域方法。根据定义，可知

$$
\begin{aligned}
R_{x_l,x_n}^{(\acute{\omega}_0)}(\tau) &= \langle E\{x_l(t)x_n^*(t-\tau)\}\mathrm{e}^{-\mathrm{j}\acute{\omega}_0 t}\rangle \\
&= \sum_{m=0}^{M-1}\langle E\{s_m(t+\tau_{l,m})s_m^*(t+\tau_{n,m}-\tau)\}\mathrm{e}^{-\mathrm{j}\acute{\omega}_0 t}\rangle \\
&= \sum_{m=0}^{M-1}\langle E\{s_m(t+\tau_{l,m})s_m^*(t+\tau_{l,m}-\tau_{l,m}+\tau_{n,m}-\tau)\}\mathrm{e}^{-\mathrm{j}\acute{\omega}_0(t+\tau_{l,m})}\mathrm{e}^{\mathrm{j}\acute{\omega}_0\tau_{l,m}}\rangle \\
&= \sum_{m=0}^{M-1}\langle E\{s_m(t)s_m^*(t-\tau-\tau_{l,m}+\tau_{n,m})\}\mathrm{e}^{-\mathrm{j}\acute{\omega}_0 t}\rangle\mathrm{e}^{\mathrm{j}\acute{\omega}_0\tau_{l,m}} \\
&= \sum_{m=0}^{M-1}R_{s_m,s_m}^{(\acute{\omega}_0)}(\tau+\tau_{l,m}-\tau_{n,m})\mathrm{e}^{\mathrm{j}\acute{\omega}_0\tau_{l,m}}
\end{aligned}
\tag{⑬}
$$

式中，$R_{s_m,s_m}^{(\acute{\omega}_0)}(\tau) = \langle E\{s_m(t)s_m^*(t-\tau)\}\mathrm{e}^{-\mathrm{j}\acute{\omega}_0 t}\rangle$。

对 $R_{x_l,x_n}^{(\acute{\omega}_0)}(\tau)$ 进行傅里叶变换可得

$$
\begin{aligned}
\underline{\mathcal{Q}}_{x_l,x_n}^{(\acute{\omega}_0)}(\omega) &= \int_{-\infty}^{\infty}R_{x_l,x_n}^{(\acute{\omega}_0)}(\tau)\mathrm{e}^{-\mathrm{j}\omega\tau}\mathrm{d}\tau \\
&= \sum_{m=0}^{M-1}\mathrm{e}^{\mathrm{j}\acute{\omega}_0\tau_{l,m}}\left[\int_{-\infty}^{\infty}R_{s_m,s_m}^{(\acute{\omega}_0)}(\tau+\tau_{l,m}-\tau_{n,m})\mathrm{e}^{-\mathrm{j}\omega\tau}\mathrm{d}\tau\right] \\
&= \sum_{m=0}^{M-1}\mathrm{e}^{\mathrm{j}\acute{\omega}_0\tau_{l,m}}\mathrm{e}^{\mathrm{j}\omega(\tau_{l,m}-\tau_{n,m})}\left[\int_{-\infty}^{\infty}R_{s_m,s_m}^{(\acute{\omega}_0)}(\tau+\tau_{l,m}-\tau_{n,m})\mathrm{e}^{-\mathrm{j}\omega(\tau+\tau_{l,m}-\tau_{n,m})}\mathrm{d}\tau\right] \\
&= \sum_{m=0}^{M-1}\mathrm{e}^{\mathrm{j}(\omega+\acute{\omega}_0)\tau_{l,m}}\mathrm{e}^{-\mathrm{j}\omega\tau_{n,m}}\underbrace{\left[\int_{-\infty}^{\infty}R_{s_m,s_m}^{(\acute{\omega}_0)}(\tau)\mathrm{e}^{-\mathrm{j}\omega\tau}\mathrm{d}\tau\right]}_{\underline{\mathcal{Q}}_m^{(\acute{\omega}_0)}(\omega)} \\
&= \sum_{m=0}^{M-1}\underline{\mathcal{Q}}_m^{(\acute{\omega}_0)}(\omega)\mathrm{e}^{\mathrm{j}(\omega+\acute{\omega}_0)\tau_{l,m}}\mathrm{e}^{-\mathrm{j}\omega\tau_{n,m}}
\end{aligned}
\tag{⑭}
$$

（1）根据上述分析，推导一种基于子空间分解的宽带循环平稳信号波达方向频域估计方法。

（2）若信号为共轭循环平稳，写出 $R_{x_l,x_n*}^{(\acute{\omega}_{0*})}(\tau)$ 及其傅里叶变换。

（3）若将阵列信号变换至基带进行处理，重新推导 $R_{x_l,x_n}^{(\acute{\omega}_0)}(\tau)$ 、$R_{x_l,x_n*}^{(\acute{\omega}_{0*})}(\tau)$ 以及两者的傅里叶变换。

（4）本题所得结论与1.3.2节所讨论的内容有何异同点？

【6-11】 假设 M 个待处理宽带信号互不相关，且具有相同的平坦功率谱密度，谱支撑区间均为 $[\omega_L,\omega_H]$；阵列为 L 元等距线阵，阵元噪声为空间白噪声。

（1）令 $\boldsymbol{r}_n$ 为阵列输出协方差矩阵 $\boldsymbol{R}_{xx}$ 的第 n 列，试证明

$$\boldsymbol{r}_n = \sum_{m=0}^{M-1}\boldsymbol{a}_{n,\theta_m}\sigma_m^2 + \sigma^2\boldsymbol{i}_L^{(n)} \qquad ⑮$$

$$\boldsymbol{a}_{n,\theta_m}(l) = \frac{\sin[(\omega_H-\omega_L)\tau_{l-n}(\theta_m)/2]}{[(\omega_H-\omega_L)\tau_{l-n}(\theta_m)/2]}e^{j(\omega_H+\omega_L)\tau_{l-n}(\theta_m)/2}$$

式中，σ_m^2 为第 m 个信号的功率；σ^2 为噪声功率；$\boldsymbol{i}_L^{(n)}$ 为 $L\times L$ 维单位矩阵的第 n 列；$\tau_l(\theta_m)=ld\sin\theta_m/c$ ；$l=1,2,\cdots,L$；d 为阵元间距；θ_m 为第 m 个信号的波达方向；c 为信号波传播速度。

（2）假设信号波扫过整个阵列的传播时延最大值小于信号相关时间，根据式⑮所示结论，基于6.1.8节的讨论，设计两种可能的宽带信号波达方向估计方法，并通过计算机仿真分析比较其性能。

【6-12】 假设波束形成器阵列为 L 元等距线阵，阵元间距为 d。

（1）图6.12所示的抽头延迟线宽带线性约束最小方差波束形成器，其中 $L=5$, $P=3$, $d=\pi c/\omega_H$, $\tau=\pi/\omega_H$, ω_H 为信号最高频率，c 为信号波传播速度，$\Delta\tau_l=0$, $l=0,1,\cdots,L-1$ ，波束形成器的权矢量为 $\boldsymbol{w}=[0,0,0,0,0,0.2,0.2,0.2,0.2,0.2,0,0,0,0,0]^T$。

画出此时波束形成器的频率-空间二维幅度波束方向图（对数坐标）：

$$20\lg|\mathcal{G}_w(\omega/\omega_H,\theta)| = 20\lg\left|\sum_{l=0}^{4}0.2e^{j(\omega/\omega_H)\pi(l\sin\theta-1)}\right| \qquad ⑯$$

并解释所观察到的主要现象。

（2）假设期望信号波达方向为30°，推导并画出图6.12所示宽带波束形成器的频率-空间二维波束方向图，解释所观察到的主要现象。

（3）如图6.17所示宽带波束形成器，其中 $\underline{h}_l(\omega)$ 为阵元 l 后接滤波器的频率响应。

将该宽带波束形成器结构与第2章所介绍的窄带波束形成器结构进行比较，并证明该宽带波束形成器的频率-空间二维波束方向图可以写成

$$\begin{cases}\mathcal{G}(\omega,\theta) = \sum_{l=0}^{L-1}\underline{h}_l(\omega)e^{j\omega ld\sin\theta/c} = \underline{\boldsymbol{b}}^T(\omega)\boldsymbol{a}(\omega,\theta)\\ \underline{\boldsymbol{b}}(\omega) = [\underline{h}_0(\omega),\underline{h}_1(\omega),\cdots,\underline{h}_{L-1}(\omega)]^T\\ \boldsymbol{a}(\omega,\theta) = [1,e^{j\omega d\sin\theta/c},\cdots,e^{j\omega(L-1)d\sin\theta/c}]^T\end{cases} \qquad ⑰$$

若通过对 $\underline{h}_l(\omega)$ 的合理设计可使 $\mathcal{G}(\omega,\theta)$ 在工作频带内近似与频率无关，即 $\mathcal{G}(\omega,\theta)\approx\mathcal{G}(\theta)$ ，则相应的波束形成器又称为频率不变宽带波束形成器，查阅文献，研究频率不变滤波器的设计方法。

（4）假设一共可以设计出 N 组滤波器 $\{\underline{\boldsymbol{b}}_n(\omega)\}_{n=0}^{N-1}$ ，使得

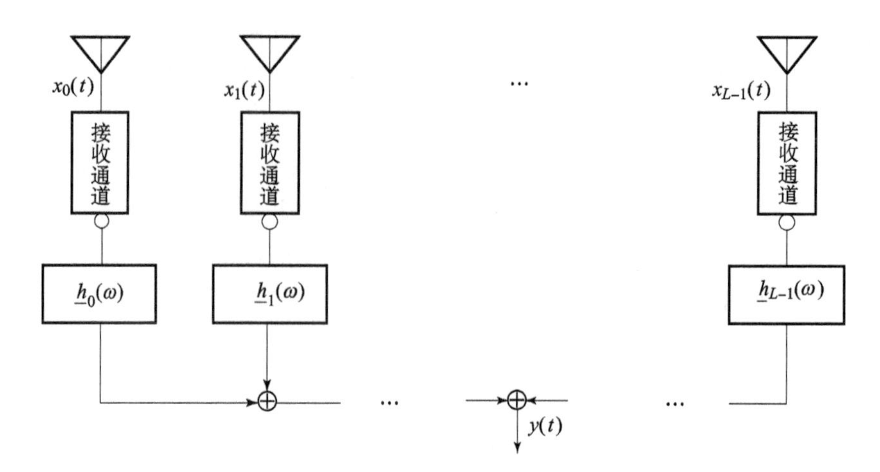

图 6.17　频率不变宽带波束形成器的实现结构框图

$$\underbrace{\begin{bmatrix} \underline{\boldsymbol{b}}_0^{\mathrm{T}}(\omega) \\ \underline{\boldsymbol{b}}_1^{\mathrm{T}}(\omega) \\ \vdots \\ \underline{\boldsymbol{b}}_{N-1}^{\mathrm{T}}(\omega) \end{bmatrix}}_{\underline{\boldsymbol{W}}(\omega)} \boldsymbol{a}(\omega,\theta) = \begin{bmatrix} \underline{\boldsymbol{b}}_0^{\mathrm{T}}(\omega)\boldsymbol{a}(\omega,\theta) \\ \underline{\boldsymbol{b}}_1^{\mathrm{T}}(\omega)\boldsymbol{a}(\omega,\theta) \\ \vdots \\ \underline{\boldsymbol{b}}_{N-1}^{\mathrm{T}}(\omega)\boldsymbol{a}(\omega,\theta) \end{bmatrix} \approx \underbrace{\begin{bmatrix} \mathcal{G}_0(\theta) \\ \mathcal{G}_1(\theta) \\ \vdots \\ \mathcal{G}_{N-1}(\theta) \end{bmatrix}}_{\underline{\boldsymbol{a}}(\theta)} \tag{⑱}$$

即 $\underline{\boldsymbol{W}}(\omega)\boldsymbol{a}(\omega,\theta) \approx \underline{\boldsymbol{a}}(\theta)$ 。分析式⑱所示频率不变波束变换与相干信号子空间方法中的聚焦操作有何异同点。

（5）证明式⑲成立：

$$\begin{cases} \bar{\boldsymbol{R}}_{\underline{y}\underline{y}} = \sum_q \underline{\boldsymbol{W}}(\omega^{(q)})\boldsymbol{R}_{\underline{x}\underline{x}}(\omega^{(q)})[\underline{\boldsymbol{W}}(\omega^{(q)})]^{\mathrm{H}} = \underline{\boldsymbol{A}}(\boldsymbol{\theta})\bar{\boldsymbol{R}}_{\underline{s}\underline{s}}\underline{\boldsymbol{A}}^{\mathrm{H}}(\boldsymbol{\theta}) + \bar{\boldsymbol{R}}_{\underline{n}\underline{n}} \\ \bar{\boldsymbol{R}}_{\underline{s}\underline{s}} = \sum_q \boldsymbol{R}_{\underline{s}\underline{s}}(\omega^{(q)}) \\ \bar{\boldsymbol{R}}_{\underline{n}\underline{n}} = \sum_q \underline{\boldsymbol{W}}(\omega^{(q)})\boldsymbol{R}_{\underline{n}\underline{n}}(\omega^{(q)})[\underline{\boldsymbol{W}}(\omega^{(q)})]^{\mathrm{H}} \\ \underline{\boldsymbol{A}}(\boldsymbol{\theta}) = [\underline{\boldsymbol{a}}(\theta_0),\underline{\boldsymbol{a}}(\theta_1),\cdots,\underline{\boldsymbol{a}}(\theta_{M-1})] \end{cases} \tag{⑲}$$

式中，$\boldsymbol{R}_{\underline{x}\underline{x}}(\omega^{(q)})$ 为频点 $\omega^{(q)}$ 处的阵列频域输出协方差矩阵；$\boldsymbol{R}_{\underline{s}\underline{s}}(\omega^{(q)})$ 和 $\boldsymbol{R}_{\underline{n}\underline{n}}(\omega^{(q)})$ 分别为频点 $\omega^{(q)}$ 处的信号频域协方差矩阵和噪声频域协方差矩阵；$\boldsymbol{\theta}$ 为信号波达方向矢量；θ_m 为第 m 个信号的波达方向；M 为信号源数。

基于式⑲，推导一种基于频率不变波束变换的宽带信号波达方向估计方法。

【6-13】 Frost 提出了宽带线性约束最小方差波束形成器的约束最小均方连续自适应实现算法（假设期望信号波达方向为 0°），其权矢量更新公式为[97]

$$\begin{cases} \hat{\boldsymbol{w}}^{(0)} = \boldsymbol{C}(\boldsymbol{C}^{\mathrm{T}}\boldsymbol{C})^{-1}\boldsymbol{c} \\ \hat{\boldsymbol{w}}^{(k+1)} = [\boldsymbol{I}_{LP} - \boldsymbol{C}(\boldsymbol{C}^{\mathrm{T}}\boldsymbol{C})^{-1}\boldsymbol{C}^{\mathrm{T}}][\hat{\boldsymbol{w}}^{(k)} - \Delta_k y(t_k)\boldsymbol{x}(t_k)] + \boldsymbol{C}(\boldsymbol{C}^{\mathrm{T}}\boldsymbol{C})^{-1}\boldsymbol{c} \\ 0 < \Delta_k < \dfrac{2}{3\mathrm{tr}\{\boldsymbol{R}_{xx}\}} \end{cases} \tag{⑳}$$

式中，$\hat{\boldsymbol{w}}^{(k)}$ 表示第 k 次迭代更新后的波束形成器权矢量，$\hat{\boldsymbol{w}}^{(0)}$ 为其初始值；$\boldsymbol{I}_{LP}$ 表示 $LP \times LP$

维单位矩阵，其中 L 为阵元数，$P-1$ 为抽头延迟线数；$\boldsymbol{C}$ 和 $\boldsymbol{c}$ 分别为约束矩阵和约束矢量；$\boldsymbol{x}(t_k)$ 为阵列输出信号矢量；$y(t_k)$ 为第 k 次迭代后波束形成器的输出；Δ_k 为步长因子；$\boldsymbol{R}_{xx}$ 为阵列输出协方差矩阵；“tr” 表示矩阵迹。

试通过计算机仿真研究该方法的收敛性能和稳态性能。

【6-14】 如图 6.18 所示的宽带旁瓣相消器，其中 $\boldsymbol{B}$ 为 $L' \times L$ 维行满秩阻塞矩阵，L 为阵元数，且 $L' < L$ 。假设期望信号波达方向为 0°。

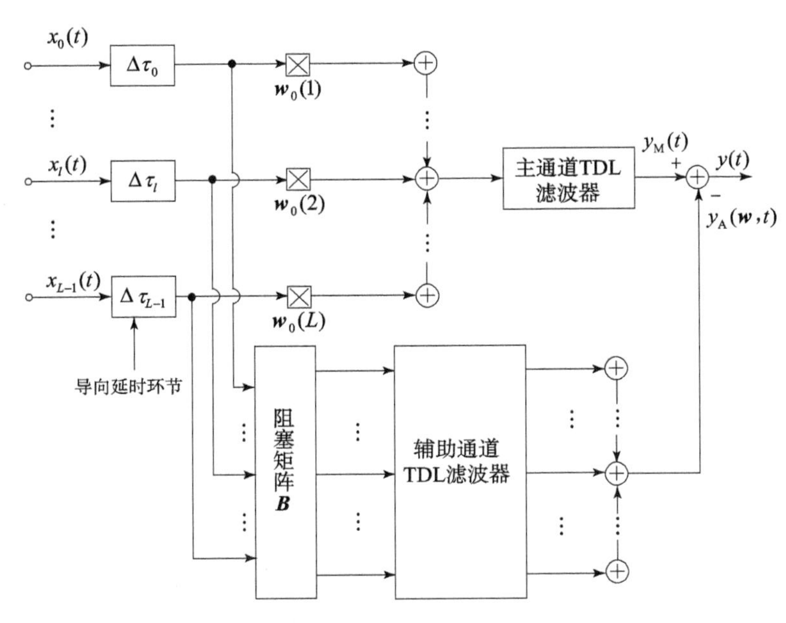

图 6.18　宽带旁瓣相消器结构示意图

（1）如何设计阻塞矩阵 $\boldsymbol{B}$ ，使得 $\boldsymbol{B}\boldsymbol{1}_L = \boldsymbol{0}$?

（2）如何设计主通道权矢量 $\boldsymbol{w}_0$ ，使得 $\boldsymbol{w}_0^{\mathrm{T}}\boldsymbol{1}_L = 1$?

（3）假设主通道和辅助通道输出信号分别记为 $y_{\mathrm{M}}(t)$ 和 $y_{\mathrm{A}}(\boldsymbol{w},t)$ ，其中 $\boldsymbol{w}$ 为辅助通道 TDL 滤波器的权矢量，其设计准则为

$$\min_{\boldsymbol{w}\neq\boldsymbol{0}} E\{|y_{\mathrm{M}}(t) - y_{\mathrm{A}}(\boldsymbol{w},t)|^2\} \tag{21}$$

求出辅助通道 TDL 滤波器权矢量的解。

【6-15】 本题讨论基于导数约束以及对角加载技术的对指向误差不敏感的线性约束最小方差鲁棒宽带自适应波束形成器设计问题[101]。假设波束形成器阵列为 L 元等距线阵，抽头延迟线数为 $P-1$ ，期望信号波达方向的标称值为 0°。

（1）导数约束鲁棒宽带自适应波束形成器的权矢量设计准则为

$$\min_{\boldsymbol{w}} \boldsymbol{w}^{\mathrm{H}}\boldsymbol{R}_{xx}\boldsymbol{w} \quad \text{s. t.} \quad [\boldsymbol{C}^{(0)},\boldsymbol{C}^{(1)},\cdots,\boldsymbol{C}^{(N-1)}]^{\mathrm{H}}\boldsymbol{w} = [\boldsymbol{c}^{\mathrm{T}},\boldsymbol{0}^{\mathrm{T}},\cdots,\boldsymbol{0}^{\mathrm{T}}]^{\mathrm{T}} \tag{22}$$

式中，$\boldsymbol{R}_{xx}$ 为阵列输出协方差矩阵；$\boldsymbol{c} = \boldsymbol{i}_P^{(1)}$ 为 $P \times P$ 维单位矩阵的第 1 列；$\boldsymbol{C}^{(n)} = \begin{bmatrix} \boldsymbol{\iota}_L^{(n)} & & & \\ & \boldsymbol{\iota}_L^{(n)} & & \\ & & \ddots & \\ & & & \boldsymbol{\iota}_L^{(n)} \end{bmatrix}_{LP\times P}$ ，其中 $\boldsymbol{\iota}_L^{(n)} = [\delta^n(n),1^n,\cdots,(L-1)^n]^{\mathrm{T}}$ ，$n = 0,1,\cdots,N-1$ ，

$\delta(x)$ 为狄拉克 Delta 函数。

解释式㉒并求出其解。

(2) 对角加载鲁棒宽带自适应波束形成器的权矢量设计准则为：

$$\min_{w} \boldsymbol{w}^{\mathrm{H}} \boldsymbol{R}_{xx} \boldsymbol{w} + \lambda \boldsymbol{w}^{\mathrm{H}} \boldsymbol{w} \quad \text{s. t.} \quad \boldsymbol{C}^{\mathrm{H}} \boldsymbol{w} = \boldsymbol{c} \tag{㉓}$$

式中，λ为对角加载因子；$\boldsymbol{C}$ 和 $\boldsymbol{c}$ 分别为约束矩阵和约束矢量，前者定义如式（6.76）备注项所示，后者可取为单位矩阵的第一列矢量。

求出式㉓的解。

(3) 通过计算机仿真，研究不同条件下问题（1）和问题（2）中所得波束形成器对指向误差的鲁棒性。

【6-16】根据第 1 章的讨论，宽带阵列阵元 l 解调输出信号可以写成

$$x_l(t) = \sum_{m=0}^{M-1} s_m(t + \tau_{l,m}) \mathrm{e}^{\mathrm{j}\omega_0 \tau_{l,m}} + n_l(t) \tag{㉔}$$

式中，$\tau_{l,m}$ 为第 m 个信号波到达阵元 l 相对于到达参考阵元的传播时延；M 为信号源数；ω_0 为信号中心角频率；$n_l(t)$ 为与信号统计独立的阵元 l 噪声。

假设

$$s_m(t) = \left[\sqrt{\frac{1+\alpha_m}{2}} s_{m1}(t) + \mathrm{j} \sqrt{\frac{1-\alpha_m}{2}} s_{m2}(t) \right] \mathrm{e}^{\mathrm{j}\beta_m/2} \tag{㉕}$$

式中，$0 \leqslant \alpha_m \leqslant 1$，$0 \leqslant \beta_m < 2\pi$，$s_{m1}(t)$ 和 $s_{m2}(t)$ 为两个功率相同的零均值宽平稳实随机过程。

(1) 研究 $s_m(t)$ 的自相关函数、共轭自相关函数以及功率谱密度、共轭功率谱密度，在什么条件下 $s_m(t)$ 具有非圆性?

(2) 若所有信号均为非圆信号，定义下述矢量：

$$\boldsymbol{r} = \begin{bmatrix} \boldsymbol{J}^{(0)} & & & \\ & \boldsymbol{J}^{(1)} & & \\ & & \ddots & \\ & & & \boldsymbol{J}^{(L-1)} \end{bmatrix} \mathrm{vec}\{\boldsymbol{R}_{xx^*}\} \tag{㉖}$$

式中，$\boldsymbol{R}_{xx^*} = E\{\boldsymbol{x}(t)\boldsymbol{x}^{\mathrm{T}}(t)\}$ 为阵列输出共轭协方差矩阵；$\boldsymbol{J}^{(l)} = [\boldsymbol{O}_{(L-l)\times l}, \boldsymbol{I}_{L-l}]$，$l = 0,1,\cdots,L-1$。

研究矢量 $\boldsymbol{r}$ 的代数结构，参考 6.1.8 节的讨论，研究基于 $\boldsymbol{r}$ 的多维搜索和稀疏表示及重构等宽带信号波达方向估计方法。

附录 A：

特征分解和克拉美—罗下界

1. 厄米特矩阵特征分解的主要性质

对于 $L \times L$ 维矩阵 $\boldsymbol{R}$，若存在非零矢量 $\boldsymbol{u}$ 使得 $\boldsymbol{R}\boldsymbol{u} = \mu \boldsymbol{u}$，则 μ 和 $\boldsymbol{u}$ 分别称为 $\boldsymbol{R}$ 的一个特征值和对应的一个特征矢量。若 $\boldsymbol{R}$ 为厄米特矩阵，则其所有特征值均是实的，并且存在 L 个标准正交的特征矢量。

1）厄米特矩阵 $\boldsymbol{R}$ 的所有特征值都是实的

由矩阵特征分解定义可知 $\boldsymbol{R}\boldsymbol{u} = \mu \boldsymbol{u}$，所以

$$\boldsymbol{u}^{\mathrm{H}} \boldsymbol{R}^{\mathrm{H}} = \mu^{*} \boldsymbol{u}^{\mathrm{H}} \tag{A.1}$$

又 $\boldsymbol{R}^{\mathrm{H}} = \boldsymbol{R}$，因此

$$\boldsymbol{u}^{\mathrm{H}} \boldsymbol{R} = \mu^{*} \boldsymbol{u}^{\mathrm{H}} \tag{A.2}$$

进一步可得

$$\boldsymbol{u}^{\mathrm{H}} \boldsymbol{R} \boldsymbol{u} = \mu^{*} \boldsymbol{u}^{\mathrm{H}} \boldsymbol{u} = \boldsymbol{u}^{\mathrm{H}} (\mu \boldsymbol{u}) = \mu \boldsymbol{u}^{\mathrm{H}} \boldsymbol{u} \tag{A.3}$$

又由于 $\boldsymbol{u}^{\mathrm{H}} \boldsymbol{u} > 0$，所以 $\mu = \mu^{*}$。

进一步地，若 $\boldsymbol{R}$ 为非负定矩阵，则

$$\boldsymbol{u}^{\mathrm{H}} \boldsymbol{R} \boldsymbol{u} = \mu \boldsymbol{u}^{\mathrm{H}} \boldsymbol{u} \geqslant 0 \Rightarrow \mu \geqslant 0 \tag{A.4}$$

若 $\boldsymbol{R}$ 为正定矩阵，则

$$\boldsymbol{u}^{\mathrm{H}} \boldsymbol{R} \boldsymbol{u} = \mu \boldsymbol{u}^{\mathrm{H}} \boldsymbol{u} > 0 \Rightarrow \mu > 0 \tag{A.5}$$

2）厄米特矩阵 $\boldsymbol{R}$ 存在标准正交的特征矢量

以 2 维为例，令 μ_1 和 μ_2 是矩阵 $\boldsymbol{R}$ 的两个特征值，由于厄米特矩阵为可对角化矩阵，所以存在两个线性无关的矢量 $\boldsymbol{u}_1'$ 和 $\boldsymbol{u}_2'$，使得

$$\boldsymbol{R}\boldsymbol{u}_1' = \mu_1 \boldsymbol{u}_1' \tag{A.6}$$

$$\boldsymbol{R}\boldsymbol{u}_2' = \mu_2 \boldsymbol{u}_2' \tag{A.7}$$

若 $\mu_1 \neq \mu_2$，则

$$\boldsymbol{u}_2'^{\mathrm{H}} \boldsymbol{R} \boldsymbol{u}_1' = \mu_1 \boldsymbol{u}_2'^{\mathrm{H}} \boldsymbol{u}_1' \Rightarrow \boldsymbol{u}_1'^{\mathrm{H}} \boldsymbol{R}^{\mathrm{H}} \boldsymbol{u}_2' = \boldsymbol{u}_1'^{\mathrm{H}} \boldsymbol{R} \boldsymbol{u}_2' = \mu_1^{*} \boldsymbol{u}_1'^{\mathrm{H}} \boldsymbol{u}_2' = \mu_1 \boldsymbol{u}_1'^{\mathrm{H}} \boldsymbol{u}_2' \tag{A.8}$$

$$\boldsymbol{u}_1'^{\mathrm{H}} \boldsymbol{R} \boldsymbol{u}_2' = \mu_2 \boldsymbol{u}_1'^{\mathrm{H}} \boldsymbol{u}_2' \tag{A.9}$$

由此可得

$$\mu_1 \boldsymbol{u}_1'^{\mathrm{H}} \boldsymbol{u}_2' = \mu_2 \boldsymbol{u}_1'^{\mathrm{H}} \boldsymbol{u}_2' \Rightarrow (\mu_1 - \mu_2) \boldsymbol{u}_1'^{\mathrm{H}} \boldsymbol{u}_2' = 0 \Rightarrow \boldsymbol{u}_1'^{\mathrm{H}} \boldsymbol{u}_2' = 0 \tag{A.10}$$

两者归一化后即为标准正交特征矢量：

$$\boldsymbol{R} \underbrace{\left(\frac{\boldsymbol{u}_1'}{\| \boldsymbol{u}_1' \|_2} \right)}_{\boldsymbol{u}_1} = \mu_1 \underbrace{\left(\frac{\boldsymbol{u}_1'}{\| \boldsymbol{u}_1' \|_2} \right)}_{\boldsymbol{u}_1} \tag{A.11}$$

$$\boldsymbol{R}\underbrace{\left(\frac{\boldsymbol{u}_2'}{\|\boldsymbol{u}_2'\|_2}\right)}_{\boldsymbol{u}_2} = \mu_2 \underbrace{\left(\frac{\boldsymbol{u}_2'}{\|\boldsymbol{u}_2'\|_2}\right)}_{\boldsymbol{u}_2} \tag{A.12}$$

若$\mu_1 = \mu_2 = \mu$，则

$$\boldsymbol{R}\underbrace{(c_{11}\boldsymbol{u}_1' + c_{12}\boldsymbol{u}_2')}_{\boldsymbol{u}_1} = \mu \underbrace{(c_{11}\boldsymbol{u}_1' + c_{12}\boldsymbol{u}_2')}_{\boldsymbol{u}_1} \tag{A.13}$$

$$\boldsymbol{R}\underbrace{(c_{21}\boldsymbol{u}_1' + c_{22}\boldsymbol{u}_2')}_{\boldsymbol{u}_2} = \mu \underbrace{(c_{21}\boldsymbol{u}_1' + c_{22}\boldsymbol{u}_2')}_{\boldsymbol{u}_2} \tag{A.14}$$

由于$\boldsymbol{u}_1'$和$\boldsymbol{u}_2'$线性无关，由 Gram – Schmidt 正交化原理可知，若

$$c_{11} = \frac{1}{\|\boldsymbol{u}_1'\|_2} \tag{A.15}$$

$$c_{12} = 0 \tag{A.16}$$

$$c_{21} = -\frac{\boldsymbol{u}_1'^{\mathrm{H}}\boldsymbol{u}_2'}{\|\boldsymbol{u}_1'\|_2^2 \cdot \left\| -\left(\frac{\boldsymbol{u}_1'^{\mathrm{H}}\boldsymbol{u}_2'}{\|\boldsymbol{u}_1'\|_2^2}\right)\boldsymbol{u}_1' + \boldsymbol{u}_2' \right\|_2} \tag{A.17}$$

$$c_{22} = \frac{1}{\left\| -\left(\frac{\boldsymbol{u}_1'^{\mathrm{H}}\boldsymbol{u}_2'}{\|\boldsymbol{u}_1'\|_2^2}\right)\boldsymbol{u}_1' + \boldsymbol{u}_2' \right\|_2} \tag{A.18}$$

则$\boldsymbol{u}_1$和$\boldsymbol{u}_2$为标准正交特征矢量：

$$\boldsymbol{u}_1 = \frac{1}{\|\boldsymbol{u}_1'\|_2}\boldsymbol{u}_1' \tag{A.19}$$

$$\boldsymbol{u}_2 = -\frac{\boldsymbol{u}_1'^{\mathrm{H}}\boldsymbol{u}_2'}{\|\boldsymbol{u}_1'\|_2^2 \cdot \left\| -\left(\frac{\boldsymbol{u}_1'^{\mathrm{H}}\boldsymbol{u}_2'}{\|\boldsymbol{u}_1'\|_2^2}\right)\boldsymbol{u}_1' + \boldsymbol{u}_2' \right\|_2}\boldsymbol{u}_1' + \frac{1}{\left\| -\left(\frac{\boldsymbol{u}_1'^{\mathrm{H}}\boldsymbol{u}_2'}{\|\boldsymbol{u}_1'\|_2^2}\right)\boldsymbol{u}_1' + \boldsymbol{u}_2' \right\|_2}\boldsymbol{u}_2' \tag{A.20}$$

进一步令$\boldsymbol{U} = [\boldsymbol{u}_1, \boldsymbol{u}_2, \cdots, \boldsymbol{u}_L]$，有

$$\boldsymbol{U}^{\mathrm{H}}\boldsymbol{U} = \boldsymbol{I}_L \Rightarrow \boldsymbol{U}^{\mathrm{H}}\boldsymbol{U}\boldsymbol{U}^{-1} = \boldsymbol{U}^{-1} \Rightarrow \boldsymbol{U}^{\mathrm{H}} = \boldsymbol{U}^{-1} \Rightarrow \boldsymbol{U}\boldsymbol{U}^{\mathrm{H}} = \boldsymbol{I}_L \tag{A.21}$$

2. 关于 1.3.1 节中性质“$\mathrm{span}\{\boldsymbol{u}_1, \boldsymbol{u}_2, \cdots, \boldsymbol{u}_Q\} = \mathrm{span}\{\boldsymbol{v}_1, \boldsymbol{v}_2, \cdots, \boldsymbol{v}_Q\}$”的证明

由于

$$\boldsymbol{A}\boldsymbol{R}_{ss}\boldsymbol{A}^{\mathrm{H}} = \sum_{l=1}^{Q} v_l \boldsymbol{v}_l \boldsymbol{v}_l^{\mathrm{H}} = \sum_{l=1}^{Q} v_l \boldsymbol{u}_l \boldsymbol{u}_l^{\mathrm{H}} \tag{A.22}$$

令

$$\boldsymbol{V}_Q = [\boldsymbol{v}_1, \boldsymbol{v}_2, \cdots, \boldsymbol{v}_Q] \tag{A.23}$$

$$\boldsymbol{U}_Q = [\boldsymbol{u}_1, \boldsymbol{u}_2, \cdots, \boldsymbol{u}_Q] \tag{A.24}$$

$$\boldsymbol{\Sigma}_Q = \mathrm{diag}\{v_1, v_2, \cdots, v_Q\} \tag{A.25}$$

则$\boldsymbol{V}_Q = \boldsymbol{U}_Q\boldsymbol{T}_Q$，且$\boldsymbol{T}_Q = \boldsymbol{\Sigma}_Q\boldsymbol{U}_Q^{\mathrm{H}}\boldsymbol{V}_Q\boldsymbol{\Sigma}_Q^{-1}$。

由于$\boldsymbol{V}_Q$和$\boldsymbol{U}_Q$的列矢量均为Q个标准正交的特征矢量，所以$\boldsymbol{T}_Q$为$Q \times Q$维满秩矩阵，由此$\boldsymbol{U}_Q = \boldsymbol{V}_Q\boldsymbol{T}_Q^{-1}$，其中$\boldsymbol{T}_Q^{-1}$也为$Q \times Q$维满秩矩阵。

很显然，两个子空间的维数相同。另外，若$\boldsymbol{x}$为$\mathrm{span}\{\boldsymbol{V}_Q\}$中任意非零矢量，则其可

写成

$$x = V_Q z = U_Q(T_Q z) \tag{A.26}$$

其中，z 和 $T_Q z$ 均为非零矢量，所以 x 一定也位于 $\mathrm{span}\{U_Q\}$ 中。反之，若 x 位于 $\mathrm{span}\{U_Q\}$ 中，同样可以证明 x 也一定位于 $\mathrm{span}\{V_Q\}$ 中。因此

$$\mathrm{span}\{u_1, u_2, \cdots, u_Q\} = \mathrm{span}\{v_1, v_2, \cdots, v_Q\} \tag{A.27}$$

进一步地，若 $Q = M$，则

$$U_Q = U_S = A\underbrace{[R_{ss}A^H U_S \Sigma_S^{-1}]}_{T} = AT \tag{A.28}$$

由于 U_S 和 A 均为列满秩矩阵，所以 T 为 $M \times M$ 维满秩矩阵。与上面证明步骤类似，可以证明

$$\mathrm{span}\{U_S\} = \mathrm{span}\{A\} \tag{A.29}$$

3. 信号波达方向估计的克拉美－罗下界[44,64,102]

假设噪声为零均值、空时白、宽平稳、圆、高斯随机过程，方差为 σ^2。首先考虑信号波达方向的确定/条件克拉美－罗下界（CRB），即将窄带信号的复包络或宽带信号的有限时间傅里叶变换视为未知的确定量。

窄带条件下，阵列时域观测矢量为

$$[x^T(t_0), x^T(t_1), \cdots, x^T(t_{K-1})]^T \tag{A.30}$$

式中，$x(t_k)$ 为第 k 次快拍矢量；K 为快拍数。

相应的信号波达方向估计的 CRB 矩阵为

$$\mathrm{CRB}_{\theta} = \frac{\sigma^2}{2}\left[\sum_{k=0}^{K-1}\mathrm{Re}\{\mathbb{S}^H(t_k)\dot{\mathbb{A}}^H P_A^{\perp}\dot{\mathbb{A}}\mathbb{S}(t_k)\}\right]^{-1} \tag{A.31}$$

式中，$\theta = [\theta_0, \theta_1, \cdots, \theta_{M-1}]^T$ 为信号波达方向矢量，其中 θ_m 为第 m 个信号待估计的波达方向；$\mathbb{S}(t_k) = \mathrm{diag}\{s_0(t_k), s_1(t_k), \cdots, s_{M-1}(t_k)\}$，其中 $s_m(t_k)$ 为第 k 次快拍第 m 个信号的复包络；$\dot{\mathbb{A}} = \left[\frac{\partial a(\theta_0)}{\partial\theta_0}, \frac{\partial a(\theta_1)}{\partial\theta_1}, \cdots, \frac{\partial a(\theta_{M-1})}{\partial\theta_{M-1}}\right]$，其中 $a(\theta_m)$ 为第 m 个信号的导向矢量；$P_A^{\perp} = I_L - A(A^H A)^{-1}A^H$，其中 $A = [a(\theta_0), a(\theta_1), \cdots, a(\theta_{M-1})]$ 为信号导向矢量矩阵。

证明如下：首先，记 $\Re_x = \mathrm{Re}\{x\}$，$\Im_x = \mathrm{Im}\{x\}$，则未知参数实矢量可写成

$$\varphi = [\sigma^2, \Re_{s(t_0)}^T, \Im_{s(t_0)}^T, \Re_{s(t_1)}^T, \Im_{s(t_1)}^T, \cdots, \Re_{s(t_{K-1})}^T, \Im_{s(t_{K-1})}^T, \theta^T]^T \tag{A.32}$$

其中，$s(t_k) = [s_0(t_k), s_1(t_k), \cdots, s_{M-1}(t_k)]^T$。相应的确定 CRB 矩阵为

$$\mathrm{CRB}_{\varphi} = \left[E\left\{\left(\frac{\partial f_{\mathrm{DLL}}}{\partial\varphi}\right)\left(\frac{\partial f_{\mathrm{DLL}}}{\partial\varphi}\right)^T\right\}\right]^{-1} \tag{A.33}$$

式中，f_{DLL} 为对数似然函数，即 $f_{\mathrm{DLL}} = -LK\ln\pi - LK\ln\sigma^2 - \frac{1}{\sigma^2}\sum_{k=0}^{K-1}\|x(t_k) - As(t_k)\|_2^2$。

根据定义可得

$$\frac{\partial f_{\mathrm{DLL}}}{\partial\sigma^2} = -\frac{LK}{\sigma^2} + \frac{1}{\sigma^4}\sum_{k=0}^{K-1}n^H(t_k)n(t_k) \tag{A.34}$$

$$\frac{\partial f_{\mathrm{DLL}}}{\partial\Re_{s(t_k)}} = \frac{2}{\sigma^2}\Re_{A^H n(t_k)} \tag{A.35}$$

$$\frac{\partial f_{\mathrm{DLL}}}{\partial \Im_{\boldsymbol{s}(t_k)}} = \frac{2}{\sigma^2}\Im_{\boldsymbol{A}^{\mathrm{H}}\boldsymbol{n}(t_k)} \tag{A.36}$$

$$\frac{\partial f_{\mathrm{DLL}}}{\partial \boldsymbol{\theta}} = \frac{2}{\sigma^2}\sum_{k=0}^{K-1}\Re_{\mathbb{S}^{\mathrm{H}}(t_k)\dot{\mathbb{A}}^{\mathrm{H}}\boldsymbol{n}(t_k)} \tag{A.37}$$

式中，$\boldsymbol{n}(t_k)$ 为噪声矢量。

由于噪声为空时白圆随机过程，并且高斯随机变量的三阶矩恒为0，所以 $\partial f_{\mathrm{DLL}}/\partial\sigma^2$ 与其他的偏导互不相关。此外，

$$E\{\boldsymbol{n}^{\mathrm{H}}(t_k)\boldsymbol{n}(t_k)\boldsymbol{n}^{\mathrm{H}}(t_k)\boldsymbol{n}(t_k)\} = L(L+1)\sigma^4 \tag{A.38}$$

$$E\{\boldsymbol{n}^{\mathrm{H}}(t_k)\boldsymbol{n}(t_k)\boldsymbol{n}^{\mathrm{H}}(t_n)\boldsymbol{n}(t_n)\} = L^2\sigma^4\ ,\ k\neq n \tag{A.39}$$

并且

$$\Re_x\Re_y^{\mathrm{T}} = \frac{1}{2}(\Re_{xy^{\mathrm{T}}} + \Re_{xy^{\mathrm{H}}}) \tag{A.40}$$

$$\Im_x\Im_y^{\mathrm{T}} = -\frac{1}{2}(\Re_{xy^{\mathrm{T}}} - \Re_{xy^{\mathrm{H}}}) \tag{A.41}$$

$$\Re_x\Im_y^{\mathrm{T}} = \frac{1}{2}(\Im_{xy^{\mathrm{T}}} - \Im_{xy^{\mathrm{H}}}) \tag{A.42}$$

$$\Im_x\Re_y^{\mathrm{T}} = \frac{1}{2}(\Im_{xy^{\mathrm{T}}} + \Im_{xy^{\mathrm{H}}}) \tag{A.43}$$

于是进一步有（其 $\delta_{k,n} = \delta(k-n)$）

$$E\left\{\left(\frac{\partial f_{\mathrm{DLL}}}{\partial\sigma^2}\right)^2\right\} = \frac{LK}{\sigma^4} \tag{A.44}$$

$$E\left\{\left(\frac{\partial f_{\mathrm{DLL}}}{\partial\Re_{\boldsymbol{s}(t_k)}}\right)\left(\frac{\partial f_{\mathrm{DLL}}}{\partial\Re_{\boldsymbol{s}(t_n)}}\right)^{\mathrm{T}}\right\} = \frac{2}{\sigma^2}\delta_{k,n}\Re_{\boldsymbol{A}^{\mathrm{H}}\boldsymbol{A}} \tag{A.45}$$

$$E\left\{\left(\frac{\partial f_{\mathrm{DLL}}}{\partial\Re_{\boldsymbol{s}(t_k)}}\right)\left(\frac{\partial f_{\mathrm{DLL}}}{\partial\Im_{\boldsymbol{s}(t_n)}}\right)^{\mathrm{T}}\right\} = -\frac{2}{\sigma^2}\delta_{k,n}\Im_{\boldsymbol{A}^{\mathrm{H}}\boldsymbol{A}} \tag{A.46}$$

$$E\left\{\left(\frac{\partial f_{\mathrm{DLL}}}{\partial\Re_{\boldsymbol{s}(t_k)}}\right)\left(\frac{\partial f_{\mathrm{DLL}}}{\partial\boldsymbol{\theta}}\right)^{\mathrm{T}}\right\} = \frac{2}{\sigma^2}\Re_{\boldsymbol{A}^{\mathrm{H}}\dot{\mathbb{A}}\mathbb{S}(t_k)} \tag{A.47}$$

$$E\left\{\left(\frac{\partial f_{\mathrm{DLL}}}{\partial\Im_{\boldsymbol{s}(t_k)}}\right)\left(\frac{\partial f_{\mathrm{DLL}}}{\partial\Im_{\boldsymbol{s}(t_n)}}\right)^{\mathrm{T}}\right\} = \frac{2}{\sigma^2}\delta_{k,n}\Re_{\boldsymbol{A}^{\mathrm{H}}\boldsymbol{A}} \tag{A.48}$$

$$E\left\{\left(\frac{\partial f_{\mathrm{DLL}}}{\partial\Im_{\boldsymbol{s}(t_k)}}\right)\left(\frac{\partial f_{\mathrm{DLL}}}{\partial\theta}\right)^{\mathrm{T}}\right\} = \frac{2}{\sigma^2}\Im_{\boldsymbol{A}^{\mathrm{H}}\dot{\mathbb{A}}\mathbb{S}(t_k)} \tag{A.49}$$

$$E\left\{\left(\frac{\partial f_{\mathrm{DLL}}}{\partial\boldsymbol{\theta}}\right)\left(\frac{\partial f_{\mathrm{DLL}}}{\partial\boldsymbol{\theta}}\right)^{\mathrm{T}}\right\} = \frac{2}{\sigma^2}\sum_{k=0}^{K-1}\Re_{\mathbb{S}^{\mathrm{H}}(t_k)\dot{\mathbb{A}}^{\mathrm{H}}\dot{\mathbb{A}}\mathbb{S}(t_k)} \tag{A.50}$$

由此

$$\mathrm{CRB}_{\boldsymbol{\varphi}} = \frac{\sigma^2}{2}\begin{bmatrix} \frac{LK}{2\sigma^2} & \boldsymbol{0}^{\mathrm{T}} & \cdots & \boldsymbol{0}^{\mathrm{T}} & \boldsymbol{0}^{\mathrm{T}} \\ \boldsymbol{0} & \mathbb{H} & & & \mathbb{V}_0 \\ \vdots & & \ddots & & \vdots \\ \boldsymbol{0} & & & \mathbb{H} & \mathbb{V}_{K-1} \\ \boldsymbol{0} & \mathbb{V}_0^{\mathrm{T}} & \cdots & \mathbb{V}_{K-1}^{\mathrm{T}} & \mathbb{Z} \end{bmatrix}^{-1} \tag{A.51}$$

式中，$\mathbb{H}=\begin{bmatrix}\Re_{A^{H}A} & -\Im_{A^{H}A}\\ \Im_{A^{H}A} & \Re_{A^{H}A}\end{bmatrix}$；$\mathbb{V}_k=\begin{bmatrix}\Re_{A^{H}\dot{A}\mathbb{S}(t_k)}\\ \Im_{A^{H}\dot{A}\mathbb{S}(t_k)}\end{bmatrix}$；$\mathbb{Z}=\sum_{k=0}^{K-1}\Re_{\mathbb{S}^{H}(t_k)\dot{A}^{H}\dot{A}\mathbb{S}(t_k)}$。

再注意到

$$\begin{bmatrix}\Re_{H} & -\Im_{H}\\ \Im_{H} & \Re_{H}\end{bmatrix}^{-1}=\begin{bmatrix}\Re_{H^{-1}} & -\Im_{H^{-1}}\\ \Im_{H^{-1}} & \Re_{H^{-1}}\end{bmatrix} \tag{A.52}$$

其中，$\boldsymbol{H}$ 为非奇异厄米特矩阵。这样，根据块矩阵求逆公式最终可得

$$\mathrm{CRB}_{\boldsymbol{\theta}}^{-1}=\frac{2}{\sigma^2}\sum_{k=0}^{K-1}\Re_{\mathbb{S}^{H}(t_k)\dot{A}^{H}\boldsymbol{P}_{A}^{\perp}\dot{A}\mathbb{S}(t_k)} \tag{A.53}$$

由此式（A.31）得证。

不难证明，式（A.31）也可写成

$$\mathrm{CRB}_{\boldsymbol{\theta}}=\frac{\sigma^2}{2K}[\mathrm{Re}\{(\dot{A}^{H}\boldsymbol{P}_{A}^{\perp}\dot{A})\odot\hat{\boldsymbol{R}}_{ss}^{T}\}]^{-1}\overset{K\to\infty}{=}\frac{\sigma^2}{2K}[\mathrm{Re}\{(\dot{A}^{H}\boldsymbol{P}_{A}^{\perp}\dot{A})\odot\boldsymbol{R}_{ss}^{T}\}]^{-1} \tag{A.54}$$

式中，“$\odot$”表示 Hadamard 积；$\boldsymbol{R}_{ss}=E\{\boldsymbol{s}(t)\boldsymbol{s}^{H}(t)\}$；$\hat{\boldsymbol{R}}_{ss}=\frac{1}{K}\sum_{k=0}^{K-1}\boldsymbol{s}(t_k)\boldsymbol{s}^{H}(t_k)$。

宽带条件下，阵列频域观测矢量为

$$[\cdots,\underline{\boldsymbol{x}}_{K_2-1}^{T}(\omega^{(q-1)}),\underline{\boldsymbol{x}}_{0}^{T}(\omega^{(q)}),\underline{\boldsymbol{x}}_{1}^{T}(\omega^{(q)}),\cdots,\underline{\boldsymbol{x}}_{K_2-1}^{T}(\omega^{(q)}),\underline{\boldsymbol{x}}_{0}^{T}(\omega^{(q+1)}),\cdots]^{T} \tag{A.55}$$

式中，$\underline{\boldsymbol{x}}_k(\omega^{(q)})$ 为第 k 段数据的有限时间傅里叶变换；K_2 为频域数据的快拍数，即数据分段数。

假设阵列数据观测时间足够长，类似上文讨论，可得宽带信号波达方向估计的确定 CRB 矩阵为

$$\mathrm{CRB}_{\boldsymbol{\theta}}=\frac{\underline{\sigma}^2}{2}[\sum_{q}\sum_{k=0}^{K_2-1}\mathrm{Re}\{\underline{\mathbb{S}}_{k}^{H}(\omega^{(q)})\dot{\underline{A}}^{H}(\omega^{(q)})\boldsymbol{P}_{\underline{A}(\omega^{(q)})}^{\perp}\dot{\underline{A}}(\omega^{(q)})\underline{\mathbb{S}}_{k}(\omega^{(q)})\}]^{-1} \tag{A.56}$$

式中，$\underline{\sigma}^2$ 为噪声功率谱密度；$\underline{\mathbb{S}}_k(\omega^{(q)})=\mathrm{diag}\{\underline{\boldsymbol{s}}_{k,0}(\omega^{(q)}),\underline{\boldsymbol{s}}_{k,1}(\omega^{(q)}),\cdots,\underline{\boldsymbol{s}}_{k,M-1}(\omega^{(q)})\}$，其中 $\underline{\boldsymbol{s}}_{k,m}(\omega^{(q)})$ 为第 k 段数据 $\boldsymbol{s}_m(t)$ 的有限时间傅里叶变换；$\dot{\underline{A}}(\omega^{(q)})=\left[\frac{\partial\underline{\boldsymbol{a}}(\omega^{(q)},\theta_0)}{\partial\theta_0},\frac{\partial\underline{\boldsymbol{a}}(\omega^{(q)},\theta_1)}{\partial\theta_1},\cdots,\frac{\partial\underline{\boldsymbol{a}}(\omega^{(q)},\theta_{M-1})}{\partial\theta_{M-1}}\right]$；$P_{\underline{A}(\omega^{(q)})}^{\perp}=\boldsymbol{I}_L-\underline{\boldsymbol{A}}(\omega^{(q)})[\underline{\boldsymbol{A}}^{H}(\omega^{(q)})\underline{\boldsymbol{A}}(\omega^{(q)})]^{-1}\underline{\boldsymbol{A}}^{H}(\omega^{(q)})$

式（A.56）也可以写成

$$\mathrm{CRB}_{\boldsymbol{\theta}}=\frac{\underline{\sigma}^2}{2K_2}\left[\sum_{q}\mathrm{Re}\{[\dot{\underline{A}}^{H}(\omega^{(q)})\boldsymbol{P}_{\underline{A}(\omega^{(q)})}^{\perp}\dot{\underline{A}}(\omega^{(q)})]\odot\hat{\boldsymbol{R}}_{\underline{s}_k\underline{s}_k}^{T}(\omega^{(q)})\}\right]^{-1} \tag{A.57}$$

式中，$\hat{\boldsymbol{R}}_{\underline{s}_k\underline{s}_k}(\omega^{(q)})=\frac{1}{K_2}\sum_{k=0}^{K_2-1}\underline{\boldsymbol{s}}_k(\omega^{(q)})\underline{\boldsymbol{s}}_k^{H}(\omega^{(q)})$，且 $\underline{\boldsymbol{s}}_k(\omega^{(q)})=[\underline{\boldsymbol{s}}_{k,0}(\omega^{(q)}),\underline{\boldsymbol{s}}_{k,1}(\omega^{(q)}),\cdots,\underline{\boldsymbol{s}}_{k,M-1}(\omega^{(q)})]^{T}$。

下面讨论窄带随机/非条件 CRB 的推导，即假设信号复包络为零均值复高斯随机过程，此时，

$$\mathrm{CRB}_{\boldsymbol{\varphi}}^{-1}(k,l) = \frac{K}{2}\mathrm{tr}\left\{\frac{\partial \boldsymbol{R}_{\breve{x}\breve{x}}}{\partial \boldsymbol{\varphi}_k}\boldsymbol{R}_{\breve{x}\breve{x}}^{-1}\frac{\partial \boldsymbol{R}_{\breve{x}\breve{x}}}{\partial \boldsymbol{\varphi}_l}\boldsymbol{R}_{\breve{x}\breve{x}}^{-1}\right\} \tag{A.58}$$

式中，$\boldsymbol{\varphi}_k$ 表示 $\boldsymbol{\varphi} = [\boldsymbol{\theta}^{\mathrm{T}},\boldsymbol{\rho}^{\mathrm{T}},\sigma^2]^{\mathrm{T}}$ 的第 k 个元素，其中 $\boldsymbol{\rho} = \boldsymbol{J}^{-1}\mathrm{vec}\{\boldsymbol{R}_{\breve{s}\breve{s}}\}$，$\boldsymbol{J}$ 为非奇异选择矩阵（如果考虑 $\boldsymbol{R}_{\breve{s}\breve{s}}$ 的具体结构以及信号互不相关，$\boldsymbol{\rho}$ 可为更简单的信号非圆率、非圆相位和功率矢量，比如例 4.8）；$\boldsymbol{R}_{\breve{s}\breve{s}} = E\{\breve{\boldsymbol{s}}(t)\breve{\boldsymbol{s}}^{\mathrm{H}}(t)\} = \begin{bmatrix}\boldsymbol{R}_{ss} & \boldsymbol{R}_{ss^*}\\ \boldsymbol{R}_{ss^*}^* & \boldsymbol{R}_{ss}^*\end{bmatrix}$，其中 $\breve{\boldsymbol{s}}(t) = [\boldsymbol{s}^{\mathrm{T}}(t),\boldsymbol{s}^{\mathrm{H}}(t)]^{\mathrm{T}}$，$\boldsymbol{R}_{ss} = E\{\boldsymbol{s}(t)\boldsymbol{s}^{\mathrm{H}}(t)\}$，$\boldsymbol{R}_{ss^*} = E\{\boldsymbol{s}(t)\boldsymbol{s}^{\mathrm{T}}(t)\}$；$\boldsymbol{R}_{\breve{x}\breve{x}} = E\{\breve{\boldsymbol{x}}(t)\breve{\boldsymbol{x}}^{\mathrm{H}}(t)\} = \breve{\boldsymbol{A}}\boldsymbol{R}_{\breve{s}\breve{s}}\breve{\boldsymbol{A}}^{\mathrm{H}} + \sigma^2\boldsymbol{I}_{2L} = \begin{bmatrix}\boldsymbol{R}_{xx} & \boldsymbol{R}_{xx^*}\\ \boldsymbol{R}_{xx^*}^* & \boldsymbol{R}_{xx}^*\end{bmatrix}$，其中 $\breve{\boldsymbol{x}}(t) = [\boldsymbol{x}^{\mathrm{T}}(t),\boldsymbol{x}^{\mathrm{H}}(t)]^{\mathrm{T}}$，$\boldsymbol{R}_{xx} = E\{\boldsymbol{x}(t)\boldsymbol{x}^{\mathrm{H}}(t)\}$，$\boldsymbol{R}_{xx^*} = E\{\boldsymbol{x}(t)\boldsymbol{x}^{\mathrm{T}}(t)\}$，$\breve{\boldsymbol{A}} = \begin{bmatrix}\boldsymbol{A} & \\ & \boldsymbol{A}^*\end{bmatrix}$。

为书写方便，记

$$\boldsymbol{R}_{\breve{x}\breve{x}} = \boldsymbol{R} \tag{A.59}$$

$$\boldsymbol{r} = \mathrm{vec}\{\boldsymbol{R}\} = (\breve{\boldsymbol{A}}^* \otimes \breve{\boldsymbol{A}})\mathrm{vec}\{\boldsymbol{R}_{\breve{s}\breve{s}}\} + \sigma^2\mathrm{vec}\{\boldsymbol{I}_{2L}\} \tag{A.60}$$

$$(\boldsymbol{R}^{-1/2})^{\mathrm{T}} = \boldsymbol{R}^{-\mathrm{T}/2} \tag{A.61}$$

$$\boldsymbol{G} = (\boldsymbol{R}^{-\mathrm{T}/2} \otimes \boldsymbol{R}^{-1/2})(\partial\boldsymbol{r}/\partial\boldsymbol{\theta}^{\mathrm{T}}) \tag{A.62}$$

$$\boldsymbol{\Delta} = (\boldsymbol{R}^{-\mathrm{T}/2} \otimes \boldsymbol{R}^{-1/2})[\partial\boldsymbol{r}/\partial\boldsymbol{\rho}^{\mathrm{T}},\partial\boldsymbol{r}/\partial\sigma^2] = [\boldsymbol{V},\boldsymbol{u}] \tag{A.63}$$

$$\boldsymbol{V} = (\boldsymbol{R}^{-\mathrm{T}/2} \otimes \boldsymbol{R}^{-1/2})(\partial\boldsymbol{r}/\partial\boldsymbol{\rho}^{\mathrm{T}}) \tag{A.64}$$

$$\boldsymbol{u} = (\boldsymbol{R}^{-\mathrm{T}/2} \otimes \boldsymbol{R}^{-1/2})(\partial\boldsymbol{r}/\partial\sigma^2) \tag{A.65}$$

由于

$$\mathrm{tr}\{\boldsymbol{XY}\} = [\mathrm{vec}\{\boldsymbol{X}^{\mathrm{H}}\}]^{\mathrm{H}}\mathrm{vec}\{\boldsymbol{Y}\} \tag{A.66}$$

$$\mathrm{vec}\{\boldsymbol{XYZ}\} = (\boldsymbol{Z}^{\mathrm{T}} \otimes \boldsymbol{X})\mathrm{vec}\{\boldsymbol{Y}\} \tag{A.67}$$

所以

$$\frac{2}{K}\mathrm{CRB}_{\boldsymbol{\varphi}}^{-1} = \left(\frac{\partial\boldsymbol{r}}{\partial\boldsymbol{\varphi}^{\mathrm{T}}}\right)^{\mathrm{H}}[(\boldsymbol{R}^{-1})^{\mathrm{T}} \otimes \boldsymbol{R}^{-1}]\left(\frac{\partial\boldsymbol{r}}{\partial\boldsymbol{\varphi}^{\mathrm{T}}}\right) = \begin{bmatrix}\boldsymbol{G}^{\mathrm{H}}\\ \boldsymbol{\Delta}^{\mathrm{H}}\end{bmatrix}[\boldsymbol{G}\quad\boldsymbol{\Delta}] \tag{A.68}$$

由此有

$$\frac{2}{K}\mathrm{CRB}_{\boldsymbol{\theta}}^{-1} = \boldsymbol{G}^{\mathrm{H}}\boldsymbol{P}_{\boldsymbol{\Delta}}^{\perp}\boldsymbol{G} \tag{A.69}$$

注意到 $\boldsymbol{\Delta}$ 的列扩张空间与 $[\boldsymbol{V},\boldsymbol{P}_{\boldsymbol{V}}^{\perp}\boldsymbol{u}]$ 的列扩张空间相同，所以

$$\boldsymbol{P}_{\boldsymbol{\Delta}}^{\perp} = \boldsymbol{P}_{\boldsymbol{V}}^{\perp} - \frac{\boldsymbol{P}_{\boldsymbol{V}}^{\perp}\boldsymbol{u}\boldsymbol{u}^{\mathrm{H}}\boldsymbol{P}_{\boldsymbol{V}}^{\perp}}{\boldsymbol{u}^{\mathrm{H}}\boldsymbol{P}_{\boldsymbol{V}}^{\perp}\boldsymbol{u}} \tag{A.70}$$

再记 $\boldsymbol{r}_{ss,m}$ 为 $\boldsymbol{R}_{ss}$ 的第 m 列，$\boldsymbol{r}_{ss^*,m}$ 为 $\boldsymbol{R}_{ss^*}$ 的第 m 列，$\boldsymbol{d}_m = \partial\boldsymbol{a}(\theta_{m-1})/\partial\theta_{m-1}$，则

$$\frac{\partial\boldsymbol{R}}{\partial\theta_{m-1}} = \boldsymbol{D}_m\boldsymbol{C}_m^{\mathrm{H}}\breve{\boldsymbol{A}}^{\mathrm{H}} + \breve{\boldsymbol{A}}\boldsymbol{C}_m\boldsymbol{D}_m^{\mathrm{H}} \tag{A.71}$$

式中，$\boldsymbol{C}_m = \begin{bmatrix}\boldsymbol{r}_{ss,m} & \boldsymbol{r}_{ss^*,m}\\ \boldsymbol{r}_{ss^*,m}^* & \boldsymbol{r}_{ss,m}^*\end{bmatrix}$；$\boldsymbol{D}_m = \begin{bmatrix}\boldsymbol{d}_m & \\ & \boldsymbol{d}_m^*\end{bmatrix}$。

由此可得矩阵 $\boldsymbol{G}$ 的第 m 列为

$$\boldsymbol{g}_m = (\boldsymbol{R}^{-\mathrm{T}/2} \otimes \boldsymbol{R}^{-1/2})\left(\frac{\partial\boldsymbol{r}}{\partial\theta_{m-1}}\right)$$

$$= (\boldsymbol{R}^{-\mathrm{T}/2} \otimes \boldsymbol{R}^{-1/2})\,\mathrm{vec}\left\{\frac{\partial \boldsymbol{R}}{\partial \theta_{m-1}}\right\}$$
$$= \mathrm{vec}\left\{\boldsymbol{R}^{-1/2}\left(\frac{\partial \boldsymbol{R}}{\partial \theta_{m-1}}\right)\boldsymbol{R}^{-1/2}\right\}$$
$$= \mathrm{vec}\{\boldsymbol{Z}_m + \boldsymbol{Z}_m^{\mathrm{H}}\} \tag{A.72}$$

式中，$\boldsymbol{Z}_m = \boldsymbol{R}^{-1/2}\breve{\boldsymbol{A}}\boldsymbol{C}_m\boldsymbol{D}_m^{\mathrm{H}}\boldsymbol{R}^{-1/2}$。

注意到 $\frac{\partial \boldsymbol{r}}{\partial \boldsymbol{\rho}^{\mathrm{T}}} = (\breve{\boldsymbol{A}}^* \otimes \breve{\boldsymbol{A}})\boldsymbol{J}$，所以，

$$\boldsymbol{V} = (\boldsymbol{R}^{-\mathrm{T}/2} \otimes \boldsymbol{R}^{-1/2})(\breve{\boldsymbol{A}}^* \otimes \breve{\boldsymbol{A}})\boldsymbol{J} = (\boldsymbol{R}^{-\mathrm{T}/2}\breve{\boldsymbol{A}}^*) \otimes (\boldsymbol{R}^{-1/2}\breve{\boldsymbol{A}})\boldsymbol{J} \tag{A.73}$$

注意到 $\boldsymbol{J}$ 为非奇异矩阵，因此 $\boldsymbol{P}_{\boldsymbol{V}}^{\perp} = \boldsymbol{P}_{(\boldsymbol{R}^{-1/2}\breve{\boldsymbol{A}})^*\otimes(\boldsymbol{R}^{-1/2}\breve{\boldsymbol{A}})}^{\perp}$。

再利用性质 $\boldsymbol{P}_{\boldsymbol{X}\otimes\boldsymbol{Y}}^{\perp} = \boldsymbol{I} \otimes \boldsymbol{P}_{\boldsymbol{Y}}^{\perp} + \boldsymbol{P}_{\boldsymbol{X}}^{\perp} \otimes \boldsymbol{I} - \boldsymbol{P}_{\boldsymbol{X}}^{\perp} \otimes \boldsymbol{P}_{\boldsymbol{Y}}^{\perp}$ 以及 $\boldsymbol{P}_{\boldsymbol{R}^{-1/2}\breve{\boldsymbol{A}}}^{\perp}\boldsymbol{Z}_m = \boldsymbol{O}$，可得

$$\boldsymbol{P}_{\boldsymbol{V}}^{\perp}\boldsymbol{g}_m = \mathrm{vec}\{\boldsymbol{P}_{\boldsymbol{R}^{-1/2}\breve{\boldsymbol{A}}}^{\perp}\boldsymbol{Z}_m^{\mathrm{H}} + \boldsymbol{Z}_m\boldsymbol{P}_{\boldsymbol{R}^{-1/2}\breve{\boldsymbol{A}}}^{\perp}\} \tag{A.74}$$

又由于

$$\boldsymbol{u} = (\boldsymbol{R}^{-\mathrm{T}/2} \otimes \boldsymbol{R}^{-1/2})\,\mathrm{vec}\{\boldsymbol{I}_{2L}\} = \mathrm{vec}\{\boldsymbol{R}^{-1}\} \tag{A.75}$$

所以，

$$\boldsymbol{u}^{\mathrm{H}}\boldsymbol{P}_{\boldsymbol{V}}^{\perp}\boldsymbol{g}_m = 2\Re_{\mathrm{tr}\{\boldsymbol{P}_{\boldsymbol{R}^{-1/2}\breve{\boldsymbol{A}}}^{\perp}\boldsymbol{R}^{-1}\boldsymbol{Z}_m\}} \tag{A.76}$$

定义 $\breve{\boldsymbol{B}} = \boldsymbol{R}^{-1}\breve{\boldsymbol{A}}$，则

$$\boldsymbol{R}\breve{\boldsymbol{B}} = (\breve{\boldsymbol{A}}\boldsymbol{R}_{\breve{s}\breve{s}}\breve{\boldsymbol{A}}^{\mathrm{H}} + \sigma^2\boldsymbol{I}_{2L})\breve{\boldsymbol{B}} = \breve{\boldsymbol{A}} \tag{A.77}$$

进一步可得

$$\breve{\boldsymbol{A}}(\boldsymbol{R}_{\breve{s}\breve{s}}\breve{\boldsymbol{A}}^{\mathrm{H}}\breve{\boldsymbol{B}} - \boldsymbol{I}) = -\sigma^2\breve{\boldsymbol{B}} \tag{A.78}$$

所以 $\breve{\boldsymbol{B}}$ 和 $\breve{\boldsymbol{A}}$ 具有相同的列扩张空间，于是存在一个非奇异矩阵 $\breve{\boldsymbol{\Gamma}}$，使得

$$\boldsymbol{R}^{-1}\breve{\boldsymbol{A}} = \breve{\boldsymbol{A}}\breve{\boldsymbol{\Gamma}} \tag{A.79}$$

利用这一结论，可得

$$\begin{aligned}\boldsymbol{P}_{\boldsymbol{R}^{-1/2}\breve{\boldsymbol{A}}}^{\perp}\boldsymbol{R}^{-1}\boldsymbol{Z}_m &= \boldsymbol{P}_{\boldsymbol{R}^{-1/2}\breve{\boldsymbol{A}}}^{\perp}\boldsymbol{R}^{-1}\boldsymbol{R}^{-1/2}\breve{\boldsymbol{A}}\boldsymbol{C}_m\boldsymbol{D}_m^{\mathrm{H}}\boldsymbol{R}^{-1/2}\\ &= \boldsymbol{P}_{\boldsymbol{R}^{-1/2}\breve{\boldsymbol{A}}}^{\perp}\boldsymbol{R}^{-1/2}\boldsymbol{R}^{-1}\breve{\boldsymbol{A}}\boldsymbol{C}_m\boldsymbol{D}_m^{\mathrm{H}}\boldsymbol{R}^{-1/2}\\ &= \boldsymbol{P}_{\boldsymbol{R}^{-1/2}\breve{\boldsymbol{A}}}^{\perp}\boldsymbol{R}^{-1/2}\breve{\boldsymbol{A}}\breve{\boldsymbol{\Gamma}}\boldsymbol{C}_m\boldsymbol{D}_m^{\mathrm{H}}\boldsymbol{R}^{-1/2}\\ &= \boldsymbol{O}\end{aligned} \tag{A.80}$$

于是 $\boldsymbol{u}^{\mathrm{H}}\boldsymbol{P}_{\boldsymbol{V}}^{\perp}\boldsymbol{g}_m = 0$。

由此可得

$$\frac{2}{K}\mathrm{CRB}_{\boldsymbol{\theta}}^{-1}(p,k) = \boldsymbol{g}_p^{\mathrm{H}}\boldsymbol{P}_{\boldsymbol{V}}^{\perp}\boldsymbol{g}_k = (\boldsymbol{g}_p^{\mathrm{H}}\boldsymbol{P}_{\boldsymbol{V}}^{\perp})(\boldsymbol{P}_{\boldsymbol{V}}^{\perp}\boldsymbol{g}_k) = 2\Re_{\mathrm{tr}\{\boldsymbol{Z}_p\boldsymbol{P}_{\boldsymbol{R}^{-1/2}\breve{\boldsymbol{A}}}^{\perp}\boldsymbol{Z}_k^{\mathrm{H}}\}} \tag{A.81}$$

即

$$\frac{1}{K}\mathrm{CRB}_{\boldsymbol{\theta}}^{-1}(p,k) = \Re_{\mathrm{tr}\{\boldsymbol{R}^{-1/2}\breve{\boldsymbol{A}}\boldsymbol{C}_p\boldsymbol{D}_p^{\mathrm{H}}\boldsymbol{R}^{-1/2}\boldsymbol{P}_{\boldsymbol{R}^{-1/2}\breve{\boldsymbol{A}}}^{\perp}\boldsymbol{R}^{-1/2}\boldsymbol{D}_k\boldsymbol{C}_k^{\mathrm{H}}\breve{\boldsymbol{A}}^{\mathrm{H}}\boldsymbol{R}^{-1/2}\}} \tag{A.82}$$

由于 $\mathrm{tr}\{\boldsymbol{XY}\} = \mathrm{tr}\{\boldsymbol{YX}\}$，所以，

$$\frac{1}{K}\mathrm{CRB}_{\boldsymbol{\theta}}^{-1}(p,k) = \Re_{\mathrm{tr}\{\boldsymbol{D}_p^{\mathrm{H}}\boldsymbol{R}^{-1/2}\boldsymbol{P}_{\boldsymbol{R}^{-1/2}\breve{\boldsymbol{A}}}^{\perp}\boldsymbol{R}^{-1/2}\boldsymbol{D}_k\boldsymbol{C}_k^{\mathrm{H}}\breve{\boldsymbol{A}}^{\mathrm{H}}\boldsymbol{R}^{-1}\breve{\boldsymbol{A}}\boldsymbol{C}_p\}} \tag{A.83}$$

注意到 $\boldsymbol{P}_{\breve{\boldsymbol{A}}}^{\perp}\boldsymbol{R} = \sigma^2\boldsymbol{P}_{\breve{\boldsymbol{A}}}^{\perp}$，其中，

$$\boldsymbol{P}_{\breve{\boldsymbol{A}}}^{\perp} = \begin{bmatrix}\boldsymbol{P}_{\boldsymbol{A}}^{\perp} & \\ & \boldsymbol{P}_{\boldsymbol{A}^*}^{\perp}\end{bmatrix} \tag{A.84}$$

所以，

$$\boldsymbol{R}^{-1/2}\boldsymbol{P}_{\boldsymbol{R}^{-1/2}\breve{\boldsymbol{A}}}^{\perp}\boldsymbol{R}^{-1/2} = \boldsymbol{P}_{\breve{\boldsymbol{A}}}^{\perp}\boldsymbol{R}^{-1} = \frac{1}{\sigma^2}\boldsymbol{P}_{\breve{\boldsymbol{A}}}^{\perp} \tag{A.85}$$

再注意到 $\boldsymbol{R}^{-1}$ 具有下述形式：

$$\boldsymbol{R}^{-1} = \begin{bmatrix} \boldsymbol{Q} & \boldsymbol{F} \\ \boldsymbol{F}^* & \boldsymbol{Q}^* \end{bmatrix} \tag{A.86}$$

因此，

$$\begin{aligned} \frac{1}{K}\mathrm{CRB}_{\boldsymbol{\theta}}^{-1}(p,k) &= \frac{1}{\sigma^2}\Re_{\mathrm{tr}\{\boldsymbol{D}_p^{\mathrm{H}}\boldsymbol{P}_{\breve{\boldsymbol{A}}}^{\perp}\boldsymbol{D}_k\boldsymbol{C}_k^{\mathrm{H}}\breve{\boldsymbol{A}}^{\mathrm{H}}\boldsymbol{R}^{-1}\breve{\boldsymbol{A}}\boldsymbol{C}_p\}} \\ &= \frac{1}{\sigma^2}\Re_{(\boldsymbol{d}_p^{\mathrm{H}}\boldsymbol{P}_{\boldsymbol{A}}^{\perp}\boldsymbol{d}_k)([\boldsymbol{c}_k^{\mathrm{H}},\boldsymbol{b}_k^{\mathrm{T}}]\breve{\boldsymbol{A}}^{\mathrm{H}}\boldsymbol{R}^{-1}\breve{\boldsymbol{A}}[\boldsymbol{c}_p^{\mathrm{T}},\boldsymbol{b}_p^{\mathrm{H}}]^{\mathrm{T}})+(\boldsymbol{d}_p^{\mathrm{T}}\boldsymbol{P}_{\boldsymbol{A}^*}^{\perp}\boldsymbol{d}_k^*)([\boldsymbol{b}_k^{\mathrm{H}},\boldsymbol{c}_k^{\mathrm{T}}]\breve{\boldsymbol{A}}^{\mathrm{H}}\boldsymbol{R}^{-1}\breve{\boldsymbol{A}}[\boldsymbol{b}_p^{\mathrm{T}},\boldsymbol{c}_p^{\mathrm{H}}]^{\mathrm{T}})} \\ &= \frac{2}{\sigma^2}\Re_{(\boldsymbol{d}_p^{\mathrm{H}}\boldsymbol{P}_{\boldsymbol{A}}^{\perp}\boldsymbol{d}_k)([\boldsymbol{c}_k^{\mathrm{H}},\boldsymbol{b}_k^{\mathrm{T}}]\breve{\boldsymbol{A}}^{\mathrm{H}}\boldsymbol{R}^{-1}\breve{\boldsymbol{A}}[\boldsymbol{c}_p^{\mathrm{T}},\boldsymbol{b}_p^{\mathrm{H}}]^{\mathrm{T}})} \end{aligned} \tag{A.87}$$

于是，

$$\mathrm{CRB}_{\boldsymbol{\theta}} = \frac{\sigma^2}{2K}\left[\mathrm{Re}\{(\dot{\mathbb{A}}^{\mathrm{H}}\boldsymbol{P}_{\boldsymbol{A}}^{\perp}\dot{\mathbb{A}})\odot([\boldsymbol{R}_{ss},\boldsymbol{R}_{ss^*}]\breve{\boldsymbol{A}}^{\mathrm{H}}\boldsymbol{R}_{\breve{x}\breve{x}}^{-1}\breve{\boldsymbol{A}}[\boldsymbol{R}_{ss}^{\mathrm{T}},\boldsymbol{R}_{ss^*}^{\mathrm{H}}]^{\mathrm{T}})^{\mathrm{T}}\}\right]^{-1} \tag{A.88}$$

特别地，如果所有信号均为圆随机过程，则 $\boldsymbol{R}_{ss^*}$ 为零矩阵，于是上述随机 CRB 矩阵退化为

$$\mathrm{CRB}_{\boldsymbol{\theta}} = \frac{\sigma^2}{2K}\left[\mathrm{Re}\{(\dot{\mathbb{A}}^{\mathrm{H}}\boldsymbol{P}_{\boldsymbol{A}}^{\perp}\dot{\mathbb{A}})\odot(\boldsymbol{R}_{ss}\boldsymbol{A}^{\mathrm{H}}\boldsymbol{R}_{xx}^{-1}\boldsymbol{A}\boldsymbol{R}_{ss})^{\mathrm{T}}\}\right]^{-1} \tag{A.89}$$

式（A. 88）和（A. 89）的推导并没有考虑信号协方差矩阵/共轭协方差矩阵的代数结构。若考虑之，式（A. 58）仍然可以用于计算随机 CRB 矩阵，但 $\boldsymbol{\rho}$ 的定义会有所变化，性质 $\boldsymbol{P}_{\boldsymbol{V}}^{\perp} = \boldsymbol{P}_{(\boldsymbol{R}^{-1/2}\breve{\boldsymbol{A}})^*\otimes(\boldsymbol{R}^{-1/2}\breve{\boldsymbol{A}})}^{\perp}$ 一般也不再成立。

采用类似的方法，可以推得非解调条件下宽带信号波达方向估计的随机 CRB 矩阵如下：

$$\mathrm{CRB}_{\boldsymbol{\theta}} = \frac{\sigma^2}{2K_2}\left[\sum_q \mathrm{Re}\{[\dot{\underline{\mathbb{A}}}^{\mathrm{H}}(\omega^{(q)})\boldsymbol{P}_{\underline{\boldsymbol{A}}(\omega^{(q)})}^{\perp}\dot{\underline{\mathbb{A}}}(\omega^{(q)})]\odot\underline{\mathbb{G}}^{\mathrm{T}}(\omega^{(q)})\}\right]^{-1} \tag{A.90}$$

式中，$\underline{\mathbb{G}}(\omega^{(q)}) = \boldsymbol{R}_{\underline{s}\underline{s}}(\omega^{(q)})\underline{\boldsymbol{A}}^{\mathrm{H}}(\omega^{(q)})\boldsymbol{R}_{\underline{x}\underline{x}}^{-1}(\omega^{(q)})\underline{\boldsymbol{A}}(\omega^{(q)})\boldsymbol{R}_{\underline{s}\underline{s}}(\omega^{(q)})$。

附录 B：习题参考答案

—第 1 章—

○ 习题【1-1】

假定所有传感器特性一致并归一化为 1，所有窄带滤波器均为线性时不变系统。

首先考虑单信号及无噪情形。假定参考阵元信号为 $s_0(t)$，则阵元 l 信号为 $s_0(t+\tau_{l,0})$，其中 $\tau_{l,0}$ 为信号波从阵元 l 传播至参考阵元的相对时延。

不妨记 $s_{0,q}(t)$ 为 $s_0(t)$ 滤波后的输出，由于滤波器为线性时不变系统，所以 $s_0(t+\tau_{l,0})$ 滤波后的输出可写成 $s_{0,q}(t+\tau_{l,0})$。

若滤波器的通带中心频率为 $\omega^{(q)}$，当 $\tau_{l,0}$ 远小于滤波器带宽的倒数（即满足窄带）假设时，$s_{0,q}(t+\tau_{l,0}) \approx s_{0,q}(t)\mathrm{e}^{\mathrm{j}\omega^{(q)}\tau_{l,0}}$，由此可得

$$\boldsymbol{x}_q(t) = \begin{bmatrix} s_{0,q}(t) \\ s_{0,q}(t+\tau_{1,0}) \\ \vdots \\ s_{0,q}(t+\tau_{L-1,0}) \end{bmatrix} \approx \begin{bmatrix} 1 \\ \mathrm{e}^{\mathrm{j}\omega^{(q)}\tau_{1,0}} \\ \vdots \\ \mathrm{e}^{\mathrm{j}\omega^{(q)}\tau_{L-1,0}} \end{bmatrix} s_{0,q}(t) \tag{B.1}$$

当存在 M 个信号并考虑噪声时，多子带阵列输出可写成

$$\boldsymbol{x}_q(t) = \sum_{m=0}^{M-1} \begin{bmatrix} 1 \\ \mathrm{e}^{\mathrm{j}\omega^{(q)}\tau_{1,m}} \\ \vdots \\ \mathrm{e}^{\mathrm{j}\omega^{(q)}\tau_{L-1,m}} \end{bmatrix} s_{m,q}(t) + \boldsymbol{n}_q(t) \tag{B.2}$$

式中，$s_{m,q}(t)$ 为第 m 个信号 $s_m(t)$ 滤波后的输出；$\boldsymbol{n}_q(t)$ 为滤波后的噪声矢量。

○ 习题【1-2】

（1）根据题意，有

$$\begin{aligned} & \underline{r}_0(t)\mathrm{e}^{-\mathrm{j}\omega_0 t} = r_{\mathrm{I},0}(t) + \mathrm{j}r_{\mathrm{Q},0}(t) = a_0(t)\mathrm{e}^{\mathrm{j}\varphi_0(t)} \\ & \Rightarrow \\ & \underline{r}_0(t) = \mathrm{e}^{\mathrm{j}\omega_0 t}[r_{\mathrm{I},0}(t) + \mathrm{j}r_{\mathrm{Q},0}(t)] = a_0(t)\mathrm{e}^{\mathrm{j}[\omega_0 t + \varphi_0(t)]} \end{aligned} \tag{B.3}$$

所以，

$$r_0(t)=\mathrm{Re}\{\underline{r}_0(t)\}=r_{\mathrm{I},0}(t)\cos(\omega_0 t)-r_{\mathrm{Q},0}(t)\sin(\omega_0 t)$$
$$=a_0(t)\cos[\omega_0 t+\varphi_0(t)] \qquad (\mathrm{B}.4)$$

(2) 根据问题 (1)，有

$$\underline{r}_0(t)=a_0(t)\mathrm{e}^{\mathrm{j}[\omega_0 t+\varphi_0(t)]}\Rightarrow \underline{r}_0(t)\mathrm{e}^{-\mathrm{j}\omega_0 t}=a_0(t)\mathrm{e}^{\mathrm{j}\varphi_0(t)}=s_0(t) \qquad (\mathrm{B}.5)$$

(3) 根据题意，有

$$x_l(t)=r_0(t)*[h_{l,m}(t)*\delta(t)]+\mathrm{j}[r_0(t)*(\pi t)^{-1}]*h_{l,m}(t)$$
$$=[r_0(t)+\mathrm{jHT}\{r_0(t)\}]*h_{l,m}(t)$$
$$=\underline{r}_0(t)*h_{l,m}(t) \qquad (\mathrm{B}.6)$$

(4) 如图 B. 1 所示。

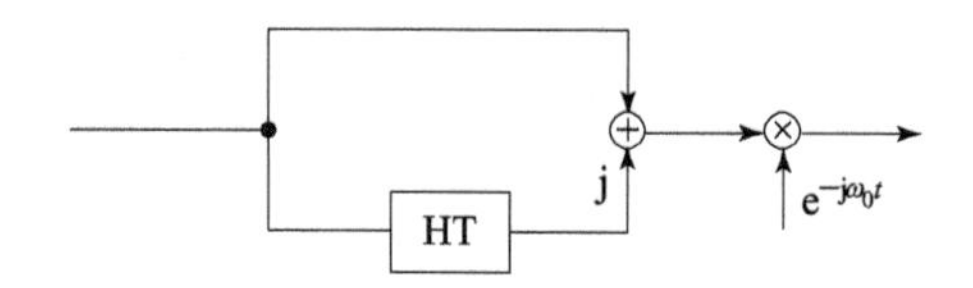

图 B. 1　复解调示意图

○ 习题【1-5】

(1) $P_1=2$, $P_2=0$。

(2) BPSK 为二阶非圆信号，三者均为四阶非圆信号。

○ 习题【1-6】

根据定义有

$$\underline{\boldsymbol{x}}(\omega,\Delta)\,\underline{\boldsymbol{x}}^{\mathrm{H}}(\omega,\Delta)=\left[\int_{-\Delta/2}^{\Delta/2}\boldsymbol{x}(t_1)\mathrm{e}^{-\mathrm{j}\omega t_1}\mathrm{d}t_1\right]\left[\int_{-\Delta/2}^{\Delta/2}\boldsymbol{x}^{\mathrm{H}}(t_2)\mathrm{e}^{\mathrm{j}\omega t_2}\mathrm{d}t_2\right]$$
$$=\left[\int_{-\infty}^{\infty}w_\Delta(t_1)\boldsymbol{x}(t_1)\mathrm{e}^{-\mathrm{j}\omega t_1}\mathrm{d}t_1\right]\left[\int_{-\infty}^{\infty}w_\Delta(t_2)\boldsymbol{x}^{\mathrm{H}}(t_2)\mathrm{e}^{\mathrm{j}\omega t_2}\mathrm{d}t_2\right] \qquad (\mathrm{B}.7)$$

$$\underline{\boldsymbol{x}}(\omega,\Delta)\,\underline{\boldsymbol{x}}^{\mathrm{T}}(-\omega,\Delta)=\left[\int_{-\Delta/2}^{\Delta/2}\boldsymbol{x}(t_1)\mathrm{e}^{-\mathrm{j}\omega t_1}\mathrm{d}t_1\right]\left[\int_{-\Delta/2}^{\Delta/2}\boldsymbol{x}^{\mathrm{T}}(t_2)\mathrm{e}^{\mathrm{j}\omega t_2}\mathrm{d}t_2\right]$$
$$=\left[\int_{-\infty}^{\infty}w_\Delta(t_1)\boldsymbol{x}(t_1)\mathrm{e}^{-\mathrm{j}\omega t_1}\mathrm{d}t_1\right]\left[\int_{-\infty}^{\infty}w_\Delta(t_2)\boldsymbol{x}^{\mathrm{T}}(t_2)\mathrm{e}^{\mathrm{j}\omega t_2}\mathrm{d}t_2\right] \qquad (\mathrm{B}.8)$$

式中，$w_\Delta(t)$ 为矩形截取函数，如图 B. 2 所示。

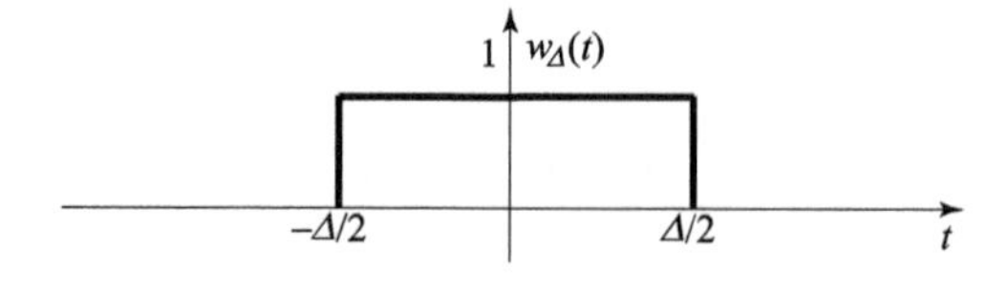

图 B. 2　矩形截取函数示意图

由此可得

$$E\{\underline{\boldsymbol{x}}(\omega,\Delta)\,\underline{\boldsymbol{x}}^{\mathrm{H}}(\omega,\Delta)\} = \int_{-\infty}^{\infty}\int_{-\infty}^{\infty} w_{\Delta}(t_1)w_{\Delta}(t_2)E\{\boldsymbol{x}(t_1)\boldsymbol{x}^{\mathrm{H}}(t_2)\}\mathrm{e}^{-\mathrm{j}\omega(t_1-t_2)}\mathrm{d}t_1\mathrm{d}t_2 \quad (\mathrm{B}.9)$$

$$E\{\underline{\boldsymbol{x}}(\omega,\Delta)\,\underline{\boldsymbol{x}}^{\mathrm{T}}(-\omega,\Delta)\} = \int_{-\infty}^{\infty}\int_{-\infty}^{\infty} w_{\Delta}(t_1)w_{\Delta}(t_2)E\{\boldsymbol{x}(t_1)\boldsymbol{x}^{\mathrm{T}}(t_2)\}\mathrm{e}^{-\mathrm{j}\omega(t_1-t_2)}\mathrm{d}t_1\mathrm{d}t_2 \quad (\mathrm{B}.10)$$

再令 $\tau = t_1 - t_2$，$t = t_2$，$\mathrm{d}t = \mathrm{d}t_2$，$\mathrm{d}\tau = \mathrm{d}t_1$，进一步可得

$$\begin{aligned} E\{\underline{\boldsymbol{x}}(\omega,\Delta)\,\underline{\boldsymbol{x}}^{\mathrm{H}}(\omega,\Delta)\} &= \int_{-\infty}^{\infty}\left[\int_{-\infty}^{\infty} w_{\Delta}(t+\tau)w_{\Delta}(t)E\{\boldsymbol{x}(t+\tau)\boldsymbol{x}^{\mathrm{H}}(t)\}\mathrm{e}^{-\mathrm{j}\omega\tau}\mathrm{d}t\right]\mathrm{d}\tau \\ &= \int_{-\infty}^{\infty}\left[\int_{-\Delta/2}^{\Delta/2} w_{\Delta}(t+\tau)\mathrm{d}t\right]\boldsymbol{R}_{xx}(\tau)\mathrm{e}^{-\mathrm{j}\omega\tau}\mathrm{d}\tau \end{aligned} \quad (\mathrm{B}.11)$$

$$\begin{aligned} E\{\underline{\boldsymbol{x}}(\omega,\Delta)\,\underline{\boldsymbol{x}}^{\mathrm{T}}(-\omega,\Delta)\} &= \int_{-\infty}^{\infty}\left[\int_{-\infty}^{\infty} w_{\Delta}(t+\tau)w_{\Delta}(t)E\{\boldsymbol{x}(t+\tau)\boldsymbol{x}^{\mathrm{T}}(t)\}\mathrm{e}^{-\mathrm{j}\omega\tau}\mathrm{d}t\right]\mathrm{d}\tau \\ &= \int_{-\infty}^{\infty}\left[\int_{-\Delta/2}^{\Delta/2} w_{\Delta}(t+\tau)\mathrm{d}t\right]\boldsymbol{R}_{xx^*}(\tau)\mathrm{e}^{-\mathrm{j}\omega\tau}\mathrm{d}\tau \end{aligned} \quad (\mathrm{B}.12)$$

又由于

$$\int_{-\infty}^{\infty} |\boldsymbol{R}_{xx}(\tau)|\,\mathrm{d}\tau < \infty \quad (\mathrm{B}.13)$$

$$\int_{-\infty}^{\infty} |\boldsymbol{R}_{xx^*}(\tau)|\,\mathrm{d}\tau < \infty \quad (\mathrm{B}.14)$$

所以，

$$\begin{aligned} \boldsymbol{S}_{\underline{x}\underline{x}}(\omega) &= \lim_{\Delta\to\infty}\frac{1}{\Delta}E\{\underline{\boldsymbol{x}}(\omega,\Delta)\,\underline{\boldsymbol{x}}^{\mathrm{H}}(\omega,\Delta)\} \\ &= \lim_{\Delta\to\infty}\frac{1}{\Delta}\int_{-\infty}^{\infty}\left[\int_{-\Delta/2}^{\Delta/2} w_{\Delta}(t+\tau)\mathrm{d}t\right]\boldsymbol{R}_{xx}(\tau)\mathrm{e}^{-\mathrm{j}\omega\tau}\mathrm{d}\tau \\ &= \int_{-\infty}^{\infty}\Big[\underbrace{\lim_{\Delta\to\infty}\frac{1}{\Delta}\int_{-\Delta/2}^{\Delta/2} w_{\Delta}(t+\tau)\mathrm{d}t}_{=1}\Big]\boldsymbol{R}_{xx}(\tau)\mathrm{e}^{-\mathrm{j}\omega\tau}\mathrm{d}\tau \\ &= \int_{-\infty}^{\infty}\boldsymbol{R}_{xx}(\tau)\mathrm{e}^{-\mathrm{j}\omega\tau}\mathrm{d}\tau \end{aligned} \quad (\mathrm{B}.15)$$

$$\begin{aligned} \boldsymbol{S}_{\underline{x}\underline{x}^*}(\omega) &= \lim_{\Delta\to\infty}\frac{1}{\Delta}E\{\underline{\boldsymbol{x}}(\omega,\Delta)\,\underline{\boldsymbol{x}}^{\mathrm{T}}(-\omega,\Delta)\} \\ &= \lim_{\Delta\to\infty}\frac{1}{\Delta}\int_{-\infty}^{\infty}\left[\int_{-\Delta/2}^{\Delta/2} w_{\Delta}(t+\tau)\mathrm{d}t\right]\boldsymbol{R}_{xx^*}(\tau)\mathrm{e}^{-\mathrm{j}\omega\tau}\mathrm{d}\tau \\ &= \int_{-\infty}^{\infty}\Big[\underbrace{\lim_{\Delta\to\infty}\frac{1}{\Delta}\int_{-\Delta/2}^{\Delta/2} w_{\Delta}(t+\tau)\mathrm{d}t}_{=1}\Big]\boldsymbol{R}_{xx^*}(\tau)\mathrm{e}^{-\mathrm{j}\omega\tau}\mathrm{d}\tau \\ &= \int_{-\infty}^{\infty}\boldsymbol{R}_{xx^*}(\tau)\mathrm{e}^{-\mathrm{j}\omega\tau}\mathrm{d}\tau \end{aligned} \quad (\mathrm{B}.16)$$

○ 习题【1-7】

由式（1.58）备注项可知

$$\boldsymbol{x}(t) = \frac{1}{\sqrt{K\Delta t}}\sum_{n=0}^{K-1}\underline{\boldsymbol{x}}(\omega^{(n)})\mathrm{e}^{\mathrm{j}\omega^{(n)}t} = \frac{1}{\sqrt{K\Delta t}}\sum_{n=0}^{K-1}\underline{\boldsymbol{x}}(\omega^{(n)})\mathrm{e}^{\mathrm{j}\frac{2\pi}{K\Delta t}nt} \quad (\mathrm{B}.17)$$

式中，$\omega^{(n)} = 2\pi n/(K\Delta t)$。

又

$$\begin{aligned} \boldsymbol{x}[k] &= \boldsymbol{x}(-K\Delta t/2 + k\Delta t) \\ &= \frac{1}{\sqrt{K\Delta t}} \sum_{n=0}^{K-1} \underline{\boldsymbol{x}}(\omega^{(n)}) \mathrm{e}^{\mathrm{j}\frac{2\pi}{K\Delta t}n(-K\Delta t/2 + k\Delta t)} \\ &= \frac{1}{\sqrt{K\Delta t}} \sum_{n=0}^{K-1} \mathrm{e}^{-\mathrm{j}\pi n} \underline{\boldsymbol{x}}(\omega^{(n)}) \mathrm{e}^{\mathrm{j}\frac{2\pi}{K}nk} \end{aligned} \tag{B.18}$$

由此可得

$$\begin{aligned} \sum_{k=0}^{K-1} \boldsymbol{x}[k] \mathrm{e}^{-\mathrm{j}\frac{2\pi}{K}kq} &= \sum_{k=0}^{K-1} \left[\frac{1}{\sqrt{K\Delta t}} \sum_{n=0}^{K-1} \mathrm{e}^{-\mathrm{j}\pi n} \underline{\boldsymbol{x}}(\omega^{(n)}) \mathrm{e}^{\mathrm{j}\frac{2\pi}{K}nk} \right] \mathrm{e}^{-\mathrm{j}\frac{2\pi}{K}kq} \\ &= \frac{1}{\sqrt{K\Delta t}} \sum_{n=0}^{K-1} \left[\left(\sum_{k=0}^{K-1} \mathrm{e}^{\mathrm{j}\frac{2\pi}{K}(n-q)k} \right) \mathrm{e}^{-\mathrm{j}\pi n} \underline{\boldsymbol{x}}(\omega^{(n)}) \right] \\ &= \sqrt{\frac{K}{\Delta t}} \mathrm{e}^{-\mathrm{j}\pi q} \underline{\boldsymbol{x}}(\omega^{(q)}) \end{aligned} \tag{B.19}$$

因此，

$$\underline{\boldsymbol{x}}(\omega^{(q)}) = \sqrt{\frac{\Delta t}{K}} \mathrm{e}^{\mathrm{j}\pi q} \underbrace{\left(\sum_{k=0}^{K-1} \boldsymbol{x}[k] \mathrm{e}^{-\mathrm{j}\frac{2\pi q}{K}k} \right)}_{\mathrm{DFT}\{\boldsymbol{x}[k]\}} \tag{B.20}$$

○ 习题【1-8】

采用单个校正源，设其波达方向为 θ_0，导向矢量为 $\boldsymbol{a}_{\theta_0}$，则阵列通道失配矢量可以估计为

$$\Delta\hat{\boldsymbol{\rho}} = -\left(\hat{\boldsymbol{U}}_{\mathrm{N}}^{\mathrm{H}} \begin{bmatrix} \boldsymbol{0}_{L-1}^{\mathrm{T}} \\ \mathrm{diag}\{\boldsymbol{a}_{\theta_0}(2:L)\} \end{bmatrix} \right)^{-1} \hat{\boldsymbol{U}}_{\mathrm{N}}^{\mathrm{H}} \begin{bmatrix} 1 \\ \boldsymbol{0}_{L-1} \end{bmatrix} \tag{B.21}$$

式中，$\hat{\boldsymbol{U}}_{\mathrm{N}}$ 为 $\boldsymbol{U}_{\mathrm{N}}$ 的估计值，$\boldsymbol{0}_{L-1}$ 为 $L-1$ 维零矢量。

图 B.3 所示为一仿真实例，其中校正源波达方向为 0°，信噪比为 30dB，快拍数为 100；阵列为 4 元等距线阵，阵元间距为 1/2 信号波长。

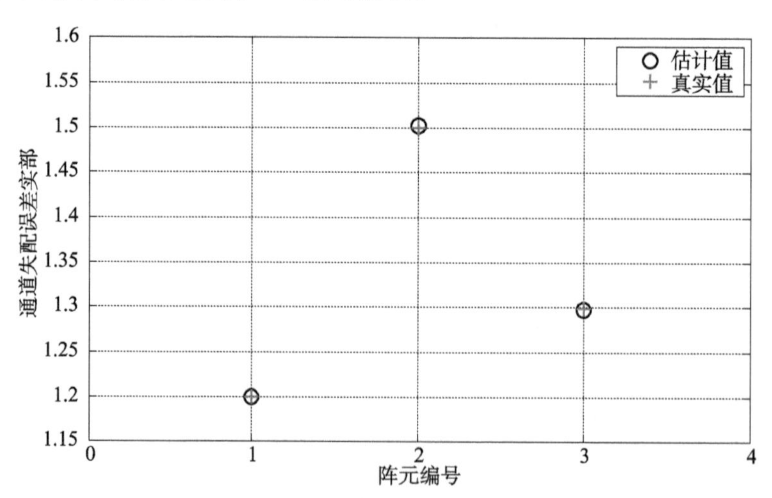

图 B.3　仿真实例结果图

○ 习题【1-9】

设两个信号的波长均为 λ_0，$d_l = d_0 + ld$ 为阵元 l 与坐标原点的距离，当 $s_0(t)$ 和 $s_1(t)$ 互不相关时，有

$$E\{x_{l+m}(t)x_l^*(t)\} = \sigma_0^2 e^{j2\pi md\sin\theta_0/\lambda_0} + \sigma_1^2 e^{j2\pi md\sin\theta_1/\lambda_0} + \sigma^2\delta(m) \tag{B.22}$$

$$E\{x_{m-l}(t)x_l(t)\} = \sigma_0^2\alpha_0 e^{j\beta_0} e^{j2\pi md\sin\theta_0/\lambda_0} + \sigma_1^2\alpha_1 e^{j\beta_1} e^{j2\pi md\sin\theta_1/\lambda_0} \tag{B.23}$$

式中，σ_0^2 和 σ_1^2、α_0 和 α_1 以及 β_0 和 β_1 分别为 $s_0(t)$ 和 $s_1(t)$ 的功率、非圆率以及非圆相位；σ^2 为噪声功率；$\delta(x)$ 为狄拉克 Delta 函数。

—第 2 章—

○ 习题【2-5】

（1）设波束形成器的权矢量为 $\boldsymbol{w}$，当不存在干扰时，$\boldsymbol{a}_0 = b\boldsymbol{u}_1$，其中 b 为复常数，并且 $|b|^2 = L$，于是，

$$\text{OSINR} = \frac{\sigma_0^2 |\boldsymbol{w}^{\mathrm{H}}\boldsymbol{a}_0|^2}{\sigma^2 \|\boldsymbol{w}\|_2^2} = \frac{|b|^2(\mu_1^{-2}|\hat{\boldsymbol{a}}_0^{\mathrm{H}}\boldsymbol{u}_1|^2)}{\mu_1^{-2}|\hat{\boldsymbol{a}}_0^{\mathrm{H}}\boldsymbol{u}_1|^2} \cdot \frac{\sigma_0^2}{\sigma^2} = L \cdot \text{ISNR} \tag{B.24}$$

式中，$\boldsymbol{w} = \mu_1^{-1}\boldsymbol{u}_1\boldsymbol{u}_1^{\mathrm{H}}\hat{\boldsymbol{a}}_0 = \hat{\boldsymbol{w}}_{\text{SISP}}$。

（2）由式⑦可知，$\hat{\boldsymbol{w}}_{\text{SISP}}$ 位于信号加干扰子空间中，即其为 $\boldsymbol{a}_0$ 和 $\boldsymbol{a}_1$ 的线性组合。设 $\boldsymbol{w} = b_0\boldsymbol{a}_0 + b_1\boldsymbol{a}_1$，其中 b_0 和 b_1 为常数，将其代入最小方差无失真响应设计准则可得

$$\hat{\boldsymbol{w}}_{\text{SISP}} = b[\boldsymbol{a}_0, \boldsymbol{a}_1]\boldsymbol{\Delta}_{01}^{-1}\begin{bmatrix}\boldsymbol{a}_0^{\mathrm{H}}\hat{\boldsymbol{a}}_0\\ \boldsymbol{a}_1^{\mathrm{H}}\hat{\boldsymbol{a}}_0\end{bmatrix} \tag{B.25}$$

式中，b 为常数；$\boldsymbol{\Delta}_{01} = [\boldsymbol{a}_0, \boldsymbol{a}_1]^{\mathrm{H}}\boldsymbol{R}_{xx}[\boldsymbol{a}_0, \boldsymbol{a}_1]$。

于是，当 $\hat{\boldsymbol{a}}_0 = \boldsymbol{a}_0$ 时，波束形成器输出中的期望信号分量、干扰分量和噪声分量的功率分别如式（B.26）、（B.27）和（B.28）所示：

$$(b^2\xi_1^2/\xi_2^2)[\sigma_0^2(\sigma_1^2\xi_1 + L\sigma^2)^2] \tag{B.26}$$

$$(b^2\xi_1^2/\xi_2^2)(\sigma_1^2 L^2 |\hbar_{01}|^2\sigma^4) \tag{B.27}$$

$$(b^2\xi_1^2/\xi_2^2)\{\sigma^2[L\sigma^4 + \sigma_1^2(L\sigma_1^2 + 2\sigma^2)\xi_1]\} \tag{B.28}$$

式中，$\xi_1 = L^2(1 - |\hbar_{01}|^2)$；$\xi_2$ 为矩阵 $\boldsymbol{\Delta}_{01}$ 的行列式，即 $\xi_2 = \sigma_0^2\sigma_1^2\xi_1^2 + \sigma^2\xi_1[L(\sigma_0^2 + \sigma_1^2) + \sigma^2]$。

将式（B.26）、（B.27）和（B.28）所示结果代入波束形成器输出信干噪比表达式即可得式⑨所示结论。

由于

$$\begin{aligned}\text{OSINR}_1 &= \frac{L^2 \cdot \text{ISNR} \cdot \text{IINR}(1 - |\hbar_{01}|^2) + L \cdot \text{ISNR}}{L \cdot \text{IINR} + 1}\\ &= \frac{(1 - |\hbar_{01}|^2) + \dfrac{1}{L \cdot \text{IINR}}}{\dfrac{1}{L \cdot \text{ISNR}} + \dfrac{1}{L \cdot \text{ISNR}} \cdot \dfrac{1}{L \cdot \text{IINR}}}\end{aligned} \tag{B.29}$$

当 $L \cdot \mathrm{ISNR} \gg 1$ 且 $L \cdot \mathrm{IINR} \gg 1$ 时，

$$\mathrm{OSINR}_1 \approx L \cdot \mathrm{ISNR}(1 - |\hbar_{01}|^2) \tag{B.30}$$

（3）由于期望信号导向矢量失配误差可以忽略，当干扰功率远远大于期望信号功率时，前者可被极大抑制；当 $L \cdot \mathrm{ISNR} \gg 1$ 且 $L \cdot \mathrm{IINR} \gg 1$ 时，波束形成器输出中的期望信号分量和干扰分量的功率分别如式（B.31）和（B.32）所示：

$$(b^2\xi_1^2/\xi_2^2)(\sigma_0^2\sigma_1^4\xi_1^2) \tag{B.31}$$

$$(b^2\xi_1^2/\xi_2^2)(L\sigma^2\sigma_1^4\xi_1) \tag{B.32}$$

由此可证明式⑩成立。

（4）利用矩阵求逆公式，可得

$$\boldsymbol{R}_{\mathrm{I+N}}^{-1} = \sigma^{-2}\left(\boldsymbol{I} - \frac{\mathrm{IINR} \cdot \boldsymbol{a}_1\boldsymbol{a}_1^{\mathrm{H}}}{1 + L \cdot \mathrm{IINR}}\right) \tag{B.33}$$

所以，

$$\mathrm{OSINR}_{\max} = \sigma_0^2(\boldsymbol{a}_0^{\mathrm{H}}\boldsymbol{R}_{\mathrm{I+N}}^{-1}\boldsymbol{a}_0) = L \cdot \mathrm{ISNR}\left(1 - \frac{L \cdot \mathrm{IINR}}{1 + L \cdot \mathrm{IINR}}|\hbar_{01}|^2\right) \geqslant \mathrm{OSINR}_2 \tag{B.34}$$

○ **习题【2-6】**

（1）$\mathcal{I}(\hat{\boldsymbol{a}}_0) = \boldsymbol{C}$，$\boldsymbol{g} = (\boldsymbol{C}^{\mathrm{H}}\hat{\boldsymbol{R}}_{xx}^{-1}\boldsymbol{C})^{-1}\boldsymbol{c}$

○ **习题【2-7】**

（1）

$$\mathcal{R}_{\mathrm{SISP}}(\lambda_\kappa) = \sum_{l=1}^{M}\hat{\boldsymbol{u}}_l\hat{\boldsymbol{u}}_l^{\mathrm{H}} \tag{B.35}$$

$$\mathcal{R}_{\mathrm{DL}}(\lambda_\kappa) = \sum_{l=1}^{L}\frac{\mu_l}{\mu_l + \lambda_\kappa}\hat{\boldsymbol{u}}_l\hat{\boldsymbol{u}}_l^{\mathrm{H}} \tag{B.36}$$

（2）由于 $\hat{\boldsymbol{R}}_{xx}^{-1}$ 为正定厄米特矩阵，其可写成 $\hat{\boldsymbol{R}}_{xx}^{-1} = \boldsymbol{U}^{\mathrm{H}}\boldsymbol{U}$，其中 $\boldsymbol{U}$ 为满秩方阵。令 $\boldsymbol{b} = \boldsymbol{U}\boldsymbol{a}$，则式⑭等价于

$$\min_{\boldsymbol{b}}\|\boldsymbol{b}\|_2^2 \quad \text{s. t.} \quad (\boldsymbol{b} - \hat{\boldsymbol{b}}_0)^{\mathrm{H}}\boldsymbol{C}^{-1}(\boldsymbol{b} - \hat{\boldsymbol{b}}_0) \leqslant \varepsilon^2 \tag{B.37}$$

式中，$\hat{\boldsymbol{b}}_0 = \boldsymbol{U}\hat{\boldsymbol{a}}_0$；$\boldsymbol{C} = \boldsymbol{U}\boldsymbol{U}^{\mathrm{H}}$。

由于 $\|\hat{\boldsymbol{a}}_0\|_2 > \varepsilon > 0$，所以 $\boldsymbol{a} \neq \boldsymbol{0}$，$\boldsymbol{b} \neq \boldsymbol{0}$，于是式（B.37）等价于

$$\min_{\boldsymbol{b}}\|\boldsymbol{b}\|_2^2 \quad \text{s. t.} \quad (\boldsymbol{b} - \hat{\boldsymbol{b}}_0)^{\mathrm{H}}\boldsymbol{C}^{-1}(\boldsymbol{b} - \hat{\boldsymbol{b}}_0) = \varepsilon^2 \tag{B.38}$$

所以式⑭又等价于

$$\min_{\boldsymbol{a}}\boldsymbol{a}^{\mathrm{H}}\hat{\boldsymbol{R}}_{xx}^{-1}\boldsymbol{a} \quad \text{s. t.} \quad \|\boldsymbol{a} - \hat{\boldsymbol{a}}_0\|_2^2 = \varepsilon^2 \tag{B.39}$$

令 $\boldsymbol{b}_0$ 为式（B.39）的解，并且

$$\boldsymbol{w}_0 = \frac{\hat{\boldsymbol{R}}_{xx}^{-1}\boldsymbol{b}_0}{\boldsymbol{b}_0^{\mathrm{H}}\hat{\boldsymbol{R}}_{xx}^{-1}\boldsymbol{b}_0} \tag{B.40}$$

下面证明 $\boldsymbol{w}_0$ 为问题（2.99）的解。

首先，如果 $\|\hat{\boldsymbol{a}}_0\|_2 \leqslant \varepsilon$，则

$$|\boldsymbol{w}^{\mathrm{H}}\hat{\boldsymbol{a}}_0| \leqslant \|\boldsymbol{w}\|_2\|\hat{\boldsymbol{a}}_0\|_2 \leqslant \varepsilon\|\boldsymbol{w}\|_2 \tag{B.41}$$

所以要满足条件 $|\boldsymbol{w}^{\mathrm{H}}\hat{\boldsymbol{a}}_0| \geqslant \varepsilon\|\boldsymbol{w}\|_2+1$，必须满足条件 $\|\hat{\boldsymbol{a}}_0\|_2 > \varepsilon$。

令 $\boldsymbol{w}=\boldsymbol{w}_0+\boldsymbol{v}$，则式（2.99）等价于

$$\begin{aligned}&\min_{\boldsymbol{v}}\left\{\boldsymbol{v}^{\mathrm{H}}\hat{\boldsymbol{R}}_{xx}\boldsymbol{v}+\frac{2}{\boldsymbol{b}_0^{\mathrm{H}}\hat{\boldsymbol{R}}_{xx}^{-1}\boldsymbol{b}_0}\mathrm{Re}\{\boldsymbol{v}^{\mathrm{H}}\boldsymbol{b}_0\}+\frac{1}{\boldsymbol{b}_0^{\mathrm{H}}\hat{\boldsymbol{R}}_{xx}^{-1}\boldsymbol{b}_0}\right\}\\&\text{s. t.}\\&\boldsymbol{v}^{\mathrm{H}}\hat{\boldsymbol{a}}_0+\boldsymbol{w}_0^{\mathrm{H}}\hat{\boldsymbol{a}}_0 \geqslant \varepsilon\|\boldsymbol{w}_0+\boldsymbol{v}\|_2+1,\ \mathrm{Im}\{\boldsymbol{w}_0^{\mathrm{H}}\hat{\boldsymbol{a}}_0+\boldsymbol{v}^{\mathrm{H}}\hat{\boldsymbol{a}}_0\}=0\end{aligned} \tag{B.42}$$

令 $\hat{\boldsymbol{a}}_0=\boldsymbol{b}_0+\boldsymbol{c}_0$，其中 $\|\boldsymbol{c}_0\|_2=\varepsilon$，则式（B.42）的约束条件又可写成

$$\boldsymbol{v}^{\mathrm{H}}\boldsymbol{b}_0+\boldsymbol{v}^{\mathrm{H}}\boldsymbol{c}_0+\boldsymbol{w}_0^{\mathrm{H}}\boldsymbol{c}_0 \geqslant \varepsilon\|\boldsymbol{w}_0+\boldsymbol{v}\|_2,\ \mathrm{Im}\{\boldsymbol{w}_0^{\mathrm{H}}\boldsymbol{c}_0+\boldsymbol{v}^{\mathrm{H}}\boldsymbol{b}_0+\boldsymbol{v}^{\mathrm{H}}\boldsymbol{c}_0\}=0 \tag{B.43}$$

于是有

$$\mathrm{Re}\{\boldsymbol{v}^{\mathrm{H}}\boldsymbol{b}_0\} \geqslant \varepsilon\|\boldsymbol{w}_0+\boldsymbol{v}\|_2-\mathrm{Re}\{(\boldsymbol{w}_0+\boldsymbol{v})^{\mathrm{H}}\boldsymbol{c}_0\} \tag{B.44}$$

又由于

$$|\mathrm{Re}\{(\boldsymbol{w}_0+\boldsymbol{v})^{\mathrm{H}}\boldsymbol{c}_0\}| \leqslant |(\boldsymbol{w}_0+\boldsymbol{v})^{\mathrm{H}}\boldsymbol{c}_0| \leqslant \|\boldsymbol{w}_0+\boldsymbol{v}\|_2\|\boldsymbol{c}_0\|_2=\varepsilon\|\boldsymbol{w}_0+\boldsymbol{v}\|_2 \tag{B.45}$$

所以，

$$\mathrm{Re}\{\boldsymbol{v}^{\mathrm{H}}\boldsymbol{b}_0\} \geqslant 0 \tag{B.46}$$

又由于 $\boldsymbol{b}_0 \neq \boldsymbol{0}$，并且 $\boldsymbol{v}^{\mathrm{H}}\hat{\boldsymbol{R}}_{xx}\boldsymbol{v} \geqslant 0$，$\boldsymbol{b}_0^{\mathrm{H}}\hat{\boldsymbol{R}}_{xx}^{-1}\boldsymbol{b}_0 \geqslant 0$，所以若当 $\boldsymbol{v}=\boldsymbol{0}$ 时，式（B.42）的约束条件能够满足，则 $\boldsymbol{v}=\boldsymbol{0}$ 即为式（B.42）的解。

事实上，若 $\boldsymbol{v}=\boldsymbol{0}$，则式（B.42）的约束条件等价于

$$\mathrm{Re}\{\boldsymbol{w}_0^{\mathrm{H}}\boldsymbol{c}_0\} \geqslant \varepsilon\|\boldsymbol{w}_0\|_2 \Rightarrow \mathrm{Re}\{\boldsymbol{b}_0^{\mathrm{H}}\hat{\boldsymbol{R}}_{xx}^{-1}\boldsymbol{c}_0\} \geqslant \varepsilon\sqrt{\boldsymbol{b}_0^{\mathrm{H}}\hat{\boldsymbol{R}}_{xx}^{-2}\boldsymbol{b}_0} \tag{B.47}$$

$$\mathrm{Im}\{\boldsymbol{w}_0^{\mathrm{H}}\boldsymbol{c}_0\}=0 \Rightarrow \mathrm{Im}\{\boldsymbol{b}_0^{\mathrm{H}}\hat{\boldsymbol{R}}_{xx}^{-1}\boldsymbol{c}_0\}=0 \tag{B.48}$$

根据拉格朗日乘子理论，$\boldsymbol{b}_0$ 应满足下式：

$$\hat{\boldsymbol{R}}_{xx}^{-1}\boldsymbol{b}_0+\ell(\boldsymbol{b}_0-\hat{\boldsymbol{a}}_0)=\boldsymbol{0} \Rightarrow \hat{\boldsymbol{R}}_{xx}^{-1}\boldsymbol{b}_0=\ell\boldsymbol{c}_0 \tag{B.49}$$

式中，ℓ 为实值拉格朗日乘子。

由此可得

$$\mathrm{Re}\{\boldsymbol{b}_0^{\mathrm{H}}\hat{\boldsymbol{R}}_{xx}^{-1}\boldsymbol{c}_0\}=\varepsilon\sqrt{\boldsymbol{b}_0^{\mathrm{H}}\hat{\boldsymbol{R}}_{xx}^{-2}\boldsymbol{b}_0}=\ell\varepsilon^2 \tag{B.50}$$

$$\mathrm{Im}\{\boldsymbol{b}_0^{\mathrm{H}}\hat{\boldsymbol{R}}_{xx}^{-1}\boldsymbol{c}_0\}=\mathrm{Im}\{\ell\|\boldsymbol{c}_0\|_2^2\}=0 \tag{B.51}$$

所以当 $\boldsymbol{v}=\boldsymbol{0}$ 时，式（B.42）的约束条件能够满足。

综上，命题得证。

（3）式⑯和式⑰的解均具有下述形式：

$$\hat{\boldsymbol{w}}_0=\frac{(\hat{\boldsymbol{R}}_{xx}+\ell^{-1}\boldsymbol{B}\boldsymbol{B}^{\mathrm{H}})^{-1}\hat{\boldsymbol{a}}_0}{\hat{\boldsymbol{a}}_0^{\mathrm{H}}(\hat{\boldsymbol{R}}_{xx}+\ell^{-1}\boldsymbol{B}\boldsymbol{B}^{\mathrm{H}})^{-1}\hat{\boldsymbol{R}}_{xx}(\hat{\boldsymbol{R}}_{xx}+\ell^{-1}\boldsymbol{B}\boldsymbol{B}^{\mathrm{H}})^{-1}\hat{\boldsymbol{a}}_0} \tag{B.52}$$

其中，$\ell \neq 0$。

（4）约束条件可改为“$\boldsymbol{P}^{\perp}\boldsymbol{a}=\boldsymbol{0}$，$\|\boldsymbol{a}\|_2^2=L$”，其中 $\boldsymbol{P}^{\perp}=\boldsymbol{I}-\boldsymbol{U}\boldsymbol{U}^{\mathrm{H}}$，$\boldsymbol{U}$ 为式（B.53）所示矩阵 $\boldsymbol{C}$ 的主特征矢量矩阵，

$$\boldsymbol{C}=\int_{\Theta}\boldsymbol{a}(\theta)\boldsymbol{a}^{\mathrm{H}}(\theta)\mathrm{d}\theta \tag{B.53}$$

式中，Θ 为期望信号波达方向所在区间。

○ 习题【2－9】

由于

$$\arg\max_{\|\Delta\boldsymbol{R}_{xx}\|_{\mathrm{F}}\leqslant\lambda}\boldsymbol{w}^{\mathrm{H}}(\hat{\boldsymbol{R}}_{xx}+\Delta\boldsymbol{R}_{xx})\boldsymbol{w}=\arg\max_{\|\Delta\boldsymbol{R}_{xx}\|_{\mathrm{F}}\leqslant\lambda}\boldsymbol{w}^{\mathrm{H}}(\Delta\boldsymbol{R}_{xx}\boldsymbol{w})=\arg\max_{\|\Delta\boldsymbol{R}_{xx}\|_{\mathrm{F}}\leqslant\lambda}\mathrm{vec}\{\boldsymbol{w}^{\mathrm{H}}\Delta\boldsymbol{R}_{xx}\boldsymbol{w}\}$$
$$=\arg\max_{\|\Delta\boldsymbol{R}_{xx}\|_{\mathrm{F}}\leqslant\lambda}(\boldsymbol{w}^{\mathrm{T}}\otimes\boldsymbol{w}^{\mathrm{H}})\mathrm{vec}\{\Delta\boldsymbol{R}_{xx}\}=\arg\max_{\|\Delta\boldsymbol{r}\|_{2}\leqslant\lambda}\tilde{\boldsymbol{w}}^{\mathrm{H}}\Delta\boldsymbol{r}\tag{B.54}$$

式中，$\tilde{\boldsymbol{w}}=\boldsymbol{w}^{*}\otimes\boldsymbol{w}=\mathrm{vec}\{\boldsymbol{w}\boldsymbol{w}^{\mathrm{H}}\}$；$\Delta\boldsymbol{r}=\mathrm{vec}\{\Delta\boldsymbol{R}_{xx}\}$；$\Delta\boldsymbol{R}_{xx}$ 为厄米特矩阵。

解法一：由式（B.54）有 $\Delta\boldsymbol{r}=b\tilde{\boldsymbol{w}}$，其中 b 为正实数。当 $\|\Delta\boldsymbol{r}\|_2=\lambda$时，$b$ 取得最大值 $\lambda\|\tilde{\boldsymbol{w}}\|_2^{-1}$，于是，

$$\Delta\boldsymbol{r}=\lambda\frac{\tilde{\boldsymbol{w}}}{\|\tilde{\boldsymbol{w}}\|_2}=\lambda\frac{\mathrm{vec}\{\boldsymbol{w}\boldsymbol{w}^{\mathrm{H}}\}}{\|\boldsymbol{w}\|_2^2}\Rightarrow\Delta\boldsymbol{R}_{xx}=\lambda\frac{\boldsymbol{w}\boldsymbol{w}^{\mathrm{H}}}{\|\boldsymbol{w}\|_2^2}\tag{B.55}$$

解法二：由式（B.54）有 $\Delta\boldsymbol{R}_{xx}\boldsymbol{w}=b\boldsymbol{w}\Rightarrow\boldsymbol{w}^{\mathrm{H}}\Delta\boldsymbol{R}_{xx}\boldsymbol{w}=b\|\boldsymbol{w}\|_2^2$，其中 b 为正实数。于是 $\Delta\boldsymbol{R}_{xx}=b\|\boldsymbol{w}\|_2^{-2}\boldsymbol{w}\boldsymbol{w}^{\mathrm{H}}+\boldsymbol{W}^{\perp}$，其中 $\boldsymbol{W}^{\perp}=(\boldsymbol{W}^{\perp})^{\mathrm{H}}$，且 $\boldsymbol{W}^{\perp}\boldsymbol{w}=\boldsymbol{0}$。因此 $\|\Delta\boldsymbol{R}_{xx}\|_{\mathrm{F}}^2=b^2\|\boldsymbol{w}\|_2^{-4}\|\boldsymbol{w}\boldsymbol{w}^{\mathrm{H}}\|_{\mathrm{F}}^2+\|\boldsymbol{W}^{\perp}\|_{\mathrm{F}}^2$，$b$ 的最大值应取为 1，所以同样可以得到式（B.55）。

因此式⑲又等价于

$$\min_{\boldsymbol{w}}\boldsymbol{w}^{\mathrm{H}}(\hat{\boldsymbol{R}}_{xx}+\lambda\boldsymbol{I}_L)\boldsymbol{w}\quad\mathrm{s.t.}\quad\boldsymbol{w}^{\mathrm{H}}\hat{\boldsymbol{a}}_0=1\tag{B.56}$$

○ 习题【2－10】

由于 $\boldsymbol{w}_{\mathrm{CHT}}^{\mathrm{H}}\boldsymbol{C}=\boldsymbol{0}^{\mathrm{T}}$，可设 $\boldsymbol{w}=\boldsymbol{D}^{\mathrm{H}}\boldsymbol{y}=\boldsymbol{D}\boldsymbol{y}$，于是式㉑等价于

$$\max_{\boldsymbol{y}}|\boldsymbol{y}^{\mathrm{H}}\boldsymbol{D}\boldsymbol{a}(\hat{\theta}_0)|^2\quad\mathrm{s.t.}\quad\boldsymbol{y}^{\mathrm{H}}\boldsymbol{D}\boldsymbol{y}=1\tag{B.57}$$

利用拉格朗日乘子方法，可得

$$[\boldsymbol{a}^{\mathrm{H}}(\hat{\theta}_0)\boldsymbol{D}\boldsymbol{y}][\boldsymbol{D}\boldsymbol{a}(\hat{\theta}_0)]=\ell\boldsymbol{D}\boldsymbol{y}\tag{B.58}$$

式中，ℓ 为拉格朗日乘子。

由式（B.58）可知，波束形成器权矢量与 $\boldsymbol{D}\boldsymbol{a}(\hat{\theta}_0)$ 成比例关系，再结合条件 $\boldsymbol{w}^{\mathrm{H}}\boldsymbol{w}=1$，可得

$$\boldsymbol{w}_{\mathrm{CHT}}=\frac{\boldsymbol{D}\boldsymbol{a}(\hat{\theta}_0)}{\sqrt{\boldsymbol{a}^{\mathrm{H}}(\hat{\theta}_0)\boldsymbol{D}\boldsymbol{a}(\hat{\theta}_0)}}\tag{B.59}$$

○ 习题【2－14】

（1）根据 $\boldsymbol{b}_m$ 的定义可证明（a）成立。进一步令第 m 个信号的功率为 σ_m^2，噪声功率为 σ^2，则

$$\boldsymbol{R}_{xx}=\sum_{m=0}^{M-1}\sigma_m^2\boldsymbol{b}_m\boldsymbol{b}_m^{\mathrm{H}}+\sigma^2\boldsymbol{I}\tag{B.60}$$

由此可证明（b）和（c）成立。

（2）由于 $\boldsymbol{J}=\boldsymbol{J}^{-1}$，所以，

$$\boldsymbol{J}(\boldsymbol{R}_{xx}^{-1}\boldsymbol{b}_0)^{*}=\boldsymbol{J}(\boldsymbol{R}_{xx}^{-1})^{*}\boldsymbol{b}_0^{*}=\boldsymbol{J}(\boldsymbol{R}_{xx}^{*})^{-1}\boldsymbol{b}_0^{*}=(\boldsymbol{J}\boldsymbol{R}_{xx}^{*}\boldsymbol{J})^{-1}(\boldsymbol{J}\boldsymbol{b}_0^{*})=\boldsymbol{R}_{xx}^{-1}\boldsymbol{b}_0\tag{B.61}$$

○ 习题【2－18】

（2）假设阵元数为 L，可以推得

$$\mathrm{OSINR}(\boldsymbol{w}_{\mathrm{DAS}}) = \frac{L \cdot \mathrm{ISNR}}{1 + L \cdot \mathrm{IINR}|\hbar_{01}|^2} \tag{B.62}$$

$$\mathrm{OSINR}(\boldsymbol{w}_{\mathrm{MVDR}}) = L \cdot \mathrm{ISNR}\left(1 - \frac{L \cdot \mathrm{IINR}}{1 + L \cdot \mathrm{IINR}}|\hbar_{01}|^2\right) \tag{B.63}$$

$$\mathrm{OSINR}(\boldsymbol{w}_{\mathrm{LCMV}}) = \mathrm{OSINR}(\boldsymbol{w}_{\mathrm{OP}}) = L \cdot \mathrm{ISNR}(1 - |\hbar_{01}|^2) \tag{B.64}$$

式中，$\hbar_{01} = \boldsymbol{a}_0^{\mathrm{H}}\boldsymbol{a}_1/L$。

不难看出，

$$\mathrm{OSINR}(\boldsymbol{w}_{\mathrm{LCMV}}) = \mathrm{OSINR}(\boldsymbol{w}_{\mathrm{OP}}) \leqslant \mathrm{OSINR}(\boldsymbol{w}_{\mathrm{MVDR}}) \tag{B.65}$$

当 $\mathrm{IINR} \geqslant L^{-1}(1 - |\hbar_{01}|^2)^{-1}$ 时，

$$\mathrm{OSINR}(\boldsymbol{w}_{\mathrm{LCMV}}) = \mathrm{OSINR}(\boldsymbol{w}_{\mathrm{OP}}) \geqslant \mathrm{OSINR}(\boldsymbol{w}_{\mathrm{DAS}}) \tag{B.66}$$

当 $\mathrm{IINR} < L^{-1}(1 - |\hbar_{01}|^2)^{-1}$ 时，

$$\mathrm{OSINR}(\boldsymbol{w}_{\mathrm{LCMV}}) = \mathrm{OSINR}(\boldsymbol{w}_{\mathrm{OP}}) < \mathrm{OSINR}(\boldsymbol{w}_{\mathrm{DAS}}) \tag{B.67}$$

（3）若 $\boldsymbol{a}_0^{\mathrm{H}}\boldsymbol{a}_1 = 0$，则有 $\hbar_{01} = 0$，此时 4 种波束形成器的输出信干噪比相同，均为 $L \cdot \mathrm{ISNR}$。

— 第 3 章 —

○ 习题【3－12】

令 $f(\theta) = \mathrm{e}^{\mathrm{j}\omega_0 d_l \cos(\varkappa_l - \theta)/c}$，$f(\theta)$ 为关于 θ 的周期函数，周期为 2π，所以可利用傅里叶级数将其写成

$$f(\theta) = \sum_{n=-\infty}^{\infty} b_n \mathrm{e}^{\mathrm{j}n\theta} \tag{B.68}$$

式中，$b_n = \frac{1}{2\pi}\int_{-\pi}^{\pi} f(\theta)\mathrm{e}^{-\mathrm{j}n\theta}\mathrm{d}\theta = \frac{1}{2\pi}\int_{-\pi}^{\pi} \mathrm{e}^{\mathrm{j}(\omega_0 d_l/c)\cos(\varkappa_l - \theta)}\mathrm{e}^{-\mathrm{j}n\theta}\mathrm{d}\theta = \frac{1}{2\pi}\int_{-\pi}^{\pi} \mathrm{e}^{\mathrm{j}(\omega_0 d_l/c)\cos\theta}\mathrm{e}^{-\mathrm{j}n(\varkappa_l - \theta)}\mathrm{d}\theta = \mathrm{e}^{-\mathrm{j}n\varkappa_l}\frac{1}{2\pi}\int_{-\pi}^{\pi} \mathrm{e}^{\mathrm{j}(\omega_0 d_l/c)\cos\theta}\mathrm{e}^{\mathrm{j}n\theta}\mathrm{d}\theta = \mathrm{j}^n\left[\frac{1}{\mathrm{j}^n}\frac{1}{2\pi}\int_{-\pi}^{\pi} \mathrm{e}^{\mathrm{j}(\omega_0 d_l/c)\cos\theta}\mathrm{e}^{\mathrm{j}n\theta}\mathrm{d}\theta\right]\mathrm{e}^{-\mathrm{j}n\varkappa_l} = \mathrm{j}^n J_n\left(\frac{\omega_0 d_l}{c}\right)\mathrm{e}^{-\mathrm{j}n\varkappa_l}$。

再利用下述第一类贝塞尔函数的性质即可证明式⑱成立：

$$J_{-n}(x) = (-1)^n J_n(x) \tag{B.69}$$

○ 习题【3－13】

对于移动阵列，其阵元位置是时变的。具体而言，阵元 l 的位置为

$$d_l(t) = d_l(0) + \upsilon t \tag{B.70}$$

式中，$d_l(0)$ 为阵元 l 的初始位置；υ 为阵列沿 y 轴移动的恒定速度。

相应地，信号波扫过阵元 l 相对于扫过相位参考点（位置固定）的传播时延也是时变的。当信号波传播速度远远大于阵列平台运动速度时，其值近似为

$$\tau_{l,0}(t) \approx \frac{d_l(t)\sin\theta_0}{c} = \frac{[d_l(0) + vt]\sin\theta_0}{c} \tag{B.71}$$

式中，c 为信号波传播速度；θ_0 为信号波达方向。

因此，阵元 l 的输入信号近似可以写成（注意窄带信号假设，以及 v/c 的值通常非常小）

$$r_l(t) = s_0[t + \tau_{l,0}(t)] \approx a_0(t)\cos\left\{\omega_0\left[t + \frac{[d_l(0) + vt]\sin\theta_0}{c}\right] + \varphi_0(t)\right\} \tag{B.72}$$

式中，$a_0(t)$ 和 $\varphi_0(t)$ 分别为信号振幅和相位。

因此，正交解调后，阵元 l 的输出信号近似可以写成

$$x_l(t) \approx \rho_{l,0} a_0(t) \mathrm{e}^{\mathrm{j}\varphi_0(t)} \mathrm{e}^{\mathrm{j}\frac{\omega_0 d_l(0)\sin\theta_0}{c}} \mathrm{e}^{\mathrm{j}\frac{\omega_0 v\sin\theta_0}{c}t} + n_l(t) \tag{B.73}$$

式中，$\rho_{l,0}$ 为阵元 l 接收通道增益；$n_l(t)$ 为阵元 l 加性噪声。

— 第4章 —

○ 习题【4-10】

（2）根据题意，需要证明下述结论成立：

$$\mathrm{rank}\left\{\boldsymbol{C}\left(\boldsymbol{I}_N - \frac{\boldsymbol{1}_N\boldsymbol{1}_N^{\mathrm{T}}}{N}\right)\right\} = \mathrm{rank}\left\{\left(\boldsymbol{I}_N - \frac{\boldsymbol{1}_N\boldsymbol{1}_N^{\mathrm{T}}}{N}\right)\boldsymbol{C}^{\mathrm{T}}\right\} = M \tag{B.74}$$

用反证法。为此，假设存在某 $M \times 1$ 维非零矢量 $\boldsymbol{z}$，使得

$$\left(\boldsymbol{I}_N - \frac{\boldsymbol{1}_N\boldsymbol{1}_N^{\mathrm{T}}}{N}\right)\boldsymbol{C}^{\mathrm{T}}\boldsymbol{z} = \boldsymbol{C}^{\mathrm{T}}\boldsymbol{z} - \boldsymbol{1}_N\left(\frac{\boldsymbol{1}_N^{\mathrm{T}}\boldsymbol{C}^{\mathrm{T}}\boldsymbol{z}}{N}\right) = \boldsymbol{0}$$

$$\Rightarrow$$

$$[\boldsymbol{C}^{\mathrm{T}}, \boldsymbol{1}_N]\begin{bmatrix} \boldsymbol{z} \\ -\left(\dfrac{\boldsymbol{1}_N^{\mathrm{T}}\boldsymbol{C}^{\mathrm{T}}\boldsymbol{z}}{N}\right) \end{bmatrix} = \boldsymbol{0} \tag{B.75}$$

而 $[\boldsymbol{C}^{\mathrm{T}}, \boldsymbol{1}_N]$ 为列满秩矩阵，所以式（B.75）是不可能成立的。

○ 习题【4-11】

根据4.5.1节的讨论可知

$$\boldsymbol{w}_{\mathrm{WL-LCMV}} = \boldsymbol{R}_{\breve{x}\breve{x}}^{-1}\breve{\boldsymbol{H}}(\theta_0)[\breve{\boldsymbol{H}}^{\mathrm{H}}(\theta_0)\boldsymbol{R}_{\breve{x}\breve{x}}^{-1}\breve{\boldsymbol{H}}(\theta_0)]^{-1}\boldsymbol{i}_2^{(1)} \tag{B.76}$$

式中，$\boldsymbol{R}_{\breve{x}\breve{x}} = \breve{\boldsymbol{H}}(\theta_0)\boldsymbol{R}_{\breve{s}_0\breve{s}_0}\breve{\boldsymbol{H}}^{\mathrm{H}}(\theta_0) + \breve{\boldsymbol{R}}_{\mathrm{I+N}}$，且 $\boldsymbol{R}_{\breve{s}_0\breve{s}_0} = \sigma_0^2\begin{bmatrix} 1 & \alpha_0\mathrm{e}^{\mathrm{j}\beta_0} \\ \alpha_0\mathrm{e}^{-\mathrm{j}\beta_0} & 1 \end{bmatrix}$，其中 σ_0^2 为期望信号功率，α_0 和 β_0 分别为其非圆率和非圆相位；$\breve{\boldsymbol{R}}_{\mathrm{I+N}}$ 为干扰加噪声分量共轭增广协方差矩阵。

利用矩阵求逆公式

$$(\boldsymbol{A} + \boldsymbol{UBV})^{-1} = \boldsymbol{A}^{-1} - \boldsymbol{A}^{-1}\boldsymbol{U}(\boldsymbol{I} + \boldsymbol{BVA}^{-1}\boldsymbol{U})^{-1}\boldsymbol{BVA}^{-1} \tag{B.77}$$

可得（为便于书写，推导过程中记 $\boldsymbol{K} = \boldsymbol{R}_{\breve{s}_0\breve{s}_0}$，$\breve{\boldsymbol{H}} = \breve{\boldsymbol{H}}(\theta_0)$，$\breve{\boldsymbol{R}} = \breve{\boldsymbol{R}}_{\mathrm{I+N}}$）

$$\begin{aligned}\boldsymbol{w}_{\text{WL-LCMV}} &= [\breve{\boldsymbol{R}}^{-1} - \breve{\boldsymbol{R}}^{-1}\breve{\boldsymbol{H}}(\boldsymbol{I} + \boldsymbol{K}\breve{\boldsymbol{H}}^{\text{H}}\breve{\boldsymbol{R}}^{-1}\breve{\boldsymbol{H}})^{-1}\boldsymbol{K}\breve{\boldsymbol{H}}^{\text{H}}\breve{\boldsymbol{R}}^{-1}]\breve{\boldsymbol{H}} \times \\ &\quad \{\breve{\boldsymbol{H}}^{\text{H}}[\breve{\boldsymbol{R}}^{-1} - \breve{\boldsymbol{R}}^{-1}\breve{\boldsymbol{H}}(\boldsymbol{I} + \boldsymbol{K}\breve{\boldsymbol{H}}^{\text{H}}\breve{\boldsymbol{R}}^{-1}\breve{\boldsymbol{H}})^{-1}\boldsymbol{K}\breve{\boldsymbol{H}}^{\text{H}}\breve{\boldsymbol{R}}^{-1}]\breve{\boldsymbol{H}}\}^{-1}\boldsymbol{i}_2^{(1)} \\ &= \breve{\boldsymbol{R}}^{-1}\breve{\boldsymbol{H}}[\boldsymbol{I} - (\boldsymbol{I} + \boldsymbol{K}\breve{\boldsymbol{H}}^{\text{H}}\breve{\boldsymbol{R}}^{-1}\breve{\boldsymbol{H}})^{-1}\boldsymbol{K}\breve{\boldsymbol{H}}^{\text{H}}\breve{\boldsymbol{R}}^{-1}\breve{\boldsymbol{H}}] \times \\ &\quad \{\breve{\boldsymbol{H}}^{\text{H}}\breve{\boldsymbol{R}}^{-1}\breve{\boldsymbol{H}}[\boldsymbol{I} - (\boldsymbol{I} + \boldsymbol{K}\breve{\boldsymbol{H}}^{\text{H}}\breve{\boldsymbol{R}}^{-1}\breve{\boldsymbol{H}})^{-1}\boldsymbol{K}\breve{\boldsymbol{H}}^{\text{H}}\breve{\boldsymbol{R}}^{-1}\breve{\boldsymbol{H}}]\}^{-1}\boldsymbol{i}_2^{(1)} \\ &= \breve{\boldsymbol{R}}^{-1}\breve{\boldsymbol{H}}(\breve{\boldsymbol{H}}^{\text{H}}\breve{\boldsymbol{R}}^{-1}\breve{\boldsymbol{H}})^{-1}\boldsymbol{i}_2^{(1)} \\ &= \breve{\boldsymbol{R}}_{\text{I+N}}^{-1}\breve{\boldsymbol{H}}(\theta_0)[\breve{\boldsymbol{H}}^{\text{H}}(\theta_0)\breve{\boldsymbol{R}}_{\text{I+N}}^{-1}\breve{\boldsymbol{H}}(\theta_0)]^{-1}\boldsymbol{i}_2^{(1)}\end{aligned} \tag{B.78}$$

○ 习题【4－14】

若阵列入射信号互不相关，且与阵元噪声互不相关，则阵列输出协方差矩阵 $\boldsymbol{R}_{xx}$ 可以写成

$$\boldsymbol{R}_{xx} = E\{\boldsymbol{x}(t)\boldsymbol{x}^{\text{H}}(t)\} = \sum_{m=0}^{M-1}\sigma_m^2\boldsymbol{a}(\theta_m)\boldsymbol{a}^{\text{H}}(\theta_m) + \sigma^2\boldsymbol{I}_L \tag{B.79}$$

式中，θ_m、σ_m^2 和 $\boldsymbol{a}(\theta_m)$ 分别为第 m 个信号的波达方向、功率和导向矢量、σ^2 为噪声功率。

因此有

$$\text{vec}\{\boldsymbol{R}_{xx}\} = \sum_{m=0}^{M-1}\sigma_m^2\underbrace{\boldsymbol{a}^*(\theta_m)\otimes\boldsymbol{a}(\theta_m)}_{\tilde{\boldsymbol{a}}^*(\theta_m)} + \left(\frac{\sigma^2}{\sqrt{L}}\right)\sqrt{L}\text{vec}\{\boldsymbol{I}_L\} \tag{B.80}$$

将 $\text{vec}\{\boldsymbol{R}_{xx}\}$ 进行下述稀疏表示：

$$\text{vec}\{\boldsymbol{R}_{xx}\} = \boldsymbol{D}(\boldsymbol{\vartheta})\boldsymbol{s} \tag{B.81}$$

式中，$\boldsymbol{s}$ 为稀疏矢量；$\boldsymbol{D}(\boldsymbol{\vartheta})$ 为 $L^2\times(N+1)$ 维字典矩阵，其形式为 $\boldsymbol{D}(\boldsymbol{\vartheta}) = [\tilde{\boldsymbol{a}}^*(\vartheta_0), \tilde{\boldsymbol{a}}^*(\vartheta_1), \cdots, \tilde{\boldsymbol{a}}^*(\vartheta_{N-1}), \sqrt{L}\text{vec}\{\boldsymbol{I}_L\}]$，其中 $\vartheta_0, \vartheta_1, \cdots, \vartheta_{N-1}$ 为在感兴趣的信号角度区域 Θ 内按一定角度间隔所选的 N 个角度，其中 $N \gg L^2$。

由于稀疏矢量 $\boldsymbol{s}$ 前 M 个非零元素位置所对应的字典矩阵列矢量与某一信号的实际波达方向相同或者非常相近，所以采用与 3.3.4 节类似的方法重构稀疏矢量后，即可获得信号的波达方向估计。

— 第 5 章 —

○ 习题【5－4】

（3）根据扰动矩阵的定义，易于证明 $\boldsymbol{\Lambda} = \boldsymbol{\Delta D \Delta}^{-1}$ 为对角矩阵。进一步可以证明

$$\boldsymbol{\Xi}_\omega(\boldsymbol{EDE}^{-1}) = (\boldsymbol{T}^{-1}\boldsymbol{\Phi}_\omega\boldsymbol{T})(\boldsymbol{T}^{-1}\boldsymbol{\Delta D\Delta}^{-1}\boldsymbol{T}) = \boldsymbol{T}^{-1}(\boldsymbol{\Phi}_\omega\boldsymbol{\Lambda})\boldsymbol{T} \tag{B.82}$$

$$\boldsymbol{\Xi}_\varpi(\boldsymbol{EDE}^{-1}) = (\boldsymbol{T}^{-1}\boldsymbol{\Phi}_\varpi\boldsymbol{T})(\boldsymbol{T}^{-1}\boldsymbol{\Delta D\Delta}^{-1}\boldsymbol{T}) = \boldsymbol{T}^{-1}(\boldsymbol{\Phi}_\varpi\boldsymbol{\Lambda})\boldsymbol{T} \tag{B.83}$$

○ 习题【5－6】

根据题意，当信号波传播速度远远大于目标运动速度时，阵元 l 输入信号近似为

$$\sum_{m=0}^{M-1}\text{Re}\left\{b_m a_0\cos\left[\omega_0\left(t - \frac{2R_m + 2v_m t}{c} + \frac{d_l\sin\theta_m}{c}\right) + \varphi_0\right]\right\}$$

$$= \sum_{m=0}^{M-1} \mathrm{Re}\left\{ b_m a_0 \cos\left[\left(\omega_0 t + \frac{2\omega_0 v_m t}{c} + \frac{\omega_0 d_l \sin\theta_m}{c} \right) + \left(\varphi_0 - \frac{2\omega_0 R_m}{c} \right) \right] \right\} \tag{B.84}$$

式中，a_0 和 φ_0 分别为雷达发射信号的振幅和初相；ω_0 为其载频；b_m 为第 m 个目标回波在传输、后向散射过程中的衰减系数；R_m 为第 m 个目标与相位参考点的初始距离；v_m 为第 m 个目标的径向运动速度；θ_m 为第 m 个目标回波的方向；c 为目标回波的传播速度；d_l 为阵元 l 的位置。

因此，阵元 l 后接第 p 个延迟单元的输出复信号可以近似写成

$$x_{p,l}(t) \approx \sum_{m=0}^{M-1} \underbrace{\rho b_m a_0 \mathrm{e}^{\mathrm{j}\left(\varphi_0 - \frac{2\omega_0 R_m}{c}\right)}}_{s_m} \mathrm{e}^{\mathrm{j}\frac{\omega_0 d_l \sin\theta_m}{c}} \mathrm{e}^{\mathrm{j}\omega_0(t-p\tau)} \mathrm{e}^{\mathrm{j}\frac{2\omega_0 v_m}{c}(t-p\tau)} \tag{B.85}$$

式中，ρ 为阵元接收通道增益。

— 第 6 章 —

○ 习题【6－1】

由于

$$\underset{\sim}{x}_l(\omega^{(q)}) = \frac{1}{\sqrt{T_0}} \int_{-T_0/2}^{T_0/2} x_l(t) \mathrm{e}^{-\mathrm{j}\omega^{(q)} t} = \frac{1}{\sqrt{T_0}} \int_{-T_0/2}^{T_0/2} x_l(t) \mathrm{e}^{-\mathrm{j}q\omega^{(1)} t} \tag{B.86}$$

式中，$\omega^{(1)} = 2\pi/T_0$。

因此，

$$E\{\underset{\sim}{x}_l(\omega^{(q_1)}) \underset{\sim}{x}_n^*(\omega^{(q_2)})\} = \frac{1}{T_0} \int_{-T_0/2}^{T_0/2} \int_{-T_0/2}^{T_0/2} E\{x_l(t_1) x_n^*(t_2)\} \mathrm{e}^{-\mathrm{j}\omega^{(q_1)} t_1} \mathrm{e}^{\mathrm{j}\omega^{(q_2)} t_2} \mathrm{d}t_1 \mathrm{d}t_2$$

$$= \frac{1}{T_0} \int_{-T_0/2}^{T_0/2} \int_{-T_0/2-t}^{T_0/2-t} R_{x_l,x_n}(\tau) \mathrm{e}^{-\mathrm{j}q_1\omega^{(1)}\tau} \mathrm{e}^{\mathrm{j}\omega^{(1)}(q_2-q_1)t} \mathrm{d}\tau \mathrm{d}t \tag{B.87}$$

式中，$\tau = t_1 - t_2$。

进一步令 $\hat{\underline{\varrho}}_{x_l,x_n}(\omega)$ 为式（1.105）所定义的阵列输出互谱密度矩阵 $\underline{\mathbf{S}}_{\underline{\mathbf{x}}\underline{\mathbf{x}}}(\omega)$ 的第 l 行第 n 列元素，其值不恒为零，则

$$R_{x_l,x_n}(\tau) = \frac{1}{2\pi} \int_{-\infty}^{\infty} \hat{\underline{\varrho}}_{x_l,x_n}(\omega) \mathrm{e}^{\mathrm{j}\omega\tau} \mathrm{d}\tau \tag{B.88}$$

于是，

$$E\{\underset{\sim}{x}_l(\omega^{(q_1)}) \underset{\sim}{x}_n^*(\omega^{(q_2)})\} = \frac{1}{2\pi T_0} \int_{-\infty}^{\infty} \hat{\underline{\varrho}}_{x_l,x_n}(\omega) \int_{-T_0/2}^{T_0/2} \mathrm{e}^{\mathrm{j}\omega^{(1)}(q_2-q_1)t} \left[\int_{-T_0/2-t}^{T_0/2-t} \mathrm{e}^{-\mathrm{j}(q_1\omega^{(1)}-\omega)\tau} \mathrm{d}\tau \right] \mathrm{d}t \mathrm{d}\omega$$

$$= \frac{1}{\pi T_0} \int_{-\infty}^{\infty} \hat{\underline{\varrho}}_{x_l,x_n}(\omega) \frac{\sin\left[\frac{T_0}{2}(\omega - q_1\omega^{(1)})\right]}{\omega - q_1\omega^{(1)}} \left[\int_{-T_0/2}^{T_0/2} \mathrm{e}^{\mathrm{j}\omega^{(1)}(q_2-q_1)t} \mathrm{e}^{\mathrm{j}(q_1\omega^{(1)}-\omega)t} \mathrm{d}t \right] \mathrm{d}\omega$$

$$= \frac{1}{\pi T_0} \int_{-\infty}^{\infty} \hat{\underline{\varrho}}_{x_l,x_n}(\omega) \frac{\sin\left[\frac{T_0}{2}(\omega - q_1\omega^{(1)})\right]}{\omega - q_1\omega^{(1)}} \left[\int_{-T_0/2}^{T_0/2} \mathrm{e}^{\mathrm{j}(q_2\omega^{(1)}-\omega)t} \mathrm{d}t \right] \mathrm{d}\omega$$

$$= \frac{2}{\pi T_0}\int_{-\infty}^{\infty}\left\{\underline{\hat{\varrho}}_{x_l,x_n}(\omega)\cdot\frac{\sin\left[\frac{T_0}{2}(\omega-q_1\omega^{(1)})\right]}{\omega-q_1\omega^{(1)}}\cdot\frac{\sin\left[\frac{T_0}{2}(\omega-q_2\omega^{(1)})\right]}{\omega-q_2\omega^{(1)}}\right\}d\omega \tag{B.89}$$

再令 $z=\omega/\omega^{(1)}$，则

$$E\{\underline{x}_l(\omega^{(q_1)})\underline{x}_n^*(\omega^{(q_2)})\} = \int_{-\infty}^{\infty}\left\{\underline{\hat{\varrho}}_{x_l,x_n}(z\omega^{(1)})\cdot\frac{\sin[\pi(z-q_1)]}{\pi(z-q_1)}\cdot\frac{\sin[\pi(z-q_2)]}{\pi(z-q_2)}\right\}dz \tag{B.90}$$

类似地，

$$\begin{aligned}E\{\underline{x}_l(\omega^{(q_1)})\underline{x}_n(\omega^{(q_2)})\} &= \frac{1}{T_0}\int_{-T_0/2}^{T_0/2}\int_{-T_0/2}^{T_0/2}E\{x_l(t_1)x_n(t_2)\}e^{-j\omega^{(q_1)}t_1}e^{-j\omega^{(q_2)}t_2}dt_1dt_2\\&= \frac{1}{T_0}\int_{-T_0/2}^{T_0/2}\int_{-T_0/2-t}^{T_0/2-t}R_{x_l,x_n*}(\tau)e^{-jq_1\omega^{(1)}t}e^{-jq_2\omega^{(1)}\tau}e^{-jq_2\omega^{(1)}t}d\tau dt\\&= \frac{1}{T_0}\int_{-T_0/2}^{T_0/2}e^{-j(q_1+q_2)\omega^{(1)}t}\left[\int_{-T_0/2-t}^{T_0/2-t}R_{x_l,x_n*}(\tau)e^{-jq_2\omega^{(1)}\tau}d\tau\right]dt\end{aligned} \tag{B.91}$$

进一步令 $\underline{\varrho}_{x_l,x_n*}(\omega)$ 为式（1.141）所定义的阵列输出共轭互谱密度矩阵 $\underline{\boldsymbol{S}}_{\underline{x}\underline{x}^*}(\omega)$ 的第 l 行第 n 列元素，其值不恒为零，则

$$R_{x_l,x_n*}(\tau) = \frac{1}{2\pi}\int_{-\infty}^{\infty}\underline{\hat{\varrho}}_{x_l,x_n*}(\omega)e^{j\omega\tau}d\tau \tag{B.92}$$

于是，

$$\begin{aligned}E\{\underline{x}_l(\omega^{(q_1)})\underline{x}_n(\omega^{(q_2)})\} &= \frac{1}{2\pi T_0}\int_{-\infty}^{\infty}\underline{\hat{\varrho}}_{x_l,x_n*}(\omega)\int_{-T_0/2}^{T_0/2}e^{-j\omega^{(1)}(q_2+q_1)t}\left[\int_{-T_0/2-t}^{T_0/2-t}e^{-j(q_2\omega^{(1)}-\omega)\tau}d\tau\right]dtd\omega\\&= \frac{1}{\pi T_0}\int_{-\infty}^{\infty}\underline{\hat{\varrho}}_{x_l,x_n*}(\omega)\frac{\sin\left[\frac{T_0}{2}(\omega-q_2\omega^{(1)})\right]}{\omega-q_2\omega^{(1)}}\left[\int_{-T_0/2}^{T_0/2}e^{-j\omega^{(1)}(q_2+q_1)t}e^{-j(\omega-q_2\omega^{(1)})t}dt\right]d\omega\\&= \frac{2}{\pi T_0}\int_{-\infty}^{\infty}\left\{\underline{\hat{\varrho}}_{x_l,x_n*}(\omega)\cdot\frac{\sin\left[\frac{T_0}{2}(\omega-q_2\omega^{(1)})\right]}{\omega-q_2\omega^{(1)}}\cdot\frac{\sin\left[\frac{T_0}{2}(\omega+q_1\omega^{(1)})\right]}{\omega+q_1\omega^{(1)}}\right\}d\omega\end{aligned} \tag{B.93}$$

再令 $z=\omega/\omega^{(1)}$，则

$$E\{\underline{x}_l(\omega^{(q_1)})\underline{x}_n(\omega^{(q_2)})\} = \int_{-\infty}^{\infty}\left\{\underline{\hat{\varrho}}_{x_l,x_n*}(z\omega^{(1)})\cdot\frac{\sin[\pi(z+q_1)]}{\pi(z+q_1)}\cdot\frac{\sin[\pi(z-q_2)]}{\pi(z-q_2)}\right\}dz \tag{B.94}$$

可以证明[103]

$$\int_{-\infty}^{\infty}\left\{\frac{\sin[\pi(z-q_1)]}{\pi(z-q_1)}\cdot\frac{\sin[\pi(z-q_2)]}{\pi(z-q_2)}\right\}dz = \delta(q_1-q_2) \tag{B.95}$$

$$\int_{-\infty}^{\infty}\left\{\frac{\sin[\pi(z+q_1)]}{\pi(z+q_1)}\cdot\frac{\sin[\pi(z-q_2)]}{\pi(z-q_2)}\right\}dz = \delta(q_1+q_2) \tag{B.96}$$

式中，$\delta(x)$ 为狄拉克 Delta 函数。

此外，当 $T_0 \to \infty$ 时，$\omega^{(1)} \to 0$，所以 $\hat{\underline{\varrho}}_{x_l,x_n}(z\omega^{(1)})$ 和 $\hat{\underline{\varrho}}_{x_l,x_n*}(z\omega^{(1)})$ 关于 z 均非常平坦，由此可知

$$\lim_{T_0\to\infty} E\{\underline{x}_l(\omega^{(q_1)})\underline{x}_n^*(\omega^{(q_2)})\} = 0,\ q_1 - q_2 \neq 0 \tag{B. 97}$$

$$\lim_{T_0\to\infty} E\{\underline{x}_l(\omega^{(q_1)})\underline{x}_n(\omega^{(q_2)})\} = 0,\ q_1 + q_2 \neq 0 \tag{B. 98}$$

○ 习题【6-2】

（2）由于

$$\boldsymbol{x}(t) = \frac{1}{\sqrt{T_0}}\sum_q \underline{\boldsymbol{x}}(\omega^{(q)})\mathrm{e}^{\mathrm{j}\omega^{(q)}t} \tag{B. 99}$$

所以经导向延时处理后的阵列输出具有下述形式：

$$\boldsymbol{x}^{\to\theta}(t) = \frac{1}{\sqrt{T_0}}\sum_q \boldsymbol{F}^{(q)}(\theta)[\underline{\boldsymbol{x}}(\omega^{(q)})\mathrm{e}^{\mathrm{j}\omega^{(q)}t}] \tag{B. 100}$$

由于 T_0 足够长，$E\{\underline{\boldsymbol{x}}(\omega^{(q_1)})\underline{\boldsymbol{x}}^{\mathrm{H}}(\omega^{(q_2)})\}$ 近似为零矩阵，其中 $q_1 \neq q_2$。由此有

$$\begin{aligned}\boldsymbol{R}_{\boldsymbol{x}^{\to\theta}\boldsymbol{x}^{\to\theta}} &= E\{\boldsymbol{x}^{\to\theta}(t)\,[\boldsymbol{x}^{\to\theta}(t)]^{\mathrm{H}}\} \approx \frac{1}{T_0}\sum_q \boldsymbol{F}^{(q)}(\theta)\underbrace{[E\{\underline{\boldsymbol{x}}(\omega^{(q)})\,\underline{\boldsymbol{x}}^{\mathrm{H}}(\omega^{(q)})\}]}_{\boldsymbol{R}_{\underline{\boldsymbol{x}}\underline{\boldsymbol{x}}}(\omega^{(q)})}[\boldsymbol{F}^{(q)}(\theta)]^{\mathrm{H}} \\ &= \frac{1}{T_0}\sum_q \boldsymbol{F}^{(q)}(\theta)\boldsymbol{R}_{\underline{\boldsymbol{x}}\underline{\boldsymbol{x}}}(\omega^{(q)})\,[\boldsymbol{F}^{(q)}(\theta)]^{\mathrm{H}}\end{aligned} \tag{B. 101}$$

（7）两种方法是等价的，说明如下：

首先

$$\begin{aligned}\sum_{l=M+1}^{L}\boldsymbol{u}_l^{(q)}(\theta)\,[\boldsymbol{u}_l^{(q)}(\theta)]^{\mathrm{H}} &= \boldsymbol{I} - [\boldsymbol{F}^{(q)}(\theta)\underline{\boldsymbol{A}}(\omega^{(q)},\boldsymbol{\theta})]\,[\boldsymbol{F}^{(q)}(\theta)\underline{\boldsymbol{A}}(\omega^{(q)},\boldsymbol{\theta})]^{+} \\ &= \boldsymbol{F}^{(q)}(\theta)[\boldsymbol{I} - \underline{\boldsymbol{A}}(\omega^{(q)},\boldsymbol{\theta})\,\underline{\boldsymbol{A}}^{+}(\omega^{(q)},\boldsymbol{\theta})]\,[\boldsymbol{F}^{(q)}(\theta)]^{\mathrm{H}}\end{aligned} \tag{B. 102}$$

又由于

$$\boldsymbol{I} - \underline{\boldsymbol{A}}(\omega^{(q)},\boldsymbol{\theta})\,\underline{\boldsymbol{A}}^{+}(\omega^{(q)},\boldsymbol{\theta}) = \sum_{l=M+1}^{L}\underline{\boldsymbol{u}}_l(\omega^{(q)})\,[\underline{\boldsymbol{u}}_l(\omega^{(q)})]^{\mathrm{H}} \tag{B. 103}$$

$$[\boldsymbol{F}^{(q)}(\theta)]^{\mathrm{H}}\boldsymbol{1}_L = \underline{\boldsymbol{a}}(\omega^{(q)},\theta) \tag{B. 104}$$

所以两种方法是等价的。

○ 习题【6-8】

根据流形分离原理，将 $\underline{\boldsymbol{A}}(\omega^{(q)},\boldsymbol{\theta})$ 近似写成 $\underline{\boldsymbol{B}}(\omega^{(q)})\underline{\boldsymbol{C}}(\theta)$，其中 $\underline{\boldsymbol{B}}(\omega^{(q)})$ 和 $\underline{\boldsymbol{C}}(\boldsymbol{\theta})$ 分别仅与 $\omega^{(q)}$ 和 $\boldsymbol{\theta}$ 有关，这样聚焦矩阵仅需满足式（B. 105）所示条件即可：

$$\underline{\boldsymbol{F}}^{(q)}\underline{\boldsymbol{B}}(\omega^{(q)}) = \underline{\boldsymbol{B}}(\omega_{\mathrm{R}}) \tag{B. 105}$$

此处聚焦矩阵的构造仅与信号频带范围有关，而与信号波达方向无关，故无须信号波达方向预估计。

○ 习题【6-11】

（1）由于

$$x_l(t) = \sum_{m=0}^{M-1} s_m[t + \tau_l(\theta_m)] + n_l(t) \tag{B.106}$$

所以，

$$\begin{aligned}
\boldsymbol{R}_{xx}(l,n) &= \sum_{m=0}^{M-1} E\{s_m[t + \tau_l(\theta_m)]s_m^*[t + \tau_n(\theta_m)]\} + E\{n_l(t)n_n^*(t)\} \\
&= \sum_{m=0}^{M-1}\left(\frac{\sigma_m^2}{\omega_\mathrm{H} - \omega_\mathrm{L}}\right)\left[\int_{\omega_\mathrm{L}}^{\omega_\mathrm{H}} \mathrm{e}^{\mathrm{j}\omega\tau}\mathrm{d}\omega \Big|_{\tau = \tau_l(\theta_m) - \tau_n(\theta_m) = \tau_{l-n}(\theta_m)}\right] + \sigma^2\delta(l - n) \\
&= \sum_{m=0}^{M-1}\left[\frac{\sin[(\omega_\mathrm{H} - \omega_\mathrm{L})\tau_{l-n}(\theta_m)/2]}{[(\omega_\mathrm{H} - \omega_\mathrm{L})\tau_{l-n}(\theta_m)/2]}\mathrm{e}^{\mathrm{j}(\omega_\mathrm{H}+\omega_\mathrm{L})\tau_{l-n}(\theta_m)/2}\right]\sigma_m^2 + \sigma^2\delta(l - n)
\end{aligned} \tag{B.107}$$

（2）由题意，矩阵 $\boldsymbol{R}_{xx}$ 的第 1 列具有下述形式：

$$\boldsymbol{r}_1 = \sigma^2\boldsymbol{i}_L^{(1)} + \sum_{m=0}^{M-1}\sigma_m^2\boldsymbol{a}_{1,\theta_m} \tag{B.108}$$

对其进行稀疏表示及重构即可获得信号波达方向估计。

注意到

$$\boldsymbol{r}_1(2:L) = \underbrace{[\boldsymbol{a}_{1,\theta_0}(2:L), \boldsymbol{a}_{1,\theta_1}(2:L), \cdots, \boldsymbol{a}_{1,\theta_{M-1}}(2:L)]}_{\boldsymbol{B}(\boldsymbol{\theta})}\begin{bmatrix}\sigma_0^2 \\ \sigma_1^2 \\ \vdots \\ \sigma_{M-1}^2\end{bmatrix} \tag{B.109}$$

所以 $[\boldsymbol{I}_{L-1} - \boldsymbol{B}(\boldsymbol{\theta})\boldsymbol{B}^+(\boldsymbol{\theta})]\boldsymbol{r}_1(2:L) = \boldsymbol{0}$ 。因此，可以通过多维角度搜索获得信号波达方向估计。

○ 习题【6－12】

（2）波束方向图表达式为

$$20\lg\left|\sum_{l=0}^{4} 0.2\mathrm{e}^{\mathrm{j}(\omega/\omega_\mathrm{H})\pi[l(\sin\theta - \sin30°) - 1]}\right| \tag{B.110}$$

（3）假设信号波达方向为 θ ，形式为 $\mathrm{e}^{\mathrm{j}\omega t}$ ，则

$$y(t) = \left[\sum_{l=0}^{L-1}\underline{h}_l(\omega)\mathrm{e}^{\mathrm{j}\omega l d\sin\theta/c}\right]\mathrm{e}^{\mathrm{j}\omega t} \tag{B.111}$$

所以，

$$\mathcal{G}(\omega,\theta) = \sum_{l=0}^{L-1}\underline{h}_l(\omega)\mathrm{e}^{\mathrm{j}\omega l d\sin\theta/c} \tag{B.112}$$

○ 习题【6－14】

（3）辅助通道 TDL 滤波器权矢量为 $\boldsymbol{w} = (\boldsymbol{B}\boldsymbol{R}_{\boldsymbol{x}\to\theta_0\boldsymbol{x}\to\theta_0}\boldsymbol{B}^\mathrm{T})^{-1}\boldsymbol{B}\boldsymbol{r}$ ，其中 $\boldsymbol{r}$ 为导向延时矢量和 $y_\mathrm{M}(t)$ 的互相关矢量，$\boldsymbol{R}_{\boldsymbol{x}\to\theta_0\boldsymbol{x}\to\theta_0}$ 为导向延时矢量的协方差矩阵，$\boldsymbol{B}$ 为阻塞矩阵。

○ 习题【6－15】

（1）波束形成器的波束方向图为

$$\mathcal{G}_{\boldsymbol{w}}(\omega,\theta)=(\boldsymbol{a}_{\varpi_\tau}\otimes\boldsymbol{a}_{\varpi_\theta})^{\mathrm{T}}\boldsymbol{w} \tag{B.113}$$

式中，$\varpi_\tau=-\omega\tau$；$\varpi_\theta=\omega d\sin\theta/c$；$\boldsymbol{a}_{\varpi_\tau}=[1,\mathrm{e}^{\mathrm{j}\varpi_\tau},\cdots,\mathrm{e}^{\mathrm{j}(P-1)\varpi_\tau}]^{\mathrm{T}}$；$\boldsymbol{a}_{\varpi_\theta}=[1,\mathrm{e}^{\mathrm{j}\varpi_\theta},\cdots,\mathrm{e}^{\mathrm{j}(L-1)\varpi_\theta}]^{\mathrm{T}}$。所以可对权矢量作如下约束：

$$\begin{bmatrix}\boldsymbol{a}_{\varpi_\theta}|_{\theta=0^\circ} & & & \\ & \boldsymbol{a}_{\varpi_\theta}|_{\theta=0^\circ} & & \\ & & \ddots & \\ & & & \boldsymbol{a}_{\varpi_\theta}|_{\theta=0^\circ}\end{bmatrix}^{\mathrm{T}}\boldsymbol{w}=\begin{bmatrix}\boldsymbol{1} & & & \\ & \boldsymbol{1} & & \\ & & \ddots & \\ & & & \boldsymbol{1}\end{bmatrix}^{\mathrm{T}}\boldsymbol{w}=\boldsymbol{c} \tag{B.114}$$

$$\begin{bmatrix}\left.\dfrac{\partial^n\boldsymbol{a}_{\varpi_\theta}}{\partial\varpi_\theta^n}\right|_{\theta=0^\circ} & & & \\ & \left.\dfrac{\partial^n\boldsymbol{a}_{\varpi_\theta}}{\partial\varpi_\theta^n}\right|_{\theta=0^\circ} & & \\ & & \ddots & \\ & & & \left.\dfrac{\partial^n\boldsymbol{a}_{\varpi_\theta}}{\partial\varpi_\theta^n}\right|_{\theta=0^\circ}\end{bmatrix}^{\mathrm{T}}\boldsymbol{w}=\boldsymbol{0} \tag{B.115}$$

其中，

$$\left.\frac{\partial^n\boldsymbol{a}_{\varpi_\theta}}{\partial\varpi_\theta^n}\right|_{\theta=0^\circ}=\mathrm{j}^n[0^n,1^n,\cdots,(L-1)^n]^{\mathrm{T}}=\mathrm{j}^n\boldsymbol{\iota}_L^{(n)},\ n=1,2,\cdots,N-1 \tag{B.116}$$

○ 习题【6-16】

（1）为简单起见，假设 $s_{m1}(t)$ 和 $s_{m2}(t)$ 具有相同的自相关函数和功率谱密度，即

$$R_{s_{m1},s_{m1}}(\tau)=R_{s_{m2},s_{m2}}(\tau)=R_{s_{m1},s_{m1}}(-\tau)=R_{s_{m2},s_{m2}}(-\tau)=R_m(\tau) \tag{B.117}$$

$$\hat{\underline{\varrho}}_{s_{m1},s_{m1}}(\omega)=\hat{\underline{\varrho}}_{s_{m2},s_{m2}}(\omega)=\hat{\underline{\varrho}}_{s_{m1},s_{m1}}(-\omega)=\hat{\underline{\varrho}}_{s_{m2},s_{m2}}(-\omega)=\hat{\underline{\varrho}}_m(\omega)\geqslant 0 \tag{B.118}$$

两者互相关函数和互谱密度分别为 $R_{s_{m1},s_{m2}}(\tau)$ 和 $\hat{\underline{\varrho}}_{s_{m1},s_{m2}}(\omega)$。

根据定义有

$$R_{s_m,s_m}(\tau)=R_m(\tau)+\mathrm{j}\chi_m[R_{s_{m1},s_{m2}}(\tau)-R_{s_{m1},s_{m2}}(-\tau)] \tag{B.119}$$

$$R_{s_m,s_{m*}}(\tau)=\alpha_m\mathrm{e}^{\mathrm{j}\beta_m}R_m(\tau)+\mathrm{j}\chi_m\mathrm{e}^{\mathrm{j}\beta_m}[R_{s_{m1},s_{m2}}(\tau)+R_{s_{m1},s_{m2}}(-\tau)] \tag{B.120}$$

式中，$\chi_m=\sqrt{1-\alpha_m^2}/2$。

相应地，

$$\hat{\underline{\varrho}}_{s_m,s_m}(\omega)=\hat{\underline{\varrho}}_m(\omega)-2\chi_m\mathrm{Im}\{\hat{\underline{\varrho}}_{s_{m1},s_{m2}}(\omega)\} \tag{B.121}$$

$$\hat{\underline{\varrho}}_{s_m,s_{m*}}(\omega)=\mathrm{e}^{\mathrm{j}\beta_m}[\alpha_m\hat{\underline{\varrho}}_m(\omega)+\mathrm{j}2\chi_m\mathrm{Re}\{\hat{\underline{\varrho}}_{s_{m1},s_{m2}}(\omega)\}] \tag{B.122}$$

因为

$$\hat{\underline{\varrho}}_m(\omega)=\hat{\underline{\varrho}}_m(-\omega) \tag{B.123}$$

$$\mathrm{Re}\{\hat{\underline{\varrho}}_{s_{m1},s_{m2}}(\omega)\}=\mathrm{Re}\{\hat{\underline{\varrho}}_{s_{m1},s_{m2}}(-\omega)\} \tag{B.124}$$

$$\mathrm{Im}\{\hat{\underline{\varrho}}_{s_{m1},s_{m2}}(\omega)\}=-\mathrm{Im}\{\hat{\underline{\varrho}}_{s_{m1},s_{m2}}(-\omega)\} \tag{B.125}$$

所以 $\hat{\underline{\varrho}}_{s_m,s_m}(\omega)$ 不一定为偶函数，而 $\hat{\underline{\varrho}}_{s_m,s_{m*}}(\omega)$ 一定为偶函数。另外，$\hat{\underline{\varrho}}_{s_m,s_m}(\omega)\hat{\underline{\varrho}}_{s_m,s_m}(-\omega)-|\hat{\underline{\varrho}}_{s_m,s_{m*}}(\omega)|^2=(1-\alpha_m^2)[\hat{\underline{\varrho}}_m^2(\omega)-|\hat{\underline{\varrho}}_{s_{m1},s_{m2}}(\omega)|^2]$。

又由于 $0 \leqslant \alpha_m \leqslant 1$ ，$\hat{\underline{\varrho}}_m^2(\omega) \geqslant |\hat{\underline{\varrho}}_{s_{m1},s_{m2}}(\omega)|^2$ ，所以下述性质成立：

$$|\hat{\underline{\varrho}}_{s_m,s_m*}(\omega)|^2 \leqslant \hat{\underline{\varrho}}_{s_m,s_m}(\omega)\hat{\underline{\varrho}}_{s_m,s_m}(-\omega) \tag{B.126}$$

特别地，若 $\alpha_m = 1$ ，有 $\hat{\underline{\varrho}}_{s_m,s_m}(\omega) = |\hat{\underline{\varrho}}_{s_m,s_m*}(\omega)|$ ，$R_{s_m,s_m}(0) = |R_{s_m,s_m*}(0)|$ 。

若 $s_{m1}(t)$ 和 $s_{m2}(t)$ 互不相关，或者相互正交，抑或互相独立，则

$$\hat{\underline{\varrho}}_{s_{m1},s_{m2}}(\omega) = 0 \tag{B.127}$$

于是有

$$\hat{\underline{\varrho}}_{s_m,s_m}(\omega) = \hat{\underline{\varrho}}_m(\omega) = \hat{\underline{\varrho}}_m(-\omega) = \hat{\underline{\varrho}}_{s_m,s_m}(-\omega) \tag{B.128}$$

$$\hat{\underline{\varrho}}_{s_m,s_m*}(\omega) = \alpha_m e^{j\beta_m}\hat{\underline{\varrho}}_m(\omega) = \hat{\underline{\varrho}}_{s_m,s_m*}(-\omega) \tag{B.129}$$

以及

$$R_{s_m,s_m*}(\tau) = \alpha_m e^{j\beta_m} R_{s_m,s_m}(\tau) \tag{B.130}$$

当 $\alpha_m \neq 0$ 时，$s_m(t)$ 具有非零共轭功率谱密度以及非零共轭功率。

若 $s_{m1}(t)$ 和 $s_{m2}(t)$ 仅在同一时刻互不相关，或者相互正交，抑或互相独立，则有

$$\frac{R_{s_m,s_m*}(0)}{R_{s_m,s_m}(0)} = \alpha_m e^{j\beta_m} \tag{B.131}$$

若 $s_m(t)$ 为宽平稳随机过程的复包络，则 $s_{m1}(t)$ 和 $s_{m2}(t)$ 在同一时刻互不相关，或者相互正交，$\sqrt{1+\alpha_m}s_{m1}(t)$ 和 $\sqrt{1-\alpha_m}s_{m2}(t)$ 功率同样相同，且 $R_{s_{m1},s_{m2}}(\tau) = -R_{s_{m1},s_{m2}}(-\tau)$ ，所以 $\alpha_m = 0$ ，$R_{s_m,s_m}(\tau) = R_m(\tau) + jR_{s_{m1},s_{m2}}(\tau)$ ，$R_{s_m,s_m*}(\tau) = 0$ ，$\hat{\underline{\varrho}}_{s_m,s_m*}(\omega) = 0$。

参 考 文 献

[1] Krim H, Viberg M. Two decades of array signal processing research: the parametric approach [J]. IEEE Signal Processing Magazine, 1996, 13 (4): 67 - 94.

[2] Godara L C. Applications of antenna arrays to mobile communications, I: performance improvement, feasibility, and system considerations [J]. Proceedings of the IEEE, 1997, 85 (7): 1031 - 1060.

[3] Godara L C. Applications of antenna arrays to mobile communications, Ⅱ: beam-forming and direction-of-arrival considerations [J]. Proceedings of the IEEE, 1997, 85 (8): 1195 - 1245.

[4] Schmidt R O. Multiple emitter location and signal parameter estimation [J]. IEEE Transactions on Antennas and Propagation, 1986, 34 (3): 276 - 280.

[5] Schmidt R O, Franks R E. Multiple source DF signal processing: An experimental system [J]. IEEE Transactions on Antennas and Propagation, 1986, 34 (3): 281 - 290.

[6] Schmidt R O. Multilinear array manifold interpolation [J]. IEEE Transactions on Signal Processing, 1992, 40 (4): 857 - 866.

[7] Wax M, Shan T-J, Kailath T. Spatio-temporal spectral analysis by eigenstructure methods [J]. IEEE Transactions on Acoustics, Speech, and Signal Processing, 1984, 32 (4): 817 - 827.

[8] Eriksson J, Koivunen V. Complex random vectors and ICA models: Identifiability, uniqueness, and separability [J]. IEEE Transactions on Information Theory, 2006, 52 (3): 1017 - 1029.

[9] Eriksson J, Ollila E, Koivunen V. Essential statistics and tools for complex random variables [J]. IEEE Transactions on Signal Processing, 2010, 58 (10): 5400 - 5408.

[10] Adali T, Schreier P J, Scharf L L. Complex-valued signal processing: The proper way to deal with impropriety [J]. IEEE Transactions on Signal Processing, 2011, 59 (11): 5101 - 5125.

[11] 张贤达. 矩阵分析与应用 [M]. 北京: 清华大学出版社, 2004.

[12] Gerlach K. The effects of IF bandpass mismatch errors on adaptive cancellation [J]. IEEE Transactions on Aerospace and Electronic Systems, 1990, 26 (3): 455 - 468.

[13] van Veen B D, Buckley K M. Beamforming: A versatile approach to spatial filtering [J]. IEEE ASSP Magazine, 1988, 5 (2): 4 - 24.

[14] Li J, Stoica P, Wang Z-S. On robust Capon beamforming and diagonal loading [J]. IEEE

Transactions on Signal Processing, 2003, 51 (7): 1702 -1715.

[15] Brennan L E, Reed I S. Theory of adaptive radar [J]. IEEE Transactions on Aerospace and Electronic Systems, 1973, 9 (2): 237 -252.

[16] Applebaum S P. Adaptive arrays [J]. IEEE Transactions on Antennas and Propagation, 1976, 24 (5): 585 -598.

[17] Compton R T, Jr. On the performance of a polarization sensitive adaptive array [J]. IEEE Transactions on Antennas and Propagation, 1981, 29 (5): 718 -725.

[18] Reed I S, Mallett J D, Brennan L E. Rapid convergence rate in adaptive arrays [J]. IEEE Transactions on Aerospace and Electronic Systems, 1974, 10 (6): 853 -863.

[19] Cox H. Resolving power and sensitivity to mismatch of optimum array processors [J]. The Journal of the Acoustical Society of America, 1973, 54 (3): 771 -785.

[20] Chang L, Yeh C-C. Performance of DMI and eigenspace-based beamformers [J]. IEEE Transactions on Antennas and Propagation, 1992, 40 (11): 1336 -1347.

[21] Kim J W, Un C K. A robust adaptive array based on signal subspace approach [J]. IEEE Transactions on Signal Processing, 1993, 41 (11): 3166 -3171.

[22] Carlson B D. Covariance matrix estimation errors and diagonal loading in adaptive arrays [J]. IEEE Transactions on Aerospace and Electronic Systems, 1988, 24 (4): 397 -401.

[23] Xu Y-G, Ma J-Y, Liu Z-W, et al. A class of diagonally loaded robust Capon beamformers for noncircular signals of interest [J]. Signal Processing, 2014, 94: 670 -680.

[24] Gou X-M, Liu Z-W, Xu Y-G. Fully automatic robust adaptive beamforming using the constant modulus feature [J]. IET Signal Processing, 2014, 8 (8): 823 -830.

[25] Vorobyov S A, Gershman A B, Luo Z-Q. Robust adaptive beamforming using worst-case performance optimization: A solution to the signal mismatch problem [J]. IEEE Transactions on Signal Processing, 2003, 51 (2): 313 -324.

[26] Lorenz R G, Boyd S P. Robust minimum variance beamforming [J]. IEEE Transactions on Signal Processing, 2005, 53 (5): 1684 -1696.

[27] Shahbazpanahi S, Gershman A B, Luo Z-Q, et al. Robust adaptive beamforming for general-rank signal models [J]. IEEE Transactions on Signal Processing, 2003, 51 (9): 2257 -2269.

[28] Gershman A B, Serebryakov G V, Bohme J F. Constrained Hung-Turner adaptive beamforming algorithm with additional robustness to wideband and moving jammers [J]. IEEE Transactions on Antennas and Propagation, 1996, 44 (3): 361 -367.

[29] Huarng K-C, Yeh C-C. Adaptive beamforming with conjugate symmetric weights [J]. IEEE Transactions on Antennas and Propagation, 1991, 39 (7): 926 -932.

[30] Widrow B, Mantey P E, Griffiths L J, et al. Adaptive antenna systems [J]. Proceedings of the IEEE, 1967, 55 (12): 2143 -2159.

[31] Gu Y-J, Leshem A. Robust adaptive beamforming based on interferences covariance matrix reconstruction and steering vector estimation [J]. IEEE Transactions on Signal Processing, 2012, 60 (7): 3881 -3885.

[32] Chen W-G. Detection of the number of signals in array signal processing [D]. McMaster University, 1991.

[33] Rao B D, Hari K V S. Performance analysis of root-MUSIC [J]. IEEE Transactions on Signal Processing, 1989, 37 (12): 1939 - 1949.

[34] Stoica P, Soderstrom T. On the constrained MUSIC technique [J]. IEEE Transactions on Signal Processing, 1993, 41 (11): 3190 - 3193.

[35] Gelli G. Power and timing parameter estimation of multiple cyclostationary signals from sensor array data [J]. Signal Processing, 1995, 42 (1): 97 - 102.

[36] Gardner W A. Simplification of MUSIC and ESPRIT by exploitation of cyclostationarity [J]. Proceedings of the IEEE, 1988, 76 (7): 845 - 847.

[37] Roy R, Kailath T. ESPRIT-Estimation of signal parameters via rotational invariance techniques [J]. IEEE Transactions on Acoustics, Speech, and Signal Processing, 1989, 37 (7): 984 - 995.

[38] Viberg M, Ottersten B. Sensor array processing based on subspace fitting [J]. IEEE Transactions on Signal Processing, 1991, 39 (5): 1110 - 1121.

[39] Shan T-J, Wax W, Kailath T. On spatial smoothing for direction-of-arrival estimation of coherent signals [J]. IEEE Transactions on Acoustics, Speech, and Signal Processing, 1985, 33 (4): 806 - 811.

[40] Malioutov D, Cetin M, Willsky A S. A sparse signal reconstruction perspective for source localization with sensor arrays [J]. IEEE Transactions on Signal Processing, 2005, 53 (8): 3010 - 3022.

[41] Gorodnitsky I F, Rao B D. Sparse signal reconstruction from limited data using FOCUSS: A re-weighted minimum norm algorithm [J]. IEEE Transactions on Signal Processing, 1997, 45 (3): 600 - 616.

[42] Wahlberg B G, Mareels I M Y, Webster I. Experimental and theoretical comparison of some algorithms for beamforming in single receiver adaptive arrays [J]. IEEE Transactions on Antennas and Propagation, 1991, 39 (1): 21 - 28.

[43] Buckley K M, Xu X-L. Spatial-spectrum estimation in a location sector [J]. IEEE Transactions on Acoustics, Speech, and Signal Processing, 1990, 38 (11): 1842 - 1852.

[44] Stoica P, Nehorai A. MUSIC, maximum likelihood, and Cramer-Rao bound [J]. IEEE Transactions on Acoustics, Speech, and Signal Processing, 1989, 37 (5): 720 - 741.

[45] Stoica P, Nehorai A. MUSIC, maximum likelihood, and Cramer-Rao bound: Further results and comparisons [J]. IEEE Transactions on Acoustics, Speech, and Signal Processing, 1990, 38 (12): 2140 - 2150.

[46] Tan K-C, Oh G-L. Estimating directions-of-arrival of coherent signals in unknown correlated noise via spatial smoothing [J]. IEEE Transactions on Signal Processing, 1997, 45 (4): 1087 - 1091.

[47] Friedlander B, Weiss A J. Direction finding using spatial smoothing with interpolated arrays

[J]. IEEE Transactions on Aerospace and Electronic Systems, 1992, 28 (2): 574 -586.

[48] Belloni F, Richter A, Koivunen V. DOA estimation via manifold separation for arbitrary array structures [J]. IEEE Transactions on Signal Processing, 2007, 55 (10): 4800 - 4810.

[49] Haber F, Zoltowski M D. Spatial spectrum estimation in a coherent signal environment using an array in motion [J]. IEEE Transactions on Antennas and Propagation, 1986, 34 (3): 301 -310.

[50] Friedlander B, Weiss A J. Direction finding in the presence of mutual coupling [J]. IEEE Transactions on Antennas and Propagation, 1991, 39 (3): 273 -284.

[51] Agee B G, Schell S V, Gardner W A. Spectral self-coherence restoral: A new approach to blind adaptive signal extraction using antenna arrays [J]. Proceedings of the IEEE, 1990, 78 (4): 753 -767.

[52] Moffet A T. Minimum-redundancy linear arrays [J]. IEEE Transactions on Antennas and Propagation, 1968, 16 (2): 172 -175.

[53] Gelli G, Izzo L. Minimum-redundancy linear arrays for cyclostationarity-based source location [J]. IEEE Transactions on Signal Processing, 1997, 45 (10): 2605 -2608.

[54] 徐友根，刘志文，龚晓峰. 极化敏感阵列信号处理 [M]. 北京：北京理工大学出版社，2013.

[55] Weiss A J, Friedlander B. Direction finding for diversely polarized signals using polynomial rooting [J]. IEEE Transactions on Signal Processing, 1993, 41 (5): 1893 -1905.

[56] Ferrara E R, Jr, Parks T M. Direction finding with an array of antennas having diverse polarizations [J]. IEEE Transactions on Antennas and Propagation, 1983, 31 (2): 231 - 236.

[57] Zoltowski M D, Wong K T. Closed-form eigenstructure-based direction finding using arbitrary but identical subarrays on a sparse uniform Cartesian array grid [J]. IEEE Transactions on Signal Processing, 2000, 48 (8): 2205 -2210.

[58] Porat B, Friedlander B. Direction finding algorithms based on high-order statistics [J]. IEEE Transactions on Signal Processing, 1991, 39 (9): 2016 -2024.

[59] Dogan M C, Mendel J M. Applications of cumulants to array processing - Part I: Aperture extension and array calibration [J]. IEEE Transactions on Signal Processing, 1995, 43 (5): 1200 -1216.

[60] Charge P, WangY-D, Saillard J. A non-circular sources direction finding method using polynomial rooting [J]. Signal Processing, 2001, 81 (8): 1765 -1770.

[61] Abeida H, Delmas J-P. MUSIC-like estimation of direction of arrival for noncircular sources [J]. IEEE Transactions on Signal Processing, 2006, 54 (7): 2678 -2690.

[62] Chevalier P, Blin A. Widely linear MVDR beamformers for the rejection of an unknown signal corrupted by noncircular interferences [J]. IEEE Transactions on Signal Processing, 2007, 55 (11): 5323 -5336.

[63] Chevalier P, Delmas J-P, Oukaci A. Properties, performance and practical interest of the

widely linear MMSE beamformer for nonrectilinear signals [J]. Signal Processing, 2014, 97: 269 - 281.

[64] Delmas J-P, Abeida H. Stochastic Cramer-Rao bound for noncircular signals with application to DOA estimation [J]. IEEE Transactions on Signal Processing, 2004, 52 (11): 3192 - 3199.

[65] Charge P, Wang Y-D, Saillard J. An extended cyclic MUSIC algorithm [J]. IEEE Transactions on Signal Processing, 2003, 51 (7): 1695 - 1701.

[66] Charge P, Wang Y-D, Saillard J. Cyclostationarity-exploiting direction finding algorithms [J]. IEEE Transactions on Aerospace and Electronic Systems, 2003, 39 (3): 1051 - 1056.

[67] Pal P, Vaidyanathan P P. Nested arrays: A novel approach to array processing with enhanced degrees of freedom [J]. IEEE Transactions on Signal Processing, 2010, 58 (8): 4167 - 4181.

[68] Vaidyanathan P P, Pal P. Sparse sensing with co-prime samplers and arrays [J]. IEEE Transactions on Signal Processing, 2011, 59 (2): 573 - 586.

[69] Agrawal M, Prasad S. DOA estimation of wideband sources using a harmonic source model and uniform linear array [J]. IEEE Transactions on Signal Processing, 1999, 47 (3): 619 - 629.

[70] Xu Y-G, Liu Z-W. Polarimetric angular smoothing algorithm for an electromagnetic vector-sensor array [J]. IET Radar Sonar and Navigation, 2007, 1 (3): 230 - 240.

[71] Ma W-K, Hsieh T-H, Chi C-Y. DOA estimation of quasi-stationary signals with less sensors than sources and unknown spatial noise covariance: A Khatri-Rao subspace approach [J]. IEEE Transactions on Signal Processing, 2010, 58 (4): 2168 - 2180.

[72] Capon J. High-resolution frequency-wavenumber spectrum analysis [J]. Proceedings of the IEEE, 1969, 57 (8): 1408 - 1418.

[73] Zoltowski M D, Mathews C P. Real-time frequency and 2-D angle estimation with sub-Nyquist spatio-temporal sampling [J]. IEEE Transactions on Signal Processing, 1994, 42 (10): 2781 - 2794.

[74] Kedia V S, Chandna B. Comment direction-of-arrival and frequency estimations for narrow-band sources using two single rotation invariance algorithms with the marked subspace [J]. IEE Proceedings of Radar, Sonar, and Navigation, 1997, 144 (4): 234.

[75] Lemma A N, van der Veen A-J, Deprettere E F. Analysis of joint angle-frequency estimation using ESPRIT [J]. IEEE Transactions on Signal Processing, 2003, 51 (5): 1264 - 1283.

[76] Su G, Morf M. The signal subspace approach for multiple wide-band emitter location [J]. IEEE Transactions on Acoustics, Speech, and Signal Processing, 1983, 31 (6): 1502 - 1522.

[77] Wang H, Kaveh M. Coherent signal-subspace processing for the detection and estimation of angles of arrival of multiple wide-band sources [J]. IEEE Transactions on Acoustics,

Speech, and Signal Processing, 1985, 33 (4): 823 -831.

[78] Hung H, Kaveh M. Focussing matrices for coherent signal-subspace processing [J]. IEEE Transactions on Acoustics, Speech, and Signal Processing, 1988, 36 (8): 1272 -1281.

[79] Krolik J, Swingler D. Focused wide-band array processing by spatial resampling [J]. IEEE Transactions on Signal Processing, 1990, 38 (2): 356 -360.

[80] Doron M A, Weiss A J. On focusing matrices for wide-band array processing [J]. IEEE Transactions on Signal Processing, 1992, 40 (6): 1295 -1302.

[81] Doron M A, Doron E, Weiss A J. Coherent wide-band processing for arbitrary array geometry [J]. IEEE Transactions on Signal Processing, 1993, 41 (1): 414 -417.

[82] Valaee S, Kabal P. Wideband array processing using a two-sided correlation transformation [J]. IEEE Transactions on Signal Processing, 1995, 43 (1): 160 -172.

[83] Valaee S, Kabal P. The optimal focusing subspace for coherent signal subspace processing [J]. IEEE Transactions on Signal Processing, 1996, 44 (3): 752 -756.

[84] Valaee S, Champagne B, Kabal P. Localization of wideband signals using least-squares and total least-squares approaches [J]. IEEE Transactions on Signal Processing, 1999, 47 (5): 1213 -1222.

[85] Lee T. -S. Efficient wideband source localization using beamforming invariance technique [J]. IEEE Transactions on Signal Processing, 1994, 42 (6): 1376 -1387.

[86] Ward D B, Ding Z, Kennedy R A. Broadband DOA estimation using frequency invariant beamforming [J]. IEEE Transactions on Signal Processing, 1998, 46 (5): 1463 -1469.

[87] Friedlander B, Weiss A J. Direction finding for wide-band signals using an interpolated array [J]. IEEE Transactions on Signal Processing, 1993, 41 (4): 1618 -1634.

[88] Di Claudio E D, Parisi R. WAVES: Weighted average of signal subspaces for robust wideband direction finding [J]. IEEE Transactions on Signal Processing, 2001, 49 (10): 2179 -2191.

[89] Hung H, Kaveh M. Coherent wide-band ESPRIT method for direction-of-arrival estimation of multiple wide-band sources [J]. IEEE Transactions on Acoustics, Speech, and Signal Processing, 1990, 38 (2): 354 -356.

[90] Yoon Y-S, Kaplan L M, McClellan J H. TOPS: New DOA estimator for wideband signals [J]. IEEE Transactions on Signal Processing, 2006, 54 (6): 1977 -1989.

[91] Agrawal M, Prasad S. Broadband DOA estimation using "spatial-only" modeling of array data [J]. IEEE Transactions on Signal Processing, 2000, 48 (3): 663 -670.

[92] Liu Z-M, Huang Z-T, Zhou Y-Y. Direction-of-arrival estimation of wideband signals via covariance matrix sparse representation [J]. IEEE Transactions on Signal Processing, 2011, 59 (9): 4256 -4270.

[93] Hu N, Xu D-Y, Xu X, et al. Wideband DOA estimation from the sparse recovery perspective for the spatial-only modeling of array data [J]. Signal Processing, 2012, 92 (5): 1359 -1364.

[94] Xu G-H, Kailath T. Direction-of-arrival estimation via exploitation of cyclostationarity-A

combination of temporal and spatial processing [J]. IEEE Transactions on Signal Processing, 1992, 40 (7): 1775 - 1786.

[95] Gelli G, Izzo L. Cyclostationarity-based coherent methods for wideband-signal source location [J]. IEEE Transactions on Signal Processing, 2003, 51 (10): 2471 - 2482.

[96] Yan H. -Q, Fan H H. Wideband cyclic MUSIC algorithms [J]. Signal Processing, 2005, 85 (3): 643 - 649.

[97] Frost O L, Ⅲ. An algorithm for linearly constrained adaptive array processing [J]. Proceedings of the IEEE, 1972, 60 (8): 926 - 935.

[98] Krolik J, Swingler D. Multiple broad-band source location using steered covariance matrices [J]. IEEE Transactions on Acoustics, Speech, and Signal Processing, 1989, 37 (10): 1481 - 1494.

[99] Godara L C. Application of the fast Fourier transform to broadband beamforming [J]. Journal of the Acoustical Society of America, 1995, 98 (1): 230 - 240.

[100] Buckley K M, Griffiths L J. Broad-band signal-subspace spatial-spectrum (BASS-ALE) estimation [J]. IEEE Transactions on Acoustics, Speech, and Signal Processing, 1988, 36 (7): 953 - 964.

[101] Er M H, Cantoni A. Derivative constraints for broad-band element space antenna array processors [J]. IEEE Transactions on Acoustics, Speech, and Signal Processing, 1983, 31 (6): 1378 - 1393.

[102] Stoica P, Larsson E G, Gershman A B. The stochastic CRB for array processing: A textbook derivation [J]. IEEE Signal Processing Letters, 2001, 8 (5): 148 - 150.

[103] Hodgkiss W S, Nolte L W. Covariance between Fourier coefficients representing time waveforms observed from an array of sensors [J]. Journal of the Acoustical Society of America, 1976, 59 (3): 582 - 590.